新/领/域/精/细/化/工/丛/书

印染助剂

第二版

● 邢凤兰　徐　群　贾丽华　等编著

化学工业出版社

·北京·

本书在介绍纺织用各种纤维、表面活性剂和高分子化合物等知识的基础上，按前处理过程、印染过程和后整理加工过程分别叙述了纺织印染加工过程中的各类助剂。其中包括染料、精练剂、润湿剂与渗透剂、起泡剂、稳泡剂、消泡剂、乳化剂、分散剂、洗涤剂；匀染剂、固色剂、增稠剂、黏合剂、荧光增白剂；防皱整理剂、柔软整理剂、抗静电整理剂、防污整理剂、抗菌防臭整理剂、阻燃整理剂、防水整理剂等。具体介绍了各种助剂的化学结构、生产方法及工艺路线，同时对有关理论和实际应用情况进行了说明。

本书可供从事纺织印染助剂研制、生产及应用的科研及工程技术人员参考，也可作为大专院校相关专业的教学参考书。

图书在版编目（CIP）数据

印染助剂/邢凤兰，徐群，贾丽华等编著. —2版. —北京：化学工业出版社，2008.2（2019.6重印）
（新领域精细化工丛书）
ISBN 978-7-122-02131-1

Ⅰ.印⋯　Ⅱ.①邢⋯②徐⋯③贾⋯　Ⅲ.印染助剂　Ⅳ.TQ610.4

中国版本图书馆 CIP 数据核字（2008）第 016559 号

责任编辑：仇志刚　赵卫娟　　　　　　装帧设计：韩　飞
责任校对：徐贞珍

出版发行：化学工业出版社（北京市东城区青年湖南街13号　邮政编码100011）
印　　装：北京虎彩文化传播有限公司
720mm×1000mm　1/16　印张25　字数587千字　2019年6月北京第2版第5次印刷

购书咨询：010-64518888　　　　　　　　售后服务：010-64518899
网　　址：http://www.cip.com.cn
凡购买本书，如有缺损质量问题，本社销售中心负责调换。

定　价：58.00元　　　　　　　　　　　　　　　　版权所有　违者必究

出版者的话

新领域精细化工，是相对于医药、染料、农药和涂料等已形成行业的传统精细化工而言的。其具有技术含量高，附加价值高等特点，是当今世界化学工业激烈竞争的热点，也是衡量一个国家科技发展程度的重要标志之一。

随着国民经济各部门技术水平的提高，需要越来越多的各种特殊化学品，以促进产品质量的提高和性能的改进。新领域精细化工产品从人们的吃、穿、用到国民经济各部门，对人民生活水平的提高和国家经济实力的增强起着重要的作用。经过近二十多年的发展，我国新领域精细化工已见雏形，产品品种数量和质量可在相当程度上满足国民经济发展的需要，但由于起步较晚，一些技术难度较大的产品（如高档的皮革化学品等）仍依赖进口。

为了配合我国精细化工的迅速发展，推动新领域精细化工又好又快地发展，加快普及这方面的生产和应用知识，我社在"十五"期间组织国内各行业专家编写了"十五"国家重点图书——《新领域精细化工丛书》，丛书共18个分册。图书出版以后，取得了很好的社会反响，得到行业内技术人员的广泛认可，很多图书都重印了多次。随着这几年技术的进步和相关行业的发展，一些图书的内容日显陈旧，为了更好地适应新领域精细化工发展的需要，及时向读者提供更新更好的产品，在同相关作者沟通后，我们首批对其中的若干分册进行了再版，分别是：

　　　　　　　食品添加剂　　　缓蚀剂　　　皮革化学品
　　　　　　　印染助剂　　　　生物化工　　造纸化学品

本次再版，各分册都增加了国内外精细化工最新技术和产品及发展趋势；同时也结合我国国情，反映我国精细化工近几年研究开发、生产和应用的成果。全书内容技术含量进一步提高、实用性进一步加强。希望能对精细化工行业的广大从业人员有所帮助。

化学工业出版社
2008年1月

第二版前言

本书第一版于2002年出版，自第一版发行以来，反响非常好，受到了专业人士的关注。近年来，随着材料科学的快速发展，新型助剂的不断涌现，为了及时反映当前印染新产品、新技术的开发应用情况，为相关领域提供更新颖、更实用、更全面系统的有关印染助剂方面知识的书籍，我们对本书进行了再版。

本书在第一版的基础上，进行了结构调整，按前处理过程、印染过程和后整理加工过程分别叙述了纺织印染加工过程中应用的各类助剂，并适当增加了一些新品种，使之更有利于科研人员及广大师生的使用；对第一版中部分章节中较陈旧的内容进行了删减，同时结合多年来的科研成果，增加了一些新内容，如新的测试标准等，对实际科研具有更好的指导意义。

本书首先介绍了印染助剂基础、纺织用各种纤维的性能、表面活性剂知识及高分子化合物基础；随后按前处理过程、印染过程和后整理加工过程分别叙述了纺织印染加工过程中应用的各类助剂。对各类助剂的定义、作用、分类及其实际应用进行了说明，并重点介绍了常用助剂的化学结构、制备方法及工艺路线、应用效果评价方法等。

本书由邢凤兰编写第4章，第5章，第15～23章；徐群编写第1章，第3章；贾丽华编写第6章，第8章，第14章；王则臻编写第10～13章；王平编写第2章，第7章，第9章。全书由邢凤兰统稿。

另外，本书在修订过程中还得到了陈朝晖、马文辉、徐孙见、王丽艳的大力支持和帮助，在此表示感谢。

由于本书内容涉及范围较广，限于作者水平有限，书中不妥之处在所难免，热情期待专业人士批评和指正。

编　者
2008年1月

第一版前言

印染助剂中包括无机物、有机物、高分子化合物和表面活性剂。由于印染助剂在印染工业中的应用十分广泛，目前已渗透到印染加工的各个角落。其主要用途有：润湿、渗透、促染、乳化、分散、助溶增溶、发泡、消泡、净洗、匀染、柔软、固色、防水、防污、防皱、防缩、阻燃、抗静电、防蛀、防霉等。

印染助剂对提高纺织染整工艺的效率和纺织品的质量起到重要的作用。近些年来，虽然我国印染助剂的研究开发、生产及应用已有了长足的进步，但和一些发达国家相比，仍有很大差距。我国无论从品种，还是从用量上均远低于发达国家，且存在不少质量问题，应用技术也难以满足人们日益提高的生活需求和工业发展的需要。为此，如何生产和用好印染助剂是有关科研和技术人员迫切需要解决的问题。

随着纺织工业科学技术的发展，使用的助剂类别和种类日益增多，本书选择其中19大类的主要助剂进行介绍。

本书由邢凤兰编写第1、4、10章；徐群编写第8、11、12、18章；贾丽华编写第2、3、13章；陈朝晖编写第5、6、7章；王丽艳编写第14、15、16、17、20章；王则臻编写第9、19章。本书由邢凤兰、徐群、贾丽华主编。

由于本书内容涉及范围较广，限于作者水平有限，书中错误及不当之处在所难免，恳请广大读者批评指正。

编　者
2002年5月

目　录

第1篇　基础知识

第1章　纺织纤维 ⋯⋯⋯⋯⋯⋯⋯⋯⋯⋯ 3
 1.1　纺织纤维与助剂的关系 ⋯⋯⋯⋯ 4
 1.2　植物纤维 ⋯⋯⋯⋯⋯⋯⋯⋯⋯⋯ 5
  1.2.1　纤维素的分子结构 ⋯⋯⋯⋯ 5
  1.2.2　棉纤维的形态结构和理化性质 ⋯ 6
  1.2.3　麻纤维的形态结构 ⋯⋯⋯⋯ 9
  1.2.4　天然再生纤维 ⋯⋯⋯⋯⋯⋯ 11
 1.3　动物纤维 ⋯⋯⋯⋯⋯⋯⋯⋯⋯⋯ 12
  1.3.1　羊毛的结构和性质 ⋯⋯⋯⋯ 12
  1.3.2　蚕丝的结构和性能 ⋯⋯⋯⋯ 14
 1.4　涤纶 ⋯⋯⋯⋯⋯⋯⋯⋯⋯⋯⋯⋯ 16
  1.4.1　涤纶的物理状态和性能 ⋯⋯ 16
  1.4.2　涤纶的热性能 ⋯⋯⋯⋯⋯⋯ 17
  1.4.3　涤纶的化学性能 ⋯⋯⋯⋯⋯ 17
 1.5　锦纶纤维 ⋯⋯⋯⋯⋯⋯⋯⋯⋯⋯ 19
  1.5.1　锦纶的形态结构 ⋯⋯⋯⋯⋯ 19
  1.5.2　热性能 ⋯⋯⋯⋯⋯⋯⋯⋯⋯ 19
  1.5.3　对化学药品的稳定性 ⋯⋯⋯ 20
  1.5.4　氧化作用 ⋯⋯⋯⋯⋯⋯⋯⋯ 20
  1.5.5　交联和接枝 ⋯⋯⋯⋯⋯⋯⋯ 20
  1.5.6　吸湿性 ⋯⋯⋯⋯⋯⋯⋯⋯⋯ 20
 1.6　腈纶 ⋯⋯⋯⋯⋯⋯⋯⋯⋯⋯⋯⋯ 21
  1.6.1　腈纶的分子结构及形态 ⋯⋯ 21
  1.6.2　热性能 ⋯⋯⋯⋯⋯⋯⋯⋯⋯ 22
  1.6.3　吸湿和染色性能 ⋯⋯⋯⋯⋯ 23
  1.6.4　化学性能 ⋯⋯⋯⋯⋯⋯⋯⋯ 23
  1.6.5　其他性能 ⋯⋯⋯⋯⋯⋯⋯⋯ 24
 1.7　维纶 ⋯⋯⋯⋯⋯⋯⋯⋯⋯⋯⋯⋯ 24
 1.8　丙纶 ⋯⋯⋯⋯⋯⋯⋯⋯⋯⋯⋯⋯ 24
 参考文献 ⋯⋯⋯⋯⋯⋯⋯⋯⋯⋯⋯⋯ 25
第2章　表面活性剂 ⋯⋯⋯⋯⋯⋯⋯⋯ 26
 2.1　有关概念 ⋯⋯⋯⋯⋯⋯⋯⋯⋯⋯ 26
  2.1.1　物体的表面和界面 ⋯⋯⋯⋯ 26
  2.1.2　表面张力和界面张力 ⋯⋯⋯ 27
  2.1.3　表面活性及表面活性剂 ⋯⋯ 27
 2.2　表面活性剂的结构特点 ⋯⋯⋯⋯ 28
  2.2.1　亲油基 ⋯⋯⋯⋯⋯⋯⋯⋯⋯ 29
  2.2.2　亲水基 ⋯⋯⋯⋯⋯⋯⋯⋯⋯ 29
 2.3　表面活性剂在溶液中的性质 ⋯⋯ 29
  2.3.1　吸附现象 ⋯⋯⋯⋯⋯⋯⋯⋯ 29
  2.3.2　胶束的形成 ⋯⋯⋯⋯⋯⋯⋯ 30
 2.4　表面活性剂分类 ⋯⋯⋯⋯⋯⋯⋯ 34
  2.4.1　非离子型表面活性剂 ⋯⋯⋯ 34
  2.4.2　阴离子型表面活性剂 ⋯⋯⋯ 35
  2.4.3　阳离子型表面活性剂 ⋯⋯⋯ 36
  2.4.4　两性表面活性剂 ⋯⋯⋯⋯⋯ 37
  2.4.5　特殊表面活性剂 ⋯⋯⋯⋯⋯ 38
  2.4.6　双子型表面活性剂 ⋯⋯⋯⋯ 40
 2.5　表面活性剂的化学结构与性质的关系 ⋯⋯⋯⋯⋯⋯⋯⋯⋯⋯⋯⋯⋯ 40
  2.5.1　表面活性剂的亲水性与其性质的关系 ⋯⋯⋯⋯⋯⋯⋯⋯⋯⋯⋯ 40
  2.5.2　非离子型表面活性剂的浊点 ⋯ 43
  2.5.3　表面活性剂的憎水基种类与其性质间的关系 ⋯⋯⋯⋯⋯⋯⋯⋯ 44
  2.5.4　表面活性剂的分子结构、分子量与其性质之间的关系 ⋯⋯⋯ 45
 参考文献 ⋯⋯⋯⋯⋯⋯⋯⋯⋯⋯⋯⋯ 47
第3章　高分子化合物 ⋯⋯⋯⋯⋯⋯⋯ 48
 3.1　高分子的基本概念 ⋯⋯⋯⋯⋯⋯ 48
 3.2　高分子化合物的分类和命名 ⋯⋯ 49
  3.2.1　高分子化合物的分类 ⋯⋯⋯ 49

3.2.2 高分子化合物的命名 …… 49
3.3 合成高分子的化学反应 …… 50
 3.3.1 按单体和高分子化合物在组成和结构上发生的变化分类 …… 50
 3.3.2 按聚合机理和动力学分类 …… 51
 3.3.3 均聚反应和共聚反应 …… 51
 3.3.4 高分子化合物的化学反应 …… 51
3.4 高分子的结构 …… 52
 3.4.1 高分子的化学结构 …… 52
 3.4.2 大分子的形状 …… 53
 3.4.3 高分子化合物的固体结构 …… 53
 3.4.4 高分子化合物的分子量及分子量分布 …… 54
3.5 高分子化合物的热性质和力学性质 …… 55
3.6 高分子化合物的溶解过程及溶液性质 …… 56
 3.6.1 高分子化合物溶解过程的特点 …… 56
 3.6.2 高分子化合物溶液的性质 …… 57
参考文献 …… 57

第 2 篇　前处理助剂

第 4 章　浆料 …… 59
4.1 概述 …… 59
4.2 浆料的分类 …… 59
 4.2.1 淀粉浆料 …… 60
 4.2.2 羧甲基纤维素（CMC） …… 63
 4.2.3 聚乙烯醇 …… 64
 4.2.4 丙烯酸酯类浆料 …… 67
4.3 经纱上浆黏附机理 …… 70
 4.3.1 吸附理论 …… 70
 4.3.2 静电理论 …… 70
 4.3.3 扩散理论 …… 71
4.4 浆料的制备 …… 71
 4.4.1 羧甲基纤维素制备 …… 71
 4.4.2 PVA 的制备 …… 72
 4.4.3 凝聚法合成固态丙烯酸酯浆料 …… 72
4.5 浆液性能测试 …… 72
 4.5.1 浆料水溶性 …… 72
 4.5.2 浆膜测定 …… 72
 4.5.3 浆液黏度 …… 72
 4.5.4 浆料黏附力 …… 72
 4.5.5 上浆率测定 …… 73
参考文献 …… 74

第 5 章　精练剂 …… 75
5.1 棉布的精练 …… 75
 5.1.1 精练目的 …… 75
 5.1.2 精练原理 …… 75
 5.1.3 精练剂 …… 75
5.2 生丝的精练 …… 76
 5.2.1 精练目的 …… 76
 5.2.2 精练的要求 …… 76
 5.2.3 精练剂 …… 76
5.3 织物的毛效测试 …… 77
参考文献 …… 77

第 6 章　润湿剂与渗透剂 …… 78
6.1 概述 …… 78
6.2 润湿机理 …… 78
 6.2.1 接触角与杨氏方程 …… 79
 6.2.2 润湿过程 …… 80
 6.2.3 水介质中的表面活性剂 …… 83
6.3 润湿剂的分类 …… 84
 6.3.1 阴离子表面活性剂 …… 84
 6.3.2 非离子表面活性剂 …… 88
6.4 润湿剂的合成 …… 89
 6.4.1 阴离子表面活性剂 …… 89
 6.4.2 非离子表面活性剂 …… 95
6.5 接触角 …… 97
 6.5.1 接触角的测定和滞后 …… 97
 6.5.2 润湿（渗透）性测定方法 …… 102
参考文献 …… 104

第 7 章　起泡剂、稳泡剂、消泡剂 …… 106
7.1 概述 …… 106
 7.1.1 泡沫的产生 …… 106
 7.1.2 泡沫在纺织染整加工中的作用 … 106

7.2 起泡剂、稳泡剂 …………………… 107
　7.2.1 泡沫稳定机理 ………………… 107
　7.2.2 起泡剂 ………………………… 108
　7.2.3 稳泡剂 ………………………… 110
7.3 消泡剂 …………………………… 110
　7.3.1 消泡机理 …………………… 110
　7.3.2 消泡剂的种类 ………………… 110
7.4 发泡力的测定 …………………… 112
参考文献 ……………………………… 113

第8章　乳化剂与分散剂 ………… 114
8.1 乳化作用 ………………………… 114
　8.1.1 乳状液 ……………………… 114
　8.1.2 乳状液类型的鉴别和影响因素
　　　 …………………………………… 118
8.2 乳化剂 …………………………… 120
　8.2.1 乳化剂类型 ………………… 120
　8.2.2 乳化剂的选择 ……………… 125
　8.2.3 乳状液的制备方法 ………… 133
8.3 乳化性能的测定 ………………… 135
　8.3.1 乳状液类型的测定方法 …… 135
　8.3.2 乳液稳定性的测定方法 …… 135
8.4 分散剂 …………………………… 136
　8.4.1 表面活性剂的分散稳定作用 … 136
　8.4.2 分散剂 ……………………… 141

8.4.3 表面活性剂结构与分散性的
　　　关系 ………………………… 144
8.4.4 分散性能测定 ……………… 145
参考文献 ……………………………… 146

第9章　洗涤剂 …………………… 147
9.1 概述 ……………………………… 147
9.2 洗涤机理 ………………………… 148
　9.2.1 污垢的种类和性质 ………… 148
　9.2.2 污垢的黏附和脱落 ………… 148
　9.2.3 污垢的去除 ………………… 149
9.3 洗涤剂的主要类型 ……………… 153
　9.3.1 阴离子型洗涤剂 …………… 153
　9.3.2 非离子型洗涤剂 …………… 159
　9.3.3 两性离子型洗涤剂 ………… 162
　9.3.4 洗涤剂用助剂 ……………… 163
9.4 主要洗涤剂的合成 ……………… 166
　9.4.1 阴离子洗涤剂的合成 ……… 166
　9.4.2 非离子洗涤剂的合成 ……… 167
　9.4.3 两性离子洗涤剂的合成 …… 171
9.5 洗涤剂在纺织工业上的应用 …… 171
　9.5.1 原毛的洗涤 ………………… 171
　9.5.2 毛条的复洗和洗呢 ………… 174
9.6 去污力的测定 …………………… 175
参考文献 ……………………………… 177

第3篇　印染助剂

第10章　匀染剂 ………………… 179
10.1 概述 ……………………………… 179
10.2 匀染剂的作用机理 ……………… 179
　10.2.1 亲纤维性匀染作用 ………… 179
　10.2.2 亲染料性匀染作用 ………… 180
　10.2.3 其他类型匀染作用 ………… 182
10.3 匀染剂的类型 …………………… 182
　10.3.1 腈纶染色用匀染剂 ………… 182
　10.3.2 涤纶染色用匀染剂 ………… 185
　10.3.3 锦纶染色用匀染剂 ………… 189
　10.3.4 棉纤维用匀染剂 …………… 191
　10.3.5 羊毛和真丝用匀染剂 ……… 192
　10.3.6 混纺织物用匀染剂 ………… 193
10.4 主要匀染剂合成 ………………… 194

10.4.1 用于酸性染料染色的匀染剂
　　　合成 ………………………… 194
10.4.2 用于阳离子染料染色的匀染剂
　　　合成 ………………………… 195
10.4.3 用于分散染料染色的匀染剂
　　　………………………………… 195
10.4.4 防泳移剂制备 ……………… 197
10.5 匀染剂匀染效果测试 …………… 198
　10.5.1 匀染剂匀染性能的测定 …… 198
　10.5.2 防泳移剂效果的测试 ……… 199
参考文献 ……………………………… 200

第11章　固色剂 ………………… 201
11.1 概述 ……………………………… 201
11.2 固色剂的类型 …………………… 201

11.2.1 阳离子表面活性剂类固色剂… 201
11.2.2 无表面活性的季铵盐型固色剂… 203
11.2.3 树脂型固色剂… 204
11.2.4 反应型固色剂… 206
11.3 固色机理… 209
11.3.1 阳离子型固色剂固色机理… 209
11.3.2 非表面活性季铵盐固色剂固色机理… 209
11.3.3 树脂型固色剂固色机理… 209
11.3.4 反应型固色剂固色机理… 210
11.4 固色剂固色效果测定… 210
11.4.1 染色打样… 210
11.4.2 固色处理… 210
11.4.3 固色效果的判断… 210
参考文献… 212

第12章 增稠剂 … 213
12.1 概述… 213
12.2 增稠剂类型… 213
12.2.1 天然增稠剂和改性的天然增稠剂… 213
12.2.2 乳化增稠剂（乳化糊）… 217
12.2.3 合成增稠剂… 218
12.3 合成增稠剂黏度产生的机理… 219
12.4 主要增稠剂的制备… 219
12.4.1 乳化增稠剂邦浆A的制备… 219
12.4.2 合成增稠剂的制备… 220
12.5 增稠剂性能测试… 220
12.5.1 增稠能力的测定… 220
12.5.2 流变性能的测定… 221
12.5.3 耐电解质性能测定… 221
12.5.4 耐稀释性能测定… 221
12.5.5 抱水性能… 222

12.5.6 与化学药品的相容性… 222
参考文献… 222

第13章 黏合剂 … 224
13.1 概述… 224
13.2 黏合剂的类型… 224
13.2.1 非反应型黏合剂… 225
13.2.2 反应型黏合剂… 226
13.3 涂料印花黏合剂成膜机理… 229
13.4 黏合剂的合成工艺… 230
参考文献… 231

第14章 荧光增白剂 … 232
14.1 概述… 232
14.1.1 荧光… 232
14.1.2 荧光与分子结构的关系… 233
14.1.3 荧光增白原理… 234
14.2 荧光增白剂分类… 236
14.2.1 唑系荧光增白剂… 236
14.2.2 二苯乙烯类荧光增白剂… 242
14.2.3 双乙酰氨基取代物荧光增白剂… 243
14.2.4 碳环类荧光增白剂… 243
14.2.5 呋喃类荧光增白剂… 244
14.2.6 萘二甲酰亚胺类荧光增白剂… 245
14.2.7 香豆素类荧光增白剂… 246
14.2.8 其他类荧光增白剂… 248
14.3 荧光增白剂的应用及发展趋势… 249
14.3.1 荧光增白剂的商品加工… 249
14.3.2 荧光增白剂的泛黄点… 250
14.3.3 荧光增白剂的应用… 250
14.3.4 荧光增白剂的发展趋势… 251
参考文献… 252

第4篇　后整理助剂

第15章 防皱整理剂 … 254
15.1 概述… 254
15.2 防皱整理的作用机理… 255
15.2.1 棉织物… 255
15.2.2 黏胶纤维… 256
15.2.3 麻织物… 256
15.2.4 真丝织物… 257
15.3 防皱整理剂的分类… 258
15.3.1 N-羟甲基类树脂… 258
15.3.2 无甲醛类树脂整理剂… 264
15.3.3 反应型交联剂… 267

15.3.4 树脂催化剂 …… 271
15.4 主要防皱整理剂的制备 …… 272
　15.4.1 N-羟甲基类树脂的制备 …… 272
　15.4.2 无甲醛类树脂整理剂的制备 …… 276
　15.4.3 反应型交联剂的制备 …… 278
15.5 防皱整理作用的测定 …… 279
　15.5.1 防皱整理剂的测定 …… 279
　15.5.2 防皱整理后织物上树脂的测定 …… 280
　15.5.3 防皱整理后织物性能测定 …… 281
参考文献 …… 283

第16章 柔软整理剂 …… 284

16.1 概述 …… 284
16.2 柔软整理机理 …… 284
　16.2.1 表面活性剂类柔软剂的界面吸附 …… 284
　16.2.2 改善纤维表面的润滑性能及降低摩擦系数 …… 285
16.3 柔软剂的分类 …… 286
　16.3.1 非表面活性类 …… 286
　16.3.2 表面活性剂类 …… 287
　16.3.3 反应型柔软剂 …… 290
　16.3.4 高分子聚合物乳液 …… 291
16.4 主要柔软剂剂型制备 …… 296
　16.4.1 非表面活性柔软剂 …… 296
　16.4.2 表面活性剂类柔软剂 …… 297
　16.4.3 反应型柔软剂 …… 301
　16.4.4 高分子乳液 …… 301
16.5 柔软效果的测试方法 …… 304
参考文献 …… 304

第17章 抗静电整理剂 …… 306

17.1 概述 …… 306
　17.1.1 静电的危害及其产生和泄漏 …… 306
　17.1.2 静电的防止 …… 307
17.2 抗静电剂的类型 …… 309
　17.2.1 暂时性抗静电剂 …… 310
　17.2.2 耐久性抗静电剂 …… 315
17.3 抗静电剂的作用机理 …… 316
17.4 主要抗静电剂的合成 …… 318

　17.4.1 阴离子表面活性剂类抗静电剂的合成 …… 318
　17.4.2 阳离子表面活性剂类抗静电剂的合成 …… 321
　17.4.3 两性表面活性剂类抗静电剂的合成 …… 322
17.5 抗静电效果的测试 …… 323
　17.5.1 电阻率的测定 …… 324
　17.5.2 半衰期的测定 …… 324
参考文献 …… 325

第18章 抗菌防臭整理剂 …… 327

18.1 概述 …… 327
18.2 抗菌防臭整理剂的种类 …… 327
18.3 主要抗菌防臭剂性能及其作用机理 …… 328
　18.3.1 无机类抗菌剂 …… 328
　18.3.2 与纤维配位的金属类抗菌剂 …… 328
　18.3.3 有机硅季铵盐类抗菌剂 …… 329
　18.3.4 季铵盐类 …… 331
　18.3.5 双胍类抗菌剂 …… 332
　18.3.6 苯酚类抗菌剂 …… 333
　18.3.7 铜化合物类抗菌剂 …… 333
　18.3.8 天然抗菌化合物类 …… 334
　18.3.9 碘配位化合物 …… 335
18.4 抗菌剂合成 …… 335
　18.4.1 壳聚糖类抗菌剂 …… 335
　18.4.2 季铵盐类 …… 336
18.5 主要性能测试 …… 336
　18.5.1 抗菌加工 SEK 标识简介 …… 336
　18.5.2 安全性 …… 336
　18.5.3 抗菌力的评定 …… 337
　18.5.4 耐久性 …… 339
参考文献 …… 339

第19章 防污整理剂 …… 341

19.1 概述 …… 341
19.2 防污整理剂类型 …… 341
　19.2.1 交联固着型防污整理剂 …… 342
　19.2.2 高分子成膜物 …… 342
19.3 防污整理机理 …… 343
19.4 防污效果测试 …… 344

         19.4.1　易去污试验……………………… 344
         19.4.2　再污染试验……………………… 344
    参考文献……………………………………… 345
第20章　拒油整理剂……………………………… 346
    20.1　概述…………………………………… 346
    20.2　拒油整理剂类型……………………… 346
         20.2.1　全氟羧酸铬络合物……………… 346
         20.2.2　含氟聚合物拒油剂……………… 347
    20.3　拒油机理……………………………… 348
    20.4　主要拒油整理剂的合成……………… 349
         20.4.1　全氟羧酸铬络合物的合成……… 349
         20.4.2　丙烯酸氟烃酯树脂类（FC-208）的
                  合成…………………………… 349
    20.5　拒油性测定…………………………… 349
         20.5.1　标准液法………………………… 349
         20.5.2　简易法…………………………… 350
    参考文献……………………………………… 351
第21章　纺织品防紫外线整理剂………………… 352
    21.1　概述…………………………………… 352
    21.2　纺织品阻挡紫外线的能力及
           防紫外线的途径……………………… 353
         21.2.1　纺织品阻挡紫外线的能力……… 353
         21.2.2　防紫外线的途径………………… 353
    21.3　紫外线屏蔽整理原理及屏蔽整
           理剂…………………………………… 353
         21.3.1　紫外线屏蔽整理原理…………… 353
         21.3.2　紫外线屏蔽整理剂……………… 354
    21.4　紫外吸收剂的合成…………………… 357
         21.4.1　二苯甲酮系紫外吸收剂的
                  合成…………………………… 357
         21.4.2　苯并三唑系紫外吸收剂的
                  合成…………………………… 358
         21.4.3　水杨酸酯系紫外吸收剂的
                  合成…………………………… 358
    21.5　织物抗紫外线整理效果测试………… 359
         21.5.1　紫外分光光度计法……………… 359

         21.5.2　紫外辐射防护系数 UPF 评定
                  法……………………………… 359
         21.5.3　变色褪色法……………………… 360
    参考文献……………………………………… 360
第22章　阻燃整理剂……………………………… 361
    22.1　概述…………………………………… 361
    22.2　阻燃剂的阻燃作用原理……………… 362
    22.3　阻燃剂的分类………………………… 363
         22.3.1　无机阻燃整理剂………………… 363
         22.3.2　含卤素的阻燃整理剂…………… 363
         22.3.3　含磷系阻燃整理剂……………… 365
         22.3.4　有机硼阻燃整理剂……………… 368
    22.4　主要阻燃整理剂的合成……………… 369
         22.4.1　含卤素阻燃整理剂的合成……… 369
         22.4.2　含卤代磷阻燃整理剂的合成
                  ……………………………… 370
         22.4.3　有机硼阻燃整理剂的制备……… 370
    22.5　阻燃整理效果的测定………………… 370
         22.5.1　垂直法…………………………… 371
         22.5.2　水平法…………………………… 371
         22.5.3　45°倾斜法……………………… 371
    参考文献……………………………………… 371
第23章　防水整理剂……………………………… 373
    23.1　概述…………………………………… 373
    23.2　防水整理剂的类型…………………… 373
         23.2.1　不透气性防水剂………………… 373
         23.2.2　透气性防水剂——拒水剂……… 375
    23.3　拒水机理……………………………… 380
    23.4　主要防水整理剂的合成……………… 381
         23.4.1　暂时性防水剂的合成…………… 381
         23.4.2　耐久性防水剂的合成…………… 381
    23.5　透气性防水剂的拒水性能测试……… 384
         23.5.1　表面抗湿性测定………………… 384
         23.5.2　抗渗水性测定…………………… 384
         23.5.3　吸水性试验……………………… 385
    参考文献……………………………………… 385

第 1 篇　基础知识

纺织工业的纺丝、纺纱、织布、印染至成品的各道加工工序，是借助各种染整机械设备，通过机械的、化学的或物理化学的方法，对纺织物进行处理，从而赋予纺织物所需的外观及服用性能或其他特殊功能的加工过程。它主要包括前处理、染色、印花和后整理四大工序。前处理主要是去除纺织物上的各种杂质，改善纺织物的性能，为后续工序提供合格的半制品；染色是通过染料和纺织纤维发生的物理或化学的结合，使纺织物获得鲜艳、均匀和坚牢的色泽；印花是用染料或颜料在纺织物上获得各种花纹图案；后整理是根据纺织纤维的特性通过化学或机械的作用，改进纺织物的外观或形态稳定性，提高纺织物的服用性能或赋予纺织物阻燃、拒水、拒油、防污、抗静电、抗菌防霉等特殊功能。在这个过程中要研究各种纤维的性能及其所使用的化学药剂，而用量最多、品种变化最大的是各种辅助的化学品，其作用是提高纺织品质量、改善加工效果、提高生产效率、简化工艺过程、降低生产成本，赋予纺织品各种优异的应用性能。这种辅助化学品通称为纺织染整助剂。纺织染整助剂对纺织品的新颖化、高档化、功能化，提高纺织品附加值和加强在国际市场上的竞争力至关重要，是一个国家纺织品深加工和精加工水平的综合体现。

纺织染整助剂根据生产工艺可分为前处理助剂、印染助剂和后整理助剂。助剂在染整工业中的应用是十分广泛的，目前已渗透到印染加工的各个角落。其主要用途有润滑、润湿、渗透、促染、乳化、分散、助溶增溶、发泡、消泡、净洗、匀染、柔软、固色、防水、防污、防皱、防缩、阻燃、抗静电、防蛀、防霉等。

我国在 20 世纪 70 年代以后，随着石油化工行业的发展，开发了以涤纶为主的各种合成纤维纯纺织物，所需配套的各种纺织助剂也开始陆续开发，至 80 年代中期形成高潮。纺织工业技术的发展，消费水平的提高和出口量的增加，迫使纺织工业寻求新的助剂。从开始进口，到全国性的研制、开发和生产，其纺织助剂的种类亦不断增加。

近年来，世界纺织助剂工业发展很快，尤其是后整理助剂。国外大型的纺织助剂生产企业主要集中在欧洲和日本，大的染料助剂公司，如巴斯夫、科莱恩、亨斯迈等在世界纺织助剂市场上处于主导地位。目前，我国纺织助剂的产品数量已经超过 1500 种，年销售额超过 200 亿元。此外，下游纺织业的增长也将会推动助剂需求的增长。

随着国内纺织品档次的提高以及对性能的新要求，单位纺织品消耗的助剂量将会持续上升。我国纺织品产量约占世界总产量的 30%，保持着 10%～15% 左右的增长速度。随着内需的不断扩大和对非设限国家出口力度的加大，未来几年纺织业有望继续保持这一增长速度。助剂的应用已发展成为纺织加工中不可缺少的部分。助剂的发展大大促进了新工艺、新产品的问世。目前国产助剂的品种也愈来愈多，研究工作日益深入，应用水平不断提高。纺织助剂化学作为应用化学的一个分支，日益受到人们的重视。

近年国际纺织市场上为了不断满足社会经济发展的需要和适应人们对时尚性与舒适性

的要求，发展了不少新型纺织纤维。开发的新型染整技术有低温等离子技术、数字喷墨印花技术、退-煮-漂-染色湿短蒸工艺、冷轧堆高效练漂及碱氧一步法工艺等。研究和发展适应这些新型纺织纤维和新型染整技术需要的纺织助剂也是众所关注的开发热点之一，各国纺织助剂制造企业都把新纺织助剂的研究和开发放到显著的位置。进入21世纪以来，平均每年开发的新纺织助剂在1600个左右，新助剂开发的重点是后整理剂和印染助剂。同时纺织纤维、织物和不断涌现的新型纺织纤维与新的纤维处理技术以及印染技术对纺织助剂不断提出新的要求，它们将推动纺织助剂的发展。

第1章
纺织纤维

纤维通常是指长宽比在 10^3 以上、粗细为几微米到上百微米的柔软细长体。由于纤维大都用来制造纺织品,故又称纺织纤维。

纤维的应用主要是作为纺织材料,可以制成纱线和织物,还可以作为填充材料、增强基体,或直接形成多孔材料,或组合构成刚性或柔性复合材料。纤维可以单独使用或与不同的纤维组合、混合使用。随着纤维材料功能的提高、扩展与多元化,不仅可作为一般民用及产业用的柔性材料,而且可以用作生物、组织工程、高性能材料、物质分离与过滤、高效传导与屏蔽、微尺度元件与结构等高技术纤维制品。

可以用来制成纺织品的纤维,例如,天然纤维中的棉、麻、羊毛、蚕丝等,化学纤维中的黏胶纤维、醋酸纤维、锦纶、涤纶、腈纶等,都是纺织纤维。

纺织纤维是纺织工业的原料,用纺织纤维制成的纺织品,除了一部分用于工业和国防以外,主要用于满足人们衣着和日常生活的需要。纺织纤维需柔韧而有弹性,具有足够的强度,相互间有抱合力,化学性能稳定,长度和细度符合纺织要求。纺织纤维就外形而论,长度远大于宽度,通常可用 μm 做单位来表示它的宽度,而用 mm 或 cm 表示它的长度。在天然纤维中,蚕丝最长约 6×10^5 mm,可不经纺纱直接用于织造。而棉、麻、毛等纤维都是天然短纤维,其中以羊毛最长,约为 $50 \sim 150$ mm。化学纤维可以根据需要在生产过程中加以调节,纺制成不同长度和细度,以模仿天然纤维,所以有长丝和短纤维(或称切断纤维)之分。短纤维按照模仿棉花和羊毛的不同,又有棉型[长度38mm,细度 $1.2 \sim 1.5$ 旦(1旦 $= \frac{1}{9}$ tex,下同)]和毛型(长度75mm以上,细度3旦)之分。近来为了在棉纺织设备上仿制类似的毛型织物,又发展了所谓的中长纤维(长度约为 $51 \sim 75$ mm)。用于纺纱的纤维需有适当的长度,过短可纺性差,只能用于造纸,纺织工业多采用 10mm 以上的纤维为原料。

衣服可保护人体不受烈日、寒风、雨雪的侵袭,使人体周围的空气维持适当的温湿度。因而纺织纤维必须具有一定吸湿性和导热性。同时,衣服在穿着时,经常受到拉扯、揉搓、摩擦、折叠等机械作用,因此纺织纤维必须具有一定的强度、延伸性、柔软性等物理、力学性能。此外,纺织品还必须能经受得起化学加工、洗涤、日光和大气的作用,使人体舒适和具有悦目的外观等,因而纺织纤维还应具备一定的化学稳定性、密度、细度、弹性、光泽、吸湿性和染色性等。

纺织纤维成为系统学科的历史并不太长,只是近 70 年的时间,但纤维科学对纺织、染整工业技术的发展却产生了显著的影响。在 1930 年前后,纤维科学工作者首先对纤维素的结构进行了一系列的物理和化学的研究,取得显著的成绩。接着对羊毛和蚕丝的分子结构也作了阐明。20世纪80年代开发了人造纤维的硝酸纤维素、黏胶纤维、醋酸纤维;1935年发明锦纶,以后相继发明了涤纶、腈纶、维纶、丙纶、氨纶等合成纤维,在20世纪60~70年代高功能性仿真丝、仿羊毛、仿棉纤维等层出不穷。近年国际纺织市场上为了不断满足社会经济发展的需要和适应人们对时尚性与舒适性的要求,发展了不少新型纺织纤维,如聚乳酸纤维、聚对苯二甲酸亚丙基酯纤维、纤维素氨基甲酸酯纤维、高导湿聚酯纤维、木质素纤维、甲壳素纤维、多组分复合纤维和各种功能性纤维等。

目前,纺织工业中所使用的纺织纤维种类很多,可归纳为天然纤维和化学纤维两大类。化学纤维用于纺织的主要有两大类,一类称为再生纤维或人造纤维(包括黏胶纤维、铜铵纤维、醋酸纤维、硝酸纤维等),它们是将天然原料经过一定的加工,如溶解或熔融而纺制成的纤维,例如黏胶纤维、再生蛋白质纤维均属此类;另一类是合成纤维[锦纶、聚酯纤维(涤纶)、聚丙烯腈纤维(腈纶)、聚乙烯醇纤维(维纶)、聚丙烯纤维(丙纶)、聚氯乙烯纤维(氯纶)等],是以水、空气、石油或煤为原料,通过化学合成的方法制得高分子材料,再经过纺丝而成的合成纤维。

天然纤维用于纺织的主要也可划分为两大类,植物纤维素纤维(包括棉花、苎麻、亚麻、黄麻等)和动物蛋白质纤维(包括蚕丝、羊毛、兔毛、驼毛等)。详细分类可见图1-1。

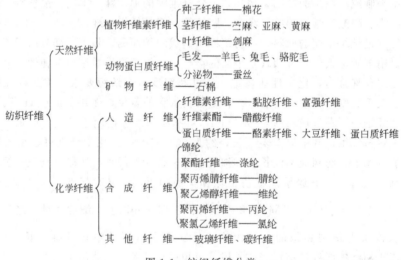

图1-1 纺织纤维分类

1.1 纺织纤维与助剂的关系

纺织印染助剂主要用于纺织印染行业,作为纺织印染过程中的添加剂,对于改善纺织印染的品质,提高纺织品的附加值的作用越来越大,有"纺织工业的味精"之称。

作为纺织纤维必须具有一定的物理、化学和生理性质,以满足工艺加工和人类使用的要求。

棉、麻、丝、毛作为传统意义上的四大天然纤维,在服装应用史上已有几千年的历史了。棉、丝、毛等天然纤维，具有吸湿性好、穿着舒适等特点，一直是人们服用消费的主要纤维品种。但是，天然纤维有易缩水、起皱，洗涤后易产生皱折等缺陷，无法满足人们对服装面料美观舒适、保养方便等越来越高的要求。

多数消费者对服装的防皱耐久性、洗可穿性和耐磨性最为关注，消费者愿花更多的钱买防皱整理过的服装。天然纤维在保持原有性能的基础上，通过助剂在各种印染整理中的作用，产生质的变化，如织物的防水整理、透气整理及防缩防皱整理，从而使天然纤维达到穿着舒适、抗菌、抗紫外线、消毒、防霉、防蛀等功能。

由于化学纤维特别是合成纤维织物在其热湿舒适性、手感、光泽和外观等性能的缺陷，常常充当低档廉价产品的角色。20世纪80年代后期以来，随着日本的新合纤、欧美的细旦纤维制品问世，合纤产品在人们心目中的形象开始改变，通过助剂在亲水、抗静电、柔软等方面的整理作用，一些涤纶仿丝、仿毛产品的手感与外观酷似丝、毛织物，而且其洗涤可穿性与颜色优于天然纤维，因此深受消费者喜爱，涤纶产品才开始挤入高档服装面料市场。当前助剂在化学纤维的仿生化、功能化、高性能化上起到了重要作用。

杭州传化贸易有限公司余伟田在谈到助剂行业面临发展机遇时指出，新纺织面料的开发和纺织面料性能的改善，是推动纺织工业产业升级的两个重要方面。纺织助剂对提高纺织品附加值和加强在国际市场上的竞争力至关重要，是一个国家纺织品深加工和精加工水平的综合体现。因此纺织行业的升级，离不开纺织助剂的发展。

1.2 植物纤维

植物纤维主要指由纤维素组成的纺织纤维，又可称为纤维素纤维。纤维素纤维可分为天然纤维素纤维、天然再生纤维素纤维。天然纤维素纤维包括棉花、苎麻、亚麻、黄麻等，棉、麻纤维性能对比见表1-1。天然再生纤维是用天然纤维素为原料的再生纤维，化学组成和天然纤维素相同，但物理结构已经改变，所以称为再生（或人造）纤维素纤维，如黏胶纤维、醋酯纤维和铜铵纤维等。

表1-1 棉、麻纤维性能对比

品名	分类	纤维长度/mm	纤维线密度/dtex	断裂强度/(cN/dtex)	断裂伸长率/%	含杂率/%	耐酸碱性	吸湿性/%
棉	细绒棉	23～33	1.54～2.00	1.96～2.45	6～11	2.5～3	耐碱	7～11
	长绒棉	33～39	1.18～1.43	3.23～3.92				
	粗绒棉	15～23	2.50～4.00	1.47～2.19				
麻	苎麻	20～250	4.5～9.1	6.7	3.80			9～11
	亚麻	17～25	2.9	—	—			11～12

1.2.1 纤维素的分子结构

植物每年通过光合作用，能产生出亿万吨纤维素，纤维素是植物中含量最广泛、最普遍的物质之一，它是构成植物细胞壁的基础物质。它常和半纤维素、果胶物质、木质素等混合在一起构成植物纤维的主体。由纤维素组成的纺织纤维是纺织工业的重要原料之一。工业上所使用的纤维素纤维，有的来自种子，如棉花，有的来自韧皮，如苎麻、亚麻、黄麻、洋麻等，有的则来自植物的叶，如龙舌兰麻、蕉麻等。各种不同来源的纤维素纤维中，所含纤维素的量是不同的，棉花是自然界中纤维素含量最高的植物，其纤维素含量达90%～98%，麻类韧皮中纤维素的含量仅有65%～75%。棉、麻和黏胶纤维的基本组成物质都是纤维素。在纤维素的基本组成中，含碳量为44.44%，含氢量为6.17%，含氧量为49.39%。纤维素是一种多糖物质，是由很多葡萄糖剩基连接起来的线型大分子，分子式可写成$(C_6H_{10}O_5)_n$。通常认为纤维素是以1，4苷键（氧桥）连接成为纤维素双糖，是纤维素的基本链节。在结晶区内相邻的葡萄糖环相互倒置，糖环中的氢原子和羟基分布在糖环平面的两侧。纤维素的化学结构为：

$$\text{纤维素结构式}$$

式中，n为聚合度，左端葡萄糖剩基上的数字表示碳原子的位置。从上述纤维素的结构式中还可以看到以下几个特点。

① 纤维素分子中的葡萄剩基（不包括两端的）上有三个自由存在的羟基，其中2，3位上是两个仲醇基，6位上是一个伯醇基，它们具有一般醇基的特性。

② 在左端的葡萄糖剩基上含有四个自由存在的羟基，在右端的剩基中含有一个潜在的醛基。按理纤维素也应具有还原性质，但是由于醛基数量甚少，所以还原性不显著，然而会随着纤维素分子量的变小而逐渐明显起来。

目前已经测知天然纤维如棉、麻等的纤维素的聚合度比较大，约在10000左右，而黏胶纤维素则较低，约为250～500左右。

从纤维素的分子结构来看，它至少可能进行下列两类化学反应。一类是与纤维素分子结构中连接葡萄糖剩基的苷键有关的化学反应；另一类则是纤维素分子结构中与葡萄糖剩基上的三个自由羟基有关的化学反应。如对染料和水分的吸附、氧化、酯化、醚化、交联和接枝等。

1.2.2 棉纤维的形态结构和理化性质

棉纤维是锦葵科棉，属植物种子上覆盖的纤维，是棉花成熟后去籽而得到的，通称棉花或棉，为种子纤维。棉织物具有吸湿和透气性好，柔软、保暖性和服用性好的特点。纺织工业使用的棉纤维原料按品种分为细绒棉（又称陆地棉）、粗绒棉和长绒棉（又称海岛棉）三种，见图1-2。

图1-2 不同来源棉纤维的截面示意图

其中以长绒棉的品质及纺纱性能最好，用以制织高档织物，或纺制特种用纱，制织特种织物。棉纤维的组成见表1-2。

表 1-2　棉纤维的组成（以绝对干燥纤维的%计算）

组成成分	含量/%	组成成分	含量/%
纤维素	94.0	有机酸	0.8
蜡状物质	0.6	果胶物质（按果胶酸计算）	0.9
灰分	1.2	多糖类	0.3
含氮物质（按蛋白质计算）	1.3	未测定部分	0.9

棉纤维一般长度为 21～33mm，细度为 0.5～0.75 旦，细度与长度的比例为 1：(1200～1500)，棉纤维的相对密度为 1.5～1.55。它比羊毛、蚕丝、涤纶、维纶、锦纶、腈纶、氯纶和丙纶都重。

由于纤维素大分子上有许多羟基，所以具有强的亲水性，因此棉纤维吸湿性大。在温度 20℃，相对湿度为 65%时，棉纤维的标准吸湿率为 7%，它比已知的合成纤维（如涤纶、维纶、锦纶、腈纶、氯纶和丙纶）高，但比羊毛、蚕丝和黏胶纤维小。

棉纤维的分子很大，分子排列也紧密，所以具有一定的强度。棉纤维的断裂强度在天然纤维和再生纤维领域里来说是比较高的，但是与合成纤维相比有些逊色。

棉纤维是由胚珠（以后发育成棉籽）的表皮细胞经过伸长和加厚而形成的。借助电子显微镜可以看到棉纤维的横截面是由很多的同心圆排列的纤维层组成，好像树木的年轮一样。最外层是初生胞壁，中间是次生胞壁，中心是胞腔，见图 1-3。

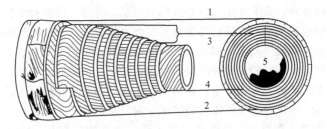

图 1-3　棉纤维的形态结构
1—初生胞壁；2—次生胞壁的外层；3—次生胞壁的中心区域；
4—次生胞壁的内层；5—带有原生质残渣的胞腔

棉纤维的截面由外至内主要由初生胞壁、次生胞壁和胞腔三个部分组成。初生胞壁是棉纤维在伸长期形成的，它的外皮是一层极薄的蜡质与果胶。初生胞壁很薄，纤维素含量也不多。纤维素在初生胞壁中呈螺旋形网状结构。

次生胞壁是棉纤维在加厚期积淀而成的部分。由于每日温差的关系，大多数棉纤维逐日积淀一层纤维素，形成了棉纤维的日轮。纤维素在次生胞壁中的积淀并不均匀，束状小纤维的形态与纤维轴呈倾斜螺旋形（螺旋角约为 25°～30°），并沿纤维长度方向有转向。这是使棉纤维具有天然转曲的原因。次生胞壁的发育加厚情况取决于棉纤维的生长条件、成熟情况，它决定了棉纤维的主要物理性质。

棉纤维生长停止后遗留下来的内部空隙就是胞腔。同一品种的棉纤维，外周长大致相等，次生胞壁厚时胞腔就小，次生胞壁薄时胞腔就大。胞腔内留有少数原生质和细胞核残余物，它对棉纤维颜色有影响。

成熟正常的棉纤维，截面是不规则的腰圆形，中有中腔。未成熟的棉纤维，截面形态极扁，中腔很大。过成熟棉纤维，截面呈圆形，中腔很小。按棉纤维的成熟度，即纤维胞壁的增厚的程度，可分为成熟棉、未成熟棉、完全未成熟纤维（死纤维）和过成熟棉及完全成熟棉，见图1-4。

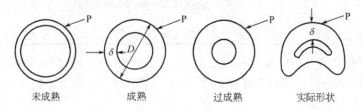

图1-4　棉纤维成熟度的理论几何图示

棉纤维具有天然转曲，它的纵面呈不规则的而且沿纤维长度不断改变转向的螺旋形扭曲。成熟正常的棉纤维转曲最多；未成熟棉纤维呈薄壁管状物，转曲少；过成熟棉纤维呈棒状，转曲也少。天然转曲使棉纤维具有一定的抱合力，有利于纺纱工艺过程的正常进行和成纱质量的提高。

初生胞壁表层很薄，厚度只有 $0.1 \sim 0.2 \mu m$，由纤维素分子、棉蜡和果胶等组成。它们排列紊乱，其中纤维素含量较少，这一层不是棉纤维的主体，通过碱剂和氧化剂处理能够去除。次生胞壁基本上都是由纤维素组成，这一层占整个棉纤维总量的90%左右，在这层内又有三个同心圆，分成外层、中心区域和内层。外层直接和初生胞壁相连，所以很多方面和初生胞壁相似。中心区域的各层与外层由原始分子束组成的原纤维的定向恰好彼此相反，假使外层原纤维走向呈S螺旋式，则中心区域各层按Z螺旋式排列，但内层的结构则又与外层相同，中心层胞腔是棉纤维最早生成的部分。棉籽上最初长出的纤维是薄壁圆形小管，管内充满了输送给棉纤维的蛋白质、矿物质等营养性的原生质，随着次生胞壁长厚，管子便缩小。所以检查棉纤维的成熟度，可以从胞腔大小来衡量。

从X射线衍射图像观察到，纤维素纤维大分子排列的情况是不均一的，有的地方紧密有的地方稀疏。在紧密的区域内，纤维素分子是比较平行分布的，形成较整齐的部分称为结晶区，或定向结构区，又称整列部分；在稀疏区，纤维素分子不是严格平行分布，而是形成不够整齐的部分，称为非晶区或无定形结构区，又称非整列部分。棉纤维的结晶区大小决定纤维的力学性能。结晶区越大则纤维的断裂强度、弹性等越高，而延伸度、柔软性等却越差。棉纤维的结晶区所占的比例为2/3左右。水能侵入棉纤维的非晶区，并且由此产生膨胀。由于棉纤维结晶区大分子排列整齐，水就很难进入。棉纤维在水中产生膨化结果，使横截面增加50%左右，长度增加1%~2%。棉纤维的吸湿作用和膨化现象，使棉纤维具有和水中一些溶解物质反应的性能，这就是现阶段以水为介质的印染生产工艺的基础。

吸湿对棉纤维来说也能影响力学性能，如尺寸改变、透气性、弹性、挠性、耐磨性以及其他性质都要改变。棉纤维的吸湿性也是穿着舒适的一个因素，纤维吸湿越多，放热也越多，因此保暖性也较好。

棉纤维对一般有机溶剂（如乙醇、苯、醚、石油醚等）都是十分稳定的，它不溶于以上任何一种溶剂中。棉纤维和涤纶差异处是没有明显的热塑性，如软化点、熔点等。高温时，棉纤维的作用有下列两种情况。

① 当温度高达 270～350℃时，棉纤维产生热裂解反应，分解产物有气、液、固三相物质。

② 在 85～180℃，伴随着纤维素的水解和氧化，纤维聚合度和强力明显下降。如果温度继续升高，并经一定时间后，则产生各种复杂反应。

1.2.3 麻纤维的形态结构

我国纺织工业部门使用的麻纤维原料大多为韧皮纤维，包括苎麻、亚麻、黄麻、洋麻、大麻、罗布麻等。亚麻和苎麻是生长在韧皮植物上的纤维，也称为韧皮纤维，成束地分布在植物的韧皮层（又称柔软细胞组织）中。纤维束是由多根单纤维以中间层相互连接起来，单纤维在纵向彼此穿插，因此，纤维束连续纵贯全层，等于植物的高度，纤维束在横向又绕全茎相互连接。单根麻纤维是一个厚壁、两端密闭、内有狭窄胞腔的长细胞。一切麻纤维都有这样的特征，但各种麻的单纤维外形、长短和化学成分等方面却存在一定差异。苎麻单纤维两端呈锤头形或分支；亚麻两端稍细，呈纺锭形；大麻呈钝角形或分支；黄麻呈钝角形。单纤维纵横截面也各不相同，见图 1-5。

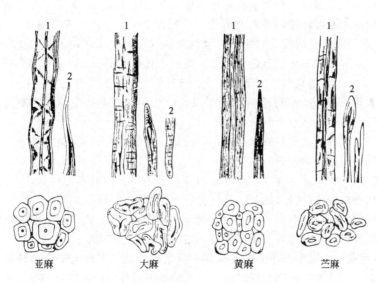

图 1-5 麻纤维纵切面和横切面
1—中段；2—末段

从图 1-5 中可看到纤维上具有竖纹和横节。竖纹的形成与纤维中分子组成的原纤排列有关，而横节则是纤维紧张处弯曲使原纤（比较粗大的纤维素分子束）分裂所致。有些横节条纹，不一定是真的横节，可能是初步加工过程中遭受损伤而形成的裂纹。几种麻纤维的长度和截径见表 1-3。

表 1-3 几种麻纤维的长度和截径

纤维	长度/mm	截径/μm	纤维	长度/mm	截径/μm
苎麻	127～152	20～75	大麻	13～25	16～50
亚麻	11～38	11～20	黄麻	2～5	20～25

麻纤维的主要化学成分和棉一样,也是纤维素,但含量较低,此外还有蜡状物、木质素、果胶物质、含氮物质和灰分等。麻纤维的化学组成见表1-4。

表1-4 麻纤维的化学组成

名称	纤维素/%	半纤维素/%	果胶/%	木质素/%	其他/%	单纤维细度/μm	单纤维长度/mm
苎麻	65～75	14～16	4～5	0.8～1.5	6.5～14	30～40	20～250
亚麻	70～80	12～15	1.4～5.7	2.5～5	5.5～9	12～17	17～25
黄麻	57～60	14～17	1.0～1.2	10～13	1.4～3.5	15～18	1.5～5
红麻	52～58	15～18	1.1～1.3	11～19	1.5～3	18～27	2～6
大麻	67～78	5.5～16.1	0.8～2.5	2.9～3.3	5.4	15～17	15～25
罗布麻	40.82	15.46	13.28	12.14	22.1	17～23	20～25

(1) 苎麻 苎麻系荨麻科苎麻,属多年生宿根性草本植物,其宿根年代可达数十乃至数百年以上。苎麻分白叶种及绿叶种两种,前者主要产于我国,纤维品质优良,又称中华品系,后者主要产于东南亚各国,又称马来品系,纤维品质不及白叶种。

苎麻植株的地下部分统称为麻蔸,包括地下茎及根两部分。麻茎丛生于麻蔸上,呈圆筒形,梢部较细,基部较粗,外表有茸毛,一般高2m左右,高者可逾3m。麻茎粗细约为1～2cm。麻茎在生长的前、中期呈淡绿色或深绿色,在成熟期由于韧皮纤维成熟,皮层中的木栓组织代替了表皮,茎色多由绿色变为黄褐色或褐色。茎上有节,节数不等,一般为30～60个,气候不良时,则茎矮节少,节间较短,节间长度为2～6cm。麻茎一般不分枝,但在栽植的第一年或稀植的情况下以及收获期,推迟的老熟麻茎则易有分枝的倾向。每个麻蔸上着生的茎有十到数十根。

(2) 亚麻 亚麻系亚麻科亚麻,属草本植物,纺织工业用亚麻均为一年生。同属植物有万余种。按其用途分为三种。

① 纤维用亚麻(通称亚麻) 麻茎直而高,子荚少。一般不分枝,茎中纤维含量高,主要用以制取亚麻纤维,纤维细长,是优良的纺织纤维之一。

② 油用亚麻(亦称胡麻) 麻茎短、粗,子荚多,分枝多,主要用以收取种子、榨油。茎中纤维含量少,纤维短、粗,质差,用以纺制低档产品。

③ 兼用亚麻 性能介于纤维用亚麻和胡麻之间,兼具亚麻与胡麻的长处,既用以收取种子、榨油,另外也收取部分纤维。纤维质量虽不及纤维用亚麻,但优于胡麻纤维,用以纺制质量较好的低档纱甚至是中档麻纱。收获的亚麻麻茎称原茎。原茎经浸渍脱胶并晒干后得到干茎。干茎经碎茎打麻工艺加工得打成麻,即为亚麻纺织厂的原料。

(3) 黄麻、洋麻 黄麻、洋麻 是我国主要麻类资源之一,大量地用以制织麻袋等包装材料。此外,由于纺织化学加工及机械加工技术的提高以及消费者的需要,近年来也有部分黄麻纤维经化学改性处理后用来制织服装面料及地毯等。黄麻是椴树科(或田麻科)黄麻,属一年生草本植物。这类麻约有40个种,用于纤维的有14种,我国栽培品种大多为圆果种和长果种两种。

洋麻系锦葵科木槿,属一年生草本植物。木槿大约有200个品种,我国栽培品种绝大多数为南方型洋麻。

(4) 罗布麻纤维 罗布麻纤维除了具有吸湿性、透气性好,强力高等麻纤维的共性之外,它还具有丝的光滑,棉的舒适和麻的挺爽,是一种具有优良品质的麻纤维。随着研究的深入，罗布麻的医疗保健功能被人们充分肯定。可以调节血压，提高人体机能，对高血压、气管炎、肾炎、感冒有一定的疗效，还能延缓衰老。研究者还发现，罗布麻纤维是一种天然远红外线辐射材料，能发射出 $4\sim16\mu m$ 的远红外光波。这种远红外光波可以使人体血液新陈代谢能力提高，减少动脉硬化，增强人体免疫能力。此外，罗布麻纺织品还可抵抗紫外线。

(5) 大麻纤维　大麻纤维的优点是在种植期间无需使用杀虫剂和肥料，不会造成土地污染，而且种植收获期较短；大麻纤维和其他纤维混纺后所得织物挺括，悬垂性好，抗静电性能好，穿着凉爽不贴身，吸湿散热快，大麻纤维无需特别整理即可屏蔽 95% 以上的紫外线。目前大麻已渗透到纺织业的各个领域。与棉纺织品相比，大麻纺织产品具有耐磨、吸湿透气爽身、排汗性能好、能阻挡更多的紫外线且不易发霉、屏蔽辐射、柔软适体、隔热绝缘、抗霉抑菌、消散音波、防止静电、坚固耐用、风格粗犷等特点，它适于穿、戴、包、挂、垫、盖等多种用途。近些年利用大麻纤维原料开发的麻纱、麻布、色织布等麻服饰用布、麻凉席、床单、台布、窗帘布、抽纱绣品等麻装饰用布以及大麻保健系列产品，正日益受到广大消费者的欢迎。大麻纤维是新世纪最具潜质的天然纤维，随着大麻纺织技术的逐步成熟，它将渗入到我们生活的每个领域。

1.2.4　天然再生纤维

(1) 再生纤维素纤维

① 黏胶纤维　黏胶纤维的基本组成物质和棉、麻等一样，都是纤维素，但聚合度较低，一般黏胶纤维约在 250～500 左右。由于老化等过程的作用，分子结构可能发生部分变性，含有较多的羧基和醛基。一般黏胶纤维在显微镜中的形态是纵向为平直的圆柱体，截面是不规则的锯齿状。普通黏胶纤维的结晶度约为 30%～40%，晶区尺寸较小，40Å（直径）×300Å（长）。普通黏胶纤维在电镜中一般观察不到原纤结构，在黏胶纤维中具有折叠链结晶，结晶的长度约 200Å 左右。普通黏胶纤维的截面结构是不均一的。

② 醋酯纤维　醋酯纤维由含纤维素的天然材料经化学加工而成。主要成分是纤维素醋酸酯，在性质上与纤维素纤维相差较大，有二醋酯纤维和三醋酯纤维之分。醋酯纤维一般是指二醋纤维。

醋酯纤维大多具有丝绸风格，多制成光滑、柔软的绸缎，或挺爽的塔夫绸，但耐高温性差，难以通过热定形形成永久保持的褶皱。醋酯纤维强度低于黏胶纤维，湿态强力也较低，耐用性较差。为避免缩水变形，宜采用干洗。醋酯纤维相对密度小于纤维素纤维，其织物穿着轻便舒适。

③ 铜铵纤维　铜铵纤维由纤维素溶解于铜铵溶液中纺丝而成。铜铵纤维的聚合度比黏胶纤维高。铜铵纤维截面为圆形，无皮芯结构，铜铵丝织物手感柔软，光泽柔和有真丝感。铜铵纤维湿强为干强的 65%～70%，耐磨性和耐疲劳性比黏胶纤维好。回潮率与黏胶纤维接近。铜铵纤维没有皮层，吸水量比黏胶纤维高 20% 左右，染色性也较好，上染率高，上色也较快。铜铵纤维织物广泛用作高级套装的里料。

(2) 再生蛋白质纤维　目前已使用过的蛋白质有酪素奶制品蛋白、牛奶蛋白、蚕蛹蛋白、大豆蛋白、花生蛋白和明胶等。

虽然再生蛋白质可以制成各种膜、粉末和块状材料，但制备的纤维状物质存在分子量偏低，分子不易伸直取向排列，而造成纤维的低强度；耐热性差，当温度超过 120℃ 时，纤维就要变黄；纤维自身发黄，染色后色泽不好。此外，再生蛋白质纤维原料成本高，产品的竞争力并不强。

1.3 动物纤维

动物纤维是指基本组成物质为蛋白质的一类纤维，又称蛋白质纤维，如羊毛和蚕丝。凡是由蛋白质构成的纤维弹性都比较好，织物不易产生折皱，它们不怕酸的侵蚀，但碱对它们的腐蚀性很大。蛋白质纤维按来源分有天然的和人造的（再生的）两种。属于天然蛋白质纤维的有动物毛发和蚕丝等，其中以羊毛和蚕丝的地位最为重要。人造蛋白纤维是以非纤维状态的天然蛋白质为原料，如大豆蛋白、牛奶蛋白等，采用适当的方法加工制成。羊毛和蚕丝的性能比较见表1-5。

表1-5 羊毛和蚕丝的性能比较

品名	分类	纤维长度/mm	单纤维细度/μm	断裂强度/(cN/dtex)	断裂伸长率/%	含杂率/%	耐酸碱性	吸湿性/%
羊毛	细羊毛	60～120	14.5～25.0	1.15～1.59	35～50	25～60	耐酸	16
	半细羊毛	70～180	25.0～35.0					
	长羊毛		29.0～55.0					
	粗羊毛	60～400	36.0～62.0					
蚕丝	家蚕丝	650～1200		3～3.5	15～25	1～2.5		11

1.3.1 羊毛的结构和性质

(1) 羊毛纤维的结构　羊毛纤维大分子是由多种氨基酸组成的，这些氨基酸缩聚而成羊毛角质线型大分子，呈螺旋状，叫做α-螺旋，如图1-6所示，分子中的亲水基团大部分布在螺旋周围。有些带碱性基的精氨酸，以及带酸性基的天门冬酸和谷氨酸使α-螺旋间形成盐式结合，而胱氨酸则可使α螺旋之间形成二硫键主价结合，使羊毛角质大分子形成网状结构。

羊毛由鳞片层、皮质层和髓质层所组成。但细羊毛一般不含有髓质层，羊毛的形态结构如图1-7所示。

鳞片层由鳞片细胞组成，边缘指向毛尖。鳞片细胞分为三层，外层为拒水薄膜，中层又可分为两层，含硫较多，其胱氨酸占羊毛总量的16%，交联程度高，有保护羊毛的作用，但也阻止染料向内部扩散。鳞片细胞的内层，胱氨酸含量小，亲水性强，易被酶解。鳞片层的内部为皮质层，它是羊毛的主要成分，由皮质细胞构成。处于羊毛卷曲外侧的叫正皮质细胞，内侧的叫副皮质细胞，前者较后者含硫量低，化学性质活泼，易吸湿，易着色，叫做羊毛的双侧结构。不论鳞片细胞还是角质细胞之间，均含有细胞间质，其结构较松，染色时染料的通道，其作用不容忽视。髓质细胞为薄壁细胞，性脆，难染。

(2) 羊毛的性质　羊毛角朊大分子的末端及侧链上有许多氨基和羧基，使羊毛角朊具有两性性质。若调整溶液的pH值，使羊毛角朊大分子上的正、负电离基团数相等，这时羊毛大分子为电中性。这时溶液的pH值叫做羊毛的等电点，一般羊毛的等电点约为4.2～4.8。

羊毛在水中发生各向异性的溶胀，横截面增加。在标准条件下，回潮率为14%。在水中长时间的沸煮会引起羊毛的部分水解，比在蒸汽中更易损伤，如蒸馏水煮沸1d，损

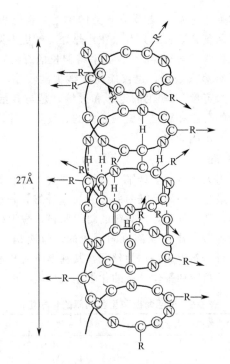

图 1-6 羊毛纤维大分子 α-螺旋结构

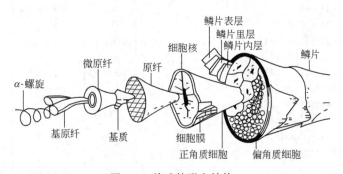

图 1-7 羊毛的形态结构

失重量 4%；当温度达到 200℃时，羊毛损伤严重，几乎全部水解。

角质会吸收质子，对稀酸特别是弱酸比较稳定。较浓的无机酸会使羊毛水解，损伤羊毛，并随温度提高、时间延长而加剧。羊毛不耐碱，在一定的条件下会发生主链水解，二硫键断裂，沸热的 3% 烧碱溶液可使羊毛溶解。纯碱的损伤较小，但也会使羊毛强力下降，色泽泛黄，含硫量下降。还原剂能使二硫键遭到破坏，在碱性条件下，使羊毛发生显著损伤。羊毛不耐氧化剂的作用，故用 H_2O_2 漂白时，必须严格控制工艺条件。用含氯氧化剂可部分地破坏鳞片层。为防止羊毛发生毡缩，并提高染色性，工业生产中常用氯化法进行羊毛的防毡缩及印花的前处理。

羊毛的定形和过缩是羊毛的一个重要特性，对其染整加工有很大影响。受到张力的羊毛，在热水或蒸汽中处理很短时间，去除负荷，任其在蒸汽中回缩，则羊毛能收缩到比原来长度还短,这种现象称为"过缩"。若受有张力的羊毛,在热水或蒸汽下作用一定时间后,撤去负荷,羊毛并不回复到原长,只有放在比热处理时更高温度下作用,才能获得重新回缩的性能,这种现象称为"暂时定形"。如果将伸长的纤维在热水或蒸汽中处理1~2h,去除负荷后,即使再经蒸汽处理,也仅能使纤维稍微收缩,其长度仍可超过原长的30%,这种现象称为"永久定形"。羊毛的定形和过缩,是与其蛋白质分子主链即肽链构象变化以及肽链间交联键的拆散和重建等紧密相关的。发生上述现象的羊毛,光泽、强力和对染料的吸收能力都有一定的变化。

1.3.2 蚕丝的结构和性能

蚕丝纤维又称真丝,为天然蛋白质纤维。桑蚕、柞蚕、蓖麻蚕及木薯蚕丝等都可用于纺织产业,以桑蚕丝质量最好。蚕丝是唯一的天然长丝纤维,长度一般在800~1100m之间,光滑柔软,富有光泽,穿着舒适,是高级的纺织原料,誉为纤维皇后。

蚕丝是由蚕体内绢丝腺分泌出的丝液凝固而成的。丝液是一种高浓度的凝胶状水溶液。每一根蚕丝由两条平行单丝组成,称为丝朊,其基本组成与羊毛角朊一样,由 α-氨基酸构成的蛋白质组成,羊毛角朊和蚕丝丝朊的化学组成见表1-6。

表1-6 羊毛角朊和蚕丝丝朊的化学组成

	取代基团化学式	代号	羊毛角朊/%	蚕丝丝朊/%
甘氨酸	—H	Gly	3.1~6.5	37.5~48.3
丙氨酸	—CH$_3$	Ala	3.3~5.7	26.4~35.7
丝氨酸	—CH$_2$OH	Ser	2.9~9.6	12.6~13.6
缬氨酸	—CH(CH$_3$)$_2$	Val	2.8~6.8	3.0~3.5
谷氨酸	—CH$_2$—COOH	Glu	5.9~9.2	0.7~2.9
苏氨酸	—CH(CH$_3$)—OH	Thr	5.0~7.2	1.2~1.6
亮氨酸	—CH$_2$—CH(CH$_3$)—CH$_3$	Leu	7.4~9.8	0.7~0.8
异亮氨酸	—CH(CH$_3$)—CH$_2$—CH$_3$	iso Leu	3.4~3.7	0.8~0.9
松氨酸	—(CH$_2$)$_4$—NH$_2$	Lys	2.8~5.7	0.2~0.9
苯丙氨酸	—CH$_2$—C$_6$H$_5$	Phe	3.3~5.9	0.5~3.4
天门冬氨酸	—CH$_2$—COOH	Asp	5.9~9.2	0.7~2.9
脯氨酸	(环状结构)	Pro	3.4~7.2	0.4~2.5
精氨酸	—(CH$_2$)$_3$—NH—C(NH$_2$)=NH	Arg	7.9~12.1	0.8~1.9
组氨酸	(咪唑基)	His	0.6~2.05	0.3~0.5
色氨酸	(吲哚基)CH$_2$CH(NH$_2$)COOH	Try	0.6~1.8	0.4~0.8

蚕丝的性质与氨基酸的种类和这些分子的结晶等聚集态结构有关。丝朊表面包覆着水溶性蛋白质丝胶,蚕丝的结构见图1-8。

丝胶能溶于热水,丝朊却不溶于水。由几个茧一起抽得的未经精练过的丝称为生丝,

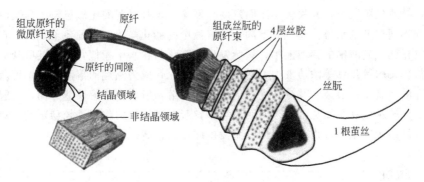

图 1-8 蚕丝的结构

生丝经过精炼脱胶以后称熟丝。生丝硬，熟丝软。横截面呈椭圆形，自茧外层到内层，茧丝的椭圆截面渐趋扁平，桑蚕丝的横截面构造见图 1-9。

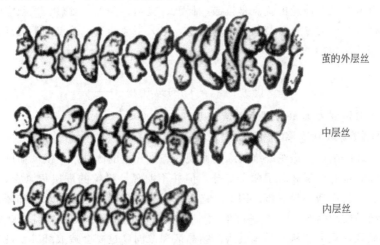

图 1-9 桑蚕丝的横截面构造

　　桑蚕生丝的组成中除了主要组成丝朊和丝胶外，还含有少量其他物质，包括色素、油蜡和无机物。生丝的化学组成为至今已知的由碳、氧、氢、氮、硫等元素组成的 18 种氨基酸。丝胶与丝朊所含的主要氨基酸的种类相似，但它们的含量不同。丝胶亲水性比较大，分子间排列比较疏松，能部分地溶解于水，其溶解随温度、pH 值而不同。柞蚕丝的丝胶含量比家蚕丝低，在水和酸、碱溶液中的溶解度都比桑蚕丝低。

　　去除生丝丝胶的过程叫做脱胶，目的在于获得柔软的手感与良好的光泽。脱胶后生丝的主要成分为丝朊，它的分子结构中没有庞大的支链。丝朊的多缩氨酸链在纤维轴方向具有相当高的定向整列度，结晶度亦比较高。丝朊分子的多缩氨酸链间没有共价键的结合，盐式键也不多。

　　丝朊不溶于水、酒精、醚及二硫化碳等溶剂，蚕丝纤维的分子呈两性性质，其中酸性氨基酸含量大于碱性氨基酸含量，因此，蚕丝纤维的酸性大于碱性，是一种弱酸性物质，因而耐酸而不耐碱。在碱溶液中很敏感，并受 pH 值、时间、温度等因素的影响。丝朊受弱碱的稀溶液的作用较为缓和，其损伤随温度、处理时间而不同。温度高，时间长会使丝朊水解，导致丝朊发黄，并失去光泽而发硬、发脆。丝朊对弱酸比碱稳定。强酸溶液会使肽键受到不同程度的水解。丝朊对不同盐类溶液中的膨化与溶解情况各不相同，在某些中性盐如氯化钠、硝酸钠的稀溶液中，丝朊发生的膨化与在水中相似，但在某些盐如锶、钡的氯化盐、无水氯化钙等浓溶液中，会发生无限膨化，成为黏稠的溶液，从中可获得再生丝。煮沸的浓氯化锌溶液在几分钟内即能使丝朊溶解，所以在溶解性能方面，丝朊与纤维素很相似。丝朊容易受氧化剂的作用而破坏。丝朊对还原剂的作用是较稳定的，对日光的稳定性较纤维素纤维差，蛋白酶能使丝朊发生缓慢的水解。

1.4 涤纶

涤纶是我国聚酯纤维产品的名称。所谓聚酯纤维是指含有按重量计不少于85%的二元醇与对苯二甲酸或对苯二甲酸二甲酯缩聚制得的聚酯树脂，而后用熔融法纺丝和加工处理而制成的合成纤维。涤纶的优点是抗皱、保型、挺括、美观。对热、光稳定性好。润湿时强度不降低，经洗耐穿，可与其他纤维混纺，年久不会变黄。缺点是不吸汗，而且需要高温染色。涤纶结构如下：

$$\left[\begin{matrix} O & & O \\ \| & & \| \\ C- & -C-O-(CH_2)_2-O \end{matrix}\right]_n$$

涤纶的相对密度为1.38，其分子量在15000~30000。

1.4.1 涤纶的物理状态和性能

(1) 涤纶纤维结构　涤纶纤维的纵向微观状态是光滑的圆柱形，横截面则基本上是圆形实体。涤纶纤维有皮层和芯层两个部分，但并不明显。涤纶的皮层很紧密，不易染色，但染料一旦进入皮层却不易剥落。因此，涤纶采用分散染料染色后的水洗和摩擦牢度均较好。涤纶的结晶度约为60%，结晶度的大小与染色有很重要的关系，因为染料和助剂是很难进入结晶区，只可能从非晶区进入。结晶区和取向度过高会造成纤维发硬变脆。

(2) 机械强度和形状稳定性　涤纶纤维大分子属线型分子链，分子侧面没有连接大的基团和支链，因此涤纶纤维大分子是分子间紧密结合在一起而形成的结晶体，使纤维具有较高的机械强度和形状稳定性。涤纶的机械强度包括弹性、强度、耐磨性等，涤纶的弹性比所有的合成纤维高，与羊毛接近。这是由于在纤维的线型分子链中，有对称分散出现的苯环。苯环是平面结构，不易旋转，当受到外力后，虽然产生变形，一旦外力消失，纤维变形便立即恢复。因此，涤纶的弹性和尺寸稳定性特别好，在穿着时很挺括，十分平整。涤纶的耐冲击强度比锦纶高4倍左右，比黏胶纤维高20倍。涤纶的耐磨性能仅次于锦纶，它是强度、伸长率和弹性之间的一个综合效果，由于涤纶的弹性特佳，强度和延伸度又好，所以涤纶的耐磨性能也好。

(3) 吸湿性和染色性能　棉纤维在大气中具有一定的吸湿性，在标准条件下（20℃，相对湿度65%）的吸湿率大约为7%~8%。棉纤维之所以能具有如此大的吸湿率，是由于分子结构中有大量的亲水性吸湿中心——羟基。在涤纶纤维中虽然和棉纤维一样也具有无定形部分，但缺少吸湿中心，在标准状态下的吸湿率只有0.4%（锦纶4%，腈纶1%~2%），即使在100%相对湿度下的吸湿率也仅为0.6%~0.8%。由于涤纶纤维的吸湿性低，因而具有一些特性，例如涤纶纤维在水中的溶胀度小，干、湿强度和断裂伸长率基本相同，导电性差，容易产生静电、沾污现象以及染色困难等。

涤纶染色比较困难，原因可以从两方面加以说明。首先是分子结构中缺少像纤维素或蛋白质纤维那样能和染料发生结合的活性基团，因此原来能用于纤维素或蛋白质纤维染色的染料，不能用来染涤纶，但可以采用染醋酯纤维的分散性染料染色。其次，即使采用分散性染料染色，除了某些分子量较小的染料以外，也还存在着另外的一些困难。这种困难主要是由于涤纶分子排列得比较紧密，纤维中只存在较小的空隙。当温度低时，分子热运动改变其位置的幅度较小，在潮湿的条件下，涤纶纤维又不会像棉纤维那样能通过剧烈溶胀而使空隙增大，因此染料分子便难以渗透到纤维内部去。因此需采取一些有效的办法，如高温染色、携染剂染色等。但也正是由于这种性质，使涤纶织物具有快干的特点，在工业上涤纶又是良好的绝缘材料。

(4) 纤维的静电性　由于涤纶的吸湿性小，所以导电能力极弱，容易在摩擦和高温运动时积累大量静电。涤纶静电多的原因除纤维的疏水性外，还有大分子活动能力弱，不容易传递电荷等。染整生产经常处在高温状态，涤纶织物与金属导辊或机械摩擦能产生大量静电，造成火花，织物容易粘住导辊和吸附尘土、油污。

(5) 耐气候性　涤纶经600h的日光暴晒，仍能保持60%～70%的强度，当继续暴晒到2800h后，强力下降为30%～40%。涤纶的"老化"主要是氧化裂解。还有一个原因是使用过程中由于结晶而产生"老化"。另外，涤纶对3000～3300Å波长的紫外线敏感。由于涤纶有良好的耐热性、耐晒性和耐水性，所以也有优良的耐气候性。

1.4.2　涤纶的热性能

涤纶有良好的热塑性，在不同的温度下产生不同的变形，涤纶是结晶型和非晶型两者混合的高分子化合物。涤纶受热变形处于非晶型和结晶型高分子化合物受热变形之间。涤纶有比较清楚的三种受热变形形态，在玻璃化温度以上，只有非晶区内某些分子链间作用力小的链段才能活动，分子链间相互作用力大的链段仍难运动，结晶区内的分子链当然不能运动，所以纤维只表现为比较柔韧，但不一定像高弹态一样有很好的弹性。当继续加热到230～240℃时，到达涤纶的软化点，涤纶的非晶区的分子链运动加剧，分子之间相互作用的力都被拆开，此时类似黏流态，而结晶区内的链段却仍未被拆开，所以纤维只发生软化而不熔融，但此时已丧失了纤维的使用价值，所以在印染加工中不允许超越这个温度。涤纶织物的转移印花，就是利用非晶区受热，分子链运动来达到的。但是必须严格控制温度，如果超过允许范围，织物的手感变得粗硬，当涤纶受到258～263℃高温时，涤纶结晶区内分子链段也开始运动，纤维也就熔融了，这个温度就是涤纶的熔点。

涤纶在无张力的情况下，纱线在沸水中的收缩率达7%，100℃的热空气中纤维收缩率为4%～7%，200℃时可达16%～18%。这种现象是涤纶纺丝时拉伸条件和纤维结晶状况所造成的，如将未拉伸、未定形的纤维预先在高于它的结晶温度、有张力条件下处理，然后在无张力的条件下热处理，纤维就不会有显著的收缩。经过高温定形处理后，涤纶的尺寸稳定性提高也是这个道理。涤纶在高温蒸汽长时间的作用下要发生水解，纤维的强力和染色性能都会下降，但在水和以水为介质的染浴中能够经受140℃的高温。

1.4.3　涤纶的化学性能

涤纶的化学性质决定于纤维的分子结构，在整个涤纶分子中只有酯键具有一定的化学反应能力，而苯环和亚甲基都非常稳定。总的说来，涤纶的化学性质比较稳定。

(1) 酸对涤纶的作用　在涤纶的分子结构中，没有能被酸侵入的基团，本身物理结构又比较紧密，因此对酸的抵抗能力很强。在弱酸中，即使在高温沸煮的条件下，涤纶也非常稳定，用强酸在低温处理时，涤纶的稳定性也是良好的。例如在40℃，用小于30%的硫酸或盐酸的溶液处理，强力没有下降。但当硫酸溶液浓度高达95%时，即使在室温条件下也足以破坏。强酸在温和条件下能对涤纶产生膨化作用。

(2) 氧化剂和还原剂对涤纶的作用　涤纶对各种氧化剂和还原剂均有很好的化学稳定性。常用的氧化剂如亚氯酸钠和过氧化氢对涤纶均无影响。但必须注意过氧化氢漂白时，一般加有氢氧化钠，往往在高温时对涤纶产生损伤作用。次氯酸钠对涤纶的影响和作用与pH值有关，当有效氯浓度为5g/L，漂白温度为50℃，在pH值为7或11时，即使作用七天七夜也无损。但pH值下降到5时，涤纶的强力就显著下降，下降幅度可达10%左右。还原剂中保险粉（低亚硫酸钠）的饱和溶液对涤纶无损伤。

(3) 有机溶剂对涤纶的影响　一般有机溶剂（如丙酮，苯、氯仿、三氯乙烯、四氯化碳等）在低温时对涤纶均比较稳定，但是在高温时就比较复杂，有的要收缩，有的要产生显著的溶胀现象。如用沸腾（120.8℃）的四氯乙烯处理涤纶10h后，除由于低聚物萃取后所造成的微结构变化外，还有显著的溶胀现象，溶胀作用的原因在于四氯乙烯能够进入涤纶的非结晶部分。

(4) 苯酚对涤纶的作用　苯酚能对涤纶起膨化作用。以苯酚的稀释液在40℃处理30min，用电子显微镜放大10000倍观察，就可以发现原来表面基本上是光滑的纤维发生整个膨化。如在20℃处理4d，纤维表面就出现裂痕，物理形态也起显著变化。在不同浓度和温度下，苯酚及其同系物不仅是涤纶的膨化剂而且也是溶解剂。涤纶能全溶于沸腾的苯甲醇、硝基苯、间苯二酚和在80℃的苯酚-四氯乙烷（1:1）的混合液中，但在室温下需要长达数天才能溶解。2%的苯酚、间苯二酚，苯甲酸或水杨酸水溶液和0.3%的邻苯基苯酚和对苯基苯酚水溶液仅能对涤纶起膨化作用。

(5) 涤纶的裂解老化　在氧和光、热，机械变形等长期作用下，涤纶产生老化现象，主要是氧化裂解（或者在使用过程中产生结晶），在合成纤维领域中，涤纶是属于老化比较缓慢的品种之一。

(6) 碱对涤纶的作用　在涤纶的化学结构中酯键有一定的化学反应能力，它对碱的水解比较敏感。但由于涤纶纤维物理结构上的特点，因此对碱还是具有一定的抵抗能力。碱对涤纶作用的程度决定于碱的浓度和温度。稀的氢氧化钠和碳酸钠在室温时，对纤维的损失是微不足道的。但浓的碱液或高温稀碱液均侵蚀涤纶。氢氧化钠对涤纶损伤的程度可以从表1-7中查到。

表1-7　氢氧化钠对涤纶损伤的程度

氢氧化钠浓度/%	失重率/%	纤度/旦	强力损失/%	伸长率/%
未处理	0	78.28	0	21.03
沸水	0.20	72.18	5.33	25.20
5	0.301	73.68	6.93	24.10
10	0.804	72.36	8.22	23.30
20	1.909	72	13.69	22.20
30	3.013	71.30	9.40	23.7

从上表可以看到，随着碱的浓度增加，涤纶酯键受水解作用影响也越大。经过碱处理后，重量、纤度、强力、伸长率都有变化。

氢氧化钠对涤纶的反应一般是随机的，无规则的。纤维结构均匀程度、有否表面活性剂、消光剂（二氧化钛）对均匀性均有影响。涤纶纤维大分子在碱作用下，降解到一定程度后，就会脱离纤维而进入碱液，从碱液中检测出乙二醇等的存在，就足以说明这一点。与此同时，碱也进到一定深度，使该处的纤维结构发生一定程度的松动。碱处理后，皮层有的增厚，就可能是这种情况下产生的。所以碱对涤纶的作用过程应包括结构松动、无规则切断和分散、溶解等一连串的复杂过程，这个作用逐步由表及里，层层推进。由于存在着反应的不均匀性，所以往往发生局部侵蚀，甚至有穿透性破坏。在实践中也发现，碱对涤纶的作用中时间因素很重要，因为即使高浓度的氢氧化钠溶液在短时间处理所造成的涤纶损伤也比低浓度的氢氧化钠溶液长时间处理为少。氢氧化钠对涤纶的损伤已从实践中证实，但任何事物都是一分为二的。近年来从研究中发现涤纶经氢氧化钠适当处理后，可以使纤维表面暴露出羧基，使之获得表面多孔性及易去污性。从观察中显示用这种氢氧化钠处理后的涤纶表面产生凹穴，同时降低纤维旦数，却带来了柔软的手感，即所谓减量整理和仿真丝整理。

除氢氧化钠外，氨、碳酸钠和硅酸钠对涤纶也有损伤。氨和涤纶的酯基在常温条件下易产生作用，这种现象称作氨解。氨解的结果是纤维的强力降低。除氨外，有机胺类也能产生类似反应。

1.5 锦纶纤维

锦纶纤维是一类以有机二胺和二酸、氨基酸或内酰胺为原料，通过酰胺键连接起来的高分子材料，以这类材料制成的合成纤维称为锦纶（属聚酰胺纤维）。

锦纶纤维具有很多优良特性，如弹性好、强度高、耐磨、耐用、密度小、染色性好、不易起皱、抗疲劳性好。吸湿率为3.5%～5.0%，耐霉、耐蛀等，产量较大的是尼龙66和尼龙6，分子结构如下：

$H\!+\!NH(CN_2)_5CO\!+\!_nOH$（尼龙6——聚己内酰胺） 分子量大约为$(16～22)×10^3$

$H\!+\!NH(CH_2)_6NH\,OC(CH_2)_4CO\!+\!_nOH$（尼龙66） 分子量约为$(14～18)×10^3$

1.5.1 锦纶的形态结构

锦纶是通过熔纺法制成的，在显微镜中所观察到的形态和涤纶纤维差不多，也就是说具有近乎圆形的截面和无特殊结构的纵向。在电子显微镜中可以观察到丝状的原纤组织，尼龙66的原纤宽约100～150Å。由于锦纶分子较涤纶分子容易结晶，因此两者的初生纤维的超分子结构不同，前者是部分结晶的，而后者则是无定形的。一般锦纶纤维的结晶度约为50%～60%，甚至高达70%。

1.5.2 热性能

锦纶与涤纶等其他合成纤维一样，是一种热塑性纤维，由于在染整加工中会受到多次的湿热处理，应该予以必要的注意。表1-8中显示了锦纶的耐热性。

表 1-8 锦纶的热转变点

转变点	尼龙 6	尼龙 66
玻璃化温度/℃	35~50	47~50
软化点/℃	160~180	235
熔点/℃	215~220	250~265

锦纶的热转变点比涤纶都要略低一些,而且受水分的影响又较大,所以在加工或使用时要特别留意。锦纶在有氧和水分存在时,在 100℃ 以下所受到的氧化作用,不太严重。例如尼龙 66 在 70℃ 处理两年后才会变脆,当温度为 250℃ 时,只要加热 2h 就会变脆。锦纶经过热氧化作用后,不仅强度降低而且泛黄。

1.5.3 对化学药品的稳定性

锦纶对化学药品的稳定性还是比较好的,对一般的有机溶剂如烃、醇、醚、酮比较稳定,能溶解在甲酸、甲酚、苯酚等溶剂中,干洗时不会受到严重损伤,但三氯乙烷对它有严重的损伤作用。尼龙 6 还可溶于饱和的氯化钙-甲醇溶液中。对其他化学药品的化学活泼性,主要决定于酰氨基和端基。在一般温度下,水对锦纶不会有什么影响,但在加压情况下温度达到 150℃ 时,酰胺键被水解。酰胺键的水解,可因碱而加速,但因超分子结构的关系,在较低的温度下,还是相当稳定的。例如锦纶在 10% 氢氧化钠溶液中,85℃ 加热 10h,强度仅降低 5%,可见比羊毛和蚕丝的耐碱性要高得多。稀酸不会严重地损伤锦纶,但能导致酰氨基的水解。锦纶在浓盐酸中强度的迅速下降,并非由于水解作用所致,而是溶解造成的。

1.5.4 氧化作用

锦纶可被氧化剂如过氧化氢、次氯酸盐和高锰酸钾破坏,但可采用亚氯酸钠或过醋酸进行漂白。有人对光氧化作用的机理进行了大量的研究工作,其降解过程主要是由于 α-碳原子上的氢,在有氧存在的情况下,形成过氧化氢,然后进一步发生降解。从上述反应,可以了解到聚酰胺纤维被氧化后发生强度下降和泛黄的原因。

1.5.5 交联和接枝

为了改善聚酰胺纤维的性能,例如提高其熔点、热稳定性和吸湿性等,可使它进行化学变性。主要的方法有两种,一种是交联,另一种是接枝。

锦纶由于分子结构中具有亚氨基和氨基端基,因此可以利用甲醛进行交联。羟甲基衍生物、二异氰酸酯、二酸的氯化物、三聚氯氰酸和 S_2Cl_2 等,都可用作锦纶交联剂。二异氰酸酯是最为有效的交联剂,而 S_2Cl_2 可使纤维具有最好的热稳定性。锦纶也可以通过接枝聚合的方法,使纤维性质获得改善,使纤维的亲水性和熔点得到提高。当尼龙 66 与环氧乙烷作用后,环氧乙烷与锦纶分子发生化学结合,生成带聚氧乙烯的端基,使纤维具有很好的柔韧性和亲水性。如果用丙烯酸接枝,可使熔点从 250℃ 升到 350℃,具有高度的防熔洞性。

1.5.6 吸湿性

锦纶纤维由于分子结构中含有大量极性酰氨基和非极性亚甲基,具有中等程度的吸湿性,吸湿率比维纶及一些天然纤维要低,但比其他的合成纤维要高些,见表 1-9。

表1-9　一些纤维的吸湿率（相对湿度65%，温度20℃）

纤　　维	吸湿率/%	纤　　维	吸湿率/%
棉	7～8	蚕丝	10
丝光棉	高至12	尼龙66	4.2
黏胶纤维	12～13	尼龙6	4
醋酯纤维	6	涤纶	0.4
羊毛	14	聚丙烯腈	0.9～2.0
维纶	5		

所有能吸湿的纤维都能因吸收水分后而发生溶胀。溶胀时，一般截面方向的增大较长度方向的增长要大得多，称为溶胀的异向性。但锦纶的溶胀异向性小，二者近乎相同。对锦纶纤维具有这种特殊溶胀性能的原因，存在着不同的见解，但多数认为是由于皮层结构限制了截面方向的溶胀。

1.6　腈纶

腈纶是聚丙烯腈在我国的商品名，国外则称为"奥纶"、"开司米纶"，是仅次于聚酯和聚酰胺的合成纤维品种。它柔软、轻盈、保暖，具有与羊毛相似的特性。它虽比羊毛轻10%以上，但强度却大2倍多。腈纶不但不会发霉和被虫蛀，对日光的抵抗性也比羊毛大1倍，比棉花大10倍。缺点是起毛球、吸水率低，不适宜作贴身内衣。因此它特别适合制作帐篷、炮衣、车篷、幕布、窗帘等室外织物。

1.6.1　腈纶的分子结构及形态

腈纶纤维分子中含有85%以上的丙烯腈单元（ —CH$_2$—CH— ），实际上工业生产的纤
$\qquad\qquad\qquad\qquad\qquad\qquad\qquad\qquad\qquad\qquad\qquad\qquad$ |
$\qquad\qquad\qquad\qquad\qquad\qquad\qquad\qquad\qquad\qquad\qquad\qquad$ CN

维中丙烯腈含量大都在90%以上，通常将丙烯腈称为第一单体，它对纤维的许多化学、物理和力学性能起着主要的作用。另外还含有少量可改进纤维性能的其他共聚单体，这些单体有两种类型：一种是中性单体，通常采用含有酯基的化合物，如丙烯酸甲酯、甲基丙烯酸甲酯、醋酸乙烯酯等，称为第二单体；另一种是带有酸性或碱性基团的单体，丙烯磺酸钠、甲基丙烯磺酸钠、苯乙烯磺酸钠、对甲基丙烯酰胺苯磺酸钠、亚甲基丁二酸（又名衣康酸）单钠盐、丙烯酸、甲基丙烯酸等是带有酸性基团的单体，而2-乙烯吡啶、2-甲基-5-乙烯基吡啶、丙烯基二甲胺等为带有碱性基团的单体，它们都被称为第三单体。第二单体能减弱聚丙烯腈大分子间的作用力，使纺丝原液易于制备，并能提高纤维的弹性和热塑性，便于纺丝拉伸，也有利于染料分子进入纤维内部，又因有酯基的存在，有助于用分散性染料染色。加入第三单体的主要目的在于引入一定数量的能与染料结合的基团，随第二、三单体的品种和用量的不同，就得到不同品种的纤维，所以腈纶纤维的商品名称众多，性质上也有一定程度的差异，见表1-10。

我国生产的腈纶纤维，也是丙烯腈的三元共聚物，分子量约为50000～80000（黏度法）。多用丙烯酸甲酯为第二单体，含量约为6%～10%；第三单体含量约1%～3%，采用的有丙烯磺酸钠、甲基丙烯磺酸钠或衣康酸单钠盐。现将其结构示意如下：

表 1-10 腈纶纤维的商品名称及其化学组成

商 品 名 称	化 学 组 分
腈纶、考旦尔	丙烯腈、丙烯酸甲酯、衣康酸钠盐
腈纶	丙烯腈、丙烯酸甲酯、丙烯磺酸钠
腈纶、爱克斯纶 DK	丙烯腈、丙烯酸甲酯、甲基丙烯磺酸钠
奥纶 42	丙烯腈、丙烯酸甲酯、苯乙烯磺酸钠
奥纶 81	丙烯腈
阿克利纶	丙烯腈、醋酸乙烯酯、乙烯吡啶
开司米纶	丙烯腈、丙烯酸甲酯、甲基丙烯磺酸钠
特拉纶	丙烯腈、甲基丙烯酸甲酯、甲基丙烯磺酸钠
阿克利别尔	丙烯腈、甲基丙烯酸甲酯、酸性第三单体

$$\sim\sim CH_2-CH-CH_2-CH-CH_2-C(COOH) \sim\sim$$
$$\quad\quad\quad\quad CN \quad\quad COOCH_3 \quad CH_2COONa$$

或

$$\sim\sim CH_2-CH-CH_2-CH-CH_2-CH \sim\sim$$
$$\quad\quad\quad CN \quad\quad COOCH_3 \quad CH_2SO_3Na$$

第一单体　　第二单体　　第三单体

（丙烯腈）　（丙烯酸甲酯）（衣康酸单钠盐或丙烯磺酸钠）

三种单体在共聚物分子链中的排列是随机的，以上所示只是可能出现的形式之一。目前，腈纶纤维加工所采用的共聚单体除了一些是用以改善纤维染色性能外，还有一些是为了其他目的，如改善纤维的防火、抗静电、防污或手感等性能。

用通常的圆形纺丝孔纺制所得的腈纶纤维，它的截面随纺丝方法的不同而异。在光学显微镜下观察到的湿纺腈纶纤维的截面基本上是圆形的，而干纺的则为花生果形。腈纶纤维的纵向一般都较粗糙，似树皮状，湿纺腈纶纤维的结构中微隙的大小和多少影响着纤维的力学性能、染色性能等。纤维的组成、纺丝成形的条件等对微隙的存在状态影响很大。

1.6.2　热性能

腈纶纤维是热塑性合成纤维之一。它的拉伸性能、弹性模量等都随不同的温度而异，这是与涤纶、锦纶等合成纤维的共同之处。可是由于腈纶纤维分子和超分子结构上的特点，因此它的某些受热性能以及对温度的敏感性又有独特的一面。

一般认为腈纶纤维均聚物在室温以上具有三个转变温度，即 80～100℃、140～150℃、327℃（系快速升温差热分析结果）。这三个转变温度说明均聚物中存在着三种不同的序态，即低、中和高侧序度区。这三种不同序态的分子间内聚能密度应依次递增。因此，可以认为 80～100℃系低侧序度区产生链段运动的温度（T_{g1}），140～150℃为中等侧序度区产生链段运动的温度（T_{g2}），327℃是高侧序度区的熔点（T_m）。

腈纶纤维的尺寸热稳定性与涤纶、锦纶相似，也随纺制时热处理温度的提高而增高，其原因也是由于热处理使侧序度较低区域的大分子因热运动而重新组织，消除了原来存在于大分子间的内应力。同时，还重建和加强了分子间的连接点，使蕴晶区的组织更为强固，从而提高热稳定性。可是也有与涤纶、锦纶不完全相同的地方。通过 X 射线衍射法对热定形前后纤维的研究，发现热定形后纤维的结晶度提高并不显著（约3%），但蕴晶区完整性却获得较大的提高。

纤维的总取向度随松弛热处理温度的提高而下降，与纤维在热处理时长度的收缩有对应的关系。此外，腈纶纤维的纺织品在染整加工或服用过程中熨烫，遇到较高温度时，如控制不当，纤维会发黄。

1.6.3 吸湿和染色性能

腈纶纤维的吸湿是比较低的，在合成纤维中属中等，在标准条件下，腈纶纤维的回潮率为1.2%～2.0%。纤维的回潮率主要决定于纤维的分子结构和超分子结构，因此随纤维品种而稍有上下，例如标准条件下奥纶的吸湿率为1%～2%；阿克利纶为1.2%，考旦尔为2%。

由于腈纶纤维的干态和湿态回潮率变化不大，因此在不同相对湿度的空气中（温度为20℃）纤维的拉伸性能变化不大，并且在水中的溶胀较小。另外纤维的导电性差，容易产生静电和沾污现象等。

早期生产的腈纶均聚纤维，由于结构紧密，难染色，一般只能用分散性染料染成很淡的颜色。后来，曾发展了所谓亚铜离子（染色）法，使纤维上的氰基（—C≡N）与亚铜离子络合，从而在纤维上生成络合阳离子，使之能用酸性染料染得较浓的颜色，但由于存在着染色过程复杂，色泽难以控制等缺点，所以已很少应用。目前，在纤维的组成中引入第二、第三单体后，不但能降低纤维超分子结构的紧密程度，改善分散性染料的染色效果，并且由于第三单体使纤维带上了酸性或碱性基团，而能采用阳离子染料或酸性染料染色。于是聚丙烯腈纤维染色困难的问题，逐步得到了解决。

1.6.4 化学性能

一般说来，腈纶纤维对化学药品的稳定性是良好的，当然也因品种不同而稍有差异，通常易染色的纤维对化学药品也比较敏感。

腈纶纤维耐矿物酸（浓度特别高者除外，如能溶于65%～70%的硝酸或硫酸中）和弱碱的能力是比较强的，对强碱，特别是温度比较高时，纤维的损伤显著，并且发黄，如果在50g/L的氢氧化钠溶液中沸煮5h，纤维将全部溶解，对常用的氧化性漂白剂的作用稳定性良好，在适当的条件下可使用亚氯酸钠、过氧化氢进行漂白，对常用的还原剂如亚硫酸氢钠，亚硫酸钠、保险粉等的作用较稳定，所以与羊毛的混纺织品可采用保险粉漂白。

腈纶纤维除溶于纺丝溶剂的盐外，不溶于一般盐类如氯化钠、硫酸钠、醋酸钠等，不受一般有机溶剂（纺丝溶剂除外）、油脂、表面活性剂的影响。硫酸浓度60%、温度低于25℃处理64个昼夜或者1.0%的氢氧化钠溶液，在75℃处理10h，纤维无明显损伤。

腈纶纤维在一定酸、碱条件下的损伤机理，通常认为纤维的主链是化学稳定性良好的烷链，一般不发生反应，而分子上的氰基在酸或碱的催化作用下会发生水解，先生成酰胺，进一步水解便生成羧基。水解反应随温度的提高而加剧，当聚丙烯腈大分子上一定量的氰基水解成羧基后，聚合物具有水溶性，而使纤维遭到破坏。氢氧化钠对氰基的水解催化作用比硫酸强，水解释放出的NH_3与未水解的—C≡N反应，生成胨基，产生黄色，这就是纤维在强碱条件下进行处理容易发黄的原因。

实际上，利用氰基的化学反应性能，例如通过适当控制—C≡N的水解等反应，使聚丙烯腈大分子上带有一定量酰氨基、羧基或其他基团,便能改善纤维亲水性、染色性等性能,也就是通常所谓腈纶纤维的化学变性。

1.6.5 其他性能

腈纶纤维具有优异的耐日光性能,几乎在所有的天然及化学纤维中居第一位。

此外,还具有优良的防霉、耐菌能力。腈纶纤维所以会具有这些特性,主要是由于大分子上有氰基存在。棉纤维用丙烯腈接枝聚合或氰乙基化后生成的氰乙基棉,其耐光、防霉、防腐的能力比棉纤维都有很大的提高。所以腈纶纤维特别适用于制作户外应用的帐篷、炮衣以及窗帘等。

腈纶纤维一般不被虫蛀,优于羊毛;腈纶纤维的燃烧性能,与涤纶、锦纶等合成纤维不同,而与棉和黏胶纤维相似。这主要由于腈纶纤维在熔融前已发生分解,所以不会像涤纶、锦纶等织物燃烧时因熔融而黏附于皮肤上,造成严重的灼伤。但是燃烧时会生成NO、NO_2、HCN等有毒气体,特别是大量纤维燃烧时更应特别注意。

1.7 维纶

维纶又称维尼纶,是聚乙烯醇纤维的中国商品名。未经处理的聚乙烯醇纤维溶于水,用甲醛或硫酸钛缩醛化处理后可提高其耐热水性。狭义的维纶专指经缩甲醛处理后的聚乙烯醇缩甲醛纤维。维纶吸湿性相对较好,曾有"合成棉花"之称。维纶的化学稳定性好,耐腐蚀和耐光性好,耐碱性能强。维纶长期放在海水或土壤中均难以降解,但维纶的耐热水性能较差,弹性较差,染色性能也较差,颜色暗淡,易于起毛、起球。

维纶的主要物理和化学性质如下。

① 强伸性和弹性 维纶的强伸性比棉好,但差于其他合成纤维。维纶的强度为 35.2~57.2cN/tex,断裂伸长率为 12%~26%。维纶的弹性较差,织物易折皱,但耐磨性较好。

② 吸湿性和染色性 维纶最大的特性是吸湿性强,是目前合成纤维中吸湿性最好的纤维。维纶在一般大气条件下回潮率可达 5% 左右,所以,用维纶制作的服装,透气、吸汗,使人不感到闷热。湿纺维纶的染色性较差,色彩不鲜艳,但干法纺丝的维纶染色却色彩鲜艳。

③ 耐酸碱性 维纶的化学稳定性较好,但相对耐碱而不耐酸,它不怕霉蛀,长期放于海水或土中均无影响,所以适宜做渔网、水产养殖网。

④ 其他性质 维纶的相对密度小,热传导率低,所以保暖性好。此外,维纶耐光好,在长期暴晒下,维纶强力几乎不降低。但维纶的耐热水性差,如果放在沸水中长时间煮,维纶会收缩变形甚至发生部分溶解。

1.8 丙纶

丙纶是等规聚丙烯纤维的中国商品名。1955 年研制成功,1957 年由意大利开始工业化生产。丙纶的品种较多,有长丝、短纤维、膜裂纤维、鬃丝和扁丝等。

丙纶的质地特别轻,密度仅为 $0.91g/cm^3$,是目前所有合成纤维中最轻的纤维。丙纶的强度较高，具有较好的耐化学腐蚀性，但丙纶的耐热性、耐光性、染色性较差。

参考文献

[1] 梅自强. 纺织工业中的表面活性剂 [M]. 北京：中国石化出版社，2001.
[2] 罗巨涛. 染整助剂及其应用 [M]. 北京：中国纺织出版社，2000.
[3] 丁忠传，杨新玮. 纺织染整助剂 [M]. 北京：化学工业出版社，1988.
[4] 潘祖仁. 高分子化学 [M]. 第4版. 北京：化学工业出版社，2007.
[5] 金日光，华幼卿. 高分子物理 [M]. 北京：化学工业出版社，1991.
[6] 刘必武. 化工产品手册. 新领域精细化学品 [M]. 北京：化学工业出版社，1999.
[7] 张洵栓. 染整概论 [M]. 北京：纺织工业出版社，1989.
[8] 王菊生，孙铠. 染整工艺原理 [M]. 北京：纺织工业出版社，1982.
[9] 程静环，陶绮雯. 染整助剂 [M]. 北京：纺织工业出版社，1985.
[10] 高绪珊，吴大诚. 纤维应用物理学 [M]. 北京：中国纺织出版社，2001.
[11] 王革辉. 服装材料学 [M]. 北京：中国纺织出版社，2006.
[12] 上海市毛麻纺织科学技术研究所. 毛织物染整技术 [M]. 北京：中国纺织出版社，2006.

第2章 表面活性剂

近年来,我国表面活性剂工业得到迅速发展,产量不断扩大,品种不断增多,纺织行业是其使用大户。纺织行业在原料到产品的纺织染整加工中,为了使各工序过程顺利进行,提高纺织物的各项性能,大都需要加入助剂,使用助剂的种类很多,如油剂、净洗剂、精练剂、起泡剂、消泡剂、乳化剂、破乳剂、分散剂、渗透剂、润湿剂、增溶剂、平滑剂、柔软剂、固色剂、匀染剂、缓染剂、剥色剂、抗静电剂等主体物质。

为了保证纺织工业的各道加工工序使用的助剂,更好地起到提高纺织品质量、改善加工效果、赋予纺织品各种优异的应用性能的作用,必须掌握助剂的基本知识,必须对助剂的基本概念、基本结构、性能等进行了解,以便更好使用。这些助剂除少量无机酸碱、有机物、高分子树脂外,大量使用的是表面活性剂,见图 2-1。

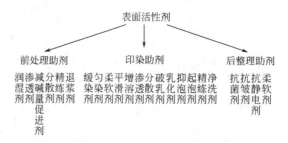

图 2-1 表面活性剂在纺织助剂中的作用

纺织行业中用到的表面活性剂品种达到 3000 多种,超过表面活性剂商品总数的一半。为了合理选择和正确使用表面活性剂,现对表面活性剂的概念、分子结构特点、分类、基本性质和主要应用性质加以介绍。

2.1 有关概念

2.1.1 物体的表面和界面

严格地讲物体的表面是一个物体和它本身蒸汽或真空接触的分界面。而物体的界面是一物体表面与另一物体表面接触的分界面。通俗地讲,界面是不同相态物质之间的分界面。

不过习惯上将非气相与气相之间的分界面称为表面,而将两个非气相之间的分界面称为界面。

2.1.2 表面张力和界面张力

界面张力指的是不相溶的两相间的张力,而表面张力是界面张力的一种特殊形式,是指气-液或气-固界面间的张力。

液体与气体相接触时,会形成一个表面层,在液体表面上的分子受到液体内部分子的引力远大于受到气体(或其蒸气)分子的作用力,因而表面上的分子有自动向液体内部迁移的趋势,这种自发的倾向导致液体表面自动缩小。如在无外力作用下水滴、汞滴等都是球形的或近似为球形。这是由于处于液体表面层中的分子比液体内部稀疏,所以它们受到指向液体内部的力的作用,使得液体表面层犹如张紧的橡皮膜,有收缩趋势,从而使液体尽可能地缩小它的表面面积,这种力就是表面张力。表面张力是由液体分子间很大的内聚力引起的。因此,在表面张力的作用下,液滴总是力图保持球形。

表面张力的力学定义为:作用于液体表面单位长度直线上的收缩力,其方向与该直线垂直并与液面相切。表面张力通常以 γ 表示,常用单位为 mN/m。表面张力在数值上等于将液-气界面扩展单位面积所做的功,或扩展单位长度所需的拉力。表面张力的方向与液面相切,并与液面的任何两部分分界线垂直。表面张力仅仅与液体的性质和温度有关。一般情况下,温度越高,表面张力就越小。另外杂质也会明显地改变液体的表面张力,比如洁净的水有很大的表面张力,而沾有肥皂液的水的表面张力就比较小,也就是说,洁净水表面具有更大的收缩趋势。

在一定温度、压力下各种纯液体的表面张力为一定值。纯液体的表面张力由其分子间相互作用力的大小决定。有机液体的表面张力多在 20~30mN/m 之间,最大的一般不超过 60mN/m。

2.1.3 表面活性及表面活性剂

在水溶液中,当一些物质加入量很少时,就可使水的表面张力显著下降,如油酸钠,其水溶液的表面张力 γ 随浓度变化的关系见图 2-2。

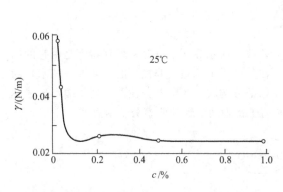

图 2-2 油酸钠水溶液的表面张力随浓度的变化

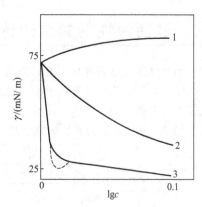

图 2-3 各类物质水溶液的表面张力

由图 2-2 可知,在溶液浓度很低时(0.1%)就能使水的表面张力自 0.072N/m 降到 0.025N/m 左右。而一般的无机盐类,在浓度从零逐渐增加时,其水溶液的表面张力则略有升高趋势。

可以把各类物质的水溶液的表面张力与浓度的关系归结为三类,图 2-3 为各类物质水溶液的表面张力。

第一类是表面张力在稀浓度时随浓度急剧下降（曲线1）；第二类是表面张力随浓度逐渐下降（曲线2）；第三类则表面张力随浓度稍有上升（曲线3）。

就上述降低表面张力这一特性而言，我们把能使溶剂的表面张力降低的性质称为表面活性。具有表面活性的物质则称为表面活性物质。因此，上述第一、二类物质都具有表面活性，故称为表面活性物质；而第三类物质则属于非表面活性物质。

对于具有表面活性的第一、二类物质来说，它们又具有明显的不同。其主要区别如下。

① 第一类物质在溶液结构上与第二类不同，第一类物质在水溶液中，其分子能发生缔合生成"胶束"。

② 第一类物质具有很高的表面活性，加入很少量就能显著降低其水溶液的表面张力，而第二类物质则不然。

③ 第一类物质具有一些生产实际所要求的特性，如润湿、乳化、增溶、起泡、去污等，这也是第二类物质所不具备的。因此，我们把第一类物质称做表面活性剂，以与第二类物质相区别。

综上所述，可以给表面活性剂下这样一个定义：加入很少量即能显著降低溶剂（一般为水）的表面张力，改变体系界面状态，从而产生润湿、乳化、起泡、增溶等一系列作用（或其反作用），以达到实际应用要求的一类物质。习惯上，只把那些溶入少量就能显著降低溶液表面张力并改变体系界面状态的物质，称为表面活性剂。当然，不能只从降低表面张力的角度来定义表面活性剂，因为在实际使用时，有时并不要求降低表面张力。那些具有改变表面润湿性能，乳化、破乳、起泡、消泡、分散、絮凝等多方面作用的物质，也称为表面活性剂。所以应该认为，凡是加入少量能使其溶液体系的界面状态发生明显变化的物质，称为表面活性物质。

2.2 表面活性剂的结构特点

表面活性剂能显著降低溶剂的表面张力，改变体系界面状态等一系列特性是由它的结构所决定的。不论何种类型的表面活性剂，在其分子中总是由非极性的、亲油（疏水）的碳氢链部分和极性的、亲水（疏油）的基团两部分构成，此两部分往往分处两端，形成不对称的结构。图2-4即为典型的离子型及非离子型表面活性剂两亲分子示意图。

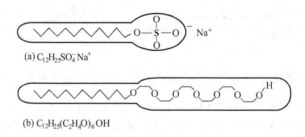

图 2-4　离子型及非离子型表面活性剂两亲分子示意图

属于此类的化合物很多，现就构成表面活性剂的上述两种基团的性质进一步说明。

2.2.1 亲油基

亲油基即亲油性基团。例如，肥皂的主要成分是硬脂酸钠，是常见的表面活性剂。硬脂酸钠具有和石蜡（$CH_3—CH_2……CH_2CH_3$）构造完全相同的亲油基，即石蜡基（$CH_3—CH_2……CH_2CH_3—$）。这种结构在石油和油脂成分中占大部分，与油接触时不但不相排斥，反而互相吸引，所以亲油基和油一样，具有憎水性能，也叫憎水基。表面活性剂的亲油基一般是由长链烃基构成，结构上差别不大，一般包括下列结构。

① 直链烷基（碳原子数为8～20）。
② 支链烷基（碳原子数为8～20）。
③ 烷基苯基（烷基碳原子数为8～16）。
④ 烷基萘基（烷基碳原子数3以上，烷基数目一般是2个）。
⑤ 松香衍生物。
⑥ 高分子量聚环氧丙烷基。
⑦ 长链全氟（或高氟代）烷基。
⑧ 聚硅氧烷基。
⑨ 全氟聚环氧丙烷基（低分子量）。

2.2.2 亲水基

亲水基是容易溶于水或容易被水所润湿的基团。表面活性剂中的亲水基多为无机盐类。例如，肥皂中亲水基——羧酸的钠盐（……COONa）。当然，亲水基不局限于无机物，也有有机物。如非离子型表面活性剂的亲水基就是有机物。

表面活性剂的亲水基部分的基团种类繁多，常见的有羧基（$—COO^-$）、磺酸基（$—SO_3^-$）、硫酸酯基（$—OSO_3^-$）、醚基（$—O—$）、氨基（$—NR'$、$—NHR'$、$—NH_2$）、羟基（$—OH$）、磷酸酯基（$—OPO_3^-$）等。

2.3 表面活性剂在溶液中的性质

2.3.1 吸附现象

表面活性剂分子具有"两亲结构"，它含有一个亲水基和一个疏水基。由于水是强极性液体，因此当表面活性剂溶于水中时，则其亲水基有力图进入溶液中的倾向，而疏水基则有离开水而伸向空气中的倾向。结果使表面活性剂分子在两相界面（即水的表面）上定向排列发生相对聚集。表面活性剂在界面上发生相对聚集的这种现象称为"吸附"，见图2-5。

由于吸附，溶液的表面张力降低。表面活性分子（或离子）在界面上吸附越多，表面张力值降低就越大。表面活性剂在界面被吸附的量用 Γ 表示，单位为 mol/cm^2。图2-6为十二烷基硫酸钠在0.1mol/L NaCl溶液中、25℃时的吸附曲线。

从图2-6中可以看出，当表面活性剂浓度很低时，吸附量 Γ 值很小；当浓度逐渐增加，Γ 值急剧增大。当浓度达到一定程度后，吸附量不再增加，而趋于恒定。此极值称为饱和吸附量，用 Γ_∞ 表示。

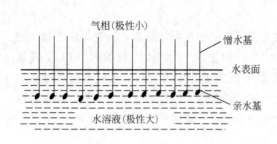
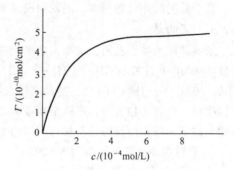

图 2-5　表面活性剂分子在表面上的定向排列　　图 2-6　$C_{12}H_{25}SO_4Na$ 的溶液表面吸附曲线

2.3.2　胶束的形成

当表面活性剂在溶液中的浓度达到某一数值后，溶液的表面吸附量不再增加。表面活性剂浓度变化和可能存在的状态见图 2-7。

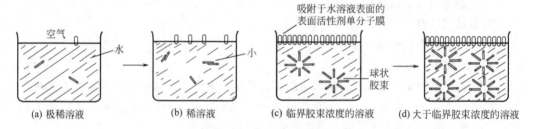

图 2-7　表面活性剂浓度变化和可能存在的状态

图 2-7(a) 是极稀溶液，此时空气和水的界面上还没有聚集很多的表面活性剂，空气和水还是直接接触，水的表面张力下降不多，接近于纯水的状态。

图 2-7(b) 的浓度比图 2-7(a) 相对升高，在 (a) 的基础上，只要再稍微增加少许表面活性剂，它就会很快地聚集到水面，使空气和水的接触面减少，从而使表面张力按比例地急剧下降。与此同时，水中的表面活性剂分子也三三两两地聚集到一起，互相把憎水基靠在一起，开始形成所谓胶束。

图 2-7(c) 表示表面活性剂浓度逐渐升高，水溶液表面聚集了足够量的表面活性剂，并毫无间隙地密布于液面上形成所谓的单分子膜。此时空气与水完全处于隔绝状态。如再提高浓度，则水溶液中的表面活性剂分子就各自以几十、几百地聚集在一起，排列成憎水基向里、亲水基向外的胶束。表面活性剂形成胶束的最低浓度称临界胶束浓度（CMC）。

图 2-7(d) 表示浓度已大于临界胶束浓度时的表面活性剂分子的状态。此时，如再增加表面活性剂，胶束虽然随之增加，但水溶液表面已经形成了单分子膜，空气和水的接触面积不会再缩小，因此也就不能再降低表面张力了。

从上述可知，提高表面活性剂浓度，开始时表面张力急剧下降，而当到达一定浓度后就保持恒定不再下降。临界胶束浓度是一个重要界限。下面以一个表面活性剂分子为例，观察它在水中溶解时的现象，进一步说明胶束的形成过程。

如图 2-8(a) 所示，当表面活性剂以单个分子状态溶于水时，它完全被水所包围。因此，憎水基一端被水排斥，亲水基一端被水吸引。表面活性剂分子所以能溶于水，就是因为其亲水基与水的亲和力大于憎水基与水的相斥力。

表面活性剂在水中为了使憎水基不被排斥，它的分子不停止地转动，通过两个途径以寻求成为稳定分子。第一个途径是，像图 2-8(b) 那样，把亲水基留在水中，憎水基伸向空气。另一个途径像图 2-8(c) 那样，让表面活性剂分子的憎水基互相靠在一起，尽可能地减少憎水基和水的接触面积。前者就是表面活性剂分子吸附于水面（一般是界面），形成定向排列的单分子膜，后者就形成了胶束。

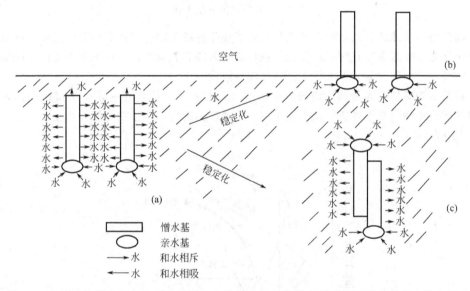

图 2-8　表面活性剂分子在水中为了缓和它的憎水基和水的相斥作用而采取的两个稳定行动

图 2-8(c) 仅仅是由两个分子组成，它只能算是胶束的最初形式。如果增加水中的表面活性剂浓度，胶束就渐渐增加到几十至几百个分子，最终形成了正规的胶束（如图 2-9 所示的球状胶束）。此时憎水基完全被包在球的内部，几乎和水脱离接触。这样的胶束，由于只剩下亲水基方向朝外，因此可以把它看成只是由亲水基组成的球状高分子。它与水没有任何相斥作用，所以使表面活性剂稳定地溶于水中。

这样，我们就可以认识到表面活性剂分子的憎水基和亲水基是构成界面吸附层（其结果是降低界面张力）、分子定向排列（按一定方向排列）以及形成胶束等现象的根源。

如前所述，胶束最初由两个至三个分子开始，直到完全成形的球状、棒状或层状等多种多样的胶束。胶束的形状，不能简单地由表面活性剂的种类、浓度等条件的变化来决定。用物理测定方法推测出来的胶束的各种形状如图 2-9 所示。

表面活性剂水溶液的浓度达到临界胶束浓度时，原先以低分子状态存在的表面活性剂分子，立刻形成很大的集团而成为一个整体。因此，以临界胶束浓度为界限，在高于或低于此临界浓度时，其水溶液的表面张力或界面张力以及许多其他物理性质都有很大的差异。即表面活性剂溶液，其浓度只有在稍高于临界胶束浓度时，才能充分显示其作用。由于表面活性剂溶液的一些物理性质，如电阻率、渗透压、冰点下降、蒸气压、黏度、密

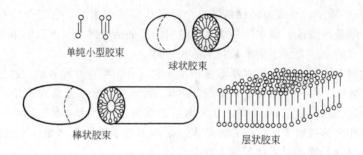

图 2-9　各种胶束形状实例

度、增溶性、洗涤性、光散射以及颜色变化等在临界胶束浓度时都有显著的变化，所以通过测定发生这些显著变化时的转变点，就可以得知临界胶束浓度。用不同方法测得的临界胶束浓度虽有一些差异，但大体上还是比较一致的。

以形成胶束所需表面活性剂的最低浓度（CMC）为界限，在一较小浓度范围内，其水溶液的许多物理化学性质，如表面张力、渗透压、密度、洗涤能力等都将发生突变，如图 2-10 所示。

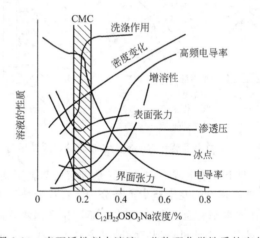

图 2-10　表面活性剂水溶液一些物理化学性质的变化

因此，表面活性剂水溶液，其浓度只有在稍高于其 CMC 值时，才能充分显示其作用。

离子型表面活性剂的临界胶束浓度一般在 $10^{-4} \sim 10^{-2}$ mol/L 以下；非离子型表面活性剂由于不存在电荷，胶束形成的趋势较大，所以其临界胶束浓度比离子型表面活性剂为低，一般为 $10^{-6} \sim 10^{-4}$ mol/L，一些有代表性的表面活性剂的 CMC 值如表 2-1 所示。

从上面的论述可知，表面活性剂在溶液中的基本性质是界面吸附、定向排列、胶束生成，以及由此基本性质产生的表面张力下降，因而在印染中具有一系列的应用效果，如润湿作用（渗透作用）、乳化作用、分散作用、增溶作用、发泡作用、消泡作用、洗涤作用、平滑作用（减摩作用）、匀染作用、拔染作用、染料固色作用、消除静电作用、杀菌作用、防锈作用等。

表 2-1　一些表面活性剂的临界胶束浓度（水溶液）

表面活性剂	CMC/(mol/L)	表面活性剂	CMC/(mol/L)
$C_7H_{15}COONa$	3.4×10^{-1}	C_8H_{17}—〇—SO_3Na	1.5×10^{-2}
$C_9H_{19}COONa$	9.5×10^{-2}		
$C_{11}H_{23}COONa$	2.6×10^{-2}	$C_{10}H_{21}$—〇—SO_3Na	3.1×10^{-2}
$C_{17}H_{35}COONa$	9.8×10^{-4}		
$C_8H_{17}OSO_3Na$	1.4×10^{-1}	$C_{12}H_{25}$—〇—SO_3Na	1.2×10^{-2}
$C_{10}H_{21}OSO_3Na$	3.3×10^{-3}		
$C_{12}H_{25}OSO_3Na$	8.7×10^{-3}	十二烷基苯磺酸钠(支链)	4.5×10^{-4}
$C_{14}H_{29}OSO_3Na$	2.4×10^{-3}	$C_{14}H_{29}$—〇—SO_3Na	6.6×10^{-4}
$C_{16}H_{33}OSO_3Na$	5.8×10^{-4}		
$C_8H_{17}SO_3Na$	1.6×10^{-1}	净洗剂 LS	1.5×10^{-2}
$C_{10}H_{21}SO_3Na$	4.1×10^{-2}	胰加漂 T	$(5.5\sim8.2)\times10^{-4}$
$C_{12}H_{25}SO_3Na$	9.7×10^{-2}	$C_{12}H_{25}NH_2\cdot HCl$	1.4×10^{-5}
$C_{14}H_{29}SO_3Na$	2.5×10^{-3}	$C_{16}H_{33}NH_2\cdot HCl$	8.5×10^{-4}
$C_{16}H_{33}SO_3Na$	7.0×10^{-4}	$C_{18}H_{37}NH_2\cdot HCl$	5.5×10^{-4}
$C_8H_{17}N(CH_3)_3Br$	2.6×10^{-1}	$C_{12}H_{25}O(C_2H_4O)_6H$	1.0×10^{-2}
$C_{10}H_{21}N(CH_3)_3Br$	6.8×10^{-2}	$C_{12}H_{25}O(C_2H_4O)_7H$	8×10^{-5}
$C_{12}H_{25}N(CH_3)_3Br$	1.6×10^{-2}	$C_{12}H_{25}O(C_2H_4O)_9H$	1×10^{-4}
$C_{14}H_{29}N(CH_3)_3Br$	2.1×10^{-3}	$C_{12}H_{25}O(C_2H_4O)_{12}H$	1.4×10^{-4}
$C_{16}H_{33}N(CH_3)_3Br$	9.2×10^{-4}	$C_{12}H_{25}O(C_2H_4O)_{14}H$	5.5×10^{-4}
$C_{12}H_{25}$—$N^+\text{Py}$—Cl^-	1.5×10^{-2}	$C_{12}H_{25}O(C_2H_4O)_{23}H$	6.0×10^{-4}
		$C_{12}H_{25}O(C_2H_4O)_{32}H$	8.0×10^{-4}
$C_{14}H_{29}$—$N^+\text{Py}$—Cl^-	2.6×10^{-3}	C_8H_{17}—〇—$O(C_2H_4O)_5H$	1.5×10^{-4}
$C_{16}H_{33}$—$N^+\text{Py}$—Cl^-	9.0×10^{-4}	C_8H_{17}—〇—$O(C_2H_4O)_6H$	2.1×10^{-4}
$C_{18}H_{37}$—$N^+\text{Py}$—Cl^-	2.4×10^{-4}	C_8H_{17}—〇—$O(C_2H_4O)_7H$	2.5×10^{-4}
$C_8H_{17}CH(COO^-)N^+(CH_3)_3$	9.7×10^{-2}	C_8H_{17}—〇—$O(C_2H_4O)_8H$	2.8×10^{-4}
$C_{10}H_{21}CH(COO^-)N^+(CH_3)_3$	1.3×10^{-2}	C_8H_{17}—〇—$O(C_2H_4O)_9H$	3.0×10^{-4}
$C_{12}H_{25}CH(COO^-)N^+(CH_3)_3$	1.3×10^{-3}	C_8H_{17}—〇—$O(C_2H_4O)_{10}H$	3.3×10^{-4}
$C_6H_{13}O(C_2H_4O)_6H$	7.4×10^{-2}		
$C_8H_{17}O(C_2H_4O)_6H$	9.9×10^{-3}	$C_{12}H_{24}N(CH_3)_3$ → O	2.1×10^{-3}
$C_{10}H_{21}O(C_2H_4O)_6H$	9×10^{-4}		
$C_{12}H_{25}O(C_2H_4)_6H$	8.7×10^{-2}	$(CH_3)_3SiO[Si(CH_3)_2O]Si(CH_3)_2$— $CH_2(C_2H_4O)_3CH_3$	5.6×10^{-3}
$C_{14}H_{29}O(C_2H_4O)_6H$	1.0×10^{-1}		
C_6H_{13}—〇—SO_3Na	3.7×10^{-2}		

2.4 表面活性剂分类

表面活性剂性质的差异，除与烃基的大小、形状有关外，主要与亲水基的不同有关。亲水基的变化比疏水基要大得多，因而表面活性剂的分类，一般也就以亲水基的结构，即按离子的类型而划分。

表面活性剂溶于水时，凡能离解成离子的叫做离子型表面活性剂；凡不能离解成离子的叫做非离子型表面活性剂。表面活性剂按离子的类型分类如下。

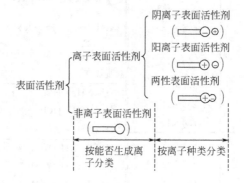

2.4.1 非离子型表面活性剂

非离子型表面活性剂虽应用较晚但却十分广泛，并且很多性能超过离子型表面活性剂。非离子型表面活性剂在水中不电离，其亲水基主要是由具有一定数量的含氧基团（一般为醚基和羟基）构成。其在水中的状态如下。

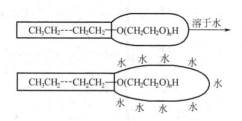

正是由于这个特点，决定了非离子型表面活性剂在某些方面比离子型表面活性剂优越。因为在溶液中不是离子状态，所以稳定性高，不易受强电解质无机盐类存在的影响，也不易受酸碱的影响，与其他类型表面活性剂的相容性好，能很好地混合使用，在水及有机溶剂中皆有良好的溶解性能（因结构不同而有所差异）。由于在溶液中不电离，故在一般固体表面上亦不易发生强烈吸附。

非离子型表面活性剂产品，大部分呈液态或浆、膏状，这是与离子型表面活性剂的不同之处。随温度升高，很多非离子型表面活性剂溶解度降低甚至不溶。

非离子型表面活性剂的亲水基主要是由聚环氧乙烷基（C_2H_4O）$_n$H 构成，另外一部分就是以多醇（如甘油、季戊四醇、蔗糖、葡萄糖、山梨醇等）为基础的结构。非离子型表面活性剂又可按如下形式来分类。

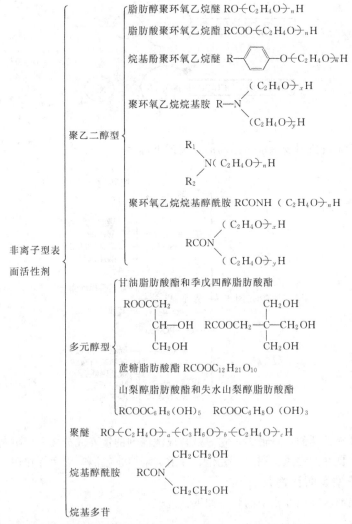

非离子型表面活性剂大多具有良好的乳化、润湿、渗透性能及起泡、洗涤、稳泡、抗静电等作用，它能与其他类型的表面活性剂复配而起到协同和增效作用，且无毒。特别是烷基多苷，是新一代性能优良的非离子型表面活性剂，它不但表面活性高、去污力强，而且无毒、无刺激，生物降解性好，被誉为新一代"绿色产品"。非离子型表面活性剂广泛用作纺织业、化妆品、食品、药物等的乳化剂、消泡剂、增稠剂、杀菌剂及洗涤、润湿剂等。其中作为消泡剂的主要有脂肪酰胺，聚氧乙烯二烷基醚；乳化剂有3个系列，烷基酚聚氧乙烯醚（OP系列），脂肪酸的失水山梨醇酯（S系列），聚氧乙烯脂肪酸失水山梨醇酯（T系列）。

2.4.2 阴离子型表面活性剂

离子型表面活性剂按其在水中生成的表面活性离子的种类，又可分为阴离子型表面活性剂、阳离子型表面活性剂。

阴离子型表面活性剂在水中的状态如下：

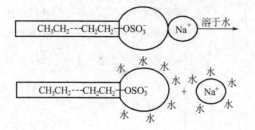

阴离子型表面活性剂按亲水基不同的分类如下。

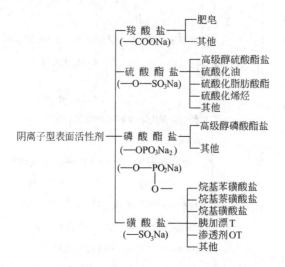

其中烷基苯磺酸钠的产量最大,它们是合成洗涤剂的重要成分之一。阴离子型表面活性剂一般都具有良好的渗透、润湿、乳化、分散、增溶、起泡、去污等作用。

2.4.3 阳离子型表面活性剂

阳离子型表面活性剂在水中的状态如下:

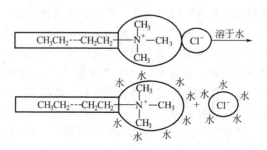

阳离子型表面活性剂在工业上的应用,直接利用其表面活性的不多,而是利用其派生性质。它除用作纤维柔软剂、抗静电剂、防水剂、染色助剂等之外,还用作矿物浮选剂、防锈剂、杀菌剂、防腐剂等。

阳离子型表面活性剂以胺系为主,其分类如下。

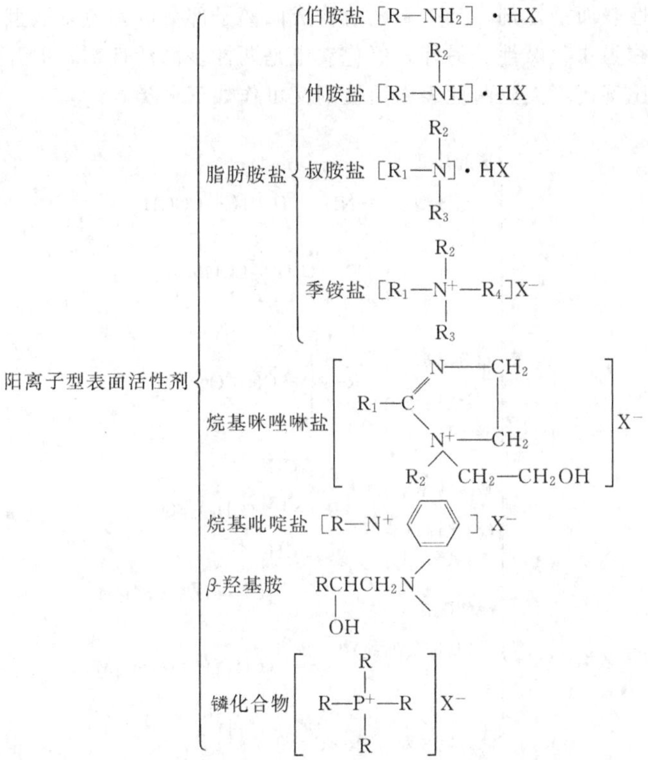

$$\text{阳离子型表面活性剂}\begin{cases}\text{脂肪胺盐}\begin{cases}\text{伯胺盐 }[R-NH_2]\cdot HX\\ \text{仲胺盐 }[R_1-\underset{R_2}{NH}]\cdot HX\\ \text{叔胺盐 }[R_1-\underset{\underset{R_3}{|}}{\overset{R_2}{N}}]\cdot HX\\ \text{季铵盐 }[R_1-\underset{\underset{R_3}{|}}{\overset{R_2}{N^+}}-R_4]X^-\end{cases}\\ \text{烷基咪唑啉盐}\\ \text{烷基吡啶盐 }[R-N^+\bigcirc\!\!\!-]X^-\\ \beta\text{-羟基胺 }RCHCH_2N\\ \qquad\qquad\; OH\\ \text{磷化合物 }[R-\overset{R}{\underset{R}{P^+}}-R]X^-\end{cases}$$

此类表面活性剂去污力差，通常不能与阴离子表面活性剂复配，但它具有良好的抗静电性和柔软性以及良好的杀菌和消毒能力，并能赋予纤维很好的柔软效果，是目前最为重要，使用最广泛的柔软剂。常用类型有叔胺盐类、季铵盐类。其中叔胺盐类只在酸性介质中呈阳离子性，而季铵盐类在任何介质内均呈阳离子性，是应用最广的一类。最有代表性的是烷基二甲基苄基氯化铵（洁尔灭），常用作杀菌剂。

2.4.4 两性表面活性剂

两性表面活性剂在水中的状态如下：

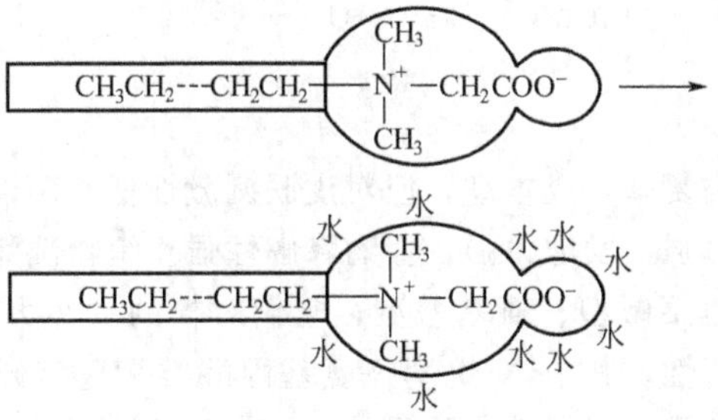

$$CH_3CH_2-\cdots-CH_2CH_2-\underset{\underset{CH_3}{|}}{\overset{\overset{CH_3}{|}}{N^+}}-CH_2COO^-\longrightarrow$$

$$CH_3CH_2-\cdots-CH_2CH_2-\underset{\underset{CH_3}{|}}{\overset{\overset{CH_3}{|}}{N^+}}-CH_2COO^-\;(\text{水环绕})$$

通常所说的两性表面活性剂，是指由阳离子部分和阴离子部分组成的表面活性剂。在大多数情况下，阳离子部分都是由胺盐或季铵盐作为亲水基，而阴离子部分可以是羧酸盐、硫酸酯盐、磺酸盐等。现在的两性表面活性剂商品几乎都是羧酸盐型。阴离子部分是羧酸基构成的两性表面活性剂，其中由胺盐构成阳离子部分的称氨基酸型；由季铵盐构成阳离子部分的则称为甜菜碱型。另外，氧化铵也是两性表面活性剂，但开发较晚，从产量来看，目前所占比例还不大。两性表面活性剂又可作如下分类。

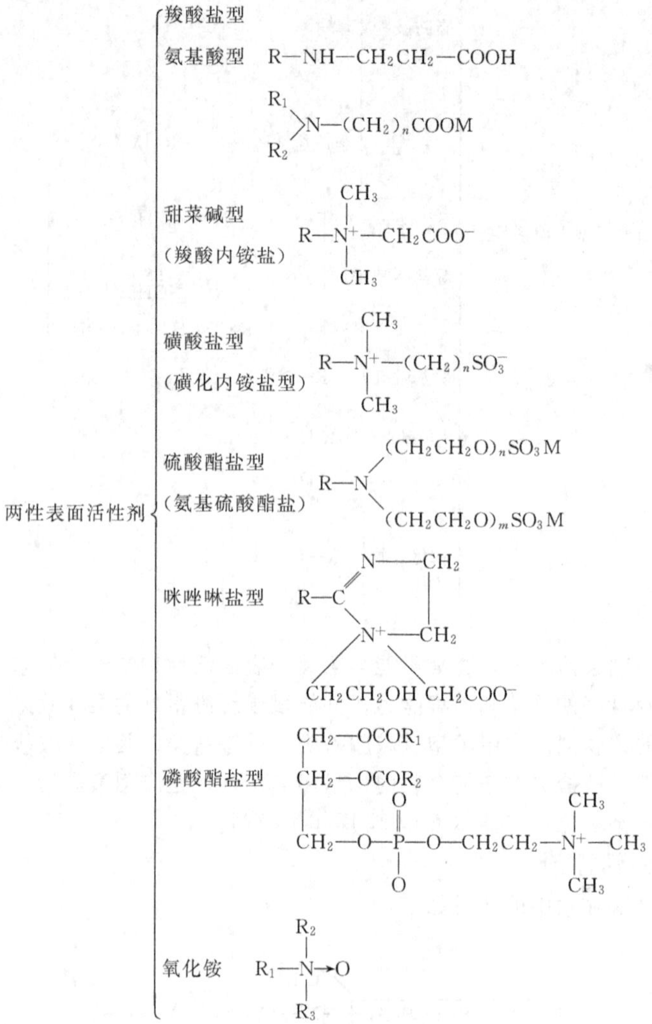

$$
\text{两性表面活性剂}\begin{cases}
\text{羧酸盐型}\\
\quad\text{氨基酸型} \quad R{-}NH{-}CH_2CH_2{-}COOH \\
\qquad\qquad\qquad\qquad \begin{matrix}R_1\\R_2\end{matrix}\!\!>\!\!N{-}(CH_2)_n COOM \\[4pt]
\text{甜菜碱型} \\
\quad\text{(羧酸内铵盐)} \quad R{-}\underset{CH_3}{\overset{CH_3}{N^+}}{-}CH_2COO^- \\[4pt]
\text{磺酸盐型} \\
\quad\text{(磺化内铵盐型)} \quad R{-}\underset{CH_3}{\overset{CH_3}{N^+}}{-}(CH_2)_n SO_3^- \\[4pt]
\text{硫酸酯盐型} \\
\quad\text{(氨基硫酸酯盐)} \quad R{-}N\!\!<\!\!\begin{matrix}(CH_2CH_2O)_n SO_3M\\(CH_2CH_2O)_m SO_3M\end{matrix} \\[4pt]
\text{咪唑啉盐型} \quad \text{(咪唑啉环结构)} \\[4pt]
\text{磷酸酯盐型} \\[4pt]
\text{氧化铵} \quad R_1{-}\underset{R_3}{\overset{R_2}{N}}{\to}O
\end{cases}
$$

两性表面活性剂结构复杂，成本高，但对皮肤刺激性低，两性表面活性剂的毒性比阳离子型的小得多，杀菌力强，发泡力强，生物降解性强。织物洗涤后具有柔软的手感。用作织物洗涤剂的种类为甜菜碱型、氨基酸型，它们对棉的去污力远高于 LAS，与阴离子表面活性剂有很好的配伍性。其中 N-烷基-β-氨基丙酸类是近年开发的、很温和的、对眼睛无刺激作用及对各种纤维有很好洗涤效果的两性表面活性剂。

2.4.5 特殊表面活性剂

一些具有特殊功能或特殊组成的新型表面活性剂，未按离子性、非离子性划分，而是根据其特殊性列入特殊表面活性剂类，其类别也较多，大致包括以下几种。

特殊表面活性剂
- 氟表面活性剂
  碳氢链中氢原子全部被氟原子所取代，有极高的表面活性及化学稳定性
- 硅表面活性剂
  含 Si—C、Si—O—C 键，表面活性很高（仅次于氟系）
- 高分子表面活性剂
- 含硼表面活性剂
- 亚砜表面活性剂
- 冠醚大环化合物类表面活性剂
- 生物表面活性剂
- 氨基酸系表面活性剂
- 含硫 $\left(-\overset{\oplus}{S}- \quad -\overset{\uparrow}{S}-\right)$ 表面活性剂

（1）高分子表面活性剂　在分子量和分子结构问题上具有特殊性的是高分子表面活性剂。所谓高分子表面活性剂，即分子量较大的表面活性剂的总称。

聚醚型非离子表面活性剂，由于分子量在几千以上，可列为高分子表面活性剂。再如在醋酸乙烯的乳液聚合中，作为乳化分散剂的保护胶体而加入的聚乙烯醇，以及在家庭用洗涤剂配方中所加入的防沉降剂羧甲基纤维素等，都具有表面活性，从广义来讲，也都可归入高分子表面活性剂。还有萘磺酸等的甲醛缩合物，可以通过对合成方法的选择，制得分子量很大的产品，故也可以叫高分子表面活性剂。

还没有包括在高分子表面活性剂领域中的品种还有很多，其中包括一直被认为是普通表面活性剂的或作为保护胶体的许多产品，还有具有最明显特征的高分子表面活性剂，现在称之为"聚皂"的一类较新的化合物。

高分子表面活性剂，分子量大，在水中能生成胶束，但不能在水面排列而降低表面张力。因此，对高分子表面活性剂在降低表面张力和渗透作用上，不能有过多的期望。但是，对于水中物体（细小的固体粒子）表面，却能发挥分散作用或絮凝作用，高分子表面活性剂分类见表 2-2。

表 2-2　高分子表面活性剂分类

分类	亲水基	高分子表面活性剂		
		天然系	半合成系	合　成　系
阴离子型	羧酸基	海藻酸钠果胶酸钠腐殖酸盐咕吨树胶	羧甲基纤维素，羧甲基淀粉，丙烯酸接枝淀粉，水解丙烯腈接枝淀粉	丙烯酸共聚物，马来酸共聚物，水解聚丙烯酰胺
	磺酸基		木质素磺酸盐，铁铬木质素磺酸盐	缩合萘磺酸盐，聚苯乙烯磺酸盐
	硫酸酯基			缩合烷基苯醚硫酸酯
阳离子型	氨基	壳聚糖	阳离子淀粉	氨烷基丙烯酸酯共聚物，改性聚乙烯亚胺
	季铵盐			含有季氨基的丙烯酰胺共聚物，聚乙烯苯甲基三甲胺盐
两性型	氨基、羧基等	水溶性蛋白质类		$-[C_2H_4N-C_2H_4-N]_n-$ 　　　　│　　　　│ 　　　$C_{12}H_{25}$　CH_2COOH
非离子型	多元醇及其他	淀粉	淀粉改性产物，甲基纤维素，乙基纤维素，羟乙基纤维素	聚乙烯醇，聚乙烯基醚，聚氧乙烯聚氧丙烯醚，聚丙烯酰胺，EO 加成物聚乙烯吡咯烷酮

(2) 氟表面活性剂　是以氟碳键代替传统碳氢键的一类特殊表面活性剂,有着高表面活性(水溶液的表面张力可低于 20mN/m 以下),并有低的 CMC、高热稳定性和高化学稳定性。主要用作纤维的防水、防油及织物整理过程。

美国 3M 公司配制的 Scotchgard (全氟羧酸铬络合物) 及全氟烷基丙烯酸酯共聚体,具有优异的防水、防油性能,且耐洗涤,织物手感柔软。此外可作织物防污、滑爽及耐洗等整理剂。传统织物净洗剂为四氯乙烯,易对环境造成危害,以氟表面活性剂[结构 C_8F_{17}-SO_2NH-$(CH_2)_2$-$\overset{+}{N}(C_2H_5)_3$]代之,除洗涤外,还可减少蛋白质纤维对水的吸收,从而避免了以往因过热干燥而导致的纤维强度下降的缺点。

2.4.6　双子型表面活性剂

此类表面活性剂是通过连接基团,将两个传统表面活性剂的亲水基团相连而得,其结构如下:

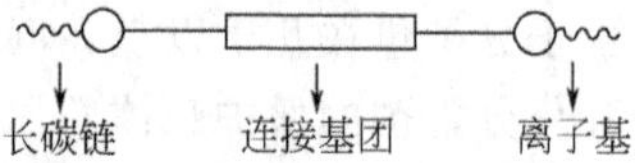

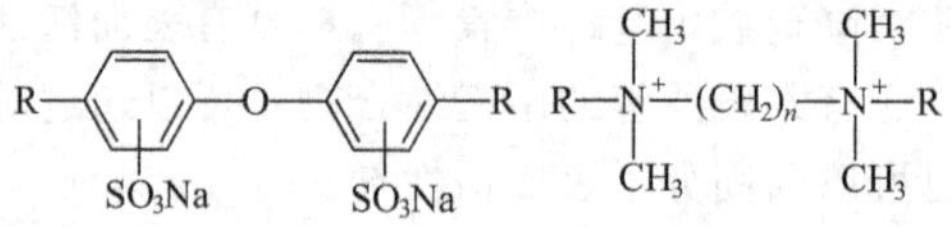

此类表面活性剂能有效降低水溶液的表面张力,很低的 Krafft 点,更大的协同效应以及良好的钙皂分散性和润湿、乳化等特点。

双子型表面活性剂由于极性头基区域的键合,阻抑了极性头之间的斥力,突破了传统表面活性剂的结构概念,具有比传统表面活性剂高得多的表面活性,可以广泛地应用于油的增溶、乳液聚合、抗菌杀菌、特殊结构物质的合成模板、生物医药与生物分离、纺织和皮革助剂以及农用化学品和化妆品等。并在超临界二氧化碳乳液和油田三采中也有良好的应用前景。现有的研究数据表明,并联结构的双子表面活性剂具有比串联结构的双子表面活性剂高的降低表面张力的能力。

2.5　表面活性剂的化学结构与性质的关系

化学结构对表面活性剂性质的影响较为复杂,表面活性剂都是由憎水基和亲水基两部分所组成。由于表面活性剂的亲水基有阴离子的、阳离子的、非离子的以及两性等不同种类,故其性质也各有所异。

如果从憎水基的种类和表面活性剂整体的亲水性以及分子形状和分子量来考虑,则表面活性剂的性质就会有更大的差异。因此,从各种不同角度来考察表面活性剂的化学结构与其性质的关系是非常重要的。

关于表面活性剂的化学结构与其性能的关系,如图 2-11 所示。

2.5.1　表面活性剂的亲水性与其性质的关系

(1) 表面活性剂的 HLB 值　表面活性剂是否容易溶解于水,即所谓亲水性大小,是非常重要的。因此,亲水基的亲水性和憎水基的憎水性之比是一项重要指标。用下式表示表面活性剂的亲水性:

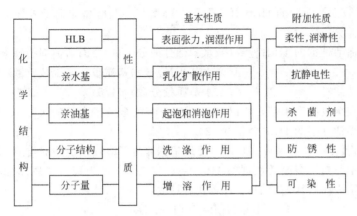

图 2-11 表面活性剂化学结构与其性能关系

$$\text{表面活性剂的亲水性} = \frac{\text{亲水基的亲水性}}{\text{憎水基的憎水性}}$$

从憎水基来考虑，当表面活性剂的亲水基不变的，憎水基部分越长（即分子量越大），则水溶性就愈差（例如十八烷基的就比十二烷基的难溶解于水）。因此，憎水性可用憎水基的分子量来表示。对于亲水基，则由于种类繁多，不可能都用分子量来表示。而聚乙二醇型非离子表面活性剂，确实是分子量越大（即 EO 加成分子数多的），亲水性就越大。因此，非离子表面活性剂的亲水性，可以用其亲水基的分子量大小来表示。一些表面活性剂的 HLB 值见表 2-3。

表 2-3 一些表面活性剂的 HLB 值

名 称	离子类型	HLB 值
油酸	阴	1
Span-85（失水山梨醇油酸酯）	非	1.8
Span-65（失水山梨醇三硬脂酸酯）	非	2.1
Span-80（失水山梨醇单油酸酯）	非	4.3
Span-60（失水山梨醇单硬脂酸酯）	非	4.7
Span-40（失水山梨醇单棕榈酸酯）	非	6.7
Span-20（失水山梨醇单月桂酸酯）	非	8.6
Tween-61（聚环氧乙烷失水山梨醇单硬脂酸酯）	非	9.6
Tween-81（聚环氧乙烷失水山梨醇单油酸酯）	非	10.0
Tween-65（聚环氧乙烷失水山梨醇三硬脂酸酯）	非	10.5
Tween-85（聚环氧乙烷失水山梨醇三油酸酯）	非	11.0
烷基芳基磺酸盐	阴	11.7
三乙醇胺油酸酯	非	12.0
聚环氧乙烷烷基酚(Igelol CA-630)	非	12.8
聚环氧乙烷月桂醚(PEG400)	非	13.1
乳化剂 EL（聚环氧乙烷蓖麻油）	非	13.3
Tween-21（聚环氧乙烷失水山梨醇单月桂酸酯）	非	13.3
Tween-60（聚环氧乙烷失水山梨醇单硬脂酸酯）	非	14.9
Tween-80（聚环氧乙烷失水山梨醇单油酸酯）	非	15
Tween-40（聚环氧乙烷失水山梨醇单棕榈酸酯）	非	15.6
Tween-20（聚环氧乙烷失水山梨醇单月桂酸酯）	非	16.7
聚环氧乙烷月桂醚	非	16.9
油酸钠	阴	18
油酸钾	阴	20
N-十六烷基-N-乙基吗啉基乙基硫酸盐	阳	25～30
十二烷基硫酸钠	阴	约 40

① 非离子表面活性剂的 HLB 值　聚乙二醇型和多元醇型非离子表面活性剂的 HLB 值可以用下式计算。

非离子表面活性剂的 HLB 值＝(亲水基部分的分子量/表面活性剂的分子量)×100/5
　　　　　　　　　　　　＝(亲水基质量/憎水基质量＋亲水基质量)×100/5
　　　　　　　　　　　　＝(亲水基质量分数)×1/5

由于石蜡完全没有亲水基，所以 HLB＝0，而完全是亲水基的聚乙二醇 HLB＝20，所以非离子表面活性剂的 HLB 介于 0～20。

上述 HLB 计算式，在实际应用时，可以根据非离子表面活性剂的类型，做如下改变：
聚乙二醇型非离子表面活性剂的 HLB＝$E/5$，式中 E 为聚乙二醇部分的质量分数。多元醇型非离子表面活性剂的 HLB 计算式可写成：

$$HLB=20(1-S/A)$$

式中，S 为多元醇酯的皂化价（SV）；A 为原料脂肪酸的酸价（AV）。这样，非离子表面活性剂的亲水性即 HLB 就可以用 0～20 之间的数值来表示。至于阴离子和阳离子表面活性剂就不能用以上的 HLB 的计算方法了。这是因为阴离子表面活性剂和阳离子表面活性剂的亲水基，其单位重量的亲水性比非离子表面活性剂一般要大得多，而且由于亲水基的种类不同，单位重量的亲水性的大小也各不相同。

② 离子型表面活性剂　对于离子型表面活性剂，其 HLB 值的计算比非离子型表面活性剂的复杂。这是由亲水基种类繁多、亲水性大小不同等所致。

1963 年 Davies 提出，把表面活性剂的结构分解为一些基团，每个基团对 HLB 值均有各自的贡献，通过实验先测得各基团对 HLB 值的贡献，称做"基团数"（见表 2-4）。

表 2-4　一些基团的 HLB 基团数

亲水基	基团数	亲油基	基团数
—COOK	21.1	—CH₂— —CH— —CH₃ ＝CH—	−0.475
—COONa	19.1		
—SO₃Na	11		
—N	9.4		
酯(失水山梨醇环)	6.8		
酯(游离)	2.4	-(CH$_2$CH$_2$CH$_2$O)-	0.15
—COOH	2.1		
—OH(自由)	1.9	—CF$_2$— —CF$_3$	−0.87
—O—	1.3		
—OH(失水山梨醇环)	0.5		
-(CH$_2$CH$_2$O)-	0.33		

其中亲水基的为正值，亲油基的为负值，然后，将各亲水、亲油基的 HLB 基团数代入下式：

$$HLB 值 = 7 + \sum (亲水基基团数) + \sum (亲油基基团数)$$

即可计算出表面活性剂的 HLB 值。

③ 混合表面活性剂　混合表面活性剂的 HLB 值一般可用加合的方法计算。

$$HLB 值 = \frac{W_A \times HLB_A + W_B \times HLB_B + \Lambda}{W_A + W_B + \Lambda}$$

式中，W_i、HLB_i 分别为混合表面活性剂中 i 组分的质量百分比和 HLB 值。

(2) 表面活性剂 HLB 值与性质的关系　表面活性剂在溶液中的一系列的应用性质，如润湿作用（渗透作用）、乳化作用、增溶作用、消泡作用、洗涤作用等，可见图 2-12 表面活性剂 HLB 值与性质的对应关系。

盲目地绝对地相信 HLB 与其性质的关系也是不可靠的。因为确定 HLB 的方法很粗糙，另外也不能单纯地根据 HLB 这一点来确定表面活性剂的性质。但是，当不知用何种表面活性剂而举棋不定时，还可用 HLB 来帮助思考。在需要认真选择最合适的表面活性剂时，单靠 HLB 是很不够的。

2.5.2　非离子型表面活性剂的浊点

浊点是非离子型表面活性剂的一个特性常数，也是表示其亲水性的很重要的数据。非离子型表面活性剂分子中，具有亲水性的聚环氧乙烷基或羟基，因而能溶于水，但在水中不电离。它之所以能溶于水，是因为聚环氧乙烷链 $-(OCH_2CH_2)-$ 及羟基 $-OH$ 中的氧原子都有可能与水分子形成氢键。图 2-13 是聚环氧乙烷类非离子表面活性剂溶于水的过程机理。

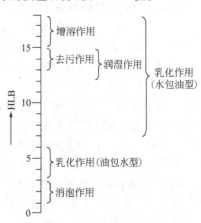

图 2-12　表面活性剂 HLB 值与性质的对应关系

(a) 带有曲折形聚环氧乙烷的非离子表面活性剂（水合状态）

(b) 带有锯齿形聚环氧乙烷的非离子表面活性剂（无水状态）

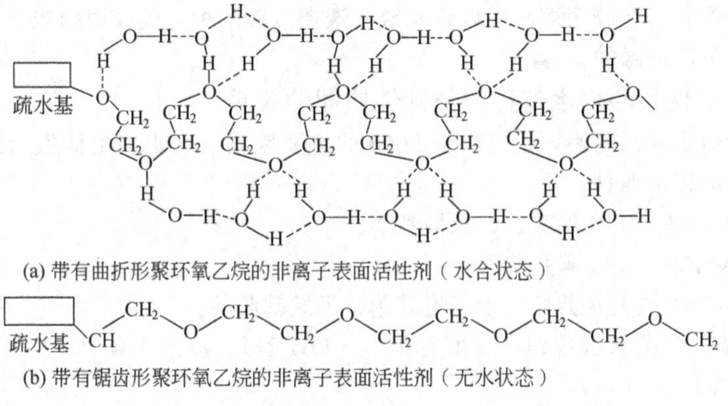

图 2-13　聚环氧乙烷类非离子表面活性剂溶于水的过程机理

非离子型表面活性剂的聚环氧乙烷链在无水状态时为锯齿形,而溶于水后则主要呈曲折形,曲折形的分子链中亲水的氧原子都置于链的外侧,而疏水的—CH_2—则在内侧,其整个恰如一个大的多氧亲水基。醚键中的氧原子与水中的氢原子以弱的化学结合力形成氢键,因而能溶于水。

然而,氢键键能较小,所以醚键氧原子与水分子的结合力比较松弛。如果将聚环氧乙烷类非离子表面活性剂的水溶液加热时,随着温度的上升,结合的水分子则由于热运动而逐渐脱离,因而亲水性也逐渐降低,变为不溶于水,以致开始的透明溶液变成浑浊的液体。而当冷却时,又恢复为透明溶液。非离子型表面活性剂溶液由透明变浑浊和由浑浊变透明的平均温度称为浊点。

非离子表面活性剂水溶液的浊点,明显受表面活性剂的分子结构和共存物质的影响。

① 分子结构 当疏水基相同,不同氧乙烯基数的非离子表面活性剂,其浊点随着氧乙烯基数的增加而升高,但也不是无止境升高,一般在100℃以上浊点上升比较缓慢。

② 疏水基 对于有相同氧乙烯基数而疏水基不同的非离子表面活性剂,疏水基碳原子数越多,则其浊点越低。

③ 外加电解质 在非离子型表面活性剂的水溶液中,加入电解质后,由于电解质对水的亲和力大于水对表面活性剂的氢键结合力,而使水有逐渐脱离的倾向,其结果使浊点下降。实验表明,加入碱性物质和盐类,使浊点降低,其中以氢氧化钠使浊点降低最显著,碳酸钠和磷酸钠次之,盐酸反而使浊点升高。

④ 离子型表面活性剂 在非离子型表面活性剂水溶液中,加入离子型表面活性剂将使浊点升高。这是由于离子型表面活性剂在表面吸附层及胶束中插入非离子表面活性剂部分,使其变牢固的缘故。但这种混合物的浊点不清楚,是一个较宽的温度范围。

⑤ 有机物 有机添加物的存在有时使浊点下降,有时使浊点上升。最近的研究发现,与水完全混溶的有机物能使浊点上升,而与水不能完全混溶的有机物则使浊点下降。前者如甲酸、乙酸、丙酮、1,4-二氧杂环己烷和二甲基甲酰胺等;后者如乙酸乙酯、乙酸甲酯、乙醚、甲乙酮等。与水完全混溶的有机物之所以使浊点上升,主要原因可能是这些有机物与水强烈相互作用,它们溶于水后改变了介质结构,导致介质的极性下降,限制了胶团化作用。但高级醇的加入使浊点下降的效应不能用上述改变介质的性质这个因素来解释,可能是这类分子在胶团溶液中以碳氢链穿透插入胶团中,使胶团膨胀,易于聚集,故而使溶液浊点下降的缘故。

2.5.3 表面活性剂的憎水基种类与其性质间的关系

亲水基和憎水基的种类,是仅次于HLB的重要因素。憎水基主体虽为烃类,但按实际应用可以分成以下四种。

① 脂肪族烃基 十二烷基、十八烯基等。

② 芳香族烃基 萘、苯基苯酚等。

③ 在脂肪族支链上有芳烃 十二烷基苯、壬烷基酚等。

④ 憎水基中有弱亲水基的 蓖麻油酸(—OH基)、油酸丁酯(—COO—基)、聚丙二醇(—O—等)。

按经验可将憎水性强弱顺序排列如下:脂肪族(石蜡烃＞烯烃)＞带脂肪族链的芳香族＞芳香族＞带弱亲水基的。

憎水基种类是非常重要的因素。在使用表面活性剂时，一般除了要指明用阴离子的还是阳离子的以及亲水基种类外，还应指明其憎水基种类。

例如，在进行乳化等操作时就是这样。在为被乳化物选择合适的表面活性剂时，应首先考虑其 HLB 值，其次考虑被乳化物与表面活性剂憎水基之间的亲和力。如果两者的亲和力不好，则表面活性剂就会脱离乳化粒子，自己形成胶束而溶于水中，使被乳化物分离出来。一般经验是两者结构愈接近，其亲和力就愈好。

去污作用主要是乳化、分散污垢并把它除去。由于污垢中的油成分大多属于脂肪族的，故使用与其结构相似的表面活性剂较好。用只带有芳香族憎水基的表面活性剂做洗涤剂，效果很差，不能使用。

带有亲水基的憎水基，其最大特征是发泡力小。这对工业应用是非常重要的，这也是憎水基种类与其性质间的重要关系之一。

有很多时候，除了利用表面活性剂的基本性质，还要利用所谓派生性质（例如对纤维的柔软性），此时，憎水基的种类，就成为更重要的问题了。

2.5.4 表面活性剂的分子结构、分子量与其性质之间的关系

表面活性剂的分子结构和分子的大小（分子量），对其性质也有很大的影响。

① 亲水基位置在憎水基末端的，比靠近中间的去污力要好。
② 亲水基位置在靠近憎水基中间的，比在末端的润湿力（渗透力）要好。
③ 带支链的憎水基比不带支链的润湿力（渗透力）要好。
④ 分子量较小的作润湿剂和渗透剂比较好。
⑤ 分子量较大的，作洗涤剂和乳化分散剂较好。

虽然还有一些其他关系，但以上五项极为重要。下面举例说明。

① 亲水基位置的影响　将十八烯醇硫酸酯钠盐和琥珀酸二酯（α-乙基己醇）磺酸钠（即渗透剂 OT）相比较，见结构示意，后者在憎水基中间有亲水基，故渗透力极好而去污力很差。前者由于亲水基靠近一端，故其性质恰好与后者相反。

$$CH_3(CH_2)_7CH=CH(CH_2)_7CH_2-OSO_3Na$$
（十八烯醇硫酸酯钠盐）

$$\begin{array}{c} \quad\ \ H\ \ O\\ \quad\ \ |\ \ \ \|\\ H-C-C-O-C_8H_{17}\\ \quad\ \ |\\ SO_3Na-C-C-O-C_8H_{17}\\ \quad\ \ |\ \ \ \|\\ \quad\ \ H\ \ O \end{array}$$
（渗透剂 OT）

② 支链的影响　渗透剂 OT，是以 α-乙基己醇 [$CH_3-CH_2-CH_2-CH_2-CH(CH_2CH_3)CH_2OH$] 作为憎水基原料的。它虽有乙基支链，但碳原子数与正辛醇（$CH_3-CH_2-CH_2-CH_2-CH_2-CH_2-CH_2-OH$）相同，故 HLB 完全相同，但渗透力却显著降低了。这说明带有支链结构的渗透力较好。

正十二烷基苯磺酸钠和四聚丙烯苯磺酸钠相比，后者碳原子数虽与前者相同，但由于有支链，故渗透力大而去污力小。

$$CH_3-CH_2-CH_2-CH_2-CH_2-CH_2-CH_2-CH_2-$$

$$CH_2-CH_2-CH_2-CH_2--SO_3Na$$
（正十二烷基苯磺酸钠）

$$CH_3-CH-CH_2-CH-CH_2-CH-CH_2-CH-$$
$$||||$$
$$CH_3CH_3CH_3CH_3$$
（四聚丙烯苯磺酸钠）

$$-SO_3Na$$

③ **分子量的影响**　当 HLB 相同，憎水基和亲水基种类也相同时，则分子量就成为影响其性质的重要因素。阴离子、阳离子表面活性剂，当固定了其憎水基与亲水基后，HLB 比较固定，就不能随意改变其分子量了，而非离子表面活性剂通过增加亲水基数则比较容易改变其分子量。

例如，使月桂醇、十六醇、油醇、十八醇等与环氧乙烷发生加成反应，先使它们的 HLB 相等，然后再按照其分子量的大小排队。比较它们的性质可以发现，分子量小的渗透力好；分子量大的去污力、乳化分散力好。

这种关系表现最为突出的是聚醚型非离子表面活性剂。

现以横轴表示聚醚的亲水性，以纵轴表示分子量，见图 2-14。从图 2-14 就会发现，一些性质呈规律性变化。

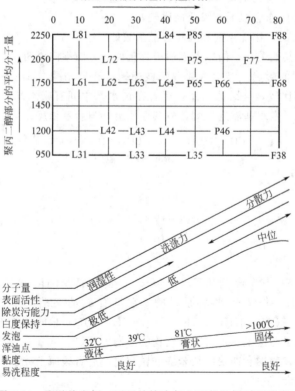

图 2-14　聚醚的坐标（下面的箭头与上面的坐标对照观察）

参考文献

[1] 梅自强. 纺织工业中的表面活性剂 [M]. 北京:中国石化出版社,2001.
[2] 方纫之. 丝织物整理 [M]. 北京:纺织工业出版社,1985.
[3] 罗巨涛. 染整助剂及其应用 [M]. 北京:中国纺织出版社,2000.
[4] 李宗石,刘平芹,徐明新. 表面活性剂合成与工艺 [M]. 北京:中国轻工业出版社,1995.
[5] 丁忠传,杨新玮. 纺织染整助剂 [M]. 北京:化学工业出版社,1988.
[6] 刘必武. 化工产品手册:新领域精细化学品 [M]. 北京:化学工业出版社,1999.
[7] 矶田孝一,藤本武彦. 表面活性剂 [M]. 天津市轻工业化学研究所译. 北京:轻工业出版社,1973.
[8] 杜巧云,葛虹. 表面活性剂基础及应用 [M]. 北京:中国石化出版社,1996.
[9] 程静环,陶绮雯. 染整助剂 [M]. 北京:纺织工业出版社,1985.
[10] 张洵栓. 染整概论 [M]. 北京:纺织工业出版社,1989.
[11] 王菊生,孙铠. 染整工艺原理 [M]. 北京:纺织工业出版社,1982.
[12] 高素莲. 精细化学品分析 [M]. 合肥:安徽大学出版社,2000.
[13] 邬国英. 石油化工概论 [M]. 北京:中国石化出版社,2000.
[14] 刘森. 纺织染概论 [M]. 北京:中国纺织出版社. 2004.
[15] 吴绍祖等. 实用精细化工 [M]. 兰州:兰州大学出版社,1993.
[16] 蒋庆哲,宋昭峥,赵密福,柯明. 表面活性剂科学与应用 [M]. 北京:中国石化出版社,2006.
[17] 张天胜等. 生物表面活性剂及其应用 [M]. 北京:化学工业出版社,2005.
[18] 刘程,米裕民. 表面活性剂性质理论与应用 [M]. 北京:北京工业大学出版社,2004.

第3章 高分子化合物

在研究纺织染整助剂时，总离不开要研究纺织材料，而大量使用的纺织材料都可归为高分子化合物。因此有必要掌握高分子化合物的基本物理化学性质。

3.1 高分子的基本概念

在日常生活中，我们吃的粮食、肉类、蔬菜，穿的衣服，使用的塑料、橡胶制品等的基本成分都是高分子化合物。"高分子"这一名称，有高分子化合物、高分子物、高聚物、高分子、聚合物、大分子等多种说法，其含义也各有异同，目前尚未做统一的规定。这类物质的分子都是由成千上万个原子以共价键相互连接而成的，分子的尺寸很大，常用高分子的分子量高达 $10^4 \sim 10^6$。尽管高分子的尺寸很大，分子量很高，但一个大分子往往是由许多简单的结构单元多次重复连接组成的。如聚氯乙烯，是由许多氯乙烯结构单元重复连接而成的，表示为：

$$\sim\sim\sim CH_2CHCH_2CH \sim\sim\sim$$
$$\quad\quad\quad | \quad\quad |$$
$$\quad\quad\quad Cl \quad\quad Cl$$

上式中的～代表碳链骨架，表示还有很多—CH_2—$CHCl$—这样的重复单元。以聚氯乙烯为例，高分子的结构还可以表示为：

$$\pm CH_2—CH \pm_n \quad 或 \quad \pm CH_2—CH \pm_n$$
$$\quad\quad\quad |\quad\quad\quad\quad\quad\quad\quad\quad |$$
$$\quad\quad\quad Cl \quad\quad\quad\quad\quad\quad\quad Cl$$

上式是聚氯乙烯的结构式，端基只占大分子中很少一部分，故略去不计。方括号内是聚氯乙烯的结构单元，也是其重复结构单元，并简称重复单元。许多重复单元连接成线型大分子，类似一条链子，因此有时又将重复单元称做链节。由能够形成结构单元的小分子所组成的化合物，称为单体，是合成高分子化合物的原料。聚氯乙烯的结构单元与所用原料氯乙烯单体的分子相比，除了电子结构有所改变外，原子种类和各种原子的个数完全相同，这种单元又可称为单体单元。对于聚氯乙烯一类高分子化合物，结构单元、重复单元、单体单元是相同的。上式中方括号（或圆括号）表示重复连接的意思，n 代表重复单元数，又称为聚合度，聚合度是衡量高分子大小的一个指标。高分子化合物的分子量 M 是重复单元的分子量（M_0）与聚合度（DP）或重复单元数 n 的乘积。

$$M = DP \cdot M_0$$

还有另外一类高分子化合物，它的结构单元、重复单元是不同的，而且它的结构单元、重复单元与形成高分子化合物的原料单体也不相同，如尼龙66。

$$\text{--[NH(CH}_2\text{)}_6\text{NHCO(CH}_2\text{)}_4\text{CO]}_n$$
|← 结构单元 →|← 结构单元 →|
|←———— 重复单元 ————→|

它的重复单元由—NH(CH$_2$)$_6$NH—和—CO(CH$_2$)$_4$CO—两种结构单元组成。而尼龙66的单体是己二胺 NH$_2$(CH$_2$)$_6$NH$_2$ 和己二酸 HOOC(CH$_2$)$_4$COOH。重复单元要比单体少了一些原子,所以不宜再称做单体单元。

3.2 高分子化合物的分类和命名

3.2.1 高分子化合物的分类

高分子化合物可分为合成高分子和天然高分子两大类。

(1) 合成高分子 合成高分子是指从结构和分子量都已知的小分子原料出发,通过一定的化学反应和聚合方法合成的高分子化合物。从不同的角度对合成高分子可以有不同分类方法。

按照高分子材料的性能和用途,合成高分子主要可以分为橡胶、纤维、塑料三大类,称之为三大合成材料。此外,高分子化合物作为涂料和胶黏剂来使用,而且越来越广泛,也有人将它们单独列为两类,所以按高分子化合物的应用分类应包括上述五大类合成材料。

近年来,具有特定物理、化学、生物功能的功能高分子也已成为一类新的、重要的高分子化合物。

如果高分子化合物的主链、侧基均无碳原子,则为无机高分子,例如聚氯化磷腈就是一例。人们过去早就熟知的水玻璃,现在也被认为是一种梯形结构的无机高分子,如:

```
    ONa    NaO  NaO    NaO  NaO      NaO
     |      |    |      |    |        |
    Si--O--Si--O--Si--O--Si--O--Si--O--Si--O
     |      |    |      |    |        |
    Si--O--Si--O--Si--O--Si--O--Si--O--Si--O
     |      |    |      |    |        |
    ONa    NaO  NaO    NaO  NaO      NaO
```

(2) 天然高分子 天然高分子也有无机高分子和有机高分子之分。天然无机高分子如人们熟悉的石棉、石墨、金刚石、云母等。天然有机高分子都是在生物体内制造出来的,它们之中有维持生命形态的骨架结构物,如动物的毛、腱、皮、骨、爪等和植物的纤维素等;有作为能量储存的物质,如肝糖、淀粉、一般的蛋白质等;有生物的体外分泌物,如动物的蚕丝、蜘蛛丝、虫胶等,植物的天然橡胶、脂等;还有具有控制生物体内化学反应、储存、复录和传递生物体内的遗传信息等功能的各种蛋白质、核酸等。

3.2.2 高分子化合物的命名

高分子化合物的命名法有几种,同一种高分子化合物往往有几个名称。最常用的是通俗命名法。所谓通俗命名法是在单体名称前冠以"聚"字,如由乙烯聚合得到的高分子化合物叫"聚乙烯",由氯乙烯聚合得到的高分子化合物叫"聚氯乙烯",由己二酸、己二胺制得的高分子化合物称为"聚己二酰己二胺"等。

由两种单体缩聚而成的高分子化合物,如果结构比较复杂或不太明确,则往往在单体名称后加上"树脂"二字来命名。如由苯酚和甲醛合成的高分子化合物叫做"酚醛树脂"。现在"树脂"这个名词的应用范围扩大了,未加工成型的高分子化合物往往都叫树脂,如聚苯乙烯树脂、聚丙烯树脂等。

此外，还有一些高分子化合物习惯使用商品名称。

IUPAC（纯化学和应用化学国际联合会）命名法是正规的命名系统，它符合有机化学命名的规则。这一系统使人们既能命名简单的高分子化合物，又可命名复杂的高分子化合物。IUPAC是以结构为基础的系统命名法。进行系统命名时，须遵循下列程序：①确定重复单元结构；②排好重复单元中次级单元的次序；③给重复单元命名。最后在重复单元名称前加一"聚"字，就成为高分子化合物的名称。

高分子化合物名称有时很长，往往用英文缩写符号表示。如聚甲基丙烯酸甲酯［poly(methylmethacrylate)］的符号是PMMA，每一字母均应大写。两种高分子化合物具有相同缩写符号时，应加以区别，第一次出现时应注明原名。表3-1是几种常见高分子化合物的化学名称、习惯名称、商品名称及简写符号。

表3-1 几种常见高分子化合物的化学名称、习惯名称、商品名称及简写符号

	化 学 名 称	习惯名称或商品名称	简写符号
塑料	聚乙烯 聚丙烯 聚氯乙烯 聚苯乙烯 丙烯腈-丁二烯-苯乙烯共聚物	聚乙烯 聚丙烯 聚氯乙烯 聚苯乙烯 腈丁苯共聚物	PE PP PVC PS ABS
合成纤维	聚对苯二甲酸乙二(醇)酯 聚己二酰己二胺 聚丙烯腈 聚乙烯醇缩甲醛	涤纶 尼龙66 腈纶 维纶	PETP PA PAN PVA
合成橡胶	丁二烯-苯乙烯共聚物 顺聚丁二烯 顺聚异戊二烯 乙烯-丙烯共聚物	丁苯橡胶 顺丁橡胶 异戊橡胶 乙丙橡胶	SBR BR IR EPR

3.3 合成高分子的化学反应

由低分子单体合成高分子化合物的反应称作聚合反应。聚合反应有许多种类型，可以从不同角度进行分类。我们介绍几种主要的分类方法。

3.3.1 按单体和高分子化合物在组成和结构上发生的变化分类

（1）加聚反应 单体加成而聚合起来的反应称为加聚反应。氯乙烯加聚成聚氯乙烯就是一个例子。

$$n\mathrm{CH}_2\!\!=\!\!\underset{\underset{\mathrm{Cl}}{|}}{\mathrm{CH}} \longrightarrow \!\!\!-\!\!\!\left[\mathrm{CH}_2\!-\!\!\underset{\underset{\mathrm{Cl}}{|}}{\mathrm{CH}}\right]\!\!-$$

加聚反应的产物称加聚物，单体在聚合过程中不失去小分子，得到加聚物的结构单元与其单体组成相同，仅仅是电子结构有所改变。

（2）缩聚反应 单体在形成大分子的聚合反应过程中，在生成高分子化合物的同时，还有小分子副产物生成，称为缩聚反应。如：

$$n\text{H}_2\text{N—R—NH}_2 + n\text{HOOC—R}'\text{—COOH} \longrightarrow$$
$$\text{[HN—R—NHCO—R}'\text{—CO]}_n\text{OH} + (2n-1)\text{H}_2\text{O}$$

缩聚物是通过官能团将重复单元连接起来，缩聚物中往往留有官能团的结构特征，如酰胺键（—NHCO—）、酯键（—OCO—）、醚键（—O—）等。因此，大部分缩聚物是杂链高分子化合物，容易被水、酶、酸等药品所水解、醇解和酸解。但杂链高分子化合物并不完全由缩聚反应制成，如聚甲醛、聚环氧乙烷等由开环聚合制得。

3.3.2 按聚合机理和动力学分类

根据聚合机理，聚合反应被分为连锁聚合和逐步聚合两大类。

（1）连锁聚合反应　连锁聚合反应的必要条件要有自由基、阴离子、阳离子等活性中心，整个聚合反应由链引发、链增长、链终止等几步基元反应组成。链引发使活性中心形成，单体只能与活性中心反应而使链增长，彼此间不能反应。活性中心破坏就是链终止，自由基聚合在不同的转化率下分离得到的高分子化合物的平均分子量差别不大，体系中始终由单体、高分子量高分子化合物和微量引发剂所组成，没有分子量递增的中间产物。所变化的是高分子化合物的量随时间而增加，而单体则随时间而减少。

（2）逐步聚合反应　逐步聚合反应的特征是在低分子转变成高分子的过程中，反应是逐步进行的，在反应早期，大部分单体很快聚合成二聚体、三聚体、四聚体等低聚体，短期内转化率很高，随后，低聚体间继续反应，分子量缓慢增加，直至最后，分子量才达到较高的数值。在逐步聚合全过程中，体系由单体和分子量递增的一系列中间产物所组成，中间产物的任何两个分子之间都能反应。

必须指出，这一分类方法也存在不完善的地方，例如无链终止的阴离子聚合反应和蛋白质的生物合成不符合正常的逐步聚合反应，也不符合正常的链式聚合反应。环状单体的开环聚合是按照逐步聚合还是链式聚合机理进行，取决于单体、引发剂和反应条件等。

3.3.3 均聚反应和共聚反应

用一种单体进行聚合反应，所得大分子中只含一种单体链节，称为均聚反应，产物称为均聚物。用两种或两种以上的单体一起进行聚合反应，生成的高分子化合物大分子中含有两种或两种以上的单体链节，称为共聚反应，产物称为共聚物。

3.3.4 高分子化合物的化学反应

除了按逐步聚合反应和连锁聚合反应合成高分子化合物外，当高分子化合物的分子中含有可进行化学反应的基团时，可进一步进行化学反应以制备具有新性能的另一种高分子化合物。很多功能高分子材料的功能基团是通过高分子化合物的化学反应而引入到高分子母体上去的。

根据聚合度和基团（侧基和端基）的变化，高分子化合物的化学反应可作如下分类。

（1）聚合度基本不变，只有侧基和（或）端基变化的反应　这类反应也称作大分子的相似转变。功能高分子中的高分子试剂、高分子催化剂的作用可以归入此类反应。

（2）聚合度变大的反应　聚合度变大的反应包括交联、接枝、嵌段、扩链等反应。在生物医用功能高分子材料中，为了提高材料的生物相容性，而将肝素接枝在高分子化合物大分子上的反应属于此类。

（3）聚合度变小的反应　聚合度变小的反应包括解聚、降解等。功能性降解膜，在失去作用后自动进行降解反应以减少环境污染的反应属于此类。

3.4 高分子的结构

3.4.1 高分子的化学结构

高分子化合物是由重复单元连接而成的,在聚合反应过程中,若某一步反应发生偏差,则会使大分子链中形成一个与众不同的结构,这就使得到的高分子结构具有复杂性。同时由于聚合反应中每一步反应可能多样化,从而产生各种各样的结构,使生成的高分子化合物化学结构具有多重性,包括结构单元的连接形式、立体异构、顺反式结构、支链、交联等。

(1) 连接方式　分析像聚氯乙烯类的高分子化合物发现,它还存在着各种异构体。如以三个重复单元的连接方式表示,可有以下几种结构(X 表示取代基):

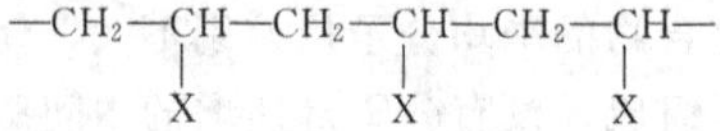

—CH₂—CH—CH₂—CH—CH₂—CH—　　　—CH₂—CH—CH—CH₂—CH₂—CH—
　　　　|　　　　|　　　　|　　　　　　　　　　|　　|　　　　　　|
　　　　X　　　 X　　　 X　　　　　　　　　　X　　X　　　　　　X

　　　　　　头尾结构 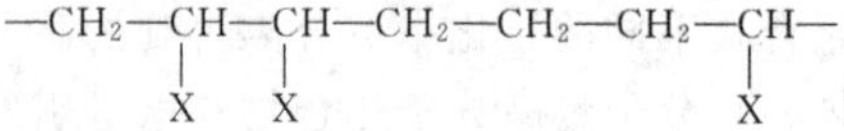　　　　　　　　　　　头头结构或尾尾结构

(2) 空间异构　通常乙烯系高分子化合物是以头尾结构组成的。在这种情况下,它还存在着三种空间异构体,一种是取代基在同侧连接的全同(等规)立构体,一种是取代基交替在两侧连接的间同(间规)立构体。还有一种是取代基在两侧连接的无规立构体:

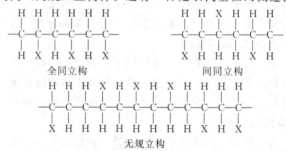

全同立构　　　　　　　间同立构

无规立构

(3) 几何异构　高分子化合物主链中存在不饱和双键时,双键碳原子上的取代基在空间的不同排布所形成的顺反异构,称为几何异构。两个取代基在双键的同侧称为顺式;在异侧则称为反式。例如聚丁二烯,存在如下异构体:

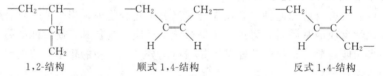

1,2-结构　　　　　顺式 1,4-结构　　　　　反式 1,4-结构

(4) 共聚物　由两种或两种以上不同的重复单元构成的高分子化合物被称为共聚物。以由两种重复单元构成的二元共聚物为例,以 A 和 B 分别表示两种不同的重复单元,它们之间的连接方式有以下几种:

—AABBBABAAABB—
无规共聚物

—ABABABABAB—
交替共聚物

—AAAAAABBBBBBAAAAAABBBB—
嵌段共聚物

　　　　　　　　　　　BBBBB—
　　　　　　　　　　　|
—AAAAAAAAAAAAAAAA—
　　　　　　　　　　　|
　　　　　　　　　　　BBBBB—
接枝共聚物

高分子的化学结构是高分子化合物最基本的结构，是影响高分子化合物性能的最主要的因素。

3.4.2 大分子的形状

前面我们曾提到，高分子是由许多相同的重复单元连接而成的。重复单元连接方式不同，可能使大分子具有线型、支链型、体型三种形状，如图3-1所示。

形成线型大分子的单体要有两个官能团。在加聚反应中，烯类的π键，或环状单体开环聚合时断裂的单键，都相当于两个官能团。在线型缩聚反应中，单体需具有两个官能团，如二元醇、二元酸、二元胺等。含有两个以上官能团的单体，可能形成体型大分子，如二元酸与三元醇的缩聚反应，苯乙烯与二乙烯基苯（四官能团）的共聚等。在形成体型大分子之前，往往先形成支链型大分子。有些二官能团的单体，由于链转移反应，也可

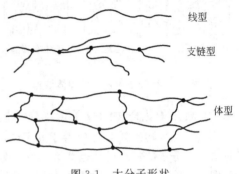

图3-1 大分子形状

能形成支链，甚至交联结构。如高压聚乙烯总带有一定数量的长支链和短支链。又如在合成丁苯橡胶时，转化率一般控制在60%左右，以防止支链和交联的产生。有时还有目的地在一个大分子链上接上另一结构单元的支链，形成接枝共聚物，使之具有两种结构单元的双重性能。线型、支链型的大分子彼此间是靠分子间力聚集在一起的。因此加热可熔化，并可溶解于适当的溶剂中。支链型大分子不易紧密堆砌，难于结晶或结晶度很低。交联型高分子化合物可以看成是许多线型或支链型大分子由化学键连接而成的体型结构。许多大分子键合在一起，已无单个大分子可言。所以交联型高分子化合物既不能熔融，也不能溶解。

3.4.3 高分子化合物的固体结构

分子聚集形成物质，根据分子聚集情况的不同，物质可以有各种聚集态和相态。根据分子堆砌密度、作用力和热运动特性，低分子物质具有气态、液态和固态三种聚集状态。在高分子化合物中，由于分子量很大，分子链很长，分子间作用力往往超过化学键的键能，在温度达到足够高时，往往会因为化学键的断裂而分解，不会破坏分子之间作用力而汽化，因此高分子化合物仅有液态和固态，而没有气态。对于低分子物质来说，由于分子较小，结构相对比较简单，所以低分子固体或者是完全结晶或完全是非晶体，而对于固态高分子化合物来说，尽管也存在晶相和非晶相结构，但情况却要复杂得多。在非晶态高分子化合物中，由于分子链很长，分子移动困难，分子的几何不对称性较大，致使非晶态高分子化合物具有某种程度的有序排列，如图3-2(a)，在结晶性高分子化合物中，一般都是晶区和非晶区共存的两相结构体系。由于高分子化合物的分子链很长，结构又复杂，即使能够生成晶核，也难于长大。因此，固态高分子化合物具有大量的结晶化小区域（微晶）分散在非晶体之中的微细结构，如图3-2(b)、图3-2(c)所示。

如果缓慢冷却某种结晶性高分子化合物的稀溶液，可形成单晶。例如聚乙烯能形成厚度为10nm的单晶，而这种聚乙烯分子链长可达数千埃，分子链不可能是伸展开来结晶的，而是按10nm左右的长度，规则地折叠起来而结晶。这种结构被称为折叠结构或片

晶结构。如图 3-3，结晶性高分子化合物依其结构和制备条件的不同，可以形成折叠结构或微晶的缨状胶束结构。

(a) 非结晶聚合物　(b) 微晶无规排列的聚合物　(c) 拉伸使微晶取向的聚合物

图 3-2　高分子化合物的固体结构

(a) 规则重叠的片晶　(b) 不规则重叠的片晶，交接部分成为非晶部分

图 3-3　聚乙烯结晶的折叠结构

3.4.4　高分子化合物的分子量及分子量分布

高分子化合物的分子量 M 等于其聚合度 DP 与重复单元的分子量 M 之积。通常，分子量愈大，分子的相对尺寸也愈大，所以分子量大小是高分子链远程结构的重要表征之一。但是，除了有限几种蛋白质以外，无论是天然的还是合成的高分子，分子量都是不均一的即具有多分散性，因此，高分子化合物的分子量只具有统计的意义。根据统计方法的不同，平均分子量的表示方法有四种：数均分子量 $\overline{M_n}$、重均分子量 $\overline{M_w}$、Z 均分子量 $\overline{M_z}$、黏均分子量 $\overline{M_r}$。

(1) 数均分子量

$$\overline{M_n} = \frac{N_1M_1 + N_2M_2 + \Lambda + N_iM_i}{N_1 + N_2 + \Lambda + N_i} = \frac{\sum N_iM_i}{\sum N_i} = \sum N_iM_i$$

式中，N_1，$N_2 \cdots$，N_i 分别是分子量为 M_1，$M_2 \cdots$，M_i 的高分子化合物分子的分子数。

数均分子量的物理意义为：各种不同分子量分子的分子数与其对应的分子量乘积的总和。凡是利用与分子数有关的物理化学性质，如端基分析、沸点升高、冰点下降、蒸气压和渗透压等方法测得的分子量都是数均分子量。

(2) 重均分子量

$$\overline{M_n} = \frac{W_1M_1 + W_2M_2 + \Lambda + W_iM_i}{W_1 + W_2 + \Lambda + W_i} = \frac{N_1M_1^2 + N_2M_2^2 + \Lambda + N_iM_i^2}{N_1M_1 + N_2M_2 + \Lambda + N_iM_i} = \frac{\sum N_iM_i^2}{\sum N_iM_i} = \sum W_iM_i$$

式中，W_1，W_2，$\cdots$，W_i 分别表示分子量为 M_1，M_2，$\cdots$，M_i 的高分子化合物分子的重量，W_i 也表示相应的分子所占的质量分数。重均分子量的物理意义是：各种不同分子量的分子之质量分数与其对应的分子量乘积的总和。凡是利用与分子重量有关的性质如光散射法等测得的分子量是重均分子量。

(3) Z 均分子量

$$\overline{M_z} = \frac{\sum N_iM_i^3}{\sum N_iM_i^2} = \frac{\sum W_iM_i^2}{\sum W_iM_i}$$

关于 Z 均分子量，很难清楚地表明其物理意义，它只是由超速离心法测得的高分子化合物的平均分子量。

(4) 黏均分子量　实际工作中，普遍采用黏度法测定高分子化合物的分子量，因此又引入了一个黏均分子量。

$$\overline{M_r} = \left[\frac{\sum N_i M_i^{a+1}}{\sum N_i M_i}\right]^{1/a} = \left[\frac{\sum W_i M_i^a}{\sum W_i}\right]^{1/a}$$

a 为特性黏数-分子量关系式中的指数，其数值与分子的大小、形状、所用溶剂和测定温度有关，一般在 0.5～1.0。

黏均分子量也没有明确的物理意义。

只要高分子化合物存在多分散性，则 $\overline{M_z} > \overline{M_w} > \overline{M_r} > \overline{M_n}$。$\overline{M_r}$ 介于 $\overline{M_n}$ 与 $\overline{M_w}$ 之间且接近 $\overline{M_w}$。只有分散的高分子化合物，才有 $\overline{M_z} = \overline{M_r} = \overline{M_n}$。通常将 $\overline{M_w}/\overline{M_n}$ 称为多分散性指数，用来表示分子量分布的宽度。多分散性指数越大，表示分子量分布越宽，即表示高分子化合物的分子量大小分布越不均一，反之，多分散性指数越小，表示分子量分布越窄，多分散性指数等于 1 是一种理想情况，表示高分子化合物内所有大分子的分子量都一样大，等于平均分子量。

高分子化合物的分子量及分子量分布是高分子化合物的重要物理性能指标，对材料的性能和应用有很大的影响。

3.5　高分子化合物的热性质和力学性质

由于高分子化合物分子量很大，又具有分子量和结构多分散性，所以在热性能、力学性能和溶液性质上也有其自己的特点。

一般，交联型高分子化合物在受热时不熔融，当温度足够高时就会分解。线型高分子化合物加热到一定温度后就软化，进而熔融，还有些高分子化合物熔融时就会分解。低分子晶体具有敏锐的熔点，而高分子晶体没有，仅有一个熔融温度范围，这与晶区-非晶区共存的结构密切相关。

热熔融成液体的高分子化合物逐步冷却时，可能会出两种转变过程，如图 3-4 所示。

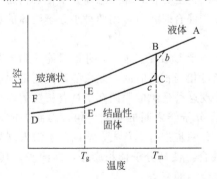

图 3-4　高分子化合物的比容-温度关系

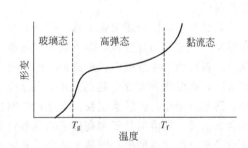

图 3-5　非晶态高分子化合物的温度-形变曲线

对于结晶性高分子化合物，随温度的逐渐降低，比容逐渐减少，其变化按 A→B→C→E→0 这条路线进行。到了某个温度，比容发生突变，这个温度就是高分子化合物的熔点 T_m，它有一个温度范围（b→c），是高分子化合物中结晶部分的熔融温度。比容发生突变的过程是分子作规则排列,形成结晶的过程。在此过程中,分子由液相的不规则排列变为晶相的规则排列,这就发生了相变,比容、比热容、熵、内能等热力学函数都发生了突变。对于非结晶性高分子化合物,或进行急冷的结晶性高分子化合物,比容的变化按 A→B→E→F 这条路线进行。温度降至 T_m 以下,比容仍连续减少而不出现突变,直至另一个温度,高分子化合物转变为玻璃状固体,这个温度称为玻璃化温度(T_g),该过程称为玻璃化转变。在玻璃化转变过程中,没有热力学函数的突变,所以不是相变过程。

玻璃化温度 T_g 是衡量高分子化合物性能的一个重要参数,对高分子化合物的力学行为有很大影响。线型非晶态高分子化合物,在玻璃化温度以下处于玻璃态。玻璃态高分子化合物受热一般先经过高弹态,再转化为黏流态。玻璃态、高弹态和黏流态是非晶态高分子化合物的三种力学状态,它是以力学性质的不同来区分的。在一定外力作用下,不断升高温度,以形变对温度作图,可以得到温度-形变曲线,如图3-5所示。

在玻璃态,整个大分子链和链段(由若干个结构单元构成的运动单元)都被冻结,在高分子化合物受力时,仅能发生主链上键长和键角的微小变化,宏观上表现为形变量很小,形变与受力大小成正比,服从虎克定律。当外力去除后,形变能立即恢复,这种形变为普弹形变。

随着温度的升高,分子热运动能量增加,当温度高于玻璃化温度时,虽然整个大分子链仍不能移动,但链段却可随外力的作用而运动,由此产生很大的形变,外力解除后,形变能慢慢地恢复原状,这种形变称为高弹形变。

温度再继续升高,不仅链段,而且整个大分子链都能发生相对滑移,当外力去除后,形变不可恢复,这种形变称为黏流形变,高分子化合物的这种状态,称为黏流态。从高弹态转变为黏流态的温度称为黏流温度(T_f)。

3.6 高分子化合物的溶解过程及溶液性质

3.6.1 高分子化合物溶解过程的特点

(1)非晶态高分子化合物的溶胀和溶解 从结构上分析,非晶态高分子化合物属于液相结构范畴,所以在讨论非晶态离聚物和溶剂分子混合时,可以用两种小分子液体的混合作为基础。

酒精和水,两者能很快混合。但是,取几粒聚苯乙烯置于苯中,开始只能看到聚苯乙烯颗粒体积变大而且变软,并不能立即溶解。经过相当长的时间,胀大的聚苯乙烯才逐渐变小,最后消失在溶剂中,形成均一的溶液。出现这种现象的原因在于具有长链的高分子扩散时,既要移动大分子链的重心,又要克服大分子链之间的相互作用,因而扩散速度慢。溶剂分子小,扩散速度快。所以,溶解过程分两步进行:首先,溶剂分子渗入高分子化合物内部,即溶剂分子和高分子的某些链段混合,使高分子体积膨胀,即溶胀;其次,高分子被分散在溶剂中,即整个高分子和溶剂混合,即溶解。

(2)交联高分子化合物的溶胀平衡 交联高分子化合物在溶剂中可以发生溶胀,但是,由于交联键的存在,溶胀到一定程度后,就不再继续胀大(达到溶胀平衡),更不能发生溶解。

(3)结晶高分子化合物的溶解 结晶高分子化合物的晶相,是热力学稳定的相态,溶解要经过两个过程：一是结晶高分子化合物的熔融，需要吸热；二是熔融高分子化合物的溶解。对于非极性的结晶高分子化合物，在常温下是不溶解的，只能用加热的方法升高温度至熔点附近，待结晶熔融后，小分子溶剂才能渗入到高分子化合物内部而逐渐溶解。对于极性的结晶高分子化合物来说，除了用上述加热的方法使它们溶解之外，还可以选择一些极性很强的溶剂在室温下溶解。这是因为结晶高分子化合物中无定形部分与溶剂混合时，两者强烈地相互作用（如生成氢键），放出大量的热，此热量足以破坏晶格能，使结晶部分熔融，因而，溶解过程可在常温下进行。

高分子化合物的溶解过程和溶液的性质要比低分子复杂得多。交联型的高分子化合物是不能够被溶解的，线型高分子化合物能溶解于适当的溶剂中，支链型高分子化合物也可溶于适当的溶剂。对于低分子化合物可以用溶解度表示某种溶质的溶解能力，但对于高分子化合物，溶解性随分子量、支化度、结晶度的增加而减少，所以很难定量表示出溶解度这个参数。高分子化合物在溶解之前总要经过"溶胀"阶段，这与低分子物也很不同。对于低分子物来说，溶质分子和溶剂分子尺寸相近，而且很小，扩散速度都较快。但对高分子化合物来说，大分子比溶剂分子的体积大得多，扩散速度很慢，所以在溶解开始阶段，是溶剂分子扩散进入大分子链间，形成一种胀大的似胶状物。随着溶胀过程的继续进行，进入大分子链间的溶剂分子越来越多，最终使整个大分子链分散到溶剂中，这就是溶解。线型高分子化合物能够发生溶解过程。交联高分子化合物虽也能发生溶胀，但由于交联键的束缚，到一定时候就达到"溶胀平衡"，不能溶解。

3.6.2 高分子化合物溶液的性质

溶解后形成的高分子化合物溶液，其黏度比相同浓度的低分子溶液高几十倍到几百倍。这也是高分子化合物分子量大的具体标志之一。

高分子溶液是大分子分散的真溶液而不是胶体溶液，它和小分子溶液一样也是热力学稳定体系。但是，由于高分子溶液中溶质大分子比溶剂分子要大得多，而且具有分子量的多分散性，高分子链又有一定的柔顺性，这些高分子本身结构上的特点，使高分子溶液的性质具有和小分子溶液不相同的特殊性。

① 高分子化合物的溶解过程比小分子物质要缓慢得多，一般需要几天，甚至几个星期。

② 小分子溶液一般很稳定，不论浓度如何改变，它都是液体，当然也就不会有什么机械强度。但是，高分子溶液就不同，如前述，其性质随浓度不同而有很大的变化。

③ 小分子稀溶液的热力学性质一般接近于理想溶液。但是，高分子稀溶液的热力学性质和理想溶液有很大偏差。

④ 高分子溶液的动力学性质（如黏度、扩散）和光学性质（如光散射）等都和小分子溶液有很大的不同。例如，高分子溶液的黏度很大，浓度为1%～2%的高分子溶液，其黏度就与纯溶剂有数量级的差别。5%的天然橡胶-苯溶液已成为冻胶状态。

参考文献

[1] 梅自强. 纺织工业中的表面活性剂 [M]. 北京：中国石化出版社，2001.
[2] 罗巨涛. 染整助剂及其应用 [M]. 北京：中国纺织出版社，2000.

[3] 丁忠传,杨新玮. 纺织染整助剂 [M]. 北京:化学工业出版社,1988.
[4] 潘祖仁. 高分子化学 [M]. 第4版. 北京:化学工业出版社,2007.
[5] 金日光,华幼卿. 高分子物理 [M]. 北京:化学工业出版社,1991.
[6] 刘必武. 化工产品手册:新领域精细化学品 [M]. 北京:化学工业出版社,1999.
[7] 张洵栓. 染整概论 [M]. 北京:纺织工业出版社,1989.
[8] 王菊生,孙铠. 染整工艺原理 [M]. 北京:纺织工业出版社,1982.
[9] 程静环,陶绮雯. 染整助剂 [M]. 北京:纺织工业出版社,1985.

第 2 篇　前处理助剂

第4章　浆料

4.1　概述

经纱在织机上织造时,要经受停经片、综丝和钢筘等机件的反复摩擦,还要经受由于各种机构运动而产生的反复拉伸、曲折及冲击。为了降低经纱断头率,提高经纱的可织性及产品质量,用上浆方式可使经纱满足织造要求,赋予经纱以更高的耐磨性,黏附突出在纱条表面的毛羽,适当增加经纱强度,并尽可能地保持经纱原有的弹性。因此,经纱上浆是织造前经纱准备工程中的一个关键环节,布机织造能否取得优质、高产、低耗的经济效果,在很大程度上取决于浆纱工序,同时,在影响上浆质量的机械型式、操作方法、工艺条件等诸因素中,浆料的合理选用显得尤其重要。经纱上浆后,单纤维间的黏结力增加,从而提高了纱的强度,纤维表面毛羽的伏贴性,使纱的平滑性提高,减少了纱的摩擦系数,提高了纱的耐磨性能。同时要注意尽可能使经纱的弹性和断裂伸长率不要降低太多。

4.2　浆料的分类

经纱上浆对浆料的要求。

① 浆液流变性　浆液流变性,实质是浆液受剪切应力时所表现的特性。上浆工程所用的浆液属高聚物分散液或高聚物溶液。经纱以一定速度通过浆液,由于表面吸附效应及黏附特性,使浆液吸附到纱上,通过压浆辊的挤压,一部分浆液浸入纱线内部,另一部分被挤掉。从生产实践得知,若欲通过上述过程而得到均匀良好的上浆效果,浆液的流变性非常重要。常用黏度的变化和其稳定性表达。

② 浸透性　浆液通过纱线外层的包覆,使毛羽伏贴,同时浸透到纱的内部而形成胶质体,这样不仅使纱的表面光滑,而且增加了纱的强力。为此,就要求浆液能浸透到纱的

内部,使单纤维之间尽可能相互紧密地胶着。如果浸透不良,纱线表面即使有完整的浆膜,在弯曲时浆膜也会脱落,在生产过程中,浆纱手感好像浆得很好,毛羽伏贴,但上机织造后,落浆多,再生毛羽增加,开口不清,断头明显增加。

③ 黏附性 由于浆料是黏结剂,因而黏附性是浆料的重要特性,对亲水性棉纤维或疏水性合成纤维,要选用黏结性强的浆料,因为上浆经纱在织机上要受到反复的摩擦,如果纤维间黏结不良,浆膜就会从纱上脱落,使单纤维相互间的抱合力降低,结果产生毛羽,影响织造。

④ 浆液的膜性能 要求浆膜具有一定的强伸度、耐磨性、屈曲强度等力学性能,即要求浆膜具有强韧性。同时也要求浆膜具有良好的溶解性及较低的再黏性。

鉴于退浆工艺的要求,对浆膜水溶性也应予以一定的考虑。虽然浆膜水溶性不能直接等于织物的退浆性能,但水溶性好的浆膜有助于退浆。

⑤ 浆纱对浆料的其他要求 经济性、吸湿不再黏,与其他浆料的混溶性、不易起泡沫和无臭味等。

织布过程中,上浆费用约占直接加工费的 10%~15%,所以,无论浆料的性能怎样好,也不能忽视它的经济性,价廉物美是最理想的。

最初经纱主要用各种天然淀粉及其简单变性物(如酸化淀粉、氧化淀粉等)作为棉纱上浆的浆料。长丝上浆则主要采用各种动物胶。20 世纪 50 年代后,由于各种化学纤维陆续问世,以及各种新型织机的发展,开始使用变性天然高聚物浆料(如变性淀粉、纤维素衍生物等)及合成浆料(如聚乙烯醇、聚丙烯酸等)。随着现代高速织机和高速高压上浆工艺的采用,浆料的种类不断增加,如各种共聚浆料、特种浆料及聚酯浆料。浆料按其来源可分为天然浆料、变性浆料、合成浆料和聚酯浆料四类。各类又按其化学组成与结构的不同而分成许多种,如下所示。

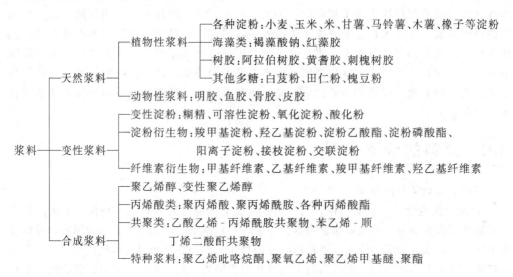

4.2.1 淀粉浆料

(1) 淀粉的结构 淀粉的分子式为 $(C_6H_{10}O_5)_n$,n 为葡萄糖残基数,即淀粉的聚合度,一般为 200~6000。其化学结构式如下:

其结构特征是在每个葡萄糖剩基中有三个醇羟基，第二、三碳原子上分别含有一个仲醇羟基，第六碳原子上含有一个伯醇羟基，葡萄糖剩基之间由苷键相连。这些结构决定着淀粉的各种性能。

(2) 淀粉浆的性质

① 淀粉浆的黏度　淀粉粒子不溶于冷水，在水中的变化随温度而异。在较低温度（50℃以下）时，淀粉粒子的膨胀率是有限的，且是可逆膨胀。温度升高，淀粉颗粒在水中的吸湿能力继续加强，体积迅速增加。结果，原来稀薄的悬浊液，由于膨化了的淀粉粒子在水中互相挤压，黏度迅速上升。继续加热，淀粉粒子迅速膨胀，使不透明的淀粉分散液变成透明的、具有一定黏度的浆液。发生这种激烈变化的温度称为糊化温度。具有糊化温度是淀粉的一种特性。达到糊化温度时，淀粉浆黏度急剧上升。继续升高温度，黏度达到峰值后，随着膨胀粒子的破碎，黏度反而下降。但变化逐渐缓和，高温状态下维持一定时间，黏度变化不大，若再降低温度，黏度虽可回升，但已不能恢复到原来的最高点（图4-1）。糊化后的淀粉浆呈胶体状分散液，是一种复杂的混合物——膨胀过的粒子碎片、水合作用的分子集合体及溶解于水的低分子物。

由图4-1可见，糯玉米淀粉及马铃薯淀粉与玉米淀粉相比，其糊化温度较低，黏度到达峰值以后，再继续加热，则黏度显著下降，冷却时的增稠程度较小。而玉米淀粉的黏度曲线（B）的特征是，峰值低、黏度降低少，冷却时增稠程度大，易于凝冻。因为玉米淀粉的粒子较硬，且其直链分子部分的凝胶倾向强。

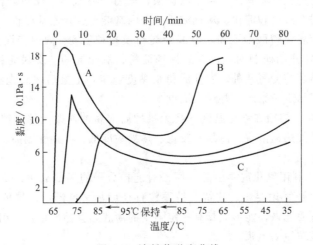

图 4-1　淀粉浆黏度曲线
A—马铃薯淀粉，25g/450mL；B—玉米淀粉，35g/450mL；C—糯玉米淀粉，25g/450mL

② 淀粉浆的浸透性　淀粉浆是一种胶状悬浊液，在水中呈粒子碎片或多分子集合体状态，浸透性差，淀粉若经分解或变性处理成水溶性后，其浸透性可得到改善。

淀粉浆在低温条件下，可形成凝胶的特点，是恶化浸透性的一个因素。在浆纱机上，进入浆槽的经纱温度远远低于高温的浆液。经纱与浆液接触时，使经纱周围的浆液局部呈凝胶状态，恶化了浸透性。因此，一般天然淀粉不适于低温上浆。可通过降低黏度、必要的分解、升高温度及添加表面活性剂等方法改善浆液的浸透性。

③ 淀粉浆的黏附性　淀粉大分子的多羟基结构，具有较强的极性，氢键的缔合及分子间力都较大。淀粉对极性较强的物质具有高的黏附性，但不如其他浆料，尤其对疏水性合成纤维的黏附性更差。

④ 淀粉浆的膜性能　一般说来，淀粉浆的成膜性是较差的，浆膜硬而脆，因其大分子链是由环状结构的葡萄糖剩基构成的，故柔顺性差，玻璃化温度高。

当淀粉酸化或用其他方法进行分解时，会使薄膜的力学性能下降。淀粉薄膜能与空气中的水分发生湿交换，当空气较干燥时，薄膜脱湿收缩，发硬变脆；空气湿度高时，薄膜吸湿膨胀，柔软略有弹性；湿度过高时，薄膜发软、发黏，力学性能恶化。

淀粉对亲水性的天然纤维有较好的黏附性，也有一定的成膜能力，一般淀粉浆料需比其他浆料有较高上浆量才能获得很好的上浆作用。淀粉的资源丰富、价格低廉，在经纱上浆中的应用已积累了一定的经验。但其上浆性能不能令人十分满意，常需用各种辅助浆料加以弥补。运用物理化学方法使淀粉变性，或与其他浆料混合使用，可提高淀粉的上浆效果并扩大其使用范围。因淀粉不溶于水，需采用化学退浆法或酶退浆法退浆。淀粉浆的退浆污水对环境污染程度较其他化学浆料低。

(3) 变性淀粉　淀粉早已用作棉纤维经纱浆料。由于各种合成纤维的出现以及淀粉浆液黏度稳定性差和易凝沉等缺点，因此，原淀粉已不适于纺织经纱浆料的要求，化学浆料（聚乙烯醇 PVA）由于价格昂贵，而且对环境污染严重（如 PVA 的 COD 值约为变性淀粉的一倍），因此，某些国家已限制使用。变性淀粉因其具有特殊的理化性质，在经纱上浆时，采用变性淀粉与化学浆料的混合浆液上浆，既可节省成本，又可降低对环境的污染。所使用的变性淀粉有酸处理淀粉、氧化淀粉、羟丙基淀粉、羟乙基淀粉、羟甲基淀粉、阳离子淀粉、尿素淀粉、磷酸酯淀粉、醋酸酯淀粉及接枝淀粉。国内变性淀粉浆料，是 20 世纪 80 年代中期才开始研制的，仅有酸处理淀粉、氧化淀粉、交联淀粉、羟丙基淀粉、醋酸酯淀粉和磷酸酯淀粉等几种。变性淀粉浆黏度稳定，上浆后浆膜光滑坚韧，渗透性、被覆性好，浆液不结皮，浆斑，并线，疵点少。

① 酸变性淀粉　淀粉在糊化温度下被无机酸局部腐蚀而改变部分特性的淀粉是酸变性淀粉。其特点是加热易溶解、冷却易胶化、热糊黏度低、冷糊黏度高、稳定性强，可用于纺织品的上浆等。

② 氧化淀粉　利用氧化剂放出的氧原子对淀粉分子的局部氧化，使其部分性状发生改变而得到的淀粉是氧化淀粉。其特点是颗粒直径增加，色泽白，带负电荷，糊化温度低，透明度好，流动性强，能形成具有一定强度的薄膜，且性能稳定。用于棉纱、人造纤维、化学纤维、混纺纱的上浆。

③ 酯化淀粉　淀粉与醋酸酐或醋酸乙烯或磷酸盐等反应所得到的淀粉是酯化淀粉。

取代度低的醋酸酯淀粉，糊化温度低、透明稳定、呈中性、流动性好、不易胶凝和凝沉。醋酸酯淀粉发展潜力很大，在淀粉大分子链上引入醋酸根基团，具有疏水性，与合成纤维物有良好的黏附力，与 PVA 混用比例 30%～50%，也可与丙烯酸浆料混合使用。醋酸酯淀粉作主浆料时混合比在50%以上有良好的黏附毛羽的效能,适于喷气织机的织造要求。

磷酸酯变性淀粉是磷酸淀粉的衍生物,含有一定量的酯基,具有疏水性,对亲水性及疏水性纤维纱线均有良好的亲和性,广泛用于天然纤维、黏胶连续纺纤维、合成纤维织物经纱上浆。

4.2.2 羧甲基纤维素(CMC)

(1) 羧甲基纤维素(CMC)的结构

$$\left[\begin{array}{c}\text{结构式}\end{array}\right]_n$$

(2) 羧甲基纤维素(CMC)浆的性质

① CMC 浆的黏度　CMC 溶液浓度较低时,其黏度就很高,与 PVA 相比,这一特点相当明显(见图4-2)。CMC的增稠效果大,但在上浆工程中要求达到一定上浆率时,则会发生困难。CMC溶液的黏度随温度升高而明显降低(见图4-3)。黏度在室温下很稳定,但80℃以上长时间加热,黏度会逐渐降低。

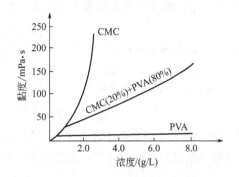

图 4-2　CMC、PVA 的黏度与浓度关系

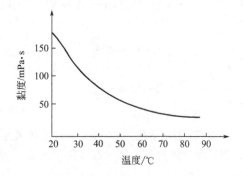

图 4-3　CMC 黏度与温度关系(浓度为 10g/L)

CMC是线型高聚物,其溶液呈现线型高聚物的流变特性,属切力变稀的非牛顿型流体,黏度随剪切应力的增大而降低。见图4-4 CMC浆液的流动曲线。

CMC的这种切变性说明,在溶液中,CMC常以多分子集合体形式存在。CMC溶液的黏度值还取决于受剪切时间的长短。实践表明,随着搅拌时间的延长,CMC溶液黏度逐渐下降。

② CMC浆液的黏附性和成膜性　CMC对亲水性纤维有一定的黏附性,是天然纤维的常用浆料。CMC的浆膜性能较淀粉好,但比PVA等合成浆料差。浆膜性能也受羧甲基取代度(DS)影响,随着取代度升高,浆膜断裂强度下降,断裂伸长率增加,吸湿率也逐渐升高。这种变化也说明,用DS=0.7~0.8的产品作为浆料是较适宜的。

CMC作为浆料的不足是黏度变化较大,不易控制,含盐量高的粗制品对机件有腐蚀性,吸湿性强,浆膜易发软发黏;对合成纤维的黏附性差。

CMC具有良好的混溶性,与许多常用浆料及辅助材料都能均匀混合。CMC溶液在一

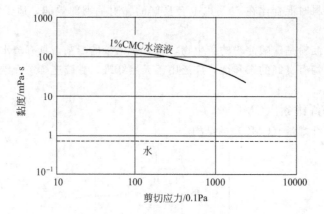

图 4-4 CMC 浆液的流动曲线

定条件下,也会受到微生物侵蚀,表现为由于生物降解而引起的溶液黏度明显下降。

4.2.3 聚乙烯醇

(1) PVA 的结构　聚乙烯醇简写作 PVA。PVA 具有线型乙烯类聚合物的特点,也具有立体结构和分支结构,构象较为复杂。PVA 的结构可分为完全醇解和部分醇解。完全醇解 PVA,在大分子侧基中只有羟基,而部分醇解 PVA,侧基中既有羟基又有酯基。结构如下:

$$\begin{matrix} +CH_2-CH\frac{}{}_n \\ | \\ OH \end{matrix} \qquad \begin{matrix} +CH_2-CH\frac{}{}_x+CH_2-CH\frac{}{}_y \\ | \qquad\qquad | \\ OH \qquad\qquad OOCCH_3 \end{matrix}$$

完全醇解 PVA　　　　　　　部分醇解 PVA ($n=x+y$)

(2) PVA 浆的性质

① PVA 浆的黏度　PVA 主要以水溶液形式应用。PVA 水溶液的黏度与 PVA 的聚合度、醇解度、温度及浓度等都有密切关系。随聚合度、浓度的升高而升高,随温度的升高而降低。

PVA 的醇解度对其溶液黏度的影响具有独特性。以 4% PVA 水溶液,25℃时的黏度为例(这是工业上检验 PVA 黏度等级的测定条件),在醇解度为 87%(摩尔分数)时有一最小值(图 4-5)。

醇解度低于 87%,4% PVA 水溶液黏度,随醇解度降低而增加,在高醇解度区间,随醇解度升高,由于结晶度升高,氢键缔合增强,也使黏度升高。

另外,高醇解度的 PVA,其水溶液的黏度随时间延长而上升,最终甚至可成为凝胶状。浓度越高,放置的温度越低,其黏度增加的速率就越高。而部分醇解 PVA 的黏度很稳定,长时间放置黏度变化很小。其原因显然是由于高醇解度 PVA 经长时间放置,大分子发生定向排列,而使分子间的交联点增加所致。而在部分醇解 PVA 中,由于醋酸残基的空间障碍,妨碍了大分子的重排,因而黏度稳定。黏度稳定性也受溶解条件和溶解前的热处理等因素影响。溶解时间越长,溶解温度越高,黏度上升就越少。

② PVA 浆液浸透性　PVA 浆液浸透性与黏度、表面张力及润湿接触角有关,PVA 属被覆性浆料,其表面活性较低。PVA 浆液的浸透速率与浓度的关系可见图 4-6。

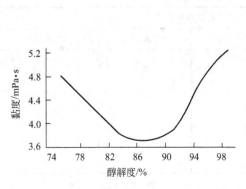 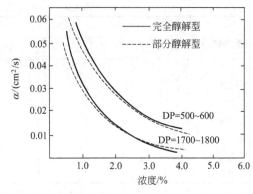

图 4-5　PVA 醇解度与黏度的关系（4%，25℃）　　图 4-6　PVA 浆液的浸透速率与浓度的关系

③ PVA 浆液的黏附性　PVA 对各种纤维的黏附性较天然浆料为好，但不同型号的 PVA，对不同纤维的黏附性也有显著差异，这与其化学结构密切相关。

润湿是黏附的前提，有人用 PVA 水溶液对各种聚合物薄膜的接触角及润湿能，来评定它们与聚合物分子间的亲和性。以 3%PVA 浆液滴在各种聚合物薄膜上，其接触角数值列于表 4-1。

表 4-1　PVA 水溶液对各种聚合物薄膜的接触角

聚合物薄膜	水接触角 $\theta_w^\circ/(°)$	3%PVA 水溶液接触角			润湿力 $\alpha\cos\theta/(10^{-3} \text{N/m})$	
		"117" $\theta_A^\circ/(°)$	"217" $\theta_B^\circ/(°)$	$\Delta\theta^\circ/(°)$	"117"	"217"
聚四氟乙烯	109.2	104.0	95.0	9.0	−15.1	−4.4
聚丙烯	102.0	95.0	89.5	5.5	−5.5	0.5
聚乙烯	96.8	93.2	84.8	8.4	−2.4	4.5
聚苯乙烯	96.1	86.5	76.2	10.5	3.8	12.1
聚氯乙烯	84.6	78.8	69.9	8.9	12.1	17.2
聚酯	83.7	78.5	69.9	8.6	12.4	17.2
酚醛树脂	77.3	71.0	62.6	8.4	20.4	23.0
聚甲基丙烯酸甲酯	74.2	68.6	62.0	6.6	22.8	23.5
聚醋酸乙烯	65.5	55.3	47.0	8.3	35.4	34.0
蜜胺塑料	65.3	60.8	58.2	2.6	30.5	26.2
醋酸纤维素	63.6	53.1	49.0	4.1	37.5	32.3
锦纶	54.6	44.3	42.4	1.9	44.5	37.4

注：117—完全醇解型 PVA，DP=1700，表面张力 $\sigma=62.4\times10^{-3}$ N/m；217—部分醇解型 PVA，DP=1700，表面张力 $\sigma=49.9\times10^{-3}$ N/m。

由表 4-1 可见，随着聚合物薄膜疏水性的增强（即 θ_w° 增大），PVA 的润湿能力显著降低，尤以完全醇解 PVA 降低得更剧烈。对于亲水性强的聚合物的润湿能力，完全醇解 PVA 要比部分醇解 PVA 高；而对于疏水性强的聚合物的润湿能力，大分子内有疏水性醋酸残基存在的部分醇解 PVA，要比完全醇解 PVA 高。因此，对疏水性强的合成纤维上浆，应采用部分醇解 PVA。部分醇解 PVA 有较好的黏附性，完全醇解 PVA 就较差，尤其是对疏水性强的聚酯及醋酯纤维，差异就更显著，如表 4-2 所示 PVA 与各种纤维亲和性对比。

表 4-2　PVA 与各种纤维亲和性对比

PVA类别 纤维类别	亲和力对比值			
	PVA-117	PVA-217	PVA-105	PVA-205
棉	1	0.90	0.95	1.15
黏胶纤维	1	0.95	0.95	0.90
铜铵纤维	1	1.30	0.90	1.10
维尼纶	1	1.05	1.00	1.30
醋酸纤维	1	3.00	1.20	3.00
锦纶	1	1.50	0.70	1.20
聚酯纤维	1	1.90	1.50	2.50

注：本表是以 FVA-117 的亲和力作为 1 时的比值。

由图 4-7 可见，PVA 的醇解度增高到 95%（摩尔分数）以上时，PVA 对聚酯纤维的黏附性突然迅速降低。在这以前，黏附性随醇解度的降低及相对湿度的增加而增加。

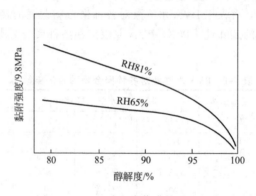

图 4-7　PVA 对聚酯薄膜的黏附强度

④ PVA 浆的膜性能　PVA 是一种成膜性优良的高聚物。PVA 薄膜具有强度高、弹性好、耐磨等特点，表 4-3 是几种浆料浆膜性能。

表 4-3　几种浆料浆膜性能

浆料	断裂伸长率/%	断裂强度/9.8MPa	耐磨次数/次	屈曲强度/次
玉米淀粉	4.0	4.88	63.1	341
氧化玉米淀粉	2.8	3.58	42.8	72.0
小麦淀粉	3.2	3.52	61.1	185
褐藻酸钠	6.8	2.95	80.2	430
CMC	11.8	3.27	100	680
PVA(1799)	165	4.31	937	>10000
聚丙烯酸酯钠盐	206	1.03	214	>2000
聚丙烯酰胺	2.7	4.51	55	80.0
聚氧化乙烯	175	0.65	113	34.0

PVA 薄膜的力学性能、吸湿性及再溶性等，受到 PVA 大分子结构中的羟基缔合、分子量分布以及聚合度、醇解度等因素的影响，如图 4-8、图 4-9 所示。

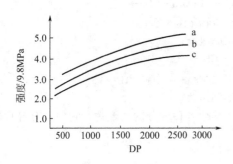

图 4-8　PVA 薄膜强度与聚合度的
关系（21℃，RH62%）
a—DH99.1%～99.3%；b—DH95.8%～97.4%；
c—DH87.8%～88.1%

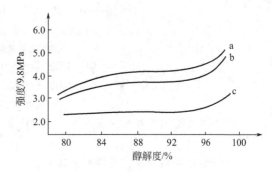

图 4-9　PVA 薄膜强度与醇解度的
关系（21℃，RH62%）
a—DH2600；b—DH1700；c—DH500

PVA 薄膜的吸湿性较好，很适合用于疏水性纤维上浆。PVA 薄膜的吸湿程度随醇解度的增加而降低，其原因是羟基的氢键缔合作用。低聚合度 PVA（DP=500）的吸湿性比高聚合度的 PVA 强，PVA 薄膜只有在相对湿度 65% 以上时，才能充分显示出它的优异性能，若相对湿度在 40% 以下，薄膜硬而脆，不具备上浆工艺的要求。

PVA 是水溶性很好的浆料，但经过溶解、烘燥、成膜后，使 PVA 的再溶性发生了一定的变化。薄膜状 PVA 的溶解较原来的粉末状 PVA 困难。这不仅是因为薄膜的表面积比粉末状 PVA 的表面积大大减少，而且由于经过烘燥、热处理等，使溶解性恶化。

PVA 浆料的主要缺点是结皮、起泡、再黏性较强以及对合成纤维的黏附性不足等。PVA 退浆废水的处理很难，长期积累会破坏生态，形成环境污染。PVA 染料由于它的难以"生物降解"，因此被视为"非环保浆料"。在欧美一些国家已被视为不洁浆料；而在少数几个国家中，已被列为"禁用浆料"。可发展 PVA 改性浆料，生产低聚合度的 PVA，用于纺织浆料，以提高其生物降解性能。

4.2.4　丙烯酸酯类浆料

（1）丙烯酸酯类浆料的结构　聚丙烯类浆料的种类很多，它的性质也随着种类不同而不同。大体上可以分类如下。

① 聚丙烯酸酯；
② 聚丙烯酸及聚甲基丙烯酸；
③ 聚丙烯酸钠；
④ 聚丙烯酰胺。

在聚丙烯类浆料中以属于聚丙烯酸酯这一系统的商品为最多。如从狭义来讲，一般所谓聚丙烯类浆料，就是指以聚丙烯酸酯为主体的浆料，但在其中也有许多种类。

作为主要成分的聚丙烯酸酯是疏水性的，由于它不溶于水，因而可将酯基局部皂化为碱金属盐、铵盐或丙烯酰胺等，使其成为与酯共存的亲水基，成为水溶性的聚合物。下面的结构是聚丙烯类浆料的最基本的结构：

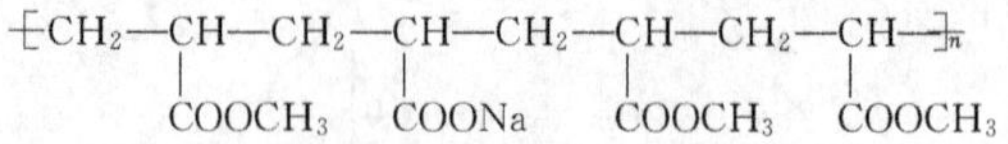

$$\text{\textvbar}CH_2-CH-CH_2-CH-CH_2-CH-CH_2-CH\text{\textvbar}_n$$
$$\quad\quad\quad COOCH_3 \quad COONa \quad COOCH_3 \quad COOCH_3$$

(聚丙烯酸甲酯局部皂化物)

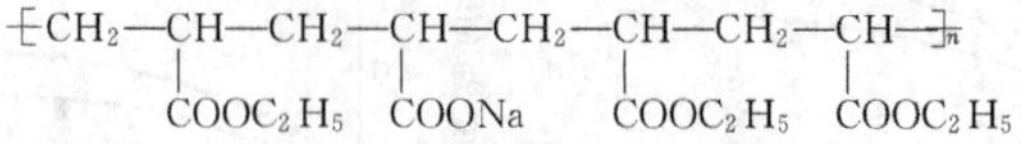

$$\text{\textvbar}CH_2-CH-CH_2-CH-CH_2-CH-CH_2-CH\text{\textvbar}_n$$
$$\quad\quad\quad COOC_2H_5 \quad COONa \quad COOC_2H_5 \quad COOC_2H_5$$

(聚丙烯酸乙酯局部皂化物)

但实际上使用的并不仅这两种，还有许多与其他各种成分的共聚物，它们具有各自的特性。

丙烯酸酯及其共聚物可以列举如下。

① 丙烯酸酯与丙烯酸的共聚物；
② 丙烯酸酯与甲基丙烯酸（异丁烯酸）的共聚物；
③ 丙烯酸酯、甲基丙烯酸甲酯与丙烯酸或甲基丙烯酸的共聚物；
④ 丙烯酸酯与2-亚甲基丁二酸的共聚物；
⑤ 丙烯酸酯与丙烯酰胺的共聚物；
⑥ 丙烯酸酯与醋酸乙烯的共聚物的局部皂化物；
⑦ 丙烯酸酯与醋酸乙烯及丙烯酰胺三者的共聚物；
⑧ 丙烯酸酯与乙烯醇的共聚物；
⑨ 丙烯酸酯与苯乙烯的共聚物的局部皂化物。

聚丙烯酸酯类浆料，由于它可以像上面那样在较大范围内自由地进行皂化，因而它的亲水性和疏水性可加以调节，丙烯酸酯的烷基可作种种变换。再加上它可以比较自由地与其他单体如丙烯酸甲酯、醋酸乙烯、苯乙烯等共聚，另外，在将酯基变换为甲酯、乙酯或丁酯等时，即可使浆料的特性作出种种不同的变化，以适应各种用途的浆料。

丙烯酸酯类聚合物结构也可用如下通式表达：

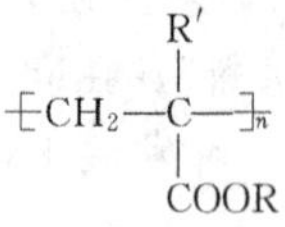

$$\text{\textvbar}CH_2-\overset{R'}{\underset{COOR}{C}}\text{\textvbar}_n$$

如果 R' 是氢原子（H），则是聚丙烯酸类浆料，若 R' 是甲基（—CH_3），则是聚甲基丙烯酸类浆料。在大分子中这种侧链取代基团稍有不同，性能就有显著差异，酯基相同，两者之间仅仅相差一个甲基，使聚甲基丙烯酸酯类浆料的薄膜强度增加，弹性降低，变得脆硬，再黏性减小。这是由于甲基的引入使分子链节运动空间障碍增大；同时也使聚合物形成短小分支，减少了大分子柔顺性。当引入柔顺性更低的苯环基团，则脆硬性更显著。合理选用丙烯酸与甲基丙烯酸的共聚配比，可得到所需性能的浆料。

(2) 丙烯酸酯类浆料的性质

① 丙烯酸酯类浆料的黏度　与一般高聚物相同，丙烯酸类浆液属切力变稀的非牛顿型流体。在较低的剪切速率下黏度随浓度呈指数关系增加。图4-10及图4-11为聚丙烯酸铵盐及聚丙烯酸酯浆料的浓度-黏度曲线。

丙烯酸类浆液的黏度稳定，室温下贮存一个月，或50℃下经历数十小时，黏度均无变化。与淀粉浆混合使用，可起稳定淀粉浆黏度的作用。

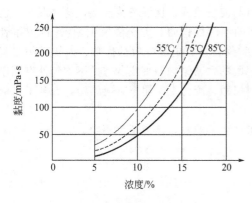

图 4-10 聚丙烯酸铵盐的浓度-黏度曲线（$\dot{\gamma}=507s^{-1}$）

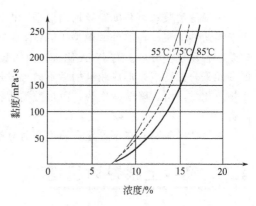

图 4-11 聚丙烯酸酯浆料的浓度-黏度曲线（$\dot{\gamma}=507s^{-1}$）

② 黏附性与成膜性　与其他常用浆料比较（见表 4-4），丙烯酸酯类及盐类浆的浆膜强度不及其他浆料，但浆膜柔软可弯，断裂伸长率最高，以冷水可溶性淀粉及聚丙烯酸酯类浆膜的水溶性为最好。

表 4-4　常用浆料浆膜在水中断裂时间

浆　　料	浆膜厚度/μm	浆膜在水中断裂时间/s			
		40℃,200mg	40℃,500mg	70℃,200mg	70℃,500mg
可溶性淀粉	55	5.0	4.0	2.5	1.9
羧甲基淀粉	55	16.0	11.5	3.0	3.8
CMC	55	145.0	70.0	40.0	28.0
CMC 钠盐	55	26.0	18.0	14.0	9.0
PVA(部分醇解)	55	99.5	77.4	11.7	10.8
聚丙烯酸酯	55	5.2	5.2	1.6	1.2

浆膜也具有吸湿能力，其力学性能显著地受湿度影响。湿度低，浆膜脆硬；湿度过高，会使强度下降以致出现再黏现象。这是丙烯酸类浆料的主要缺点，使它的应用受到了限制。主要是由于这类聚合物的玻璃化温度（T_g）低，在室温时，已处于很高的塑性状态。吸湿后，T_g 更低，浆膜容易粘贴在机件上，或使纱线之间发生黏并。这种再黏现象破坏了浆膜的完整性，使浆纱质量受到很大影响。改善再黏性的途径是提高聚合物的 T_g 及降低吸湿性。主要方法是，在保证水溶性或水分散性条件下，尽量减少聚合物分子中的亲水性极性基团。

丙烯酸类浆料黏附性比 PVA 浆料优异（见表 4-5），尤其是对疏水性强的合成纤维更为明显。因此，丙烯酸类浆料是用于合成纤维上浆的较好的浆料。

表 4-5　一些合成浆料的黏附强度　　　　　　　　　单位：10^{-4} MPa

浆　　料	涤纶薄膜/涤纶织物	涤纶薄膜/棉织物
PVA(部分醇解)	4～6	4～6
丙烯酸共聚物 A	350～460	60～125
丙烯酸共聚物 B	300～420	50～125
聚丙烯酸乙酯皂化物	930～1200	150～300
醋酸乙烯/马来酸酐共聚物	10～20	4～5

丙烯酸类浆料可与动物胶均匀混合，也可与淀粉浆或变性淀粉浆混溶，这些混合浆已用于混纺纱上浆。与部分醇解型PVA有良好的混溶性；而与完全醇解型PVA则混溶性较差，容易发生分层。与PVA比较，丙烯酸类浆料具有更易降解的优势，丙烯酸类浆料的多元聚合的特点，形成膜结构后不易形成规则的致密结构，聚集状态的不均匀性有利于生物及化学降解，降解速度快；丙烯酸类浆料以酸、酯为主，属于富氧结构，有利于富氧降解。

丙烯酸类浆料对热不稳定，温度高时分解产生不溶物，造成退浆不净。

4.3 经纱上浆黏附机理

上浆目的是使浆液适当地黏附在经纱表面上，因此黏附过程是上浆的一个主要过程，黏附强度是上浆质量的重要指标。吸过浆的经纱，经过压浆辊有力的挤压后，使浆液与纤维的分子间距离更加接近，分子间力与氢键引力得到充分的发挥，促进了浆液的润湿性能。同时，由于挤压，使一部分浆液渗入纱线内部，加速了浆液与纤维分子的互相扩散，并在纱线表面形成一层完整的浆膜，从而显著地提高黏附强度。

黏附机理的主要论点有如下三种。

4.3.1 吸附理论

麦克拉伦（Mclaren）的吸附理论认为，黏附现象的实质是一种表面吸附现象。黏附过程有两个阶段。第一阶段是高分子溶液中的黏附剂粒子的布朗运动，使黏附剂迁移到被粘物（如纱线）的表面，致使高聚物黏附剂分子的极性基团逐渐向被粘物的极性部分接近。在外界压力的作用下，或加热而使溶液黏度下降的情况下，高聚物链段也能与被粘物表面靠得很近。第二阶段是吸附作用，当黏附剂与被粘物分子间的距离小于5Å时，发生分子间力作用。根据分析，这种吸附力包括能量级为420J/mol的色散力，直至能量级为42kJ/mol的氢键力。

用吸附理论解释黏附机理，应用较为广泛，但还不完善。试验证明，剥离黏附剂的薄膜所做的功，可高达10～1000N/m，而从克服分子间力所需的功，却不超过0.1～1N/m。也就是说，剥离时所做的功，要超过分子间作用力好几十倍。这说明黏附力不可能是单纯的分子间力或氢键力作用的结果。还发现，剥离速度可影响黏附力。某些非极性高聚物之间（如聚异丁烯等）有很强的黏附力，显然这都不能用吸附理论来解释。另外，按吸附理论推断，随着温度升高，分子热运动加剧，使吸附有分离的趋势，从而黏附强度应削弱，但这种结论也与事实不符。

4.3.2 静电理论

静电理论认为，黏附现象是由于静电力的作用。这种理论把黏附剂与作用物视为一个电容器。两种不同的高聚物表面紧密接触时，就产生双电层，相当于电容器的两个极片，形成电位差，其大小随极片间隙的增加而增大到一定的极限值，便开始放电。

黏附剂在以较慢的速度剥离时，电荷在很大程度上能够从极片漏失。因此，在表面距离很小时，原有电荷就能完全消失，剥离时只消耗少量的功。在快速剥离时，电荷缺乏足够时间放电，保持了较高的初始电荷密度，需克服较强电荷之间的引力，因而使黏附功具有较大的数值。

静电理论的适用性也有一定限制,因为静电现象仅在一定的条件下(试样特别干燥,剥离速度不低于每秒数十厘米时)才能表现出来。

4.3.3 扩散理论

扩散理论的基础是"相似相容原理",从高聚物最根本的特征(大分子链结构与柔顺性)出发,在分子热运动影响下,使黏附剂与被粘物分子链的尾部或中部相互扩散、纠缠。当两种不同的高聚物黏合时,它们的大分子相互扩散、纠缠在一起,形成黏附的结合。

黏附剂分子一般都有较强的扩散能力,黏附剂以溶液的形式涂覆到被粘物表面,由于两者能润湿,使被粘物在溶液中发生溶胀甚至混溶,则被粘物分子将明显地扩散到黏附剂溶液中,最后使两相的界限模糊,形成一种高聚物逐渐向另一种高聚物扩散浸透,从而有一个牢固的连接。在扩散期间,浸透的深度并不需要很大,如与再生纤维素黏合时,可低到10Å。而且随着接触时间的增加,使分子链扩散更加深入,连接得更牢固。这种扩散层具有很高的黏附强度。因此很易解释剥离功与克服分子引力所需功不一致的原因,弥补了吸附理论的不足。实际上,扩散理论是由吸附理论发展而来的。

扩散理论的另一论点认为,高聚物相互间的黏附作用是与其互溶性密切相关的,这种互溶性基本上由极性相似来决定。如果两个高聚物都是极性的,或都是非极性的,经验证明它们的黏附力较高;反之,一个是极性,另一个是非极性,要获得较高的黏附力则很困难。这一论点,对浆料的选择是一个有价值的经验,即应根据纤维特性选择浆料。其基本原理也是由"相似相容原理"引伸而来的。如棉、麻等纤维素纤维的经纱,宜选用极性高的浆料;聚丙烯酸是聚酰胺纤维的理想浆料;聚酯纤维宜用酯型浆料,如水分散性聚酯或丙烯酸酯类。

4.4 浆料的制备

4.4.1 羧甲基纤维素制备

合成反应如下:

$$C_6H_7O_2(OH)_3 + ClCH_2COOH + 2NaOH \longrightarrow$$
纤维素　　　氯乙酸　　烧碱

$$C_6H_7O_2 \Big\langle {OCH_2COONa \atop (OH)_2} + NaCl + 2H_2O$$
羧甲基纤维素钠　　食盐　水

合成过程有以下几个步骤。

① 碱化　将脱脂或漂白的棉短绒(纤维素)10kg,浸于50~100kg、34%浓度的液碱中,浸泡30min左右,取出,液碱可循环使用,但要不断补充新的液碱,以保持浓度和数量,将浸泡后的棉短绒移至平板压榨机上,以14MPa的压力压榨出碱液,得碱化棉。

② 醚化　将碱化棉加入捏合机中,加酒精(90%)15kg,开动搅拌,缓慢滴加氯乙酸-酒精溶液(90%酒精8kg作溶剂,氯乙酸8kg),捏合机夹套中通冷却水,保持温度在35℃,于2h左右加完。加完后控温40℃,保持捏合搅拌,醚化反应3h。取样检查是否达到终点,方法是取样放入试管,加水振荡,若全部溶化无杂质,则达到终点,得醚

化棉。

③ 向醚化产物中加入 20kg、70% 的酒精，搅拌 0.5h，加稀盐酸中和至 pH 值为 7；离心脱去酒精，再用 70% 浓度的酒精 120 kg 洗涤两次，每次搅拌 0.5h 以上，再离心脱去酒精。洗涤后的酒精合并回收利用。离心脱去酒精的产物经粗粉碎后，在通热风条件下，采用低于 80℃ 的温度干燥 6h，干燥的产物经粉碎、过筛、包装即得羧甲基纤维素成品。

4.4.2 PVA 的制备

聚乙烯醇是一种用途十分广泛的水溶性高分子化合物。由聚醋酸乙烯醇解制取，苛性钠作催化剂，为完全水解理论量的 0.1%～0.4%。PVA 是一种固体树脂，以颗粒或粉末状存在。

合成反应如下：

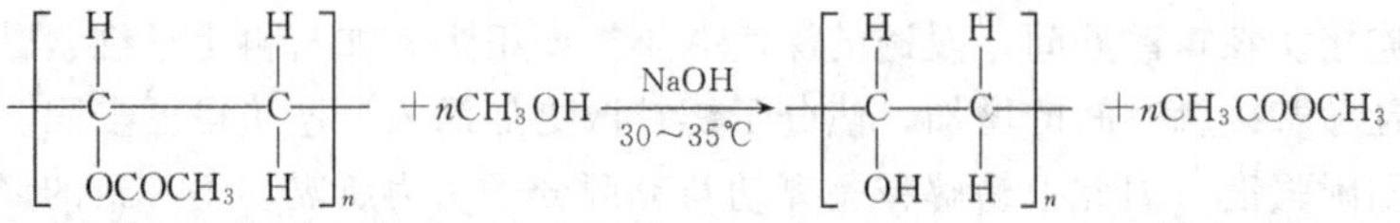

$$\left[\begin{array}{cc} H & H \\ | & | \\ C-C \\ | & | \\ OCOCH_3 & H \end{array}\right]_n + nCH_3OH \xrightarrow[30\sim35℃]{NaOH} \left[\begin{array}{cc} H & H \\ | & | \\ C-C \\ | & | \\ OH & H \end{array}\right]_n + nCH_3COOCH_3$$

合成过程：取甲醇 400kg，投入醇解反应釜内，加入 50kg 高分子量的聚醋酸乙烯，在沸腾的甲醇中溶解。在搅拌回流的聚合物溶液中，加入 2.8kg 醇解催化剂（7% 氢氧化钠甲醇溶液）。迅速析出不溶于甲醇的聚乙烯醇，回流反应半小时。混合物进行过滤，用甲醇洗涤，直至对甲基橙呈中性为止，所得产物在 80～90℃ 下烘干。

4.4.3 凝聚法合成固态丙烯酸酯浆料

① 试剂　丙烯酸甲酯、丙烯酸丁酯、甲基丙烯酸甲酯、丙烯酸、甲基丙烯酸、乳化剂 A 和乳化剂 B 均为化学纯，引发剂、硫酸、硫酸钠均为分析纯。

② 合成过程　在 1000mL 四口烧瓶中加入一定量水和乳化剂，搅拌溶解，升温。当温度至 80℃，以一定滴速加入混合单体和引发剂，控制反应温度在 (80±5)℃，滴完后，继续保温反应数小时，得乳白色浆液。冷却后取下，用酸或盐凝聚，再洗涤、干燥、粉碎、包装。

浆料玻璃化温度应在 40℃ 左右，亲水性单体的含量应在 15%～25%。溶液 pH 值为 3.5～6。

4.5 浆液性能测试

4.5.1 浆料水溶性

称取一定量浆料，分别放入 50℃ 和 80℃ 水中，使固含量为 3%，记录完全溶解的时间。

4.5.2 浆膜测定

将 50mL（10%）浆料溶液浇在 25cm×15cm 聚四氟乙烯水平板上，使浆料自然流平，干燥成膜。同时浇制数张，分别测定强力、耐磨性和吸湿率。

4.5.3 浆液黏度

参见第 12 章 12.5 增稠剂性能测试。

4.5.4 浆料黏附力

从浆纱工艺来说，要求黏附力强而黏并性小。

(1) 黏附力测定

① 浆膜与织物间的黏附力　将 15cm×5cm 的聚酯或锦纶薄膜（上浆纱为聚酯纤维混纺纱或纯聚酯纤维纱时，用聚酯薄膜，如为锦纶时则用锦纶薄膜）的一端 5cm（相当于试样的 1/3）处涂上 0.3g 的浆液，随后再将同样大小的聚酯或锦纶（长丝纱的平纹织物）与薄膜紧密贴合，在 60℃ 的温度下经 30min 干燥，继续升温到 120℃ 经 15min 干燥，再经一昼夜调湿（20℃，相对湿度 75%）后，放在英斯屈朗拉伸强力试验机上测定剥离强力，即以此作为黏结力大小的尺度。

对喷水织机织物用浆料的黏附力进行测定时，在测定剥离强力前，先将试样在 30℃ 的温水中浸渍 20min 再进行测定。

在进行黏结力试验中使用薄膜与织物贴合的理由如下。

a. 如果将薄膜与薄膜相贴合，在干燥时浆液的水分无从逸出，因而它的干燥度不稳定。

b. 如果将织物与织物相贴合，则浆液从布孔逸出、固着于两块织物的外侧，因而不能得到正确的黏结力。因此在薄膜与织物相贴合时呈现出的剥离强力要比薄膜与薄膜相贴合时的为强。

② 薄膜与浆膜之间的黏结力　在 3cm×4cm 的聚酯或锦纶薄膜上的 3cm×3cm 的部分，涂上一定量的浆液，经 60℃、30min 干燥，随后升温，经 120℃、15min 干燥后，再经一昼夜调湿（20℃，75% 相对湿度），放在英斯屈朗拉伸强力试验机上测定薄膜与浆膜的剥离强力。

(2) 黏并力的测定

① 在 15cm×5cm 的聚酯纤维或锦纶纤维的塔夫绸条的一端 5cm 的长度上涂上一定量的浆液，经 110℃、30min 干燥后，再经 105℃、3h 绝对干燥处理，随即在 30℃，相对湿度 75% 下调湿 48h，将这样的两块布紧密贴合，并压上 5kg 的荷重，经 30min，放在英斯屈朗拉伸强力试验机上测定剥离强力，即是黏并力。

在上述情况下，剥离强度愈大，亦即表示黏并力也大。

② 喷水织机用浆料的黏并性的试验方法是在 15cm×5cm 的聚酯纤维或锦纶纤维的塔夫绸条的一端 5cm 的长度上涂上一定量的浆液，经 110℃、10min 干燥后，再经 105℃、3h 绝对干燥，随后经一昼夜调湿（20℃，相对湿度 75%）后，随即放入 30℃ 的温水中浸渍 20min，将上述的两块布紧密贴合，加上 5kg 荷重，经 30min，再在英斯屈朗拉伸强力试验机上测定剥离强力，这就是它的黏并力。

4.5.5　上浆率测定

上浆率测定从上浆纱的长度推算出上浆前纱的重量，再实测上浆后的纱重，由下式算出上浆率：

上浆率=[(上浆后的纱重−推算出的无浆纱重)/推算出的无浆纱重]×100%

如要得到更准确的数据，可按下列程序加以计算。

① 求出做完一缸浆经轴的全部纱量（A）。

② 求出将（A）的纱做成浆轴的全部纱量（B）。

③ 计量上浆前从经轴产生的回丝量（C）。

④ 计量在上浆后产生的回丝量（D）。

⑤ 由下式算出上浆率（G）：
$$G=[(F-E)/E]\times 100\%$$
式中，$E=A-C$；$F=B+D$。

参考文献

[1] 郭腊梅. 凝聚法合成固态丙烯酸酯浆料 [J]. 印染助剂，2001，(1)：22-23.
[2] 张海峰. 合理选用浆料、提高浆纱质量 [J]. 印染助剂，1996，(2)：36-37.
[3] 周永元. 浆料化学与物理 [M]. 北京：纺织工业出版社，1985.
[4] 深田要-见辉彦著. 经纱上浆 [M]. 刘冠洪译. 北京：纺织工业出版社，1980.
[5] 王中华. 油田化学品 [M]. 北京：中国石化出版社，2001.
[6] 周菊兴. 合成树脂与塑料工艺 [M]. 北京：化学工业出版社，2000.
[7] 李广芬，张友权，陈雷等. 变性淀粉在纺织工业中的应用 [J]. 印染，1998，(1)：35-38.
[8] 张瑞文. 连续纺丝和织造用浆料技术与研究（汇编）[M]. 新乡：网络出版公司，2003.
[9] 万国江. 聚丙烯酸（酯）类浆料的概况与展望 [R/OL]. (2007-5-6) http：//www.keheng.com.cn/artice/jbx.htm.
[10] 刘馨，张晓东，黄洪颐等. 固体丙烯酸 SA 浆料的性能与应用 [J]. 棉纺织技术，1999，27(2)：31-33.
[11] 梁豪祥，董洪才，王晓敏. SX-5 浆料的性能研究与生产应用 [J]. 现代纺织技术，2001，9(1)：13-15.
[12] 周永元. 纺织浆料学 [M]. 北京：中国纺织出版社，2004.
[13] 荣瑞萍，范雪荣，曹旭勇等. 聚丙烯酸类浆料的浆液浆膜性能 [J]. 棉纺织技术，2003，31(3)：138-140.

第5章 精练剂

5.1 棉布的精练

5.1.1 精练目的

棉织物经过退浆后,大部分浆料及少部分天然杂质已被去除,但棉纤维中的大部分天然杂质,如蜡状物质、果胶质、含氮物质、棉籽壳及部分油剂和少量浆料,使棉织物布面较黄,还残留在织物上。为了使棉织物染整具有一定的吸水性和渗透性,有利于染整加工过程中染料助剂的吸附、扩散,因此在退浆以后还要经过精练,精练就是用化学的方法去除杂质、提纯纤维的过程。棉布精练是练漂工程中的主要过程,不仅能脱除蜡质、去除棉籽壳,且能使蛋白质水解,果胶被增溶以及其他可溶性污物溶解。

5.1.2 精练原理

原坯布很难被水浸透,而毛巾则很容易吸水,这是因为毛巾经过了精练、漂白。为什么练漂后棉织物就有吸水性呢?天然油蜡虽然本身是拒水性的,但它的含量并非是影响棉纤维吸水性能的决定因素,而果胶的存在,在一定程度上却显著地影响棉纤维的吸水性。

这可能和初生胞壁上果胶和油蜡的含量有关。从初生胞壁和次生胞壁的化学组成看,现在一般认为,油蜡和果胶在纤维表面的分布状况是影响润湿性能的主要原因。当初生胞壁的拒水表面经过精练受到破坏,或拒水表面积适当减少的时候,润湿性能就获得了较大提高。

5.1.3 精练剂

(1) 烧碱　棉布煮织最古老的方法是用草木灰,以后逐渐发展到用石灰、纯碱,直到今天用烧碱精练。烧碱是棉及棉型织物精练的主要用剂,用量约为棉纤维的2%~3%。在一定时间及温度作用下,可与织物上的各类杂质起作用。如可使蜡状物质中的脂肪酸皂化生成脂肪酸钠盐,转化成乳化剂,使不易皂化的蜡质去除。另外能使果胶质和含氮物质水解成可溶性物质而去除。棉籽壳在碱煮过程中发生溶胀,变得松软而容易去除。

某些要求精练条件温和一些的织物可用纯碱。此外还要加入助练剂,如表面活性剂,软水剂等。

(2) 助练剂及其作用

① 表面活性剂　添加0.1%~0.3%的表面活性剂,有利碱液吸附、润湿、浸透棉纤维,加速蜡质和油的乳化分散,还有助于其他杂质的悬浮和分散,并在以后的水洗过程中继续使其保持分散和悬浮状态。

表面活性剂常使用阴离子型和非离子型的,国内常用的有硬脂酸钠、酚醚、醇醚、脂肪醇硫酸盐、烷基苯磺酸盐、高度硫酸化油。

② 亚硫酸钠和亚硫酸氢钠　亚硫酸钠能使木质素变成可溶性的木质素磺酸钠,所以有助于棉籽壳的去除。另外亚硫酸氢钠具有还原性,还可以防止棉纤维在高温高压情况下被空气氧化而受到损伤,并可提高棉织物的白度。

③ 硅酸钠　具有吸附精练液中的铁质和棉纤维中杂质分解产物的能力,能避免布上产生锈渍,有助于提高织物的吸水性和白度。

④ 软水剂　磷酸钠具有软化水的作用,去除精练液中的钙、镁离子,提高精练效果,节省助剂用量。磷酸三钠、六偏磷酸钠等常作软水剂。

5.2　生丝的精练

5.2.1　精练目的

蚕丝由丝素纤维与丝胶组成,丝素具有洁白的白度和柔和的特殊光泽,染色性良好,具有良好的弹性和柔软性,吸湿性好,穿着十分舒适,誉为纤维皇后。丝胶是包裹在丝素外围的保护胶体,它色泽灰暗、手感粗糙,蚕丝中大部分的蜡质、色素、碳水化合物、无机物等都在丝胶之中,故生坯润湿渗透性差,难以进行印染加工。所以,生丝要进行精练。

精练目的是脱除丝素以外的大部分丝胶(23%~25%);脱除包括生丝在织造前准备工序中附着的大量浸泡助剂、染料、乳化针织油和大量不经乳化的矿物油及油污;脱除贮运过程所沾上的油污、脏物及绢丝织造中的化学浆料。

在丝绸行业中,脱胶通常泛指精练,脱胶和精练常认为是同一概念,其实二者区别很大。脱除油污和色素蜡质、脱胶、净洗三个内容可统称为精练。对柞蚕丝而言,丝胶含量较低,仅为12%~13%,但大量色素也存在于丝素之中,因此精练后还要增加漂白工序以脱色。

5.2.2　精练的要求

① 丝胶残余率控制在3%~5%,含胶量要均匀一致。

② 残油率控制在0.5%以下。

③ 最大限度地保护丝纤维的物理及力学性能。

5.2.3　精练剂

(1) 对精练剂的要求　生丝及丝绸的实际精练工艺中,有化学精练和生物化学精练。化学精练是利用化学药剂进行脱胶去酯的方法。化学精练常将碱性物质和表面活性剂合用,在实际精练工艺和精练液中,要求精练剂具有以下各种功能和作用。

① 耐硬水,水中的Ca^{2+}、Mg^{2+}会消耗各种阴离子表面活性剂形成不溶性沉淀,Fe^{3+}还可能在绸面吸附形成锈点、皂迹斑和白雾等。当练染厂直接使用硬水时,精练剂中必须使用金属离子螯合剂。

② 强的渗透和润湿功能,可用毛细管效应值来表征。

③ 强的乳化和分散能力。

④ 强的洗涤去污力,一般洗涤剂的去污力要大于40;也可用白度仪测定白度,白度值越高越好,好的精练,白度应在80以上。

⑤ 强的剥除染料和色素的能力，因在生丝和坯绸上大量吸附着在泡丝过程中加入的各种染料。

⑥ 强的防止污垢再吸附能力。

(2) 化学精练常用精练剂　精练时 pH 值应大于丝胶的等电点，精练剂加入后一般是使 pH 值处在弱碱性范围。化学精练常将碱性物质和表面活性剂合用。

碱性物质如氢氧化钠、碳酸钠、硅酸钠、硫酸钠等。丝绸精练中主要使用的表面活性剂是阴离子和非离子型表面活性剂，一般必定含有相当比例的非离子表面活性剂（主要是聚氧乙烯醚型），仅用阴离子表面活性剂，通常不能起到很好的综合作用。

含有非离子表面活性剂的水溶液，在工业上一般都在其浊点以下使用，才能显现各种表面活性。阴离子表面活性剂的存在可大大提高溶液的浊点。但电解质无机盐如纯碱、烧碱、泡花碱、元明粉和各种磷酸盐等，又可促使浊点降低，所以必须测定其精练液浊点，加以调节配制。

常用精练剂有硬脂酸钠、油酰氨基酸钠、胰加漂 T、十二烷基苯磺酸钠、烷基聚氧乙烯醚和烷基酚聚氧乙烯醚、三脂肪醇聚氧乙烯醚基硅烷等。

(3) 化学精练基本原理　在茧丝外层的丝胶属于球状蛋白质，其结构疏松，含有较多的亲水基团，在热水中极易吸收水分子而膨润乃至溶解。在碱的作用下，丝胶分子链断裂分解成可溶性的多缩氨基酸，促使丝胶从茧丝表面脱落达到脱胶目的。而原料中的油脂在碱的作用下水解，同时中和脂肪酸，使水解完全。在精练中碱性物质既有脱胶作用，又有去除油脂、蜡质及洗涤等作用。但是碱性物质的渗透性差，脱胶不均匀，丝纤维手感粗硬，所以通常还加入表面活性剂，改善练液性能，提高精练质量。

表面活性剂，可以降低精练液的表面张力、促进练液很快润湿与渗透到原料和杂质内部，使丝胶加速膨润和溶解。

5.3　织物的毛效测试

精练后产品的渗透和润湿性能，可用毛细管效应值来表征。织物的毛效测试如下：将精练处理过布样恒湿 8h 后，裁成宽×长为 5cm×20cm 的布条，将其垂直置于蒸馏水中，计时，30min 时水升至 14.0cm，即毛效为 14.0cm/30min（染色布一般要求毛效 8～10cm/30min）

参考文献

[1] 刘森. 纺织染概论 [M]. 北京：中国纺织出版社，2004.
[2] 侯秋平，顾肇文，王其. 灯芯点结构导湿快干针织物的设计 [J]. 上海纺织科技，2006，34 (7) 54-55.
[3] 上海市印染工业公司. 练漂（修订本）[M]. 北京：纺织工业出版社，1984.
[4] 梅自强. 纺织工业中的表面活性剂 [M]. 北京：中国石化出版社，2001.
[5] 王晓春，顾韵芬，杨书岫，曲旭煜. 丝绸织染概论 [M]. 北京：中国纺织出版社，1995.
[6] 苏州丝绸工学院. 制丝化学 [M]. 第 2 版. 北京：中国纺织出版社，1996.
[7] 林细姣. 染整技术 [M]. 北京：中国纺织出版社，2005.

第6章
润湿剂与渗透剂

6.1 概述

润湿，是固体表面上一种流体被另一种流体取代的过程。因此，润湿作用至少涉及三相，其中两相是流体，一相是固体。一般指固体表面上的气体被液体取代，有时是一种液体被另一种液体所取代。水或水溶液是特别常见的取代气体的液体。润湿是最常见的现象，也是人类生活和生产过程中的重要过程，如水对动植物机体的润湿，水对土壤的润湿，生产过程中的机械润湿，注水采油、洗涤、焊接等均与润湿有关。

对纺织品而言，由于纤维是一种多孔性物质，具有巨大的表面积，使溶液沿着纤维迅速展开，渗入纤维的空隙，把空气取代出去，将空气-纤维表面（气固界面）的接触代之以液体-纤维（液固界面）表面的接触，这个过程叫做润湿。用来增进润湿现象的助剂叫润湿剂。纯纺织纤维，如经煮练和漂白过的脱去油脂蜡质的棉纤维，是很容易被水润湿的。水难以润湿纺织品的原因除了因纤维中存在着空气外，主要是由于纤维表面被疏水的油脂沾污的缘故。纺织纤维与水的界面状态主要取决于界面张力的大小。润湿是液体沿着固体接触面展开，把空气和固体的接触界面代之以液体和固体接触界面的过程。印染生产过程要求溶液对纤维中包藏的空气全部驱走，最终达到完全的润湿。

织物由无数纤维组成，可以想像纤维之间构成了无数毛细管，如果液体润湿了毛细管壁，则液体能够在毛细管内上升到一定高度，从而使高出的液柱产生静压强，促使溶液渗透到纤维内部，此即为渗透。织物在染整加工过程中不但要润湿织物表面，还需要使溶液渗透到纤维空隙中。所以凡是能促使液体表面润湿的物质，也就能促使织物内部渗透。从这种意义上来说，润湿剂也就是渗透剂。印染行业有时也要求不润湿，如防水、防油等，就需要形成不润湿的表面。易去污、防污也与润湿有密切的关系。

在染整加工过程中，织物一般是在溶液中处理，这就涉及溶液对织物的润湿和渗透。润湿和渗透的好坏直接影响到染整产品的质量，所以有必要对润湿、渗透的有关理论、测试等问题作较为全面的讨论。

6.2 润湿机理

润湿往往包括三相。研究得最多的润湿现象是气体被液体从气-固或气-液的界面上取代的过程。

6.2.1 接触角与杨氏方程

(1) 接触角 将一滴液体滴在一固体表面上，此液体在固体表面可铺展形成一薄层或以一小液滴的形式停留于固体表面。我们称前者为完全润湿，后者为不完全润湿或部分润湿。图 6-1 为液滴在固体表面的剖面图。若在固、液、气三相交界处，作气-液界面的切线，自此切线经过液体内部到达固-液交界线之间的夹角，被称为接触角（contactangle），以 θ 表示。

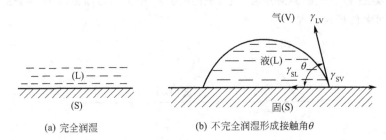

图 6-1 在固体（S）、流体（L）和不相混溶相（V）（流体或气体）间三相平衡

也可以将液体对固体的接触角看作是液体和空气对固体表面的竞争结果。

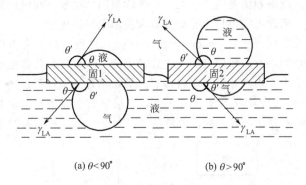

图 6-2 液体对固体的接触角和气体对固体的接触角

图 6-2 中 θ 和 θ' 分别表示液体对固体的接触角和气体对固体的接触角。图 6-2 所示的 $\theta<90°$，固体是亲液固体；$\theta>90°$，固体是疏液的。无论是何种情况，$\theta+\theta'$ 皆应为 $180°$。由此可见，气体对固体的"润湿性"与液体对固体的润湿性恰好相反。固体越是疏液，就越易为气体"润湿"，越易附着在气泡上；若固体是粉末，这时就易于随气泡一起上浮至液面；反之，固体越是亲液，就越易为液体润湿，越难附着在气泡上。泡沫选矿利用的就是气体（或液体）对固体的这种"润湿性"的差异，而将有用的矿苗与无用的矿渣分开的。利用接触角作为液体对固体润湿程度的判据，往往将 $\theta=90°$ 作为标准，把 $\theta<90°$ 称为润湿，$\theta>90°$ 称作不润湿；$\theta=0$ 为完全润湿，$\theta=180°$ 为完全不润湿。$\theta=180°$ 这种情况实际上不存在。总之，利用接触角的大小来判断液体对固体的润湿性具有简明、方便、直观的优点，但不能反映润湿过程的能量变化。

(2) 杨氏方程 1805 年 Young 首先提出，可将接触角的问题当作平面固体上的液滴在三个界面张力下的平衡来处理，若固体的表面是理想光滑、均匀、平坦且无形变，则可达稳定平衡，在这种情况下产生的接触角就是平衡接触角 θ_e。

图 6-3 所示固体表面上的液滴的平衡接触角 θ_e 与各种界面张力的关系如下。

$$\gamma_{LV} \cos\theta = \gamma_{SV} - \gamma_{SL} \tag{6-1}$$

式中，γ_{LV} 为与其饱和蒸汽平衡的液体的表面张力，它的作用是力图使液体表面积尽量缩小；γ_{SV} 为与该液体的饱和蒸汽平衡的固体的表面张力，它的作用是力图缩小固体的表面积；γ_{SL} 为固-液之间的界面张力，它的作用与 γ_{SV} 相反，力图使固-液界面间的面积缩小。这就是著名的杨氏方程。

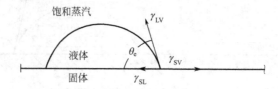

图 6-3　在光滑、均匀、平坦、坚硬的表面上的平衡接触角

6.2.2　润湿过程

润湿包括沾湿、浸湿和铺展三个过程。当液体与固体接触，润湿过程发生时，体系的自由能总是降低的，因此可以用自由能降低值来表示润湿的程度。

(1) 沾湿与杨氏方程　沾湿（adhesional wetting）过程就是当液体与固体接触后，将液-气和固-气界面变为固-液界面的过程。在日常生活中这种现象是常见的。如大气中的露珠附着在植物的叶子上，雨滴黏附在塑料雨衣上等，均是沾湿过程。

设有面积为 1cm^2 的固体及液体（图 6-4），未接触前，表面自由能是 $\gamma_{SV} + \gamma_{LV}$，接触后形成了 1cm^2 的固-液界面，其界面自由能是 $\gamma_{SV} + \gamma_{LV} - \gamma_{SL}$，故体系的自由能降低了。

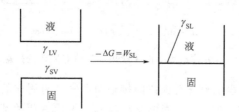

图 6-4　沾湿过程

$$-\Delta G = \gamma_{SV} + \gamma_{LV} - \gamma_{SL} = W_{SL} \tag{6-2}$$

W_{SL} 称为黏附功，当 $W_{SL} > 0$ 时此过程可自发进行，它可以用来衡量液体与固体结合的牢固程度。W_{SL} 越大液体和固体结合得越牢。也可用来表征两相分子间相互作用力的大小。

将式(6-1)代入式(6-2)，得下式：

$$W_{SL} = \gamma_{LV}(\cos\theta + 1) \tag{6-3}$$

当 $W_{SL} = \gamma_{LV}(\cos\theta + 1) > 0$ 时，$0 \leqslant \theta < 180°$，也就是说当接触角在 $0 \leqslant \theta < 180°$ 范围内沾湿过程都可以自发进行。当 $\theta = 180°$ 时，$W_{SL} = 0$，称为完全不润湿，但目前尚未发现一种固体完全不被一种液体润湿。

(2) 浸湿与杨氏方程　浸湿（immersional wetting）是指固体浸入液体中的过程，其实质是固-气界面被固-液界面所代替。

① 硬固体表面的浸湿　硬固体表面即为非孔性固体的表面。其实质是固-气界面完全被固-液界面所代替，而液体表面在浸湿过程中无变化，如图 6-5(a) 所示。此过程体系自由能的变化如下：

$$-\Delta G = \gamma_{SV} - \gamma_{SL} = A \tag{6-4}$$

A 称为浸润功或黏附张力，它反映液体在固体表面上取代气体的能力，是铺展过程发生的驱动力。$A>0$ 是恒温恒压下浸湿自发进行的条件。

将杨氏方程代入式(6-4)，得到：

$$A = \gamma_{LV} \cos\theta$$

当 $0 \leq \theta < 90°$ 时，$A>0$，浸湿过程可自发进行。

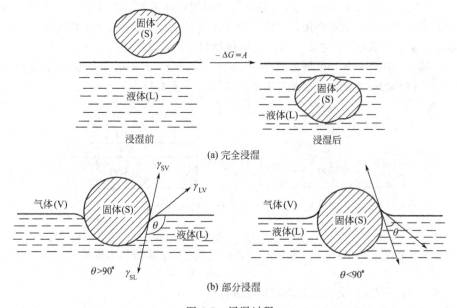

图 6-5　浸湿过程

② 软固体表面的浸湿　软固体表面即为孔性固体的表面，它的浸湿过程常称为渗透过程（图 6-6），可与毛细现象联系在一起。

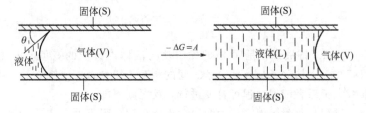

图 6-6　渗透过程

渗透过程发生的驱动力是液体表面弯月面产生的附加压力，附加压力为：

$$\Delta P = \frac{2\gamma_{LV} \cos\theta}{r} \tag{6-5}$$

由式(6-5)可知，当 $0\leq\theta<90°$ 时，$\Delta P>0$ 即渗透过程可自发进行且进行的程度取决于液体的表面张力 γ_{LV}、液体与固体间的接触角 θ 和孔半径 r 的大小。从式(6-5)看出，γ_{LV} 越大，θ 越小，孔半径越小，此过程就越易进行。但事实上并非如此，γ_{LV} 和 θ 是一对矛盾的两个方面，它们受杨氏方程 $\gamma_{LV}\cos\theta=\gamma_{SV}-\gamma_{SL}$ 的制约。往往 γ_{LV} 小，θ 就小，γ_{LV} 大，θ 也大，γ_{LV} 大到一定程度 θ 可由 $\theta<90°$ 变至 $\theta>90°$，反而不利于渗透。

将杨氏方程代入式(6-5)中，得到：

$$\Delta P = \frac{\gamma_{SV}-\gamma_{SL}}{r} \tag{6-6}$$

由式(6-6)可知，当固体的表面为高能表面时有利于渗透过程的进行，另一方面当 γ_{SL} 值小即液体与固体相容性好渗透过程也容易进行。反之当固体为低能表面，液体为水时则 γ_{SL} 必然大，因为固体表面疏水性强，与水的相容性不好，所以 γ_{SL} 大，结果可使 ΔP 为负值，对渗透过程起阻碍作用，因此不能自发进行。当固体表面为低能表面时水在其上的 $\theta>90°$ 也会导致式(6-6)中 $\Delta P<0$，使渗透过程不能自发进行。

(3) 铺展与杨氏方程 铺展过程（spreading wetting）是气-固界面被固-液界面代替的过程，这个过程的能量变化可用铺展系数 S 表示（见图 6-7）。

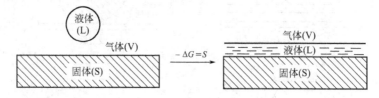

图 6-7 液体在固体上的铺展过程

$$S=\gamma_{SV}-\gamma_{SL}-\gamma_{LV} \tag{6-7}$$

在恒温恒压下，当 $S>0$ 时，铺展过程可以自发进行。将杨氏方程代入式(6-7)，可得：

$$S=\gamma_{LV}(\cos\theta-1) \tag{6-8}$$

当 $\theta=0$ 或不存在时，铺展过程可自发进行。

铺展系数与黏附功和内聚功的关系如下。

$$\begin{aligned}W_{AA}&=2\gamma_{LV}\\ S&=\gamma_{SV}-\gamma_{SL}-\gamma_{LV}\\ &=\gamma_{SV}-\gamma_{SL}-\gamma_{LV}-\gamma_{LV}+\gamma_{LV}\\ &=\gamma_{SV}-\gamma_{SL}+\gamma_{LV}-2\gamma_{LV}\\ &=W_{SL}-W_{AA}\end{aligned} \tag{6-9}$$

由式(6-9)可知，铺展过程是固-液的黏附功与液体内聚功的竞争，即铺展过程是否能自发进行可归结为固体分子与液体分子之间的相互作用是否比液体分子自身之间的相互作用大，若前者大于后者铺展过程可自发进行，反之则不能。

(4) 润湿三过程与黏附张力 三种润湿过程皆可用黏附张力 A 来表示。

$$W_{SL}=A+\gamma_{LV}$$
$$W_i=A$$
$$S=A-\gamma_{LV} \tag{6-10}$$

黏附张力 A 为三种润湿过程的驱动力。铺展过程是润湿三个过程中的最高标准，能铺展则必然浸湿、沾湿，反之则不然。由式(6-10)可以看出，黏附张力在铺展过程中占有重要地位，它反映液体在固体表面取代液体的能力，在铺展过程中黏附张力是对抗液体表面收缩的力，是铺展过程中的驱动力。

综上所述，在润湿三过程中和都是以黏附张力 A 在起作用，贡献是一样的。γ_{SV} 越大，γ_{SL} 越小，A 就越大，越有利于润湿过程的进行。γ_{LV} 在三个过程中的作用各异。对于沾湿过程 γ_{LV} 作为始态，γ_{LV} 越大沾湿过程越易进行。对于铺展过程 γ_{LV} 作为终态出现，因此 γ_{LV} 越小越利于铺展过程进行。对于浸湿 γ_{LV} 表面上看与浸湿过程无关，但实际上并非如此，因为的 γ_{LV} 大小将影响 γ_{SL} 的值，γ_{LV} 小，γ_{SL} 的值较小。γ_{LV} 大则 γ_{SL} 值就会增大。因此 γ_{LV} 是间接地影响浸湿过程，总的来说，γ_{LV} 小，有利于浸湿过程的进行。

6.2.3　水介质中的表面活性剂

表面活性剂分子的憎水部分不溶于水，极性亲水部分决定其溶解度。这两部分是间隔开的，表面活性剂以一个相（气体、与水不溶的液体或固体）被吸附在溶液的界面上，如图 6-8(a) 所示。界面上的表面活性剂的浓度较溶液中的大，当溶液中的浓度继续增高时，界面上表面活性剂的浓度 [图 6-8(b)] 也增高。最初，憎水"尾部"平躺在界面上，到自由水表面没有足够的空隙供尾部平躺时，就垂直立起 [图 6-8(c)]。加 0.5g/L 表面活性剂，水的表面张力就由 72.8mN/m（25℃）降至 20mN/m 或更低。非离子表面活性剂降低表面张力的能力更为明显。

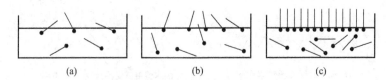

图 6-8　与空气接触的表面活性剂水溶液（正视图）

为了使溶液与纤维之间能快速、紧密地接触，溶液应易于在纤维表面伸展。这要求溶液-空气与溶液-纤维界面张力愈小愈好。液体通过毛细管体系的伸展速度可用 Washburn 方程式加以叙述，其有效性也已被 Minor 等人所确认。

当表面活性剂浓度增高到使分子排列足够靠近而憎水部分相互作用时，就发生了缔合，此时溶液的许多性质都发生较大的改变。此缔合体为胶束，形成胶束时的浓度为临界胶束浓度（CMC）。非离子表面活性剂的 CMC 比离子型的低得多。

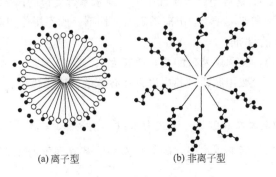

图 6-9　胶束示意图

除球形胶束外,还有其他形状的胶束存在。离子型(包括其平衡离子)及非离子型球状胶束见图 6-9。

6.3 润湿剂的分类

在实践中,有时希望液体对固体的润湿性好,有时却要求液体对固体的润湿性差些。当固体和液体确定后,可以设法改变固-气,固-液和液-气三者界面性质来达到所希望的润湿程度。在液体中加入少量表面活性剂,它会吸附到液-气和固-液界面上,改变 γ_{LV} 和 γ_{SL} 从而达到所要求的润湿程度。也可以用表面活性剂对固体表面进行处理,使其表面吸附一层表面活性剂,来改变固体的表面能的大小。这意味着,可以采用添加表面活性剂改变固-液,固-气和液-气三个界面的界面张力来调整固体的润湿性能。能使液体润湿或加速润湿固体表面的表面活性剂称为润湿剂,能使液体渗透或加速渗进入孔性固体内表面的表面活性剂称为渗透剂。润湿剂和渗透剂主要是通过降低 γ_{LV} 和 γ_{SL} 而起作用的。

润湿剂的分子结构特点:其疏水链应具有侧链的分子结构,且亲水基应位于中部,见图 6-10(b);或者是碳氢链为较短的直链,亲水基位于末端,见图 6-10(a)。由于润湿取决于在动态条件下表面张力降低的能力,因此润湿剂不仅应具有良好的表面活性,而且既要能降低表面张力又要能扩散性好,能很快吸附在新的表面上。

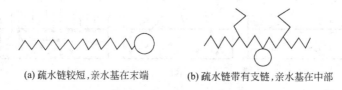

(a) 疏水链较短,亲水基在末端　　(b) 疏水链带有支链,亲水基在中部

图 6-10　润湿剂的分子结构

Surfynol 104 (二羟基四甲基癸炔)　　AOT (磺化琥珀酸二异辛酯钠盐)

Surfynol 104 和 AOT 是典型亲水基在中间,疏水基带支链的高效润湿剂。

润湿剂有阴离子型和非离子型,阳离子表面活性剂一般不用作润湿剂。

6.3.1　阴离子表面活性剂

(1) 脂肪醇硫酸盐,又称烷基硫酸盐,通式为 $R-OSO_3M$。

最常用的是钠盐,少数用胺盐,其中以月桂醇硫酸钠应用最广。

(2) 磺酸盐

① 烷基苯磺酸碱金属盐和胺盐　　通式为 $R-\underset{}{\bigcirc}-SO_3M$。

烷基苯中碳氢链较短者润湿力强,碳氢链末端甲基较多者润湿力大,其中 $C_9 \sim C_{12}$ 烷基苯磺酸钠润湿性较好。

② α-烯烃磺酸盐(钠盐)　　主要有两种成分:

$$R-CH=CH-CH_2-SO_3Na \text{ 和 } R-\underset{\substack{|\\OH}}{CH}-CH_2-CH_2-SO_3Na$$

钠盐最常用 $C_{10}\sim C_{18}$。

③ 烷基萘磺酸钠（单和双烷基萘磺酸钠）

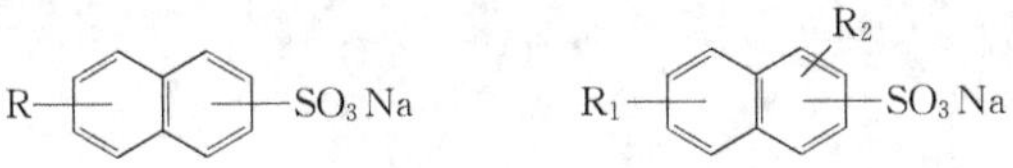

常用作润湿剂的是低级烷基、丙基、异丙基、丁基或它们的混合烷基盐。除作润湿剂外，也常作分散剂或润湿-分散剂。

④ 8-二丁基萘磺酸钠

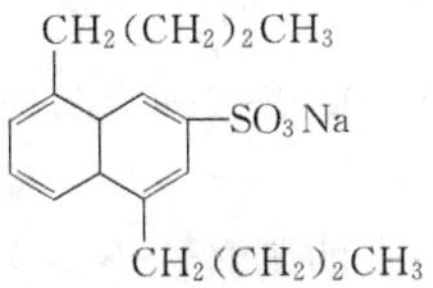

浅黄色透明液体，固状物为米白色粉末，易溶于水。对酸、碱、硬水都较稳定，具有优良的润湿性和渗透性。

⑤ 苄基萘磺酸钠

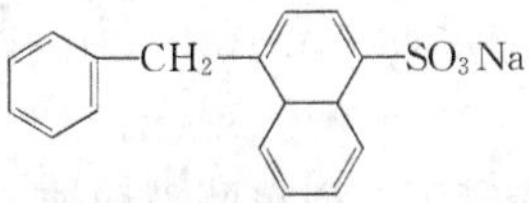

黄色粉状物，易溶于水，对强酸、强碱皆稳定，润湿、渗透力强。

⑥ 二烷基丁二酸酯磺酸钠盐

$$\begin{array}{l} \quad\ \ R_1OOC-CH_2 \\ \qquad\qquad\qquad\ | \\ NaSO_3-CH-COOR_1 \end{array}$$

是目前应用最广泛的一类，其中典型的渗透剂 T 是二异辛基丁二酸酯磺酸钠。

$$\begin{array}{l} CH_2-COOC_8H_{17} \\ | \\ CH-COOC_8H_{17} \\ | \\ SO_3Na \end{array}$$

淡黄色至黄棕色的黏稠液体，可溶于水，是渗透力极强的阴离子表面活性剂，用于印染、农药、石棉、石油天然气和金属选矿等。

⑦ 蓖麻油丁二酸酯磺酸钠

$$\begin{array}{l} CH_2OOC(CH_2)_7CH=CHCH_2CH(CH_2)_5CH_3 \\ |\qquad\qquad\qquad\qquad\qquad\qquad\quad | \\ |\qquad\qquad\qquad\qquad\qquad\qquad\quad OOCCH_2-CHCOOH \\ |\qquad\qquad\qquad\qquad\qquad\qquad\qquad\qquad\qquad\ \ | \\ |\qquad\qquad\qquad\qquad\qquad\qquad\qquad\qquad\qquad SO_3Na \\ CHOOC(CH_2)_7CH=CHCH_2CH(CH_2)_5CH_3 \\ |\qquad\qquad\qquad\qquad\qquad\qquad\quad | \\ |\qquad\qquad\qquad\qquad\qquad\qquad\quad OOCCH_2-CHCOOH \\ |\qquad\qquad\qquad\qquad\qquad\qquad\qquad\qquad\qquad\ \ | \\ |\qquad\qquad\qquad\qquad\qquad\qquad\qquad\qquad\qquad SO_3Na \\ CH_2OOC(CH_2)_7CH=CHCH_2CH(CH_2)_5CH_3 \\ \qquad\qquad\qquad\qquad\qquad\qquad\quad\ \ | \\ \qquad\qquad\qquad\qquad\qquad\qquad\quad\ \ OOCCH_2-CHCOOH \\ \qquad\qquad\qquad\qquad\qquad\qquad\qquad\qquad\qquad\quad\ | \\ \qquad\qquad\qquad\qquad\qquad\qquad\qquad\qquad\qquad\quad SO_3Na \end{array}$$

外观为透明液体，含油量为70%～80%，在酸、盐液中稳定，渗透性强，用作皮革加脂剂。

⑧ 脂肪醇、烷基酚聚氧乙（丙）烯醚丁二酸半酯磺酸盐（钠盐）、烷基酚聚氧乙烯醚甲醛缩合物丁二酸半酯磺酸盐（钠盐）。

通式为：

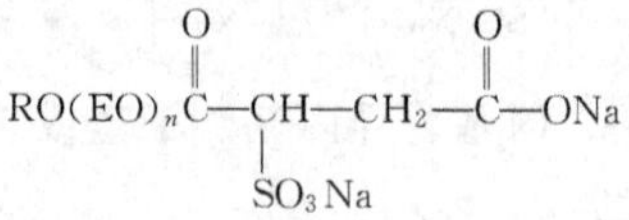

$$RO(EO)_n\overset{O}{\underset{}{C}}-\underset{SO_3Na}{CH}-CH_2-\overset{O}{\underset{}{C}}-ONa$$

a. 聚氧乙烯（5）十四烷基醚丁二酸单酯磺酸钠

$$C_{14}H_{29}O(CH_2CH_2O)_5-\overset{O}{C}-\underset{SO_3Na}{CH}-CH_2-\overset{O}{C}-ONa$$

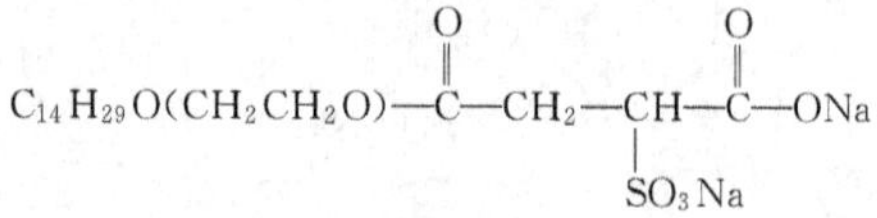

具有优良的润湿性，对皮肤和毛发的刺激性小，在各种硬水中的性能稳定，能完全降解，用作润湿剂、渗透剂和乳化剂。

b. 烷基酚聚氧乙烯醚丁二酸单酯磺酸钠

$$R-\bigcirc-O(EO)_n\overset{O}{C}-\underset{SO_3Na}{CH}-CH_2-\overset{O}{C}-ONa$$

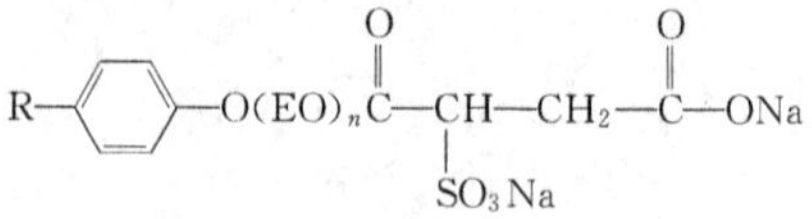

代表产品为壬烷基酚聚氧乙烯醚丁二酸单酯磺酸钠

$$C_9H_{19}-\bigcirc-O-(CH_2CH_2O)_n-\overset{O}{C}-CH_2-\underset{SO_3Na}{CH}-\overset{O}{C}-ONa$$

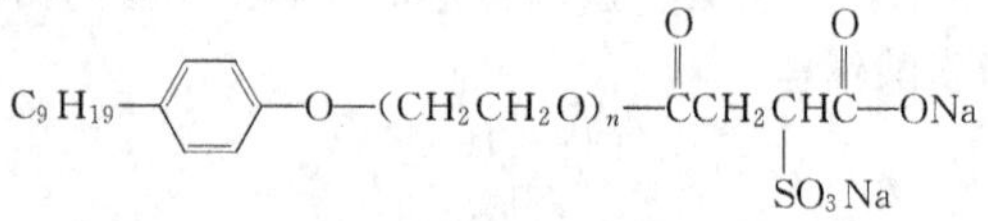

淡黄色流动、半流动液体，溶于热水及一般溶剂，具有优良的润湿、分散性。用于农药的可湿性粉剂、胶囊剂和水剂的助剂。也可用于染料及金属加工业。

c. 聚氧丙烯（5）十四烷基醚丁二酸单酯磺酸钠

$$C_{14}H_{29}O(\underset{CH_3}{CHCH_2}O)_5-\overset{O}{C}-CH_2-\underset{SO_3Na}{CH}-\overset{O}{C}-ONa$$

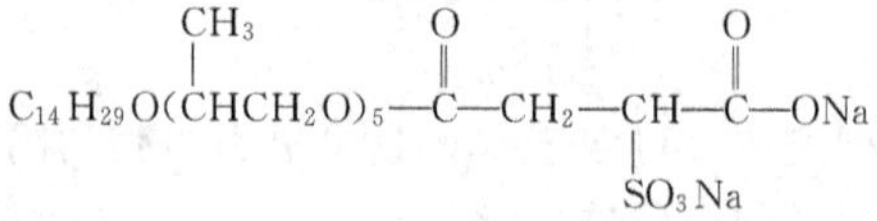

具有优异的降低表面张力的能力，有优异的润湿力和渗透力，适用于日用化工。

d. 聚氧乙烯烷基酚醛树脂磺化琥珀酸酯

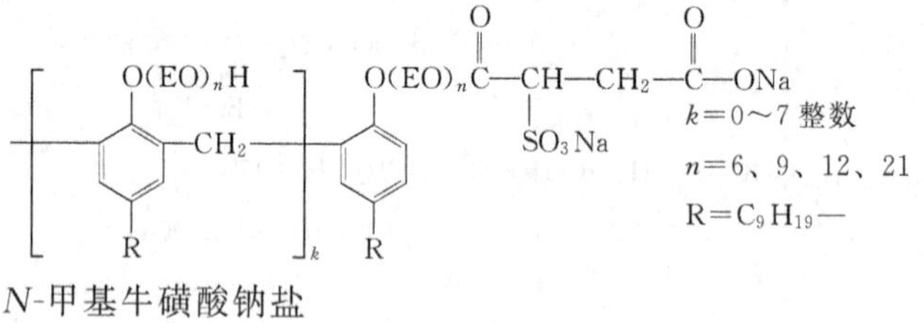

$$\left[\begin{array}{c}O(EO)_nH\\ \bigcirc\\ R\end{array}-CH_2-\begin{array}{c}O(EO)\overset{O}{C}-\underset{SO_3Na}{CH}-CH_2-\overset{O}{C}-ONa\\ \bigcirc\\ R\end{array}\right]_k$$

$k=0～7$ 整数
$n=6、9、12、21$
$R=C_9H_{19}-$

⑨ 脂肪酰胺 N-甲基牛磺酸钠盐

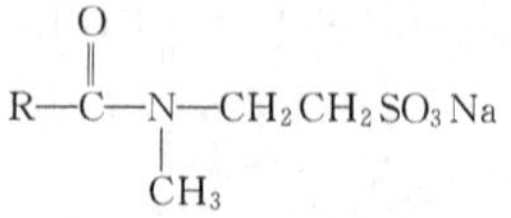

$$R-\overset{O}{C}-\underset{CH_3}{N}-CH_2CH_2SO_3Na$$

常用的是 $C_{14}\sim C_{18}$ 脂肪酸或混合脂肪酸的产品。如 N-甲基油酰氨基乙基磺酸钠（胰加漂 T）

代表产品

$$C_{17}H_{33}CO-N-CH_2CH_2SO_3Na$$
$$\quad\quad\quad\quad\; |$$
$$\quad\quad\quad\quad CH_3$$

为淡黄色胶状液体，具有优良的润湿，扩散等性质，用于印染工业，作除垢剂，也可作为阳离子染料的渗透剂。

(3) 磷酸酯

① 2-乙基己醇聚氧乙烯 (3) 醚磷酸酯

$$H_3C-CH_2-CH_2-CH_2CHO-\overset{\overset{\displaystyle O}{\|}}{\underset{\underset{\displaystyle OH}{|}}{P}}-OH$$
$$\quad\quad\quad\quad\quad\quad\quad\; |$$
$$\quad\quad\quad\quad\quad\quad\; C_2H_5$$

黄色黏稠液体，在冷水中溶解性好，用作渗透剂、润湿性，是低泡高效渗透剂 XQ-998 的主剂，高效低温渗透剂 GC-60 的主剂。

② 乙二醇单丁醚磷酸酯钠盐（丝光渗透剂） 棕色或淡黄色液体，易溶于水及乙醇，在 10% 以上的浓碱中有优良的渗透性，用于棉纺织物及涤/棉纺织物的丝光加工。

③ 壬基酚聚氧乙烯 (12) 醚磷酸单酯

$$C_9H_{19}-\langle\text{苯环}\rangle-O(CH_2CH_2O)_{12}-P(=O)(OH)_2$$

具有良好的润湿、渗透、净洗、分散性。适用于农药、纺织、皮革、造纸工业，作润湿、渗透及乳化分散剂。

(4) 脂肪酸或脂肪酸酯硫酸盐 常用钠盐，包括各种动植物油和（或）酯的硫酸钠。如棉子油、鲸油、牛脚油、蓖麻油的硫酸钠。

① 蓖麻酸丁酯硫酸酯三乙醇胺盐

$$CH_3(CH_2)_5\underset{\underset{\displaystyle OH}{|}}{CH}\;(CH_2)CH$$
$$\quad\quad\quad\quad\quad\quad\; \underset{\underset{\displaystyle OSO_3H\cdot N(C_2H_4OH)_3}{|}}{}$$

棕色浓稠的液体。溶于水，具有良好渗透和润湿性，在纺织工业中作渗透剂、分散剂。

② 鱼油酸丁酯硫酸钠

$$R-\underset{\underset{\displaystyle H}{|}}{CH}-\underset{\underset{\displaystyle OSO_3Na}{|}}{CH}(CH_2)_nCOOC_4H_9$$

外观为棕褐色黏稠油状液体，渗透性强，用作皮革加脂剂。

③ 蓖麻油酸丁酯硫酸钠

$$CH_3(CH_2)_5-\underset{\underset{\displaystyle OH}{|}}{CH}-CH_2-\underset{\underset{\displaystyle OSO_3Na}{|}}{CH}-(CH_2)_7COOC_4H_9$$

溶于水，具有良好的渗透性和润湿性，用于纺织工业作渗透剂，农药、制革和金属加工业作润湿乳化剂。

(5) 羧酸皂类

① 松香酸

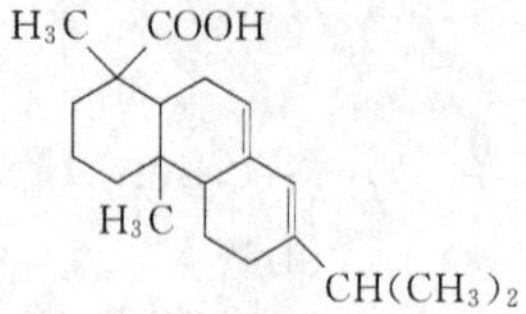

与 NaOH 中和，所形成的皂亦属羧酸盐类型。松香皂有较好的水溶性与抗硬水能力，也有较好的润湿能力。

② N-月桂酰-L-缬氨酸钠

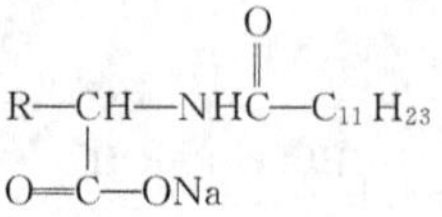

$$R-CH-NH-\underset{O}{\overset{\parallel}{C}}-C_{11}H_{23} \qquad R=(CH_3)_2CH-$$
$$O=C-ONa$$

具有优良的生物降解性、表面活性和渗透性，用于配制高效渗透剂。其渗透性优于十二烷基磺酸钠。

③ 多羧酸皂

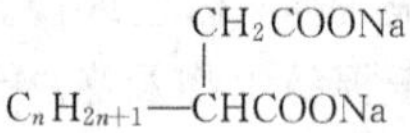

$$C_nH_{2n+1}-\underset{CH_2COONa}{\overset{CH_2COONa}{CHCOONa}} \qquad (n=12\sim16)$$

$$C_8H_{15}-\underset{CH_2COO(CH_2CHCH_2O)_4OCCH-C_8H_{15}}{\overset{CHCOO(CH_2CHCH_2O)_4OCCH-C_8H_{15}}{\underset{OH}{\overset{OH}{}}}}\underset{CH_2COOK}{\overset{CH_2COOK}{}}$$

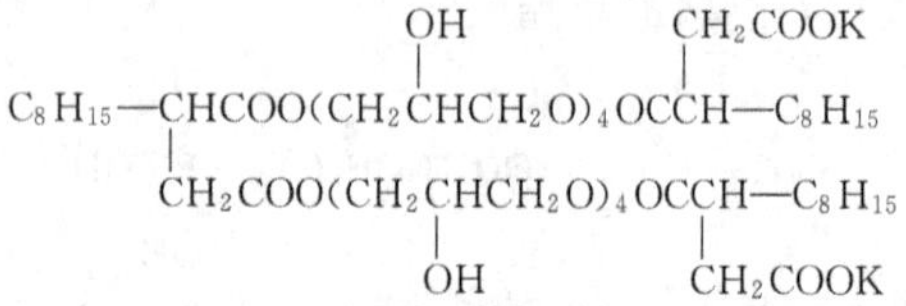

有很好的润湿渗透性，用作胶片工业中的润湿剂。

6.3.2 非离子表面活性剂

（1）Tween-61（聚氧乙烯山梨糖醇酐单硬脂酸酯），如

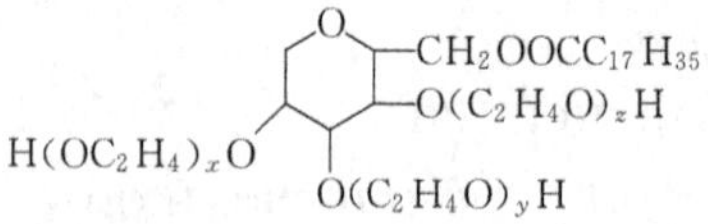

$$H(OC_2H_4)_xO\underset{O(C_2H_4O)_yH}{\overset{CH_2OOCC_{17}H_{35}}{}}O(C_2H_4O)_z H \qquad x+y+z=4$$

黄色蜡状固体，无毒，无臭。溶于水，HLB 值为 9.6。可用作润湿剂及乳化剂。

（2）聚氧乙烯烷基酚醚　最常见的是壬基酚和辛基酚的环氧乙烷加成物，EO 数分别为 5～10 和 3～4，润湿渗透性最好。通式：

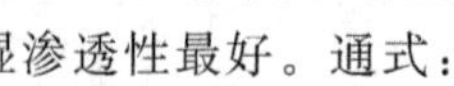

$$R-\underset{}{\bigcirc}-O(C_2H_4O)_n \qquad n=5\sim10 \quad R=C_8H_{17}，C_9H_{19}$$

（3）聚氧乙烯脂肪醇醚　通式为 $RO(C_2H_4O)_n$，是目前各国应用较广泛的一大类非离子型润湿剂和渗透剂。

（4）聚氧乙烯聚氧丙烯嵌段共聚物　润湿、渗透性随 PO 数增加而增强，但一定要与 EO 数适应，若 EO 数过少会影响溶解度。

（5）聚氧乙烯脂肪酸酯类，也可作润湿剂。

（6）烷基苷具有较好的润湿性，生物降解率大于 96%，属无毒物质，此类表面活性剂被视为极具开发前途的"世纪型品种"。

6.4 润湿剂的合成

6.4.1 阴离子表面活性剂

(1) 十二烷基苯磺酸钠 以十二烷基苯为原料生产 LAS 目前有两种合成方法：发烟硫酸磺化法和三氧化硫磺化法。

① 三氧化硫磺化法 三氧化硫磺化烷基苯的反应原理如下：

$$C_{12}H_{25}\text{—}\bigcirc\text{—} + SO_3 \longrightarrow C_{12}H_{25}\text{—}\bigcirc\text{—}SO_3H$$

该反应 $\Delta H = -711.28 \text{kJ/kg}$（烷基苯），$\Delta E = 4.6 \text{kJ/mol}$（烷基苯）。反应具有活化能低、反应放热量大、体系黏度剧增、传热慢、副反应多等突出特点，给工艺控制带来诸多困难。然而，该法生产出的烷基苯磺酸产品质量好，含盐量低，应用范围广；能与化学计量的烷基苯反应，无废酸生成，可节约大量烧碱，且生产三氧化硫的原料丰富，因此，生产成本低。

为了解决三氧化硫磺化反应的工艺控制问题，目前已开发了两种类型的专用反应器：一种是罐组式反应器，一种是降膜式反应器。其共同的工艺特点是要求生产过程的反应投料比、气体浓度和反应温度稳定，物料在体系中停留时间短，气-液两相接触状态良好，使反应热及时排出。为此，对设备加工精度及材质均有较高要求，设备庞杂，造价较高。

以降膜式反应器为例。原料烷基苯通过反应器上部的特制分布器使其均匀分布在套筒反应段的内外直管壁上，形成薄膜层，自上而下流动。自反应器头部喷入的三氧化硫与空气混合气流以 20~30m/s 的速度与烷基苯液膜接触，在几秒钟内，逐步完成磺化反应。反应产生的反应热由夹层中的冷却水及时排出，使反应温度控制在 40℃。物料至反应器下部出口处已基本反应完全。

② 发烟硫酸磺化法 以发烟硫酸作为磺化剂与烷基苯反应如下：

$$C_{12}H_{25}\text{—}\bigcirc\text{—} + H_2SO_4 \cdot SO_3 \longrightarrow C_{12}H_{25}\text{—}\bigcirc\text{—}SO_3H + H_2SO_4$$

该反应 $\Delta H = -490 \text{kJ/kg}$（烷基苯），$\Delta E = 1862 \text{kJ/mol}$（烷基苯）。与三氧化硫磺化相比，发烟硫酸磺化反应速率较易控制，反应放热量也较小，但由于反应过程同时生成大量废酸，故生产成本偏高。

磺化工艺条件：体系磺化温度控制在 36~40℃，可通过调节物料循环比在 20~30 及冷却水流量来实现；烷基苯:发烟硫酸=1:(1.1~1.15)（质量比）。使发烟硫酸过量，确保体系酸浓度始终在磺化平衡浓度之上；分酸加水量应使废酸浓度控制在 76%~78%，即使废酸中和值在 620~638mgNaOH/g；分酸温度以 55~65℃为宜。

发烟硫酸磺化法主浴式连续磺化工艺使磺化物料在高速旋转的磺化泵中混合，分散均匀，转化率可达 95% 以上，依靠物料循环带走热量，使传热迅速均匀，并使反应物浓度相对降低，有效防止了副反应的发生，由于采用高烃酸比，硫酸始终过量，防止了磺酸黏度剧增带来的结焦现象。设备投资小，操作简便，易控制。

由三氧化硫或发烟硫酸磺化后得到的烷基苯磺酸与氢氧化钠水溶液发生中和反应，得到浆状十二烷基苯磺酸钠。

$$C_{12}H_{25}\text{—}\bigcirc\text{—}SO_3H + NaOH \longrightarrow C_{12}H_{25}\text{—}\bigcirc\text{—}SO_3Na + H_2O$$

该反应是放热反应，$\Delta H = -57.74 \mathrm{kJ/mol}$。该反应与一般的酸碱中和反应不同，是一个复杂的胶体化学反应。在高浓度下，烷基苯磺酸钠分子间有两种不同的排列形式：一种为胶束状排列，另一种为非胶束状排列。前者活性物含量高，流动性好；后者为絮状，稠厚，流动性差。因此，中和工艺条件为：中和温度控制在40～50℃，使单体黏度适宜，流动性良好；控制单体pH值在7～10，防止局部过酸现象，造成溢锅或单体发松；中和时需要加入一定量的水避免碱浓度过高而出现凝胶，使单体黏度适宜，一般控制单体含水量为55%～60%；加入适量芒硝，调节单体的聚集状态和流动性，一般单体中含无机盐2%～5%；强化搅拌手段，使磺酸相在碱液中分散均匀，充分接触，及时移走反应热；控制磺酸中未磺化物含量，一般按活性物100%计，未磺化物应小于2%，并避免中和过程其他无机杂质的带入，以免单体着色。

(2) 十二烷基硫酸钠　十二烷基硫酸钠，又名月桂醇硫酸钠，俗名K12、FAS12，化学简式为$C_{12}H_{25}OSO_3Na$。

十二烷基硫酸钠制备有多种途径，目前最常用的是以三氧化硫或氯磺酸为硫酸化剂的工艺流程。

① 三氧化硫作硫酸化剂　与其他硫酸化剂相比，选择三氧化硫作硫酸化剂有下述特点：三氧化硫硫酸化的化学计量简单，除少量二氧化硫可能带入到硫酸单酯中，在中和时生成少量无机硫酸钠外，不生成其他副产物，因此活性物含量高。其反应原理如下：

$$C_{12}H_{25}OH + SO_3 \longrightarrow C_{12}H_{25}OSO_3H$$
$$C_{12}H_{25}OSO_3H + NaOH \longrightarrow C_{12}H_{25}OSO_3Na + H_2O$$
$$SO_3 + NaOH \longrightarrow NaHSO_4$$

三氧化硫在发生硫酸化反应时，需要先进行汽化，并用载气稀释，以防止硫酸酯焦化。需要采取特定的反应装置和工艺措施，最常见的是Knaggs等开发的连续酯化装置。该装置使脂肪醇与三氧化硫的接触时间非常短，硫酸化后立即进行骤冷和中和，最后用过氧化氢漂白产品。

该连续硫酸化采用立式反应器。反应器高183cm，反应器为两段冷却。反应器外壁上有一个30.48cm长的第一夹套，底部有一个60.96cm长的第二温度控制夹套。反应器壁厚为0.8cm，直径为11.0cm。反应器顶部有一直径0.38cm的进气喷口，通入三氧化硫及惰性气体氮，三氧化硫与氮的体积比为5∶95。液体脂肪醇进料口直径为0.3cm。除可硫酸酯化脂肪醇以外，还可硫酸酯化脂肪醇聚环氧乙烷醚等。

具体的制备工艺：先使32℃的循环冷却水通过反应器夹套，氮气流通过气体喷口进入反应器。氮气流量为85.9L/min。脂肪醇在82.7kPa（表压）和30℃下进入反应器，流量为58g/min。液体三氧化硫在约124.1kPa下进入已加热至100℃的闪蒸器中，使氮气流量下降至83.5L/min，管路压力升高至29.9kPa（表压），SO_3的流量相当于每一根反应管0.9072kg/h。在该反应器中硫酸化反应基本完成，硫酸化物料迅速骤冷至50℃，其目的是减少变色。物料液膜中溶解了一部分三氧化硫，此三氧化硫可与脂肪醇继续反应，因此骤冷后的物料最好放置一段时间（即老化）。反应器的液体物料压出后，仍维持50℃，最高不超过67℃，老化至少10min，也可为1～2h，然后用稀氢氧化钠水溶液中和，并严格控制中和条件。

② 氯磺酸作硫酸化剂　氯磺酸作为硫酸化剂的优点是设备投资费用小，操作方便。

氯磺酸硫酸化剂以液体形式使用，无需稀释，且能制得比三氧化硫硫酸化颜色较浅的产品。氯磺酸硫酸化反应完全，反应中有氯化氢逸出，因此，以不可逆方式按化学计量进行。该反应的缺点是反应放出的氯化氢需要一套氯化氢吸收系统，且对设备腐蚀严重。该反应是放热反应，但放出的热量与排放的气体是不平衡的。当加入20%的酸时，便有60%的热放出，因为氯化氢与醇反应生成氯醇的同时放热，因而使反应的总放热增加。其反应原理如下：

$$C_{12}H_{25}OH + ClSO_3H \longrightarrow C_{12}H_{25}OSO_3H + HCl\uparrow$$

$$C_{12}H_{25}OH + HCl \longrightarrow C_{12}H_{25}OH_2^+ Cl^- + 热$$

该反应的腐蚀性及排热不平衡，妨碍了氯磺酸硫酸化的连续进行，因此间歇工艺就显得较为重要。

间歇法硫酸化在常规反应釜中进行。先将十二醇投入釜中，预热至30℃，然后在高速搅拌下，将酸、醇摩尔比为1.03的氯磺酸以雾状喷入醇中，控制反应温度在35℃，使生成硫酸单酯。然后用30%氢氧化钠溶液与硫酸单酯进行中和反应，生成目的产物十二烷基硫酸钠浆状物，再经双氧水（用量0.4%）漂白，喷雾干燥即得成品。

Shull等开发了一种氯磺酸制备硫酸酯的方法，将氯磺酸以薄层或射流的形式，逐步喷至高度湍动的混有伯醇羟基原料的氮气或空气流中，进行液相酯化反应。惰性气流在运动过程中使反应体系呈湍动泡沫状态，直至酯化反应完成。

(3) 月桂醇聚环氧乙烷醚硫酸钠（AES） AES的制备方法与十二烷基硫酸钠的基本相同。目前常用的方法有三种，即三氧化硫法、氯磺酸法和氨基磺酸法，其合成原理如下：

$$C_{12}H_{25}O(CH_2CH_2O)_3H + SO_3 \longrightarrow C_{12}H_{25}O(CH_2CH_2O)_3SO_3H$$

$$C_{12}H_{25}O(CH_2CH_2O)_3H + ClSO_3H \longrightarrow C_{12}H_{25}O(CH_2CH_2O)_3SO_3H + HCl$$

$$C_{12}H_{25}O(CH_2CH_2O)_3N + H_2NSO_3H \longrightarrow C_{12}H_{25}O(CH_2CH_2O)_3SO_3NH_4$$

$$C_{12}H_{25}O(CH_2CH_2O)_3SO_3H + NaOH \longrightarrow C_{12}H_{25}O(CH_2CH_2O)_3SO_3Na + H_2O$$

$$C_{12}H_{25}O(CH_2CH_2O)_3SO_3NH_4 + NaOH \longrightarrow C_{12}H_{25}O(CH_2CH_2O)_3SO_3Na + NH_4OH$$

这三种合成方法中，三氧化硫法是大工业生产法，其生产成本低，产品含盐量少；但反应剧烈，难以控制，需用特殊结构的专用反应器，设备费在百万元以上。

氯磺酸法是液/液硫酸化反应，反应剧烈程度小，工艺过程容易控制，原料成本较低，产品颜色较好。该法有两个主要缺点：一是副产物有HCl，需要后附吸收装置，且对设备腐蚀严重，增大了设备投资和生产成本；二是该反应氯磺酸过量，增加了产品的无机盐含量，不易生成活性物含量70%的浓缩型产品。

氨基磺酸法是固/液硫酸化反应，反应过程简单，只需一个反应釜即可完成反应，无任何副产物生成，可以生成活性物含量70%的浓缩型AES产品，产品质量可以满足三氧化硫法的质量指标。

(4) 脂肪酸甲酯α-磺酸钠 脂肪酸甲酯α-磺酸钠，又称α-磺基脂肪酸甲酯钠盐，简称MES，MES的合成分为酯化和磺化两步。

① 脂肪酸甲酯的合成 脂肪酸甲酯的合成可采用脂肪酸或天然油脂为原料，与甲醇在催化剂作用下，经酯化或酯交换反应，制得脂肪酸甲酯。由于高质量脂肪酸来源受限制，目前，多采用油脂酯交换法合成甲酯的工艺路线。其反应原理如下：

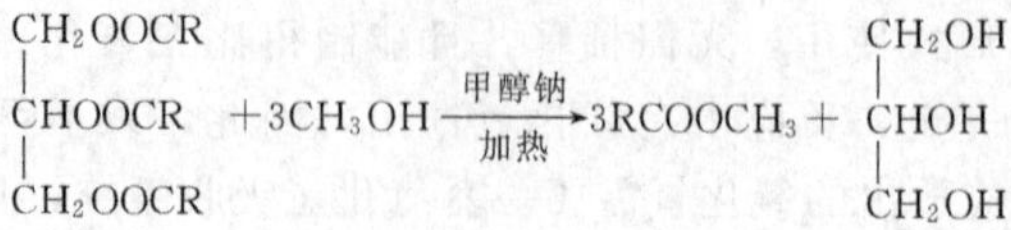

$$\begin{array}{c}CH_2OOCR\\|\\CHOOCR\\|\\CH_2OOCR\end{array} + 3CH_3OH \xrightarrow[\text{加热}]{\text{甲醇钠}} 3RCOOCH_3 + \begin{array}{c}CH_2OH\\|\\CHOH\\|\\CH_2OH\end{array}$$

影响酯交换反应的主要因素有原料油脂、催化剂、投料比以及反应温度等。原料油脂一般须经硫酸脱胶、白土脱色和碱炼除酸等精制处理，方能用于酯交换反应。酯交换反应的催化剂分酸碱两类，而碱性催化剂的反应温度较低，所以较为常见。目前通常是把甲醇钠粉末溶于甲醇中作为原料溶液，即配即用，以防止甲醇钠吸收空气中的水分和 CO_2，使催化效率降低。酯交换反应条件比较和缓，甲醇用量一般为理论量的 1.6 倍，温度控制在 80℃，反应进行较快，且甘油会从油醇层中分离出来，沉降在反应器底部。

② 甲酯磺酸盐的合成 经多年的脂肪酸甲酯磺化机理研究，推断脂肪酸甲酯按两种机理进行磺化：

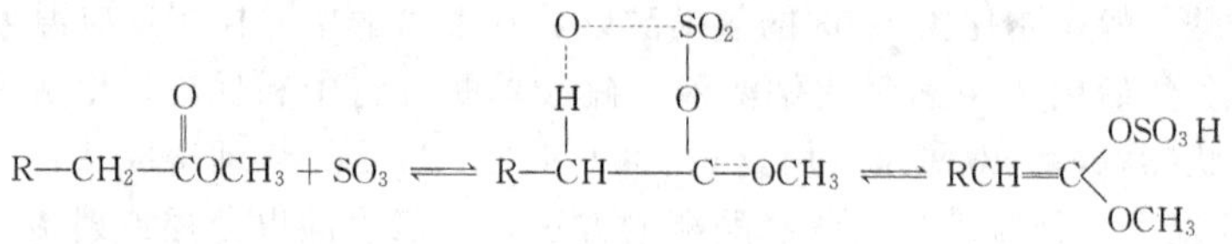

机理Ⅰ：（磺化反应示意图）

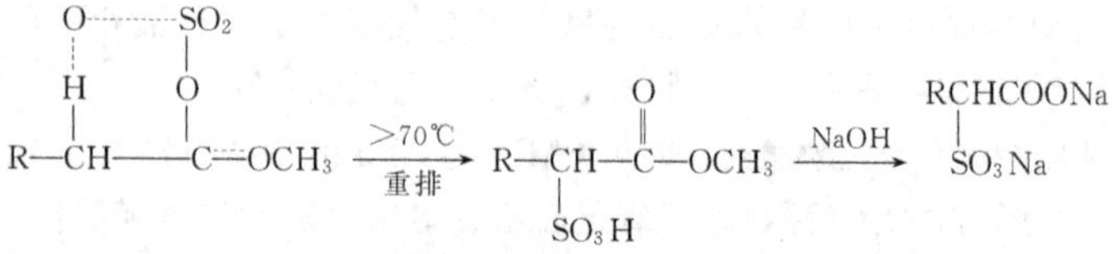

机理Ⅱ：（磺化反应示意图）

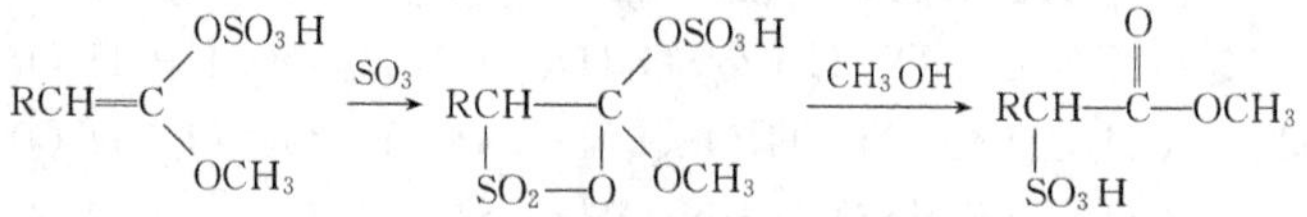

据此机理，要减少产品中二钠盐的含量有两个办法：一是提高反应温度使其大于 70℃，且 SO_3 与甲酯摩尔比稍大于 1，使反应按机理Ⅰ进行，这是目前采用的工艺条件；二是在较低温度下，提高 SO_3 与甲酯摩尔比，延长反应时间或用甲醇回流，使反应按机理Ⅱ进行。

目前，工业上磺化脂肪酸甲酯通常采用与生产 LAS 相同的降膜式反应器。生产实践表明，SO_3 与甲酯的摩尔比增加，二钠盐含量显著增加；在 SO_3 与甲酯的摩尔比一定时，在较低温度（40℃）下，二钠盐含量随温度提高而显著增加，当超过 40℃时，随着反应温度升高，二钠盐含量降低。因此，为降低体系中的二钠盐含量，SO_3 与甲酯的摩尔比愈低愈好，温度则愈高愈好。但摩尔比太低，磺化率就会太低，影响产品质量。当采用 Ballestra 多管膜式反应器时，SO_3 与甲酯的摩尔比为（1.2~1.25）:1，三氧化硫被稀释至 5%~7%；为保证 SO_3 的充分吸收，反应温度在 70~90℃为好。磺化后老化过程的最佳工艺是采用二级老化。第一级老化温度为 90℃，停留时间为 5min；第二级老化温度为 80℃，停留时间为 30~40min。

经老化后的磺化产物须经过漂白工序才能进行中和。漂白处理一般采用次氯酸钠和双氧水两步处理法：先用有效氯 12% 的次氯酸钠，按活性物 3%~5% 的用量处理；然后再用稀释后的过氧化氢作进一步处理，可得克莱特值低于100的产品。漂白效果也与温度有关，60～80℃能得到较佳的漂白效果。为减少产品水解，中和温度不宜超过45℃，中和pH值应保持在8.5以下，一般采用二次中和法。最终产品牛油甲酯磺酸盐浓度控制在35%～40%，椰子油甲酯磺酸盐浓度控制在50%～55%。

(5) 琥珀酸酯磺酸盐

① AESM 的合成分为酯化和磺化两步。其合成原理为：

$$C_{12}H_{25}O(CH_2CH_2O)_3H + \underset{\text{AEO-3}}{\begin{array}{c}O\\\|\\CH-C\\\diagdown\\O\\CH-C\\\|\\O\end{array}} \xrightarrow{\text{催化剂}} C_{12}H_{25}O(CH_2CH_2O)_3OCH_2CH=CHCOOH$$

$$C_{12}H_{25}O(CH_2CH_2O)_3OCH_2CH=CHCOOH + Na_2SO_3 \longrightarrow$$

$$\underset{\text{AESM}}{C_{12}H_{25}O(CH_2CH_2O)_3OCCH_2\underset{\underset{SO_3Na}{|}}{C}HCOONa}$$

在酯化反应中，易发生氧化副反应，必须添加特定酯化抗氧催化剂，常用乙酸钠、对甲苯磺酸钠等。AESM 合成的较佳工艺条件为：醚酐投料比为 1:1.05，酯化反应温度 70℃，酯化时间大于 6h；磺化反应温度 80℃，磺化时间大于 1h，酐盐投料比为 1:1.05，最终 AESM 收率≥98%。在合成过程中应注意：磺化剂亚硫酸钠应先制备成一定浓度的水溶液，加入速度要均匀并强力搅拌，以避免体系结成团块，影响磺化效果；酯化过程的加酐速度应控制适当，避免局部过热，基本保持体系温度恒定；AESM 定性分析可采用间苯二酚定性实验法，定量分析一般可用亚甲基蓝比色法。

② 二（2-乙基己基）琥珀酸酯磺酸钠的商品名称为快速渗透剂 OT，其合成与 AESM 相似，也分为两步。其反应原理为：

$$\begin{array}{c}O\\\|\\CH-C\\\diagdown\\O\\CH-C\\\|\\O\end{array} + 2HOCH_2\underset{\underset{C_4H_9}{|}}{C}HC_4H_9 \xrightarrow{\text{催化剂}} \begin{array}{c}CH-COOCH_2-CH-C_4H_9\\||\\C_2H_5\\CH-COOCH_2-CH-C_4H_9\\|\\C_2H_5\end{array} + H_2O$$

$$\begin{array}{c}CH-COOCH_2-CH-C_4H_9\\||\\C_2H_5\\CH-COOCH_2-CH-C_4H_9\\|\\C_2H_5\end{array} + NaHSO_3 \longrightarrow \begin{array}{c}CH-COOCH_2-CH-C_4H_9\\||\\C_2H_5\\CH-COOCH_2-CH-C_4H_9\\|\\SO_3NaC_2H_5\end{array}$$

为提高双酯收率，醇酐投料比为 (2.5～3):1，酯化反应催化剂一般选用对甲苯磺酸或浓硫酸，酯化温度 105～150℃，酯化时间 4～8h。通过对体系酸值的测定控制反应进程，待体系酸值降至最低点，即停止反应，把多余醇蒸出，并将催化剂中和。磺化反应中脱醇物与亚硫酸氢钠按摩尔比 1:1.05 投料，并加入一定量乙醇作为溶剂，在 110～120℃，0.1～0.2MPa 条件下反应 2h。乙醇加入量一般以控制产物总活性物含量在 70%～75%为宜。

(6) 十二烷基聚环氧乙烷醚磷酸酯钠盐　十二烷基聚环氧乙烷醚磷酸酯钠盐，又名月桂醇聚环氧乙烷醚磷酸钠，简称 AEPS。

AEPS 的合成方法目前有两种：五氧化二磷法和三氯氧磷法。

① 五氧化二磷法　以月桂醇聚环氧乙烷（3）醚为原料，合成 AEPS 的原理如下：

$$3C_{12}H_{25}O(CH_2CH_2O)_3H+P_2O_5 \longrightarrow C_{12}H_{25}O(CH_2CH_2O)_3\overset{\displaystyle O}{\underset{\displaystyle OH}{P}}OH + [C_{12}H_{25}O(CH_2CH_2O)_3]_2\overset{\displaystyle O}{P}-OH$$

从反应式可知，3mol AEO_3 与 1mol P_2O_5 反应得到 1mol 单酯和 1mol 双酯。实际上由于 P_2O_5 吸水和物料中带水，因此反应产物中单酯含量较多，双酯含量较少。一般情况下单酯：双酯＝(6:4)～(7:3)。

磷酸化反应具体操作为：先将 AEO_3 加入釜中（略高于上部搅拌），于 40℃ 左右加入 0.2%～0.3% 亚磷酸或次亚磷酸（配成 50% 水溶液），利用亚磷酸的还原性来防止 P_2O_5 的局部氧化，避免造成产品着色。然后逐批加入 P_2O_5，平均每 min 加入 1kg 左右，约在 1～2h 内全部加完。加入过程应保持环境干燥，避免吸收水分。P_2O_5 加完后，将反应物升温至 80～90℃，反应 4h。酯化完毕后，在反应产物中加入 0.1% 双氧水，将前面所加亚磷酸氧化，趁热用 100 目不锈钢筛网滤去产物中的杂质。反应过程自始至终，可由 pH 值电位滴定仪测定体系酸值，使之控制在一定范围内，以确保反应正常进行。

经过滤的反应产物可加入 8%～10% 的水，加热至 60～70℃，搅拌，水解 1～2h。水解使产品组成发生一些变化，一般单酯含量增加，双酯含量减少，无机磷酸含量稍有增加，这主要是聚合磷酸水解的结果。水解产物用 NaOH 溶液进行中和，按产品浓度 50% 计算加水量，碱液的加水量约占总加水量的三分之一，然后再补入其余的水量。所加水最好先加热至 40～50℃ 后使用，以防止最终产品出现分层现象。

② 三氯氧磷法　三氯氧磷法用于制取双烷基醚为主的 AEPS。其反应原理如下：

$$C_{12}H_{25}O(CH_2CH_2O)_3H+POCl_3 \longrightarrow \begin{cases} C_{12}H_{25}O(CH_2CH_2O)_3-\overset{\displaystyle O}{\underset{\displaystyle Cl}{P}}-Cl \\ C_{12}H_{25}O(CH_2CH_2O)_3-\overset{\displaystyle O}{\underset{\displaystyle Cl}{P}}-(OCH_2CH_2)_3OC_{12}H_{25} \\ C_{12}H_{25}O(CH_2CH_2O)_3-\overset{\displaystyle O}{\underset{\displaystyle C_{12}H_{25}O(H_2CH_2CO)_3}{P}}-(OCH_2CH_2)_3OC_{12}H_{25} \end{cases}$$

$$\xrightarrow{H_2O} \begin{cases} C_{12}H_{25}O(CH_2CH_2O)_3-\overset{\displaystyle O}{\underset{\displaystyle OH}{P}}-OH \\ C_{12}H_{25}O(CH_2CH_2O)_3-\overset{\displaystyle O}{\underset{\displaystyle OH}{P}}-(OCH_2CH_2)_3OC_{12}H_{25} \\ C_{12}H_{25}O(CH_2CH_2O)_3-\overset{\displaystyle O}{\underset{\displaystyle C_{12}H_{25}O(H_2CH_2CO)_3}{P}}-(OCH_2CH_2)_3OC_{12}H_{25} \end{cases}$$

产物组成由原料投料比而定。一般 AEO$_3$：POCl$_3$（摩尔比）=（2.0~3.0）:1，则产物中单酯占 10%~15%，双酯 30%~40%，三酯 30%~40%。

磷酸化的设备常为夹套搪瓷反应釜，搅拌速度 80~100r/min，并配有 HCl 吸收装置。反应时，先将物料投入反应釜，然后加入 0.2%~0.3%亚磷酸或次亚磷酸，慢慢滴加 POCl$_3$，温度不超过 38℃，约在 1.5~2.0h 加完。再逐步升温至 70~75℃并通入氮气（压力为 20~40kPa），使反应生成的氯化氢气体尽量排出。反应完成后往产物中加入水，加水量为体系量的 5%，使氯代磷酸酯水解成磷酸酯。

水解后的磷酸酯再加入 20%的温水（温度约 60~70℃），加热至 85~90℃，静置 2~3h，上层为产品，下层为稀盐酸。如果分层不好，可加入 2%~5%的 Na$_2$SO$_4$ 或 NaCl，最后用 50%NaOH 中和，过滤，得成品。

6.4.2 非离子表面活性剂

(1) 失水山梨醇脂肪酸酯　失水山梨醇脂肪酸酯的合成通常分为两步。首先将山梨醇脱水，生成山梨醇酐，然后经精制再与脂肪酸进行酯化反应。其反应原理如下：

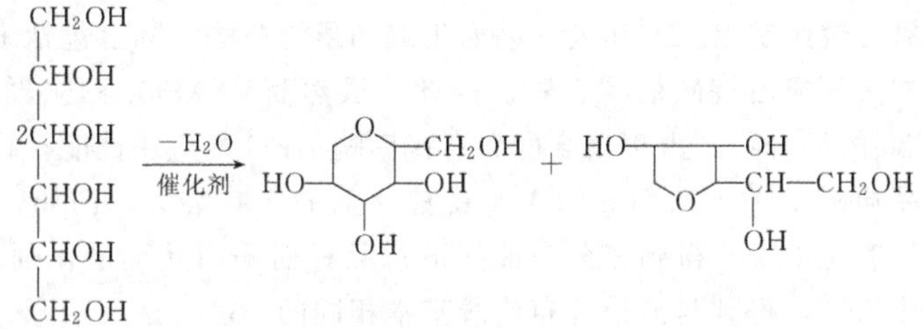

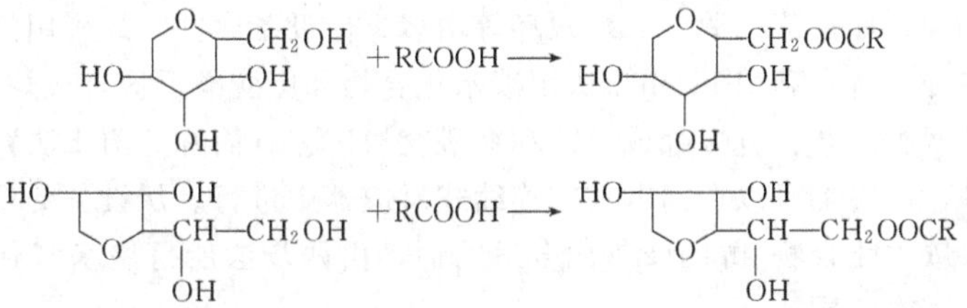

酯化反应产物以 1,4 和 1,5 环状物为主，其中 1,5 环状物稍多，一般情况下为多种异构体的混合物。

内醚键的形成是山梨醇的一个特性反应，醇的分子内失水是在热和酸的影响下发生的。在山梨醇脱水过程中，应严格控制反应温度和反应时间。脱水反应催化剂通常为硫酸，用量为原料投入量的 1%~5%，亦可用对甲苯磺酸等。反应温度一般控制在 140℃，反应时间仅需 0.5~1h。当反应时间过长时，山梨醇会继续脱水形成 1,4,3,6-二失水山梨醇或其他二醚异构体。当提高反应温度时，反应时间应相应缩短，以避免内醚化的加深。

失水山梨醇的酯化反应也是在催化剂存在下进行的。常用的催化剂分为两类：一类是硫酸或磷酸等酸性催化剂；另一类是脂肪酸钠、氧化铝或乙酸钠等碱性催化剂。催化剂用量一般为醇量的 0.05%左右。酯化温度一般为 180~285℃，经常选用的酯化温度为 225~250℃。

(2) 壬基酚聚环氧乙烷醚　壬基酚聚环氧乙烷醚的合成原理如下：

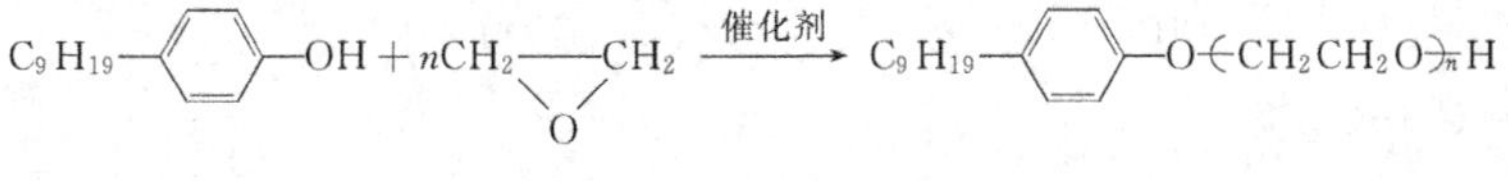

$$C_9H_{19}-\bigcirc-OH + nCH_2-CH_2 \xrightarrow{\text{催化剂}} C_9H_{19}-\bigcirc-O(CH_2CH_2O)_nH$$

与 AEO 的合成原理基本相同。由于反应起始剂壬基酚的酸性较脂肪醇高，以氢氧化钠为催化剂可得到较醇醚产品分布窄的酚醚产品。

壬基酚聚环氧乙烷醚的生产工艺也基本上与醇醚相同。中小型反应装置一般均采用单釜间歇法，而大型反应装置则多采用 Press 工艺法。自 20 世纪 80 年代末期，一种以独特设计的气液混合装置而获得更高反应安全性与更大生产能力的新型乙氧基化反应装置——Buss 回路反应器在法国开发成功，并迅速风靡世界，已成为聚环氧乙烷类非离子表面活性剂生产的最新技术。

(3) 脂肪醇聚环氧乙烯醚　以脂肪醇为原料生产脂肪醇聚环氧乙烷醚的合成原理如下：

$$ROH + nH_2C{-}CH_2 \xrightarrow{催化剂} R(CH_2CH_2O)_nOH$$

$R = C_{12} \sim C_{18}$ 烷基

由于反应过程中，伯醇的反应速度大于仲醇，而伯醇与环氧乙烷反应生成一加成物的速度接近于聚环氧乙烷醚链增长的速度，因而生成的最终产物实际上包括未反应原料醇在内的不同聚合度的聚环氧乙烷醚的混合物。因此，虽然商品 AEO_9 标明聚合度 $n=9$，实际上却是 $n=0\sim20$ 的混合物。由于聚合度 n 直接影响 AEO 的应用性能，控制 n 的分布曲线宽度是提高产品质量的关键。而 n 的大小受催化剂的影响甚大。例如，采用碱性催化剂，如甲醇钠、氢氧化钠等，得到宽分布曲线的产品；而采用酸性催化剂，如三氟化硼、四氯化锡、五氯化锑等，得到与泊松分布曲线基本相同的产品，达到了窄分布的要求，但因它同时使副产物，如聚乙二醇、二氧六环等增多，使设备腐蚀，故采用的并不多。

(4) 烷基多苷　所有利用 Fischer 法用碳水化合物和脂肪醇反应合成烷基多苷的工艺，基本上可以分成两类工艺：直接合成工艺和缩醛交换工艺（简称"两步法"）。无论这两种工艺中的哪一种，反应都可以在间歇式或连续式反应器中进行。从设备的观点看，直接法比较简单。如果碳水化合物/醇的摩尔比合适的话，由两步法所得烷基多苷的低聚物分布与直接法所得的基本相同。

① 两步法　两步法的原理：首先利用低碳醇如乙二醇、丙二醇或丁醇与淀粉或其水解产物——葡萄糖在硫酸、对甲苯磺酸或磺基琥珀酸等酸性催化剂存在下反应生成低碳糖苷如丁苷，再与 $C_8 \sim C_{18}$ 脂肪醇发生缩醛交换反应，生成长链烷基多苷和低碳醇，低碳醇可再回用。

a. 丁苷化反应

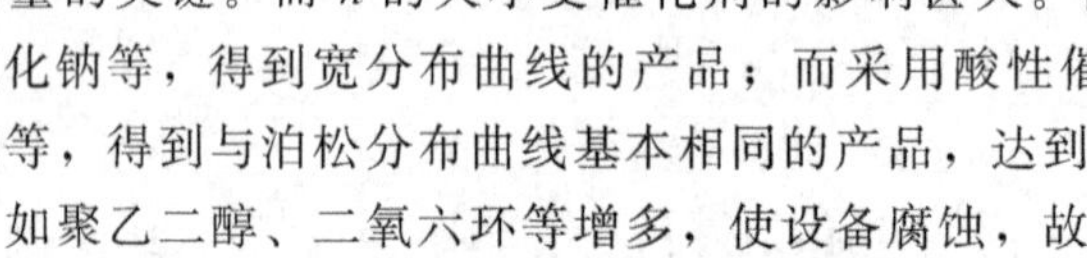

$$\text{糖} + C_4H_9OH \xrightarrow[-H_2O]{[H^+]} \text{糖}{-}OC_4H_9$$

b. 缩醛交换反应

$$\text{糖}{-}OC_4H_9 + ROH \xrightarrow{[H^+]} \text{糖}{-}OR + C_4H_9OH$$

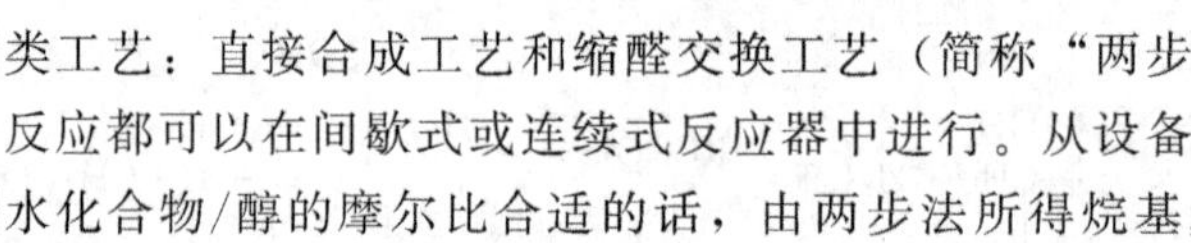

式中 $R = C_8 \sim C_{18}$ 烷基

② 直接法　直接法合成烷基多苷的原理：长链脂肪醇在酸性催化剂存在下直接与葡萄糖反应，生成烷基多苷和水，利用真空和氮气尽快地除去反应中的生成水。

$$\text{HO}\underset{\text{OH}}{\overset{\text{OH}}{\text{—}}}\text{OH} + \text{ROH} \xrightarrow[-\text{H}_2\text{O}]{[\text{H}^+]} \text{HO}\underset{\text{OH}}{\overset{\text{OH}}{\text{—}}}\text{OR}$$

式中 R＝C_8～C_{16}烷基

由于脂肪醇与糖的极性差异较大，葡萄糖在脂肪醇中的溶解度较小。因此，催化剂的选择和工艺控制甚为重要。在改进了的直接合成法中，高降解的糖浆（DE＞96，DE＝葡萄糖当量）也可用于反应，但需使用第二种溶剂或乳化剂（如烷基多苷）以使脂肪醇和糖浆相互形成稳定的、细小液滴分散体。

6.5　接触角

6.5.1　接触角的测定和滞后

(1) 接触角的测定　测定接触角的方法有多种，可按其直接测定的物理量将其分为三类，即角度、长度和重量测量法。

① 角度测量法　利用接触角测定仪进行显微量角法来测定接触角。此法主要是利用低倍显微镜观察液面，借助安装在显微镜镜筒内的叉丝和量角器直接测量，也可以摄影，将照片放大后再作三相交界处液面的切线，测量其角度。

a. 静态法　直接利用目镜镜筒中的叉丝作静止液滴的影像三相交界处液面的切线后，用量角器直接读出角度，见图 6-11。

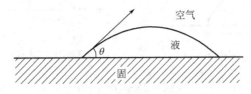

图 6-11　静止液滴的接触角（θ）

b. 斜板法测定接触角　斜板法的原理：当板插入液体后，只有当板面与液面的夹角与接触角相等时［图 6-12(b)］液面才不会弯曲而是一直平伸至三相交界处。

操作步骤：第一步，按液滴法所述找好工件台的水平；第二步，将板挂在板架上然后固定在主机支架上；第三步，把液槽放在工作台上，缓慢注入液体，使之膨胀起来而不外溢为好。然后转动支架垂直旋钮，将带有板材的架子向下缓慢旋入液体中。转动支架横向旋钮，使其处于主机旋转中心，并从显微镜中观察和测定接触角，如图 6-12 所示。

c. 光反射法　利用一个点光源照射到小液滴上，在光源处观察液滴的反射光。只有在入射光与液面垂直时，在光源处才能看到反射光。以液滴为中心，使光源做向上的圆周运动，只有在光源对固体平面的入射角等于接触角时，才会看见反射光。入射角小于此值时，从光源处观察液滴呈现黑暗；增大入射角，直至突现明亮，此时的入射角即为液滴在固体上的接触角（图 6-13）。这个方法避免了作切线的困难，有较好的测量精度，但只能测小于 90°的接触角，而且必须在暗室中观察。

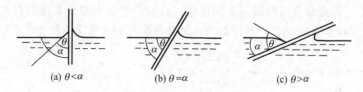

图 6-12　斜板法测定接触角（α 为板与液面的夹角，θ 为接触角）

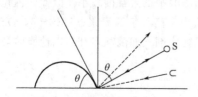

图 6-13　光反射法测接触角（S 为光源）

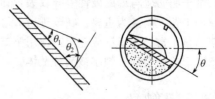

图 6-14　前进角和后退角的测定
θ_1—后退角；θ_2—前进角；θ—接触角

d. 动态法测前进角和后退角　启动正转开关，当液滴在试样上将要流动时，按下停止按钮，照相。然后在照片上连续作图（见图 6-14），求出前进角、后退角。

② 长度测量法　为避免作切线的困难，发展了通过长度测量再计算出接触角的间接方法。具体做法又有多种。

a. 在一光滑均匀的水平固体表面上放一小液滴，测量其高度 h 与底宽 $2r$（图 6-15）。

图 6-15　液滴外形

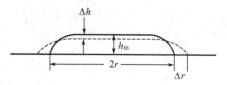

图 6-16　液滴有最大高度时的外形

根据
$$\sin\theta = 2hr/(h^2+r^2) \tag{6-11}$$
或
$$\tan(\theta/2) = h/r \tag{6-12}$$

计算出 θ。此法的前提是液滴为球形的一部分。因此只有在液滴很小（一般体积为 10^{-4} mL）、重力作用可以忽略不计时，才能适用。

b. 液滴滴于水平的固体表面，若不铺展则形成一液滴。不断增加液量，液滴的高度就增加，直至一最大值，再加入液体则只增大液滴直径而不会增加高度。液滴最大高度与铺展系数之间有一定的关系。图 6-16 示出液滴有最大高度时的外形。

设平衡时此液滴的半径为 r，设此液滴与固体表面交界的圆半径稍扩大了 Δr，则液滴高度下降 Δh。由于固/液界面扩大了 $2\pi r\Delta r$，故体系的表面自由能增加了 $2\pi r\Delta r(\gamma_{SL}+\gamma_{LG}-\gamma_{SG})$；由于滴高下降，液滴的位能降低了 $\frac{1}{2}\rho g V\Delta h$（$\rho$ 及 V 分别为液体的密度和体积）。此二者能量变化应相等，即

$$2\pi r\Delta r(\gamma_{SL}+\gamma_{LG}-\gamma_{SG}) = \frac{1}{2}\rho g V\Delta h$$

若假设液滴在固体表面上的形状是圆柱体（即忽略边缘效应，在 $r \gg h_m$ 的情形是合理的），于是在变化时有 $2\pi r \Delta r h_m = \pi r^2 \Delta h$ 的关系。将此关系代入上式，即得

$$\gamma_{SL} + \gamma_{LG} - \gamma_{SG} = \frac{1}{2}\rho g h_m^2$$

亦即

$$\gamma_{SG} - \gamma_{SL} - \gamma_{LG} = S = -\frac{1}{2}\rho g h_m^2 \tag{6-13}$$

利用此关系，即可在实验中方便地测得铺展系数（但仅限于接触角>0 的情况）。

根据式(6-11)及式(6-13)，即得下列关系：

$$1 - \cos\theta = \rho g h_m^2 / 2\gamma_{LG}$$
$$\cos\theta = 1 - \rho g h_m^2 / 2\gamma_{LG} \tag{6-14}$$

式中，γ_{LG} 为液体的表面张力；h_m 为最大液滴高；g 为重力加速度常数。故在已知 γ_{LG} 的前提下，测出 h_m 即可计算出 θ 值。但需注意，此式只在液滴半径比 h_m 大很多，并达到平衡后才能应用。

c. 若将一表面光滑均匀的固体薄片垂直插入液体中，液体沿薄片上升的高度 h 与接触角 θ 之间有如下关系（见图 6-17）：

$$\sin\theta = 1 - \rho g h^2 / 2\gamma_{LG}$$

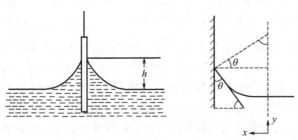

图 6-17　吊片插入液体中的侧影和液体与固体表面接触情况

在已知 ρ 及 γ_{LG} 的条件下，只要测定出 h 值就可算出 θ 值。

③ 重量测量法　利用吊片法测液体表面张力的方法也可测出液体对固体（吊片）的接触角。作为测定表面张力的方法，要求吊片能被液体很好润湿，以保证 $\theta=0$，$\cos\theta=1$。而为了测定接触角，则把试样固体做成吊片，插入待测液中，这时作用于固体吊片的液体表面张力（总力）为：

$$f = \gamma_{LG} \cos\theta \cdot P$$

式中，f 为吊片所受之力；P 为吊片周长；γ_{LG} 为液体表面张力。在已知 γ_{LG} 及 P 的情况下，应用适当装置测出吊片所受力 f，即可算出 θ。自前面讨论可知，$\gamma_{LG}\cos\theta$ 即黏附张力。故可得：

$$A = f/P$$

由此式可直接测出黏附张力，应用此法的测量装置一般叫做润湿天平。

以上介绍了一些常用的测定接触角的方法。方法并不复杂，但在实验中却常常难于得到准确一致的结果。曾有许多人测定过水在金上的接触角，结果分布在 0 到 86°的大范围

内，相差很大，以致关于水对金的润湿性众说纷纭。问题不在测量技术的准确性，主要是由于接触角这个量受到许多不易控制因素的影响。

(2) 接触角滞后

① 接触角滞后现象　若固体的表面是理想光滑、均匀、平坦且无形变的，在这种情况下产生的接触角就是平衡接触角 θ_e，也称为杨氏角 θ_y。它取决于相互接触的三相的化学组成、温度和压力，且与形成三相接触线的方式有关。此时无论是在液-固界面取代气-固界面还是气-固界面取代液-固界面后，所形成的接触角 θ_0 均是相等的（见图 6-18）。我们把由固-液界面的前沿扩展而成的接触角称为前进接触角，记为 θ_a。由固液界面前沿收缩而成的接触角称为后退接触角，记为 θ_r。

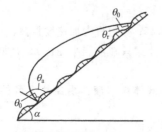 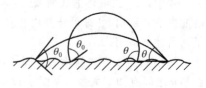

图 6-18　在倾斜粗糙表面上液滴的接触角滞后
（注意在液滴的前端和后部微观局部的接触角都相等）

图 6-19　在粗糙表面上的液滴的两种亚稳构型

许多实际表面都是粗糙的或是不均匀的。静置在这种表面上的液滴可以处于稳定平衡态（最低能量态），也可处于亚稳平衡态（即被能垒从其相邻态中隔离出来的能谷）。因为体系常处于亚稳态，显示出的是亚稳接触角（图 6-19）。在这种情况下前进角与后退角不相等，这一现象称为滞后。差值 $\theta_a - \theta_r$ 是滞后程度的度量。考虑一个在水平平面上具有稳定接触角的液滴，若表面是理想光滑和均匀的，往这液滴上加少量液体，则液滴周界的前沿向前拓展，但仍保持原来的接触角。从液滴中抽去少量液体，则液滴的周界前沿向后收缩，且仍维持原来的接触角，如图 6-20 所示。反之，若表面是粗糙的或不均匀的，向液滴加入一点液体只会使液滴变高，周界不动，从而使接触角变大。若加入足够多的液体，液滴的周界会突然向前蠕动。此突然运动刚要发生时的角度称为最大前进角，如图 6-21 所示。取走液体将使液滴在周界不移动的情况下变得更平坦，这时接触角变小。若抽走足够多的液体，液滴周界前沿会突然收缩。此突然收缩刚要发生时的角度称为最小后退角。接触角滞后产生的原因是液滴的前沿存在着能垒。

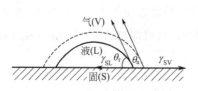 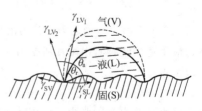

图 6-20　光滑均匀固体表面上的
前进角 θ_a 和后退角 θ_r

图 6-21　粗糙固体表面上的
前进角 θ_a 和后退角 θ_r

由图 6-20 可见，在光滑、均匀固体表面的前进角 θ_a 和后退角 θ_r 相等，而从图 6-21 所见粗糙的固体表面的前进角 θ_a 大于后退角 θ_r。

② 影响接触角滞后的因素

a. 表面粗糙　粗糙的固体表面上存在着许多相隔很近的亚稳态，这是引起接触角滞后的重要原因。

固体的表面被粗化后，其表面积必定扩大。我们把真正的表面积 A（考虑表面上的峰和谷）与表观表面积 A' 之比被定义为粗糙因子，$\phi=A/A'$。

由杨氏方程：$\qquad\qquad\qquad \gamma_{SV}-\gamma_{SL}=\gamma_{LV}\cos\theta_0$

表面粗化后上式变为：$\qquad\quad \phi(\gamma_{SV}-\gamma_{SL})=\gamma_{LV}\cos\theta_w$

可得到 Wenzel 方程：$\qquad\qquad\quad \cos\theta_0=\phi\cos\theta_w$

式中，θ_w 为粗糙表面上的平衡接触角 Wenzl 角；θ_0 为光滑表面上的杨氏接触角。

由 Wenzel 方程可知

$$\phi=\frac{\cos\theta_w}{\cos\theta_0}>1$$

这意味着在粗糙的表面上，平衡接触角的余弦函数绝对值，总是比其光滑表面上的大。

当 $0\leqslant\theta_0<90°$ 时，在粗化后，只有当 $\theta_w<\theta_0$ 时才能满足 $\phi>1$，即固体表面粗化后接触角减少，这意味着对于润湿性好的体系在粗化后体系的润湿性会更好。多数低分子量有机液体与磨光的干净表面的接触角都小于 90°，因此表面粗化后更利于这些液体的展开。当 $90°<\theta_0<180°$ 时，在粗化后，只有当 $\theta_w>\theta_0$ 时才能满足 $\phi>1$，即固体表面粗化后接触角增大，这意味着润湿性差的体系在粗化后体系的润湿性会变差。例如，水对光滑石蜡表面的接触角为 105°～110°，表面粗糙化的结果使 θ_w 大于 110°，甚至可以使 θ_w 达到 140°。这一性质可用在制造防水材料中，提高表面粗糙度可以得到更好的防水效果。

b. 表面不均匀性　表面组成的不均匀性，也能产生接触角滞后现象。因为在接触角区域的交界处存在着能垒，在不均匀的表面上，前进角往往反映表面能较低的区域的润湿性；后退角往往反映表面能较高区域的润湿性。在以低能表面为主的不均匀表面上前进角的再现性好；以高能表面为主的不均匀表面上后退角的再现性好。往高能表面上掺入少量低能杂质，将使前进角明显增大而对后退角影响不大。反之，往低能表面上掺入少量高能杂质，会使后退角大幅度减小，而前进角变化不大。

粗糙性和不均匀性都能造成接触角滞后，粗糙度低于 0.5～0.1 μm 时，滞后作用可以忽略。在不均匀表面上，最大滞后 $\theta_a-\theta_r$，可达 110°。对于光滑的表面，接触角滞后一般小于 10°。因此在光学光滑的表面上，表面的不均匀性是引起接触角滞后的主要原因。

c. 表面吸附　由于固-液、固-气、液-气三个界面都可能发生吸附而被污染。从润湿方程来看，被污染后的界面必改变三相交界处的平衡关系，使接触角改变。例如，水可以在清洁的玻璃表面上铺展，却不能在被污染后的玻璃表面上铺展。在不同的气相条件下，测定水在金上的接触角，气相为水蒸气时 θ_a 为 7°±1°，θ_r 为 0，当气相为水蒸气和苯蒸气时 θ_a 为 84°±2°，θ_r 为 82°。也就是说气相条件不同，水在金上的接触角可在 0～86° 变化。

6.5.2 润湿（渗透）性测定方法

评定表面活性剂的润湿性能常用以下两种方法。

① 润湿效率 在恒温、固定时间内，达到一定润湿能力所需表面活性剂的最低浓度。

② 润湿时间 在恒温下，固定浓度时，液体润湿固体表面所需的时间。

最常用的测量方法有以下四种。

（1）接触角法 从润湿原理中所述的公式可见，由接触角的大小可了解润湿与否和润湿程度。

如前所述接触角的测定方法有多种，按其直接测定的物理量将其分为三类：即角度、长度、重量测量法。角度测量法是应用最广的一类方法。其原则是观测液滴或气泡的外形，并在三相交界处作切线，再用量角器直接量出接触角。

为便于观察和作切线，可投影于放大屏或摄影放大，或用低倍显微镜直接观察，用量角器（置于显微镜目镜内，使量角器指针随目镜转动）量出接触角（图 6-22、图 6-23）。

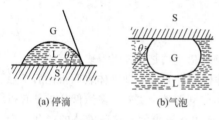

图 6-22 液滴与气泡在固体上的外形

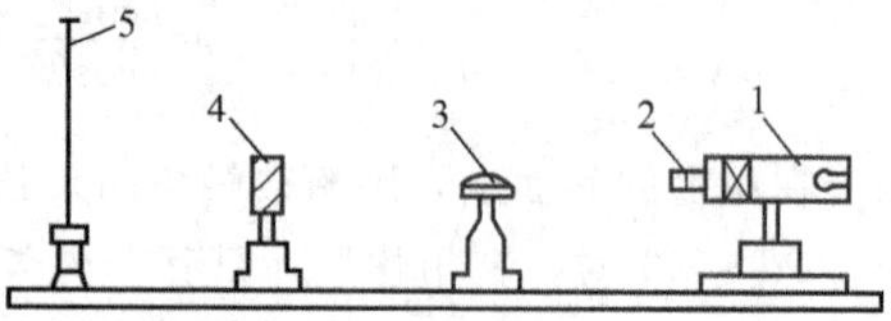

图 6-23 接触角测量装置示意图
1—平行光源；2—镜头；3—被测物台；4—放大镜；5—放大屏

各种测量玻片需用洗涤剂、乙醇和蒸馏水清洗，再放入烘箱中待用，以保证玻片表面清洁。将试验片放在被测物台上，用毛细管将试液滴在试验片表面，调整距离，使放大屏上三相交界清晰，然后在放大屏或相片上作切线，直接量出接触角 θ。为减少重力效应和滴液大小所带来的误差，尽可能使液滴少些。

由于纺织品表面不平且不均匀，或存在表面污染，以及样品制备不当，测定技术不佳，均会给 θ 角的测量带来误差。所以对于纤维的润湿程度用测定接触角来判别比较困难。

（2）纱线沉降法（draves 法）和帆布沉降法（canvas 法） 通常用测定润湿时间来衡量润湿程度，一般采用纱线沉降法和帆布沉降法。由于沉降法快速、简便易行，故在实践中获得广泛应用。

① 帆布沉降法 将规定重量的帆布放入一定浓度的助剂溶液中，帆布被溶液润湿增重而下沉，记下它们从接触溶液到沉降所需的时间。助剂溶液对试样的润湿性越好，沉降时间越短。

a. 仪器及材料 测试图见图 6-24。

取 27.77tex（21 支）3 股 ×27.77tex（21 支）4 股鞋面帆布，剪成直径 35mm 的圆片，重量为 0.38～

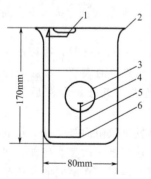

图 6-24 润湿性测试图
1—铁丝架；2—烧杯；3—帆布片；4—鱼钩；5—丝线；6—铁丝架小钩

0.39g；鱼钩（420 号）：每个重量约为 24mg，亦可用同重量的细钢针制成鱼钩状使用；铁丝架：用直径 2mm 的镀锌铁丝弯制；800mL 高型烧杯：高 170mm，内径 80mm，盛有 500mL 溶液时液面高 105mm。

b. 试液制备　用助剂的 0.1％溶液，或根据工作条件配制一定浓度的溶液 500mL。

c. 操作　调节试液温度为（20±1）℃（或其他指定温度）。将鱼钩尖端钩入帆布试片距边约 2～3mm 处，鱼钩的另一端缚以锦纶线，线端打一小圈，套入铁丝架底的小圆钩上。用镊子轻轻夹住帆布试片，随铁丝架进入液面，达烧杯底中心处（铁丝架搁在烧杯边上），开启秒表。开始试片浮于试液中，其顶点应在液面下 10～20mm 处，随着试液进入纤维间隙，其中的气泡被赶出。当试片和鱼钩的总表观密度超过试液密度时，试片即开始下沉。当试片降至烧杯底部时，按停秒表，记下沉降时间。以同样的条件连续做 3 次，取平均值。

为了解助剂在精练液中润湿性的变化，以及在不同温度、浓度及 pH 值等条件下的润湿性，也可以在给定条件下试验。

② 纱线沉降法　取一定重量的棉绞纱，下面挂以悬钩和铅锤，放入盛有润湿剂水溶液的高型量筒中，同时开启秒表。纱线被润湿增重后开始松弛下沉，当线上的悬钩沉到筒底部时，按停秒表，所需时间称为沉降时间。

a. 仪器和材料　弯钩及铅锤如图 6-25 所示。弯钩的重量一般用 3.0g，低浓度时用 6.0g 或 9.0g，高浓度时可用 0.5g 或 1.5g 弯钩。500mL 量筒，未煮练的棉绞纱。

b. 试液制备　取 50.0g 助剂，加入约 250mL 热蒸馏水使之完全溶解，然后用冷蒸馏水在容量瓶中稀释至 1L，作为贮备液；用移液管分别取贮备液 5mL、7mL、10mL、15mL、25mL、35mL、50mL、75mL、100mL，用水稀释 1L，其浓度分别为 0.25g/L、0.35g/L、0.50g/L、0.75g/L、1.25g/L、1.75g/L、2.50g/L、3.75g/L、5.00g/L；也可按照染整工艺要求配制一定浓度的助剂溶液，或直接用染整处理液（如精练液）进行试验。

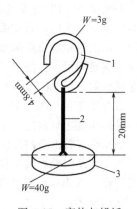

图 6-25　弯钩与铅锤
1—铜钩；2—尼龙线；3—铅锤

c. 操作　将 500mL 试液小心倒入量筒中，静置一会，除去泡沫；将绞纱剪成约 46cm 长（18 英寸），称取 5g（准确至 0.01g），对折起来，挂上带重锤的钩子。注意使纱束尽可能紧密。将纱束连同钩子和重锤一起垂直放入试液中，同时开启秒表，此时纱线浮于水中，纱束直立，悬钩下的尼龙线呈绷紧状态。纱线被润湿增重后开始下沉（见图 6-26），当悬钩刚好触及量筒底部（或触及铅锤）时，按停秒表，记下沉降时间。至少测定四次，取平均值。将实验结果记入表 6-1 中。

表 6-1　纱线沉降法测试记录表

助剂名称及浓度	温度/℃							
	25		50		70		90	
沉降时间/s								
平均值/s								

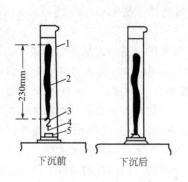
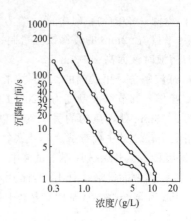

图 6-26 绞纱下沉前后的情况　　　　图 6-27 浓度-沉降时间图
1—500mL 量筒；2—绞纱；3—弯钩；
4—尼龙线；5—铅锤

d. 说明　以浓度为横坐标，以沉降时间为纵坐标作图，对大多数润湿剂可得一直线（如图 6-27）。

若两个产品用 3g 重的弯钩测试时，其斜率相同，换以其他重量的钩子时斜率也相同。用其他试验方法时，只要采用棉材料，所得直线的斜率也与本法接近。因此，作图的方法不仅可以直观地看出助剂浓度与沉降时间的关系，从而可以找到精练加工或其他染整加工工序中满足润湿条件的浸渍时间，也可以根据曲线对不同的助剂加以比较。根据生产实践的总结证明，用 3g 弯钩时沉降时间为 25s 的润湿剂浓度是最适宜的浓度。

选择 25℃、50℃、70℃、90℃，基本已包括了助剂实际的使用温度范围，也可根据实际使用温度进行测定。不同 pH 值下也是如此。试验时，要使纱线全部没入液面以下。

（3）毛细管上升高度法　在一般情况下，润湿剂能同时降低液体表面张力和液-固界面张力，即使降低程度不同，也能使接触角减小。这样，毛细管上升高度也相应提高，而润湿性能得到改善。所以可以通过测定毛细管上升高度来检测润湿程度。

如前所述：

$$\Delta P = 2\gamma_{LA}\cos\theta/R$$
$$\Delta P = h \times d$$
$$h \times d = 2\gamma_{LA}\cos\theta/R$$

故

$$\cos\theta = \frac{h \times d \times R}{2\gamma_{LA}} = \frac{h \times \rho g \times R}{2\gamma_{LA}}$$

式中，h 为毛细管中液体上升高度；d 为液体高度；ρ 为液体密度；R 为毛细管半径；g 为重力加速度。

若已知了 γ_{LA}，就可以算出接触角 θ。

参考文献

[1] 罗巨涛. 染整助剂及其应用 [M]. 北京：中国纺织出版社，2000.

[2] 徐燕莉. 表面活性剂的功能 [M]. 北京：化学工业出版社，2000.
[3] 林巧云，葛虹. 表面活性剂基础及应用 [M]. 北京：中国石化出版社，1996.
[4] 李宗石，刘平芹，徐明新. 表面活性剂合成与工艺 [M]. 北京：中国轻工业出版社，1995.
[5] 赵国玺. 表面活性剂物理化学 [M]. 北京：北京大学出版社，1991.
[6] Arved Datyner, Marcel Dekker. 表面活性剂在纺织染加工中的应用 [M]. 施予长译. 北京：纺织工业出版社，1988.
[7] 程靖环，陶绮雯. 染整助剂 [M]. 北京：纺织工业出版社，1985.
[8] 陆宁宁. 磷酸酯渗透剂 R 的制备与性能 [J]. 印染助剂，1999，16（6）：23-24.
[9] 徐力平，万方. 黏胶纤维后处理专用渗透剂的研制 [J]. 纺织科学研究，1998，1（1）：21-28.
[10] 王伟，张树军. 仲辛醇硫酸酯钠盐合成与性能 [J]. 齐齐哈尔轻工学院学报，1994，10（4）：41-45.
[11] 艾强，李年康，钱浩良，谈小仙. 高效耐碱渗透剂 CHS 的性能与应用 [J]. 印染助剂，2001，18（4）：32-33.
[12] 薛启明. 高效低泡渗透剂 FP-46 的研制及应用 [J]. 印染助剂，1991，8（1）：21-24.
[13] 王宜田，王新玲. 渗透剂 SP-2 的性能与应用 [J]. 印染助剂，1995，12（2）：28-30.
[14] 成巧云，蒋兴坤. 高效低泡匀染渗透剂 XP-1 的合成、性能与应用 [J]. 印染助剂，1993，10（3）：12-19.
[15] 黄茂福. 染整前处理助剂综述 [J]. 印染助剂，1990，7（4）：17-20.
[16] 刘程. 表面活性剂应用手册 [M]. 北京：化学工业出版社．1992.
[17] 陈荣. 表面活性剂化学与应用 [M]. 北京：纺织工业出版社．1992.
[18] 陈胜慧. 九种常用表面活性剂渗透性能研究 [J]. 武汉科技学院学报，1997，10（3）：74-79.

第7章 起泡剂、稳泡剂、消泡剂

7.1 概述

广义而言，由液体薄膜或固体薄膜隔离开的气泡聚集体称为泡沫，是气体分散在液体或固体中的分散体系，即液体泡沫和固体泡沫。人们通常所说的泡沫多指液体泡沫，也是本节讨论的内容。

在液体泡沫中，液体薄膜（液体和气体的界面）起着重要作用，仅有一个界面的叫气泡，具有多个界面的气泡的聚集体则叫泡沫。

泡沫是一种有大量气泡分散在液体连续相中的分散体系。泡沫类似于乳状液和悬浮液，所不同的是分散相为气体，而不是不相混合的液体或微细的固体颗粒。

7.1.1 泡沫的产生

绝对纯净的液体不会产生泡沫，例如纯水，只有加入表面活性剂等物质，才能形成泡沫，其他纯液体如乙醇、苯等也不能形成泡沫。在绝对纯的液体的液面以下形成的气泡，当它们相互接触或从液体中逸出时，就立即破裂，同时液体也从泡沫中流出。能形成稳定泡沫的液体，至少必须有两个以上组分。表面活性剂水溶液是典型的易产生泡沫的体系。蛋白质以及其他一些水溶液高分子溶液也容易产生稳定持久的泡沫。起泡液体不仅限于水溶液，非水溶液也常产生稳定的泡沫。

若液体中存在表面活性剂，由于气泡表面能吸附表面活性剂分子，当这些定向排列于气泡表面的分子达到一定浓度时气泡壁就形成一层坚固的薄膜。表面活性剂分子吸附在气-液界面上形成液膜，使表面张力下降，从而增加了气-液接触面，这样，气泡就不易合并。空气泡的密度比水小得多，要浮到液体的表面上来，当上升的气泡透过液面时，又把液面上的上层表面活性剂分子吸附上去。因此，暴露在空气中的吸附表面活性剂的气泡膜同溶液里的气泡膜不一样，它包有两层表面活性剂分子，被吸附的表面活性剂对液膜具有保护作用，第二层表面活性剂分子的疏水基都朝向空气，见图7-1。

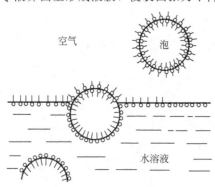

图7-1 形成泡沫示意图

7.1.2 泡沫在纺织染整加工中的作用

泡沫的产生，有时是有利的，有时则是不利的。根据不同的需要，有时需强化起泡，有时则需减弱或消除泡沫。

泡沫被用于纺织染整加工是20世纪80年代初的一种新工艺，即所谓泡沫整理。就是将浓的化学品水溶液或分散液制成泡沫（用发泡器发泡），然后，将泡沫用泵输送到施加器，用泡沫施加器将泡沫均匀地施加到织物表面。然后用轧辊使织物表面上的泡沫层破裂，以便将整理剂分布在织物中。在所开发的所有低给液方法中，泡沫整理用途最广。它已用于织物的整理、染色、印花和前处理等工程。泡沫整理较之常规整理有许多优点，从经济、技术和能源的角度来看，用泡沫法的结果都是非常有利的。

相反，在纺织品加工过程中，要接触各种染料和助剂。这些助剂，特别是洗涤剂、渗透剂、乳化剂和匀染剂等表面活性剂，在受到机械振动后，容易产生泡沫。泡沫是空气在水中或某些液体中的分散体，在织物加工时，会使液体与织物的接触面降低，产生加工不匀现象，严重影响生产和产品质量。

7.2 起泡剂、稳泡剂

若将丁醇水溶液和皂角苷稀溶液分别置于试管中，加以摇动，发现前者形成大量泡沫，后者形成少量泡沫，但丁醇水溶液中的泡沫很快消失，而皂角苷水溶液中的泡沫则不易消失。由丁醇水溶液形成的寿命短的泡沫，称为不稳定泡沫，而由皂角苷水溶液形成的寿命长的泡沫称为稳定泡沫。

起泡性能即起泡力的大小是以在一定条件下，摇动或搅拌时产生泡沫的多少来评定的。起泡力好的物质称为起泡剂。起泡剂（通常为表面活性剂）只是在一定的条件下（搅拌、吹气等）具有良好的起泡能力，但形成的泡沫却不一定能持久。肥皂、洗衣粉、烷基苯磺酸钠等都是良好的起泡剂。但肥皂，洗衣粉形成的泡沫稳定性好，而烷基苯磺酸钠形成的泡沫稳定性不好。因此，起泡性好的物质不一定稳泡性好。能使形成的泡沫稳定性好的物质叫稳泡剂，如月桂酰二乙醇胺等。起泡剂和稳泡剂有时是一致的，有时则不一致。

7.2.1 泡沫稳定机理

泡沫是热力学上的不稳定体系，作为气体分散在液体中的体系，它具有比空气和液体的自由能之和还要高的自由能，所以泡沫会自发破裂，最终结果是减少该体系的总自由能。所谓稳定性泡沫，实质上仍然是具有高表面能的热力学上的不稳定状态。泡沫的稳定性是指泡沫保持其中所含液体及维持其自身存在的能力，就是指泡沫"寿命"的长短。

一般来说，当表面张力低，膜的强度高时，不论是稳定泡沫还是不稳定泡沫，起泡力都较好。图7-2是在丁醇水溶液中以一定速度通入空气所形成的泡沫高度与浓度的关系曲线。

从图中可看出，丁醇的浓度为零或饱和时起泡不良，而在此浓度区间内起泡良好，但为不稳定泡沫。从图中看不出表面张力与起泡力有某种确定的关系。形成泡沫时液体的表面积增大，所以表面张力小，有利于起泡。这仅是从泡沫形成与表面张力的平衡角度来考虑问题的。表观上看，泡沫是静止平衡的，但事实上并非如此，构成泡沫膜壁的液体在不停地流动、蒸发、收缩着，处于非平衡状态。所以这里平衡状态的表面张力意义不大，必须知道表面张力随时间的变化。表面活性剂分子膜由于能阻碍膜上液体流动，使排液过程难以发生，从而使泡沫稳定。在液体中加入蛋白质或阿拉伯胶时，泡沫膜具有较大的黏

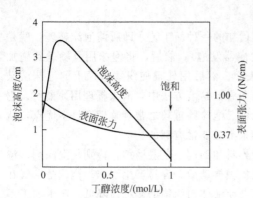

图 7-2　丁醇水溶液浓度与泡沫高度的关系

度，也能防止排液过程。液体黏度越大，泡沫寿命越长。制造肥皂时加入少量阿拉伯胶或羧甲基纤维素钠，是利用凝胶膜来保护泡沫而达到稳定泡沫目的的。

溶液的黏度对泡沫稳定在两方面起作用：一方面是增加泡沫液膜的强度；另一方面是由于表面黏度大，膜液体不易流动排出，延缓了液膜破坏，增强了泡沫的稳定性。

此外，当泡沫的液膜受到冲击时，会发生局部变薄的现象。与此同时，变薄之处的液膜表面积增大，表面吸附分子的密度较前减少。这就引起表面积增大处局部表面张力的增加，即由原来的 γ_1 变为 γ_2（γ_1 小于 γ_2），如图 7-3 所示。于是，（1）处表面的分子就有力图向（2）处迁移的趋势，使（2）处表面分子的密度增大，从而表面张力又降到原来数值。与此同时，在表面分子自（1）

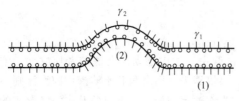

图 7-3　表面张力的自"修复"作用

处迁移至（2）处的过程中，会带动邻近的薄层液体一起迁移，结果使受外力冲击而变薄的液膜又变厚。表面张力复原（即吸附分子密度复原）与液膜厚度复原均导致液膜强度恢复，亦即表现为泡沫具有良好的稳定性，不易破坏。此种情况即所谓表面张力的"修复"作用。

如果泡沫液膜带有相同的电荷，液膜的两个表面将相互排斥。因此，电荷有防止液膜变薄，增加泡沫稳定性的作用。

7.2.2　起泡剂

起泡剂通常为表面活性剂，一些表面活性剂的起泡性见表 7-1。

（1）阴离子表面活性剂的起泡性　起泡性好的大多数都是阴离子表面活性剂。

① 肥皂的起泡性　碳链较短的月桂酸钠肥皂（C_{12}），低温起泡性比较好，遇硬水、盐类也较少产生沉淀或盐析现象。但泡沫粗糙，稳定性差，而且有温度上升泡沫稳定性下降的趋势。碳链稍长的肉豆蔻酸钠肥皂（C_{14}），泡沫匀细，温度上升泡沫稳定，但易受硬水、盐类的影响。棕榈酸钠肥皂（C_{16}）的低温起泡性较弱，硬脂酸钠肥皂（C_{18}）常温溶解度低，起泡性弱，但泡沫细腻稳定，可在稍高温度如 80℃ 左右使用。

油酸钠肥皂的碳链长度与硬脂酸钠肥皂相同，由于存在亲水性的双键结合，对水的溶解度增加，起泡性在相同浓度下与硬脂酸钠肥皂相比要差一些。再增加不饱和双键结合，例如亚油酸钠肥皂、亚麻酸钠肥皂，则溶解度大大增加，起泡性显著下降，已失去作为起泡剂使用的价值。

② 脂肪醇硫酸酯盐的起泡性　直链脂肪醇硫酸酯盐的起泡性与肥皂类似，与使用的浓度有关，在临界胶束浓度附近具有最高起泡力。碳链长度在 $C_{12} \sim C_{18}$ 起泡性最高，当碳原子数增至 C_{18} 以上时即急速降低。从椰子油制得的脂肪醇硫酸酯盐与椰子油肥皂有非

表 7-1 一些表面活性剂的起泡性

名　称	离子种类及有效成分含量	化　学　组　成	泡沫高度/mm 蒸馏水 0min	蒸馏水 5min	350μg/g 硬水 0min	硬水 5min
Miranol HM	阳 40%	月桂酰-咪唑啉	0	5	0	5
Dupono WA	阴 31%	月桂醇硫酸酯钠盐	220	215	120	110
Ultrawet K	阴 35%	烷基苯磺酸钠	200	200	125	120
Arctic Syntex M	阴 32%	高级脂肪酸单甘油酯的硫酸酯钠盐	200	195	225	220
Antaron K 460	阴 60%	烷基聚乙二醇硫酸盐	205	195	205	200
Igepon THC	阴 72%	油酰甲基牛磺酸盐	190	135	200	215
Maypon 4C	阴 35%	油酸与蛋白质分解物缩合物	195	195	170	170
Ninol 128	非 100%	有机胺的缩合物	175	170	155	145
Coconut K Soap	阴 15%	椰子油脂肪酸的钾肥皂	160	150	15	10
Onyx B.T.C.	阳 50%	苄基季铵氯化物	190	70	190	20
Aerosol OT	阴 100%	磺基琥珀酸二辛酯	180	15	50	15
Brij 35	非 100%	月桂醇聚氧乙烯醚	120	110	95	85
Nekal BX	阴 80%	二丁基萘磺酸盐	105	25	180	15
Triton X-100	非 100%	烷基苯酚聚氧乙烯醚	125	75	115	60
Tergitol 4	阴 25%	仲醇硫酸酯钠盐	110	5	90	5
Tween 20	非 100%	失水山梨糖醇单月桂酸酯聚氧乙烯醚	85	75	80	70
Monosulph	阴 68%	硫酸化蓖麻油	90	30	20	0
Sterox Co	非 100%	妥尔油聚氧乙烯醚	35	30	35	30

常相似的起泡性，虽在低温也易起泡，但是泡沫粗糙。以牛脂作原料制得的脂肪醇硫酸酯盐，高温起泡性良好，性能与牛脂肥皂相似。

月桂醇硫酸酯盐中若含有少量月桂醇，它的起泡性要比纯粹的月桂醇硫酸酯盐为优。用三乙醇胺代替钠盐即可作为牙膏的起泡剂。脂肪（伯）醇硫酸酯盐中以硬脂醇硫酸酯的起泡性最差，但是分子中有不饱和双键结合的油醇硫酸酯的起泡性与洗涤效果均好。带有较多支链的脂肪醇硫酸酯，当碳原子在 $C_{20} \sim C_{22}$ 时具有最高起泡力，同时表面张力也是最低，这意味着起泡性与表面张力的降低非常一致。

③ 烷基苯磺酸钠的起泡性　烷基苯磺酸钠的起泡性，与降低表面张力一样，依其浓度不同而异。在临界胶束浓度以上，起泡力仅稍有上升。烷基为 C_{14} 时具有最低表面张力与最高起泡力。带有支链的异烷基与直链烷基相比，在临界胶束浓度附近有显著降低表面张力作用，但起泡性并不一定好。

烷基苯磺酸钠中以十二烷基苯磺酸钠应用最广。苯环上磺酸基的结合位置，一般对位较邻位为优。若用萘环代替苯环，起泡性变差。

(2) 阳离子表面活性剂的起泡性　在阳离子表面活性剂中，虽然也有起泡性优良的品种，但是起泡性、泡沫稳定性二者兼优的品种很少，此外 pH 值对起泡性的影响很大。

(3) 非离子表面活性剂的起泡性　聚氧乙烯型非离子表面活性剂每个分子都具有较大的表面积，且泡沫中没有高度带电荷的表面膜，在水溶液中的起泡性和泡沫稳定性比离子型表面活性剂差得多。由于吸附膜中分子间内聚力随着氧乙烯含量的增加达到最大值，聚氧乙烯非离子表面活性剂的起泡性和泡沫稳定性随着氧乙烯链长的增长而增加，并在一定的氧乙烯链长时达到最大值，然后降低。一般环氧乙烷缩合摩尔数在 10~15 的产品，具有最高的起泡力。

当在浊点或浊点以上时，聚氧乙烯非离子表面活性剂的起泡性明显降低。这是由于表面活性剂分子从脱水而聚集的很大的胶束中扩散到新形成的气泡界面的速率，比从很小的高度水合的胶束中扩散到气泡界面的速率慢得多。因此，在泡沫形成过程中，降低了液膜的稳定性。

聚氧乙烯非离子表面活性剂在远离第一个疏水基的一端加入第二个疏水基时，可以形成低起泡表面活性剂。这种表面活性剂在加入第二个疏水基后每个分子的表面积大大扩大。这种结构的变化降低了表面膜的内聚力，从而使起泡性降低。含有两个氧乙烯链的非离子表面活性剂，泡沫的稳定性也极差。

7.2.3 稳泡剂

稳泡剂即泡沫稳定剂，为了延长泡沫寿命，提高泡沫的稳定性，需要使用泡沫稳定剂。泡沫的稳定性，除了与表面活性剂的表面张力有关以外，还关系到泡膜的弹性与韧性。从化学结构来看，一般高分子量的较低分子量的泡沫稳定性好，网状结构化合物要比链状化合物的泡沫稳定性好。

作为泡沫稳定剂使用的除胶、卵白、卵磷脂以外，还有脂肪酰胺、脂肪酸乙醇酰胺、N-烷基亚氨二醋酸钠盐、烷基甜菜碱磺酸、聚丙烯酸及其衍生物、蛋白质，特别是蛋白质的部分水解产物。

7.3 消泡剂

7.3.1 消泡机理

消除泡沫，可用静止、加温或减压等措施，但在印染各工序中要迅速消除泡沫或避免泡沫产生，就必须添加消泡剂。

从理论上讲，消除使泡沫稳定的因素即可达到消泡的目的。因影响泡沫稳定性的因素主要是液膜的强度，故只要设法使液膜变薄，就能起到消泡作用。消泡作用包括破泡和抑泡，消泡剂加入到工作液后，即成为溶液、乳液或分散液，吸附于泡膜表面。由于它具有比泡膜更低的表面张力，可将表面活性剂或发泡物质吸引过来，使泡沫液膜表面黏度降低，局部变薄而破裂。同时为防止再生成泡沫，要降低或消除表面弹性，即利用脆性的表面膜代替弹性表面膜，产生不稳定的泡沫。

7.3.2 消泡剂的种类

理想的消泡剂，要求同时具有抑泡和消泡作用，在水中溶解度要小，也不易被工作液乳化和增溶。消泡剂品种较多，但根据类别，一般可分为含硅和不含硅两大类。部分国内外消泡剂的情况见表 7-2～表 7-5。

表 7-2 部分国外进口含硅消泡剂情况

名称	生产厂商	组分	主要应用范围	应用结果
Silcolapse,5008	英国 ICI	聚硅氧烷共聚物	高温高压分散或分散/活性染料一浴法染色	在高温高压下仍有良好消泡作用，染色织物色泽鲜艳
Respermit SI	德国 Bayer	有机硅	上浆、前处理、染色、印花、整理	消泡、抑泡效果均显著，但价格较高
Senka Antifoam FK-800	日本染化工业株式会社	聚烃基硅	用于织物印花，可降低印花糊料中的气泡	效果良好

表 7-3　部分进口不含硅消泡剂情况

名称	生产厂商	组分	主要应用范围	应用结果
Respumit I	德国 Bayer	烷基醚磷酸酯	印染用消泡剂	卷染机染色质量稳定
Respumit NF	德国 Bayer	乳化油复配物	前处理、后整理、染色（透用于喷射式设备）	先用冷水制成10%乳液，HT-340溢流染色机（0.55g/L），工艺正常
Foamaster 267A	美国 Diomond Shamroke	非硅复配物,活性物100%	退浆、煮练、漂白、整理、洗涤，特别适用于喷射染色	最好先在50～60℃稀释后应用，效果良好
Albegal FED	瑞士 Ciba Geigy	非硅消泡剂和表面活性剂复配	渗透和消泡	用冷水搅匀，成糊状后再应用,用于溢流染色,效果良好
Albegal LS	瑞士 Ciba Geigy	非硅消泡剂含两性表面活性剂	渗透、缓染,可用作匀染剂	按推荐处方,情况尚可
Albegal SET	瑞士 Ciba Geigy	非硅消泡剂与两性表面活性剂复配	无泡匀染剂	作 Lamaset 染色体系匀染剂,性能尚好

表 7-4　部分国产含硅消泡剂情况

名称	生产厂商	组分	应用范围
302乳化硅油	杭州永明树脂厂	高纯度硅油乳化,含油≥30%	用于印染加工,消泡
304乳化硅油	杭州永明树脂厂	多官能团硅油乳化,含油≥30%	用于印染加工,消泡
消泡剂 SAF	上海助剂厂	硅油乳化,含油20%左右	用于化纤浆料和印花加工,织物平滑性较好,不适宜于80℃以上消泡
消泡剂 FZ-880	南京钟山化工厂	硅油乳化,非/阴离子	用于印染加工,高温有效（130℃）
消泡剂 280-2,3284P	中蓝晨光化工研究院	硅油乳化,含油≥30%	印染消泡
消泡剂 KHZ-87	天津市助剂厂	含硅乳化油和矿物油	印染消泡
8431消泡剂	湖州助剂厂	硅油乳化	印染加工,主要可用于涤纶和混纺针织物小浴比染色

表 7-5　部分国产不含硅消泡剂情况

名称	生产厂商	组分	应用范围
消泡剂 GP	上海助剂厂	烷基磷酸酯,含磷≥7%	具有消泡和渗透性,可用于浆料消泡和印染消泡
消泡剂 GP-330	海安石油化工厂	聚氧丙烯甘油醚,分子量3000左右	印染加工消泡
消泡剂 7010	天津市助剂厂	丙二醇聚氧丙烯聚氧乙烯醚	印染加工消泡
甘油醚消泡剂	旅顺化工厂	甘油及氧丙烯缩合物	印染加工消泡

（1）含硅消泡剂　含硅消泡剂表面张力低、溶解度小、分散性好、作用持久,用少量,即具有强大的破泡、抑泡能力。该类消泡剂化学性能不活泼、无毒、对环境无污染,是纺织工业上效果好、应用广泛的一类消泡剂。含硅消泡剂产品有硅油、硅油溶液（硅油溶于有机溶剂中）、硅油加其他填料（如 SiO_2、Al_2O_3 等）、硅油乳液四种。

纺织上应用的主要为硅油乳液,是由硅油、改性硅油、不同分子量的混合硅油或硅油加无机硅（SiO_2）等添加剂制成。组分中含有乳化剂,使硅油乳化或分散于水中,形成

O/W 乳液。

(2) 不含硅消泡剂　不含硅消泡剂品种多，国内外需求量很大。其中少量品种为单组分，大部分为复配混合物，性能各不相同，有些产品还具有独特的优点。

① 由于消泡剂不含硅，对设备器壁和织物不会造成沾污或产生油斑。

② 有些产品除能消泡外，对织物同时具有渗透、洗涤、缓染和匀染等性能，可作多功能助剂，比含硅消泡剂应用更广泛。

③ 部分消泡剂与各类表面活性剂复配后，具有协同效应，同时具有分散或匀染作用，能阻止染料凝聚，并使织物易于清洗。

④ 有些产品耐高温性能较好，适用于高温工艺。

不含硅消泡剂的组分主要有以下几种。

① 醇、醚、脂肪酸及其酯，动植物油或矿物油以及聚乙二醇丙二醇等物质，原料易得，有一定消泡效果，在纺织工业上单独或复配均有应用。

② 磷酸酯类消泡剂，消泡效果较好，应用较普遍，如磷酸三丁酯等。

③ 聚醚类消泡剂，醇类和环氧乙烷（EO）、环氧丙烷（PO）的加成物。醇类包括脂肪醇、二元醇（主要为丙二醇）、三元醇（以丙三醇为主）及其他醇。EO 和 PO 中，PO 亲油性较强，EO 亲水性较强。从烷基含碳大小和 EO、PO 的含量可调节亲水和亲油性，控制消泡性能。该类消泡剂品种多，效果好，目前还在不断开发。

7.4　发泡力的测定

发泡力是指泡沫形成的难易程度和生成泡沫量的多少，而稳定性是指泡沫的持久性，两者同为泡沫的主要性能。实际上，发泡力是表面活性剂的起泡效率和起泡效能的综合度量。

发泡力的测定方法较多，罗氏-马埃尔斯法（Ross-Milles），是一种既简单又准确的溶液降落法，它是通过 Ross-Milles 泡高计来测定发泡力。

(1) Ross-Milles 泡高计测定操作　Ross-Milles 泡高计见图 7-4 所示。

将 200mL 表面活性剂水溶液放在一定大小、内径为 2.9mm 小孔的移液管中，然后溶液从 900mm 高度处自由流至盛有 50mL 相同溶液的圆形容器中，冲击底部溶液后生成泡沫。筒外用热水夹套保温（一般为 60℃），当移液管中的溶液全部倾注完毕，隔 5min 后读下圆筒中生成的泡沫高度（mm 计），作为发泡力的量度，然后每隔一定时间，（一般为 5min）读取一次泡沫高度，观察泡沫高度降低情况。也常以起始泡沫高度和泡沫破坏一半所需时间，表示发泡力和泡沫稳定性。

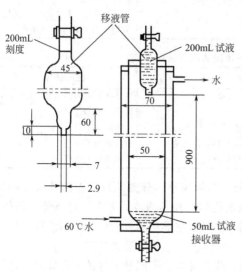

图 7-4　Ross-Milles 泡高计

(2) 改进的 Ross-Miles 法　现在的罗氏泡沫仪有多种改进型号的产品，如 2151 罗氏泡沫仪和 2152 罗氏泡沫仪，均为原 Ross-Milles 泡高计的改进产品，见图 7-5 所示。2151 罗氏泡沫仪（改进的 Ross-Miles 法），系溶液降落法测定表面活性剂及有关助剂的泡沫活动数值的仪器。溶液自一定垂直位置向下降落，在刻度管中发生泡沫活动，测量其高度，测定其泡沫活动数值。符合 GB/T 7162—1994；ISO 696—1975 国家标准，部标准所规定的技术要求。

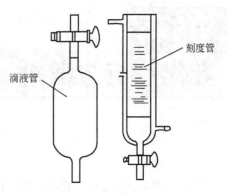

图 7-5　2151 罗氏泡沫仪

2151 罗氏泡沫仪测定步骤如下。

① 检查并测试仪器安装是否垂直。

② 用蒸馏水完全冲洗刻度管内壁，然后用试液完全冲洗管壁。

③ 打开恒温器预热，当恒温器达到 41℃时，在管夹套中循环保持水浴的温度在(40±0.5)℃。

④ 关闭刻度管活塞，将预热待测液 50mL 注入至刻度管的 50mL 刻度处。

⑤ 将滴液管注满 200mL，40℃左右的待测液，并将滴液管安置到事先预备好的管架上，和刻度管的断面呈垂直状，使溶液流到刻度管的中心，滴液管的出口应安在 900mm 刻度线上。

⑥ 打开滴液管的活塞，使溶液流下。当滴液管中的溶液流完时，立即开动秒表，测定泡沫高度，记录开始和经过 5min、10min、15min 的高度，泡沫数值以泡沫高度表示。

⑦ 重复以上试验两到三次，每次试验之先必须将器壁洗净。

参考文献

[1] 程静环，陶绮雯. 染整助剂 [M]. 北京：纺织工业出版社，1985.
[2] 杜巧云，葛虹. 表面活性剂基础及应用 [M]. 北京：中国石化出版社，1996.
[3] 彭民政. 表面活性剂生产技术与应用 [M]. 广东：广东科技出版社，1999.
[4] 刘程. 表面活性剂应用手册 [M]. 北京：化学工业出版社，1992.
[5] 张济邦. 纺织印染用消泡剂（一）[J]. 印染，1997，10：32-34.
[6] 罗巨涛. 染整助剂及其应用 [M]. 北京：中国纺织出版社，2000.

第8章
乳化剂与分散剂

互不相溶的两种液体,其中一相以微滴状分散于另一相中,这种作用称为乳化作用。若一相以微粒状固体均匀分散于另一液相中,这种作用称分散作用。乳化形成的溶液称乳状液,而分散形成的溶液称悬浮体。起乳化、分散作用的物质分别称为乳化剂和分散剂。从结构来看,乳化剂是由非极性的疏水基和极性的亲水基组成的两亲性分子,这种结构使乳化剂在溶液表(界)面形成定向紧密排列,改变了体系的表(界)面化学性质。当乳化剂的浓度超过其临界胶束浓度(CMC),表(界)面张力降至最低,从而具有乳化、消泡、分散等功能。

乳状液和悬浮体广泛应用于工业生产和日常生活中,在染整工业中应用也很广泛。如纺织品净洗时,油污等不溶性污垢需经乳化而去除;棉布精练时,皂化的脂肪蜡质,均需乳化去除;再如羊脂羊汗的去除,同样存在乳化作用。涂料染色和印花用黏合剂为高分子聚合物乳液。后整理中,如亲水、拒水防水、易去污、防油、抗静电、柔软等整理剂大都采用乳状液。而分散染料染色时,染液则是分散体系。

8.1 乳化作用

8.1.1 乳状液

(1)定义 将纯油和水放在一起搅拌,通过强作用力迫使一相以微滴状分散于另一相中,此时相界面的面积增大,体系的稳定性降低,形成乳状液,这一过程称为乳化。但一旦停止搅拌,很快又分成两个不相混溶的相,以使两相界面达最小。若在上述体系中加入第三组分,该组分易于在两相界面上吸附或聚集,在两相界面形成稳定的吸附层,使体系稳定,则可形成稳定的乳状液。因此乳状液可定义为体系中至少有一种液体以液珠形式均匀地分散于一个与它不相混合的液体之中,其液珠的直径一般大于 $0.1\mu m$,体系需达最低稳定度,且稳定度可通过两亲分子或固体粉末的加入而大大增加。

乳状液中以液珠形式存在的一相称分散相或内相或不连续相,连成一片的相称为分散介质或外相或连续相。常见的乳状液一般一相是水或水溶液(通称"水"相),另一相为非极性化合物(通称"油"相)。因此,对常见乳状液就有内相为油、外相为水,称为水包油型(O/W)乳液和内相为水、外相为油,称为油包水型(W/O)乳液之分。

(2)乳状液的稳定性 乳状液是一种多相分散体系。将一种液体高度分散于另一种互不相溶的液体时,由于界面积的增加,体系的能量提高,需外加功以确保体系稳定,显然此过程为非自发过程。然而体系要获得稳定,必须使体系能量降至最低,因而两相界面积有自发减小趋势，即分散的液珠聚结、乳析和凝聚，使乳化体系破坏。所以，从热力学角度，乳状液是一种不稳定体系。

为了尽可能降低乳状液的不稳定性，一般从两相间界面稳定性上考虑。

① 降低两相间的表面张力　印花中使用的乳化糊是煤油与水组成的乳状液。煤油与水界面张力为 40 mN/m，两者形成的分散体系是极不稳定的。当加入适当的表面活性剂如平平加 O 后，其界面张力可降至 1 mN/m，这样煤油与水形成的乳化体系界面的表面能相应减少，体系稳定性得以提高。若选择的表面活性剂不合适，则其界面张力降得不够低，则所形成的乳状液稳定性就较差。影响乳状液稳定性的因素很多，表面张力降低并不能作乳状液稳定性高低的衡量标志，但它是形成乳状液的必要条件。作为乳状液，体系必然存在较大的界面，因而必定存在一定的界面能，所以这种体系总要力图减小界面，降低界面自由能，从而最终使乳状液发生破乳、分层。由此选择优异的表面活性剂作乳化剂是形成乳状液的首要条件。

② 提高界面电荷　乳状液内相液珠所含电荷往往由电离、吸附和摩擦所产生，而且主要是吸附乳化剂电离的离子，尤其是 O/W 型乳状液。离子型表面活性剂作乳化剂，则液珠所带电荷取决于表面活性剂；当非离子型表面活性剂作乳化剂时，则取决于两接触物的介电常数。一般介电常数高者，接触时呈正电荷。在乳状液中水的介电常数远较所遇到的其他液相高，故 O/W 型乳状液中，液珠多半呈电负性，而 W/O 中液珠带正电荷。

实际并非像上述那样简单。由于液珠带有强度不一的电荷，因而在溶液中，势必有反离子存在，这些反离子通过静电引力吸附于带电的液珠上，从而形成了双电层，如图 8-1 所示。

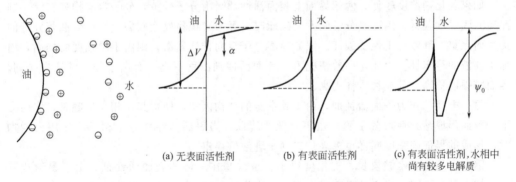

(a) 无表面活性剂　　(b) 有表面活性剂　　(c) 有表面活性剂,水相中尚有较多电解质

图 8-1　油/水界面双电层理想示意图　　图 8-2　乳状液中油/水界面双电层

乳状液中若无表面活性剂，界面两边的电势差（ΔV）相当大 [见图 8-2(a)]。在 O/W 型乳状液中，双电层电势最小部分在外相，因而十分不利于稳定，此种体系有很强的聚集倾向。当加入表面活性剂后，乳状液的电势发生很大改变 [见图 8-2(b)]，由于吸附表面活性剂后电势差的改变，导致了界面另一边离子重排，使电荷主要集中于水相中，其 Zeta 电位大到可使乳液（O/W）稳定。如果乳液中存在有电解质，则电势变化见图 8-2(c)。电解质加入后，扩散双电层的有效厚度降低，同时反离子挤入表面活性剂离子中，产生一个较薄的等电势层。

乳状液中扩散双电层的存在，一方面由于电荷的排斥作用，阻止或减弱了液珠的碰撞，从而减少了液珠分子的聚结；另一方面，扩散双电层的存在，使液珠碰撞时，首先接触双电层,而真正的液珠分子间的碰撞概率大大降低,或者可以认为是界面膜增厚。因而当电解质加入,双电层减薄时,会引起乳液的稳定性降低。而离子型表面活性剂作乳化剂时,由于较强的扩散双电层的存在,使乳液稳定性得以提高。

③ 提高界面膜的物理性质　油/水体系加入表面活性剂后,一方面降低了两相间的界面张力,另一方面在两相界面发生了界面吸附而形成界面膜,如图 8-3 所示。此界面膜将油与水分离,相互间不产生作用,所形成的界面膜对体系稳定性影响很大。当界面膜强度较大时,则分子间碰撞也不会导致膜破裂,因而使油或水分子之间不能产生作用而聚集成大分子,保护了分散相,稳定了整个体系。

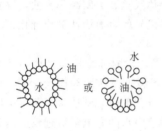

图 8-3　表面活性剂形成界面膜

(a) 十六烷基硫酸钠和胆甾醇组成密集复合膜,产生极稳定的乳状液

(b) 十六烷基硫酸钠与油醇组成稀松的复合膜(因醇中双键所致),乳液极不稳定

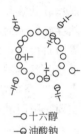

(c) 十六醇和油酸组成比较紧凑的复合膜,乳液稳定性中等

图 8-4　油-水界面生成的复合膜示意图

如果乳化剂浓度较低,两相界面上表面活性剂吸附分子较少,分子定向排列较差,则此表面膜强度较低。因而当分子间发生碰撞时,界面膜很易发生破裂,导致分散相分子的接触而聚集,乳液稳定性受破坏。假如界面分子定向排列紧密,则由于膜强度的提高,增加了乳液的稳定性。因此,一般情况下,表面活性剂浓度提高,有利于分子的定向排列,界面膜强度提高,乳液稳定性提高。

另一方面,作为表面活性剂,由于其本身的结构因素,使得其在相互接触时,作用力不一致而形成缔合后,分子脱离也不一致。所以,当表面活性剂分子相互间作用力增加时,形成的界面膜强度同样也提高,有利于乳液的稳定。

因此,那些疏水链较长、支化度很小、亲水基在一端的表面活性剂,由于易形成胶束,疏水基易吸引,形成的界面膜强度高,宜作乳化剂。

从表面活性剂结构与性质关系及添加物影响中不难发现,当表面活性剂混合或添加其他物质时,往往对表面活性有协同作用。同样,有机物和部分表面活性剂加入后,表面活性剂所形成的界面膜强度也有不同程度的提高,而且膜不易破裂,从而大大有利于乳液的稳定。这种影响是在界面形成"复合物"界面膜的结果。这种复合膜的生成有利于分子的紧密堆积,从而增强膜的强度,加大了液珠合并时的阻力,使乳液稳定。如斯盘-80 和吐温-40、十六烷基硫酸钠和十六醇或胆甾醇、脂肪胺与季铵盐等。

图 8-4 给出了三种复合膜的情况。图 8-4(a) 表明阴离子表面活性剂和胆甾醇的疏水基相似,所以成膜的分子定向排列紧密,膜强度很高;同时,膜含电荷,促使膜间斥力增加,而不易碰撞,增加乳液稳定性;而图 8-4(b) 表明界面对油醇的吸附较十六烷基硫酸钠容易,加之油醇中双键的存在,使吸附分子的排列变得较为稀松,因此形成的界面膜强

度较低；图 8-4(c) 则表明，十六醇与油酸钠相比，十六醇易吸附，而油酸钠的分子中含双键，故吸附分子排列的紧密度受到影响，但从综合考虑，此体系的界面吸附优于图 8-4(b) 的体系，然而两分子不是等吸附，且有双键存在，故吸附的紧密度不及图 8-4(a) 的体系，所以形成复合膜的强度同样介于图 8-4(a) 与图 8-4(b) 体系之间，稳定性也居中。

显然，混合表面活性剂的协同作用，使形成的界面膜强度更大。作为混合乳化剂，一般一种为水溶性物质，另一种为极性有机物，内含与水形成氢键的基团，如图 8-4(a) 及图 8-5 所示。

只有液珠碰撞，才能使界面膜破裂而液珠合并。为提高稳定性，只要减少界面膜的碰撞即可。而界面膜及分散介质的黏度增加将阻止或减少界面膜的运动，从而增加乳液的稳定性。所以，人们为提高乳液的稳定性，往往在乳液中加入一定的增稠剂，溶于分散介质中，以增加分散介质的黏度。如 O/W 型乳化剂中，加入水溶性高分子化合物。还需指出的是，高分子化合物除增加外相黏度外，还能形成更为坚固的界面膜，当然这种作用比前一种对提高乳液稳定更有效。

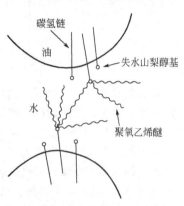

图 8-5　斯盘-80 与吐温-40 构成的复合物示意图

油相中增加疏水性，如短链脂肪烃中加入长链脂肪烃后，其形成的界面膜强度增高，乳液更加稳定。

④ 提高乳状液分散介质的黏度　依据斯托克斯的沉降速度公式：

$$v = \frac{2r^2(\rho_1 - \rho_2)}{9\eta}$$

式中，r 为内相液珠半径；ρ_1、ρ_2 为内相和外相的密度；η 为代表外相的黏度。

由式可见外相的黏度越大，液珠的运动速度越慢，液珠间的碰撞概率减少，有利于乳状液的稳定。

⑤ 固体粉末作为乳化剂　许多固体粉末，如炭黑、碳酸钙、石英、黏土、金属氧化物（以及水合氧化物）以及硫化物等，可以用作乳化剂。固体粉末只有存在于油/水界面上，才能起到乳化剂的作用（与表面活性剂相似，只有吸附于界面时才起作用）。

固体粉末是存在于油相、水相还是在它们的界面上，取决于油，水对固体粉末润湿性的相对大小。若固体粉末完全被水润湿，则在水中悬浮；完全被油润湿，则在油中悬浮。只有当粉末既能被水、也能被油所润湿（如图 8-6 所示）才会停留在界面上。此时，各界面张力与接触角 θ 的关系如下：

$$\gamma_{So} - \gamma_{sW} = \gamma_{oW} \cos\theta$$

式中，γ_{So}、γ_{sW} 及 γ_{oW} 分别为固（体）/油、固/水及油/水界面张力，θ 为在水相方面的接触角。

当 $\theta < 90°$ 时，$\cos\theta > 0$，则 $\gamma_{So} > \gamma_{sW}$，固体的大部分在水相中。

当 $\theta > 90°$ 时，$\cos\theta < 0$，则 $\gamma_{So} < \gamma_{sW}$，固体的大部分在油相中。

当 $\theta = 90°$ 时，$\cos\theta = 0$，则 $\gamma_{So} = \gamma_{sW}$，固体在水相和油相中各占一半。

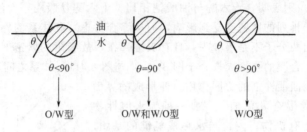

图 8-6　固体粉末的润湿性与乳状液类型

形成乳状液时，油/水界面的面积越小越好。显然，只有固体粉末大部分在外相中才能满足这个要求。换句话说，润湿固体较多的那种液体在形成乳状液时构成外相。因此，当 $\theta<90°$ 时得 O/W 乳状液；$\theta>90°$ 时得 W/O 乳状液；$\theta=90°$ 时则得不到稳定的乳状液。

上述原则在实践中已得到充分的证实。对于煤油（或石油、苯等）与水的体系，铜、镍、铁、锌、铝等金属的碱式硫酸盐以及氢氧化铁，二氧化硅等易为水所润湿的固体粉末可形成 O/W 乳状液，而炭黑、松香等易为油所润湿的固体粉末，则形成 W/O 乳状液。

若用表面活性剂处理固体粉末，可以改变其乳化作用性质。例如用 $BaSO_4$ 作为粉末乳化剂时，若先用十二烷基硫酸钠处理（控制性吸附）后，则得到较稳定的 W/O 乳状液，固体上的接触角 θ 约为 $120°$。若用 $0.001 mol/L\ C_{11}H_{23}COONa$ 溶液（在 pH=12 时）处理，则得到 O/W 乳状液，此时的接触角 θ 约 $80°$。实验结果与润湿接触角的上述理论分析相符。固体粉末作为乳化剂，是由于聚集于界面的粉末形成了坚固、稳定的界面膜，此界面膜与表面活性剂吸附于界面所形成的界面膜相似，因此形成的乳状液稳定。

乳状液体系复杂，稳定乳液的理论至今还不成熟，所以实际使用时，应对具体情况进行具体分析。一般来说，界面膜是乳液稳定性的最主要因素。因此，只要能提高界面膜机械强度和韧性的因素，都能稳定乳液。而界面张力的降低及吸附分子排列的紧密程度都能提高界面膜机械强度和韧性。如果是离子型表面活性剂，则可通过增强电荷来提高乳液稳定性。所以，为获得较稳定的乳状液，除选择乳化能力较强的乳化剂及确定最佳配比外，还可以采取如下措施：减小内相液珠的直径（至 $2\mu m$ 左右），提高分子的均匀性；降低两液相间界面张力；提高连续相黏度；加入有效的乳化剂；增加液滴表面电荷；缩小两相的密度差异；尽量避免体系温度的变化、振动、摩擦、蒸发、浓缩、稀释等情况。

8.1.2　乳状液类型的鉴别和影响因素

（1）乳状液类型的鉴别　乳状液一般分为"水包油"（O/W）和"油包水"（W/O）两种。根据"油"与"水"的一些不同的特点，可以采用一些简便的方法对乳状液的类型加以鉴别。

① 电导法　大多数"油"的导电性都很差，而水（一般常含有一些电解质）的导电性较好，故对乳状液进行电导测量（定性地），可以鉴别其类型。导电性好（例如以通电时指示灯亮为标志）的即为 O/W 型，导电性差（指示灯不亮）的为 W/O 型。但有时，当 W/O 型乳状液的内相（W 相）所占比例很大，或油相中离子型乳化剂含量较多时，则油为外相时（W/O），也可能有相当大的电导性。

② 染色法　将少量油溶性染料加入乳状液中予以混合，若乳状液整体带色则为 W/O 型，若只是液珠带色，则为 O/W 型。用水溶性染料，则情形相反。"苏丹Ⅲ"是常用的

油溶性染料,而"亮蓝 FCF"则为水溶性染料。同时以油溶性染料和水溶性染料对乳状液进行试验,可提高鉴别的可靠性。

③ 稀释法　乳状液能与其外相(分散介质)液体相混溶,故能与乳状液混合的液体应与外相相同。因此,以水或"油"对乳状液作稀释试验,即可看出乳状液的类型。例如牛奶能被水所稀释,而不能与植物油混合,所以牛奶是 O/W 型乳状液。

④ 滤纸润湿法　对于某些重油与水的乳状液可使用此法:滴乳状液于滤纸上,若液体快速铺开,在中心留下一小滴(油),则为 O/W 型乳状液,若不铺展,则为 W/O 型乳状液。但此法对于某些在滤纸上铺展的油(如苯、环己烷、甲苯等)所形成的乳状液则不适用。

(2) 影响乳状液类型的因素　乳状液是一种复杂的体系,影响其类型的因素很多。

① 乳化剂的亲水性　经验表明,易溶于水的乳化剂易形成 O/W 型乳状液;易溶于油者则易形成 W/O 型乳状液。此规律可以解释"定向楔"理论不能说明的银皂为 W/O 乳状液的乳化剂。这种对溶度的考虑可推广到乳化剂的亲水性(即使都是水溶性的,也有不同的亲水程度),就是所谓 HLB(亲水-亲油平衡)值。HLB 值是人为的一种衡量乳化剂亲水性大小的相对数值,其值越大表示亲水性越强。例如,油酸钠的 HLB 值为 18,甘油单硬脂酸酯的 HLB 值为 3.8,则前者的亲水性要大得多,是 O/W 型乳状液的乳化剂,而后者是 W/O 型乳状液的乳化剂。

从动力学观点考虑,可以认为在油/水界面膜中,乳化剂分子的亲水基是油滴聚结的障碍,而亲油基则为水滴聚集的障碍。因此,若界面膜乳化剂的亲水性强,则形成 O/W 型乳状液,若疏水性强则形成 W/O 型乳状液。

② 相体积　若分散相液滴是大小均匀的圆球,则可计算出最密堆积时,液滴的体积占总体积的 74.02%,即其余 25.98% 应为分散介质。若分散相体积大于 74.02%,乳状液就会发生破坏或变形。若水相体积占总体积的 26%~74% 时,O/W 和 W/O 型乳状液均可形成;若 <26%,则只能形成 W/O 型;若 >74%,则只能形成 O/W 型。橄榄油在 0.001mol/L KOH 水溶液中的乳状液就服从这个规律。

但是,分散相液珠不一定是均匀的球 [图 8-7(a)],多数情况是不均匀的 [图 8-7(b)],有时甚至呈多面体 [图 8-7(c)]。于是,体积和乳状液类型的关系就不能限于上述范围了。在图 8-7(b) 及 (c) 的情形中,内相体积可以大大超过 74%。当然,制成这种稳定的乳状液是不容易的,需要使用相当量的、适当的高效乳化剂。

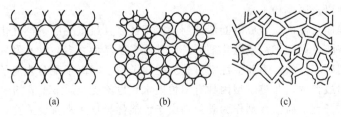

图 8-7　乳状液的几种形态

③ 乳化剂分子构型　乳化剂分子在分散相液滴与分散介质间的界面形成定向的吸附层。经验表明,钠、钾等一价金属的脂肪酸盐作为乳化剂时,容易形成水包油型乳状液,而钙、镁等二价金属皂则易形成油包水型乳状液。由此,提出乳状液的类型的"定向楔"

理论，即乳化剂分子在界面定向吸附时，极性头朝向水相，碳氢链朝向油相。从液珠的曲面和乳化剂定向分子的空间构型考虑，有较大极性头的一价金属皂有利于形成 O/W 型乳状液，而有较大碳氢链的二价金属皂则有利于形成 W/O 型乳状液，乳化剂分子在界面的定向排列就像木楔插入内相一样，故名"定向楔"理论。此理论与很多实验事实相符，但也常有例外，如银皂作乳化剂时，按此理论本应形成 O/W 乳状液，实际却为 W/O 型。另外，此理论在原则上亦有不足之处，乳状液液滴的大小比起乳化剂分子来要大得多，故液滴的曲面对于在其上定向的分子而言，实际上近于平面，因而分子两端的大小与乳状液的类型就不甚相关了；再者，钠、钾皂的极性头（—COO$^-$ Na$^+$、K$^+$）的截面积实际上比碳氢链的截面积小，但却能形成 O/W 乳状液，这也是与理论不符之处。

④ 乳化器材料性质　乳化过程中器壁的亲水性对形成乳状液的类型有一定影响。一般情况是，亲水性强的器壁易得到 O/W 乳状液，而疏水性强者则易形成 W/O 乳状液。例如，用煤油、石油及变压器油为油相，蒸馏水及表面活性剂水溶液为水相，在玻璃和塑料容器中搅拌、乳化，结果见表 8-1。表 8-1 结果说明，乳状液的类型和液体对器壁的润湿情况有关。一般来说，润湿器壁的液体容易在器壁上附着，形成一连续层，搅拌时这种液体往往不会分散成为内相液珠。Davies 用玻璃、有机玻璃以及聚四氟乙烯等材料制成乳化器，对乳状液的类型及变形研究，发现材料亲水性对形成乳状液的类型有影响。

表 8-1　器壁性质对乳状液类型的影响

相	油相 容器	煤油		变压器油		石油	
		玻璃	塑料	玻璃	塑料	玻璃	塑料
蒸馏水		O/W	W/O	O/W	W/O	O/W	W/O
0.1mol/L 油酸钠		O/W	O/W 及 W/O	O/W	W/O	—	—
0.1% 环烷酸钠		O/W	O/W	O/W	O/W	O/W	W/O
2% 环烷酸钠		O/W	O/W	O/W	O/W	O/W	O/W

8.2　乳化剂

8.2.1　乳化剂类型

在乳状液中，乳化剂是关键。通常，乳化剂可以分为四大类：表面活性剂型、高分子型、天然产物型以及固体粉末型。

(1) 合成表面活性剂　合成表面活性剂是使用最多且最重要的一类乳化剂，能够按照乳状液的性质需要，设计和合成乳化剂分子。其数量及品种之多，以及发展的前景，是其他类型的乳化剂所不及的。表面活性剂可分为阴离子型、阳离子型与非离子型三大类。其中阴离子型应用最普遍，非离子型因具有不怕硬水、也不受介质 pH 值的限制等优点近年发展很快，阳离子型表面活性剂作为乳化剂由于性能优异近年来备受关注，两性离子表面活性剂作为乳化剂也有使用。

① 阴离子型乳化剂　一般作为 O/W 型乳状液的乳化剂，HLB 在 8~18，其亲水性强。有以下几种类型。

a. 羧酸盐　最普遍的是肥皂，三乙醇胺的脂肪酸盐为较好的乳化剂。

b. 硫酸盐型

Ⅰ. 聚氧乙烯烷基酚醚硫酸盐

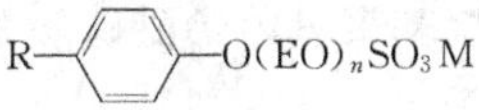

$$R-\phi-O(EO)_nSO_3M$$

式中，R 为 $C_8 \sim C_9$ 烷基；$n=10 \sim 16$；M 为 Na、K 盐时，为 O/W 型乳状液的乳化剂，M 为碱土金属 Ca、Mg 盐时，为 W/O 型乳状液的乳化剂。

Ⅱ. 脂肪醇聚氧乙烯醚硫酸盐

$$RO(EO)_nSO_3M$$

式中，R 为线型或支链脂肪基（$C_{12} \sim C_{14}$）等，M 为 Na^+、NH_4^+ 等，$n=1 \sim 10$，为 O/W 乳状液的乳化剂。

Ⅲ. 芳烷基酚聚氧乙烯醚硫酸盐　如苯乙基酚聚氧乙烯醚硫酸盐，通式如下：

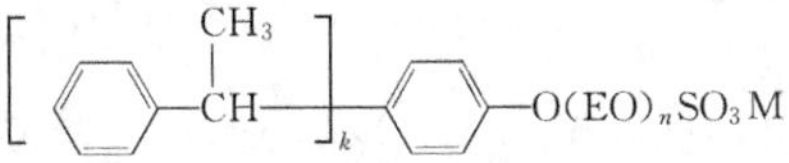

$$[\phi-CH(CH_3)]_k-\phi-O(EO)_nSO_3M$$

c. 磺酸盐型

Ⅰ. 烷基磺酸盐

$$R-CH_2SO_3M \quad R: C_{12} \sim C_{18}$$

Ⅱ. 烷基苯磺酸盐

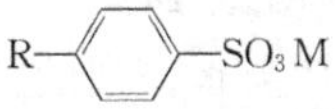

$$R-\phi-SO_3M \quad R: C_8H_{17}, C_9H_{19}$$

Ⅲ. 烷基萘磺酸盐

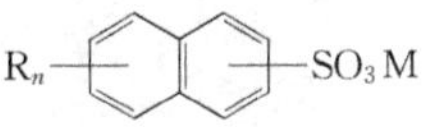

$$R_n-\text{naphthyl}-SO_3M \quad n=1, 2$$

Ⅳ. 烷基丁二酸酯磺酸盐

$$\begin{array}{c} ROOC-CH_2 \\ MSO_3-CH-COOR \end{array}$$

Ⅴ. 脂肪酰胺牛磺酸盐

$$\begin{array}{c} O \quad CH_3 \\ R-C-N-CH_2CH_2SO_3M \end{array}$$

Ⅵ. 聚氧乙烯烷氧基醚磺酸盐

$$\begin{array}{c} R_1O(EO)_nCH_2 \\ R_2O(EO)_mCH_2 \end{array} CHSO_3M$$

式中，R_1，R_2 为 $C_{12} \sim C_{18}$ 烷基或烷基芳基；n，$m=1 \sim 10$。

Ⅶ. 脂肪酰胺肌氨酸盐

$$\begin{array}{c} O \quad CH_3 \\ R-C-N-CH_2COOM \end{array}$$

以上磺酸盐当 M 为碱金属和铵时，亲水性强，可作为 O/W 型乳状液的乳化剂。若 M 为碱土金属，如钙、镁时，亲油性强，可作为 W/O 型乳状液的乳化剂。

d. 磷酸酯类

Ⅰ. 烷基磷酸酯

$$(RO)_k P(OH)_j \quad k=1,2,3; j=2,1,0$$
(O double bond on P)

Ⅱ. 烷基聚氧乙烯醚磷酸酯和烷基聚氧丙烯醚磷酸酯

$$[RO(EO)_m]_k \overset{O}{P}[O(EO)_m H]_j \qquad [RO(PO)_n]_k \overset{O}{P}[O(EO)_m H]_j$$

通常产品是包括单酯、双酯的混合物，少量三酯。式中 $m=1$；$k=1,2,3$；$j=2,1,0$。

Ⅲ. 脂肪酸聚氧乙烯醚磷酸酯

$$[RCOO(EO)_n]_k \overset{O}{P}[O(EO)_m H]_j$$

式中，作为乳化剂用的有机脂肪酸，如蓖麻油酸等，n 和 m 为 1；$k=1,2,3$；$j=2,1,0$。

Ⅳ. 聚氧乙烯烷基酚醚磷酸酯

$$[R-\text{Ph}-O(EO)_n]_k \overset{O}{P}[O(EO)_m H]_j , \quad k=1 \text{ 或 } 2; j=2,1; R=C_8H_{17}, C_9H_{19}$$

e. 亚磷酸酯类　如烷基聚氧乙烯醚亚磷酸单酯和双酯

$$R'O(EO)_n P\!\!\begin{array}{c}OH\\OH\end{array} \text{（单酯），} [RO(EO)_n]_2 P\text{—OH （双酯）}$$

式中，R' 为 $C_6 \sim C_{12}$，C_{14}，C_{16} 烷基；$n=2\sim12$ 或 14。

② 非离子型乳化剂　非离子型乳化剂根据其亲水、亲油性的差别，可作 O/W 和 W/O 型乳状液的乳化剂，主要类型如下。

a. 醚型

Ⅰ. 聚氧乙烯烷基酚醚类

$$R-\text{Ph}-O(EO)_n H$$

R 为 C_8H_{17}，C_9H_{19}，n 可从 3 到几十。因为 n 由小到大，可从亲油性变为亲水性，所以根据 n 的大小可分别作为 W/O 和 O/W 乳化剂。

Ⅱ. 聚氧乙烯脂肪醇醚通式为 $C_nH_{2n+1}O(EO)_m H$，$n=12\sim16$；随 m 增加，脂肪醇聚氧乙烯醚由亲油性变为亲水性。根据 m 的从小到大，可作为 W/O 和 O/W 乳化剂。

Ⅲ. 聚氧乙烯聚氧丙烯烷基酚醚

$$R-\text{Ph}-O(EO)_a(PO)_b(EO)_c H$$
(A)

$$R-\text{Ph}-O(PO)_n(EO)_m(PO)_l H$$
(B)

R 为 C_8H_{17}，C_9H_{19}，环已基；a、b、c、n、m、l 为正整数或零。（A）式亲水性好，一般用作 O/W 乳化剂；（B）式亲油性好，一般作 W/O 乳化剂。

除此以外还有聚氧乙烯苄基酚醚，聚氧乙烯聚氧丙烯苄基联苯酚醚，聚氧丙烯聚氧乙烯苄基酚醚等。

Ⅳ. 脂肪酰胺的环氧乙烷加成物　有两种基本结构单体。

$$R-\underset{\underset{O}{\|}}{C}-NH(EO)_nH \quad 和 \quad R-\underset{\underset{O}{\|}}{C}-N\begin{matrix}(EO)_mH\\(EO)_nH\end{matrix}$$

Ⅴ. 聚氧乙烯烷基胺醚

$$RN\begin{matrix}(CH_2CH_2O)_mH\\(CH_2CH_2O)_nH\end{matrix} \qquad R=C_8\sim C_{22};\ m+n=2\sim 30$$

b. 酯型　脂肪酸环氧乙烷加成物有单酯和双酯两种结构：$RCO(EO)_nH$（单酯）和 $RCO(EO)_nOOCR$（双酯）。通常是两者的混合物，一般用作 W/O 乳化剂。

山梨糖醇酐脂肪酸类有两大类：山梨糖醇酐脂肪酸酯（Span 系列）和山梨糖醇酐脂肪酸聚氧乙烯（Tween 系列）。Span 系列分一酯、倍半和三酯，亲油性好，可作为 W/O 乳化剂。Tween 型是对应的 Span 型与环氧乙烷加成后的产物，亲水性好，一般作为 O/W 乳化剂。

聚氧乙烯甘油醚脂肪酸酯分单酯和双酯：

$$\begin{matrix}CH_2OC-R\\ \| \\ O\\ CHO(EO)_nH\\ CH_2O(EO)_mH\end{matrix} \qquad \begin{matrix}CH_2OC-R\\ \| \\ O\\ CHO(EO)_nH\\ CH_2OC-R\\ \| \\ O\end{matrix}$$

（单酯）　　　　　　　　（双酯）

式中 R 为 $C_8\sim C_{10}$ 烷基；$n, m=5\sim 15$。

聚氧乙烯聚氧丙烯甘油醚脂肪酸酯

$$\begin{matrix}CH_2O(PO)_p(EO)_aH\\CHO(PO)_q(EO)_bH\\CH_2O(PO)_r(EO)_cOCH_{33}C_{17}\end{matrix}$$

脂肪酸为油酸。

③ 阳离子型乳化剂　阳离子表面活性剂用于乳化剂发展较晚，实践证明它与各种矿料有很好的黏附性，且用量少，目前广泛用作乳化剂。主要有烷基胺类、酰胺类、咪唑啉类、季铵盐类、环氧乙烷双胺、胺化木质素等。其中二烷基或三烷基胺类一般没有乳化性，含有 $C_{12}\sim C_{22}$ 的单烷基胺类乳化剂效果较好，但是烷基单胺缺乏足够的乳化能力，所以现在常用的有 $C_{12}\sim C_{22}$ 烷基、$2\sim 4$ 个亚甲基的 N-烷基聚亚甲基二胺盐类乳化剂。烷基丙烯二胺常由丙烯腈与伯胺加成还原得到，而卤代烷同乙二胺反应也是合成 N-烷基乙二胺的最普通方法。同样，卤代烷与多亚甲基多胺（二亚甲基三胺、三亚甲基四胺等）反应，可以得到 N-烷基多胺。实践证明，有 $C_{16}\sim C_{20}$ 的脂肪烃基取代的亚乙基或亚丙基二胺是性能良好的阳离子乳化剂。

季铵盐类乳化剂是应用最为广泛的阳离子乳化剂。主要有烷基季铵盐（如 1831、18331、1621 等），杂环结构的季铵盐，通过酰胺、酯、醚等基团连接的季铵盐（如 $ArOC_2H_4OC_2H_4N^+MeEtCl^-$）等。特别是含氯烷基季铵盐类，如烷基吡啶氯化物，用于稀浆封层中能减少快裂型沥青乳液的流失。

酰胺类乳化剂常由脂肪酸（酯）胺解得到。由脂肪酰胺的盐酸盐得到的乳液具有良好的贮存稳定性和对各种基体的黏附性能。脂肪酸的衍生物，特别是妥尔油与二乙烯三胺或四乙烯五胺的产物，是一种很有用的沥青乳化剂。另外，烷基酰胺多胺 $RCONH(C_3H_6NH)_nC_3H_6NH_2$ 中含有多个亲水性氨基，所以能通过调节 pH 值，得到性能各异的沥青乳液。但是酰胺类乳化剂在水中有水解现象。酰胺类乳化剂经进一步加热脱水可以形成咪唑啉类阳离子乳化剂，它的无机酸盐也是很好的乳化剂。

④ 两性离子乳化剂　两性离子表面活性剂的分子结构与氨基酸相似，即分子中同时存在酸性基和碱性基，易形成"内盐"。主要有甜菜碱型、氨基酸型、咪唑啉型等，也有杂元素代替 N、P 的，如以 S 为阳离子基团活性中心的两性表面活性剂。其耐硬水、钙分散能力较强，与其他各类型的乳化剂有良好的配伍性，但价格较高。除甜菜碱型乳化剂外，表面活性剂的性质一般与溶液的 pH 值有关。

(2) 高分子乳化剂　高分子乳化剂是分子量很高的表面活性剂，因为它分子量较高，所以无法显著降低界面张力，但是在液珠的界面上，可以形成机械强度较高的界面膜，而且还能提高液相黏度，因此是性能优良的乳化剂。

① 天然高分子　天然高分子主要是各种植物胶和动物胶，植物胶的主要成分为中性或酸性多糖，由半乳甘露糖和其他糖组成，此外还有纤维素类。

a. 魔芋胶　魔芋胶主要成分为魔芋甘露糖，是一种多缩己糖，分子量约为 1×10^4 以上。

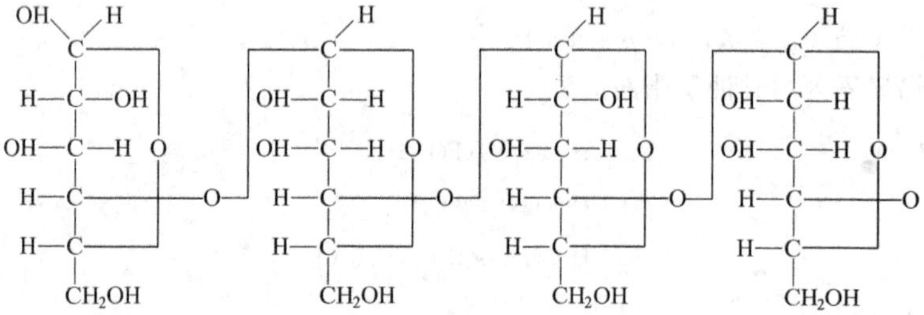

b. 瓜尔胶　瓜尔胶是由种子瓜尔素中提取的，是一种非离子型、带支链的多糖-半乳甘露糖。瓜尔胶的分子量为 2×10^5。

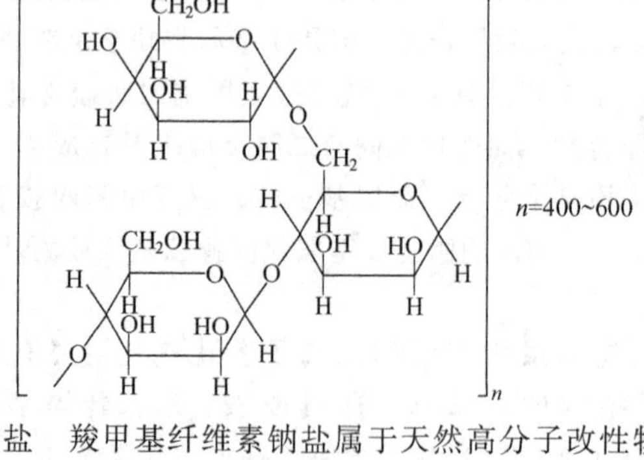

c. 羧甲基纤维素钠盐　羧甲基纤维素钠盐属于天然高分子改性物，由棉短纤维经碱化，再与氯乙酸醚化后生成的。

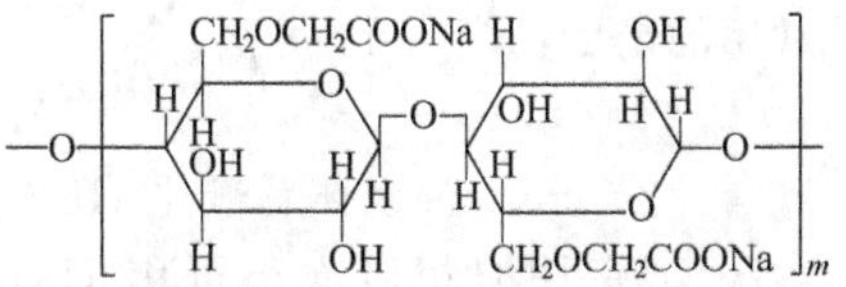

羧甲基纤维素钠盐的平均分子量在 5×10^4 以上，它能提高 O/W 型乳状液的水相黏度，也提高了乳状液的稳定性。

d. 田菁胶　田菁胶由其种子胚乳加工而成，主要成分为半乳甘露聚糖及少量纤维素等。其平均分子量约为 4×10^5。

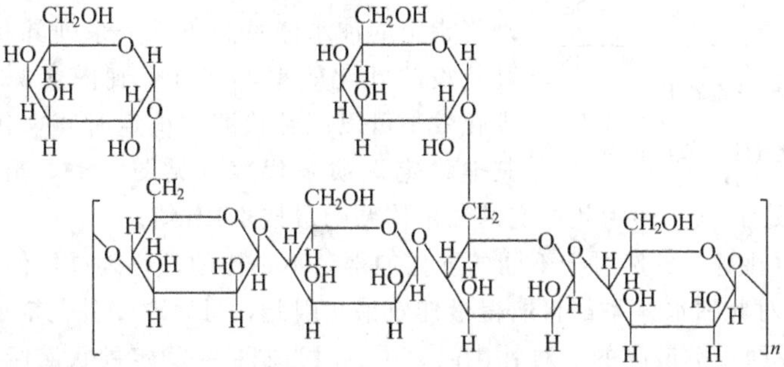

② 合成高分子表面活性剂

a. 聚氧乙烯苯乙烯基苯基醚　聚氧乙烯苯乙烯基苯基醚也称农乳600号，为非离子型表面活性剂。结构式为：

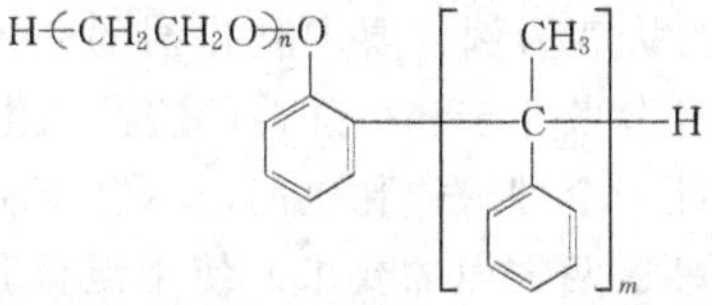

本品为浅黄色或橙黄色油状液体。冷却后呈半流动状态。易溶于水和各种有机溶剂。在酸碱溶液中稳定性好。高温时易被氧化剂氧化分解，具有优良的乳化性能。

b. 聚氧丙烯-聚氧乙烯嵌段共聚物　聚氧丙烯-聚氧乙烯嵌段共聚物属非离子型表面活性剂。可以根据含量或二者比例来调节 HLB 值，获得适合实际需要的乳化剂。结构式为：

$$HO(CH_2CH_2O)_l(CH_2-CH(CH_3)-O)_m(CH_2CH_2-O)_nH$$

式中，m 不少于15，亲水基链占分子质量20%～90%，分子量、HLB 和物化特性在一定范围内可调，因此有固态、液态和膏状，一般环氧乙烷加成数即 EO 数 $[(l+n)]>25$ 时为固态。

(3) 天然产物乳化剂　天然乳化剂除了上述的天然高分子乳化剂以外还有磷脂、皂素、明胶、藻朊酸盐、果胶酸盐、酪素等。属于 W/O 型的乳化剂还有羊毛脂、胆甾醇等。

除了上述三大类乳化剂以外，一些固体粉末也可作为乳化剂。如黏土（主要是蒙脱土）、二氧化硅、金属氢氧化物等粉末可以作为 O/W 体系的乳化剂；石墨、炭黑等作为 W/O 体系的乳化剂。一般情形下，用固体粉末稳定的乳状液，液珠较粗，但相当稳定。

8.2.2　乳化剂的选择

制备性能稳定的乳状液，关键的问题是选择合适的乳化剂及合适的制备方法。到目前为止，乳化剂的选择方法最常用的是 HLB 和 PIT 方法。

(1) HLB 方法

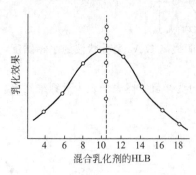

图 8-8　最佳 HLB 值的确定

① 油水体系最佳 HLB 值的确定　表面活性剂两亲性的相对大小可用 HLB 值衡量。首先选择一对 HLB 值相差较大的乳化剂，例如，Span-60（HLB＝4.3）和 Tween-80（HLB＝15），利用表面活性剂的 HLB 值的加和性，可以按不同比例配制成一系列具有不同 HLB 值的混合乳化剂，用此系列混合乳化剂分别将指定的油水体系制备成一系列乳状液，测定各个乳状液的乳化效率，就可得到图 8-8 中的钟形曲线。乳化效率可以用乳状液的稳定时间来代表，也可以用其他稳定性质来代表（见图 8-8），乳化效率最高时 HLB 值为 10.5 处。10.5 即为此指定的油水体系的最佳 HLB 值。

② 乳化剂的确定　虽然对于不同的乳化剂得到不一样的乳化效果，但在最佳 HLB 值下，每对乳化剂对此油水体系都将取得最佳效果。因此，可以改变乳化剂但仍保持此最佳 HLB 值，直到找到效率最高的一对乳化剂为止。因为制备一稳定乳状液所要求的 HLB 值与乳化剂浓度关系不大，因此未提及乳化剂浓度；但在乳状液不稳定区域内，当乳化剂浓度很低，或内相浓度过高时，对本方法会有影响。

采用 HLB 方法选择乳化剂时，不仅要考虑最佳 HLB 值，同时还应注意乳化剂与分散相和分散介质的亲和性。以 O/W 乳状液为例，要求乳化剂的非极性基部分和内相"油"的结构越相似越好。这样，乳化剂和分散相亲和力强，但这种乳化剂与分散介质水的亲和力就弱，不利于乳状液的稳定。因此一个理想的乳化剂，不仅与油相亲和力强，而且也要与水相有较强的亲和力，要同时兼顾这两方面的要求。使用混合乳化剂把 HLB 值小的乳化剂与 HLB 值大的乳化剂混合使用，形成的混合膜既与油相的亲和力强也与水相的亲和力强。使用混合乳化剂会比使用单一乳化剂的乳化效果更好，见表 8-2。

表 8-2　乳化各种油所需的 HLB 值

油　相	W/O 乳状液	O/W 乳状液	油　相	W/O 乳状液	O/W 乳状液
苯甲酮	—	14	煤油	—	14
苯二甲酸二乙酯	—	15	芳烃矿物油	4	12
月桂酸	—	16	烷烃矿物油	4	10
亚油酸	—	16	羊毛脂	8	12
油酸	—	17	松油	—	16
十二醇	—	14	蜂蜡	—	9
十醇	—	14	石蜡	4	10
苯	—	15	邻二氯苯	—	13
四氯化碳	—	16	硅油	—	10.5
蓖麻油	—	14	棉籽油	—	7.5
氯化石蜡	—	8	矿脂	4	7～8

③ 表面活性剂 HLB 值的分析测定　常用以下方法进行表面活性剂 HLB 值的分析测定。

a. 临界胶束浓度法　表面活性剂的临界胶束浓度（CMC）与表面活性剂的亲油、亲水性之间有一定的对应关系。溶液的很多性质，如表面张力、电导率、渗透压等在此浓度之后，基本保持不变，可以用来测定表面活性剂的 HLB 值。有关计算公式见表 8-3 和表 8-4。

表 8-3　CMC 法 HLB 值计算公式

计算公式	适用范围
$HLB = 7 + 4.02\lg(1/[CMC])$	非离子表面活性剂
$HLB = (2430.56 - \lg[CMC])/(169 - \lg[CMC])$	聚乙二醇醚类非离子表面活性剂
$HLB = 1.412\lg[CMC] - 10.25$	聚氧乙烯、聚氧丙烯型均匀共聚物,非离子表面活性剂
$HLB = 1.504\lg[CMC] + 43.132$	烷基聚氧乙烯醚型硫酸盐阴离子表面活性剂
$HLB = 1.155\lg[CMC] + 42.887$	烷基聚氧乙烯醚季铵型阳离子表面活性剂和聚醚硫酸盐阴离子表面活性剂
$HLB = 1.362\lg[CMC] + 22.189$	碳氟阴离子表面活性剂
$HLB = A\lg[CMC] + B$	阴离子表面活性剂

注：A 和 B 为常数，具体值见表 8-4。

表 8-4　阴离子表面活性剂的 A、B 值

表面活性剂	A	B	表面活性剂	A	B
RCOOK	1.637	24.926	RSO_3Na	1.961	16.235
RCOONa	1.393	22.744	$C_nF_{2n+1}COONa$	1.961	6.816
RSO_4Na	1.610	43.414	$C_nF_{2n+1}COOK$	1.520	23.032

用该法测定有几个问题必须注意。一是表面活性剂形成胶束的能力除了与它的 HLB 值有关外，与其立体结构也有很大关系，同样类型、同 CMC 的支链产品和直链产品的 HLB 值应该不同，而按照前面有关公式计算，二者却是相同的。二是表面活性剂中常常含有少量未反应的原料，有的产品中还存在一些电解质，它们对表面活性剂体系的 CMC 影响很大，此时采用 CMC 法计算 HLB 值误差较大。三是本法对于表面活性剂混合物不太适用，表面活性剂混合物的 CMC 与混合物单体之间的关系非常复杂，与采用重量加和法算出的表面活性剂混合物的 HLB 值不一致。

b. 分配系数、溶解度法　分配系数法的原理是通过测定表面活性剂在一定的油水体系中两相的分配系数，来计算表面活性剂的 HLB 值。从 HLB 值的定义来讲，该法是最好的方法之一。它应适用于所有的表面活性剂。但有一点长期为人们所忽略，就是无论在油相还是在水相，当表面活性剂超过一定浓度后都可能形成胶束，两相的胶束性质一般是不相同的，因此当表面活性剂超过一定浓度后，分配系数不仅与 HLB 值有关，而且与表面活性剂的总量也有关，因而使测定和计算变得复杂。

溶解度法只测定表面活性剂在油或水中某一相的浓度，具有和分配系数一样的问题，根据活度来计算分配系数较为合理，但活度测定较困难。有关的计算公式见表 8-5。

表 8-5 分配系数法 HLB 值计算公式

计算公式	符号意义	适用范围
$HLB=0.36c_{水}/c_{油}$	$c_{水}$、$c_{油}$ 分别为表面活性剂在水中和庚烷中的平衡浓度(下同)	有机硅非离子表面活性剂
$HLB=7+0.36\ln c_{水}/c_{油}$		一般非离子表面活性剂
$HLB=2.5\lg(\alpha_o/\alpha_w)+13$	α_o 和 α_w 为表面活性剂在油中和在水中的活度	非离子表面活性剂烷基酚、油酸 EO 加成物
$HLB=1.6K_{12}+13$	K_{12} 为表面活性剂在水中的活度和油中活度的比	烷基酚 EO 加成物
$HLB=54(\delta-8.2)/(\delta-6.0)$	δ 为溶解度	脂肪醇 EO 加成物

c. 浊点、浊数法 浊点法的原理是聚氧乙烯醚型非离子表面活性剂的 HLB 值与它的水溶液发生混浊的温度之间有一定的关系,通过测定浊点可以得知它的 HLB 值。浊点测定时可将 1% 左右的表面活性剂水溶液置于大试管中,液面高 50mm,在甘油浴中边搅拌边缓慢加热,当溶液透明度降低而变混浊时,试管内的温度就是表面活性剂的浊点。

浊数也称水数,就是使一定质量分数(约 10%)的表面活性剂有机溶剂(可以是正丙醇、二氧六环等)的溶液发生混浊所需添加的水的毫升数。测定时采用普通的滴定法即可,此法简单易行,但只适用于水溶性较小、分布较窄的表面活性剂。

相转变温度法是用电导仪测定乳液由 O/W 型变为 W/O 型时的温度,由此得知乳液中表面活性剂的 HLB 值。有关的计算公式见表 8-6。

表 8-6 浊点、浊数法、乳状液相转变法 HLB 值计算公式

计算公式	符号意义	适用范围
$HLB=0.0980X+4.02$	X 为 10% 表面活性剂水溶液浊点,℃(下同)	PO-EO 嵌段共聚物
$HLB=1602X(X+115.9)/163.4-7.34$		烷基酚聚氧乙烯醚
$HLB=23.64\lg W-10.16$	W 为水数(下同)	酯型非离子表面活性剂
$HLB=57.91\lg W-58.55$		脂肪醇、壬基酚、脂肪酸聚醚以及三甘酯、山梨醇混合酯等
$HLB=16.02\lg A-7.34$	A 为表面活性剂浊数,mL(下同)	烷基酚聚氧乙烯醚
$HLB=0.89A+1.11$		聚氧乙烯醚型和酯型非离子表面活性剂

浊点法和水数法都十分简便,但要特别注意待测试样中不能有离子型表面活性剂或其他电解质存在,微量的离子型表面活性剂可以使体系的浊点改变 20℃ 以上。

d. 乳化法 乳化法的原理是用表面活性剂来乳化油相介质时,当表面活性剂的 HLB 值与油相介质所需的 HLB 值相同时,生成的乳液稳定性最好。对于一般的水性表面活性剂,可以使用松节油(所需 HLB 值为 16)和棉籽油(所需 HLB 值为 6)配制一系列需要不同 HLB 值的油相,每 15 份油相中加入 5 份待测表面活性剂,然后加入 80 份水,搅拌乳化,其中稳定性最好的试样中油相所需的 HLB 值就是表面活性剂的 HLB 值。对于油性表面活性剂,可以固定油相为棉籽油,用另外一种水溶性较大的表面活性剂如斯盘-60(所需 HLB 值为 14.9)与待测表面活性剂配制成不同比例的系列复合乳化剂,根据上述的方法,也可测出表面活性剂的 HLB 值。

应用乳化法时要注意以下两个方面的问题：一是混合表面活性剂的 HLB 值的计算，现在基本上都采用重量加和法，是一种粗略的算法；二是当待测表面活性剂的乳化力较强时，测得的 HLB 值是一个范围。一般的表面活性剂都可以采用乳化法测出 HLB 值。对于特殊、新型结构的表面活性剂，采用乳化法也可以得到可靠的结果，此法的缺点是比较繁琐、费时。

e. 色谱法　用气相色谱法测定表面活性剂 HLB 值的原理随所用色谱柱的不同而不同。对于非极性色谱柱而言，试样保留时间主要与表面活性剂的沸点有关，例如对于聚氧乙烯醚系非离子表面活性剂同系物来说，分子中连接的聚氧乙烯醚单元数改变，沸点就随之改变，亲油、亲水性也随之改变，关联二者就可以得到 HLB 值的关系式。对于极性柱而言，试样的出峰时间与它的极性大小有关，显然对于同系物而言，极性与它的相对亲水性是密切相关的，由此也可以得出表面活性剂的 HLB 值。测量所用的色谱可以是纸色谱、液相色谱和薄层色谱等。也可用反相色谱测聚氧乙烯醚型非离子乳化剂的极性指数，再用极性指数计算出 HLB 值。该法可用于混合物的分析，即根据各组分间的组成和 HLB 值大小来综合计算。从目前的研究结果来看，该法主要用于聚氧乙烯醚型非离子表面活性剂同系物的 HLB 值分析，尚不能用于离子型表面活性剂的分析。表 8-7 为色谱法计算 HLB 值的相关公式和适用范围。

表 8-7　色谱法 HLB 值计算公式

计算公式	符号意义	适用范围
$HLB=8.55\rho_1-6.36$	$\rho_1=R_{乙醇}/R_{己烷}$；R 为保留时间(下同)	烷基或烷基酚聚氧乙烯醚型表面活性剂
$HLB=26-K/2.6$	K 为二异丁烯的分配系数	脂肪酸和脂肪醇的聚氧乙烯醚衍生物
$HLB=21.3-K/6.4$	K 为保留系数	脂肪醇聚氧乙烯醚衍生物
$HLB_G=10.25\lg\rho_2+1.90$	$\rho_2=(R_{甲醇}-R_{空气})/(R_{己烷}-R_{空气})$；$HLB_G$ 为按 Griffin 公式计算的 HLB	窄分布高纯度非离子聚氧乙烯醚型脂肪酸衍生物
$HLB_D=8.21\lg\rho_2+3.93$	$\rho_2=(R_{甲醇}-R_{空气})/(R_{己烷}-R_{空气})$；$HLB_D$ 为按 Davies 公式计算的 HLB	窄分布高纯度非离子聚氧乙烯醚型脂肪酸衍生物

f. 核磁共振法　用核磁共振研究一些非离子表面活性剂亲油和亲水部分的氢原子时发现，其共振波谱的特性值与表面活性剂的 HLB 值有良好的一致性，用于表面活性剂 HLB 值的计算有快速、简捷、重现性好的特点。对于表面活性剂混合物也适用。有关的计算公式见表 8-8。

表 8-8　核磁共振法 HLB 值计算公式

计算公式	符号意义	适用范围
$HLB=3H/(15V_1+10V_2)$	V_1 和 V_2 为表面活性剂亲油部分和亲水部分的相对体积	烷基酚、脂肪醇的 EO 加成物
$HLB=60H/(V_1+2)$	V_1 为 NMR 谱图中亲水基的相对体积	Span, Tween, polysorbate 类非离子表面活性剂

g. 水合热法　非离子表面活性剂分子中的极性基团与水分子之间形成氢键会导致焓的变化，测定其相对大小就可以推算出表面活性剂的 HLB 值。对于混合表面活性剂，只

要各种乳化剂之间没有相互作用,也可以使用这种方法。该法简便,但需要精密的测量仪器。有关的计算公式见表8-9。

表8-9 水合热法HLB值计算公式

计算公式	符号意义	适用范围
$HLB=0.42Q+7.5$	Q为表面活性剂的水合热,4.1869J/g	Span和Tween类非离子表面活性剂
$HLB=1.06H+21.96$	H为表面活性剂的混合热焓	亲油性非离子表面活性剂

④ HLB值的计算 HLB值是表面活性剂的生产和应用中的一个重要指标。对于已知结构的表面活性剂的研究和应用以及新结构表面活性剂的分子设计来说,采用有关公式计算HLB值十分方便,精度一般可以满足生产和应用的需要。

a. 结构因子法 结构因子法考虑了不同表面活性剂的结构因素,分别计算表面活性剂中亲水基和亲油基各部分对亲水性和亲油性的贡献,部分克服了运用分子量计算带来的较大误差,公式的适用范围较广,与直接用分子结构式计算比较,需要的结构数据略多,这些数据可以在一般的表面活性剂文献中查到。表8-10为有关计算公式。

表8-10 结构因子法HLB值计算公式

计算公式	符号意义	适用范围
$HLB=7+\Sigma$亲水基数$-\Sigma$亲油基数 (1)	亲水基数、亲油基数见表8-11	Span、Tween和阴离子表面活性剂
$HLB_L=7+\Sigma$亲水基数$-0.475n_{有效}$ (2)	$n_{有效}$为亲油基有效链长;HLB_L为按Lin & Marsnall公式计算的HLB值;$n_{有效}$与表面活性剂的CMC相关,$lg(CMC)=A-Bn_{有效}$(A、B值与亲水基的结构有关)	烷基聚氧乙烯醚和烷基聚氧乙烯醚硫酸盐型非离子和阴离子表面活性剂
$HLB_D=\Sigma$亲水基数$-0.870n-0.475(n_{有效}-n)+7$ (3)	亲水基数见表8-11	EO、PO化的氟碳表面活性剂
$HLB=($无机性数$/$有机性数$)\times K$ (4)	K为常数,约等于10;无机性数和有机性数参见有关文献	一般表面活性剂

表8-11 常用表面活性剂亲水基、亲油基的基团数

亲水基团	基团数	亲油基团	基团数
$-SO_4Na$	38.7	$-OH$(山梨醇环)	0.5
$-COOK$	21.1	$-(CH_2-CH_2-O)-$	0.33
$-COONa$	19.1	$-CH_2-$	0.475
$-N$(叔胺)	9.4	$-CH_3$	0.475
酯(山梨醇环)	6.8	$=CH-$	0.475
酯(自由)	2.4	$-CF_2-$	0.87
$-COOH$	2.1	$-CF_3$	0.87
$-OH$(自由)	1.9	$-CH_2-CH_2-CH_2-O-$	0.15
$-O-$	1.3	$-(CH_2-CH(CH_3)-O)-$	0.15

根据表 8-10 中的公式，表面活性剂 $C_9H_{19}C_6H_4O(CH_2CH_2O)_9H$ 的 HLB 值 $=10\times(9\times35+100+15)/(15\times20)=14.3$。按本法中公式(1) 计算仍显粗略，但比直接用亲水基占表面活性剂的质量分数表示的 HLB 值精度要高。公式(2) 和公式(3) 引入有效链长，概念和公式(1) 是一样的，主要是用同系表面活性剂链长和 CMC 之间的关系把环系结构、弱亲水结构等转化为有效链长，计算结果相对准确一些。公式(4) 的结果相对其余的来说更加粗略，但可适用于一般的表面活性剂。总之，分子结构式法和结构参数法结果不是十分准确，但由于基础数据较全，对于新结构的表面活性剂的设计、性能预测等方面仍有较大的应用价值。

b. 分子结构式法 这种方法假定表面活性剂的亲油基和亲水基部分对整个分子的亲油性和亲水性的贡献仅与各部分的分子量有关。有关计算公式见表 8-12。

表 8-12 分子结构式法 HLB 值计算公式

计算公式	符号意义	适用范围
$HLB=20(1-M_o/M_r)$	M_o 为亲油基分子量 M_r 为分子量	烷基酚、脂肪醇 EO 加成物系非离子表面活性剂
$HLB=19.45-66.8/N_{EO}$	N_{EO} 为单个烷基酚平均环氧乙烷加成的物质的量	烷基酚聚氧乙烯醚类非离子表面活性剂
$HLB=w_E/5$	w_E 为分子中乙氧基单元占整个分子的质量分数，%	亲水链为聚氧乙烯的一般非离子表面活性剂
$HLB=(w_E+w_P)/5$	w_P 为多元醇的质量分数，%	妥尔油、松香、蜂蜡、羊毛脂等环氧乙烷加成物
$HLB=7+11.7\lg(M_w/M_o)$	M_w 为亲水基的分子量	一般环氧乙烷加成物，如脂肪醇聚氧乙烯醚等
$HLB=A-Bn$	n 为表面活性剂亲油基的链长，不同表面活性剂的 A、B 值见表 8-13	阴离子表面活性剂

表 8-13 表面活性剂的系数

表面活性剂	A	B	表面活性剂	A	B
RCOOK	28.1	0.475	RSO_3Na	18.0	0.475
RCOONa	26.1	0.475	$C_nH_{2n+1}COOK$	28.1	0.870
RSO_4Na	45.7	0.475	$C_nH_{2n+1}COOH$	9.1	0.871

根据表 8-12 中的公式，壬基酚聚氧乙烯醚（9），即 $C_9H_{19}C_6H_4O(CH_2CH_2O)_9H$ 的 HLB 值 $=20\times(1-396/616)=12.86$。

由于一般情况下，分子的亲水性、亲油性不仅与该部分的分子量有关，而且与该部分的化学结构有关，显然这种方法对于不同结构类型的表面活性剂要分别计算。由于表面活性剂在水溶液中都会认一定的构象存在，结构性质并不是简单的加和，因而就存在一个有效链长的问题。采用本法计算有时误差高达 36%。

c. 极性指数 表面活性剂由极性小的亲油基和极性大的亲水基两部分组成，对于同类表面活性剂，其极性与非离子表面活性剂分子中的亲油基和亲水基的相对大小有关，极性指数可以通过反向色谱法或介电常数来决定，此法一般只适用于非离子表面活性剂。由于计算极性指数的结构参数资料有限，本法的应用受到限制。有关的计算公式见表 8-14。

表 8-14 极性指数 HLB 值计算公式

计 算 公 式	符 号 意 义	适 用 范 围
$HLB_G=0.154I_P-7.56\pm0.91$	I_P 为极性指数(下同)	窄分布的 Span 和 Tween
$HLB_D=0.192I_P-1.6\pm0.25$		窄分布的 Span 和 Tween
$HLB=0.309I_P-18.3$		Tween、烷基酚、脂肪醇、脂肪酸的乙氧基化非离子表面活性剂
$HLB=2.455I_P+11.0$		Span 类非离子表面活性剂
$HLB=0.27I_P-20.6$		Tween 类非离子表面活性剂
$HLB=0.3I_P-17.6$		烷基酚聚氧乙烯醚
$HLB=0.216I_P-7.4$		脂肪醇聚氧乙烯醚加成物
$HLB=0.352I_P-22.2$		脂肪酸聚氧乙烯加成物
$HLB=0.316R_P-21.5$	R_P 为对甲醇的相对极性指数	Span,Tween、烷基酚、甘油、胺、苯酚的 EO 加成物

d. 表面活性剂混合物的 HLB 值计算 混合表面活性剂的 HLB 值一般采用质量分数加和法计算。结果虽然粗略,但完全可以满足一般应用的需要,通常的乳化法测定表面活性剂的 HLB 值也是以此为基础的。例如,采用斯盘-20(HLB 值=8.6)和吐温-20(HLB 值=16.7)混合表面活性剂乳化石蜡和芳香烃基矿物油(1∶1)的混合物(所需 HLB 值=10×0.5+12×0.5=11)时,需要斯盘-20 和吐温-20 分别为 70% 和 30%。

在数据资料充分的情况下,直接采用公式计算表面活性剂的 HLB 值十分方便。工业产品往往为混合物。产品一般给出结构式,采用有关公式进行计算是可行的。但对于结构复杂的,特别是高分子表面活性剂,分子中有一些特殊基团或同时有很多亲水基团和/或多个疏水基团,基团之间相互影响很大,采用直接计算法误差较大,这个时候只有用实验测试的方法才能取得较好的结果。

e. 结构参数法 表面活性剂的一些结构参数与表面活性剂亲油基和亲水基的大小或相对作用大小相关,关联这种参数可以直接得出表面活性剂的 HLB 值,有关公式见表 8-15。

例如,甘油硬脂酸单酯的皂化值为 161,酸值为 196,其 HLB 值为 $20\times(1-161/198)=3.8$,表 8-15 中公式(1)的实质与按分子结构式直接计算是一样的。一般油脂类表面活性剂的酸值和皂化值都可以从有关文献中查到。表 8-15 公式(2)中的溶度参数考虑了分子中各个基团的多种作用,有文献认为其计算结果较为准确。

表 8-15 结构参数法 HLB 值计算公式

计 算 公 式	符 号 意 义	适 用 范 围
$HLB=20(1-S/A)$ (1)	S 为酯的皂化数;A 为酸的酸值	多元醇脂肪酸酯及 EO 加成物
$HLB=(\delta_S-8.2)/(\delta_S-6.0)\times54$ (2)	δ_S 为表面活性剂的溶度参数	阴离子表面活性剂

(2) PIT 方法(phase inversion temperature)

① PIT 定义 PIT 是指在一特定体系中,该表面活性剂的亲水、亲油性质达到适当平衡的温度,称为相转变温度,简写为 PIT。利用 PIT 作为选择乳化剂的方法,称为 PIT 方法。其确定方法为在等量的油和水中,加入 3%~5% 的表面活性剂,配制成 O/W 乳状液。然后在不断摇荡或搅拌下,逐渐加热、缓慢升温,在此期间可采用稀释法、染色法或

电导法来检查乳状液是否由原来的 O/W 型转变为 W/O 型。当乳状液由 O/W 变为 W/O 型时的温度就是此体系的相转变温度（PIT）。

PIT 与聚氧乙烯作为亲水基的非离子表面活性剂的浓度和聚氧乙烯链长分布有关，并受油相性质、油水比例和添加剂的影响。PIT 值随油相性质改变、油相极性的降低而增加。PIT 随聚氧乙烯链长分布越宽，则 PIT 值越高，所形成的乳状液越稳定。这可能是由于 EO 数越大亲水性越好；EO 数越小亲油性越好。聚氧乙烯链长分布越宽，就相当于有多种亲水、亲油性不同的乳化剂在一起混合使用，形成混合膜，有助于乳状液的稳定。反之聚氧乙烯链分布窄的，则 PIT 较低，乳状液稳定性就差。PIT 与以聚氧乙烯醚为亲水基的非离子型表面活性剂的"浊点"有关，PIT 随其"浊点"升高而升高，即随 EO 数升高而升高。PIT 随添加剂的性质而变化，在油中加入非极性有机物，PIT 增加。反之在油相中加入极性有机物，油相极性增加，PIT 下降。在水相中若加溶了长链脂肪烃会使 PIT 升高，有利于 O/W 乳状液稳定。产生这种影响的主要原因是添加物使聚氧乙烯链的水化程度发生变化。在以聚氧乙烯链作为亲水基团的表面活性剂水溶液中，长链脂肪烃是加溶在胶团的内核中，使胶团的体积和表面扩大，导致胶团-水界面区域有较大空间，增加了聚氧乙烯链与水接触的机会，提高了聚氧乙烯链的水化程度，因此 PIT 就升高了。若在溶液中加入芳香烃或极性有机物后，它们是加溶在胶团分子"栅栏"或外壳中，容易与水结合（水化），这不利于聚氧乙烯链的水化，使聚氧乙烯的水化程度降低，因此 PIT 也就随之降低。PIT 与 HLB 值有一定关系，一般 PIT 随 HLB 值增加而升高。HLB 值高说明乳化剂的亲水性好，因此 PIT 也就高，配制的 O/W 乳状液稳定性也会高。

② PIT 方法配制乳状液　O/W 乳状液配制过程中首先选择的乳化剂使其形成的 PIT 应有较高值，要高于使用温度，其贮存温度要比 PIT 低 20～60℃，只有这样才能保证 O/W 乳状液不发生变性。配制 W/O 乳状液时，选择的乳化剂应使其形成的乳状液的 PIT 值低一些为好，PIT 应低于使用温度，贮存温度应比 PIT 高 10～40℃，才能保证不会由 W/O 型变为 O/W 型。

③ 乳状液配制温度的确定　在 PIT 附近制备出来的乳状液，由于在 PIT 时乳化剂的亲水、亲油性质恰好达到平衡，此时的油水界面张力达极小值，因此在 PIT 附近制得的乳状液液珠是极其细小的，此时的油-水体系具有很大的相界面，因此体系的能量提高，很容易使液珠出现聚结现象。所以在 PIT 时配制的乳状液不稳定。要得到分散度高而且稳定性好的乳状液，对于 O/W 乳状液就须在比 PIT 低 2～4℃ 的温度下配制，然后再冷却至贮存温度。这样既可以得到最佳稳定性而又不至于颗粒过分变大的乳状液。对于 W/O 乳状液，制备温度应比 PIT 高 2～4℃，然后再升温至贮存温度。

8.2.3　乳状液的制备方法

乳状液的制备就是将一种液体以液珠的形式分散到另一与其不相混溶的液体中。因此在制备乳状液的过程中，就会产生巨大的相界面，使体系的界面能大幅度地增加，而这些能量则需要外界提供，可以通过一些特殊设备以机械能的形式来提供。

(1) 乳状液制备方法

① 转相乳化法　先将乳化剂溶于油中并加热成液状，然后边剧烈搅拌，边慢慢加入温水。加入的水开始以细小粒子分散于油中，呈 W/O 型；继续加水，乳液变稀，最后黏度急剧下降，转相成为 O/W 型乳液。也可将乳化剂直接溶于水，与上述相反，可分别制

成 O/W 型和 W/O 型乳液。

通过转相制得的乳状液，如前者的 O/W 型，其液滴粒子均匀，易生成双重或多重乳化体系，乳液稳定性优良，可能是最稳定的乳状液类型。而直接制得的乳液如后者的 O/W 型，则乳液中液珠偏大，且大小不匀，比较粗糙，所以稳定性较差。为改善颗粒不匀和乳液不稳定，常将此法制得的乳液用胶体磨或均化器进行处理。

② 自然乳化法　将乳化剂溶于油中，使用时将其投入大量水中，自发形成 O/W 型乳状液，但有时需搅拌。产生自然乳化的过程如图 8-9 所示。如果自然乳化效果不好，则可在乳化剂溶于油时加极少量水来改善，其原因是加入极少量水，可在油相中率先形成水通道，使水易于浸入，改善乳化效果。若油黏度高，则可提高乳化温度。

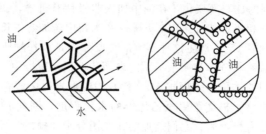

图 8-9　自然乳化示意图

③ 混合膜生成法　使用混合乳化剂，一个亲油，一个亲水，将亲油的乳化剂溶于油中，将亲水的乳化剂溶于水中。在剧烈搅拌下，将油水混合，两种乳化剂在界面上形成混合膜。混合乳化剂有十二烷基硫酸钠与十二醇；十六烷基硫酸钠与十六醇（或者胆甾醇）；斯盘-80 与吐温-40 等。用这种方法所制得的乳状液也是十分稳定的。

④ 轮流加液法　将水和油轮流加入乳化剂内，每次少量加入，用于制备某些食品乳状液。

⑤ 瞬间成皂法　将脂肪酸溶于油中，碱溶于水中，然后在剧烈搅拌下将两相混合，瞬间界面上生成了脂肪酸钠盐，这就是 O/W 型乳化剂。使用这种方法制得的乳状液十分稳定，方法也较简单。常用的脂肪酸为油酸。

(2) 乳化设备　常用的乳状液制备设备有搅拌器、胶体磨、均化器和超声波乳化器。其中搅拌器的优点是设备简单、操作方便，但配制出的乳状液的液珠大、分散度低。胶体磨和均化器配制的乳状液液珠细小，分散度高，乳状液的稳定性好。超声波乳化器一般都在实验室采用，在工业上很少使用。

① 搅拌混合器　搅拌混合器是最常用的一种设备。最简单的是在桶中装一高速螺旋桨。稍复杂的是由装有一系列螺旋桨、刮刀、混合叶片、定子、转子等的搅拌釜和保温套组成。此种设备虽能加工多种乳化体系，但加工后体系的液珠粒子较粗，分散度低，均匀性差，还易混入空气。

② 胶体磨　其主要部分是定子和转子。液体自定子和转子间空隙通过，由于高速旋转的转子的作用，使液体产生巨大剪切力，使之乳化。此间隙大小、转子速度、转子与定子表面形状均可调节，从而可满足不同的乳化要求。

③ 高剪切混合乳化机　高剪切混合乳化机主要由高速旋转的转子和定子组成，其基本原理与胶体磨相似。在电动机的驱动下，高速旋转的转子将物料从容器底部吸入转子

区，承受强烈的混合作用，物料被迫通过精密配合的定子与转子间隙后，从定子上特殊孔道甩出，在间隙处承受剧烈的机械及液体力的剪切作用，将颗料撕裂和粉碎；与此同时，新的物料被吸进转子中心，被推出的物料在容器壁面改变方向，从而完成一个循环。由于其强的粉碎、混合、乳化功能，因而是替代胶体磨的最佳设备。

④ 均化器 将欲乳化液体加压，并从可调节的小孔中挤出，以达到乳化目的。此法分散度高，均匀性好。均化器的乳化效果，关键在于其活门的结构。

⑤ 超声波乳化器 其原理是产生超声波，并传给液体，达到乳化目的。目前，用 Pohlman 哨子原理制造的超声波乳化器，能制得颗粒最小、分布最均匀且最稳定的乳状液。

(3) 乳化条件 除加料方式和乳化设备外，乳化条件等因素也是制备乳液的重要条件。如乳化时温度的控制将直接影响乳化效果。一般情况下，将油相温度控制在高于熔点 10~15℃，而水相温度稍高于油相温度；乳化后控制降温速度，通常较高冷却速度能获得较细粒子，但要注意降温速度最好通过试验决定。

8.3 乳化性能的测定

8.3.1 乳状液类型的测定方法

(1) 纸润湿法 对于重油与水的乳液可用此法。因为重油和水对滤纸的润湿性不同。将一滴乳液放于滤纸上，若乳液很快展开，则为 O/W 型；若不展开，则为 W/O 型。但对滤纸上能展开的油则不适用。

(2) 染料法 加微量只溶于一组分 A 而不溶于另一组分 B 的染料于乳状液中，加以混合。若乳状液整体带色，则 A 为外相；若只有液珠有色，则 A 为内相。常用的染料有油溶性的 Sudan 红Ⅲ和水溶性的亮蓝 FGF。若两者同时试验，则可靠性更高。

(3) 电导法 水与油导电性差异很大，乳液导电性优异的应是 O/W 型乳液，但若乳化剂是非离子型表面活性剂的 O/W 型乳液和离子型表面活性剂乳化剂较多的 W/O 型乳液，则电导法测定就有些问题。

(4) 稀释法 乳状液能与其外相液体相混溶，所以可用水或油对乳状液作稀释试验。若能被水稀释，则乳液是 O/W 型，反之为 W/O 型。

8.3.2 乳液稳定性的测定方法

测定乳状液稳定性常用加速老化法，一般通过超离心法，使乳液分层。在此情况下，Stokes 定律为：

$$v = \frac{2\omega^2 R r^2 (d_1 - d_2)}{g\eta}$$

式中，重力加速度 g 被 $\omega^2 R$ 所替代。显然，超速离心时，$\omega^2 R$ 可远大于 g，这样用很短时间就可相当于实际很长时间。如半径为 10cm，离心器以 3750r/min 转速转 5h 就等于地心重力场中一年的结果。根据 Stokes 定律，乳液稳定性以及生产工艺设计的参数主要有水相黏度、液滴直径以及连续和分散相的密度。其中液滴的大小及分布可以通过显微镜、激光颗粒测量仪、吸光度和浊度仪观察和测定。激光颗粒测量方法是目前较为可靠的方法。

8.4 分散剂

分散就是将固体颗粒均匀分布于分散液的过程，分散液具有一定的稳定性。被分散的固体颗粒称分散相，分散的液体称分散介质。分散相均匀地分散在分散介质中所制得的稳定浊液称分散液或分散体系。促使分散相均匀分布的物质称分散剂。

由于固体颗粒要被分散于液体中，故固体颗粒被液体润湿是分散的必要条件，但不是分散的充分条件。其充分条件之一就是使粒子间能垒上升至足够高度，从而使固体颗粒均匀分散不相互聚集。因此，凡能使固体表面迅速润湿，又能提高粒子间能垒的物质是分散剂。表面活性剂由于具有优异的分散性能，常被用作分散剂。

8.4.1 表面活性剂的分散稳定作用

(1) 固体粒子分散过程　固体粒子在介质中的分散过程一般分为三个阶段。

① 固体粒子的润湿　润湿是固体粒子分散的最基本的条件，若要把固体粒子均匀地分散在介质中，首先必须使每个固体微粒或粒子团，能被介质充分地润湿。这个过程的推动力可以用铺展系数 $S_{L/S}$ 表示。

$$S_{L/S}=\gamma_{SV}-\gamma_{SL}-\gamma_{LV}>0$$

当铺展系数 $S_{L/S}>0$ 时，固体粒子就会被介质完全润湿，此时接触角 $\theta=0$。在此过程中表面活性剂所起的作用有两个：一是由于在固-液界面以疏水链吸附于固体粒子表面而亲水基伸入水相的定向排列，使 γ_{SL} 降低；另一种是表面活性剂在介质表面的定向吸附（介质若为水），表面活性剂会以亲水基伸入水相而疏水基朝向气相而定向排列，使 γ_{LV} 降低。因此有利于铺展系数 $S_{L/S}$ 增大，使接触角 θ 变小。在水介质中加入表面活性剂后，容易实现对固体粒子的完全润湿。

② 粒子团的分散或碎裂　此过程中要使粒子团分散或碎裂，涉及粒子团内部的固-固界面分离问题。在固体粒子团中往往存在缝隙，另外粒子晶体由于应力作用也会使晶体造成微缝隙，粒子团的碎裂就发生在这些地方。可以把这些微缝隙看作毛细管，于是渗透现象可以发生在这些毛细管中，因此粒子团的分散与碎裂这一过程可作为毛细渗透来处理。渗透过程的驱动力是毛细管力 ΔP。

$$\Delta P=\frac{2\gamma_{LV}\cos\theta}{r}$$

式中，ΔP 为毛细管力；γ_{LV} 为液体的表面张力；θ 为液体在毛细管壁的接触角。

若固体粒子团为高能表面，问题就比较简单，液体与毛细管壁的接触角一般小于 $90°$，毛细管力 ΔP 会加速液体的渗透，加之表面活性剂能使 γ_{LV} 降低，因此有利于渗透过程的进行。若固体表面为低能表面，由于液体在其毛细管壁上的接触角大于 $90°$，因此 ΔP 为负值，与固-液界面扩展的方向相反，对渗透起阻止作用。

由杨氏方程 $\gamma_{SV}-\gamma_{SL}=\gamma_{LV}\cos\theta$ 可知。当表面活性剂加入后，会吸附于液体表面使 γ_{LV} 下降，同时表面活性剂在固-液界面以疏水基吸附于毛细管壁上，亲水基伸入液体中，使固-液界面的相容性改善，从而使 γ_{SL} 大幅度下降，由于 γ_{LV} 和 γ_{SL} 的降低，使接触角由 $\theta>90°$ 变为 $\theta<90°$，结果由 $\Delta P<0$ 变为 $\Delta P>0$ 而加速了液体在缝隙中渗透。

表面活性剂的类型不同在粒子团的分散或碎裂过程中所起的作用也有所不同。

a. 通常，以水为介质时，固体表面往往带负电荷。对于阴离子表面活性剂虽然也带负电荷，但在固体表面电势不是很强的条件下阴离子表面活性剂可通过范德华力克服静电排斥力或通过镶嵌方式而被吸附于缝隙的表面，使表面因带同种电荷使排斥力增强，以及渗透水产生渗透压共同作用使微粒间的黏结强度降低，减少了固体粒子或粒子团碎裂所需的机械功，从而使粒子团被碎裂或使粒子碎裂成更小的晶体，并逐步分散在液体介质中。

b. 非离子表面活性剂也是通过范德华力被吸附于缝隙壁上，非离子表面活性剂存在不能使之产生电排斥力但能产生熵斥力及渗透水化力，使粒子团中微裂缝间的黏结强度下降而有利于粒子团碎裂。

c. 阳离子表面活性剂可以通过静电吸引力吸附于缝隙壁上，但吸附状态不同于阴离子表面活性剂和非离子表面活性剂。阳离子是以季铵阳离子吸附于缝隙壁带负电荷的位置上，而以疏水基伸入水相，使缝隙壁的亲水性下降，接触角 θ 增大，甚至大于 $90°$，导致毛细管力为负，阻止液体的渗透，所以阳离子表面活性剂不宜用于固体粒子的分散。

③ 阻止固体微粒的重新聚集　固体微粒一旦分散在液体中，得到的是一个均匀的分散体系，但稳定与否则要取决于各自分散的固体微粒能否重新聚集形成凝聚物。由于表面活性剂吸附在固体微粒的表面，从而增加了防止微粒重新聚集的能障，并且由于所加的表面活性剂降低了固-液界面的界面张力，增加了分散体系的热力学稳定性。因此，总的结果是在一定的条件下降低了粒子聚集的倾向。

以典型的黏土水化分散过程（以蒙脱石为例）来说明分散的三个过程。

蒙脱石为 2∶1 型层状结构的黏土矿物。在蒙脱石的晶格里，四面体层中的部分 Si^{4+} 被 Al^{3+} 取代，八面体层中的 Al^{3+} 被 Mg^{2+} 等取代，结果造成黏土表面存在吸附的阳离子（Na^+、Ca^{2+}、Li^+ 等）。当蒙脱石与水接触时，这些被吸附于层间的阳离子有一种向水中解离、扩散的趋势。随着吸附阳离子离开蒙脱石的表面，蒙脱石表面带负电，于是又会对作为反离子的阳离子以静电吸引。其中一部分阳离子与黏土表面紧密相吸，再加之一部分溶剂化水，构成吸附溶剂化层；其余的阳离子带着它们的溶剂化水扩散地分布在液相中，组成扩散层，见图 8-10。

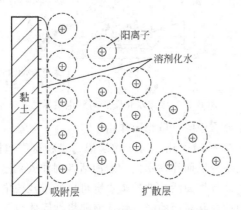

图 8-10　黏土表面的双电层示意图

蒙脱石的水化分散可分为两个阶段：表面水化引起膨胀，此时黏土的晶格层面达 4 个水分子厚度，层间距开始膨胀，由 0.98nm 升至 1.25nm，见图 8-11(a)，此后进入由渗透水化作用引起的膨胀，见图 8-11(b)、图 8-11(c)。在这一阶段随着水进入黏土晶胞层间，原来吸附在黏土表面的阳离子便扩散在水中，形成扩散双电层，这样，层面间就产生了双电层斥力。这个长距离范围里的黏土-水相互作用由双电层斥力所控。这可使蒙脱石的晶胞的层间距达到 1.25nm。最后蒙脱石以片状结构悬浮于水中形成水-土悬浮体。水化分散后的蒙脱石的平均粒径可达 3μm 左右。图 8-12 表示渗透水化与双电层斥力之间的关系。

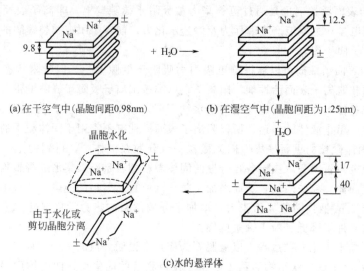

图 8-11　钠基蒙脱石的水化作用

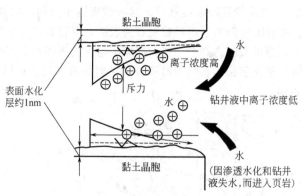

图 8-12　渗透水化膨胀与双电层斥力

(2) 表面活性剂在水介质中的分散稳定作用

① 对非极性固体粒子的分散作用　对于像炭黑、炭粉这类非极性固体粒子，由于表面的疏水性在水中基本上不分散而浮在水面。表面活性剂加入悬浮体后，由于表面活性剂可以降低水的表面张力，而且表面活性剂的疏水链可以通过范德华力吸附于非极性固体粒子表面，亲水基伸入水中提高其表面的亲水性，使非极性固体粒子的润湿性得到改善。炭黑、炭粉会分散于水中，为了形成阻止微粒聚集的能障，常使用离子型表面活性剂作为润湿剂。阴离子型表面活性剂最好，它能使微粒带有同种电荷而相互排斥，从而形成了一个

阻止粒子聚集的电能障，如十二烷基硫酸钠阴离子型表面活性剂不仅能提供电能障，而且由于表面活性剂分子在固体粒子表面上的定向作用而使固-液界面张力降低，更有利于固体粒子在水相中分散。这种吸附效率随着憎水基团碳链的增长而增加。因此长碳链的离子型表面活性剂，比短碳链的更有效。非离子表面活性剂也可以改善非极性固体粒子在水中的润湿性，如聚氧乙烯醚作为亲水基团的表面活性剂虽然不能提供电能障，但它却可以通过柔顺的聚氧乙烯链提供熵排斥力，形成空间位阻，见图 8-13。

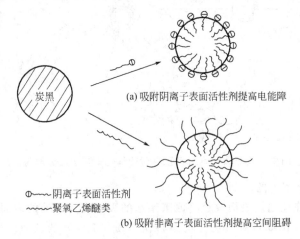

图 8-13　炭黑的分散过程

② 对带电质点的分散稳定作用

a. 离子型表面活性剂与质点表面带有同种电荷　当离子型表面活性剂所带电荷与质点表面相同时，由于静电斥力而使离子型表面活性剂不易被吸附于带电的质点表面；但若离子型表面活性剂与质点间的范德华力较强，能克服静电斥力时离子型表面活性剂可通过特性吸附而吸附于质点表面，此时会使质点表面的 Zeta 电势的绝对值升高，使带电质点在水中更加稳定。

b. 离子型表面活性剂与质点表面带有相反电荷　若使用的离子型表面活性剂与质点表面所带电荷相反，在表面活性剂浓度较低时，质点表面电荷会被中和，使静电斥力消除，可能发生絮凝；但当表面活性剂浓度较高时，在生成了电性中和的粒子上再吸附了第二层表面活性剂离子后，固体颗粒又重新带有电荷，由于静电的斥力又使固体微粒重新被分散，如图 8-14 所示。

氧化铁粒子由于吸附了溶液中的 Fe^{3+} 而使其带电，粒子间由于存在静电斥力而稳定分散于水溶液中。当加入适量的阴离子型表面活性剂后，通过静电吸引而吸附于带电氧化铁粒子表面并将其表面电荷中和，使氧化铁粒子凝聚或通过疏水链的疏水吸附桥连而絮凝。电荷被中和后的氧化铁粒子在离子型表面活性剂浓度较高时可通过疏水链的疏水吸附再吸附一层离子型表面活性剂，其离子头伸入水相使氧化铁粒子重新带电，又可稳定分散于水溶液中。另外也可经疏水吸附非离子表面活性剂，其极性的聚氧乙烯链进入水相形成较厚的水化膜，起到空间位阻作用，产生熵斥力而稳定分散于水溶液中。

(3) 表面活性剂在有机介质中的分散稳定作用　质点在有机介质中的分散主要是靠空

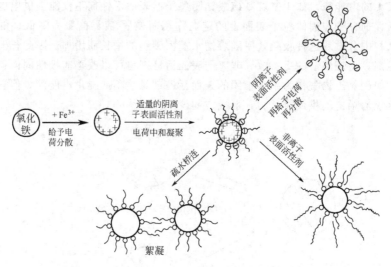

图 8-14　阴离子表面活性剂对带正电荷的氧化铁粒子的分散与絮凝作用

间位阻产生熵斥力来实现的。

对于无机质点往往通过表面改性将原来亲水的表面变为亲油的表面而提高在有机介质中的分散稳定性。例如，对白色无机颜料钛白粉（TiO_2）的表面改性可用图 8-15 来表示。

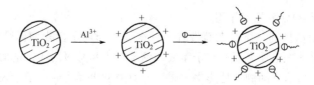

图 8-15　TiO_2 的表面改性过程

TiO_2 的零电点时 pH 值为 5.8。为了使其表面能在 pH 值高于零电点时带正电荷，可在钛白浆液中加入铝盐或偏铝酸钠，再以碱或酸中和，使析出的水合 Al_2O_3 覆盖在钛白粉颗粒上。由于 Al_2O_3 可以从溶液中吸附 Al^{3+} 而使其表面带正荷，再加入羧酸型阴离子表面活性剂，就能通过静电吸引力使羧基吸附于 TiO_2 粒子表面。疏水链向外的定向吸附层使 TiO_2 粒子的表面由亲水变为亲油，疏水链在有机介质中的溶剂化作用使 TiO_2 粒子表面覆盖了一层溶剂化油膜，从而增加了 TiO_2 在有机介质中的分散稳定性。碳酸钙、氧化铁等无机颜料均可通过表面改性提高表面的亲油性而使其能稳定分散于有机介质中。

对于非极性的质点如有机颜料也需对其进行表面处理，以克服质点间的范德华力而稳定分散于有机介质中。对于有机颜料的表面处理可以通过以下几种方式实现。

① 使用有机胺类对有机颜料进行表面处理，见图 8-16。由于脂肪胺化合物带有极性较高的氨基，对于颜料分子的极性表面具有较大的亲和力，可吸附在颜料粒子表面上，而疏水的碳氢链将使颜料表面变得更加亲油。另外，溶剂化的碳氢链将会起到空间阻碍作用，阻止颜料粒子间的絮凝，使颜料粒子更易稳定分散于介质中，而且还能增加其流动性。

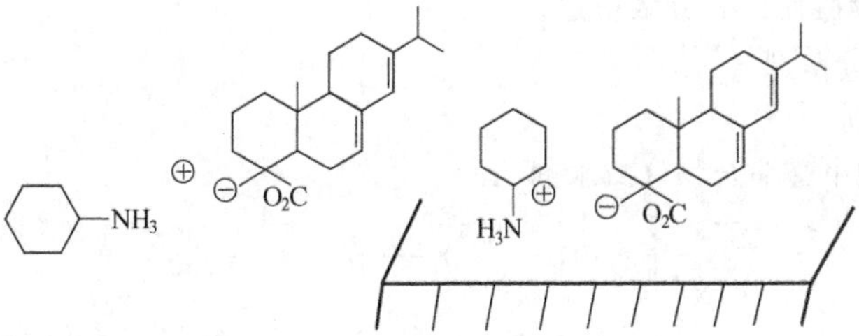

图 8-16 用有机胺实施表面处理的模型

常用的有机胺有：

$C_{18}H_{37}NH_2$ （硬脂胺）

$C_{18}H_{37}NHCH_2CH_2CH_2NH_2$ （N-硬脂基丙二胺）

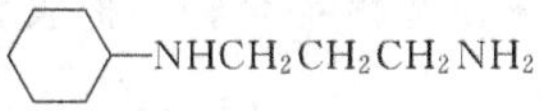

环己基-$NHCH_2CH_2CH_2NH_2$ （N-环己基丙二胺）

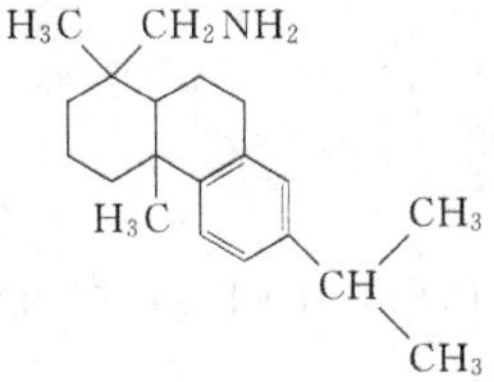

（脱氢松香酸胺）

② 使用颜料衍生物对有机颜料进行表面处理。如联苯胺系列黄颜料，在偶合反应之后加入一定量脂肪胺，与颜料分子中 $\diagdown C=O$ 缩合生成席夫碱，通过分子平面吸附于颜料表面。

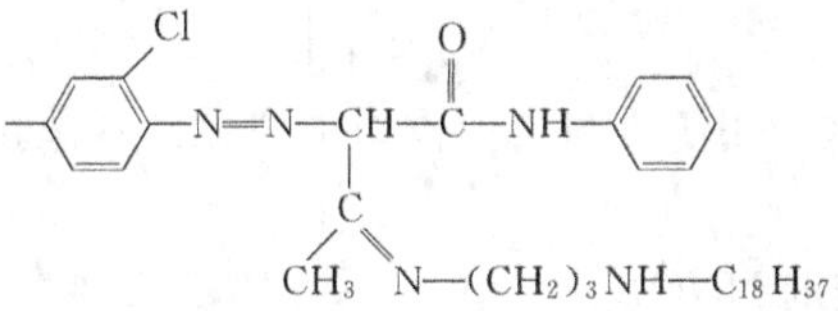

（席夫碱）

8.4.2 分散剂

能使固液悬浮体中的固体粒子稳定分散于介质中的表面活性剂可称为分散剂。通常，表面活性剂是通过吸附在固体粒子的表面上并能产生足够的能垒阻止固体粒子絮凝而达到使固体粒子分散稳定。一般来说，固体粒子要被分散在液体介质中，固体粒子被液体润湿是必要的条件，但还不是充分条件，其充分条件之一是固体微粒之间必须存在一个足够高的能垒，这样才能使固体粒子间不产生絮凝现象而均匀地分散于介质中。因此，凡是能使固体微粒表面迅速润湿，又能使固体质点间的能垒上升到足够高的表面活性剂才称为分散剂。

（1）水介质中使用的分散剂 这类分散剂一般都是亲水性较强的表面活性剂，另外，疏水链多为较长的碳链或呈平面结构，如带有苯环或萘环。这种平面结构易作为吸附基，吸附于具有低能表面的有机固体粒子表面而以亲水基伸入水相，将原来亲油的低能表面变为亲水的表面。对于离子型表面活性剂还可使固体粒子在接近时，产生电斥力而使固体粒子分散。对于亲水的非离子表面活性剂可以通过长的、柔顺的聚氧乙烯链形成的水化膜来阻止固体粒子的絮凝而使其分散稳定。

① 阴离子型分散剂

a. 萘系分散剂

Ⅰ. 蒽磺酸钠甲醛缩合物（减水剂 AF）

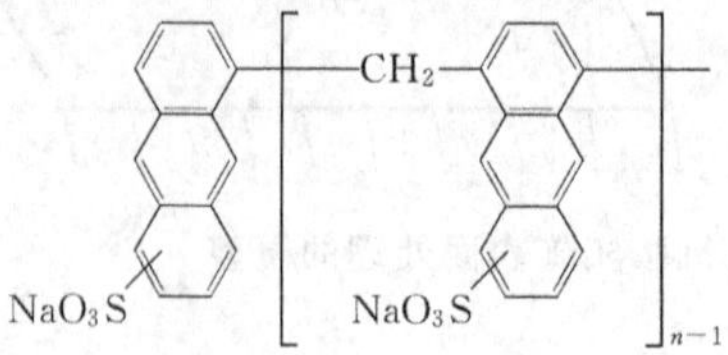

n 为聚合度（$n>2$）

棕褐色粉末，无毒不燃，易溶于水，水溶液呈弱碱性，化学性能稳定，是一种低引气型高效水泥减水剂，可使混凝土及水泥制品的早期强度明显提高，并有很好的增强效果。

Ⅱ. 甲基萘磺酸钠甲醛缩合物与席夫酸甲醛缩合物（扩散剂 CI）

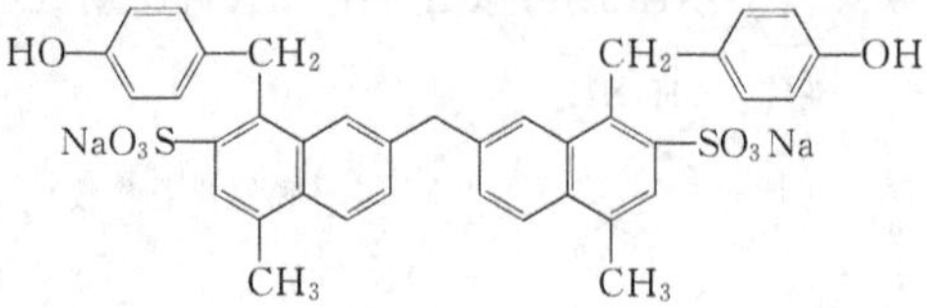

棕色液体，扩散性能≥4级，用作分散染料中间体，也用作分散、还原等不溶性染料的扩散剂。

Ⅲ. 苄基萘磺酸甲醛缩合物（扩散剂 CNF）

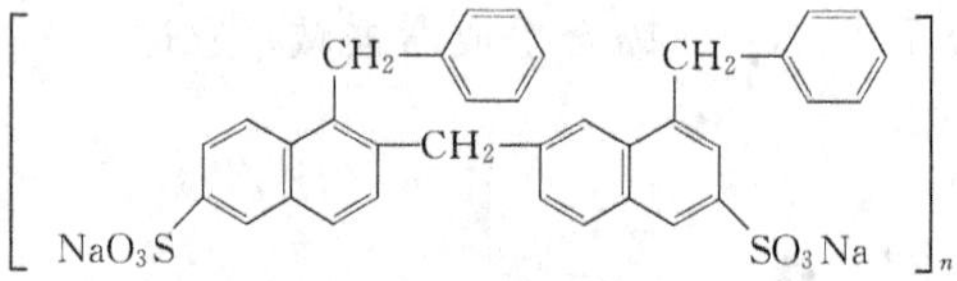

n 为聚合度

本品为米黄色粉末，可溶于水，用于染料工业作匀染剂。也可作乳胶阻凝剂，水泥减水剂。

Ⅳ. 亚甲基二萘磺酸钠（扩散剂 NNO）

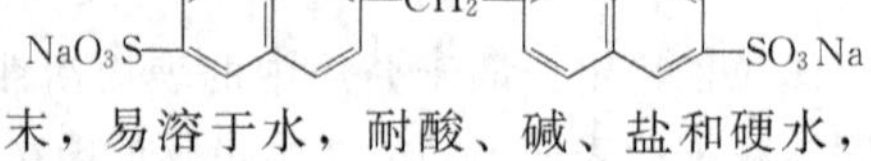

本品为米黄色固体粉末，易溶于水，耐酸、碱、盐和硬水，扩散性能好，对蛋白质及聚酰胺纤维有亲和力，对棉、麻等纤维素无亲和力。主要用作还原染料染色、酸法染色或悬浮体轧染的分散剂，也用作水泥的早强减水剂。

Ⅴ. 甲基萘磺酸钠甲醛缩合物（扩散剂 MF）

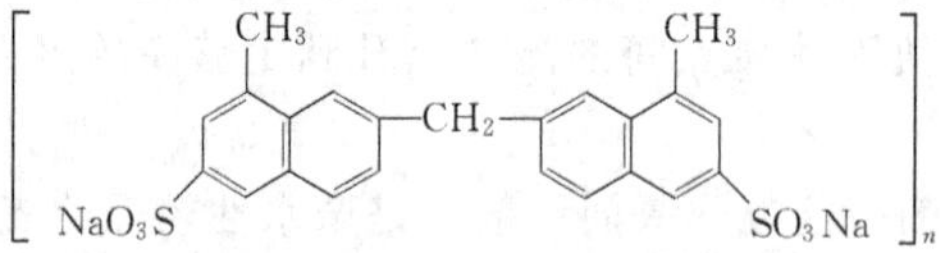

n 为聚合度

本品为棕色至深棕色粉末，易溶于水，易吸潮，耐酸、碱及硬水。具有良好的扩散性能，用作分散染料、活性染料、还原染料的分散剂，匀染剂；也用于航空农药的分散剂，水泥混凝土的减水剂。

Ⅵ. β-萘磺酸钠甲醛缩合物（减水剂 UNF-2）

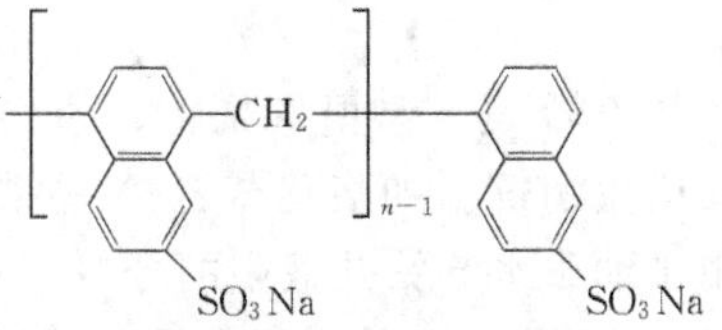

n 为聚合度

本品为棕褐色粉末，易溶于水，水溶液呈碱性，用于改进水泥浆的流动性，主要用于混凝土施工和建筑物预制件等行业。

Ⅶ．萘磺酸甲醛缩聚物钠盐

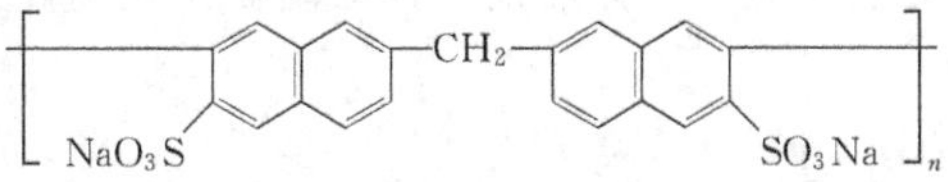

n 为聚合度

本品为棕色粉末，对炭黑有独特的分散力和润湿性。用作水性涂料、颜料色浆的高效分散剂；在丙烯酸系列、醋丙系列、氯偏系列的乳胶漆中用作色浆的分散剂。

b. 木质素类

Ⅰ．木质素磺酸

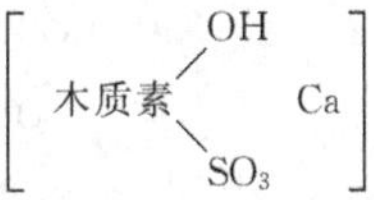

为深褐色黏稠液体，用作混凝土减水剂，也可作为分散、还原染料加工的分散剂。

Ⅱ．脱糖缩合木质素磺酸钠

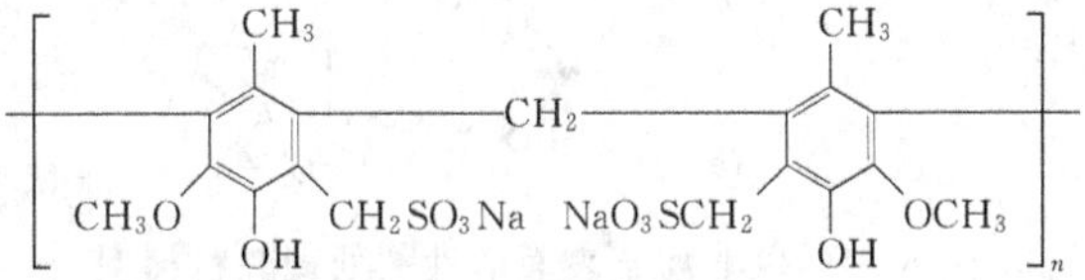

棕色粉状物，为阴离子型高温分散剂，扩散性好，用于染料的分散剂。

c. 聚合物类（水溶性超分散剂）

Ⅰ．聚丙烯酸钠和聚丙烯酸异丙酯

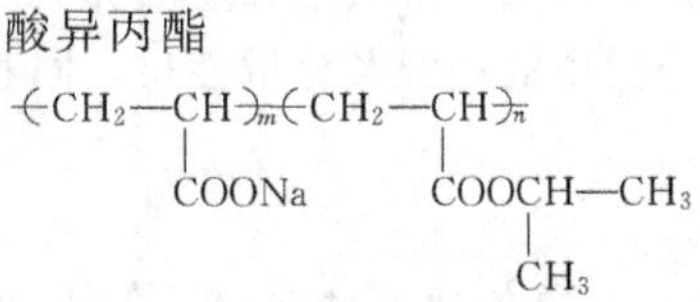

淡黄色透明黏稠液体。用于造纸、涂料等行业，是一种优良的颜料分散剂，其特点是具有高效、稳定、无毒、无腐蚀等优点，它与涂料中各种化工原料相容性很好。

Ⅱ．低分子量聚丙烯酸钠

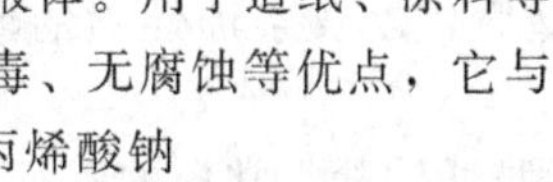

n 为聚合度；R=烷基

浅黄色透明黏稠液体。与涂布加工纸用涂料中的其他组分相容性好。分散剂本身的贮存稳定性好，无混浊或分层现象。易溶于水、无毒、无腐蚀性。用于造纸、涂料等行业，是一种优良的颜料分散剂。

聚丙烯酸钠盐水溶液为浅黄色或棕黄色透明水溶液，具有良好的分散性和稳定性。用作乳胶涂料的分散剂。可用于水性油墨、水性涂料和印花色浆中的阴离子型聚合物分散剂。

还有苯乙烯-甲基丙烯酸共聚物、苯乙烯-马来酸酐共聚物、苯乙烯-马来酸酐部分酯化物和丙烯酸-甲基丙烯酸酯共聚物及其衍生物等。如磺化苯乙烯-马来酸酐共聚物钠盐、乙酸乙烯酯-马来酸酐共聚物钠盐主要用于油田水基钻井液中的分散剂（又称降黏剂），二烯丙基二甲基氯化铵-丙烯酸钠-丙烯磺酸钠-丙烯酰胺的四元共聚物为20世纪90年代初期出现的两性离子降黏剂。

② 非离子型分散剂　以聚氧乙烯醚作为亲水基的非离子型表面活性剂，如烷基醚型、烷基酚型和吐温型也都是较好的水介质中的分散剂。其吸附模型见图8-17。

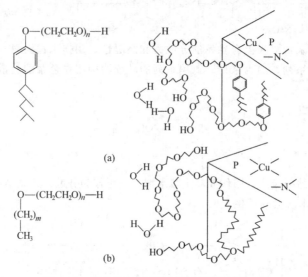

图 8-17　以非离子表面活性剂处理颜料模型

试验表明，采用上述类型添加剂处理时，可以使亲油性有机颜料表面吸附疏水性基团（如长碳链烷基），聚氧乙烯链伸入水相，聚氧乙烯醚随其 n 值的增加，可以具有不同程度的亲水性，有效地改进在水性介质中的润湿及分散性质，同时还可以增加分散体系的贮存稳定性。

（2）有机介质中的分散剂

① 用于有机粒子的分散剂　主要包括各种非离子型表面活性剂，各种长碳链胺类如十八胺，各类以聚氧乙烯为亲水基团的烷基胺，以及亲油性强的斯盘类非离子表面活性剂。

② 用于无机粒子的分散剂　包括各类脂肪酸钠盐，常用的有月桂酸钠、硬脂酸钠盐和磺酸盐。长碳链的胺类化合物，如伯胺类、仲胺类、季铵盐以及醇胺类。除此以外还有长碳链醇类和有机硅类。

8.4.3　表面活性剂结构与分散性的关系

常用的是水分散体系，通常可以此来分析表面活性剂结构与分散性的关系。作为疏水性的固体粒子，能吸附表面活性剂的疏水基，若是阴离子表面活性剂，则使朝外的亲水基因相同电荷而相互排斥。显然，表面活性剂的吸附效率随疏水基长度增加而提高，所以长碳链较短碳链分散性好。

如果增加表面活性剂的亲水性,则往往提高其在水中溶解度,从而减少颗粒表面的吸附。若表面活性剂与颗粒间作用力很弱时,这种影响更大。如制备染料水分散体系时,强疏水性染料用高磺化的木质素磺酸盐分散剂时,能形成热稳定性好的分散体系;而对亲水性染料用同样分散剂,则热稳定性就较差,但用较低磺化度的木质素磺酸盐作分散剂,却能得到热稳定性较好的分散体系。其原因是高磺化度的分散剂在高温时,溶解度很大,因而很易脱离本来作用就很弱的亲水性染料表面,从而使分散性降低。

如果分散粒子本身带有电荷,又选用具有相反电荷的表面活性剂,则在微粒所带电荷被中和前,可能发生絮凝作用。只有在电荷中和的粒子上再吸附第二层表面活性剂后,才能很好地分散。若选用相同电荷的表面活性剂,则颗粒吸附表面活性剂困难,同样只有高浓度时,才有足够的吸附以稳定分散体。实际上,使用的离子型分散剂常含有多个离子基团,且分布于整个表面活性剂分子上,同时疏水基含有芳环或醚键等极性基团的非饱和烃链。

聚氧乙烯非离子表面活性剂分子高度水合的聚氧乙烯链,以卷曲状伸展到水相中,对固体粒子聚集形成了很好的空间障碍,同时很厚的多个水合氧乙烯层大大降低了粒子间范德华引力,故是很好的分散剂。尤其是氧化丙烯和氧乙烯的嵌段共聚物,其聚氧乙烯链长,增加了溶解度;而聚氧丙烯疏水基增长,增加了固体粒子的吸附。所以,两者均长,作分散剂是十分适宜的。

当用离子型与非离子型表面活性剂复配时,一方面使分子伸展到水相中,形成空间障碍,阻止粒子相互接近,另一方面增强了固体粒子界面膜强度。因此,混合后只要它们在水相中溶解度的增加没有明显影响粒子表面的吸附,疏水基较长的分散剂分散性能是较强的。

8.4.4 分散性能测定

(1) 分散力测定　测定对钙皂的分散能力。在 100mL 有塞量筒中加 1.25% 肥皂液 10mL 和 0.24% 氯化钙溶液 10mL,摇匀后,钙皂即凝聚上浮,逐渐滴入所测助剂溶液(浓度为 1%),直至液面无钙皂为止,用所需试液量表示其分散能力。

(2) 乳化力测定　取助剂(浓度为 0.1%) 4.0mL 于 100mL 有塞量筒中,再加 40mL 矿物油,盖好瓶塞,猛摇 5 次,静置 1min,再摇 5 次,再静置 1min。如此重复 5 次后,即开动秒表,记录分离出 10mL 水的时间,用时间表示乳化能力的好坏。

(3) 润湿性测定　将染料均匀地撒在水面上,用测定染料颗粒自水面全部消失所需的时间来评定润湿性。

(4) 分散液稳定性　将分散液放入图 8-18 所示的装置中,静置一定时间后,分别取上下层溶液,用分光光度计测分散液的光密度,计算分散稳定性。

$$\text{分散液稳定性} = \frac{\text{上层液光密度}}{\text{下层液光密度}} \times 100\%$$

此法也可测染液高温分散性。将染液置于高温、高压染色样机中,从 90℃ 升至 130℃,保温 10min,冷却至 20℃,取出,稀释,然后测定其稳定性,再与未经高温处理的比较。

分散稳定性也可用染色法和过滤法测定。

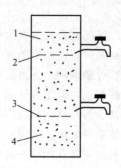

图 8-18 分散液稳定性测定示意图
1—上层液；2,3—摩擦缝隙；4—下层液

(5) 溶解性测定　在染料中加少量水，用玻璃棒搅拌，使染料成泥浆状，视其有无结块现象，无结块表示舒解性好。

(6) 染料细度测定

① 滤纸法　在两块圆形玻璃板中夹入滤纸，上板中央有小孔，染液自孔中滴入，看滤纸上染液分布情况。若在滤纸上均匀分布，则颗粒细，分散均匀；若颗粒粗，则染料集中于滤纸中央，渗圈差。

② 斑点检测法　取 2g 染料与海藻酸钠（1%）200mL，稀释至 1L，放置 10min，取 ϕ9cm 的希氏漏斗，填上平纹涤纶织物作滤布，室温时吸滤，将滤布干燥后进行热溶，再水洗、皂洗、水洗、干燥后目测有无染斑，如有染斑，说明颗粒较粗。

此法主要测定分散染料印花或热溶染浅色时是否有粗粒染料存在。

参考文献

[1] 周家华，崔英德. 表面活性剂 HLB 值的分析测定与计算 I. HLB 值的分析测定 [J]. 精细石油化工，2001，2 (3)：11-13.
[2] 周家华，崔英德，吴雅红. 表面活性剂 HLB 值的分析测定与计算 II. HLB 值的计算 [J]. 精细石油化工，2001，4 (7)：38-40.
[3] 罗巨涛. 染整助剂及其应用 [M]. 北京：中国纺织出版社，2000.
[4] 徐燕莉. 表面活性剂的功能 [M]. 北京：化学工业出版社，2000.
[5] 林巧云，葛虹. 表面活性剂基础及应用 [M]. 北京：中国石化出版社，1996.
[6] 李宗石，刘平芹，徐明新. 表面活性剂合成与工艺 [M]. 北京：中国轻工业出版社，1995.
[7] 赵国玺. 表面活性剂物理化学 [M]. 北京：北京大学出版社，1991.
[8] Arved Datyner, Marcel Dekker. 表面活性剂在纺织染加工中的应用 [M]. 施予长译. 北京：纺织工业出版社，1988.
[9] 程靖环，陶绮雯. 染整助剂 [M]. 北京：纺织工业出版社，1985.

第9章 洗涤剂

9.1 概述

从固体表面除去异物的过程称为洗涤。在洗涤中起主要作用的化学物质为洗涤剂。洗涤剂在纤维纺织印染中应用很广。如羊毛纤维的原毛表面附着很多羊毛脂等，必须进行脱脂处理；为了提高丝绸的光泽和手感，须进行除去覆盖在丝绸表面的丝胶朊；原棉虽然几乎是纯纤维组成的，但还含有少量棉蜡和果胶等要除去；合成纤维虽然没有天然纤维那样的杂质，但在纺织加工中常常使用油剂或抗静电剂，所以要进行洗涤除去油剂；织物在染色和印花后，要除去未固色的染料等，这些都需要洗涤过程。

洗涤剂分为合成洗涤剂和肥皂两大类，洗涤剂是用表面活性剂、助剂、有机螯合剂、防再污染剂、消泡剂、漂白剂、荧光增白剂、防结块剂、酶、香料等配制的；肥皂是以油脂皂化的硬脂酸钠或脂肪烃氧化成 $C_{10} \sim C_{20}$ 脂肪酸而获得的脂肪酸钠为主体，配以碱性助剂及填料等制成。

由于肥皂主要是用动植物油进行碱皂化制得的，适合于人类的清洁卫生。但肥皂在硬水中生成不溶性的皂垢，在稀的水溶液中生成酸性皂，洗涤后难于漂洗。而合成洗涤剂的洗涤性能比肥皂好，遇硬水不会产生沉淀，在水中不会水解，不产生游离碱，不会损伤丝、毛织物和牢度。合成洗涤剂可在碱性、中性、酸性溶液中使用，溶解方便，使用时省时、省力，用量又少，有些还可在低温下使用。洗衣粉是合成洗涤剂中最主要的一种，产量占合成洗涤剂总产量的 70%~90%，其性能优良，使用方便，原料丰富，价格低廉。随着石油工业的发展，轻粉状合成洗涤剂只需要油、重油、炼油厂废气。随着石油裂解产物的不断发展和合理利用，为洗涤剂提供原料和中间体，为多品种合成洗涤剂的发展开辟了广阔的前景，促进了合成洗涤剂的高速发展。中国洗涤用品中合成洗涤剂与肥皂比约为 75:25。

目前，合成洗涤剂不仅用于纺织纤维、服装以及日用器皿、厨房清洁、卫生间、金属材料等，还可用于农药、石油、医药、电子器材、机电、光学仪器、交通运输等各个领域。据统计，全国肥皂累计产量 2005 年比 2004 年增长 2.67%；2006 年比 2005 年增长 3.95%；2007 年 1～4 月与 2006 年同期相比下降 6.02%。合成洗涤剂累计产量 2005 年比 2004 年增长 14.08%；2006 年比 2005 年增长 12.4%；2007 年 1～4 月与 2006 年同期相比增长 5.85%。合成洗衣粉累计产量 2005 年比 2004 年增长 10.14%；2006 年比 2005 年增长 8.1%；2007 年 1～4 月与 2006 年同期相比增长 0.8%。

随着水资源环境污染问题的日益突出，含磷洗涤剂造成的危害逐渐引起高度重视，无污染成了洗涤产品的发展趋势,传统产品向对人体安全性和对环境相容性更高的产品转变,节能、节水、安全、环保型产品将得到较快的发展。

9.2 洗涤机理

在洗涤过程中,洗涤剂与污垢及污垢与固体表面之间发生一系列物理化学作用(润湿、渗透、乳化、增溶、分散和起泡等作用),并借助于机械搅动,使污垢从固体表面脱离下来,悬浮于介质而被除去,可用下式表示:

$$固体表面·污垢+洗涤剂 \xleftrightarrow{搅拌} 固体表面·洗涤剂+污垢·洗涤剂$$

上式中平衡双向箭头符号表示洗涤除污垢和污垢再沉积于固体表面为一可逆过程,若洗涤剂性能不佳,洗涤过程就不能很好地完成。

9.2.1 污垢的种类和性质

(1) 油质污垢 油质污垢是纤维织物的主要污垢成分,这类污垢大都是油溶性的液体或半固体,包括动植物油脂、脂肪酸、脂肪醇、胆固醇、矿物油及其氧化物。动植物油脂、脂肪酸类与碱作用而皂化,能溶于水;脂肪醇、胆固醇、矿物油则不被碱皂化,它们的憎水基与纤维作用力较强,牢固地吸附在纤维上而不溶于水,但能溶于某些醚、醇、烃类有机溶剂,并能被洗涤剂水溶液乳化和分散。

(2) 固体污垢 属于固体污垢的有煤烟、灰尘、泥土、砂、水泥、皮屑、铁锈、石灰等,有时它们还与油脂、水混在一起黏附于织物的表面,其粒径一般为 $10\sim20\mu m$。固体污垢通常带负电,也有带正电的。这类污垢不溶于水,但能被洗涤剂水溶液分散、胶溶而悬浮于溶液中。

(3) 特殊污垢 这类污垢有砂糖、淀粉、食盐、食物碎屑及人体分泌物,如汗、尿等,也包括血液、蛋白质和无机盐等。在常温下它们都能被水渗透而溶于其中,有的能与纤维起化学作用形成化学吸附,难以脱落。

上述3种污垢往往不是单独存在,多数情况下相互混合在一起而黏附在衣物上,并且随时间的推移,在外界条件的影响下还会氧化分解,或在微生物作用下分解和腐败,导致更为复杂的污垢。

9.2.2 污垢的黏附和脱落

污垢在物体表面上黏附有3种方式:机械黏附、分子间力黏附和化学吸附黏附。

(1) 机械黏附 机械黏附通常是指固体尘土随空气流动散落于物体之上,如散落在纤维表面或纤维之间而发生的黏附,污垢微粒也可与织物直接摩擦,机械地黏附在织物纤维的细小孔道中。机械黏附力因织物的粗细程度、纹状和纤维特性不同而不同。在洗涤时由于搅动或振荡等不同的机械力的作用,这种机械黏附污垢脱落程度也不一样,一般比较容易除去,但污垢粒子小于 $0.1\mu m$ 时则难以除去。

(2) 分子间力黏附 由分子间引力导致的污垢在物体上的黏附称为分子间力黏附。当污垢与物体表面带有相反的电荷时,黏附更为强烈。例如,棉纤维和毛纤维在中性或碱性溶液中一般带有负电,而炭黑、氧化铁之类污垢常带正电,因此,带负电的纤维对这类污垢有较强的静电引力。而当纤维与污垢均带负电时,水中所含的钙、镁、铁和铝等多价阳离子,在带负电的纤维和带负电污垢之间架起桥梁,形成多价阳离子桥,使污垢强烈地吸附在纤维上。分子间力黏附是污垢在织物上黏附的主要原因。

(3) 化学键合力黏附　污垢以化学键合力与物体结合而黏附于其上称为化学键合力黏附。例如,黏土类极性固体、脂肪酸、蛋白质等均是电负性较大的原子,能与—OH基形成氢键或离子键,故这类污垢落在纤维上便与纤维素的羟基以化学键合力结合而黏附于其上。又如果汁、墨水、丹宁、血污、重金属盐和铁锈等都能与纤维形成稳定的"色斑"。再如,塑料制品上的油性污垢能与固体污垢和塑料材料体黏结在一起形成化学键合力黏附;对于憎水性的聚酯纤维来说,油性污垢一旦形成固溶体便渗透入纤维内部,难以洗除。

9.2.3　污垢的去除

尽管污垢的种类很多,但从洗涤、洗净角度可把它们归纳为液体污垢和固体污垢。液

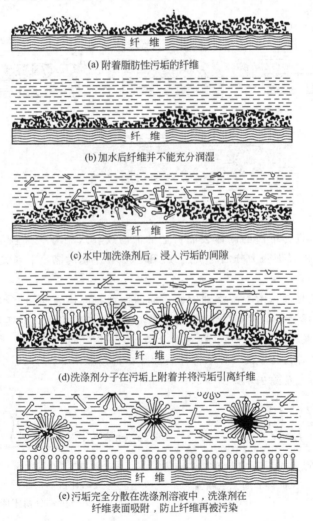

(a) 附着脂肪性污垢的纤维

(b) 加水后纤维并不能充分润湿

(c) 水中加洗涤剂后,浸入污垢的间隙

(d) 洗涤剂分子在污垢上附着并将污垢引离纤维

(e) 污垢完全分散在洗涤剂溶液中,洗涤剂在纤维表面吸附,防止纤维再被污染

图9-1　洗涤剂洗除污垢过程示意图

体污垢在液体状态下在衣物上呈薄膜状黏附,在去除时从衣物上以滴状脱离;而固体污垢则往往在衣物的一些点上接触和黏附,在去除时其形状基本不变。

(1) **液体污垢的去除**　在洗涤条件下用显微镜观察,液状油污大体是以一定厚度比较均匀地附着在纤维上。液状油污对亲油性强的合成纤维,特别是在聚酯纤维中易于溶解,洗涤比较困难;亲油性弱的棉纤维,也能在纤维间包含油污。这些沾污纤维用洗涤剂溶液洗涤时,洗涤剂将脂肪性污垢引离纤维,成为油状微粒在水中悬浮分散。图 9-1 为洗涤剂洗除污垢过程的示意图。

其去污机理主要有以下几种。

① **卷缩机理**　液体污垢是液体油性物质在纺织品上呈薄膜状黏附的污垢。在洗涤时,油污从纺织品上成滴状而脱离,即通过"卷缩"机理实现的。铺展成薄膜状的液体污垢,在洗涤液中经浸渍、润湿作用后,逐渐卷缩成油珠,如图 9-2 所示。

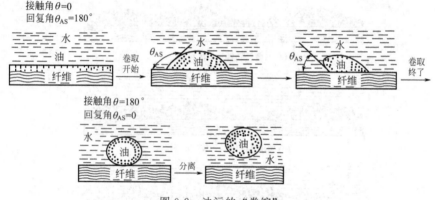

图 9-2　油污的"卷缩"

纺织品表面(设为平滑的固体表面)上的油污膜在水中有一接触角,见图 9-2,油-水、固-水、固-油的界面张力分别为 γ_{wo}、γ_{sw} 和 γ_{so}。在平衡时满足下列关系式:

$$\gamma_{so} = \gamma_{sw} - \gamma_{wo}\cos\theta$$

在水中加入洗涤剂,由于洗涤剂中的表面活性剂在固体表面和油污表面上吸附,使 γ_{sw} 和 γ_{wo} 降低。为维持新的平衡,由于 γ_{so} 不变,$\cos\theta$ 值必须增大,即接触角 θ 从小于 90°变为大于 90°。在某种适宜条件下,接触角 θ 接近 180°时,即洗涤液几乎完全润湿固体表面,油污膜变为油珠自行脱离,即从固体表面除去;接触角 θ 大于 90°小于 180°时,油珠在液流冲带下亦可完全除去,见图 9-3。

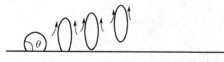　

图 9-3　油污的接触角 90°<θ<180°时,在液流的冲击下油污从固体表面完全除去　　图 9-4　油污的接触角 θ<90°时,在液流的冲击下,油污大部分被除去,少部分留于固体表面

若液体油污与固体表面的接触角 θ<90°时,即使有运动液流的冲击,则仍有少部分油

污残留于表面,见图9-4。要除去残留的油污,需施以更大的洗液冲击力,或通过表面活性剂胶束的增溶作用来实现。

在实际洗涤中,纺织品材料和油性污垢对表面活性剂的吸附量与去污效果有密切关系。当表面活性剂在油污上的吸附量大于在纺织品材料上的吸附量时,γ_{wo} 较 γ_{so} 降低的显著,油污容易去除。

纺织品表面是不平滑的,当油污进入穴孔时,即使 θ 为 180°,油污也不会被除掉。

② 乳化机理　衣物固体表面上黏附的液体污垢,其中某些组分与固体表面的接触角尽管非常小,但在表面活性剂的作用下可发生乳化而被除去,此即为乳化去污。乳化去污与洗涤液的浓度、温度、洗涤时间和机械力有关。

乳化除污,通常都借助于机械力的作用,但也有自发乳化的情形,其条件是油水界面能接近于零或等于零。例如,脂肪酸、脂肪醇及胆固醇等极性油和矿物油的混合物与表面活性剂的水溶液接触时,极性油与表面活性剂发生作用而自发乳化。乳化机理与卷缩机理达到了相辅相成的作用。

③ 溶解机理　当洗涤液中表面活性剂的浓度大于临界胶束浓度时,任何油性污垢都会不同程度地被溶解,即增溶。根据增溶的单态模型(图9-5所示),非极性简单烃类油污在胶束内芯被增溶除去;极性有机物油污,如脂肪醇、脂肪酸及各种极性染料等在胶束"栅栏"之间被增溶除去;一些高分子物质、甘油、蔗糖以及不溶于烃的染料污垢吸附于胶束表面区域而被增溶除去;而苯、苯酚等这类油污则易为非离子表面活性剂胶束的聚氧乙烯链包藏增溶除去。

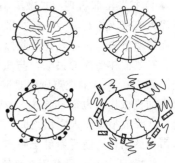

图9-5　4种增溶方式单态模型

在洗涤中使用的洗涤剂溶液,表面活性剂(特别是离子型表面活性剂)的浓度往往不能超过临界胶束浓度,所以供增溶的胶束量非常少,其增溶作用也微乎其微。如果洗涤剂中的表面活性剂为非离子型的,由于它的临界胶束很小,故供增溶的胶束量很多,大量油污被增溶而除去。在实际洗涤过程中,经卷缩和乳化作用后来除掉的少量油污在增溶作用下被除去,这种作用对温度要求并不苛刻,也不要求污垢一定是液体状态的。

④ 液晶形成机理　水合后的表面活性剂在洗涤过程中能渗入脂肪醇和高级醇类极性油污内,形成三组分液晶,三组分液晶很容易被洗涤液溶解而除掉。这种液晶是黏度相当大的透明状物质,为顺利去除,应施以一定的机械力。

表面活性剂水溶液渗入极性油污,形成的液晶可看作是低共熔物,其低共熔点温度为 T_D,远远低于洗涤温度。T_D 主要与表面活性剂的极性基团种类和性质有关,与浓度关系不大。

⑤ 结晶集合体破坏机理　此机理认为,黏附于衣物上的烃和甘油形成结晶集合体,它不能与表面活性剂水溶液形成液晶,它的除去是由于表面活性剂水溶液渗入结晶集合体内,使结晶破坏而导致污垢分散完成的。

⑥ 化学反应去污机理　脂肪酸类油污在碱性洗涤液中发生皂化反应,生成水溶性脂肪酸皂而被溶解除去。与脂肪酸共存的其他油性污垢可以通过乳化、增溶、形成液晶等方

式除去。

(2) 固体污垢的去除　固体污垢去除机理不同于液体污垢,主要是因为固体污垢在固体表面黏附较为复杂,不像液体污垢那样扩展成一片,通常是以一些点与表面接触、黏附,其黏附力主要为分子间力。固体污垢微粒与固体的黏附强度,通常随时间推移而增强,随空气湿度增大而增高,在水中黏附力较在空气中显著降低。

① 润湿机理　黏附于固体表面上的无机污垢,在洗涤过程中,首先被表面活性剂水溶液润湿,在固体和液体界面上形成双电层,污垢与固体表面的电荷性一般相同,从而在二者之间发生排斥作用,使黏附强度减弱,然后在水流的冲击下被除去。

对固体污垢的去除,主要是由于表面活性剂在固体污垢质点及固体表面的吸附。在洗涤过程中,首先,发生的是洗涤液对污垢质点和固体表面的润湿。如洗涤液中有表面活性剂存在,由于表面活性剂在固/液界面及溶液表面的吸附,界面张力大大下降,洗涤液因此就能很好地润湿污垢质点表面。润湿后,表面活性剂分子会进一步插入污垢质点及织物间,使得污垢质点在织物表面的黏附力变弱,经机械作用,也比较容易自固体表面上除去。

② 扩散溶胀机理　扩散溶胀机理可以解释有机固体污垢的去除。表面活性剂与水分子渗入有机固体污垢后不断扩散,并使污垢发生溶胀、软化,经机械作用,即在水流冲击下而脱落下来,再经乳化清掉。

对于固体污垢的去除,与质点的大小有很大关系。污垢质点越大,越容易从表面除去。小于 $0.1\mu m$ 的质点则很难除去。另外,对于固体污垢,即使有表面活性剂存在,如果不加机械作用也很难除去。这是因为固体质点不是流体,由于污垢与被洗物表面的黏附,洗涤液很难渗入它们之间,所以必须借助机械作用来帮助洗涤液渗透,从而减弱表面与污垢的结合,使污垢易于脱离。

兰格 H. Lange 研究了在纤维表面上污垢微粒的附着强度,用带电理论解释了洗涤过程。图 9-6 为位能与纤维表面距离 d 的关系。由于纤维与污垢微粒一般是带有相同电荷的,污垢微粒的位能 P 是范德华引力 P_A 与静电斥力 P_R 的差,而位能 P 是污垢微粒与纤维表面距离 d 的函数值。接近 d 为最小时,位能 P 最低,污垢微粒就能在纤维表面固定;当位能 P 处于最高时,污垢微粒距离纤维也远,污垢微粒与纤维表面呈分离状态。

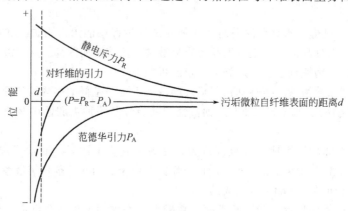

图 9-6　位能与纤维表面距离 d 的关系

从图 9-6 可知，纤维表面上附着的污垢微粒与周围的位能差小时易于去除，位能差大时在洗涤液中不易再附着在纤维上。应当说明，微粒本身的带电状态影响显著，例如碳氢化合物、煤烟、硅酸盐等微粒，若在纯水中分散即带负电，纤维本身亦带负电，微粒与纤维均因溶液 pH 值上升而负电性加强，两者负电性加强，排斥力亦相应加强，这样就说明了提高洗涤液的 pH 能增加洗涤效果的原因。图 9-7 为纤维带电与 pH 值的关系、图 9-8 为洗涤效果与 pH 值的关系。

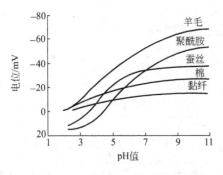

图 9-7　纤维带电与 pH 值的关系

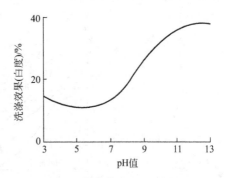

图 9-8　洗涤效果与 pH 值的关系

（3）混合污垢的去除　人们在实际中接触的污垢大都是油性污垢和固体污垢的混合物，也有很多污垢外形是呈膏状的。这类污垢的洗涤比单一污垢困难，其洗涤过程是将油性的混合污垢"卷缩"，然后分离，固体污垢剥落、分散在洗液中。由于液状油性污垢通常包裹固体污垢，因而洗涤主要着眼于液状油性污垢。

9.3　洗涤剂的主要类型

洗涤剂主要是由表面活性剂和各种助剂配制而成的。洗涤剂的类型可按表面活性剂的类型来分类，洗涤剂中用量最多和用得最广的表面活性剂为阴离子表面活性剂和非离子表面活性剂，而阳离子表面活性剂和两性表面活性剂只在生产某些特殊类型或功能的洗涤剂时才应用。

9.3.1　阴离子型洗涤剂

以阴离子表面活性剂配制而成的洗涤剂一直是用量最大的一类洗涤剂，所用的阴离子表面活性剂中以肥皂、烷基硫酸钠和十二烷基苯磺酸钠最多。阴离子表面活性剂有许多优点，除价格低廉外，与碱一起配合可提高去污力，洗后织物手感比较好，广泛用于家用和工业用洗涤剂生产。

（1）肥皂　肥皂是以硬脂酸钠与其他碳链的饱和或不饱和脂肪酸钠形成的不同组成的混合物，构成皂基，然后与功能性填料混合，成型为洗衣皂和香皂等或制成皂粉制品。$C_{12} \sim C_{18}$ 饱和脂肪酸（例如月桂酸、肉豆蔻酸、棕榈酸、硬脂酸等）以及不饱和脂肪酸（油酸），最适于制造洗涤用钠肥皂。钠肥皂为硬质肥皂，钾肥皂为软质肥皂。除此以外，脂肪酸的钙、铅、锰、铝等碱土金属以及重金属盐称为金属肥皂，由于不溶于水，不适宜作洗涤用。其他有机碱肥皂，例如乙醇胺肥皂，环己胺肥皂，则可作为洗涤剂。

肥皂具有起泡、润湿、乳化、洗净作用，并能显著降低水的表面张力，从 C_8 开始显著降低表面张力，$C_{14} \sim C_{18}$ 时达到最高值。碳链较长的脂肪酸肥皂，在温度较高时才能发挥降低表面张力的作用，因此不同肥皂有不同的适宜使用温度，例如椰子油肥皂最好在常温，硬脂酸肥皂最好在 70~80℃。而温度对油酸肥皂表面张力的影响较小，因此可以在比较广泛的温度范围内使用。

图 9-9 为以水的表面张力为标准，各种脂肪酸钠的比表面张力与温度的关系。

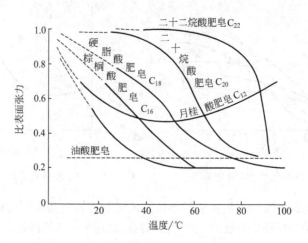

图 9-9　脂肪酸钠的比表面张力与温度的关系

肥皂在浓度比较低的时候，表面张力将随肥皂浓度的提高成比例地降低。

由于界面活性的关系，月桂酸肥皂溶液在比较低的温度时起泡性好，硬脂酸肥皂则需要在比较高的温度时起泡性好。一般讲，在温度高时泡沫稳定性差，泡沫易于消失。

起泡力的大小与洗涤作用的优劣，不一定呈直线关系。饱和脂肪酸皂（$C_{12} \sim C_{18}$）于适宜条件下使用才可获最高净洗力，图 9-10 为钠皂的洗涤曲线。

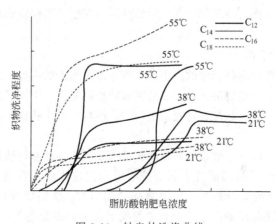

图 9-10　钠皂的洗涤曲线

饱和脂肪酸皂（$C_{16} \sim C_{18}$）在常温或稍高温度下，溶解度均小；相反油酸起泡性能好,而且温度对起泡力的影响亦小,但有溶解速度太快的缺点。很多场合将硬脂酸、棕榈酸与油酸混合使用,可以相互取长补短。

油酸的立体异构物反式油酸肥皂,较油酸肥皂的净洗力好。钾肥皂与钠肥皂的净洗力一般差距不大,钠肥皂稍好一些。胺肥皂、乙醇胺肥皂净洗力更小,只在特殊需要时使用。

由于金属肥皂不溶于水,故肥皂在硬水中使用时,会生成脂肪酸钙或镁盐而从水中沉淀出来,使其失去洗净力。

$$2RCOONa + Ca^{2+} \longrightarrow (RCOO)_2Ca \downarrow + 2Na^+$$

肥皂的水溶液呈碱性,若在酸性介质中使用,亦会失去洗净力,因为此时将游离出脂肪酸。如:

$$RCOONa + H^+ \longrightarrow RCOOH + Na^+$$

(2) 烷基磺酸钠　烷基磺酸钠又称石油磺酸钠,国外商品名称为 Mersolate(I.G),国内称为601洗涤剂,化学结构式为:

$$R-SO_3Na \quad (R=C_{14}\sim C_{18} 烷基)$$

烷基磺酸钠在碱性、中性和弱酸性溶液中稳定,在硬水中有良好的润湿、乳化、分散、起泡和去污能力,容易被生物分解,但去污力和携污力较肥皂差一些,添加助洗剂后可以改进。与其他净洗剂相比,烷基磺酸钠的生产比较简单、操作方便、价格也较低廉,故广泛应用于工业和民用。

纺织印染行业中常用烷基磺酸钠代替肥皂和太古油(土耳其红油),与碱剂合用作棉布和维纶织物的煮练助剂、染色或印花后清洗浮色的冲洗剂。

(3) 烷基苯磺酸钠　烷基苯磺酸钠是产量最大、应用最广泛的阴离子表面活性剂。大量用作洗涤剂的是十二烷基苯磺酸钠(LAS)。化学结构式为 $R-C_6H_4-SO_3Na$。

LAS是净洗剂中去污力较强的一种,在酸性、碱性和硬水中都很稳定,对金属盐和氧化性物质也很稳定,抗吸湿性较强,制成粉状成品的色泽和气味均很好。LAS在冷水中和在低浓度下洗涤效力就很好,对毛织物的净洗效果比肥皂好,但对棉织物的洗涤能力略次于肥皂。此外,它有抗菌能力,但与人体接触时间较长后,对皮肤有刺激性。LAS主要表面活性作用表现为起泡能力强、去污力高、易与各种助剂复配,兼容性好,且成本

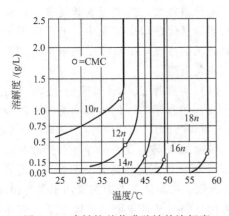

图 9-11　直链烷基苯磺酸钠的溶解度

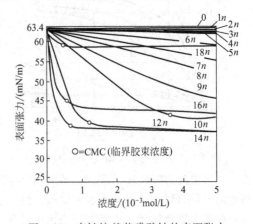

图 9-12　直链烷基苯磺酸钠的表面张力

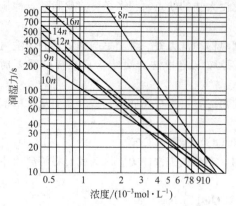

图 9-13　直链烷基苯磺酸钠的润湿力

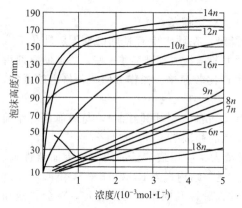

图 9-14　直链烷基苯磺酸钠的起泡性

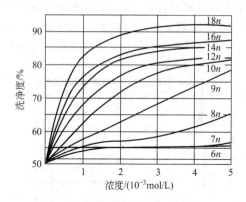

图 9-15　直链烷基苯磺酸钠的净洗力

较低,合成工艺成熟,因此应用领域广泛。LAS 的最主要用途是配制各种类型的液体、粉状、粒状、浆状洗涤剂、擦净剂和清洁剂。在印染上做棉纤维的煮练剂和净洗剂、羊毛和丝织物的净洗剂。

烷基苯磺酸钠不是单一组分。由于工艺及原料的不同,烷基苯的链长及支链情况不同,苯环和烷基链连接位置不同,磺酸基进入苯环的多少和位置也不同。因此,它是一个复杂的体系,体系的组成和结构的差异对产品性能会有很大的影响。直链烷基苯磺酸钠的溶解度、表面张力、润湿力、起泡性及净洗力随烷基苯的链长而变化的情况见图 9-11～图 9-15。

(4) 胰加漂 T　胰加漂 T 是国外商品 Igepon T (I.G) 的音译名,国内称为 209 洗涤剂。其化学名称是 N,N-油酰甲基牛磺酸钠,结构式为:

$$C_{17}H_{33}CO-N-CH_2CH_2SO_3Na$$
$$|$$
$$CH_3$$

胰加漂 T 是比较老的洗涤剂,其水溶液有优异的润湿、扩散和洗涤作用,在酸性、碱性和硬水中,以及在金属盐和氧化剂等溶液中都比较稳定,容易被生物降解。作为净洗剂其去污力比肥皂高,用于洗涤毛织物和化学纤维织物,可获得手感非常柔软、光泽纯净的良好效果。故作为煮练、洗绒、染色等助剂,至今仍占有重要地位。但胰加漂 T 的原料价格较贵,生产过程较复杂,产品售价昂贵,目前在印染工业中,主要应用于羊毛和丝绸的净洗,少量用于棉布染色前处理助剂和匀染剂。

(5) 胰加漂 A　胰加漂 A 是国外商品 Igepon A 的音译名,化学名称是油酸乙酯磺酸钠,结构式为 $C_{17}H_{33}COOCH_2CH_2SO_3Na$。

胰加漂 A 具有良好的净洗、扩散和起泡性能,其去污力较胰加漂 T 低,在碱性溶液中易分解,特别是在高温下不稳定。但其对钙皂的分散力强,故常在硬水中使用,便于水洗清除。在印染工业中主要用于羊毛净洗、棉及黏胶的染色和后处理等方面。由于性能更为优良的品种日益增多,胰加漂 A 在印染工业中的重要性已逐渐减少。

(6) 脂肪醇硫酸钠　脂肪醇硫酸钠化学结构式为 R—OSO_3Na。例如，十二醇硫酸钠（$C_{12}H_{25}OSO_3Na$）、油醇硫酸钠（$C_{18}H_{35}OSO_3Na$）、十六醇硫酸钠（$C_{16}H_{33}OSO_3Na$）等。

脂肪醇硫酸钠是出现比较早的一种优良净洗剂，其起泡、去污和乳化性能都比较好，净洗效果比烷基磺酸钠还好，而且洗后织物的手感相当柔软，对人体皮肤的刺激性较小，又能被微生物降解，漂洗比较容易。但其润湿力比仲烷基磺酸钠（即仲醇硫酸钠）差，在酸性溶液中稳定性不好，并且脂肪醇的价格高昂，使大量生产受到限制。

这类净洗剂的烷基在 $C_{12}\sim C_{18}$ 之间，碳链较长者，洗涤能力也较大。如果碳数仅为 8 时，即辛醇硫酸钠，几乎没有净洗作用，它在碱性介质中润湿性很强，成为丝光渗透剂。脂肪醇硫酸钠在印染行业中，因价格贵，主要用于毛、丝等精细织物的净洗，也可用于洗涤棉、麻织物。

(7) 仲烷基硫酸钠　仲烷基硫酸钠（即仲醇硫酸钠）国内名称为梯波，是国外商品 Teepol 的音译名。化学结构式为：

$$R-\underset{CH_3}{CH}-OSO_3Na$$

仲烷基硫酸钠的去污力较脂肪醇硫酸钠和胰加漂 T 差一些，但润湿、渗透和起泡能力都极强。随着碳原子数增加，净洗力也增加，而溶解性降低。硫酸基（—OSO_3Na）近于碳氢长链中部者则净洗力差。例如 C_{16}、C_{18} 的脂肪仲醇硫酸酯盐，硫酸基在第 8 位或第 9 位碳原子上，即近于碳链的中心位置，它的净洗力只有硫酸基在第 2 位碳原子上的三分之一。即亲水基位于中心位置，其润湿、渗透力特别优良，相反净洗力下降。作为洗涤剂的碳链，一般希望在 $C_8\sim C_{14}$ 之间。

(8) 脂肪酸甲酯 α-磺酸钠　脂肪酸甲酯 α-磺酸钠，简称 MES。分子结构式为：

$$R-\underset{SO_3Na}{CH}-\overset{O}{\underset{\|}{C}}-O-CH_3 \quad (R=C_{10}\sim C_{18})$$

MES 通常是由不同碳链长度的脂肪酸甲酯经磺化和中和而制备的。产品外观为白色至微黄色膏状体，无刺激性异味。由于选用的脂肪酸的碳链长度不同，活性物含量在 30%～50%，不皂化物≤3%，pH 值为 7～9。常见 MES 的表面化学性能见表 9-1。

表 9-1　常见 MES 的表面化学性能

名　称	CMC/%	γ_{CMC}/(mN/m)	润湿时间/s	钙皂分散力/%	泡沫高度/mm
月桂酸甲酯 α-磺酸钠	0.190	31.2	7.6	9	150
肉豆蔻酸甲酯 α-磺酸钠	0.096	31.7	12.5	9	171
棕榈酸甲酯 α-磺酸钠	0.015	32.5	25.0	9	195
硬脂酸甲酯 α-磺酸钠	0.003	33.0	47	9	137

分子中的磺酸基与羧酸酯基的存在使其具有较强的抗硬水性能，其润湿性、起泡性和去污性在低硬水中与 LAS 基本相当，但在硬水度超过 3.50×10^{-4} 的情况下，则比 LAS 好，这一特征在低磷、无磷洗涤剂开发中显示了良好的应用前景。

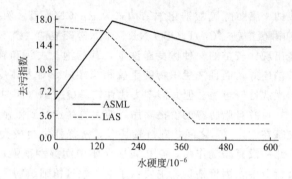

图 9-16　LAS 和 ASML 在不同水硬度下的去污力变化

图 9-16 显示了月桂酸甲酯 α-磺酸钠（ASML）与 LAS 在不同水硬度下的去污力变化。不难看出，在低硬度水下，LAS 的去污力较好，但在高硬度水下，其去污力明显低于月桂酸甲酯 α-磺酸钠。

此外，MES 还具备了出色的生物降解性，其生物降解率接近 100%。其半致死量 LD_{50} 为 5219mg/kg，属实际无毒物质。由于 MES 具有上述特性，加之其主要合成原料均为可再生油脂，符合人类生存环境的要求，使 MES 成为今后替代 LAS 的主要品种，发展潜力很大。

目前，MES 主要用于洗涤剂和洗衣粉的生产，国内对 MES 替代 LAS 配制洗衣粉进行了工业应用研究。结果表明，MES 可以替代 25%～50%LAS，同时替代 20%～25%三聚磷酸钠，可获得高去污力产品；但在喷雾成型过程中会出现料浆增厚和发黏现象，应在配方及工艺方面加以调整。MES 与肥皂有很好的相容性和配伍性，可有效改善肥皂的抗钙皂能力。实验表明，将 1.5%～5.5%的 MES 代替皂基生产复合皂，可使复合皂抗硬水度提高 15%～20%，去污力明显增大。

（9）脂肪酰胺磺酸钠　脂肪酰胺磺酸钠的典型产品是国外商品 Lissapol LS（ICI），国内称为净洗剂 LS（对甲氧基油酰氨基苯磺酸钠）。化学结构为：

$$CH_3O-\text{(苯环)}-NHCOC_{17}H_{33}$$
$$SO_3Na$$

净洗剂 LS 具有很好的洗涤力，并有乳化、渗透、起泡、匀染及柔软等性能，对钙皂的分散力强，对酸性、碱性、电解质、硬水、热等均较稳定，但不耐氧化剂。

印染工业中，净洗剂 LS 用作毛织物的净洗剂，可使纤维手感柔软。也大量用作棉织物印花后的净洗剂、还原染料和酸性染料的匀染剂。

（10）油酰氨基酸钠　油酰氨基酸钠国外商品为 Lamepon A，国内称为雷米邦 A。化学结构式为：

$$C_{17}H_{33}CONHR_1(CONHR_2)_nCOONa$$

雷米邦 A 具有中等去污力，对碱性溶液和硬水的稳定性高，在强酸性中易于分解，对钙皂的分散能力居于脂肪醇硫酸钠和胰加漂 T 之间，添加碱性助剂可改进洗涤能力。雷米邦 A 能使蛋白质纤维洗后获得光泽、弹性和手感柔软的效果。在印染工业中，雷米邦 A 主要用于羊毛、丝绸的煮练、净洗和匀染剂。

（11）脂肪醇聚氧乙烯醚硫酸盐（酯） 脂肪醇与一个或几个（一般为1～5）环氧乙烷加成后，用氯磺酸或 SO_3 进行硫酸化，再用氢氧化钠中和，即得脂肪醇聚氧乙烯醚硫酸钠（烷基聚氧乙烯醚硫酸钠）。这类产品的代表是 Sunmol RC-700 和 Lipotol YS-500。化学结构式为：

$$R-O(CH_2CH_2O)_nSO_3Na$$

脂肪醇聚氧乙烯醚硫酸钠的水溶液即使在较高的浓度下浊点仍然很低，它的润湿性能虽不及非离子表面活性剂，但却有良好的去污力和起泡性能，是洗发香波的极佳原料。在液体洗涤剂生产中加入脂肪醇聚氧乙烯醚硫酸盐，可提高去污力。与保险粉合用，适于纯涤织物染色或印花后的还原净洗。

与此相似，烷基酚与环氧乙烷加成后，经硫酸化，再以氢氧化钠中和，得烷基酚聚氧乙烯醚硫酸钠。它具有良好的去污力和耐硬水性，主要用于轻垢液体家用洗涤剂生产，用得最多的是壬基酚聚氧乙烯醚硫酸钠。

9.3.2 非离子型洗涤剂

用于生产洗涤剂的非离子表面活性剂的品种和用量均逐年增加。它有如下特性：去污力大，即使在低浓度下去污力也很强，泡沫少；易制成液体洗涤剂；在水中溶解时不发生离解，对硬水和电解质都相对地不敏感，临界胶束浓度非常低；具有良好的增溶性能，生物降解性亦佳。

用于生产洗涤剂的非离子表面活性剂除大量使用的聚乙二醇型外，还有脂肪酰胺型、聚醚型等。

（1）烷基聚氧乙烯醚和烷基酚聚氧乙烯醚 这两种非离子表面活性剂属聚乙二醇型的，分别是以长链脂肪醇和烷基酚与环氧乙烷进行加成反应制得的。结构如下：

$$RO(CH_2CH_2O)_nH \qquad R-\!\!\!\!\bigcirc\!\!\!\!-O(CH_2CH_2O)_nH$$

烷基聚氧乙烯醚　　　　　　　烷基酚聚氧乙烯醚

脂肪醇环氧乙烷加成物的去污力与脂肪醇结构有关（直链与支链、醇的碳数、醇的分子量）。低碳醇环氧乙烷加成物去污力比高碳醇产品差。对棉布的去污力测定表明，C_8 醇 EO 加成物去污力最差，C_{10}～C_{18} 醇 EO 加成物去污力良好，以 C_{18} 醇 EO 加成物去污力最佳。C_{18} 醇 EO 加成物提高 EO 含量，去污力稍增，而 C_{10} 和 C_{14} 在加成 10 个 EO 分子后，其去污力趋于平稳，即使增加 EO 含量，去污力不再继续增加。

相同碳数的支链醇加成物的去污力比直链醇加成物的去污力高。但 C_{14} 仲醇 EO 加成物则例外，当其 EO 加成数 n 为 5～6 分子时显示较高的去污力，但若继续加大 EO 含量，则去污力明显降低。在异构醇 EO 加成物中，以 C_{11} 仲醇 EO 加成物去污力最差，以 C_{17} 仲醇 EO 加成物的去污力最高。脂肪醇聚氧乙烯醚分子上的环氧乙烷数达 10～15 个时具有良好的去污力，而烷基酚聚氧乙烯醚分子上的环氧乙烷数为 8～12 个时，去污性能最佳。

烷基酚聚氧乙烯醚国外商品名称为 Igepal 和 OP 等。这类净洗剂耐硬水、耐酸和耐碱性良好，起泡力强，乳化性能好，并且有润湿、渗透、分散等性能，是性能较全面的表面活性剂。

根据烷基的不同和环氧乙烷缩合分子数的大小，产品的性能有很大的变化，见表9-2。

表 9-2　环氧乙烷缩合分子数（n）对产品性能的影响

烷基(R)	乳化剂	毛净洗剂	棉净洗剂
$C_9H_{19}-$	$n=4\sim5$	$n=5\sim9$	$n=9\sim16$
$C_8H_{17}-$	$n=4$	$n=7$	$n=10$

在印染工业中，烷基酚聚氧乙烯醚用于黏胶的净洗、羊毛的脱脂和精练。

（2）聚醚　聚氧乙烯和聚氧丙烯的嵌段共聚物属于聚醚类净洗剂，国外商品名为Pluronics，化学结构式为：

$$\cdots(O-CH_2-CH_2)_a(O-CH_2-CH)_b(O-CH_2-CH_2)_c\cdots$$
$$\underset{CH_3}{|}$$

$$(a+b+c=20\sim80)$$

这类净洗剂去垢力强、起泡性低、乳化性好，其净洗力超过肥皂，是最优良的净洗剂。这类产品是由环氧丙烷或聚丙二醇和环氧乙烷聚合而成，因聚合的方式不同可分为规则性聚醚和非规则性聚醚两种。

聚醚类产品的性能与聚氧丙烯的分子量和产品中聚氧乙烯的含量有关，调节 b 和 $a+c$ 的比例可得到低泡沫性能净洗剂。作为洗涤剂，产品中聚氧丙烯分子量和聚氧乙烯含量对洗涤能力的影响见表9-3。

表 9-3　聚醚类洗涤剂洗涤能力

产品中聚氧丙烯的分子量	产品中聚氧乙烯含量/%	洗涤能力(相当标准的%)/%
550	45	84
763	45	83
926	45	131
938	45	131
1050	47	217
1140	47	228
1211	48	244
2310	44	232
1270	17	68
1270	28	91
1270	38	145
1270	44	202
1270	52	225
1270	68	206
1270	80	141
2320	28	115
2320	37	216
2320	44	232
2320	52	214
2320	67	208
2320	80	175

由表9-3可见，聚氧丙烯分子量在900以下净洗效果显著降低，1000～2000效果较好，聚氧乙烯含量为40%～70%时净洗效力最高。

这类产品主要用于和其他净洗剂配制高效低泡沫的净洗剂，其乳化能力较强，匀染性能也很好。也适于用作合成纤维油剂，对提高耐热性的效果较显著。

(3) 脂肪酰二乙醇胺　脂肪酰醇胺是另一类用途相当广泛的非离子表面活性剂，是以脂肪酸和醇胺制得的。常用于制取这类表面活性剂的脂肪酸有月桂酸、豆蔻酸、椰子油脂肪酸、棕榈酸；所用的醇胺为二乙醇胺、异丙醇胺和单乙醇胺。

若以 1mol 月桂酸与 1mol 二乙醇胺，或与 2mol 二乙醇胺在氮气保护下加热，则发生缩合反应，分别生成 1∶1 型和 1∶2 型的脂肪酰二乙醇胺。其结构如下：

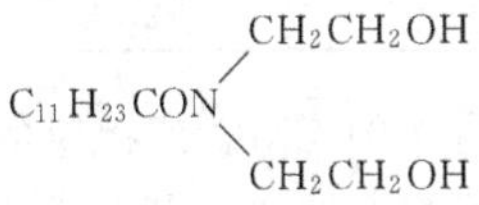

$$C_{11}H_{23}CON\begin{matrix}CH_2CH_2OH\\CH_2CH_2OH\end{matrix} \qquad C_{11}H_{23}CON\begin{matrix}CH_2CH_2OH\\CH_2CH_2OH\end{matrix} \cdot HN\begin{matrix}CH_2CH_2OH\\CH_2CH_2OH\end{matrix}$$

　　1∶1 型脂肪酰二乙醇胺 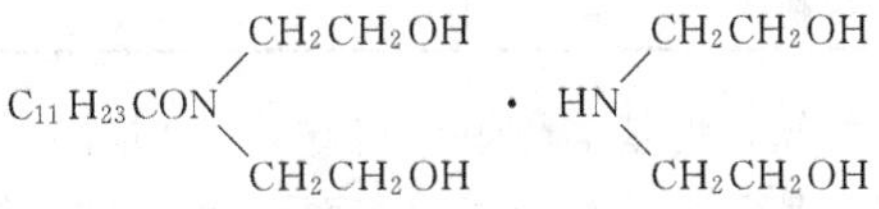　　　　　　　1∶2 型脂肪酰二乙醇胺

同其他非离子表面活性剂相比，烷醇酰胺具有以下四方面的特性。一是具有较强的脱脂性，无论是植物油脂还是动物油脂，烷醇酰胺的脱除洗净力均很出色，而且使用浓度越高，脱脂力越强；此外还具有悬浮污垢和防止污垢再沉积的能力。二是具有出色的稳泡性能，它与其他阴离子表面活性剂复配后，能显著提高复配体系的起泡能力，使泡沫更加丰富、细腻、稳定持久。三是具有使水溶液增稠的特性，浓度低于 10% 的烷醇酰胺水溶液，在适量电解质存在下，其溶液黏度可增至 1mPa·s，增稠特性远远高于聚环氧乙烷类表面活性剂产品。四是对纤维的吸附性强，洗后手感好，具有一定的抗静电作用。因此，烷醇酰胺广泛应用于日用清洁制品及多种工业领域。首先它是各类轻垢型液体洗涤剂、洗发剂、餐具洗涤剂、液体肥皂、剃须膏、洗面奶等个人卫生制品的不可缺少的活性成分。能耐碱和硬水，但不耐酸，可作为乳化性能良好的泡沫稳定剂，用于配制各种净洗剂和乳化剂。在印染工业中主要用作织物净洗剂。

(4) 烷基苷　烷基苷是烷基单苷与烷基多苷的总称，简称 APG，其理想的化学结构式应为：

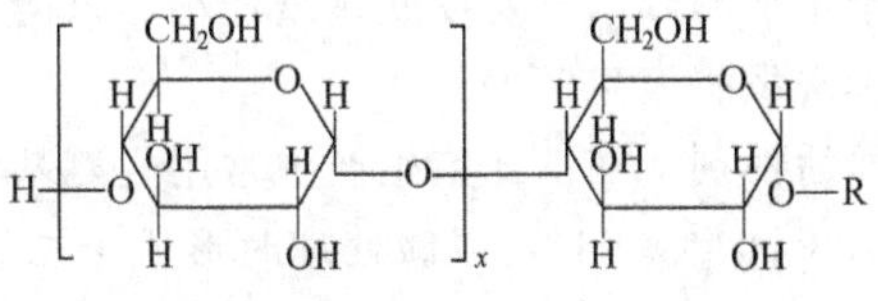

式中，x 为每个脂肪醇链所结合的葡萄糖单元数；当 $x=0$，为烷基单葡萄糖苷；$x \geqslant 1$ 则通称为烷基多葡萄糖苷，简称烷基苷。R 则为 $C_8 \sim C_{18}$ 烷基。

纯粹的烷基苷通常为琥珀色至无色固状物，其软化点范围在 30～300℃，在 70℃ 以上，烷基苷可形成一个液晶相。而目前市售的烷基苷则多为 50% 烷基苷水溶液，外观为奶白色至无色透明液体。

烷基苷易溶于水，不溶于普通的有机溶剂。它与无机助剂有着良好的互溶性，如含 15% 烷基癸苷和 50% 焦磷酸钾的水溶液，经 7d 保存仍为清澈透明液体。它的溶解性与稳定性均不受环境 pH 值的影响，在强酸、强碱中仍不改变。

常见烷基葡萄糖苷的临界胶束浓度（CMC）、最小表面张力（γ_{CMC}）见表 9-4。

表 9-4 烷基葡萄糖苷的界面性质

化合物	CMC/(mmol/L)	γ_{CMC}/(mN/m)
$C_8\alpha$-葡糖苷	12.0	30.5
$C_8\beta$-葡糖苷	20.0	30.5
$C_{10}\alpha$-葡糖苷	0.35	28.2
$C_{10}\beta$-葡糖苷	0.80	27.8
$C_{12}\alpha$-葡糖苷	—	不溶
$C_{12}\beta$-葡糖苷	0.5	27.3

从表中可知，烷基链越短，其 CMC 值越高，而 α-异构体的 CMC 较相应的 β-异构体的小；所有烷基苷均具有较高的表面活性。烷基苷具有中等起泡性质，其罗氏泡沫高度基本上与 AEO_9 的相当。它对涤棉上皮脂污垢的去污效果与 AEO_9 相当，均好于 LAS；在化纤上的去污试验表明，其去污效果也与 AEO_9 相当，但都略低于 LAS。烷基苷的最终生物降解率大于 96%，高于 LAS 和 AEO。其半致死量 LD_{50} 大于 5mg/kg，属无毒物质，因而对人体和环境的安全性优于其他各类表面活性剂。此外，它对皮肤黏膜刺激性极低，能与其他阳离子、阴离子、两性离子和非离子表面活性剂复配，还具有较强的广谱抗菌活性。

烷基苷目前主要用于日用清洁制品的配制。首先，以烷基苷为主活性物制成的重垢型衣用液体洗涤剂已投放市场，由于其具有良好的水溶性，并包溶有大量的无机助洗剂，因而去污效果上佳，深受消费者欢迎。利用其优良的生物降解性和温和性，烷基苷还被大量用于餐具洗涤剂的配制，其产品对皮肤无刺激、去油污效果好、泡沫小、易漂洗，具有较好的市场前景。此外，以烷基苷为活性成分的各类洗发香波、浴剂及轻垢型丝毛清洗剂也已相继问世。

9.3.3 两性离子型洗涤剂

两性表面活性剂在洗涤剂生产中尽管用得并不广泛，但十分有意义。由于它兼有季铵和阴离子两种基团，所以既有阴离子的洗涤作用，又有阳离子的织物软化作用。

两性表面活性剂易溶于水，耐硬水，对皮肤刺激性小，杀菌力、发泡力强，宜作泡沫清洗剂，多用于毛毯香波和洗发香波生产中。

（1）氨基酸型两性表面活性剂 在洗涤剂生产中常用的氨基酸型两性表面活性剂为十二烷基氨基丙酸（$C_{12}H_{25}NHCH_2COOH$），以碱处理时形成十二烷基氨基丙酸钠。十二烷基氨基丙酸钠易溶于水，呈透明溶液，显碱性，这与阴离子表面活性剂相似，它有良好的发泡和洗涤性能。

因为氨基酸分子中既有氨基又有羧基，为两性电解质，随水溶液的 pH 值不同而发生电离，如下式所示：

$$C_{12}H_{25}\overset{+}{N}H_2CH_2COOH \rightleftharpoons C_{12}H_{25}\overset{+}{N}H_2CH_2COO^- \rightleftharpoons C_{12}H_{25}NHCH_2COO^-$$

酸性介质中为阳离子型，中性介质中为两性，碱性介质中为阴离子型。在水溶液中十二烷基氨基丙酸显弱酸性，表现出阳离子表面活性剂的行为。

（2）甜菜碱型两性表面活性剂 十二烷基二甲基甜菜碱，又名 BS-12。水溶液呈透明状，具有良好的发泡和洗涤性能，是最早开发的两性表面活性剂品种。由于它的结构与天然物质甜菜碱相似，故由此得名，化学结构式为：

$$C_{12}H_{25}-\overset{\overset{\displaystyle CH_3}{|}}{\underset{\underset{\displaystyle CH_3}{|}}{N^+}}-CH_2COO^-$$

BS-12 外观为无色至淡黄色透明液体，活性物含量 $(30\pm2)\%$，无机盐含量 $\leqslant 7\%$，pH 值为 6~8，易生物降解，微毒。

BS-12 除具备一般两性表面活性剂的优良特性外，突出的性能是在等电区域的溶解度无明显降低，保证了在较宽 pH 值范围内优异的水溶性。此外，BS-12 还具有较强的抗硬水能力及对金属的缓蚀作用，因此在多个工业领域广泛应用。

BS-12 最主要的应用是配制无刺激调理香波和个人卫生盥洗用品。BS-12 与阴离子表面活性剂复配可产生丰富的凝乳状泡沫，并可显著降低对人体皮肤的刺激性，对头发产生柔软易梳理功效。BS-12 的另一主要应用是配制抗硬水洗涤剂。有关研究表明，BS-12 有很强的钙皂分散力，其与非离子、阴离子表面活性剂复配制成的块状洗涤剂和液状清洗剂具有出色的抗硬水去污效能，并保持较高的渗透性与泡沫性。由于价格上的限制，BS-12 在抗静电剂与柔软剂方面的应用较阳离子表面活性剂少，但其对聚丙烯纤维、锦纶等织物的较强抗静电效果及与阳离子聚合物的协同柔软作用，正被日渐应用于高级丝毛处理剂中。此外，BS-12 还可作为杀菌剂，可杀灭包括结核菌在内的多种细菌。

另外，十八烷基二甲基甜菜碱具有同样的性质。由十烷基二羟乙基叔胺制得的十二烷基二羟乙基甜菜碱也具有十二烷基二甲基甜菜碱的性质。它们都可用于洗涤剂生产，也用于生产各种纺织助剂。

9.3.4 洗涤剂用助剂

洗涤剂中除表面活性剂外还要有各种助剂，才能发挥良好的洗涤能力。助剂本身的去污能力很小，或根本没有去污能力，但加入洗涤剂中后，可使洗涤的性能得到明显改善，或可使表面活性剂的配合量降低，因此可以把它称为洗净强化剂或去污力增强剂，是合成洗涤剂不可缺少的重要成分。由于助剂发挥作用的程度各不相同，其作用机理虽可做各种解释，但至今还有许多不够清楚的地方。然而，普遍认为，助剂应有如下三种功能：①对金属离子有螯合作用，即与洗涤剂溶液中的碱金属离子起螯合作用，将其封闭起来，使其失去作用（使硬水软化）；②起碱性缓冲作用，即使有少量酸性物质存在，由于助剂的作用，洗涤剂的碱性也不发生显著改变；③具有分散作用，即在洗涤过程中使污垢向水中分散和防止污垢向衣服再附着的抗沉积作用。

除了上述对去污效果起直接作用的物质外，为提高洗涤剂的商品价值，还要添加其他物质，通常将这些添加物质也归为助剂的范围内，统称为助剂。所以，助剂在增大活性方面起主要作用，起提高去污、分散、乳化和增溶的作用；其次是使硬水软化，防止水解和抗污垢再沉积。在改善与活性无关的其他性能方面有增大溶解度、提高黏度、稳定泡沫、抗结块、降低对皮肤的刺激、增白及其他效果。

洗涤剂用助剂分为无机助剂和有机助剂两类。

(1) 无机助剂

① 三聚磷酸钠 三聚磷酸钠是洗涤剂中用量最大的组分，其具有许多优点。

a. 对重金属离子的螯合作用 水中的重金属离子，用在洗涤过程中，与洗涤剂分子结合成不溶性的金属盐，使洗涤能力降低，甚至完全失去作用。因此，必须在洗涤剂中添加能使洗涤用水中所含的重金属离子变成无害的物质。三聚磷酸钠即是有这种优异性能的助剂,对重金属离子有强烈的螯合作用,可将它们封闭起来,消除其对洗涤产生的不利影响。此外,它还能捕捉污垢中所含的各种金属成分,在洗涤过程中起到使污垢解离的作用。

b. 对污垢起解胶、乳化和分散的作用　三聚磷酸钠对污垢中的蛋白质有膨胀、增溶作用而起到解胶的效果;对脂肪起促进乳化作用;对固体污垢起分散作用。

c. 对洗涤剂有防止结块的作用　三聚磷酸钠能保持洗涤剂呈干爽粒状,有防止因吸水而发生结块的作用。此外三聚磷酸钠还具有碱性缓冲作用而有利于酸性污垢的去除。

② 硅酸钠　硅酸钠主要用于重垢型洗涤剂生产。用作助剂,它与重金属离子形成沉淀而对水起软化作用,这种沉淀易于漂除,不沉积在被洗衣物上。硅酸盐还可以使污垢悬浮于洗涤剂溶液中,能防止其在衣物上再附着。硅酸钠具有良好的润湿和乳化性能,对玻璃和瓷釉表面的润湿作用尤佳,所以特别适宜做硬表面洗涤剂的助剂,此外它还具有优异的防锈性能。

③ 碳酸钠　碳酸钠用作助剂,也是借助于其高碱度,将水中的重金属离子沉淀下来而使水软化,并能使洗涤剂溶液的 pH 值保持在 9 以上,故可取代三聚磷酸钠。但由于它缺乏螯合力和分散力,故其性能不如三聚磷酸钠,配用多时对皮肤、眼睛刺激性也强烈。

④ 硼砂　硼砂用作助剂在低 pH 值下不仅起缓冲作用,而且还能软化硬水,与洗涤剂起协同作用;另外,其他助剂碱性高,对皮肤刺激性大。所以,将硼砂和三聚磷酸钠结合起来使用,则能产生极佳效果。此外硼砂还能改善粉剂的自由流动性,起抗黏结作用。

⑤ 膨润土　膨润土是含有络合硅酸盐的天然瓷土,主要是硅铝酸盐,还有一些铁和镁的硅酸盐。膨润土的特性是在有水存在时能膨胀、能乳化油、能使污垢细粒胶溶并保持于洗涤剂溶液内。此外,膨润土分子中还含有少量碱金属离子,所以能通过离子交换的方式软化硬水。

⑥ 硫酸钠　硫酸钠是价格比较便宜的中性助剂,具有提高洗涤剂表面活性的能力,即降低表面张力和油水界面张力,提高增溶的能力。氯化钠具有与硫酸钠相同的作用,还有增大洗涤剂溶液黏度的作用。

⑦ 沸石　三聚磷酸钠虽然是性能极佳的助剂,但其洗涤废水排放入湖泊河流则会导致水藻类水生植物的过肥化,使其异常繁殖和很快枯死,引起水质污浊和水中缺氧,给水生生物的生长带来不良影响,严重地污染环境。

近年来已广泛采用沸石代替三聚磷酸钠。以沸石作为助剂,可通过钠、钙离子交换达到束缚钙离子、软化硬水的目的。试验表明,NaA 型合成沸石交换钙离子的能力与三聚磷酸钠螯合钙离子的能力相当,甚至更高。此外,沸石对污垢具有良好的抗再附着能力。

⑧ 其他助剂　碳酸氢三钠和酸性硫酸钠是用于调节酸碱度的助剂。氢氧化铝、钛白粉和石英砂用作助剂,主要起分散和防止结块的作用,并能提高制品的白度。

(2) 有机助剂　为发挥洗涤剂的洗涤效果,在洗涤剂的配方中还要加入有机助剂,虽然用量较无机助剂少得多,但在洗涤过程中所起的作用并不亚于无机助剂。依有机助剂在洗涤剂和洗涤过程中所起的作用可分为螯合剂、抗再沉积剂、泡沫稳定剂、荧光增白剂、增稠剂、增溶剂及其他助剂等。

① 螯合剂　与重金属离子起螯合作用的有机化合物很多,可用作洗涤剂助剂的有氨

基羧酸类、羟氨基羧酸类和羟基羧酸类。

a. 氨基羧酸类　氨基羧酸用作螯合助剂的有乙二胺四乙酸（EDTA）、亚氮基三乙酸（氮川三乙酸，NTA）和二亚乙基三胺五乙酸（DTPA），它们对钙、镁离子均有较强的螯合作用。从单位质量的三种酸能螯合钙离子的量来说，NTA 螯合得最多，其次是 EDTA，再次为 DTPA。从实用方面说，NTA 与钙离子形成的螯合物相当稳定，且价格便宜，所以洗涤剂中其用量越来越多。

b. 羟氨基羧酸类　这类酸用作螯合助剂的有羟乙基乙二胺三乙酸（HEDTA）和二羟乙基甘氨酸。pH 值为 9 时，它们可螯合铁离子。二羟乙基甘氨酸不能螯合钙、镁离子，但能螯合其他金属离子。

c. 羟基羧酸类　用作螯合助剂的这类酸主要是草酸、酒石酸、柠檬酸和葡萄糖酸。在洗涤剂配方中通常采用它们的盐作助剂。葡萄糖酸钠是一种良好的全能螯合剂，而酒石酸钠和柠檬酸钠也能螯合大多数二价和三价金属离子，草酸钠螯合钙离子的能力亦较佳。

② 抗再沉积剂　黏附于织物纤维上的污垢在洗涤过程中脱下后，还能重新附着在纤维上，为防止这种现象，需要在洗涤剂配方中加入抗再沉积剂。用作抗再沉积剂的有机化合物有羧甲基纤维素钠（或羧甲基纤维素）、聚乙烯基吡咯烷酮（PVP）及低分子量的 N-烷基丙烯酰胺与乙烯醇的共聚物等。

a. 羧甲基纤维素钠　羧甲基纤维素钠在洗涤过程中防止污垢再沉积的作用有两种说法。一种认为，CMC 吸附于纤维上；另一种认为，CMC 吸附于污垢上，起防止污垢再沉积的作用。实际上在抗再沉积作用中这两种现象都很重要。CMC 对棉织物抗污垢再沉积的效果最好，对合成纤维织物和毛织品效果不理想。

b. 其他抗再沉积剂　聚乙烯吡咯烷酮对各种合成纤维及树脂处理的棉织物效果较好，在硬水中效能优于羧甲基纤维素钠，水中溶解性较好，又能适用于无机盐，可作重垢液体洗涤剂的抗再沉积剂。

由低分子量的 N-烷基丙烯酰胺与乙烯醇获得的共聚物及聚乙烯醇对各种纤维的织物均有较好的抗再沉积效果。

③ 泡沫稳定剂　工业及家用洗衣机中使用的洗涤剂需要较低泡沫，否则机械不能正常工作。所以常用不同表面活性剂复配来达到此目的，如将磺酸盐、硫酸酯盐、非离子表面活性剂与肥皂复配。另外，加入烷基醇酰胺后，表面活性剂产生的泡沫稳定性提高，同时也增加了渗透性和去污力，而高级脂肪醇类能抑制表面活性剂的发泡性。特殊的低泡非离子表面活性剂如聚醚能与其他的表面活性剂复配，使泡沫多的洗涤剂降低起泡力。

④ 荧光增白剂　荧光增白剂在洗涤时被织物吸收，增加织物的白度和亮度。洗涤剂用的荧光增白剂依使用的纤维和洗涤剂的状态而定，用量一般为 0.1%～0.5%。家用洗衣粉中增白剂含量往往较高。

⑤ 增稠剂　在液体或膏状洗涤剂中，为提高其黏度，则加入增稠剂。常用的增稠剂有：羧甲基纤维素钠；要求透明状的采用羧乙烯聚合物、羟乙基纤维素等，也可加入无机盐，如氯化物。

⑥ 增溶剂　由于大量无机盐的加入大大降低了洗涤剂的溶解度，所以可加增溶剂提高其溶解度。常用的增溶剂是短链的烷基苯磺酸盐，如甲苯、二甲苯、对异丙基苯的磺酸盐及尿素。若用非离子表面活性剂作洗涤剂，加油酸磺酸钠可降低它们的浊点。

⑦ 其他助剂　为生产具有特殊功能的洗涤剂时，还要加入其他助剂。

酶制剂能分解附着在纤维上的蛋白质污垢，如奶渍、汗渍、血渍等，使之容易去除。但酶分解污垢具有较强的专一性，因此不同的污垢需用不同的酶制剂。但要注意，使用条件对酶的影响很大，故使用时须控制在酶的最佳条件。

溶剂的加入有助于去除织物上的油污。抑菌或杀菌剂的加入能有效地去除织物上的各种细菌和病毒，特别是在冷洗中。除此之外，作为印染加工，洗涤液中可加入抗静电剂、柔软剂等，以提高洗后织物的服用性能。

9.4　主要洗涤剂的合成

9.4.1　阴离子洗涤剂的合成

(1) 胰加漂 T（209 洗涤剂）的合成　胰加漂 T 的化学名称是 N,N-油酰甲基牛磺酸钠：

$$C_{17}H_{33}CO-N(CH_3)-CH_2CH_2SO_3Na$$

它是以油酸和 PCl_3 制备油酰氯，再用环氧乙烷和 $NaHSO_3$ 制备羟乙基磺酸钠。后者与甲胺反应生成 N-甲基-N-亚乙基氨基磺酸钠，然后与油酰氯和 NaOH 反应制得，合成反应如下：

$$3C_{17}H_{33}COOH + PCl_3 \longrightarrow 3C_{17}H_{33}COCl + H_3PO_3$$

$$\underset{O}{CH_2-CH_2} + NaHSO_3 \longrightarrow HOCH_2CH_2SO_3Na$$

$$HO(CH_2)_2SO_3Na + CH_3NH_2 \longrightarrow CH_3NH(CH_2)_2SO_3Na + H_2O$$

$$C_{17}H_{33}COCl + CH_3NHCH_2CH_2SO_3Na + NaOH \longrightarrow 本品$$

(2) 脂肪酰胺磺酸钠——净洗剂 LS（对甲氧基油酰氨基苯磺酸钠）的合成　净洗剂 LS 的化学结构：

$$CH_3O-C_6H_3(SO_3Na)-NHCOC_{17}H_{33}$$

它是先由油酸和三氯化磷制备油酰氯。另由对氨基苯甲醚和三氧化硫制备邻甲氧基氨基苯磺酸。最后由后者与油酰氯反应生成该产品。合成反应如下：

$$3C_{17}H_{33}COOH + PCl_3 \xrightarrow[55℃]{NaOH} 3C_{17}H_{33}COCl + H_3PO_3$$

$$H_2N-C_6H_4-OCH_3 + SO_3 \xrightarrow{25\sim30℃} H_2N-C_6H_3(SO_3H)-OCH_3$$

$$CH_3O-C_6H_3(SO_3H)-NH_2 + C_{17}H_{33}COCl \xrightarrow[25\sim30℃]{NaOH} 本品 + H_2O + HCl$$

(3) 油酰氨基酸钠（雷米邦 A）的制备　油酰氨基酸钠化学结构式：

$$C_{17}H_{33}CO-(NH-CH(R_1)-CO)-(NH-CH(R_2)-CO)_n-NH-CH(R_3)-COONa$$

利用皮革厂加工碎屑，经水解后的蛋白质衍生物与脂肪酰氯（油酰氯）缩合制成。其主要化学反应为：

$$C_{17}H_{33}COCl + \left(NH_2-CH-\underset{R_1}{\overset{O}{C}}\right)\left(NH-CH-\underset{R_2}{\overset{O}{C}}\right)_n NH-CH-\underset{R_3}{COONa} + NaOH \longrightarrow$$

$$C_{17}H_{33}CO\left(NH-CH-\underset{R_1}{\overset{O}{C}}\right)\left(NH-CH-\underset{R_2}{\overset{O}{C}}\right)_n NH-CH-\underset{R_3}{COONa} + H_2O + NaCl$$

合成过程如下。

水解皮屑：按100kg皮屑、1.5kg石灰比例将皮屑和石灰加入压力釜内，关好釜盖，直接向釜内通入蒸汽加热，使釜内压力维持在9.8×10^4Pa，反应2～2.5h，使皮屑水解为氨基酸混合物。将水解后的氨基酸混合物放入澄清桶内，静置澄清。在澄清的氨基酸溶液中加入浓度为10%的纯碱溶液，使碳酸钙沉淀，分出沉淀碳酸钙作为它用，将清液送入蒸发釜内。在蒸发釜内，将清液蒸发浓缩至密度为1.125g/cm³。

制备油酰氯：取油酸和三氯化磷质量比为100∶26。先将油酸投入反应釜内，加热至50℃，开动搅拌，缓缓加入三氯化磷，控制在1.5h内加完，加料时保温50～55℃。三氯化磷加完后继续搅拌1h左右，恒温60℃。将制好的油酰氯放入密闭的容器中静置一夜，次日放出反应副产物磷酸作它用。

按氨基酸∶油酰氯质量比为86∶70，将氨基酸加入反应釜内，加热至40℃，开动搅拌，缓缓加入油酰氯，保持pH值为9～10（用30%液碱调节）。加完后将温度升至60℃，恒温1h，即合成雷米邦A，冷却包装。

9.4.2　非离子洗涤剂的合成

(1) 烷基聚氧乙烯醚和烷基酚聚氧乙烯醚的合成

① 烷基酚聚氧乙烯醚的合成见匀染剂BOF的合成。

② 烷基聚氧乙烯醚的合成

a. 结构式：R—O$\left(CH_2CH_2O\right)_n$H　　（$n=8\sim10$，R：$C_{12}\sim C_{14}$烷基）

b. 合成反应

$$R-OH + nCH_2\underset{O}{-}CH_2 \longrightarrow R-O(CH_2CH_2O)_nH$$

c. 合成过程

Ⅰ. 设备准备　由于环氧乙烷的易燃易爆性质，每次反应前都要进行设备试漏工作。对环氧乙烷经过的所有管线、设备进行检漏，对反应釜进行试漏，达到在200℃，4.03×10^5Pa压力下，2h之内压力不减，6h后泄漏不许试漏液出现连续泡现象。

Ⅱ. 原料准备　将一定量的$C_{12}\sim C_{14}$脂肪醇投入预热釜中，加入脂肪醇质量为0.3%～0.5%的KOH后，打开加热系统进行升温，温度升至65℃时，将$C_{12}\sim C_{14}$脂肪醇（含0.3%～0.5%KOH）输入已清洗并烘干、试漏合格的不锈钢反应釜中。打开环氧乙烷计量罐进料阀，开通环氧乙烷除水、除氧净化系统，打开环氧乙烷压力贮罐出料阀，在N_2保护下，环氧乙烷由压力贮罐，经过$CaCl_2$除水填料塔、分子筛除氧罐向环氧乙烷计量罐进料，达到要求量时，依次关闭压力贮罐出料阀、环氧乙烷计量罐进料阀并关闭净化系统。

Ⅲ. 反应控制　打开加热系统，对装有 $C_{12}\sim C_{14}$ 脂肪醇（含 0.3%～0.5%KOH）的反应釜进行升温，升温至105℃时，在此温度下打开抽真空系统，抽至真空度为 1.01×10^3 Pa 以下，排除反应釜中的水和空气，然后向反应釜中充 N_2，再抽真空至真空度 1.01×10^3 Pa，至少进行三次，达到无水无氧后，关闭真空系统。从105℃加热反应釜，当温度达到145℃时，打入 1.01×10^5 Pa 的 N_2 后，缓慢压入环氧乙烷，控制压力在 $2.02\times 10^5\sim 3.03\times 10^5$ Pa（引发阶段不可过量加入环氧乙烷，否则有爆炸危险），温度在150℃，反应15min后，反应体系自动升温，此时要严格控制温度。一方面控制升温速度，另一方面控制温度为180℃，用氮气将定量的环氧乙烷持续压入反应釜中，压力为 $2.02\times 10^5\sim 3.03\times 10^5$ Pa，如遇升温速度过快，达到200℃，必须迅速降温，但注意降温低于130℃以下时，活性可能死亡，导致反应中断，只有再输入催化剂。当环氧乙烷按计量加完并且反应釜内压力降为 1.01×10^5 Pa 以下，再反应30min直至釜内压力恒定为止。打开冷却系统进行降温，降至75～80℃时，打开安装有阻火器的排空系统，使反应釜中未反应的环氧乙烷经过环氧乙烷吸收罐后放掉。

Ⅳ. 产品后处理　反应釜降温，当温度在55～60℃时加入计算量的乙酸进行中和，测量pH值为中性后，反应釜继续降温，当温度在30～35℃时加入双氧水处理，得烷基聚氧乙烯醚产品。

(2) 聚醚的合成

丙二醇聚氧丙烯聚氧乙烯醚的合成反应：

$$HO-CH-CH_2-OH + n\,CH-CH_2 \xrightarrow{\text{碱催化剂}} HO\left[CH-CH_2O\right]_{n+1}H$$
$$\underset{CH_3}{} \quad \underset{O}{} \quad \underset{CH_3}{}$$

$$HO\left[\underset{CH_3}{CHCH_2O}\right]_{n+1}H + m\,CH_2-CH_2 \longrightarrow HO(C_2H_4O)_a(C_3H_6O)_{n+1}(C_2H_4O)_cH$$

式中，$m=a+c$。

合成过程如下。

第一步，清洗不锈钢反应器并烘干，然后加入计量的丙二醇和氢氧化钠催化剂，密闭反应器后缓慢加热，在氮气保护下使氢氧化钠溶解，加热至120℃保温脱水（可利用充氮气和抽真空方法）半小时，在氮气保护下将环氧丙烷匀速加入釜中，加入速度以维持反应釜中无环氧丙烷过多残留为宜，直至获得所设计的分子量为止。

第二步，向体系中加入计量的环氧乙烷，加入速度以能保持预定的体系温度120℃为宜。在氮气保护下反应。当环氧乙烷全部加完并反应完全后，除去低沸点聚合物，然后反应产物用磷酸中和至pH值为7±1。中和生成的盐可通过机械过滤除去，亦可通过酸性黏土吸附或用离子交换树脂除去。反应完成后，将体系冷却至室温结束。

(3) 脂肪酸二乙醇胺（烷醇酰胺）的合成

① 以脂肪酸为原料的工艺路线　以 $C_{12}\sim C_{18}$ 脂肪酸为原料，与二乙醇胺直接反应，

是较为成熟的生产烷醇酰胺的工艺方法，其合成反应如下：$RCOOH + NH(CH_2CH_2OH)_2$ $\rightarrow RCON(CH_2CH_2OH)_2 + H_2O$

合成过程：以 1mol 月桂酸和 2mol 二乙醇胺混合，在氮气保护下，于 150～170℃ 反应 3～4h，即可得到酰胺含量 65% 左右的月桂酸二乙醇酰胺粗品。在该反应过程中，二乙醇胺除氨基与脂肪酸反应生成酰胺外，它的醇羟基也可与脂肪酸反应生成酯，因此产物中除目的产物外，还会生成乙醇胺酯、酰胺酯以及脂肪酸胺皂等副产物。即：

$$RCOOH + NH(CH_2CH_2OH)_2 \longrightarrow RCOOCH_2CH_2NHCH_2CH_2OH$$

$$2RCOOH + NH(CH_2CH_2OH)_2 \longrightarrow RCOOCH_2CH_2NHCH_2CH_2OOCR$$

$$2RCOOH + NH(CH_2CH_2OH)_2 \longrightarrow RCON\begin{matrix}CH_2CH_2OH\\ CH_2CH_2OOCR\end{matrix}$$

$$3RCOOH + NH(CH_2CH_2OH)_2 \longrightarrow RCON\begin{matrix}CH_2CH_2OOCR\\ CH_2CH_2OOCR\end{matrix}$$

$$RCOOH + NH(CH_2CH_2OH)_2 \longrightarrow RCOO \cdot NH_2(CH_2CH_2OH)_2$$

在乙醇胺和碱催化剂作用下，酰胺单酯和双酯在 100℃ 以下进行氨分解时，经数小时后可转化为烷醇酰胺，而乙醇胺单酯和双酯要经过几天甚至几周才会转化成烷醇酰胺。由此提出了脂肪酸和二乙醇胺等摩尔反应制取高活性烷醇酰胺时，分两步进行较为有利。第一步反应减少二乙醇胺的投入量，使其定量生成酰胺单酯和双酯，其适宜的质量投料比为脂肪酸：二乙醇胺＝1：(0.75～0.80)；第二步反应时，再投入剩余的二乙醇胺和甲醇钠催化剂，使酰胺单酯和双酯转化为烷醇酰胺，最终产物中烷醇酰胺含量可达 90% 以上。

该合成方法由于涉及脂肪酸与二乙醇胺之间的脱水反应，使体系反应温度过高，副产物含量较高，产品色深。

② 以脂肪酸甲酯为原料的工艺路线　为了有效降低反应温度，从而减少反应副产物的生成。工业上常采用脂肪酸甲酯与二乙醇胺反应生产烷醇酰胺。由于两反应物之间是脱甲醇反应，因而体系所需反应温度较低，一般在 100～130℃，且氨基酯等副产物生成量较少，可制得烷醇酰胺含量 90% 以上的产物。合成反应为：

$$RCOOCH_3 + NH(CH_2CH_2OH)_2 \longrightarrow RCON(CH_2CH_2OH)_2 + CH_3OH$$

合成过程：在等摩尔的月桂酸甲酯和二乙醇胺中加入 0.1% 的甲醇钠，于 100～110℃ 反应 4h，在常压下不断蒸出生成的甲醇。所得产物组成：烷醇酰胺 90%，游离二乙醇胺 5%，酰胺酯 4%，月桂酸甲酯 0.8%，其他杂质微量。

③ 以天然油脂为原料的工艺路线　采用天然油脂与乙醇胺直接缩合，可制得烷醇酰胺粗产物，合成反应为：

$$\begin{matrix}RCOOCH_2\\ RCOOCH\\ RCOOCH_2\end{matrix} + 3NH(CH_2CH_2OH)_2 \longrightarrow 3RCON(CH_2CH_2OH)_2 + \begin{matrix}CH_2OH\\ CHOH\\ CH_2OH\end{matrix}$$

合成方法：椰子油与二乙醇胺按质量比 1.25：1 混合，催化剂通常采用氢氧化钾，反应温度 130～150℃，反应时间 4～6h，所得产物为黄色或琥珀色黏稠液体，其商品代号为 6502。这种产品由于甘油分不出来，产物转化率不很高，影响了产品的增稠和稳泡性能。

该方法工艺过程简单,生产成本较低。

(4) 烷基苷的合成　烷基苷表面活性剂的主要原料是以葡萄糖为主的各类糖和脂肪醇。目前已有多种合成工艺投入中间试验和工业化生产,其中有代表性的是以下三种。

① 保护基团法　当脂肪醇与葡萄糖反应生成烷基单糖苷后,葡萄糖单元上还存在可能形成各种衍生物的4个羟基。这些羟基的相对反应活性有明显的差别,其中第六个碳原子上的伯羟基活性最大,容易与反应物中游离的葡萄糖反应生成二糖苷、三糖苷等多糖苷。为了制取具有特定结构的烷基糖苷纯物质,可用保护基团法。

十二烷基-β-D-吡喃葡萄糖单苷的制备方法如下。

主要化学反应:

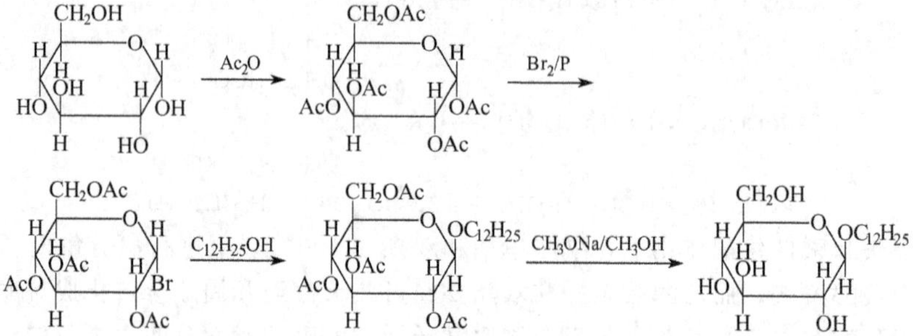

合成方法:先将葡萄糖五乙酰化,然后将其转化为溴代四乙酰葡萄糖,再在 Ac_2O 催化剂存在下与脂肪醇反应,将烷基连接上后,用甲醇钠完成脱乙酰过程。最后可由阳离子交换树脂去离子处理,再经丙酮重结晶纯化。该法操作步骤繁多,合成成本高,一般适于实验室制备烷基单苷纯品及研究其表面活性,工业生产不宜采用。

② 双醇交换法　双醇交换法合成烷基苷的反应原理如下。

a. 丁苷化反应

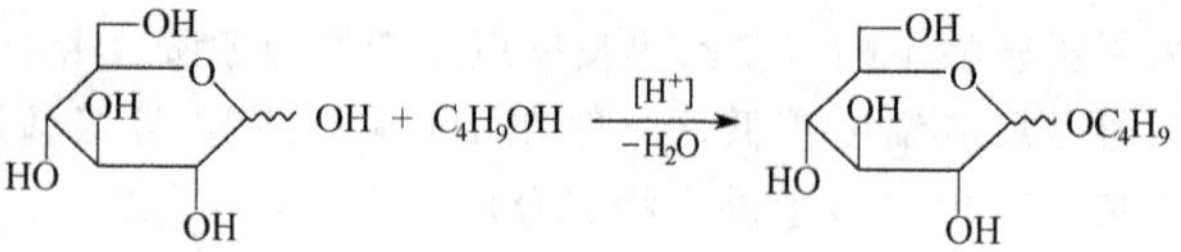

b. 缩醛交换反应

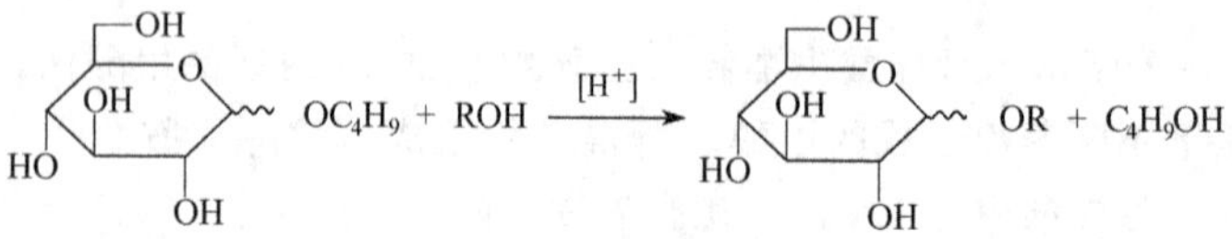

$R=C_8\sim C_{18}$烷基

合成过程:将正丁醇 50mL、无水葡萄糖 10g、正十二醇 20mL 和对甲苯磺酸 0.0534g,在搅拌下加入到 100mL 三颈瓶中。混合物在 115~117℃下回流反应 2h,然后在 100~120℃、部分真空条件下尽快除去正丁醇,再在 120℃,650Pa 下反应 40min,用 0.027g Na_2CO_3,中和混合物。未反应的正十二醇用旋转薄膜蒸发器在 165℃、260Pa 下除去。最后,所得易碎固体产物的组成如下:十二烷基单苷 40%,十二烷基二糖苷 21%,十二烷基三糖苷 13%,十二烷基四糖苷 9.8%,十二烷基五糖苷 8%,十二烷基六糖苷 <10%,十二醇 0.45%,丁基多糖苷 <5.9%。

③ 直接苷化法　Mansfield 通过严格控制反应温度、催化剂用量和醇糖比等反应条件，关键是采用共沸脱水或减压脱水的方法，有效地脱除反应过程中生成的水，省去了双醇交换步骤，成功地使长链脂肪醇和葡萄糖直接进行苷化反应，制备了烷基葡萄糖苷和烷基低聚葡萄糖苷等不同组成的 APG 混合物。反应原理如下：

$$\text{葡萄糖} + ROH \xrightarrow[-H_2O]{[H^+]} \text{烷基葡萄糖苷}$$

$$R = C_8 \sim C_{16} \text{烷基}$$

合成过程：在配有搅拌器、温度计和真空接管的 500mL 三颈烧瓶中，加入 210g 正辛醇和 1g 浓硫酸。开始搅拌，加入 90g 葡萄糖；然后压力降至 $5.2 \sim 5.9$ kPa，并在 0.5h 内将混合物加热至 95℃，在 5.2kPa 下保持温度 $95 \sim 100$℃约 4h。在此期间，混合物逐渐变清。收集到的馏出液分为两层：下层为水，9.7g；上层为正辛醇，22.5g。烧瓶中混合物经分析，含辛基苷 20.7%，葡萄糖实际上已全部反应。该混合物用 1.6950% NaOH 溶液中和，使 pH 值等于 11.3。然后继续减压升温，以除去过量的正辛醇，直至温度 170℃、压力 130Pa 为止，回收正辛醇 144.7g。最后得固体产物 120.7g，其中含辛基单苷 52%，辛基多苷 47%，正辛醇 1%。

9.4.3　两性离子洗涤剂的合成

十二烷基二甲基甜菜碱（BS-12）的合成如下。

合成反应：

$$C_{12}H_{25}N(CH_3)_2 + ClCH_2COONa \xrightarrow{H_2O} C_{12}H_{25}N^+(CH_3)_2CH_2COO^- + NaCl$$

制备工艺过程：先将氯乙酸与等摩尔的氢氧化钠中和，然后再缓慢滴加等摩尔十二烷基二甲基叔胺，反应温度 $70 \sim 80$℃，反应时间 $4 \sim 10$h，最后冷却出料。若使该反应达到较高的反应产率，通常氯乙酸钠过量 $5\% \sim 10\%$。欲得到纯净的 BS-12，可由乙醇代替水作为反应介质，当反应完成后，把体系 pH 值调至 12.1，使氯化钠以最低的溶解度从体系结晶析出，再用过滤和电渗析方法，获取纯晶。

在合成过程中先加入少量甜菜碱，可起到溶解胺和增加反应速率的作用，并可有效地提高 BS-12 的收率。加入 $10\% \sim 15\%$ 的甜菜碱溶液中，在适当的反应条件下 BS-12 收率可达到 99.2%。

工业上生产 BS-12 的又一途径是将等摩尔的十二烷基二甲基叔胺和氯乙酸乙酯在甲醇中回流，可得到季铵盐溶液。将该体系冷却，在 $40 \sim 50$℃下，1h 内加入 97% 的 NaOH，然后升温至 $80 \sim 90$℃，回流 3h，使皂化完全。最后将反应液冷却，过滤除去 NaCl，即可制得 BS-12 的含盐产品。

9.5　洗涤剂在纺织工业上的应用

9.5.1　原毛的洗涤

原毛在纺织前，要先洗毛以去除羊脂、羊汗以及尘土杂质。

(1) 原毛的类型及特点　在我国的洗毛工厂中，所遇到的原毛情况较为复杂。可以说世界上各主要羊毛品种（包括国毛的各主要品种）都可能成为被加工的对象。概括地说，这众多的羊毛品种按洗毛的难易与要求可划分为三类：一类以澳大利亚美利奴细羊毛为代表的高羊毛油脂类；第二类为国毛的改良毛细羊毛；第三类是以山羊绒为代表的特种动物绒类。第一类由于羊的品种及饲养的环境较好，其原毛白、细度好，含羊毛脂在12%～15%，原毛中的土杂含量较少，洗净率也较高。在我国云贵高原进行的中澳合作项目中的中国美利奴羊原毛也可归入此类。第二类以新疆、内蒙古、东北改良细羊毛为代表，羊毛品种较好，但牧养条件较差，地域纬度高，无霜期短，饲料条件不好，低温期长，风沙大，羊有半年饲食不好，所以含油脂较低（为8%～11%），含土杂较多，洗净率较低，羊毛中氧化钙、氧化镁等碱性物质较多，原毛浸泡液呈碱性，其油脂乳化力较澳毛好，油脂熔点与澳毛相当。第三类纤维油脂率并不高，但油脂熔点高，乳化能力低，土杂含量相对较国毛少。因此，这三类羊毛在洗毛工艺中侧重点不同：第一类侧重在去油脂；第二类侧重在去土杂；第三类侧重在保品质。共同的注重点是去油脂（残脂在1%左右）、去土杂（国毛不大于3%～4%，外毛不大于0.6%）、防止泛黄（潜在损伤）和羊毛毡并（纤维长度损失）。

(2) 洗毛方法及使用的洗毛剂　目前在工业上经典的洗毛方法是乳化水洗法，通过表面活性剂和无机盐的作用，使羊毛油脂乳化，从纤维上分离，达到除脂目的。典型的工艺有弱碱性洗毛（皂碱洗毛和合成洗涤剂加纯碱洗毛）、酸性洗毛、胺碱洗毛和中性洗毛。

① 碱性洗毛法　碱性洗毛是羊毛在pH值8.5～9.5的洗液中进行洗涤，适合于第一类羊毛，这类羊毛含油脂量高，利用羊毛脂中脂肪酸与碱发生皂化反应，生成羊毛脂皂，起到助洗作用。其可纺性、抗静电性和吸水性都比较有利，因此碱性洗毛方法在生产中使用也比较普遍。

皂碱洗毛是沿用较久的一种碱性洗毛方法，因肥皂不耐硬水、易产生钙镁皂沉淀，影响洗涤毛手感和白度。随着合成洗涤剂工业的发展，使得肥皂逐渐被合成洗涤剂取代，形成了合成洗涤剂加碱的洗涤方法。烷基苯磺酸钠等阴离子表面活性剂加纯碱洗毛，属于轻碱型的洗涤。壬基酚聚氧乙烯（9）醚、十二烷醇聚氧乙烯醚等非离子表面活性剂加碳酸钠，也是碱性洗毛法。碱性洗毛的操作温度不得超过60℃。合成洗涤剂对钙镁离子有良好的耐受性，不会形成沉淀，因而得到广泛应用。

② 酸性洗毛法　对于第二类羊毛，油脂含量低、土杂含量高的羊毛，其本身的弹性和强度原来就比较差，如用一般的皂碱法洗毛易使洗净毛发黄、毡并、色泽灰暗。由于所含土杂多为碱性，在洗槽中，随着土杂的积累，其洗液的碱性将逐步加强，为避免损伤羊毛，有的考虑在洗槽中适当追加乙酸和硫酸，以阻止洗液碱性的进一步攀升，维持洗液中一定的pH值，这一方法称酸性洗毛法。

采用酸性洗毛的方法可以清除碱土杂质的碱性影响，保护羊毛纤维原来的弹性和强度，降低毡化缩绒的程度。酸溶液中添加表面活性剂，可以使洗液很快扩散到纤维内部，提高润湿乳化效果，并能使纤维膨化，改善鳞片层开张角的均一性，从而使羊毛容易洗净，光泽好。非离子表面活性剂，如月桂醇聚氧乙烯醚，阴离子表面活性剂，如烷基磺酸钠、烷基苯磺酸钠等均可作为酸性洗毛剂。

③ 铵碱洗毛法　对于第二类羊毛，将硫酸铵加入后一个洗毛加料作用槽，代替纯碱，

与前一洗槽来的羊毛上残留的纯碱发生复分解反应,生成的硫酸钠(元明粉)可以促进洗剂的洗涤作用,生成的氢氧化铵可以去除羊毛上的皂化物,生成的二氧化碳可以起到松散羊毛、去除草屑等机械杂质的化学搅拌作用,这一方法是铵碱洗毛法。

④ 中性洗毛法 对于第二类羊毛,由于洗毛液已呈碱性,也可采用不加碱而加食盐或元明粉和合成洗涤剂洗毛,起到一定的不损伤羊毛而增进洗效的结果,这一方法称中性洗毛法。洗液的pH值为6~7,洗液的温度可适当提高(50~60℃),这不仅减少羊毛的损伤,还能提高洗涤效能。中性洗毛的洗净毛比碱性洗毛法柔软、白洁和松散,贮藏日久不易泛黄,纤维在梳毛机上的损伤较少。因此,中性洗毛是值得推广应用的新工艺。

在中性洗毛中,烷基磺酸钠、对甲氧基脂肪胺苯磺酸钠、烷基苯磺酸钠、雷米邦A等阴离子表面活性剂均可作为洗毛剂。其中,用烷基苯磺酸钠时洗净毛手感粗糙,雷米邦A去污效果较差,而烷基磺酸钠或对甲氧基脂肪胺苯磺酸钠的洗毛效果最好。为了提高洗涤效果,还可加入氧化钠、硫酸钠、多偏磷酸钠等增效剂。

非离子表面活性剂的中性洗液具有良好的去污力,特别适合用作中性洗毛剂。这类洗毛剂不为羊毛所吸收,洗剂用量可较小,对改善洗净毛的手感不如阴离子洗毛剂。常用的非离子表面活性剂有十二烷醇聚氧乙烯醚、壬基酚聚氧乙烯(9~11)醚、辛基酚聚氧乙烯(9~10)醚等。

由上可知,后三种方法均适合于第二类原毛的洗涤,而应用较多的是铵碱法和中性洗毛法。中性洗毛法也适用于第三类纤维。因山羊绒、驼绒、牦牛绒等特种动物绒,纤维细、长度短、不耐碱性侵蚀,且所含沙土亦多为碱性物质,其洗液亦呈碱性,对合成洗涤剂的要求也较高。

一般而言,细羊毛比粗羊毛难洗,因其含油脂量高、含土杂量大、耐碱性差、易毡并。

(3) 洗毛的基本原理 原毛上的污垢一般由羊毛脂、羊毛汗和土杂等组成。羊毛脂主要是高级脂肪酸、脂肪醇和脂肪烃的混合物,大约有180种脂肪酸和74种脂肪醇,脂肪烃只占羊毛脂的0.5%。羊毛汗是由各种脂肪酸钾盐以及一些磷酸盐和含氮物质组成,其含量约占原毛量的5%~10%。土杂主要是羊群牧养地的风沙、尘土,由于羊毛油脂的黏附及毛丛空隙的容纳而存在于原毛上。不同地区的土杂成分则不同,如澳大利亚西部美利奴羊毛的土杂是非常细小的土屑;新西兰杂交种羊则含有较重且粗大的沙土。在我国新疆地区的细羊毛能溶于水的土杂成分中,除了与澳洲美利奴一样有氧化镁和氧化钙外,还有氧化硅、氧化铁、氧化铝等多种成分。其原毛抽出液的含碱量高达2%~3.5%,澳毛只有0.5%左右。土杂中的不溶物主要是沙土。

原毛在进入洗液前先受到机械力的作用去除土杂,然后浸入洗液。洗毛是在4~6个盛有一定温度的洗液和清水的洗毛机中进行,乳化法使用的耙式洗毛机见图9-17。

该机是由若干个洗毛槽所组成,一般多采用四槽。若原毛中含脂量较低,亦可采用三槽。就使用三槽式设备的工艺来说,最后一槽应为清水槽,以便在此槽洗后出机;第一槽单用纯碱溶液;而在第二槽则用皂碱混合液。羊毛在槽中借钉耙的往复运动向前推移,按羊毛的前进方向在各槽中分别经纯碱、皂碱及清水洗涤。每个洗槽有洗毛耙使羊毛移动通过洗槽,在洗槽之间用轧辊挤轧羊毛,把前一洗槽中的洗液从羊毛中挤出,以防污物进入下一洗槽。在每一洗槽中有泵带动水流循环流动。因此使进入洗毛设备的羊毛受到洗毛耙

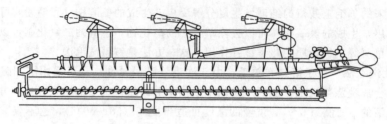

图 9-17　耙式洗毛机

的搅拌力、水流的冲击力及轧辊的挤轧力等几种机械力的作用。

原毛的洗涤机理是十分复杂的，有众多影响因素，原毛上的污物也有许多不同的脱除途径。对于一些水溶性物质如羊毛汗及一些无机盐和部分氧化物，可直接溶于水中而脱离纤维。对于一些不溶性固体污物，如沙粒、尘土、泥屑等在水流冲击和耙的搅拌作用下，直径较大的颗粒直接脱离羊毛沉落于洗槽中；直径在 $1\sim20\mu m$ 的颗粒可被洗涤剂分子吸附而使颗粒分散、胶溶、悬浮在水中。对于羊毛油脂，其成分中的脂肪酸受到洗液中碱的皂化作用，形成羊毛脂皂。羊毛脂皂具有水溶性，可溶于水而从纤维上脱除。羊毛油脂中的脂肪醇不溶于水，且表面张力较低，对纤维的黏附力较高，因此不易脱除。这类污物主要依靠洗涤剂的吸附、润湿、乳化、分散、加溶、浮选等多项性能的作用而去除。其去污过程可以这样描述：洗涤剂活性物分子有良好的表面活性，能容易地用其疏水基一端吸附在污物表面并钻入到污粒内部，同时又能吸附在羊毛纤维分子上，将细孔中的空气顶替出来，这样羊毛和污物颗粒都被洗涤剂的溶液润湿、渗透而膨胀，羊毛与污物间的引力降低了，即润湿引力削弱阶段。随后，洗涤剂活性物质继续吸附在污粒上，形成单分子层，亲水基朝向水中，疏水基伸向污粒内部，并借助机械力的作用，使污物卷离到水中，产生乳化、分散、悬浮、浮选等现象。有部分污物被加溶到洗涤剂活性物的胶束中，这是卷离、乳化、加溶阶段。包有污粒的洗涤剂活性物胶束，带有较多的同性电荷，羊毛表面也吸附有一层活性物分子，形成同电层，污粒就胶溶在水中，保持悬浮状态，而不会再沉降到羊毛上，这是污粒的稳定阶段。由这三个阶段基本完成羊毛的去脂过程。

在洗槽中实际发生的洗涤作用要复杂得多。通常认为有助于洗涤作用的主要因素有三个：洗涤剂的表面活性；纤维和污物表面与洗涤剂分子间形成的界面双电层；机械力和水流冲击力。

洗涤质量的好坏，是用羊毛的含脂率衡量的。羊毛中所含的非脂杂质愈少愈好，而羊脂则应该保留一定的含量，使羊毛的手感柔软丰满，并有利于梳毛和纺织过程的进行。洗毛中应保留的羊脂的多少，根据品种和用途来决定，一般国产毛保持在 1.2% 左右。

9.5.2　毛条的复洗和洗呢

（1）毛条的复洗　毛条制造过程中的复洗工序，目的在于对毛条进行一次热湿处理，消除纤维的疲劳和静电，并对纤维进行一次定形，同时在复洗时可以洗去油污、浸轧油剂助剂，对于染色后的毛条或化纤条有清洗浮色和染色助剂的作用。

复洗工序中常用的洗涤剂有烷基苯磺酸钠（工业粉）、烷基磺酸钠、烷基酚聚氧乙烯醚等。使用烷基酚聚氧乙烯醚时，洗液浓度一般为 $0.2\sim1.0g/L$，通常于碱性洗涤时加氨，于酸性洗涤中加碳酸钠作为助剂。使用中性至弱酸性的非离子表面活性剂洗液进行复洗不仅能收到良好的去污效果，而且可以防止毡化。

（2）洗呢　无论是精纺织物，还是粗纺织物，都需要洗呢。洗净呢坯中的油污、杂质，使织物洁净，便于染色和后道加工，同时根据产品的风格要求和呢坯情况使洗后织物手感松软、丰满、光泽柔和。洗呢不但为以后工序奠定基础，而且也影响成品质量。

洗呢是利用洗剂溶液润湿毛织物，并渗透到毛织物内部去，经过机械的挤压、揉搓作用，使污垢脱离织物。不同的洗剂具有不同的净洗效果，对各种毛织物的手感会产生不同的影响。洗呢时应根据产品的风格要求、呢坯情况（含污、条染、散毛染、匹染、原料）等合理选择配用。精纺全毛中厚花呢有时采用二次皂洗，可使手感活络而丰厚，避免一次皂洗时洗剂过浓而引起织物毡化起毛和浪费用料，或洗剂用量不足而影响洗净及手感。粗纺厚织物也有采用二次皂洗洗净织物的。洗呢常用净洗剂对织物的洗涤效果见表 9-5。

表 9-5　洗呢常用净洗剂对织物的洗涤效果

名称	类型	主要成分	洗净效果	手感
肥皂	阴离子	脂肪酸盐	好	丰厚、柔软
雷米邦 A	阴离子	脂肪酰氨基酸盐	较差	滑润
601 洗涤剂	阴离子	烷基磺酸钠	较好	较粗糙
工业粉	阴离子	烷基苯磺酸钠	较好	较粗糙
洗净剂 LS	阴离子	脂肪酰胺磺酸钠	较好	松软
209 洗涤剂	阴离子	N,N-脂肪酰甲基牛磺酸钠	良好	较丰满、柔软
净洗剂 105	非离子	聚氧乙烯脂肪醇醚，聚氧乙烯苯烷基酚醚-10 及椰子油烷基醇酰胺的混合物	好	略粗糙
净洗剂 JU	非离子	乙氧基烷化咪唑衍生物	好	较粗糙

9.6　去污力的测定

对洗涤程度和洗涤剂的优劣，采用测定去污力来评价。参照 GB/T 13174—2003 规定的方法。洗涤试验在 RHLQ 型立式去污机内进行。

（1）试液准备

① 配制 0.2% 标准洗涤剂溶液。

② 配制 0.2% 待测试样溶液。

（2）棉白布处理　将棉白布（HG/T 2609—1994）沿经纬线裁成 27cm×44cm 的长方形，在滚筒洗衣机中，60℃ 清水洗涤 20min，甩干熨平备用。

（3）炭黑油污布（JB-01）的制备

① 炭黑油污液（即染布用的污液）制备　首先制备炭黑污液，称取阿拉伯树胶（工业 A 级）1.3g 于 50mL 烧杯中，用 15mL 蒸馏水加热溶解炭黑（甲级中色素，粒度约 20μm）0.9g 于 100mL 烧杯中，加入乙醇（50%）10mL 润湿，稍混匀后，加入预先加有 200mL 蒸馏水的胶体磨（立式胶体磨 8000r/min，加工细度 5～20μm）中研磨 15min。放入 1000mL 量筒中，用蒸馏水稀释到 350mL，再加乙醇（50%）250mL，共 600mL，搅匀成炭黑污液。

然后是炭黑油污液的制备，将炭黑污液 600mL 于胶体磨中循环碾磨。另称取磷脂 12g

和混合油（蓖麻油：液体石蜡：羊毛脂质量比为 1:1:1 的混合物）6g 于 100mL 烧杯中，加入乙醇（50%）25mL，在水浴中加热、搅拌、溶解均匀后，用 2min 时间慢慢滴入胶体磨中，再循环碾磨 8min，置于 1000mL 搪瓷杯中，可供染布用。

② 油污布的染制　将炭黑油污液加热到 55℃，双层纱布滤去泡沫，倒入略微倾斜的搪瓷盘中，轻轻吹去少量泡沫，开始染布。将备用好的棉白布（27cm×44cm 长方形）短边浸入油污液中，很快拖过，垂直拉起，静止 1min，将布掉头，用架子固定在铁丝上使其自然晾干。晾干后用磷脂乳化。按磷脂与混合油 2:1（质量比）混合后，再将炭黑油污液加热到 46℃，进行第二次染污。操作同第一次，但布面要翻转和掉向，自然晾干待用。用前裁成 6cm×6cm 大小的试片。

(4) 硬水配制　洗涤试验中配制洗涤剂溶液采用 250mg/kg（以碳酸钙表示，下同）硬水，钙离子与镁离子摩尔比为 6:4。

(5) 白度的测量　根据洗涤剂性能测试的要求，选择所需的 JB 系列试片品种。将用于测定的污布裁成试片，按类别分别搭配成平均黑度相近的六组。若试片是荧光白布，则每组中应有试片六片；其他 JB 种类试片，则至少为三片，同时作好编号记录，每组试片用于一个样品的性能试验。

将裁好的试片按同一类别相叠，用白度剂在 457nm 下逐一读取洗涤前后的白度值。洗前白度以试片正反面的中心处测量白度值，取两次测量的平均值为该试片的洗前白度 F_1；洗后白度则在试片的正反两面取四个点，每一面两点且中心对称，测量白度值，以四次测量的平均值为该试片的洗后白度 F_2。

(6) 去污洗涤试验

① 待评价洗涤剂称为试样，洗涤试验在立式去污机内进行，一次去污洗涤测定时每组试片中的试片总数应控制在 6~12 片之内。用 250mg/kg 硬水分别将试样与标准洗衣粉配制成一定浓度（未特别说明时，浓度均为 0.2%）的测试溶液 1L 倒入对应的洗浴缸内，将浴缸放入所对应的位置并装好搅拌叶轮，调节仪器使洗涤试验温度保持在 (30±1)℃。向在洗浴缸中的标准洗衣粉溶液加入一定浓度的标准蛋白酶溶液 1mL，同时启动搅拌 30s 后停止。

将测定过白度的各组试片分别投入各浴缸中，启动搅拌，并保持搅拌速度 120r/min（角速度 22π/min），洗涤过程持续 20min 后停止。用镊子取出试片，用自来水冲洗 30s。按次序摊放在搪瓷盘中，晾干后，测定白度。如果需要进行白度保持的测定，浴缸中剩余的洗涤剂溶液要保留。

② 计算去污比值 P　用待评价洗涤剂洗涤污布时，用测得的洗前白度 F_1 和洗后白度 F_2 求出待评价洗涤剂去污值 R。

$$R = \frac{\sum_1^3 (F_2 - F_1)}{3}$$

用标准洗衣粉洗涤污布时，测得洗前白度 F_1^0 和洗后白度 F_2^0，求出标准洗衣粉洗涤污布时的去污值 R^0。

$$R^0 = \frac{\sum_1^3 (F_2^0 - F_1^0)}{3}$$

计算相对标准洗衣粉的去污比值 P：

$$P = \frac{R}{R^0}$$

③ 判定

$P \geqslant 1.0$，相当于待评价洗涤剂去污力优于标准洗衣粉，简称该种洗涤剂去污力合格。

$P < 1.0$，相当于待评价洗涤剂去污力劣于标准洗衣粉，简称该种洗涤剂去污力不合格。

(7) 洗涤剂抗污渍再沉积能力（或称白度保持）试验

① 在洗涤试验后的每一个浴缸内分别放入荧光白布（白度 F_{21}）6 片和 2.0g 标准黄土尘，重新装好搅拌叶轮，按去污洗涤试验步骤搅拌洗涤 10min 后，用镊子取出试片（注意不要拧干），用自来水洗净去污浴缸，再将试片放回浴缸内，倒入 250mg/kg 硬水 1000mL 重复前步洗涤过程，漂洗 4min，取出试片，更换硬水 1000mL，重复漂洗 3min 后，将试片取出，排序于搪瓷盘中，晾干后，测定洗后白度值 F_{22}。

② 待评价洗涤剂配置洗液的荧光白布白度保持值 T：

$$T = \frac{\sum_1^6 (F_{22} - F_{21})}{6}$$

标准洗衣粉配置洗液的荧光白布白度保持值 T^0：

$$T^0 = \frac{\sum_1^6 (F_{22}^0 - F_{21}^0)}{6}$$

相对标准洗衣粉的白度比值 B：

$$B = \frac{T_0}{T}$$

③ 判定

$B \geqslant 1.0$，相当于待评价洗涤剂白度保持能力优于标准洗衣粉。

$B < 1.0$，相当于待评价洗涤剂白度保持能力劣于标准洗衣粉。

参考文献

[1] 梅自强．纺织工业中的表面活性剂 [M]．北京：中国石化出版社，2001．
[2] 方纫之．丝织物整理 [M]．北京：纺织工业出版社，1985．
[3] 罗巨涛．染整助剂及其应用 [M]．北京：中国纺织出版社，2000．
[4] 李宗石，刘平芹，徐明新．表面活性剂合成与工艺 [M]．北京：中国轻工业出版社，1995．
[5] 丁忠传，杨新玮．纺织染整助剂 [M]．北京：化学工业出版社，1988．
[6] 刘必武．化工产品手册：新领域精细化学品 [M]．北京：化学工业出版社，1999．
[7] 孙杰．表面活性剂的基本性质及其应用 [M]．大连：大连理工大学出版社，1988．
[8] 杜巧云，葛虹．表面活性剂基础及应用 [M]．北京：中国石化出版社，1996．
[9] 程静环，陶绮雯．染整助剂 [M]．北京：纺织工业出版社，1985．
[10] 黄洪周．化工产品手册：工业表面活性剂 [M]．北京：化学工业出版社，1999．

[11] 唐岸平,邹宗柏. 精细化工产品配方 500 例及生产 [M]. 江苏:江苏科学技术出版社,1993.
[12] 彭民政. 表面活性剂生产技术与应用 [M]. 广东:广东科技出版社,1999.
[13] 刘程. 表面活性剂应用手册 [M]. 北京:化学工业出版社,1992.
[14] 唐育民. 合成洗涤剂及其应用 [M]. 北京:中国纺织出版社,2006.
[15] 中国轻工业联合会综合业务部. 中国轻工业标准汇编:洗涤用品 [M]. 第 2 版. 北京:中国标准出版社,2006.

第 3 篇　印染助剂

第10章　匀染剂

10.1　概述

对纤维和织物染色，必须使染料分子均匀地分布在纤维表面上，并使分布于纤维表面的染料向纤维内部扩散。当织物整个表面的颜色深度、色光和艳亮度都很一致时，该染色可称为均匀染色。

实际上染色中常出现不均匀现象，如条花和染斑，一方面原因是由于纤维的物理、化学结构不均匀，另一方面是染前处理和染色条件不当所致。为使染色中染色速度快、易起斑的染料达到均匀染色的目的，可采取下列措施。一方面控制染色速度，这可通过控制升温速度、控制染料的瞬染性、使用匀染剂、缓染剂、使拼色的染料保持染色速度一致和控制促染剂；另一方面使染浴的浓度和温度均匀，可加大染液流量、使用匀染能力大的染色机械和提高溶液的稳定性。

虽然凭借高超的染色技术，严格细心的操作，有时可以获得均匀的染色效果，但并不十分稳妥。简便易行的方法是加入匀染剂。

作为匀染剂的条件是能使染料缓慢地被纤维吸附（具有缓染作用）；如果染色不均匀，可使染料从深色部分向浅色部分移动（具有移染作用）；不降低染色坚牢度。所以，匀染剂应具有缓染性和移染性。

10.2　匀染剂的作用机理

匀染剂随化学结构变化，其匀染作用机理不同，一般有对纤维有亲和力及对染料有亲和力两种不同的作用。个别的匀染剂对染料和纤维都具有亲和性。

10.2.1　亲纤维性匀染作用

在染浴中加入匀染剂后，匀染剂、染料、纤维三者之间相互作用，当匀染剂对纤维的亲和力大于染料对纤维的亲和力时，染料只能跟在匀染剂的后面，匀染剂与染料对纤维发生竞染作用。匀染剂优先与纤维结合，占据了纤维上的染色坐席，阻碍了染料与纤维的结合，延缓了染料的上染。在染色过程中，匀染剂分子与纤维结合得快，但结合力没有染料分子强，随着染浴温度的升高，染料又逐渐从纤维上将匀染剂置换下来，而最终使染料占据了染色坐席，从而达到匀染的目的。对纤维具有亲和力的匀染剂，也可称之为亲纤维性匀染剂。这类亲纤维性的匀染剂，一旦染色操作完成之后，染料就固着于纤维上不能移动，所以没有移染的能力。作用机理如图10-1所示。

亲纤维性匀染作用常常发生在下列染色过程中。

① 阴离子型的匀染剂在天然纤维、锦纶纤维上的染色过程。

② 阳离子型的剂匀染剂在腈纶上的染色过程。

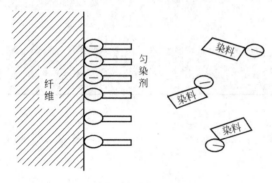

图10-1 亲纤维性匀染剂的作用

以酸性染料湿染羊毛为例。由于染色是在酸性条件下进行，羊毛的作用如同碱一样，首先吸收了氢离子，使之带有正电荷，而酸（一般为硫酸或醋酸）的阴离子扩散能力很高。优先接近纤维的阳离子，并且占据了本来应由染料阴离子占据的染色坐席。在不加匀染剂的情况下，染料的阴离子虽然到达纤维较迟，但由于染料对纤维的亲和力较大，能迅速地从纤维上置换出酸的阴离子，使染料阴离子与蛋白质生成溶解度较小的盐。倘若在染浴中加有阴离子型匀染剂，匀染剂阴离子的迁移率和对纤维的亲和力介于酸的阴离子和染料的阴离子之间。当染料阴离子和匀染剂阴离子置换纤维上酸的阴离子时，匀染剂阴离子对纤维的亲和力大于染料阴离子对纤维的亲和力，匀染剂优先附着于纤维上，从而延缓了染料的上染。

在酸性染料的染色浴中，一般都要加入元明粉，它与阴离子表面活性剂对上染速度的影响作用相同，有助于匀染，但加入量必须适当，如果量过多，则会产生染料盐析的问题，染深浓色泽时尤易发生。

当腈纶染色中使用阳离子型匀染剂时，匀染剂和染料对纤维的酸性基进行竞染，并先于染料占据纤维上的染色坐席，在染色初期阶段起着抑制染料吸收的作用，升温过程中匀染剂解吸而使染料分子慢慢占据染色坐席，达到均匀染色的目的。

在对纤维具有亲和力的匀染剂中，用于天然纤维、锦纶纤维的是含有酸性基团的阴离子表面活性剂，它们主要是磺化油和高级醇硫酸钠盐；用于腈纶的阳离子表面活性剂，主要是季铵盐类。

10.2.2 亲染料性匀染作用

在染浴中加入匀染剂后，当匀染剂对染料的亲和力大于染料对纤维的亲和力时，在染料被纤维吸附之前，匀染剂先拉住染料，并与之结合生成某种稳定的聚集体，染料必须脱离匀染剂才能与纤维结合，从而降低了染料迁移率和扩散速度，延缓了染色时间。在高温时，这种稳定的聚集体与纤维接触，产生分解作用，然后又释放出染料，再使染料与纤维结合，从而达到匀染的目的。这种对染料具有亲和力的匀染剂，称为亲染料性匀染剂。

这种亲染料的匀染剂，对已经上染于纤维的染料还保持有拉力，故对于不匀染织物，可将深浓色泽上的部分染料拉回到染浴中，再转移到浅淡色泽上，达到匀染。所以这种匀染剂具有移染作用。如果这种匀染剂对染料的亲和力过大，也就是说对上染于纤维上的染料拉力过大，那么就可以当作剥色剂来使用。作用机理如图10-2所示。

图 10-2 亲染料性匀染剂的作用

亲染料性匀染剂主要是聚乙二醇醚型非离子型表面活性剂，这种匀染剂的亲染料性是聚乙二醇的醚键易于同染料上的羟基和氨基的氮原子相结合所致。

以酸性染料染羊毛为例，采用聚氧乙烯化合物缩合型非离子型表面活性剂（如匀染剂O），匀染剂中的醚键首先与水形成氢键结合，然后再与染料分子反应，生成活性比较小的氢键，或匀染剂与染料以聚𨦡盐形式相结合，其作用机理如下：

$$R-O-CH_2CH_2-O-CH_2CH_2-O \xrightarrow{+H_2O} R-O-CH_2CH_2-O-CH_2CH_2\cdots$$
$$\underset{H}{|}\quad\underset{OH}{|}$$

$$\xrightarrow{H^+}_{\boxed{染料}-SO_3H} R-O-CH_2CH_2-O-CH_2CH_2O\cdots \rightleftharpoons$$
$$\underset{H}{|}$$
$$\underset{O}{\overset{\cdot\cdot}{|}}$$
$$O=S=O$$
$$|$$
$$\boxed{染料}$$

匀染剂与染料以氢键相结合

$$[R-O-CH_2CH_2-O-CH_2CH_2-O\cdots]^+ \cdot \boxed{染料}-SO_3^-$$

匀染剂与染料的聚𨦡盐形式结合

按照上式反应机理，酸性染料阴离子（磺酸基）可借助于一个或多个氢键与聚乙二醇醚相结合，或匀染剂与染料以聚𨦡盐形式相结合。但无论以哪种方式进行结合，都是匀染剂束缚了对纤维具有亲和力的染料阴离子，氢键加成物或聚𨦡盐在高温下分解再放出染料。

对染料具有亲和力的非离子型匀染剂主要用于还原染料，匀染的原因是聚乙二醇醚与还原染料隐色酸的阴离子借助于氢键生成加成物，或与聚𨦡化合物的阳离子生成盐。若以靛蓝为例，匀染机理如下：

匀染剂与染料以氢键相结合　　　　匀染剂与染料的聚𨦡盐形式结合

对染料具有亲和力的匀染剂，主要有脂肪醇和烷基苯酚的羟乙基化产物，如高级醇聚氧乙烯醚和烷基苯酚聚氧乙烯醚等。

实际上，在非离子型匀染剂存在下常常同时加入阴离子型匀染剂，由于阴离子匀染剂也会像酸性染料一样，首先与非离子型匀染剂生成化合物，而减弱了非离子型匀染剂对染料上染的缓染作用。

在直接染料的染色中，非离子型匀染剂也可起到匀染作用，其作用机理同上所述。

10.2.3 其他类型匀染作用

除上述类型匀染剂之外，还有对染料和纤维都有亲和力的匀染剂。脂肪酸与蛋白质的缩合物（如雷米邦）及聚氧乙烯脂肪醇与蛋白质分解产物的拼合物等都属于这种类型。

10.3 匀染剂的类型

匀染剂可按其作用机理分类，也可按染色中纤维类型分类，具体分类如下所示。

（1）按作用机理分类

- 匀染剂
  - 亲纤维性匀染剂
  - 亲染料性匀染剂
  - 双亲性匀染剂

（2）按染色中纤维类型分类

- 匀染剂
  - 腈纶用
    - 阳离子型匀染剂
    - 阴离子型匀染剂
    - 高分子型阳离子匀染剂
    - 非离子型匀染剂
  - 涤纶用
    - 快速染色匀染剂
    - 高温染色匀染剂
    - 热溶染色匀染剂
    - 染色载体
    - 防泳移剂
  - 锦纶用
    - 阴离子型匀染剂
    - 两性型匀染剂
    - 聚合型匀染剂
  - 天然纤维及混纺纤维用
    - 棉纤维用匀染剂
    - 羊毛、真丝用匀染剂
    - 混纺织物用匀染剂

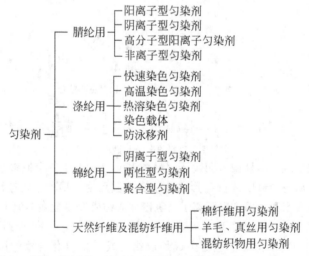

由于染色过程中，同一种纤维可使用不同的染料和不同的匀染剂，现按染色中纤维类型分述如下。

10.3.1 腈纶染色用匀染剂

腈纶纤维在合成纤维中是比较难于染色的一种纤维，常常采用丙烯腈与其他组分共聚的方法来改进染色性能，因此腈纶的品种很多，而且由于共聚成分、共聚方法和纺丝条件的不同，使纤维在染色性能上有很大差别。

根据腈纶纤维的染色性能，可将腈纶分成两大类型：一种是酸性型腈纶纤维；另一种是碱性型腈纶纤维。酸性型腈纶是当前最广泛采用的，主要用阳离子染料进行染色。

腈纶用阳离子染料进行染色时,由于阳离子染料对纤维亲和力大,很快地与引入到纤维上的阴离子基团作用而牢固地结合,染色牢度虽好,但匀染性差,尤其是采用两种或两种以上染料拼色时会发生竞染现象,很容易染花。同时,一般使用的阳离子染料都只适合于较狭的染色温度范围,而被腈纶纤维吸尽的速度又较快,若不采用适当措施延长吸尽过程所需时间,染色就难于均匀,尤其是在染浅色时更加严重。同时,由于染料和纤维之间的亲和力较大,虽然可以进行高温沸煮,但也无法使之重新均匀。

在染浴中添加匀染剂是一种行之有效的方法。

在腈纶纤维的染色中,通常使用的匀染剂有两种类型,一种是对染料有亲和力的阴离子型表面活性剂,一种是对纤维有亲和力的阳离子型表面活性剂,以后者使用最为普遍。近年来,随着高分子化学的发展,高分子匀染剂日益受到重视。另外,在一些特殊染色中,使用非离子型匀染剂。

(1) 阳离子型匀染剂 腈纶染色中使用阳离子型匀染剂时,机理为亲纤维性匀染作用,匀染剂和染料对纤维的酸性基进行竞争,并先于染料占据纤维上的染色坐席,在染色初期阶段起着抑制染料吸收的作用,升温过程中匀染剂解吸而使染料分子慢慢染上坐席,达到均匀染色的结果。

作为腈纶染色用匀染剂,过去大都采用季铵盐类阳离子型表面活性剂,分子量一般为300～500,它们多是高碳烷基三甲基氯化铵的衍生物,烷基碳数一般为16～18。常用的有以下两种。

① 匀染剂1227 匀染剂1227为无色至淡黄色液体,是十二烷基苄基二甲基氯化铵。它易溶于水,1%水溶液的pH值为6～8,耐酸及硬水,是阳离子染料染色的缓染、匀染剂和杀菌消毒剂,也可作织物柔软剂和抗静电剂。目前它主要作腈纶的缓染剂。

② 匀染剂DC 匀染剂DC为微黄色膏状物,是十八烷基二甲基苄基氯化铵。它溶于水,1%水溶液的pH值约为6.5,耐酸、硬水和无机盐,不耐碱,对腈纶具有强亲和力,对阳离子染料染色有良好的匀染性能,主要作阳离子染料腈纶染色匀染剂,并赋予腈纶柔软的手感。

(2) 阴离子型匀染剂 阴离子匀染剂对阳离子染料具有亲和力,机理是亲染料匀染作用。匀染剂阴离子与染料阳离子在水溶液中,按下式形成络合物:

$$D^+ + A^-Y^+ \xrightleftharpoons{K} D^+A^- + Y^+$$

式中,D^+为染料阳离子;A^-为匀染剂阴离子;Y^+为平衡离子。

自由的染料阳离子D^+与络合物D^+A^-具有平衡关系,水溶液中自由的染料阳离子浓度由平衡常数K决定,若平衡向右方移动,其浓度即减少。络合物D^+A^-在纤维表面沉积,由于分子量大,几乎无法向纤维内部扩散,即使扩散亦不能与自由的染料阳离子D^+相比。阴离子结构见(a)和(b):

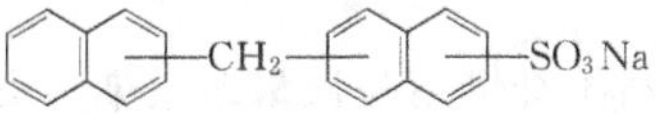

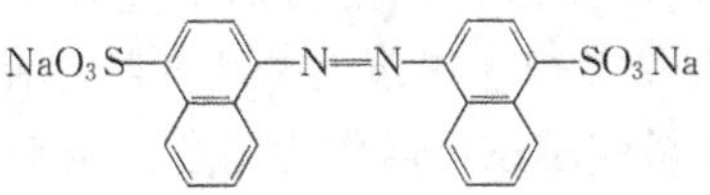

染料-络合物之间达成平衡，要比染料向纤维内部扩散迅速得多。由于染料与阴离子匀染剂在水溶液中形成络合物，因此自由的染料阳离子浓度，较不加阴离子匀染剂时显著减少。另一方面，有效的染色主要依靠染浴中自由的染料阳离子，其浓度的减少使纤维表面的染料浓度显著减少，染浴的吸尽率降低，吸尽速度亦减慢。由此可见，使用阴离子匀染剂可降低染浴的吸尽速度，提高匀染效果。实际上，染色时为了防止染料-阴离子匀染剂络合物在纤维表面上产生沉淀，需要拼用非离子分散剂。原瑞士嘉基公司曾提出过所谓"IT 染色法"。图 10-3 为"IT 染色法"染色原理示意图，I 代表阴离子匀染剂（Irgasol DA），T 代表非离子分散剂（Tinegal NA）。

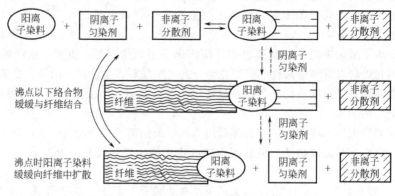

图 10-3 "IT 染色法"染色原理示意图

（3）高分子型阳离子匀染剂　高分子型匀染剂一般分子量为 1000～2000，属于多元电解质型匀染剂，通式为：

$$\{CH_2-\underset{COOR^1NR^2R^3}{\overset{R}{C}}\} \qquad \{CH_2-\underset{T}{\overset{R}{CH}}-N\}$$

式中，R＝氢、甲基，R^1＝C_1～C_4 亚基，R^2、R^3＝甲基、乙基，T＝氢、甲基或氢和 $\{CH_2CHRNC(T)\}$ 单元组合。它们是聚胺类或将其季铵化的聚胺类，机理为亲纤维性匀染作用。它与低分子阳离子匀染剂有如下区别。

① 因为该类匀染剂的作用范围仅限于纤维表面，不会扩散和渗透到纤维内部，所以对纤维性质无不利影响。并且用量少就能得到很好的效果。

② 在高分子型阳离子匀染剂中，因含有足够电荷，吸附力较强，保护纤维表面的染色坐席，并影响染色时间。当阳离子染料和高分子匀染剂同时添加于染浴中就可发挥匀染作用。

（4）非离子型匀染剂　当腈纶纤维用酸性耐缩绒染料染色，由于染浴为强酸性，对纤维有损伤，为了防止手感恶化，并使拼色染料的上色速率均一，可在染浴中适量加用 HLB 值高的非离子型聚氧乙烯烷基醚、聚氧乙烯烷基胺等表面活性剂。

聚氧乙烯烷基醚、聚氧乙烯烷基胺可以作为染色用匀染剂和纤维保护剂（手感）。聚氧乙烯烷基胺结构如下：

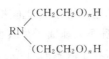

其在酸性浴中呈阳性，可与酸性染料生成络盐，能抑制染色速度，有亲染料匀染作用。

在媒染染料染色中，聚氧乙烯烷基胺是一种优良匀染剂，可以防止产生染斑与纤维脆化。在用重铬酸盐媒染时，使用烷基甜菜碱型两性表面活性剂。HLB值高的非离子型聚氧乙烯烷基醚可以提高染色物的色泽鲜艳度以及摩擦牢度。

10.3.2 涤纶染色用匀染剂

涤纶由于其紧密的分子定向排列，是一种比较难于上染的纤维。目前涤纶的染色，主要使用分散染料。大多数分散染料的化学结构，其共同特点是不带有水溶性基团，所以分散染料在水中的溶解度都是很低的，室温下约为 10~20mg/L，溶解度随着温度升高而增加，在许多情况下，随着助剂的加入而增加。在 125~135℃ 高温染色条件下，染料的溶解度可达 100mg/L。尽管如此，在高温染浴中的分散染料绝大多数还是处于不溶解状态。

涤纶的染色机理可以分下列步骤：分散染料的染料粒子在染浴中的分散──→分散染料在水中单分子溶解──→染料从染浴向涤纶纤维表面扩散──→染料吸附在涤纶纤维表面──→染料从纤维表面向纤维内部扩散。

从上面的过程可知，涤纶的染色必须在分散染料很好的分散前提下，采取各种方法，达到匀染的目的。染色方法有快速染色、高温染色、载体染色、热溶染色等。

(1) 快速染色用匀染剂　快速染色用匀染剂一般为非离子和阴离子混合型。其作用机理是亲染料匀染作用。

由于涤纶纤维的迅速发展，在能源危机、水源紧张的情况下，为了进一步提高劳动生产率，提出了涤纶的快速染色问题。这种染色方法的最大特点是缩短染色时间，降低染色浴比，并达到染色均匀一致。

在涤纶的竭染快速染色中，一般是从 60℃ 始染，逐渐升温到 125~130℃，续染 1h 或更长时间。实际上，很多分散染料在 90℃ 才开始上染，上染开始之后，适当控制升温速度或借助于匀染剂维持比较均匀地上染，在竭染温度之后，尽快地升到最高染色温度，然后再维持较短而必要的匀染时间，使染料充分渗透到纤维内部，从而达到快速匀染的目的。

但是，在实际染色过程中，往往不易匀染，主要有以下几个方面的原因。

a. 升温速度太快，使染料上染速度加快，容易造成染料凝聚，产生染斑。

b. 染浴比较小，使得坯布在染浴中密度加大，染料的匀染性、渗透性变差。

c. 提高了坯布与染液的接触程度，使得坯布的循环速度和染液流速加快，同时使得染液的起泡性增加，易产生缠结、堵布及色花现象。

为了确保在快速染色下的涤纶产品的染色质量，关键问题在于解决匀染问题。当然这一问题的解决，需要从染料、助剂、机械三个方面入手，因此快速匀染剂应运而生。

快速染色要求匀染剂对分散染料有优良的分散性；在染浴中不使染料发生凝聚作用；起泡性小；有优良的移染性能；没有消色性且耐电解质性好。

在涤纶的快速染色中，由于染液流速很大，坯布运动速度很快，致使染液容易产生泡沫，而给染色操作带来困难，加入的助剂必须不起泡沫或起泡沫性很小。

① 非离子型匀染剂　在一般情况下，非离子型表面活性剂对分散染料的移染性是很好的，但分散性却很差，有易使染料粒子凝聚的问题。从起泡沫性能来看，在分子结构上有如下区别：

$$RO(CH_2CH_2O)_nH \quad 易起泡沫$$
$$R_1O(CH_2CH_2CH_2O)_nH \quad 不易起泡沫$$

非离子型表面活性剂也常有消色性。在涤纶熔融抽丝过程中，常常会带入微量的金属盐，而非离子型匀染剂含有氧乙烯基$(CH_2CH_2O)_n$，或氧丙烯基$(CH_2CH_2CH_2O)_n$，在一般条件下这两种基团都不会引起氧化作用，但在120～130℃的高温高压染色条件下，金属盐的存在可能会引起催化作用，因此把聚氧乙烯或聚氧丙烯中的氧-碳（O—C）键破坏而放出新生态氧（或称独态氧），这种新生态的氧会引起氧化破坏作用。在偶氮型染料中尤为重要，蒽醌型染料中较为少见。同时，浅色比深色更容易觉察。

② 阴离子型匀染剂　阴离子型表面活性剂具有良好的分散性，但移染性不佳。

在实际应用的快速匀染剂中，大多是非离子型和阴离子型两种表面活性剂按一定比例的混合物。如匀染剂GS（别名为JYH-821匀染剂；匀染剂SE；匀染剂XFR-101；东邦盐UF-350）为丙三醇聚氧乙烯醚油酸酯类非离子表面活性剂（a）和三苯乙烯基苯酚聚氧乙烯醚硫酰胺类阴离子表面活性剂（b）的混合物，（a）和（b）的结构如下：

$$\begin{array}{l} CH_2-O-(CH_2CH_2O)_l-CO-(CH_2)_7CH=CH(CH_2)_7CH_3 \\ |\\ CH-O-(CH_2CH_2O)_m-CO-(CH_2)_7CH=CH(CH_2)_7CH_3 \\ |\\ CH_2-O-(CH_2CH_2O)_n-CO-(CH_2)_7CH=CH(CH_2)_7CH_3 \end{array}$$

(a)

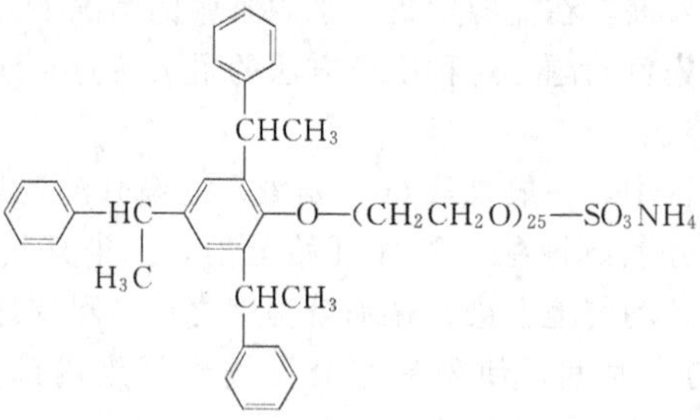

(b)

GS外观为红棕色液体，易溶于水，能溶于醇类、醚类、脂肪烃类、卤代烃类、丙酮和DMF等多种有机溶剂中。本品主要用于涤纶纤维的高温高压染色的匀染剂，尤其适用于快速染色，匀染效果更为突出。

下列是由四类组分组成的复配物：

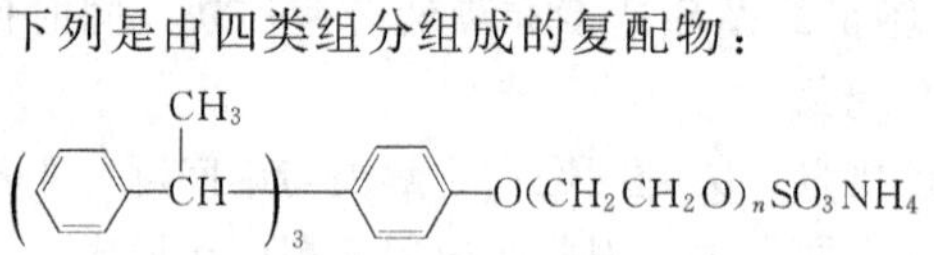

$$\left(\langle \rangle \overset{CH_3}{\underset{}{CH}}\right)_3 \langle \rangle O(CH_2CH_2O)_nSO_3NH_4 \quad (80\pm10)\%$$

$$\left(\langle \rangle \overset{CH_3}{\underset{}{CH}}\right)_3 \langle \rangle O(CH_2CH_2O)_nH \quad 20\%\sim30\%$$

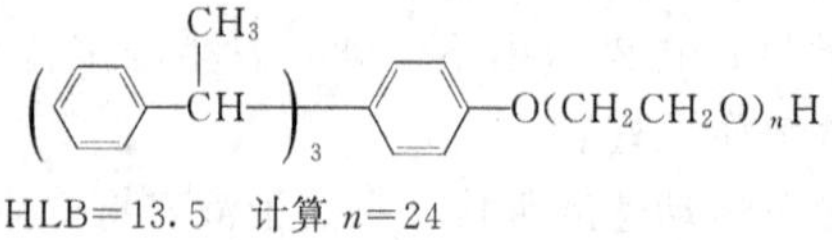

HLB=13.5　计算$n=24$

$$\begin{array}{l} \text{CH}_2\text{O}(\text{CH}_2\text{CH}_2\text{O})_x\text{R}^1 \\ | \\ \text{CHO}(\text{CH}_2\text{CH}_2\text{O})_y\text{R}^2 \\ | \\ \text{CH}_2\text{O}(\text{CH}_2\text{CH}_2\text{O})_z\text{R}^3 \end{array} \quad \begin{array}{l} \text{R}^1 \sim \text{R}^3 \text{ 为硬脂酸} \quad 70\% \\ \text{R}^1 \sim \text{R}^3 \text{ 为不饱和酸} \quad 30\% \\ \text{HLB} = 8 \sim 12 \end{array}$$

羟乙基丁基醚　　　$C_4H_9OCH_2CH_2OH$　　　　　　　　10%

EDTA　　　　　　　　　　　　　　　　　　　　　　0.5%

(2) 高温法染色用匀染剂　高温法染色匀染剂，常是非离子型和阴离子型等混合使用。

在涤纶用分散染料染色中，涤纶短纤维不存在有条花问题，但长丝染色却仍然存在。解决条花的办法是采用分子量较小的分散染料可以好一些，而从分散染料的升华牢度出发，有时又必须使用分子量较大的分散染料，这时就需要加入匀染剂以消除条花。

采用分子量较大的分散染料进行涤纶染色时，还常常会出现环染现象，也就是说染料只在纤维表面着色，不透芯，特别是当采用扩散能力大小不一的分散染料混合物进行染色时，从涤纶纤维表面到内芯就会出现不同的色泽，因此必须采用适当的匀染剂来进行染色，以使染色均匀，并避免出现由于涤纶纤维的聚合度不同而产生色点。

另外，在浸染工艺中最常用的是高温高压法，涤纶纤维在高温高压条件下，纤维大分子链的平均动能迅速提高，超出 80℃ 便从冻结状态进入玻璃化状态。随着温度的继续升高，涤纶纤维大分子链的运动会在纤维内瞬间形成众多的空隙，而分散染料的分子亦同时受热激发向纤维内扩散和升华并在纤维内积累足够多的染料分子，从而完成染色过程。由于涤纶纤维本身结构和所处物理状态的差异性、分散染料的分散不稳定性、染浴内各种助剂染料相互影响的复杂性，加之染色过程升温和恒温的波动性，要克服这些不利因素达到匀染的效果就必须使用匀染剂。

高温匀染剂作用机理大致如下。

① 如果匀染剂中含有乙氧基结构时，其作用机理是亲染料匀染作用，在染色过程中俘获分散染料、增加染料染色的席位，延缓上染以达匀染效果。

② 如果匀染剂中含有芳香族化合物，其作用机理是，当染色升温达某一临界值时，使涤纶纤维迅速产生增塑膨润，并使涤纶的玻璃化温度下降 20~25℃。纤维内的空隙显著增加，促使染料也迅速而集中地染着于纤维之中。同时它又作为染料的溶剂造成纤维内的染料不断解吸，脱离纤维而发生明显的泳移。这既有利于改善快速染色引起的染色不匀，同时明显降低了染料的上染率。

③ 如果匀染剂中含有脂肪族化合物，其作用机理是，在染色的不同温度条件下兼具促染和缓染功能，大大增进分散染料的泳移，从而使高温高压染色达到均匀的效果。

这时，所选用的匀染剂对分散染料具有较强的亲和力，需要严格控制使用量，如果用量过大，就会对染色的涤纶纤维起剥色作用。

常用非离子型匀染剂，因为可通过调节其结构，选择适合的助剂。如为了减少分散染料在染浴中的残留量，在涤纶染色时加入聚氧乙烯数少的烷基醚硫酸酯盐作匀染剂，不仅可以达到匀染效果，还可以避免分散染料的残留。研究结果表明，非离子型表面活性剂对分散染料有亲和力，可以降低染料的上染速率，但却易造成染料缔合而出现凝聚作用；另一方面，它对涤纶纤维也有亲和力，故具有良好的匀染性能。凡是对纤维亲和力大的助剂，则匀染性好，凝聚性小，反之，染料就凝聚性大。聚氧乙烯醚型表面活性剂比聚氧乙烯酯型表面活性剂的匀染效果较差（酯型结构对涤纶的亲和力大于醚型结构），具有苯环的表面活性剂比脂肪烃表面活性剂的匀染性较好，而非离子型助剂中引入磺酸基后，其匀染性有所提高，这主要是克服了非离子型表面活性剂的凝聚作用，同时由于磺酸基的引入，使分散能力增加，匀染性提高。

阴离子表面活性剂，对分散染料的上染速率影响较小，匀染能力较差。由于它具有分散和加溶作用，对分散染料的缔合体有较强的分散能力，可以降低其凝聚性，因此单独用作匀染剂时效果较差。常用匀染剂 SD 为红棕色油状物，是芳基醚硫酸酯混合物，属阴离子型。常温下分散溶解，1％水溶液的 pH 值约为 7，本身具有优良的分散性、匀染性、低起泡性、对油剂及糊料的优异乳化分散性，还具有一定的耐盐能力，主要适用于涤纶高温高压、小浴比快速染色工艺，尤其是涤纶针织物。

事实上，非离子型表面活性剂本身的匀染性能并不十分理想，但若拼入阴离子型表面活性剂，其匀染性、凝聚性和移染性都有较大的提高。这是由于阴离子型表面活性剂的分散能力增加了非离子型表面活性剂的移染能力，降低了染料的凝聚性，彼此取长补短，发生了增效（协同）作用。所以，任何非离子型表面活性剂，只要选择适当的阴离子型表面活性剂，并按适当的比例进行拼混，都可用作分散染料的匀染剂。

(3) 热溶染色用匀染剂　涤纶纤维的热溶法染色，其染色速度高于高温高压法和载体法，但在 200℃ 左右的高温会影响纤维的卷曲度和弹性等，目前不少染厂改用过热蒸汽固色法。经试验证明，在 160℃ 时使用非离子酯型匀染剂，若同时加入防泳移剂和芳香族醚的载体则可得到良好的上色率，而且色泽均匀一致。染色中所用助剂包括邻苯基苯酚型载体＋阴离子乳化剂、三氯苯型载体＋阴离子乳化剂、联苯型化合物＋阴离子乳化剂、乙氧基化的化合物、非离子型脂肪族化合物＋乳化剂、阴离子萘磺酸-甲醛缩合物（扩散剂 N 类产品）、乙二胺四醋酸钠等。

某些非离子型表面活性剂对分散染料有增溶作用，提高染料迁移能力，并可提高匀染性和渗透性。对于坚牢度高、分子量大的分散染料，可以提高上染速率。但在高温下，它在水溶液中会失去水溶性，生成染料的斑点或焦油等，混用阴离子型表面活性剂则有提高其浊点的倾向。

(4) 载体染色　载体染色法是使用载体作为聚酯纤维的膨润剂，使纤维结构较为疏松，便于分散染料向纤维内部扩散，因此在常压染色的条件下，亦可获得深浓的色泽。

聚酯纤维染色用载体为各种芳香族化合物，它有促进聚酯纤维染色有利的一面，也有影响染色牢度等不利的一面。例如邻苯基苯酚（OPP）系的载体，残留于染物上将降低日晒牢度。氯苯、水杨酸甲酯、对苯二甲酸甲酯、安息香酸丁酯系载体比较容易洗净，即使染物上有所残留，对日晒牢度的影响亦小。总之，从人的衣着卫生以及染色牢度考虑，若采用载体染色法染色，应加强后处理、还原净洗以及热定形工序，使残留载体除去。

(5) 防泳移剂　在涤纶纤维的热溶法染色中，主要是要求含有分散染料的染浴分散液性能稳定，可促进染料较多地附着于纤维上而不是沾污在导辊上。连续的热溶法染色的匀染问题，主要与染料的泳移有关。在织物烘干时，由于织物上水分不规则的汽化作用，使染料分布的不均匀性不能得到纠正。虽然在湿态纤维中有染料粒子的微弱移动，并且在烘干前和烘干时，在涤纶纤维表面有少量染料移动，但往往会造成布边到中央、正反面不均一性和白霜现象，所以必须采用一类能抑制泳移的助剂，以便获得在浸轧和烘干时，最理想的染料分布和均匀性。

经验得知，泳移程度与染料颗粒大小、染料凝聚倾向、染料结构类型、助剂类型及用量、轧液率大小、烘干时热量的均匀性等因素有关。

① 防泳移剂应具备以下条件　染料颗粒变细或染液轧液率增加都促进泳移。根据这个理由，织物在浸轧染液时，一方面应当尽量降低轧液率，另一方面应当设法在染液中加入能使染料颗粒凝聚的助剂——防泳移剂。

理想的防泳移剂应具备以下条件。

a. 含有亲水性基团，能减少自由水分，阻止染料在毛细管中的泳移。

b. 含对染料有亲和力的极性基团和长碳链，使染料颗粒黏附在防泳移剂的长链分子上。

c. 防泳移剂的亲水基团与极性基团的比例应适当，这样既能达到理想的匀染效果，又不粘辊筒。

d. 防泳移剂能使染料颗粒发生适度的松散自聚。

e. 防泳移剂在烘干时能够在织物表面形成可溶性透明薄膜，热溶时不会融化，以防止气态染料逸出，而向纤维内部扩散，从而提高了固色率。且薄膜易于洗除，不影响产品的手感。

② 防泳移剂种类　防泳移剂一般都是高分子电解质，目前应用的防泳移剂主要可分为两类。一类是海藻酸钠等天然高分子物质，另一类是丙烯酸与丙烯酰胺等的共聚体。一般认为，海藻酸钠防泳移效果较好，但对染液稳定性不利；聚丙烯酸酯类防泳移效果不及海藻酸钠，但染液稳定性好。

③ 防泳移剂的作用机理

a. 许多防泳移剂都是亲水性高分子聚合物，加到染液中可发生水合作用，大大减少自由水，使染液黏度增加，黏度增加的染料在毛细管中泳移困难，起一定的防泳移作用。

b. 防泳移剂分子在染液中对染料分子或颗粒发生松散性的吸附，防泳移剂分子像一根长绳"结扎"许多松散聚集的染料颗粒，故不易泳移。

c. 许多防泳移剂是聚电解质化合物，在染液中通过电解质效应，使染料分子发生一定程度的聚集，聚集后的染料分子直径变大，故不易发生泳移。

d. 防泳移剂在烘干时易在织物表面形成均匀的不连续薄膜。这种可溶性的不连续薄膜覆盖于染液表面，减少了染料在高温烘干时的升华，从而具有增深作用。

10.3.3　锦纶染色用匀染剂

锦纶纤维主要采用酸性染料、中性染料和分散染料等进行染色，但是往往难于匀染，常出现条花和染斑。其原因有两种情况：一是锦纶的物化结构不均匀，抽丝时拉伸不均或编织时张力不均，分子结构的定向度不同等；二是染色操作问题。尤其是条花的盖染性成为影响锦纶匀染的至关重要问题。

锦纶在酸性染浴中，与羊毛的作用一样，纤维上的氨基吸附氢离子生成带有正电荷的纤维，但是所有酸性染料对锦纶都有比对羊毛高得多的亲和力。这是因为在相同条件下，锦纶对氢离子的吸附大于羊毛，锦纶具有更大的正电荷，所以锦纶比羊毛更难于匀染。

在锦纶染色中，各类染料对条花的盖染性不同，一般情况下对条花的盖染性依下列顺序递减：分散染料＞酸性染料＞媒介染料＞直接染料＞酸性络合染料（1∶1型金属络合染料）＞中性染料（1：2型金属络合染料）＞活性染料。

但是，就染色产品的湿牢度而言，则恰恰与上列顺序相反。

锦纶染色的饱和值较低，染深色比较困难。一般对湿牢度要求不高的中、浅色可用分散染料，色牢度要求较高或染中、深色时，一般采用酸性染料。酸性染料在锦纶上的上染速度较快，易出现染斑，除严格控制升温速度及染浴 pH 值外，加入可适当调节染色速度的匀染剂是行之有效而又简便的方法。

在选择匀染剂时，必须注意匀染剂的类型及其适用的染料。

（1）阴离子型匀染剂　阴离子型匀染剂属于对纤维具有亲和力的匀染剂。

① Migregal 2N 匀染剂，结构为 $RCOO(CH_2CH_2O)_nSO_3Na$，由于分子量较小，只适用于分子量较小的匀染型酸性染料。这类助剂在低温时对锦纶的亲和力高于对酸性染料的亲和力，在染色中，它优先于染料被吸附在锦纶上，随染色温度的逐渐升高，它对锦纶的亲和力亦逐渐下降，直至小于染料对锦纶的亲和力而被染料取而代之。它对酸性染料染花的锦纶织物还有修复并匀染的功能。该匀染剂在染色之后，可能还会有少量留存在织物上，只需水洗和皂洗即可完全除去。

② 由烷基聚乙二醇硫酸钠、脂肪酸与二乙醇胺缩合物、低级醇胺、低级脂肪醇和在升温时能释放出氯化氢的卤代烷基衍生物的混合物组成的匀染剂，用于酸性染料染锦纶，可以得到均匀的色泽。也可采用下面的匀染剂，用于酸性染料染锦纶。

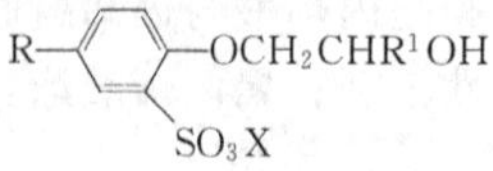

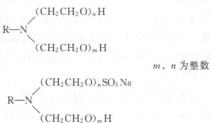

$R=C_9H_{19}$，$C_{12}H_{25}$，$C_{11\sim14}H_{23\sim30}$
$R^1=H$，CH_3，ph，CH_2OH
$X=Na$，$NHCH_2CH_2OH$

③ 丙烷磺内酯-氧乙烯化的 N-烷基-1,3-丙二胺缩合物，用于锦纶酸性染料、金属络合染料和媒介染料染色时，可改进匀染性。

④ 具有如下通式的化合物可作为匀染剂：

$RN[(CH_2CH_2O)_nSO_3NH_4](CH_2CH_2O)_mSO_3NH_4$　$R=C_1\sim C_{22}$烷基，$m+n=8$
$RH[(CHR_1CHR_2O)_mH](CHR_1CHR_2O)_nH$

⑤ 由环氧丙烷与 $C_3\sim C_{10}$ 脂肪族多元醇（三个羟基到六个羟基）加成物、$C_3\sim C_{10}$ 脂肪族二羧酸或其烷基酯或酐、脂肪族二元醇（最大分子量为2000）、$C_8\sim C_{22}$ 脂肪酸、$C_8\sim C_{12}$ 芳香族二羧酸或酐反应制得物，具有匀染作用，同时可以改进阴离子染料的竭染性。

（2）两性型匀染剂　某些两性型表面活性剂，属于对纤维和染料都有亲和力的匀染剂。例如，可用下列两种主要成分按一定比例组成混合物。

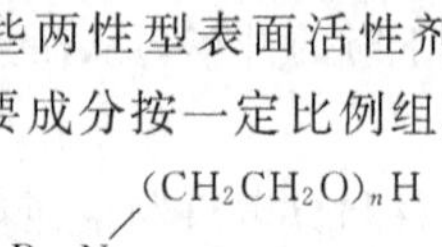

$$R-N\begin{matrix}(CH_2CH_2O)_nH\\(CH_2CH_2O)_mH\end{matrix}$$

m、n 为整数

$$R-N\begin{matrix}(CH_2CH_2O)_nSO_3Na\\(CH_2CH_2O)_mH\end{matrix}$$

在上述混合物中，既含有正电荷的季铵基，又含有负电荷的磺酸基，是一种两性型表面活性剂。在酸性条件下呈阳离子性，在碱性条件下呈阴离子性，所以随着染液 pH 值的不同，匀染剂所显示的带电荷性及其强度不同。如果结构中没有磺酸基存在，则含有阴离子的染料就会与季氨基阳离子结合成盐而产生沉淀；当有磺酸基存在时，即使含阴离子的染料与匀染剂结合，但仍能保持水溶性而不致生成沉淀。

这种匀染剂的分子量较大，对分子量较大的酸性缩绒染料（acid milling dyes）有较好的匀染作用。该匀染剂具有较高的移染能力，可以把不同类型酸性染料拼色时的初染率拉平，故可作为酸性匀染染料和酸性缩绒染料拼色用的匀染剂。

(3) 高分子匀染剂　在锦纶纤维使用酸性染料染色时，还可以使用一些聚合物作为匀染剂，例如，聚乙烯吡啶和聚乙烯吡咯烷酮等的匀染性能甚至超过常用的阴离子型匀染剂。

β-环糊精通过与酸性染料分子形成包合物，可减慢染料的上染速度并提高染料的移染性，以提高酸性染料的匀染性。并且在染色中使用 β-环糊精作匀染剂，不影响织物的表面色深，对织物的日晒牢度也没有影响。

在锦纶染色中，如果使用混合助剂，对于改进匀染性具有增效作用。有些匀染剂品种，虽然主要作用在于匀染，但往往兼有其他性能。

但是，应该强调，阳离子染色助剂，特别是羟乙基化的脂肪胺，对锦纶采用三原色染料染色的耐晒牢度产生特别有害的影响，其他化学品也往往产生副作用，会影响酸性染料和分散染料的染色结果，而且对分散染料的影响更加明显。一般规律是，作为酸性染料而在锦纶上的最好匀染剂，常常是对耐晒牢度有最大不利影响的匀染剂。因此，虽然锦纶用匀染剂品种繁多，但是真正全面满足应用要求的却不多。

10.3.4　棉纤维用匀染剂

棉纤维可用还原、直接、活性、硫化、冰染等类染料染色，由于大部分阴离子染料与棉纤维亲和力不大，因此一般不使用匀染剂。还原染料的染色过程是先将不溶性还原染料于碱性溶液中用还原剂还原成可溶性的隐色体，可溶性隐色体被纤维吸附后，再经过氧化发色而达到染色的目的。由于还原染料的隐色体，与纤维的附着性大，上染速率快，往往在数分钟内，纤维附着染料数量已达 80%～90%，因此极易发生染斑。特别是筒子染色时，易造成里外色差，因此需使用匀染剂。

于染浴中加入非离子匀染剂，例如高级醇聚氧乙烯醚，可以与还原染料形成氢键结合，并使染料分子的聚集度增大，减慢纤维对染料的吸附，从而获得匀染效果。

非离子匀染剂分子结构中的聚乙二醇醚长链借氢键作用与还原染料隐色体的阴离子形成加成化合物，或由化合物的阳离子与还原染料隐色体的阴离子生成盐。现以靛蓝为例说明其作用过程。

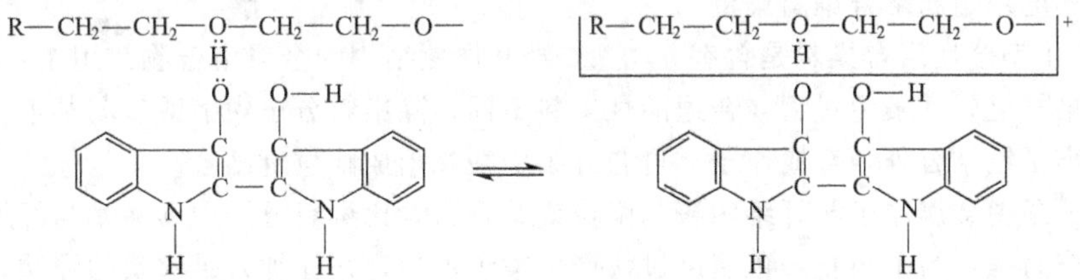

借氢键结合的化合物　　　　　聚锌盐

常用的匀染剂有以下几种。

① 平平加 O　平平加 O 为乳白色或米黄色软膏状物，是高级脂肪醇聚氧乙烯醚化合物，属非离子型。它易溶于水，1%水溶液的 pH 值为 6~8，浊点为 70~75℃；耐酸、碱、硬水；对直接、还原染料有高亲和力，但其结构疏松，是一种缓染剂；过量的平平加 O 可作剥色剂用。平平加 O 还具有良好的匀染性、渗透性、分散性和乳化性，它在印染工业中的应用十分广泛。

② 低泡匀染剂 O　低泡匀染剂 O 为淡黄或微黄色膏状物，是硅氧烷聚醚、烷基聚氧乙烯醚复合物，属非离子型。它易溶于水，1%水溶液的 pH 值为 6~7，耐酸、碱及硬水，能与各种表面活性剂混用，具有匀染、分散、渗透和乳化作用，主要用于直接、还原等染料的染色。

10.3.5　羊毛和真丝用匀染剂

羊毛和真丝纤维结构相近，所用匀染剂的类型相同。

(1) 羊毛和真丝酸性染料的染色　酸性染料是一类用于羊毛丝绸染色的染料，酸性染料可以根据要求染浴酸度情况分为强酸性染料、弱酸性染料、中性染料。羊毛在稀盐酸浴中的染色过程，首先是羊毛中氨基与盐酸的成盐结合，然后氯离子与酸性染料阴离子进行交换而达到染色的目的。

$$\text{羊毛} \begin{matrix} NH_3^+ \\ | \\ COO^- \end{matrix} + H^+ \longrightarrow \text{羊毛} \begin{matrix} NH_3^+ \\ | \\ COOH \end{matrix} + Cl^- \longrightarrow \text{羊毛} \begin{matrix} NH_3Cl \\ | \\ COOH \end{matrix} + \text{染料} — SO_3^-$$

$$\rightleftharpoons \text{羊毛} \begin{matrix} NH_3 \cdot O_3S-\text{染料} \\ | \\ COOH \end{matrix} + Cl^-$$

但当染浴中加有亲纤维性阴离子型匀染剂后，染浴中即同时存在无机酸（HCl，H_2SO_4）、亲纤维性阴离子型匀染剂（$R—SO_3Na$）、酸性染料（$D—SO_3Na$）三种能产生阴离子的物质。此时染色过程将是扩散速度最大、分子量最小的无机酸阴离子首先与羊毛中氨基结合，然后亲纤维性匀染剂阴离子置换无机酸阴离子，先占有纤维上的结合位置，最后酸性染料阴离子缓缓扩散至纤维内部，再代替亲纤维性匀染剂阴离子而与纤维结合，从而达到匀染目的。

$$\text{羊毛} \begin{matrix} NH_3Cl \\ | \\ COOH \end{matrix} \xrightarrow{RSO_3Na} \text{羊毛} \begin{matrix} NH_3O_3S-R \\ | \\ COOH \end{matrix} \xrightarrow{D-SO_3Na} \text{羊毛} \begin{matrix} NH_3O_3S-D \\ | \\ COOH \end{matrix}$$

(2) 羊毛用金属络合染料染色

① 1:1 型金属络合染料是含有 o, o'-二羟基偶氮结构的金属络合物。用 1:1 型金属络合染料染羊毛，其染色过程与普通酸性染料不同，除染料分子中磺酸基与羊毛中离子化的氨基成离子键结合外，金属原子亦可与纤维中羧基形成配位键结合。

染料分子中金属原子与纤维中羧基配位键结合力，比染料分子中磺酸基与纤维中氨基离子键结合力强，为了防止染色速度过快产生染色不匀，往往加入足够量的强酸，抑制纤维中羧基的电离，使染料与纤维的结合尽可能以离子键的形式进行。当水洗时酸度减弱，纤维中羧基再与染料中金属原子配位结合，借以达到染色均匀坚牢的目的。但强酸的加入

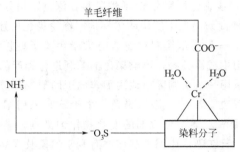

将会损伤羊毛纤维。为了避免这种缺点，可以使用非离子表面活性剂，例如派拉丁坚牢盐 O（palatine fastSaltO）、尼奥伦盐 P（neolan salt P）作为匀染剂，硫酸用量可从 8% 降低至 4%。

② 1∶2 型金属络合染料是 1 个金属原子与 2 个分子 o,o'-二羟基偶氮染料的络合物。染料分子结构中不含磺酸基或羧基，而含有磺酰胺—SO_2NH_2 或—$SO_2NR_1R_1$ 等水溶性基团。1∶2 型金属络合染料的染色过程和中性染色的酸性染料极为相似，pH 值较低时染料与纤维为离子键结合，易发生染色不均现象。染色时可使用脂肪醇聚氧乙烯醚、烷基苯酚聚氧乙烯醚硫酸酯盐以及某些脂肪胺、脂肪酰胺型非离子表面活性剂作为匀染剂。

（3）常用匀染剂

① Albegal B　Albegal B 为黄棕色乳状低黏度液体，是烷基酰胺取代的聚乙二醇酯，属两性型。它易溶于水，1% 水溶液的 pH 值为 6，耐酸、碱、硬水和电解质，可与各种表面活性剂共用，是一种对染料和毛纤维均有亲和力的匀染剂，适用于活性、酸性媒介及 1∶1 金属络合染料羊毛染色，在活性染色时，能提高得色率和匀染性。

② 匀染剂 S　匀染剂 S 为黄色粉状物，是苄基萘磺酸钠化合物，属阴离子型。它易溶于水，耐强酸、强碱，具有润湿渗透、增溶、乳化分散作用，主要用作酸性染料匀染剂。

③ 匀染剂 NFS　脂肪胺聚氧乙烯醚，深棕色液体非离子/弱阳离子型，在碱性、中性溶液中呈非离子型，在酸性溶液中呈弱阳离子型，耐酸、碱、盐，具有优良的匀染性。作毛用活性染料、中性染料、弱酸性染料、媒介染料的匀染剂。

④ 匀染剂 WE　脂肪胺聚氧乙烯醚复配物，浅棕色液体，非离子/弱阳离子型。作毛用活性染料的匀染剂并能提高其给色量，也可用于弱酸性染料、中性及媒介、金属络合染料的染色中的匀染剂。

毛、丝所用匀染剂包括了各种类型的离子表面活性剂，如阴离子型表面活性剂（苄基萘磺酸钠）、非离子型表面活性剂（脂肪胺环氧乙烷缩合物）等。它们适用于各种酸性染料的染色，并可降低硫酸用量，减少对纤维强力的损伤，用量过多时可作剥色剂使用。叔胺类阳离子表面活性剂与非离子表面活性剂的复配物也可作为羊毛用酸性染料染色的匀染剂。

10.3.6　混纺织物用匀染剂

涤-棉混纺是合成纤维混纺中的最大宗产品，染色方法有高温高压染色法和热溶染色法，其中热溶染色法较为广泛。涤-棉混纺的一浴一步法染色，极浅色可用分散染料进行染色，只染涤纶而不染棉，在轧染浴中需加入防泳移剂；浅色可用可溶性还原染料进行染色，只染棉而不染涤纶，在轧染浴中加入非离子型渗透剂；深色可用对碱不敏感的分散-活性复合染料一浴染色，轧染浴中加入助溶剂及抗泳移剂。涤-棉混纺的一浴两步法染色，浅色可用分散-直接染料，浅中色可用分散-活性染料，深色则用分散-还原染料，轧染浴中都要加入抗泳移剂。涤-棉混纺染色中所用防泳移剂同涤纶染色所述防泳移剂类似。

在涤-腈混纺染色中，一般分散染料中都含有大量阴离子型扩散剂，它能与阳离子染料或阳离子助剂在染浴中生成沉淀物，影响染色的顺利进行和产品质量。可以采用两浴法分别染着两种纤维，若采用一浴法则需要改用加非离子助剂的分散染料或改用分散型阳离子染料，也可从助剂上解决。涤-腈一浴法染色，由于不宜采用阳离子缓染剂，染浅色时可有扩散剂 N 和非离子聚氧乙烯型分散剂的复合物作匀染剂，染中、深色时可单用聚氧乙烯脂肪醇的硫酸化物。若在染浴中添加载体亦有利于匀染及成品手感。

涤-腈两浴法染色，先用分散染料染涤纶，染浴中加入载体和聚氧乙烯脂肪醇硫酸化物，再用阳离子染料染腈纶。

涤-毛混纺采用分散-酸性染料同浴染色，匀染剂可用阴离子型的扩散剂 N 或带阴离子的聚氧乙烯脂肪醇硫酸酯。涤-毛混纺两浴法染色所用助剂同于单体染色。

毛-腈混纺由于采用酸性染料和阳离子染料进行染色，两种染料的阴、阳离子会在染浴中生成不溶性沉淀，所以必须加入防沉淀剂。常用防沉淀剂有高聚氧乙烯脂肪醇（如分散剂 IW）、聚氧乙烯脂肪醇硫酸酯（如分散剂 FES）、改性聚氧乙烯脂肪醇（如分散剂 WA、WB）等。

10.4 主要匀染剂合成

10.4.1 用于酸性染料染色的匀染剂合成

（1）匀染剂 S　匀染剂 S 的结构式为：

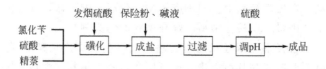

合成过程：

氯化苄、硫酸、精萘 → 磺化（发烟硫酸）→ 成盐（保险粉、碱液）→ 过滤 → 调pH（硫酸）→ 成品

消耗定额：

氯化苄	265.36kg/t;	碱液（29.5%）	823.54kg/t;
精萘	234.43kg/t;	硫酸（98%）	498.43kg/t;
保险粉（85%）	19.54kg/t;	发烟硫酸（20%SO₃）	658.64kg/t;
硫酸氢钠	16.28kg/t。		

（2）匀染剂 AN　匀染剂 AN 主要活性物的结构式为：

$C_{17}H_{35}CONHCH_2CH_2N(CH_3)_2$

合成过程：

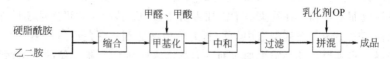

硬脂酰胺、乙二胺 → 缩合 → 甲基化（甲醛、甲酸）→ 中和 → 过滤 → 拼混（乳化剂OP）→ 成品

消耗定额：
硬脂酰胺 259kg/t； 甲酸 173kg/t； 乙二胺 189kg/t；
甲醛 253kg/t； 硫酸 62kg/t； 乳化剂 OP 441kg/t。

10.4.2 用于阳离子染料染色的匀染剂合成

(1) 匀染剂 DC 匀染剂 DC 的结构式为：

$$\left[\begin{array}{c} CH_3 \\ C_{18}H_{37}-N-CH_2-C_6H_5 \\ CH_3 \end{array} \right]^+ Cl^-$$

合成反应：

$$C_{18}H_{37}N(CH_3)_2 + ClCH_2-C_6H_5 \xrightarrow[pH: 6\sim6.5]{90\sim100℃} \left[\begin{array}{c} CH_3 \\ C_{18}H_{37}-N-CH_2-C_6H_5 \\ CH_3 \end{array} \right]^+ Cl^-$$

消耗定额：二甲基十八叔胺 710kg/t； 氯化苄 305kg/t。

(2) 匀染剂 1227 匀染剂 1227 的结构式为：

$$\left[\begin{array}{c} CH_3 \\ C_{12}H_{25}-N-CH_2-C_6H_5 \\ CH_3 \end{array} \right]^+ Cl^-$$

合成过程：椰子油、二甲胺中加入过量10%的苄基氯，于120℃下加热2h，即可以得到90%的产品。也可按下列过程合成：

消耗定额：正十二烷醇（95%） 357kg/t； 盐酸（31%） 571kg/t；
二甲胺（40%） 357kg/t； 液碱（21%） 71kg/t； 氯化苄（95%） 196kg/t。

10.4.3 用于分散染料染色的匀染剂

(1) 匀染剂 GS 匀染剂 GS 由 A 和 B 两组分构成，结构式分别为：

$$\begin{array}{l} CH_2-O-(CH_2CH_2O)_l-CO-(CH_2)_7CH=CH(CH_2)_7CH_3 \\ CH-O-(CH_2CH_2O)_m-CO-(CH_2)_7CH=CH(CH_2)_7CH_3 \\ CH_2-O-(CH_2CH_2O)_n-CO-(CH_2)_7CH=CH(CH_2)_7CH_3 \end{array}$$

A 组分

B 组分结构式（三苄基苯酚聚氧乙烯醚硫酸铵盐，含 $(CH_2CH_2O)_{25}-SO_3NH_4$）

B 组分

A 组分合成反应：

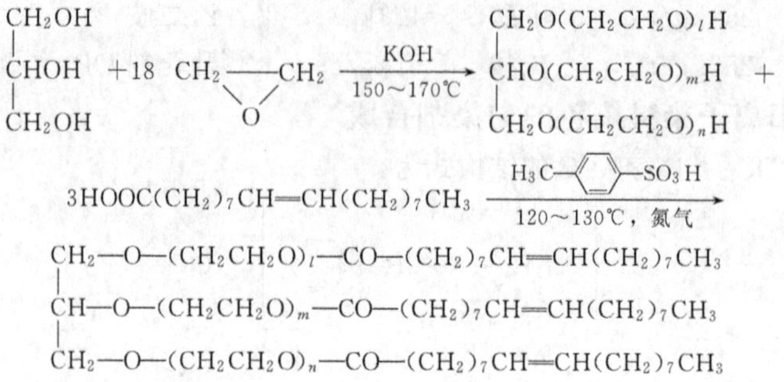

$$\begin{array}{c} CH_2OH \\ CHOH \\ CH_2OH \end{array} + 18\ CH_2\overset{O}{-}CH_2 \xrightarrow{KOH,\ 150\sim170℃} \begin{array}{c} CH_2O(CH_2CH_2O)_lH \\ CHO(CH_2CH_2O)_mH \\ CH_2O(CH_2CH_2O)_nH \end{array}$$

$$+\ 3HOOC(CH_2)_7CH=CH(CH_2)_7CH_3 \xrightarrow[120\sim130℃,\ 氮气]{H_3C-\!\!\!\!\bigcirc\!\!\!\!-SO_3H}$$

$$\begin{array}{l} CH_2-O-(CH_2CH_2O)_l-CO-(CH_2)_7CH=CH(CH_2)_7CH_3 \\ CH-O-(CH_2CH_2O)_m-CO-(CH_2)_7CH=CH(CH_2)_7CH_3 \\ CH_2-O-(CH_2CH_2O)_n-CO-(CH_2)_7CH=CH(CH_2)_7CH_3 \end{array}$$

B 组分合成反应：

$$\bigcirc\!\!\!-OH + 3\ \bigcirc\!\!\!-CH=CH_2 \xrightarrow[120\sim150℃]{H_2SO_4} \text{三苯乙基苯酚} + 25\ CH_2\overset{O}{-}CH_2$$

$$\xrightarrow[150\sim160℃]{KOH} \text{三苯乙基苯酚}-O(CH_2CH_2O)_{25}H + H_2SO_4 + H_2NCONH_2$$

$$\xrightarrow{120\sim125℃} \text{三苯乙基苯酚}-O(CH_2CH_2O)_{25}SO_3NH_4 + CO_2 + NH_3$$

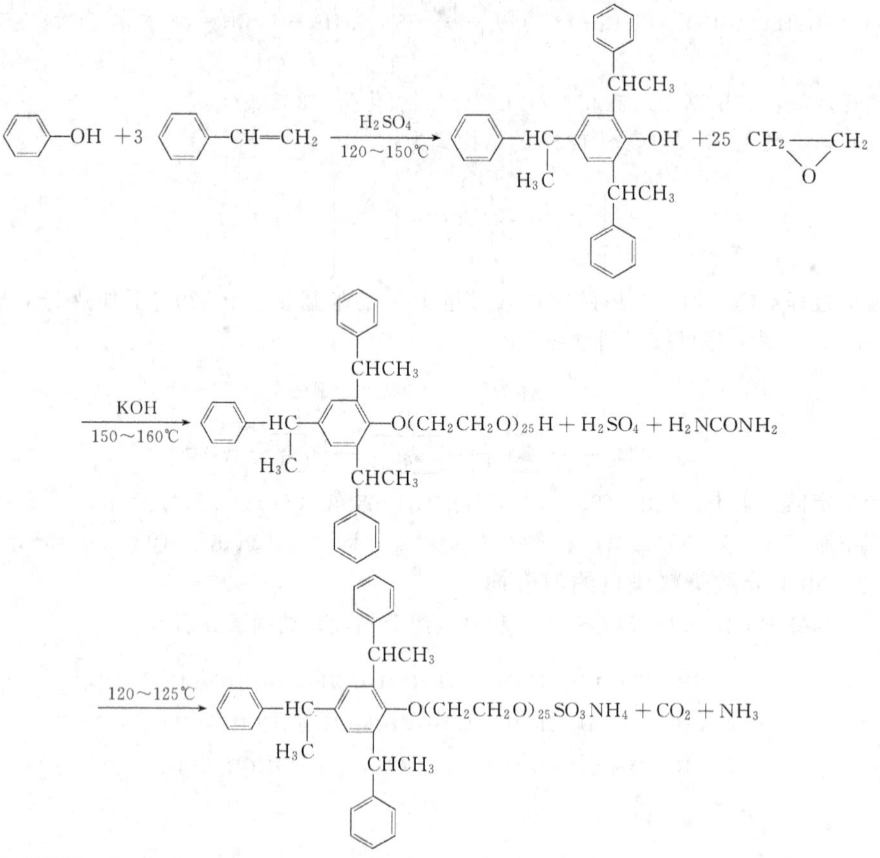

消耗定额：丙三醇 14.9kg/t； 苯酚 5.8kg/t； 环氧乙烷 201.3kg/t； 苯乙烯 19.3kg/t； 氢氧化钾 0.5kg/t；

硫酸 12kg/t； 油酸 137.2kg/t； 尿素 4kg/t； 对甲苯磺酸 1.6kg/t； 乙二醇丁醚 4kg/t。

(2) 匀染剂 BOF 匀染剂 BOF 的结构式为：

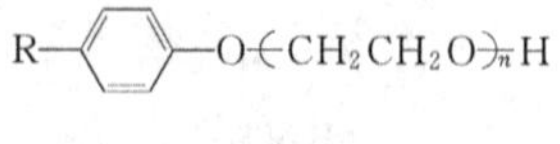

$$R-\!\!\!\!\bigcirc\!\!\!\!-O(CH_2CH_2O)_nH$$

合成反应：

$$R-\text{C}_6\text{H}_4-\text{OH} + n\text{CH}_2-\text{CH}_2 \longrightarrow R-\text{C}_6\text{H}_4-\text{O}(\text{CH}_2\text{CH}_2\text{O})_n\text{H}$$
$$\underset{\text{O}}{\diagdown\diagup}$$

合成过程：在一定量的壬基酚中，加入 0.3%KOH，注入反应釜中。升温至 105℃ 除水、除氧，在无水、无氧，105℃ 条件下，缓慢压入环氧乙烷，控制压力在 0.2~0.3MPa 和 150℃ 温度，反应 15min 后，反应体系自动升温，控制温度为 180℃，压力为 0.2~0.3MPa，用氮气将定量的环氧乙烷持续压入反应釜中，直至环氧乙烷按计量加完，经中和等后处理，得产品。

10.4.4 防泳移剂制备

目前常用的防泳移剂品种有：BASF 公司的 Primasol AMK，ICI 公司的 Migration Inhibitor 以及防泳移剂 TR、TG，高效防泳移剂 AM-103 等。

防泳移剂是一种水溶性高分子共聚物，共聚物的结构决定防泳移剂的应用性能，而其结构主要取决于所用聚合原料的结构和单体的配比。丙烯酸及其酯类品种很多，且各有特性，选择适当的单体和配比，是合成高聚物的基础。反应温度直接影响反应速度和共聚物性能，适当地控制反应温度是使合成反应顺利进行的重要因素。防泳移剂制备工艺中，两个关键步骤是共聚和水解，丙烯酰胺类共聚物必须经过水解，才能获得理想的防泳移效果。

(1) 防泳移剂 TR 的制备　丙烯酰胺、丙烯酸及其酯类单体，在引发剂过硫酸铵作用下，进行游离基聚合，生成线型大分子共聚物，该共聚物再经适当条件水解，成为带有 —NH_2、—COOH、—COOR 的高分子物质。以该高聚物为主要组分，再辅以表面活性剂、分散剂等即可。

$$2\text{CH}_2=\underset{\underset{\underset{NH_2}{|}}{\underset{C=O}{|}}}{\text{CH}} + \text{CH}_2=\underset{\underset{\underset{OR}{|}}{\underset{C=O}{|}}}{\text{CH}} \xrightarrow[\text{加热}]{(\text{NH}_3)_2\text{S}_2\text{O}_3} (\text{CH}_2-\underset{\underset{NH_2}{|}}{\underset{C=O}{|}}\text{CH}-\text{CH}_2-\underset{\underset{OR}{|}}{\underset{C=O}{|}}\text{CH}-\text{CH}_2-\underset{\underset{NH_2}{|}}{\underset{C=O}{|}}\text{CH})_n \xrightarrow[\text{加热}]{\text{OH}^-}$$

$$(\text{CH}_2-\underset{\underset{NH_2}{|}}{\underset{C=O}{|}}\text{CH}-\text{CH}_2-\underset{\underset{OR}{|}}{\underset{C=O}{|}}\text{CH}-\text{CH}_2-\underset{\underset{OH}{|}}{\underset{C=O}{|}}\text{CH})_n$$

(R 为 H，CH_3，C_3H_7)

在电热恒温水浴中，安装带有电动搅拌器、回流冷凝器、加料漏斗及温度计的四口反应瓶。加入计量的分子量调节剂、引发剂，搅拌升温至 80℃。由加料漏斗滴入单体，并保持反应在酸性条件下进行，保温 (80±2)℃×4h，待反应物黏稠后，开始降温。在 50℃ 下，加碱水解 5~7h，取样化验，当水解度达到 30% 时，停止加热，使温度降到 20~30℃，中和多余的碱，使 pH 值在 6~7。产品为无色或淡黄色透明黏稠液，适用于各类织物的轧染工艺，各项指标达到国家标准，制备工艺简单易行，是印染行业的理想助剂，应用前景广阔。

(2) 防泳移剂 TG 的制备　将聚丙烯酰胺在碱性条件下水解，生成含有 —$CONH_2$ 和 —COOH 的高分子物，再加入适量微粒子硅胶，即为防泳移剂 TG。其中 —$CONH_2$ 有利于吸附染料，—COOH 能减少自由水分，并能使大分子易溶于水。在带有搅拌、回流冷凝、加料及测温装置的反应瓶中加入部分溶于水的聚丙烯酰胺，加热并搅拌，升至一定温度后，添加碱液，反应进行到一定时间滴加酸液调节 pH 值至中性，再加入适量的硅酸和平平加 O，充分搅拌后即可出料。产品外观为淡黄色透明液体，pH 值（1%溶液）为 6.5，溶解性好，固含量为 14%。

(3) 防泳移剂 AM-103 的制备
① 所用原料如下。

丙烯酸：聚合级，纯度≥99.5%，北京东方化工厂生产；

丙烯酰胺：进口级，含量≥98.5%；

引发剂：过硫酸盐-亚硫酸氢钠，分析纯；

增效剂 1、增效剂 2 均为上海产，含量分别为≥98%、≥68%；

多糖变性物：分子量为 5 万～10 万，为线型高聚物，含量≥85%；

去离子水。

② A 组分合成过程 A 组分采用水相聚合。在装有测温、加料、搅拌器、冷却、加热等装置的 200～500L 的搪瓷反应釜中，将部分溶于水的丙烯酸，丙烯酰胺单体投入反应釜中搅拌，然后缓慢加热到一定温度，加入部分引发剂后进行反应，再滴加剩余的单体和引发剂。最高温度不宜超过 90℃，整个反应时间控制 4h。反应完后用 NaOH 水溶液中和到 pH 值 6～7，然后过滤、放料，并进行测试。

③ B 组分合成过程 将多糖变性物进行高温固化反应，在 200～220℃经过脱环、脱羧变性反应（2～3h），得反应产物 B 待用。

④ A、B 组分的复配 将增效剂 1、2 溶于水后高速搅拌，再加入 B 组分及 A 组分进行混配，合成反应 2h，然后进行过滤。AM-103 为浅黄色黏稠液体；固含量（13±1）%；pH 值 6～7；黏度为 4000～5000mPa·s；防泳移能力为 4～5 级（5 级为完全不泳移）。

10.5　匀染剂匀染效果测试

10.5.1　匀染剂匀染性能的测定

匀染的关键取决于染料在纤维上的上染速率和移染率，通常采用下列方法对匀染性、上染速率和移染率进行测定。

(1) 匀染性测定 以表观色深值（K/S 值）的差值表示匀染性，用测色配色仪对染色物进行测试。在织物上任取八点测定其表观色深值（K/S 值），然后求出平均值 $\overline{K/S}$，计算各点 K/S 值对平均值 $\overline{K/S}$ 的标准偏差 $[Sr(\lambda)]$，$[Sr(\lambda)]$ 即表示织物的不匀性。偏差越小，表示织物染色越均匀，匀染性越好。理想染色的织物 $[Sr(\lambda)]$ 为零。另外，从染料的利用率方面考虑，K/S 值越大，表观色深越高，说明染料的利用率越高。

$[Sr(\lambda)]$ 计算如下：

$$\overline{K/S} = \frac{1}{n}\sum_{i=1}^{n}(K/S)_i \qquad Sr(\lambda) = \sqrt{\frac{\sum_{i=1}^{n}\left[\frac{(K/S)_i}{\overline{(K/S)}} - 1\right]^2}{n-1}}$$

式中，n 为测量点数。

(2) 上染率的测定 纤维上染料的量占投入染料总量的百分比称为上染率。可通过测定染色前染液的吸光度 A_0 和染色后染液的吸光度 A_i，利用下式计算：

$$上染率 = (1 - \frac{A_i}{A_0}) \times 100\%$$

也可通过测定染色纤维织物剥色液的吸光度 A_i'，利用下式计算：

$$上染率 = \frac{A_i'}{A_0} \times 100\%$$

(3) 移染率的测定　按着染色工艺做移染实验，测出样品移染后剥色液的吸光度，从而求得纤维上的染色量。利用下式计算出移染率：

$$移染率 = \frac{M_1}{M_2} \times 100\%$$

式中，M_1 为染色织物移染后纤维上的染色量；M_2 为白织物移染后纤维上的染色量。

(4) 匀染剂匀染性能的新测定方法

① 纤维须端试验法　由 BASF 公司提出。它是沿着已染过的织物的一边，除去约 2cm 的经纱，使纬纱形成须端，然后将该织物进行复染试验。染色终了经皂洗后除去另一边约 2cm 宽的经纱，织物两边色泽的差异即表示其匀染性。织物两边的色差用色卡测定，其中 5 级为最好，1 级为最差。此法需预染和复染，试验较繁琐。

② 筒子染色色差试验法　由 Zschimmer/Schwarg GMBH 公司提出。只需备有筒子染色试样机就可进行试验。其原理是基于筒子染色对匀染特别敏感。试验材料像过滤那样，各层被染液相继渗透。染色试验时，与通常筒子染色不同，染浴只从筒子里面向外侧循环。染料先被筒子的里层所吸附，外层的色泽明显变浅。染色初期，这种里外层色泽的分布程度仅取决于染料的吸附速率和所用匀染剂的缓染效应，而在达到所要求的染色温度下继续染色时，则移染效应也起作用。如在染色前先用匀染剂处理，则在染色时匀染剂将对染料吸附速率和移染能力产生影响。经一个试验周期，得到一定的色泽分布程度。这一试验结果通过反映匀染剂对染料吸附速率和移染速率的两种效应，来说明匀染剂的匀染能力。

测定时，首先制备含有需染色的材料、药品和助剂而不含染料的空白染浴，加热到染色过程所要求的温度，然后加入所有染料，在最终温度下染若干时间。染浴在整个染色过程中从里向外单向循环。其后，染色物按常规整理并在烘干后目测或用比色法测定外层、中层、内层的色泽差异。

10.5.2　防泳移剂效果的测试

(1) 分散染料泳移性能测试　在浸轧染液的试样上压以带圆孔的不锈钢板。在烘干过程中开孔处因接触空气，水分易蒸发，在不锈钢板覆盖部分染液中的染料随水分沿着毛细管移向蒸发面——圆孔处而形成染料的泳移。比较试样在圆孔处与覆盖处的色泽差异，如果没有色差，防泳移级数定为 5 级，如果深浅不一，参照灰色样卡依次定为 4、3、2、1 等级别，级数越高，防泳移性能越好。

(2) 分散染料固色率的测定　将热溶固色并已还原清洗的试样和轧染、预烘后的试样用 DMF 剥色，再用 722 型分光光度计测定萃取液的吸光度。按下式计算固色率：

$$固色率 = \frac{A_2/W_2}{A_1/W_1} \times 100\%$$

式中，A_1、A_2 为热溶前、后试样上染料萃取液的吸光度值；W_1、W_2 为热溶前、后试样的干重。

(3) 染色深度、色差的测定　在 WS-SD d/o 色度白度仪上测定试样的三刺激值 X、Y、Z。计算染色深度 S_t 值：

$$S_t = (A-B)^2/2B$$

式中，A 为未染色织物刺激度；B 为染色织物刺激度。

利用 CIELab 色差式计算试样正反面色差 ΔE：

$$\Delta E = [(\Delta L^*)^2 + (\Delta a^*)^2 + (\Delta b^*)^2]^{\frac{1}{2}}$$

式中，$L^* = 116(Y/Y_0)^{\frac{1}{3}} - 16$；

$a^* = 500[(X/X_0)^{\frac{1}{3}} - (Y/Y_0)^{\frac{1}{3}}]$；

$b^* = 200[(Y/Y_0)^{\frac{1}{3}} - (Z/Z_0)^{\frac{1}{3}}]$。

上式中的 X_0、Y_0、Z_0 为理想白色体的三刺激值。

S_t 值越大，颜色越深；ΔE 越小，防泳移效果越好。

参考文献

[1] 杨爱民，薛宗佳，赵星．活性染料匀染剂性能的研究 [J]．印染助剂，1996，13 (2)：11-14.
[2] 周希人．高温匀染剂 FL 的应用 [J]．印染助剂，1999，3：27-28．
[3] 丁绍敏，周礼政．环保助剂在绿色纺织品开发中的应用 [J]．染整技术，2001，2：33-37．
[4] 刘必武．化工产品手册（新领域精细化学品）[M]．北京：化学工业出版社，1999．
[5] 矶田孝一，藤本武彦．表面活性剂 [M]．天津市轻工业化学研究所译．北京：轻工业出版社，1973．
[6] 郑庆康等．匀染剂对涤棉复合超细纤维织物匀染性能的研究 [J]．印染助剂，1999，1：7．
[7] 程静环，陶绮雯．染整助剂 [M]．北京：纺织工业出版社，1985．
[8] 解如阜，高世伟．纺织助剂实用分析 [M]．北京：纺织工业出版社，1987．
[9] 屠仁溥．纺织品化工百科大全（卷四）[M]．北京：化学工业出版社，1993．
[10] 杨之理，蒋庆瑞，邬国铭．黏胶纤维工艺学 [M]．北京：纺织工业出版社，1989．
[11] 杨听培，蒋火培，王庆瑞，邬国铭．纤维素与黏胶纤维（中册）[M]．北京：纺织工业出版社，1981．
[12] 黄洪周．化工产品手册：工业表面活性剂 [M]．北京：化学工业出版社，1999．
[13] 罗巨涛．染整助剂及其应用 [M]．北京：中国纺织出版社，2000．
[14] 李宗石，刘平芹，徐明新．表面活性剂合成与工艺 [M]．北京：中国轻工业出版社，1995．
[15] 丁忠传，杨新玮．纺织染整助剂 [M]．北京：化学工业出版社，1988．
[16] 焦林．防泳移剂 TG 在分散染料热熔染色中的应用研究 [J]．印染，1999，(5)：5-7．
[17] 李东，夏仲琴．染色用防泳移 AM—30 的试制及应用 [J]．印染助剂，1997，(2)：18-21．
[18] 王桂茹，苏海全．膨润土毛织品匀染剂的研制及性能 [J]．内蒙古石油化工，1998，24 (4)：22-24．

第11章 固色剂

11.1 概述

纤维和织物经染色后，虽然可以染出比较鲜艳的颜色，但由于有些染料上带有可溶性基团使湿处理牢度不佳，褪色和沾色现象不仅使得纺织品本身外观陈旧，同时染料还会从已染色的湿纤维上掉下来，以致沾污其纤维和织物。直接染料、酸性染料仅靠范德华力、氢键与纤维结合，其湿摩擦牢度较差；活性染料以共价键与纤维结合，牢度一般可以，但在染中、深色时其湿摩擦牢度也较低；用不溶性偶氮染料及硫化染料（含液体硫化染料）染深色时其湿摩擦牢度也不理想。为克服这些现象，通常进行固色处理，固色所用的助剂称为固色剂。固色剂的作用是使染料结成不溶于水的染料盐，或使染料分子增大而难溶于水，借以提高染料的牢度。总的说来，目前固色剂有阳离子表面活性固色剂、非表面活性季铵型固色剂、阳离子树脂型固色剂以及固色交联剂四种类型。

11.2 固色剂的类型

11.2.1 阳离子表面活性剂类固色剂

在阳离子型表面活性剂中，大部助剂均可不同程度地提高直接染料和酸性染料的染色坚牢度。提高的程度主要取决于染料。因为生成的盐类的溶解度与染料的分子量及磺酸基或羧酸基的数目有关。在多数场合下，用阳离子表面活性剂能起较好的固色作用，不过在改进皂洗牢度方面往往是不足的。

（1）烷基吡啶盐类固色剂　具有下列通式的烷基吡啶盐可作为固色剂：

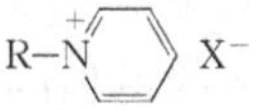

$$R-N^+C_5H_5 \quad X^- \quad R=C_{10}\sim C_{20}烷基；X=强无机酸根$$

在早期出售的商品中有以下结构的烷基吡啶盐固色剂被采用。

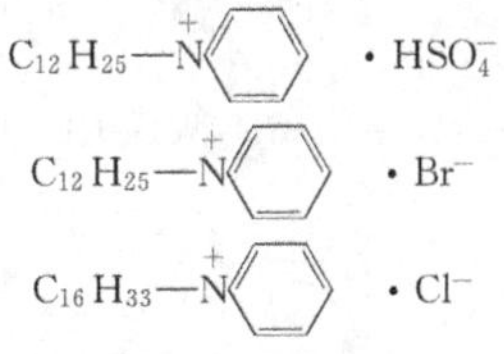

$$C_{12}H_{25}-N^+C_5H_5 \cdot HSO_4^-$$

$$C_{12}H_{25}-N^+C_5H_5 \cdot Br^-$$

$$C_{16}H_{33}-N^+C_5H_5 \cdot Cl^-$$

上述产品均能提高染色织物的耐洗、耐汗渍牢度。

（2）Sapamine（萨帕明）类　具有以下通式的 Sapamine 类也被用来提高染色织物的湿牢度。

$$C_nH_{2n+1}CONHCH_2CH_2\overset{+}{N}R_3 \cdot Cl^-$$

$$R = H、CH_3、C_2H_5;n\text{ 为整数}$$

这类结构中最具代表性有以下几种。

① Sapamine A Sapamine A 的结构式为:

$$C_{17}H_{35}CONHCH_2-CH_2-N\begin{matrix}C_2H_5\\C_2H_5\end{matrix} \cdot CH_3COOH$$

它是由 N,N-二乙基乙二胺与硬脂酸缩合的酰胺形式的叔胺,再制成醋酸盐的阳离子表面活性剂,如:

$$C_{17}H_{35}COOH + H_2NCH_2CH_2-N\begin{matrix}C_2H_5\\C_2H_5\end{matrix} \xrightarrow{\text{加热}} C_{17}H_{35}CONHCH_2CH_2N\begin{matrix}C_2H_5\\C_2H_5\end{matrix} + H_2O$$

$$\xrightarrow{+CH_3COOH} C_{17}H_{35}CONHCH_2-CH_2-\overset{+}{N}\begin{matrix}C_2H_5\\C_2H_5\end{matrix} \cdot CH_3COO^-$$

② Sapamine CH Sapamine CH 的结构式为:

$$[C_{17}H_{35}CONHCH_2CH_2\overset{+}{N}H(C_2H_5)_2] \cdot Cl^-$$

③ Sapamine BCH Sapamine BCH 的结构式为:

$$C_{17}H_{35}CONHCH_2CH_2\overset{+}{N}\begin{matrix}C_2H_5\\C_2H_5\\CH_2Ph\end{matrix} \cdot Cl^-$$

④ Sapamine MS Sapamine MS 的结构式为:

$$C_{17}H_{35}CONHCH_2CH_2\overset{+}{N}(C_2H_5)_2CH_3 \cdot CH_3SO_4^-$$

(3) Eccofix FD-3 和 Ecconfix NF-50 这类固色剂可以用 $C_8 \sim C_{12}$ 的脂肪胺与醚化剂 3-氯-2-羟丙基氯化铵进行醚化,也可用乙二胺、二乙烯三胺与此醚化剂醚化而得,用于酸性染料羊毛染物的固色。Eccofix FD-3 结构式为:

$$R-NH_2 + ClCH_2-\underset{OH}{CH}-CH_2-\overset{+}{N}\begin{matrix}CH_3\\CH_3\\CH_3\end{matrix} \cdot Cl^- \longrightarrow R-NH-CH_2-\underset{OH}{CH}-CH_2-\overset{+}{N}\begin{matrix}CH_3\\CH_3\\CH_3\end{matrix} \cdot Cl^-$$

Ecconfix NF-50 结构式为:

$$H_2N-CH_2CH_2-NH_2 + ClCH_2-\underset{OH}{CH}-CH_2-\overset{+}{N}\begin{matrix}CH_3\\CH_3\\CH_3\end{matrix} \cdot Cl^- \longrightarrow$$

$$H_3C-\overset{+}{N}\begin{matrix}CH_3\\CH_3\end{matrix}-CH_2-\underset{OH}{CH}-CH_2-NH-CH_2CH_2NH-CH_2-\underset{OH}{CH}-CH_2-\overset{+}{N}\begin{matrix}CH_3\\CH_3\\CH_3\end{matrix} \cdot 2Cl^-$$

(4) 四价锍盐或鏻盐

结构式如下:

$$C_{12}H_{25}\overset{+}{S}(CH_3)_2X^- \text{ 和 } C_{12}H_{25}\overset{+}{P}(CH_3)_2X^-$$

此类固色剂与染料在纤维上生成色淀,虽能增进耐酸、耐碱、耐水洗牢度,但不耐皂洗（肥皂、烷基硫酸盐等阴离子洗涤剂），而且往往会降低染料原有的日晒牢度。这是由于染料与固色剂的结合，改变了原来染料与纤维结合状态。

11.2.2 无表面活性的季铵盐型固色剂

这类固色剂，在分子结构中虽然含有阳离子基团（季铵基团），但并不属于阳离子型表面活性剂的范畴。水溶性阴离子染料在染色之后，采用含氮碱或其盐类与芳基或杂环基而不是与高分子烷基相结合的产品进行固色处理，能够提高染色牢度，尤其是耐洗牢度。此类固色剂一般含有2个或2个以上的季铵基团。

(1) Solidagen BS (Hoechst)：

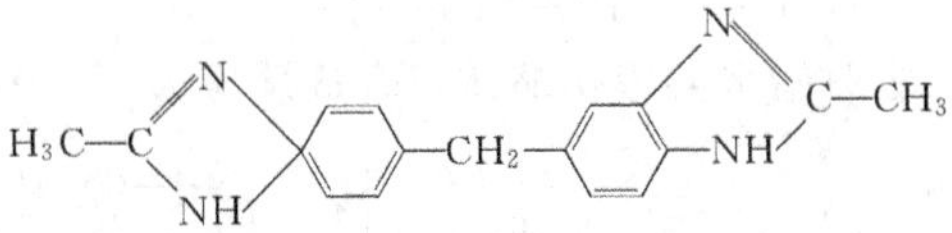

该产品系由3,3′,4,4′-四氨基二苯甲烷与醋酸反应而制得。

(2) 多乙烯多胺类季铵盐

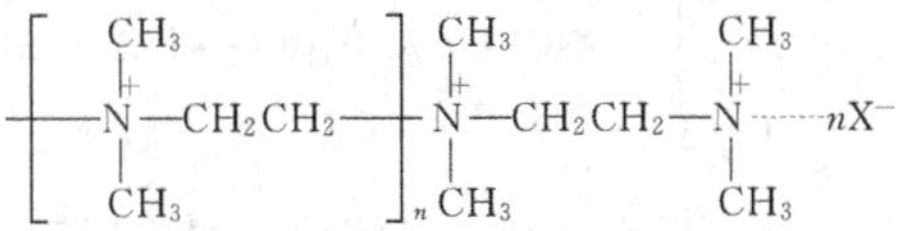

(3) 聚胺与三聚氯氰等的高分子缩合物：

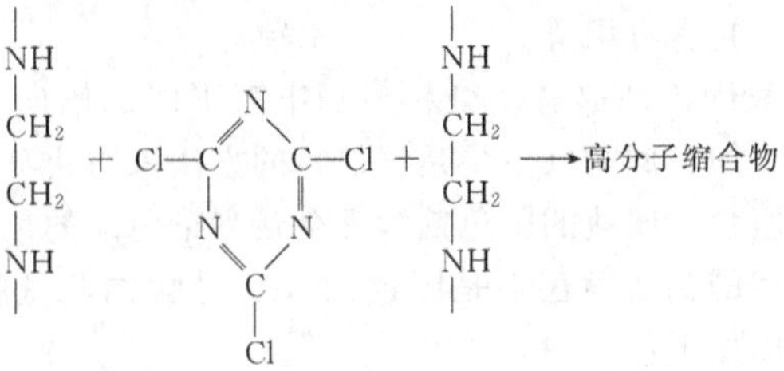

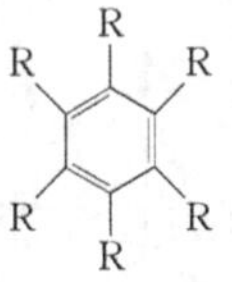

$R=-CH_2-\overset{+}{N}(CH_3)_3$

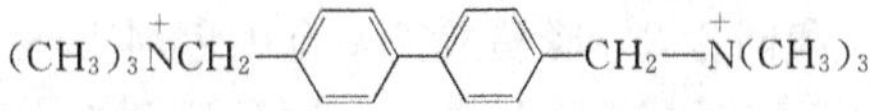

(4) 山德菲克斯 B (Sandofix B)

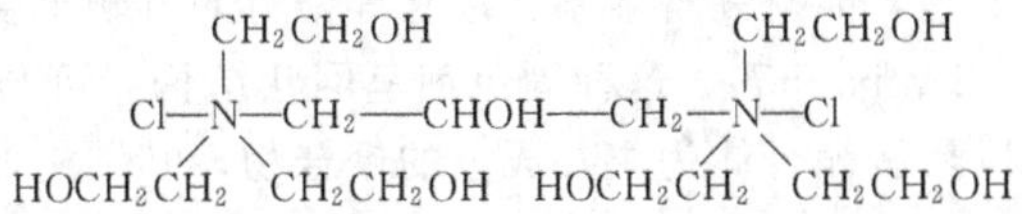

利用此种固色剂后处理，不仅能提高湿处理牢度（皂洗牢度除外），并且对染物色泽、日晒牢度的影响较少。

这类固色剂可改进直接染料的耐洗牢度，对于变色及耐晒牢度的影响较小。这类固色剂和铜盐混合使用也能显著提高锦纶上酸性染料和活性染料的日晒牢度。具有交联作用的固色剂，牢度更为优越，但对织物强度有一定的影响。聚胺缩合物类固色剂还可施用于真丝织物。

11.2.3 树脂型固色剂

树脂型固色剂，一般是具有立体结构的水溶性树脂，它是目前应用于直接染料染色后处理较为广泛的一种固色剂。

(1) **固色剂 Y** 固色剂 Y 是最简单而通用的固色剂。为淡黄色透明黏稠体，属阳离子型。固色剂 Y 的结构为：

$$\left[\begin{array}{c} NHCONH_2 \\ H_3N^+ - C - NH_2 \\ HN - CH_2 \end{array} \right]_n \cdot nCl^-$$

固色剂 Y 是双氰胺甲醛树脂水溶液初缩体，合成反应如下：

$$nH_2N - \underset{\underset{NH}{\parallel}}{C} - NHCN + nHCHO \xrightarrow{30\sim50℃} \left[\begin{array}{c} NH-CN \\ HN - C \\ N - CH_2 \end{array} \right]_n + nH_2O$$

$$\left[\begin{array}{c} NH-CN \\ HN - C \\ N - CH_2 \end{array} \right]_n + nHCHO + nNH_4Cl \longrightarrow 本品 + nNH_4OH$$

它易溶于水，遇强酸、强碱、硬水及盐类易沉淀，主要用于棉、黏胶纤维及丝类织物的直接、酸性等染料印染物的固色处理，能提高皂洗、汗渍、水浸、摩擦等色牢度，但处理后对织物色光有影响，且含有甲醛。

(2) **固色剂 M** 一般固色剂都有使染料耐晒牢度下降的倾向，采用树脂和铜盐一起混合处理，也就是采用添加金属盐（主要是铜盐）的方法来防止日晒牢度下降。由于制造方便，所以发展较快。但含金属盐的固色剂常常会带来染色品的色光变化。

最简单而最广泛使用的铜盐固色剂是固色剂 M，是含铜双氰胺甲醛树脂水溶性初缩体，属阳离子型。其结构如下：

$$\left[\begin{array}{c} NH-CONH \quad NHCO-NH \\ C-NH_2 \cdots Cu \cdots H_2N^+-C \\ H_2C-N \quad\quad\quad\quad N-CH_2 \end{array} \right]_n \cdot A (或 B)$$

它可溶于 5 倍量 40℃水和同量 2% 冷醋酸液，有固色剂 Y 的性能。它不耐硬水，遇强酸、强碱、无机盐、雕白块产生沉淀，遇铁离子，固色后色光有影响，主要用于直接、酸性、硫化等染料的固色处理，能提高含羧基、羟基等染料的日晒牢度。

(3) **Suprafix DFC (Sanfix 555)** 这种固色剂呈网状结构，可与染料构成大分子化合物而改进湿牢度。它是以聚胺缩合体为主要成分的聚合物，其结构如下：

$$\left[-HN-\underset{\underset{NH}{\parallel}}{C}-NH-\underset{\underset{CH_2}{|}}{C}-N-CH_2-CH_2-NH- \right]_n$$

(4) **Danfix 202 (Senkafix 157)** 这种固色剂是水溶性阳离子聚合物，其结构如下：

$$\left[\begin{array}{c} CH_2 \\ HC-CH-CH_2-SO_2 \\ H_2C \quad CH_2 \\ \underset{H_3C}{\overset{+}{N}}CH_3 \end{array} \right]_n \cdot nX^-$$

这种结构的固色剂可提高染色织物的耐氯牢度、色光鲜艳度，但对热水牢度差。

(5) 固色剂 DFRF-1　固色剂 DFRF-1 可用双氰胺、二乙烯三胺与羟甲基尿素反应生成咪唑啉，具有阳离子性，其主成分的结构式为：

$$\left[\begin{array}{c} N-CH_2NH-CO-NH-CH_2OH \\ -C-NH-C\quad N-(C_2H_4NH)_m- \\ HN \quad CH_2 \\ CH_2 \end{array} \right]_n \cdot nX^-$$

(6) 固色剂 IFI-841　固色剂 IFI-841 是用双氰胺、二乙烯三胺经环构化反应生成咪唑啉，再用 2D 树脂作为交联剂，使之与树脂交联生成，其结构式为：

$$\left[\begin{array}{c} O \\ \parallel \\ N-CH_2-N\quad N-CH_2OH \\ HO \qquad OH \\ -NH-C-NH-C\quad N-CH_2CH_2- \\ HN \quad CH_2 \\ CH_2 \end{array} \right]_n \cdot nX^-$$

其分子中的羟甲基可作为固色剂的反应性基团，能与染料及纤维分子中的羟基、氨基交联。同时，含有咪唑啉阳离子基团，能与阴离子染料结合或沉淀，从而提高其染色牢度。但是这两种固色剂都需要在固色后进行焙烘（180℃）处理。因含有树脂初缩体，所以能提高抗皱性。

固色剂 IFI-8511 是上述 IFI-841 初缩体与环氧氯丙烷的缩合物，可进一步提高固色牢度。其结构式为：

$$\left[\begin{array}{c} N-CH_2CH-CH_2Cl \\ OH \\ -NH-C-NH-C\quad N-CH_2CH_2- \\ HN \quad CH_2 \\ CH_2 \end{array} \right]_n \cdot nX^-$$

(7) 固色剂 SH-96　用二乙烯三胺与双氰胺缩合、脱氨并经环构化，制得咪唑啉结构的固色剂 SH-96，也是树脂型固色剂。其结构式如下：

$$H_2N-CH_2CH_2-\overset{+}{N}H_2-CH_2CH_2-\left[-NH-CH_2-NH-C\underset{\underset{CH_2}{\overset{\text{ }}{N}}}{\overset{NH}{\parallel}}N-CH_2CH_2 \right]_n-NH-\overset{NH}{\overset{\parallel}{C}}-NHCN$$

其缺点是有色变现象。据目前所知，用双氰胺为原料的固色剂都有色变现象，故需控制使用量，以减少其色变程度。用双氰胺与乙二醛缩合，可生成环状结构，缩合在一般情况下，不会释放醛，且具有固色效果。使用双氰胺为原料制成的树脂型固色剂，色泽深，常为棕褐色或浅褐色溶液。

固色剂 SH-96 的合成反应如下。

a. 季铵化反应

$$HN(CH_2CH_2NH_2)_2 + NH_4Cl \xrightarrow[80℃]{-NH_3} [H_2N(CH_2CH_2NH_2)_2]^+ \cdot Cl^-$$

b. 缩聚反应

$$n[H_2N(CH_2CH_2NH_2)_2]^+ \cdot Cl^- + n\,H_2N-\underset{NH}{\overset{\|}{C}}-NH-CN \xrightarrow[-(2n-1)NH_3]{120℃}$$

$$H_2NCH_2CH_2-\overset{+}{NH}-CH_2-[NH-\underset{N}{\overset{N}{\|}}C-NH-\underset{\underset{CH_2}{|}}{\overset{H}{\underset{|}{C}}}-\overset{Cl^-}{\underset{|}{N^+}}-CH_2]_{n-1}-NH-\underset{NH}{\overset{\|}{C}}-NH-CN$$

（8）固色剂 CS 将具有季氨基的乙烯单体通过聚合反应生成高聚物，它能在织物上成膜，借季铵盐与阴离子染料静电结合而提高其染色牢度。

固色剂 CS 的合成：

$$n\,H_3C-\underset{\underset{CH_2=CH}{|}}{\overset{\overset{CH_2=CH}{|}}{\underset{|}{N^+}}}-CH_3 \cdot Cl^- \xrightarrow{聚合} [-CH_2-CH(-\underset{\underset{CH_2=CH}{|}}{\overset{\overset{CH_2}{|}}{\underset{|}{N^+}}}-)CH_3]_n \cdot nCl^-$$

（9）固色剂 F 合成路线为：

$$CH_2=CHCH_2Cl + R_2NH + NaOH \longrightarrow CH_2=CHCH_2NR_2 + NaCl$$
$$CH_2=CHCH_2NR_2 + CH_2=CHCH_2Cl \longrightarrow (CH_2=CHCH_2)_2NR_2Cl$$
$$R=CH_3, C_2H_5$$

$$n\begin{pmatrix}CH_2=CHCH_2\\CH_2=CHCH_2\end{pmatrix}\overset{R}{\underset{R}{N^+}} \cdot Cl^- \longrightarrow [-CH_2-CH-CH_2-]_m$$
（with pendant $-CH_2-CH_2-\overset{+}{N}(R)(R)\cdot Cl^-$ group）

11.2.4 反应型固色剂

（1）固色交联剂 是最近发展的一种新型染料固色剂，它既具有能与纤维键合的活性基团，又具有能与染料阴离子结合的阳离子基团。由于能将水解染料加以固色，给色量大大提高，可节约活性染料 50% 左右，而且获得同样染色深度，各项牢度良好。

① 固色交联剂 DE 其结构为：

$$[(CH_3)_2\overset{+}{N}-CH_2-CH-CH_2]_n \cdot nCl^-$$
$$\phantom{[(CH_3)_2\overset{+}{N}-}\underset{CH_2R}{|}\underset{C}{|}$$

这种固色剂用于活性染料时，仍能保持染色织物的色光鲜艳度。

交联固色剂DE外观为黄色黏稠液或浆状，pH值近于中性。能溶于水中，在中性介质中稳定性不变。经它处理的印染织物有色光鲜艳、湿处理牢度和手感好等特点，用于丝绸等酸性染料固色也有显著的效果。

交联固色剂DE广泛用于直接、酸性、中性、硫化、冰染等染料的固色。

② 固色交联剂KS 其结构式为：

$$CH_2-CH-CH_2-N^+ \begin{matrix} R^1 \\ R^2 \\ R^3 \end{matrix} \cdot X^-$$

（环氧基在CH—CH$_2$上）

R^1＝甲基

R^2＝甲基、乙基、叔丁基、苄基

R^3＝甲基、乙基

X＝氯、溴

（2）反应型无醛固色剂 反应型无醛固色剂是以环氧氯丙烷为反应性基团与胺、醚、羧酸、酰胺等反应而制得的固色剂，大多数为聚合物，具有阳离子和反应性基团，能与带负电染料（活性、酸性、直接染料）成盐结合，又能与纤维和染料中的羟基、氨基等基团交联，从而提高其湿处理牢度。

① 胺与环氧氯丙烷缩合物 常用胺有氨水，一甲胺、二甲胺、二乙烯三胺、三乙烯四胺、四乙烯五胺、乙二胺、尿素及脲取代物。它们与环氧氯丙烷反应，生成的缩合物再缩聚可成高聚物。

环氧氯丙烷与氨、一甲胺、二甲胺的反应如下：

$$\begin{matrix}R\\R\end{matrix}NH + ClCH_2CH-CH_2 \xrightarrow{\text{碱性}} \begin{matrix}R\\R\end{matrix}N-CH_2-CH-CH_2Cl \xrightarrow{\text{缩聚}}$$
$$\qquad\qquad\qquad \diagdown O \diagup \qquad\qquad\qquad\qquad\qquad |OH$$

$$\left[\begin{matrix}R\\|\\-N^+-CH_2-CH-CH_2\\|\quad\quad\quad\quad|\\R\quad\quad\quad OH\end{matrix}\right]_n \begin{matrix}R\\|\\-N^+-CH_2-CH-CH_2Cl\\|\quad\quad\quad\quad|\\R\quad\quad\quad OH\end{matrix}$$

$$\begin{matrix}R\\R\end{matrix}NH + ClCH_2CH-CH_2 \xrightarrow{\text{酸性}} \begin{matrix}R\\R\end{matrix}N-CH_2-CH-CH_2 \xrightarrow{\text{缩聚}}$$
$$\qquad\qquad\qquad \diagdown O \diagup \qquad\qquad\qquad\qquad\qquad \diagdown O \diagup$$

$$\left[\begin{matrix}R\\|\\-N^+-CH_2CH_2CH_2-O\\|\\R\end{matrix}\right]_n \begin{matrix}R\\|\\-N^+-CH_2-CH-CH_2\\|\quad\quad\quad\quad\diagdown O \diagup\\R\end{matrix}$$

环氧氯丙烷与乙二胺的反应（碱性和酸性介质）：

$$H_2N-R-NH_2+ClCH_2CH-CH_2 \xrightarrow{\text{碱性}} H_2N-R-NH-CH_2-CH-CH_2Cl \xrightarrow{\text{缩聚}}$$
$$\qquad\qquad\qquad\qquad \diagdown O \diagup \qquad\qquad\qquad\qquad\qquad\qquad |OH$$

$$\left[-HN-R-NH-CH_2-CH-CH_2\right]_n -NH-R-NH-CH_2-CH-CH_2Cl$$
$$\qquad\qquad\qquad\qquad\quad |OH \qquad\qquad\qquad\qquad\qquad\qquad |OH$$

$$H_2N-R-NH_2+ClCH_2CH-CH_2 \xrightarrow{\text{酸性}} H_2N-R-NH-CH_2-CH-CH_2 \xrightarrow{\text{缩聚}}$$
$$\qquad\qquad\qquad\qquad \diagdown O \diagup \qquad\qquad\qquad\qquad\qquad\qquad \diagdown O \diagup$$

$$-\!\!\!-\!\![HN\!-\!R\!-\!NH\!-\!CH_2CH_2CH_2O]_n\!\!-\!\!NH\!-\!R\!-\!NHCH_2CH\!-\!CH_2$$
$$\underset{O}{\diagdown\!\!\diagup}$$

环氧氯丙烷与多烯多胺的反应，最常用的是二乙烯三胺：

$$H_2N\!-\!CH_2CH_2NH\!-\!CH_2CH_2NH_2 + ClCH_2CH\!-\!CH_2 \xrightarrow{\text{碱性}}$$

$$H_2NCH_2CH_2NH\!-\!CH_2CH_2NH\!-\!CH_2\!-\!CH\!-\!CH_2Cl \xrightarrow{\text{缩聚}}$$
$$\qquad\qquad\qquad\qquad\qquad\qquad\qquad |$$
$$\qquad\qquad\qquad\qquad\qquad\qquad\quad OH$$

$$[HN\!-\!CH_2CH_2\!-\!NHCH_2CH_2NH\!-\!CH_2\!-\!CH\!-\!CH_2]_n$$
$$\qquad\qquad\qquad\qquad\qquad\qquad\qquad\qquad |$$
$$\qquad\qquad\qquad\qquad\qquad\qquad\qquad\quad OH$$

$$H_2N\!-\!CH_2CH_2NH\!-\!CH_2CH_2NH_2 + ClCH_2CH\!-\!CH_2 \xrightarrow{\text{酸性}}$$

$$H_2NCH_2CH_2NH\!-\!CH_2CH_2NH\!-\!CH_2\!-\!CH\!-\!CH_2 \xrightarrow{\text{缩聚}}$$

$$-\!\!\!-\![HN\!-\!CH_2CH_2NHCH_2CH_2NH\!-\!CH_2\!-\!CH_2\!-\!O]_n\!\!-\!\!-$$

若反应后经高温环构化，可生成咪唑啉结构：

$$-\!HN\!-\!CH_2\!-\!CH[NH\!-\!CH_2CH_2NH\!-\!C\!-\!NH]_nCH_2CH_2\!-\!NH\!-$$

使用氨、一甲胺、二甲胺与环氧氯丙烷缩合的固色剂，成本便宜，且大多数为无色液体。使用二乙烯三胺与环氧氯丙烷缩合的固色剂成本较高，且大多为淡黄至黄色液体。若经过环构化，则对染色牢度的提高有益。为平衡成本与效果，大多数采用混合胺。反应型固色剂的最大优点是能提高活性染料的湿烫牢度，利用其反应性基团的交联反应，使已断键和未固着染料固着在纤维上。

② 二乙烯三胺与双氰胺的缩合树脂再与环氧氯丙烷反应的树脂型固色剂　该类反应型固色剂也就是用固色剂 SH-96 与环氧氯丙烷缩合，生成固色剂，为黄棕色液体。但其也存在双氰胺类固色剂易引起色变的问题。其结构式为：

$$CH_2\!-\!CH\!-\!CH_2NH\!-\!CH_2CH_2\!-\!NH_2^+\!-\!CH_2CH_2[NH\!-\!\underset{\underset{N^+}{\|}}{C}\!-\!NH\!-\!\underset{\|}{C}\!-\!N\!-\!CH_2CH_2]_n\!NH\!-\!\underset{\|}{C}\!-\!NHCN$$

③ 聚醚与环氧氯丙烷缩合物　将具有两个或两个以上羟基的化合物缩合成聚醚，再与环氧氯丙烷缩合。例如二乙醇胺或三乙醇胺于催化剂存在下缩合成聚醚：

$$n\,HOCH_2CH_2NH\!-\!CH_2CH_2OH \xrightarrow{\text{缩合}} [OCH_2CH_2NH\!-\!CH_2CH_2]_n\!O\!-$$

$$n\,HOCH_2CH_2\!-\!\underset{\underset{CH_2CH_2OH}{|}}{N}\!-\!CH_2CH_2OH \xrightarrow{\text{缩合}} [OCH_2CH_2\!-\!\underset{\underset{CH_2CH_2OH}{|}}{N}\!-\!CH_2CH_2]_n\!O\!-$$

再与环氧氯丙烷缩合而成固色剂：

$$[OCH_2CH_2NHCH_2CH_2]_n + 2ClCH_2\!-\!CH\!-\!CH_2 \longrightarrow$$

$$CH_2-CH-(CH_2-OCH_2CH_2NHCH_2CH_2)_n-OCH_2-CH-CH_2$$
$$\quad\quad\backslash O /\quad\quad\quad\quad\quad\quad\quad\quad\quad\quad\quad\quad\quad\quad\backslash O /$$

若在1,5-二羟基萘和乙醚溶液中，加入三氟化硼-乙醚络合物，滴加环氧氯丙烷，反应后制得聚醚型反应型固色剂 TX，其结构式如下：

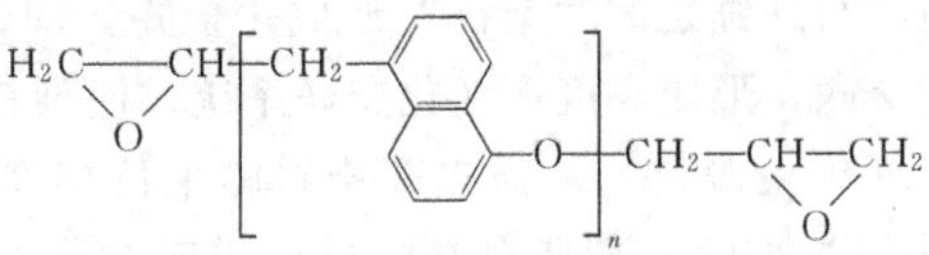

此固色剂用于强酸性染料染色的羊毛织物上，具有明显的固色效果。

④ 季铵化的反应型固色剂　将上述反应型固色剂与季铵化试剂反应便能在固色剂分子中引入季铵盐基，以增加其阳离子性，可提高染色牢度。例如，专利介绍用一甲胺与环氧氯丙烷反应，再经季铵化而制得的固色剂，其皂洗牢度可达 4～5 级，湿烫牢度可达 4 级。在二乙烯三胺与环氧氯丙烷缩合后可用醚化剂 3-氯-2-羟丙基氯化铵醚化而引入季铵盐，从而增加其阳离子性。

此外，用二烯丙基胺盐酸盐与 2,2'-偶氮-双-(2-咪基丙烷) 二盐酸盐聚合成高聚物，制成固色剂，还可以进一步与环氧氯丙烷反应，能获得具有反应性基团的季铵高分子。甚至再加二乙烯三胺与环氧氯丙烷的反应物一起反应，制成另一种固色剂，固色效果可以明显提高。

11.3　固色机理

各类染料与不同纤维结合的方式有化学结合（离子键、共价键和配位键）和物理结合（氢键和范德华力）。因此，用于不同染料固色的固色剂作用机理是不同的。

11.3.1　阳离子型固色剂固色机理

含有磺酸盐或羧酸盐基团的直接染料、酸性染料和活性染料，溶于水中之后，染料都会离解成钠的阳离子和染料的阴离子。采用阳离子化合物作固色剂，对染料阴离子有较大的反应性，使在染色物上的染料分子增大，亲水基被封闭在织物上形成不溶性染料盐沉淀，这样可以防止染料因离子化而从织物上脱落及水解，从而提高色牢度。可简单表示为：

$$D-SO_3Na + FX \longrightarrow D-SO_3F + NaX$$
　　　水溶性染料　　　铵盐固色剂　　不溶性盐

但此类固色剂对提高"湿摩擦"牢度的效果一般不太明显。

11.3.2　非表面活性季铵盐固色剂固色机理

非表面活性季铵盐型固色剂是在水溶性阴离子染料染色后，采用含氮碱或其盐类与芳基或杂环基而不是与高分子烷基相结合起到固色作用，提高染色牢度，尤其是耐洗牢度。

11.3.3　树脂型固色剂固色机理

此固色剂中的活性物质可以相互缩合，在纤维表面形成立体网状薄膜，进一步封闭染料（反应和没反应的），增加布面的平滑度，减少摩擦系数，是一种不易溶解的聚合物保护膜，从而进一步防止了在"湿摩"过程中发生染料溶胀、溶解、脱落，提高了"湿摩擦"牢度。

还有一些阳离子树脂和染料之间形成离子键和范德华力，固色剂本身也和纤维有一定的结合作用。

11.3.4 反应型固色剂固色机理

固色交联剂能在染料与纤维之间"架桥"形成化合物，即在与染料分子反应的同时，又能与纤维素纤维反应交联，形成高度多元化交联系统，使染料、纤维更为紧密牢固地联系在一起，防止染料从纤维上脱落，从而提高染料的染色牢度。特别是反应型树脂固色剂，非但能与染料和纤维"架桥"，树脂自身也可交联成大分子网状结构，从而与染料一起构成大分子化合物。使染料与纤维结合得更牢固。

以固色交联剂 KS 为例，KS 在碱性介质中易与纤维素纤维作用，如下所示：

$$纤维—OH + \left[\begin{array}{c} CH_2—CH—CH_2—N^+(CH_3)_3 \\ \diagdown O \diagdown \end{array} \right] \cdot Cl^- \longrightarrow 纤维—O—CH_2—CH—CH_2—\overset{+}{N}(CH_3)_3 \cdot Cl^-$$
$$\qquad\qquad\qquad\qquad\qquad\qquad\qquad\qquad\qquad\qquad\qquad\qquad\qquad\qquad OH$$

$$纤维—O—CH_2—\underset{OH}{CH}—CH_2—N^+(CH_3)_3 \cdot Cl^- + \left[\begin{array}{c} CH_2—CH—CH_2—N^+(CH_3)_3 \\ \diagdown O \diagdown \end{array} \right] \cdot Cl^- \longrightarrow$$

$$纤维—O \left[\begin{array}{c} CH_2—\underset{O}{CH}—CH_2—N^+(CH_3)_3 \\ | \\ CH_2—\underset{OH}{CH}—CH_2—N^+(CH_3)_3 \cdot Cl^- \end{array} \right] \cdot Cl^-$$

与纤维素纤维作用后，其阳离子基团再与染料阴离子成盐结合而起到固色作用。

$$纤维—O—CH_2—\underset{OH}{CH}—CH_2—\underset{Cl^-}{\overset{CH_3}{\underset{CH_3}{N^+}}}—CH_3 + 染料—SO_3Na \longrightarrow$$

$$纤维—O—CH_2—\underset{OH}{CH}—CH_2—\underset{}{\overset{CH_3}{\underset{CH_3}{N^+}}}—CH_3 \quad 染料—SO_3^- + NaCl$$

11.4 固色剂固色效果测定

11.4.1 染色打样

染料（直接染料或活性染料）2%；织物为经前处理的机织棉平布；染色方法参照各类染料的染色打样方法。

11.4.2 固色处理

固色剂具体用量根据各固色剂情况而定，一般为 2%～4%；浴比 1∶20；温度 60℃（或按有关资料介绍的最佳固色温度）。取染后并洗净的织物，浸于上述升温至预定温度的固色液中，在该温度下进行固色处理 30min，取出，用清水浸洗 2 次，晾干。

11.4.3 固色效果的判断

（1）色相变化　将未固色处理布与固色处理布用灰色变色分级样卡评级，并以未固色处理布为基准，注明色调变化情况。

(2) 水洗牢度　将固色前后的染色布按下法测定耐水浸色牢度，比较测定结果。取 5cm×8cm 布样一块，在正面缝合面积相同的标准白棉织物一块，浸入 50mL 蒸馏水中，保持（30±5）℃，6h 后取出挤干，分开试样和白布，在室温或 40℃ 以下干燥，分别用褪色样卡测定色布褪色级数和用沾色样卡测定白布与色布接触一面的沾色级数。

(3) 皂洗牢度　将固色前后的染色布按下法测定耐洗色牢度，比较测定结果。取 5cm×10cm 的试样布一块，在正面缝合面积相同的标准白棉织物一块，投入到盛有 100mL 含 5g 皂片的工作液的 250mL 玻璃染杯中，置于水浴锅上，稍加搅拌，使其湿透，在 60℃ 下处理 30min（在 10min 和 20min 时需剧烈搅拌一次，每次 30 转）取出，用 40℃ 温水洗涤并挤干，分开试样和白布，在室温或 60℃ 以下干燥。分别评定色布皂洗褪色（变色）和白布沾色的级别。

耐洗色牢度的标准测试方法可详见 GB/T 3921.1～3921.5—1997《纺织品色牢度试验耐洗色牢度》。试验有 5 个方法，可根据织物的组成和使用的染料选择不同的方法。

(4) 汗渍牢度　将固色前后的染色布按下法测定耐汗渍色牢度，比较测定结果。取 5cm×5cm 试样一块，在正面缝合面积相同的标准白织物，放在每升含有 5g 食盐和 6mL24％氨液的 40mL 试液中。操作时试样浸透后两面各夹以玻片，在（37±2）℃ 试液中浸 30min，取出挤干；然后在上述溶液中加入 10％醋酸 2.8mL，并按上述操作法，将试样再浸渍 30min，取出挤干，分开试样和白布，不经洗涤，在室温或 40℃ 以下干燥，分别用褪色样卡和沾色样卡评级。耐汗渍牢度标准测试方法可详见 GB/T 3922—1997《纺织品色牢度试验耐汗渍色牢度》。

(5) 摩擦牢度　将固色前后的染色试样按 GB/T 3920—1997《纺织品色牢度试验耐摩擦色牢度》方法测定摩擦牢度，比较固色后的牢度提高程度。

(6) 湿熨烫牢度　将固色前后的试样按 GB/T 6152—1997《纺织品色牢度试验耐热压色牢度》方法中湿压法测定耐湿熨烫牢度，比较固色后的牢度提高程度。

取 4cm×10cm 布样一块和相同大小的棉贴衬织物一块，经浸压蒸馏水后，将湿试样正面向上再覆盖上湿贴衬织物，放在熨烫试验仪的衬垫（从上至下为白棉布、羊毛法兰绒、石棉板）上，放下加热装置的平板，在规定温度（150℃、200℃或其他）下使试样受压 15s，立即用灰色变色样卡评级，并在 4h 后再评一次。被测试样可放在铺有 5 层细平布的平板上进行测试。

(7) 干洗牢度　耐干洗牢度为织物耐干洗时的色牢度。将试样在室温浸入四氯乙烯溶液中 30min 后，取出晾干，评定变色程度。

(8) 日晒牢度　日晒牢度是染色织物耐太阳光或相当太阳光谱的人造光源照射的耐光坚牢度，是指暴晒后原样的变褪色程度。

目前采用的方法是将试样和一组 8 个等级的用羊毛凡立丁染成的蓝色标样，在同一时间、同一条件下进行暴晒。当试样已充分变褪色时，将试样和标样进行比较评级。如试样的色牢度和标样 4 级相同，则试样耐光坚牢度为 4 级。天然日光暴晒法条件难控制，常采用耐光试验机法。

耐光试验机法是试样在规定条件下，同蓝色标样一起放在人工灯光下暴晒，按织物的褪色程度对照标样，评定等级。利用耐晒牢度试验机可以较快地测定织物的耐光牢度，不受气候条件的限制。所用的光源有碳弧光灯及氙弧光灯。日晒牢度分为 8 级，1 级最低，

8级最高。蓝色标样所用染料如下。

级别	染料名称	
1	弱酸艳蓝	（acilan brilliant blue，FFR）
2	弱酸艳蓝	（acilan brilliant blue，FFB）
3	弱酸艳蓝	（eriosin brilliant blue cyaninc，6B）
4	弱酸蓝	（supramin blue，EG）
5	弱酸蓝	（solway blue，RN）
6	弱酸艳蓝	（alizarinc light blue，4GL）
7	印地科素蓝	（anthrasol blue，04B）
8	印地科素蓝	（indigosol printing blue，AGG）

参考文献

[1] 金咸镶. 染整工艺实验 [M]. 北京：纺织工业出版社，1987.
[2] 程静环，陶绮雯. 染整助剂 [M]. 北京：纺织工业出版社，1985.
[3] 罗巨涛. 染整助剂及其应用 [M]. 北京：中国纺织出版社，2000.
[4] 丁忠传，杨新玮. 纺织染整助剂 [M]. 北京：化学工业出版社，1988.
[5] 黄茂福. 论无醛固色剂的发展 [J]. 印染，2000，(6)：49-53.
[6] 黄茂福. 无醛固色剂的发展与目前情况 [J]. 印染助剂，2002，(4)：1-4.
[7] 黄茂福，沈锡. 活性染料无醛固色剂的研究. 染整科技 [J]. 1999，(3)：35-39.
[8] 傅永冈，王树根，姚于红. 非离子无甲醛固色剂 TX 的研制与应用 [J]. 印染助剂，1999，(6)：13-15.
[9] 李汝富. 无甲醛固色剂 SH-96 的合成与应用 [J]. 印染助剂，1997，(5)：18-19.
[10] 孙宏伟. 固色剂 SHW 提高深色品种湿摩擦牢度的工艺 [J]. 印染助剂，1999，(1)：15-20.
[11] 丁绍敏，周礼政. 环保助剂在绿色纺织品开发中的应用 [J]. 染整技术，2001，(2)：33-37.
[12] 刘国良. 染整助剂的测试和应用 [J]. 印染技术，2001，(1)：41-42
[13] 王春梅，胡啸林. 无甲醛固色剂 NF-1 的合成与应用 [J]. 印染助剂，1999，(3)：22-23.
[14] 徐东平，钱理忠，丛君兰等. 固色剂 F 的研制与应用 [J]. 印染助剂，1994，(3)：25-26.
[15] 刘国良. 染整助剂应用测试 [M]. 北京：中国纺织出版社，2005.
[16] 毛织物染整技术. 毛织物染整技术 [M]. 北京：中国纺织出版社，2006：75-79.
[17] 沈志平. 染整技术：第二册 [M]. 北京：中国纺织出版社，2005.

第12章 增稠剂

12.1 概述

增稠剂是能使树脂胶液的稠度在要求的时间内增加到满足成型工艺要求并保持相对稳定，从而改善其工艺性能的物质。

纺织品印花被称为局部染色，是通过使用印花色浆来完成的。印花色浆的印花性能很大程度上取决于原糊的性质。原糊是具有一定黏度的亲水性分散体系。用作制备原糊的原料——印花糊料是一种在印花色浆中起增稠作用的高分子化合物，又称为增稠剂。在涂料印花中，由增稠剂、水、黏合剂和涂料色浆组成涂料印花色浆。印花色浆在印花机械力的作用下，产生切变力，使印花色浆的黏度在一瞬间大幅度降低；当切变力消失时，又恢复至原来的高黏度，使织物印花轮廓清晰。这种随切变力的变化而发生的黏度变化，主要是靠增稠剂来实现的。

任何印花方式的基本要求是在织物上准确地重现花型图案。印出的花型应当有清晰的线条、明显的点纹和均匀的花纹，印花的边缘不应当在它的位置上渗化开来。增稠剂一般是高分子量的聚合物，它在水中给出必要的色浆黏度，它赋予印花色浆以黏性和可塑性，并把染料、化学品和助剂等传递到织物上去，防止花纹渗化。当染料固色以后，增稠剂被从织物上洗去。对增稠剂的要求如下。

① 增稠剂成糊后，应很好地分散，使染料均匀地分布其中，能保持印花效果的清晰度。
② 能保持印花色浆所希望的流动性。
③ 应当不堵塞印花筛网。
④ 应当不影响色值和色泽的鲜艳度。
⑤ 应当是自身润滑的，并保有柔软的手感。
⑥ 能在印花后的洗涤过程期间较容易地从织物上去除。

12.2 增稠剂类型

增稠剂按其来源可分为：天然增稠剂；改性的天然增稠剂；乳化增稠剂（乳化糊）和合成增稠剂。

12.2.1 天然增稠剂和改性的天然增稠剂

在合成增稠剂未出现之前，织物印花使用天然增稠剂或改性的天然增稠剂，如海藻酸钠、淀粉类、纤维素、树胶之类等。

（1）海藻酸钠　海藻酸钠是海带和马尾藻中的主要成分，可从它们中提取。海藻酸是将提出碘后的海带或马尾藻切碎，浸泡，而后用藻重6%～9%的纯碱液使海藻酸变成海藻酸钠溶解，过滤后将滤液经漂液漂白，然后用盐酸沉淀，冲洗，成为海藻酸凝胶，干燥后便成固体。

实验式为$(C_6H_8O_6)_n$，海藻酸存在三种大分子结构：

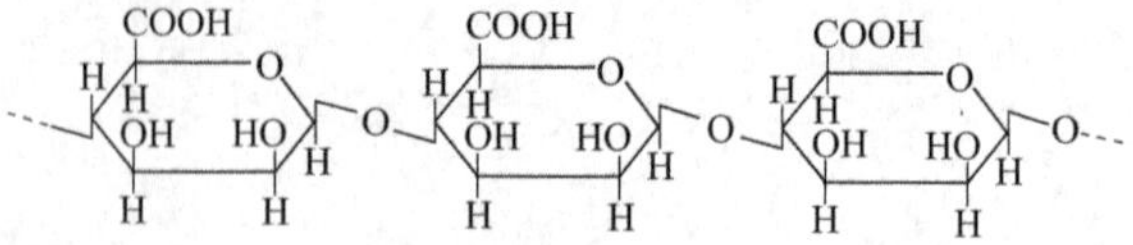

聚 D-甘露糖醛酸

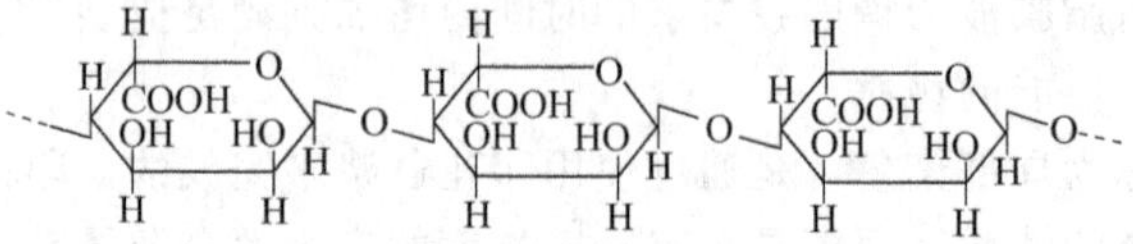

聚 L-古罗糖醛酸

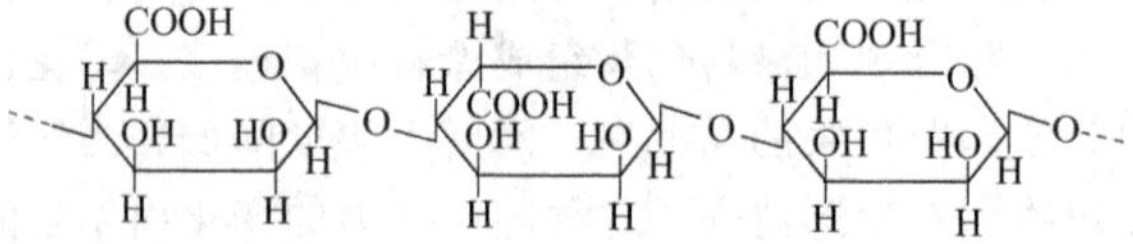

交替共聚物

在海藻酸中，聚 D-甘露糖醛酸含量一般为20%～40%；聚 L-古罗糖醛酸，含量为20%～40%；两种糖醛酸的交替共聚物，占20%～40%。褐藻酸不是均聚物，但习惯上常用聚 D-甘露糖醛酸的结构式表示。分子量一般为5万～18.5万。

从分子结构上看，海藻酸与纤维素比较，仅是5位碳原子上以羧基（—COOH）取代了羟甲基（—CH$_2$OH）。在2，3位碳原子上也同样具有仲醇基。因有羧基的存在所以能够与碱作用而成羧酸钠盐而可溶于水，因此使海藻酸钠具有负电性。海藻酸钠分子中虽具有仲醇基，因为有负电性的羧基存在，它与负电性的活性染料有相斥性，故使活性染料与仲醇基作用减少，它是活性染料适宜的增稠剂。

若海藻酸钠变成了海藻酸钙（即与硬水作用），羧基的负电性大大降低，反应性强的活性染料，如艳蓝 XBR 等即会与仲醇基化合，而产生色渍。为此必须在海藻酸钠糊中加入络合剂，如六偏磷酸钠。酸碱性对海藻酸钠糊有影响，在 pH=5.8～11，海藻酸钠糊比较稳定，低于5.8时，生成凝胶，高于11时，也会形成凝冻。海藻酸钠糊夏天易变质，要加入少量防腐剂。

海藻酸盐可以用于直接染料在棉和黏胶上的印花；分散染料在醋酯、锦纶和其他合纤织物上的印花；还原、可溶性还原、可溶性偶氮染料和涂料在植物、动物或合成纤维上的印花。它也用于酸性染料在羊毛上的印花。它不能用于碱性或铬媒染料的印花，因为在色浆中有二价和三价金属盐的存在。海藻酸钠糊印花时给色量高；由于可塑性好，印制精细花纹时轮廓清晰；渗透性良好，印花得色均匀；因可溶于水，易洗涤性好，印花织物手感柔软；在印花时黏附花筒及筛网的糊料也易于清除。

(2) 淀粉及其衍生物

① 淀粉　淀粉存在于植物的球根和块茎中，以及许多树的树皮和木髓中。淀粉属高分子化合物，是由很多葡萄糖通过苷键连接而成的。淀粉颗粒外层是支链淀粉（又称胶淀粉），里层是直链淀粉。各类淀粉中所含直链淀粉约为 14%～15%。胶淀粉由于分子量较大，又有支链结构，呈膨化状态而悬浮在水中，其成糊率高，黏度较大，渗透性较好，不易产生结晶，成糊后也比较稳定。链淀粉分子量小，在水中呈胶体溶液，成糊率低，稳定性差，容易形成结晶，冷却后有析水现象。淀粉具有成糊率和给色量都较高，印花轮廓清晰，不粘烘筒等优点，所以它除涂料、活性染料印花外，能适宜作其他各类染料印花用糊料，是一种主要糊料。由于淀粉难以洗除，因此它赋予印花织物硬挺的手感和不均匀的满地印花，它从来不单独使用，这是其分子量大所导致的。

② 糊精　印染胶/糊精是利用淀粉的性质，在强酸作用下加热焙烘，使其分子链裂解的产物。糊精制糊方便，渗透性好，但有造成表面给色量低、轮廓线条较差、制糊率低等缺点。一般可与淀粉混用，互相取长补短。印染胶用于还原染料，用作使用烧碱时的增稠剂。此外，它也可用于锦纶和羊毛织物，及用酸性或碱性染料的防染和拔染印花方式。

③ 羧甲基淀粉（CMS）　羧甲基淀粉（CMS）是由醚化天然淀粉而得，过程如下：

$$ST.CH_2OH \xrightarrow{NaOH} ST.CH_2ONa \xrightarrow{ClCH_2COOH} ST.CH_2OCH_2COOH$$

（ST＝淀粉单元）

醚化而存在于葡萄糖单元中的—OH 基团，会导致淀粉性质的显著变化。它防止了淀粉分子的连接，同时，显著地改进了稳定性、溶解性和洗净性。CMS 已被用作分散性染料印花中的增稠剂，也已被用于活性染料印花。

(3) 纤维素衍生物　目前用作印花原糊的纤维素衍生物有羧甲基纤维素、水溶性甲基纤维素、水溶性乙基纤维素和羟乙基纤维素，前两者应用较广。

① 羧甲基纤维素　羧甲基纤维素是由碱纤维素与一氯醋酸作用而成：

$$纤素—ONa + ClCH_2COOH \longrightarrow 纤素—O—CH_2COOH + NaCl$$

首先被醚化的是伯醇基，其次是第二个碳原子上的仲醇基。用作印花糊料的醚化度一般为 0.6 左右。在羧甲基纤维素商品中或多或少含有盐类，这些盐类的存在对染料的溶解有影响。

羧甲基纤维素的钠盐可溶于冷水和热水，而羧甲基纤维素则不溶于水。该原糊对一价和二价金属并不敏感，但与三价金属离子（铝、铁、铬离子）和阳离子染料会形成不溶性沉淀。

羧甲基纤维素原糊在 pH 值为 2.6 以下时会生成凝胶，pH 值超过 2.6 时则溶于水。因此，它不适用于 pH 值为 2.6 以下的印浆。因醚化度低，不适用于 X 型活性染料的印花，而适用于 K 型和 KN 型活性染料，给色量比海藻酸钠糊高，但手感较差。

② 甲基纤维素　甲基纤维素是由碱纤维素与氯甲烷作用而得，醚化度为 1～2.6（平均 1.6）。这样的甲基纤维素可溶于冷水，但在 60～100℃时却凝结，在这种温度下它从溶胶转化成凝胶，转化温度根据其浓度和电解质浓度而定。

在碱性条件下和不存在氧的情况下是稳定的。在氧存在情况下，它失去黏性。这种增稠剂用于聚酯织物的印花。它也用于活性染料在羊毛和真丝上的印花。甲基纤维素增稠剂在铬媒、碱性和重氮化色基染料的印花中得到良好的效果，织物的手感很好。

纤维素也能被改性成为羟乙基纤维素（纤维素乙二醇醚），用于纺织品印花中作为增稠剂。印花的织物手感柔软。

(4) 其他天然产品

① 天然龙胶　紫云英类灌木分泌的液汁，干涸后，便成龙胶。龙胶中含有龙胶酸及其盐类和巴索胶（主要是由阿拉伯糖剩基所构成）两种成分。龙胶酸的含量为 30%～40%，巴索胶含量为 60%～70%。它们与淀粉中直链淀粉和支链淀粉有相似的情况。龙胶酸相应于直链淀粉，溶于水成胶体溶液；巴索胶相应于支链淀粉，较难溶解。龙胶糊的给色量高，易洗涤性好，无还原性，对有机酸、淡碱以及金属离子均较稳定。龙胶糊有酸性，使用前要用烧碱中和。龙胶糊耐酸、不耐碱，一般常与淀粉糊拼用，适用于非强碱性的色浆如色基、酞菁、可溶性还原染料等。龙胶与淀粉增稠剂一起，用于还原染料的印花，并与印染胶结合，用于羊毛印花。它也用于黏胶短纤维的印花和在纤维素上的直接、酸性、碱性和不溶性偶氮染料的印花。

② 阿拉伯树胶　阿拉伯树胶是金合欢胶的商品形式，它也称为 Kordofan 胶，是一种浓度大于 50% 的均匀液体，是工业上应用最广泛的一种树胶。阿拉伯树胶是一种复合多糖，完全水解时可得到 L-阿拉伯糖（戊糖）、D-半乳糖、l-鼠李糖及 D-葡萄糖醛酸。它们在阿拉伯树胶中的比例约为 3∶3∶1∶1。大分子结构很复杂，不同来源的阿拉伯树胶虽含有相同的糖类，但组分比例却有很大不同。一般数均分子量为 25 万～30 万。天然的阿拉伯树胶是含有中性或略带酸性盐的复杂多糖，一般含 Ca^{2+}、Ms^{2+} 及 K^+ 等阳离子。与三价金属盐作用能生成沉淀。阿拉伯树胶不溶于有机溶剂或油脂，在冷水或热水中能很好地溶解，形成清净的黏性溶液；也能溶于低浓度的含水酒精（低于 60%）中；与硼砂、硅酸钠或明胶等作用，生成凝胶。加入稀酸，会使阿拉伯树胶水解为上述几种单糖。阿拉伯树胶含有氧化酶及过氧化酶，长时间放置，多糖不断地被水解，黏度逐渐下降。它是无毒、无臭、无味、无色的清晰黏液，也可制成粒状、晶体状或粉状的制品。阿拉伯树胶很易溶解，可形成浓度范围很广的溶液，很易制得 50% 的浓溶液。它可用来降低水的表面张力。低浓度的阿拉伯树胶液，呈现牛顿型流体行为，当浓度高于 40% 时，可观察到剪切变稀的非牛顿型流体行为。溶液的黏度与温度成反比，也随 pH 值而异，pH 在 6～7 之间，表现出最高黏度。此外，电解质会降低胶液的黏度，同时黏度也随时间延长而降低。

阿拉伯树胶可与许多亲水性胶体混溶，常与淀粉、海藻酸钠、动物胶等混用。它可用于阳离子染料在聚丙烯腈系织物上的印花和酸性染料在锦纶上的印花。它也用于所有品种的拔染印花和靛蓝印花。

③ 荚豆种子胶　这是得自豆科植物种子的一类糊料，化学组成和含量随植物而异。商品一般为奶白至淡黄棕色的粉末。目前以刺槐豆胶和瓜耳豆胶两种最为重要。槐树在我国分布较广，刺槐豆胶是由槐树种子的胚乳研磨而制得的，是我国目前常用的印花糊料之一。瓜耳豆胶是从印度、巴基斯坦等地区生长的一种一年生豆科植物的种子中制得的。它们的主要组分都含有半乳糖和甘露糖剩基，是以多甘露糖为主的高聚物，其结构如下：

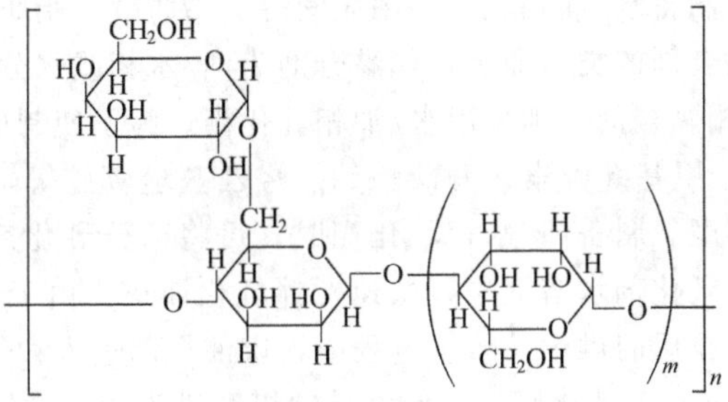

一般来说，刺槐豆胶 $m=3$，瓜耳豆胶 $m=1$，n 和 m 数随树木种子类别有变化。此外，它们还含有少量蛋白质。刺槐豆胶分子容易聚集，遇浓烧碱易发生胶凝，与硼酸离子会发生交联键结合而胶凝。遇酸，特别是较高温度时会发生水解，但在 pH 值为 $8\sim11$ 时，糊的黏度比较稳定。

它们和淀粉一样，也可制成羧甲基、甲基、羟乙基等衍生物，以提高它们的溶解性和化学稳定性，改进糊的印花均匀性、印透性和易洗涤性，并改进糊的流变性能。我国应用最多的是将刺槐豆粉和氯乙醇在酒精和烧碱存在下反应制得的羟乙基醚化产物。经过醚化变性后，糊的印透性、印花均匀性、易洗涤性和耐化学试剂作用的稳定性都有改进。

④ 结晶树胶　这是从生长在东南亚一带的某些树木黏液干涸后得到的一种树胶，呈淡棕色颗粒状，原来水溶性不高，经高压处理后才易溶于水。经过这样处理，并除去不溶物，干燥后再经粉碎得到的产物称为结晶树胶。由它制得的糊适用于多种染料印花。通常制成固含量 30%～50% 的原糊。

天然的和改性的天然增稠剂具有一些固有的缺点，如水合时间长、热稳定性差和纯度低。它们已被化学改性或通过物理混合。然而，天然增稠剂比合成增稠剂表现出较差的剪切变稀的流变性。这些产品在利用率、成本、纯度、稠性、贮存等方面仍有局限性。另外天然增稠剂用于涂料印花，用量大、残留于织物上的比例大，使印花织物手感变硬，而且印花后仍有水溶性或可膨化性，降低了印花牢度。

12.2.2　乳化增稠剂（乳化糊）

从 20 世纪 50 年代初，涂料印花开始用乳化增稠剂代替天然增稠剂。颜料印花在很大程度上是由于采用了乳化糊后才迅速发展起来的。它是由 70%～80% 的高沸点煤油、水及乳化剂在高速搅拌下形成 O/W（油/水相）乳状液，即有名的 AcrapanA 乳化浆（俗称 A 邦浆）。所用的煤油为 200 号溶剂油（沸程为 140～200℃）。

乳化浆为白色稠厚状水包油乳液，稳定性好，使印花织物具有很好的得色量和鲜艳度。由于在印花后的干燥及焙烘过程中，200 号溶剂油及水挥发进入大气中，残留在织物上的仅仅是少量的乳化剂，所以对织物的手感及印花牢度没有明显的影响，至今仍有应用。

乳化糊内固体成分少，印花烘干时，溶剂逸去，很少有残留的固体，而且印花后的洗涤较简单，甚至可省去水洗，不致影响黏合剂的固着，具有花纹精细、色泽鲜艳、手感柔软、易在亲水性纤维上印透等优点。把油与水制取稠厚的乳化糊，需要用适当的乳化剂。如制备油/水相乳化糊，乳化剂可以用硬脂酸钾、脂肪醇聚氧乙烯醚、木质素、石油磺酸钠等亲水性的乳化剂；制备水/油相乳化糊用胆固醇、脂肪醇、脂肪酸等亲油性的乳化剂。乳化糊的类型是根据黏合剂的类型而定：如黏合剂为油/水相或水分散相，则可采用油/水相乳化糊；如用水/油相黏合剂，则采用水/油相乳化糊。为了使制成的乳化糊稳定，通常加入稳定剂，如 CMC、甲基纤维素、海藻酸钠、羟乙基皂荚胶等，以作保护胶体。但用量不宜多，否则影响牢度。制备油/水相乳化糊时，可将部分乳化剂加入水中，将油缓缓加入到含有保护胶体的乳化剂水溶液中，快速搅拌乳化而成。由于 AcrapanA 乳化浆中含有大量的溶剂油，在印花后的烘干及焙烘过程中，煤油全部进入大气中，一个大型印染厂每年要使用数百吨 AcrapanA 乳化浆，致使大量的煤油进入大气中，既浪费资源，又严重污染环境。

12.2.3　合成增稠剂

随着高分子化学工业的发展，出现了合成增稠剂，合成增稠剂是从取代的乙烯基化合物衍生而来的长链聚合物，如图所示：

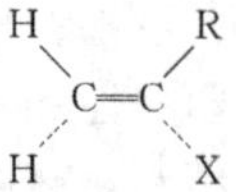

$$\underset{H\quad\quad X}{\overset{H\quad\quad R}{C=C}}$$

其中，R＝烷基基团；X＝官能基团。

合成增稠剂具有非常典型的假塑性流变性能。它们在应力下即变稀和流动，当瞬时应力消除后，即恢复其原来的黏度。合成增稠剂较天然增稠剂具备产生较光滑、均匀和精细的印花制品的能力。

合成增稠剂应满足如下要求。

① 需要达到可印黏度的固含量应当是很低的（0.5%～2%）。

② 增稠剂就性质上来说，必须是假塑性的。

③ 它应当有良好的贮存期。

④ 增稠剂与染料或涂料颗粒应当不经受任何化学反应、凝聚和（或）分解作用。它应当对电解质不敏感，因为大多数染料含有电解质。

合成增稠剂的优点，可以概括如下。

① 各种天然产品的生长和成熟方式是极慢的，而且有季节性。

② 合成增稠剂具有较强的抱水性，因而印浆比较稳定，不易分层结膜，从而可减少拖刀、塞网，黏结橡胶导带，其剩浆保存时间长。并且它只需要 5～10min 以制备调匀的色浆，不要水合时间，对它的贮存不需要防腐剂。而天然增稠剂，这些操作需用 2～3h，对它的贮存也要用防腐剂。

③ 合成增稠剂的低固含量，对于那些对纤维具有亲和性的染料，在其扩散期间易于使受到的阻力减少，因而不仅达到较高程度的固着，而且有较深的色泽。这也显著地降低了洗涤问题。

④ 它们为生产高质量的、无溶剂的涂料印花物提供了唯一的可能性。

⑤ 合成增稠剂在高温汽蒸固着期间，没有硬化和变褐色的问题。

由于合成增稠剂对水有极高的增稠能力，用很少量的增稠剂就可使大量的水变稠，形成类似于 AcrapanA 乳化浆的产物，不仅解决了煤油污染环境的问题，也降低了印花的成本，被称为无煤油涂料印花。

合成增稠剂有非离子型和阴离子型两大类。

(1) 非离子型　非离子型乳化增稠剂是一种非离子高分子化合物的乳化体，大多是聚乙二醇醚类衍生物。此类增稠剂使用方便、适应性好、应用面也较广，但一般增稠效果不如阴离子型增稠剂，通常还需加入相当数量的煤油才能使用。此类增稠剂可用于防染、拔染印花，但对牢度有一点影响。

(2) 阴离子型合成增稠剂　阴离子型增稠剂是一种高分子电解质化合物。在合成增稠剂的水溶液中，加碱黏度增大。这是因为分子链上含有羧酸基，经氨水中和成盐后，分子链上羧基容易电离，并且羧基在电离状态下负性基相互排斥，借助分子链，使分子链充分伸展，给予最大的黏度，并吸附大量的自由水。这类增稠剂在中和后，即使固含量极低也有较高的黏度，它对印花后织物手感和色光基本无不良的影响，可以完全不用煤油，因此受到重视，发展也较快，但一般来说，普遍存在对电解质敏感的缺点。

阴离子型合成增稠剂一般由三种或更多的单体聚合而成。第一单体是主单体，是含有羧基的烯酸，如丙烯酸、马来酸或马来酸酐、甲基丙烯酸。第二单体可使合成增稠剂的分子量增大，从而增加涂料的表观给色量，一般为丙烯酸酯或苯乙烯，其含量为15%～20%。第三单体是具有两个烯基的化合物，如双丙烯酸丁二酯或磷苯二甲酸二丙烯酯双胺化合物，虽然其用量不多（1%～4%），但它能使合成增稠剂的分子键伸展并形成网状结构，因此也是不可缺少的组分。

12.3　合成增稠剂黏度产生的机理

在合成增稠剂的水溶液中，加碱产生黏度。黏度产生的机理见图12-1和图12-2。

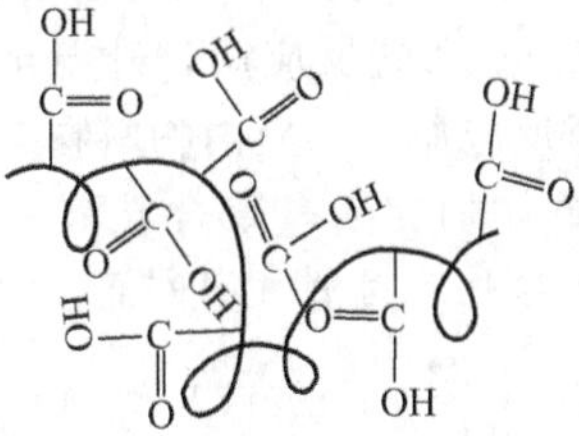

图12-1　碱中和前高分子链状态 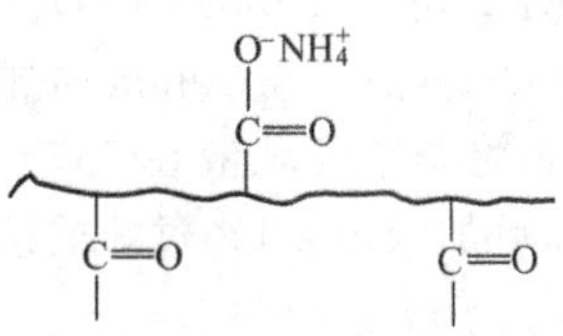　　　　图12-2　碱中和后高分子链状态

从图12-1和图12-2中可看出，在未用碱中和时，上述高分子化合物链为卷曲状态。当用碱中和时，分子中的羧基（—COOH）在静电和氢键的作用下，由卷曲状态而伸展开来，将大量的水抱合住，从而对水起到高效增稠作用。

12.4　主要增稠剂的制备

12.4.1　乳化增稠剂邦浆A的制备

在装有搅拌器的搪瓷反应釜中，加入自来水245kg、乳化剂平平加O 20kg，开动搅拌，使平平加O溶于水中。在高速搅拌下，由慢到快加入200号溶剂油735kg，加完后，继续搅拌 30min，即得到稠厚的乳化增稠剂产品。根据使用需要，可调节油的用量在 70%～80%，油量大则稠厚，油量小则稀薄。

12.4.2 合成增稠剂的制备

(1) 沉淀聚合制备粉末状丙烯酸、丙烯基缩水甘油醚-苄醇共聚物增稠剂　沉淀聚合方法是将丙烯酸类单体混合物在惰性有机溶剂中进行聚合。该有机溶剂对单体溶解而对共聚物不溶。引发聚合后，随着聚合反应的进行，高聚物逐渐沉淀下来。反应结束，除去溶剂，得较细的、松散的粉末产品。其制备过程如下。

① 丙烯基缩水甘油醚-苄醇加合物的制备　将 102.6g 苄醇，0.54g 三氟化硼乙醚加入到 500mL 三口瓶中，将该溶液加热至 70℃，然后将 114g 的丙烯基缩水甘油醚在 1h 内滴入反应瓶内，保温 70℃，反应 2h，得丙烯基缩水甘油醚-苄醇加合物备用。

② 在装有搅拌、滴液漏斗、温度计和冷凝器的 1L 三口瓶中，加入 300g 甲苯，在氮气吹扫下将甲苯加热至 80℃。将 95g 丙烯酸、5g 丙烯基缩水甘油醚-苄醇加合物及 0.05g 偶氮双异丁腈，在 2h 内，80℃下加入三口瓶中，然后在 80℃继续反应 2h 以上，再加入 20mg 的偶氮双异丁腈继续反应 1h。反应产物经冷却、过滤、洗涤、干燥，得到沉淀固体丙烯酸、丙烯基缩水甘油醚-苄醇共聚物 96.6g。

(2) 乳液聚合法制备碱溶解或碱溶胀的丙烯酸类增稠剂　乳液聚合物在织物印花浆中也被广泛应用，该法的聚合乳液固含量一般在 20%～50%，是较低黏度的流体，容易加入到需要增稠的水介质中，但亦存在对电解质敏感、增稠能力低的缺点。近年来改善的水系增稠剂得到发展。表面活性单体的应用使共聚物增稠能力提高，并增加对电解质的稳定性。其制备过程如下。

将 100g 丙烯酸乙酯、80g 甲基丙烯酸、20g 含有 10mol 氧乙烯基的十八烷醇烯丙基醚、5gPerlanknolESD（商品牌号）、0.3g 过硫酸铵和 200g 水制备成混合单体乳液。

将装有 2.5gPerlanknol ESD、0.1g 过硫酸铵、255.8g 水的反应瓶，升温至 85℃，用氮气吹扫 30min 后，在 10min 内加 5%的该混合乳液至反应瓶内。瓶内物料在 85℃反应聚合发生后，将剩余的乳液在 85℃、2h 内逐渐加入。单体加完后，聚合乳液在 85℃保温 15min，然后加入 10g 1%过硫酸铵再反应 45min，最后冷却、过滤，得产品。

12.5　增稠剂性能测试

12.5.1　增稠能力的测定

(1) 测定 1%原糊的黏度　使用 200mL 烧杯，放入 198mL 去离子水，在快速搅拌下加入 2g 合成增稠剂制成原糊（根据要求，有些合成增稠剂另加入氨水调节 pH 值至 8～9），然后使用 NDJ-79 型黏度计测其黏度。

(2) 以 Alcoprint PTF 为对比产品，试验相当稠厚度的浓度值　英国联合胶体公司的 Alcoprint PTF 在我国各印染厂广泛使用，测试其他合成增稠剂增稠能力时，常以 PTF 作为对比产品，找出相当于 PTF 2%原糊稠厚度（或黏度）的浓度值，其试验方法如下。

① 先取 200mL 烧杯一只，加入去离子水 194mL，在快速搅拌下加入 Alcoprint PTF 4g、氨水适量，调 pH 值至 8～9，制成原糊，作为对比样品。

② 再取 200mL 烧杯数只，各加入适量的去离子水，在快速搅拌下分别加入 1g、2g、

3g、4g、5g 待测的合成增稠剂（根据要求，需加入氨水调节 pH 值至 8~9），补充水至总量 200g，制成原糊，然后以目测找出相当于 Alcoprint PTF 稠厚度的浓度值。

③ 最后使用 NDJ-79 型黏度计测以上制成的原糊（包括对比样品）的黏度。

（3）增稠曲线　各种合成增稠剂，随着单位浓度的增加，黏度的增加并不完全相同，有的单位浓度增加，黏度急剧增加，有的则单位浓度增加，黏度增加缓慢，其试验方法如下。

取 200mL 烧杯 5 只，各加入适量去离子水，在快速搅拌下分别加入待测的合成增稠剂 2g、4g、6g、8g、10g（根据要求，需加入氨水调节 pH 值至 8~9），补充水至总量 200g，制成原糊，用 NDJ-79 型黏度计测其黏度，然后以黏度为纵坐标，浓度为横坐标制作增稠曲线。

12.5.2　流变性能的测定

增稠剂的流变性能的测定，一般可测 PVI 值和制作流变曲线图。

（1）PVI 值的测定　PVI 值，即印花黏度指数，一般在 0.1~1.0。PVI 值小的合成增稠剂，黏度受剪切应力影响大，触变性大。合成增稠剂原糊的 PVI 值使用回转式黏度计测定。

根据原糊的黏度大小，选定一个转子，分别在 6r/min 和 60r/min 转速下测其黏度，然后按下式计算：

$$PVI 值 = \eta_{60} / \eta_6$$

式中，η_{60} 为在 60r/min 转速下测定的黏度，mPa·s；η_6 为在 6r/min 转速下测定的黏度，mPa·s。

（2）制作流变曲线图　根据黏度公式 $\eta = \tau / \gamma$，可以使用 NDJ-1 型黏度计测定原糊的流变曲线，其测定步骤如下。

① 首先把待测的合成增稠剂制成原糊。

② 然后使用 NDJ-1 型黏度计，选择合适的转子，分别在 6r/min、12r/min、30r/min、60r/min 四挡转速下测黏度。

③ 再根据 NDJ-1 型黏度计四挡转速 6r/min、12r/min、30r/min、60r/min 的速度梯度 $1.256s^{-1}$、$2.512s^{-1}$、$6.28s^{-1}$、$12.58s^{-1}$，按照 $\tau = \eta\gamma$ 计算相对应的剪切应力。

（3）最后以黏度为纵坐标，剪切应力为横坐标制作流变曲线图。

12.5.3　耐电解质性能测定

合成增稠剂耐电解质性能，决定着它的应用范围。合成增稠剂耐电解质性能测试方法如下。

取待测的稠厚合成增稠剂原糊 80g，边加边搅，慢慢加入 2.5% 氯化镁溶液 20mL，观察原糊的变化，例如变稀、凝聚或析出沉淀。

12.5.4　耐稀释性能测定

合成增稠剂耐稀释性能测试方法如下。

取待测的稠厚合成增稠剂原糊 50g，使用去离子水 1:1 冲稀，搅拌均匀，使用 NDJ-79 型黏度计（或 NDJ-1 型黏度计）测其黏度变化，计算黏度保留率。

$$黏度保留率 = \eta_1 / \eta_2 \times 100\%$$

式中，η_1 为原糊冲稀后的黏度，mPa·s；η_2 为原糊冲稀前的黏度，mPa·s。

黏度保留率低，冲稀黏度急剧下降，表明合成增稠剂原糊耐稀释性差。

12.5.5 抱水性能

增稠剂的抱水性，即膨润性、吸水性。抱水性好，花型轮廓清晰；抱水性差则易产生渗化现象。抱水性能也称水合性能，可用原糊在单位时间内析出水分多少来衡量，析出水分少，抱水性能好，反之则差。原糊朝纤维转移的水量和纤维固有的吸水量的平衡直接影响着花纹的清晰程度。

测试方法：将宽 10mm 的滤纸浸在原糊中，在规定时间内记录下水分上升高度。

12.5.6 与化学药品的相容性

（1）试验溶液　预先配制下列试剂溶液：NaOH 溶液 3%、尿素溶液 15%、纯碱溶液（Na_2CO_3）9%、氯化亚锡（$SnCl_2·2H_2O$）溶液 30%、盐酸（37%）溶液 3%、冰醋酸溶液 3%、雕白粉溶液 30%。

（2）试验方法　在 50g 原糊中加入 25mL 蒸馏水调匀，用旋转式黏度计测定黏度值，为参比的原始黏度。

另取 50g 原糊，分别加入上述化学药品溶液中的 25mL，调匀后，测定其浓度。与加入蒸馏水测得的参比原始黏度一起计算黏度变化的百分率，并在放置 4h 和 3d 后，分别再测其黏度，并观察性状变化（有无分层、凝聚等现象）。

（3）说明

① 相容性试验可以根据印花所用的染料、织物及工艺所需的化学药品进行有选择的试验，根据需要可以有所增减。测试前准备的化学药品溶液的浓度应为印花糊料中该药品浓度的 3 倍。

② 一般来讲，直接印花糊黏度变化率在 10% 以内，雕印糊在 30% 以内，则可认为相容性好。

参考文献

[1] 谢亮节译，姚宗仁校．合成增稠剂在纺织品印花中的应用（上）[J]．印染助剂，1989，（1）：37-39．

[2] 谢亮节译，姚宗仁校．合成增稠剂在纺织品印花中的应用（中）[J]．印染助剂，1989，（2）：35-36．

[3] 谢亮节译，姚宗仁校．合成增稠剂在纺织品印花中的应用（下）[J]．印染助剂，1989，（3）：38-39．

[4] 王秀玲译．唐志翔校．纺织品印花增稠剂综述 [J]．印染译丛，1997，（1）：37-42．

[5] 宋孝平，杨建庄．HBJH 糊料代替海藻酸钠的应用 [J]．印染，1997，（7）：25-26．

[6] 张骏．RND 增稠剂在活性、分散染料印花中的应用 [J]．印染，1995，（6）：26-27．

[7] 魏富荣，陈登美，丁爱珍．涂料印花工艺探讨 [J]．印染，1995，（6）：28-32．

[8] 于文伟，赵宝祥．阴离子型涂料印花合成增稠剂的进展及制备方法 [J]．印染助剂，1992，（3）：48．

[9] 赵宝祥，于文伟．各种性能优异的合成涂料印花合成增稠剂 SKT 的制备与性能 [J]．印染助剂，1992，（2）：17-20．

[10] 刘国良．染整助剂的测试和应用 [J]．印染助剂，2001，（3）：28．

[11] 李广芬,张友松.羧甲基淀粉作印花糊料的应用研究 [J].印染,1995,(6):8-10.
[12] 王菊生.染整工艺原理:第四册 [M].北京:纺织工业出版社,1987.
[13] 耿耀宗,曹同玉.合成聚合物乳液制造与应用技术 [M].北京:中国轻工业出版社,1999.
[14] 李宾雄,边伯芬.涂料印花合成增稠剂性能的测试 [J].印染,1993,(8):33-35.
[15] 郑光洪.印染概论 [M].第2版.北京:中国纺织出版社,2005.

第13章 黏合剂

13.1 概述

黏合剂是涂料印花色浆中的重要组分,它是一种高分子成膜物质,由各种单体聚合而成,在色浆中呈溶液或分散状,当溶剂或其他液体蒸发后,在印花的地方形成一层很薄(通常只有几微米厚)的膜,通过成膜而将颜料颗粒等物质黏着在纺织品的表面。故成膜性能的好坏将直接影响印花织物的牢度(摩擦、水洗、干洗牢度等),而且和色浆的印制性能以及产品的手感和色泽有密切关系。

理想的黏合剂形成的膜无色透明,加热后不会发黄。膜的性质坚固且弹性好、黏着力强、耐水洗及干洗、耐日晒及老化;织物处理后成膜柔软、手感好,且不发黏;印花后织物的各项色牢度不低于染料印花标准。但是实际使用的黏合剂不可能全部满足上述要求。应用时应根据实际情况选用,有时可选择几种黏合剂混用,取长补短,并且可再选用适当的助剂或添加剂来改善或调节,以获得尽可能好的效果。

涂料印花早期的黏合剂是一些天然高分子,例如植物胶或动物胶。这些物质虽然有一定的黏着力,但一般都不耐水洗,产品手感硬。涂料印花是在采用了合成树脂作黏合剂,并且用固含量很低的乳化糊作糊料后才大量应用的。最早的合成树脂黏合剂是脲醛或三聚氰胺甲醛氨基树脂,它们的黏着力和摩擦牢度均好,只是形成的膜较硬,高温处理和日晒长久后易泛黄,故随着黏着力强、性能柔软、耐洗和耐老化的热塑性树脂出现后,它们已很少应用。目前常用的黏合剂主要是丙烯酸酯、丁二烯、醋酸乙烯酯、丙烯腈、苯乙烯等单体的共聚物,可以是两种单体,也可以是两种以上单体的共聚物。涂料印花的黏合剂一般是由乳液聚合制成的,乳液固含量为30%~50%,颗粒大小为0.2~2μm。通过改变聚合反应条件和加适当助剂,可控制聚合物分子链长度、颗粒大小以及分散体的稳定性等。

13.2 黏合剂的类型

随着高分子化学的发展,涂料黏合剂也由第一代产品发展到现在大量应用的第三代产品。第一代黏合剂是不能交联的高分子成膜共聚物,适于低温焙烘(100℃);第二代黏合剂中含有羟基、羧基、氨基、酰氨基、氰基等反应性基团,在加热过程中能与纤维上的羟基等形成共价键,或与外加的交联剂起反应,从而提高各项应用性能;第三代自交联黏合剂虽然也是丙烯酸酯类共聚物乳液，但在单体中加入了自交联单体，常用的自交联单体有羟甲基丙烯酰胺、醚化羟甲基丙烯酰胺等，印花产品在烘焙过程中，两个羟甲基自缩合形成交联，由线型大分子形成网状结构，使黏合剂的膜遇到水之后不会膨胀，也不易洗掉，从而提高了印花织物的牢度。第二、三代黏合剂适合于高温焙烘（140~150℃）。第三代黏合剂也适用于涤纶织物，可以简化印染工艺，并从直接印花和防、拔染印花工艺发展到同浆印花，尤其有利于混纺织物的印花。

为了节能和扩大应用，近年来又兴起了低温焙固型第四代黏合剂，可节省能源90%左右，并能适应不耐高温织物的涂料印花。低温焙固的途径有紫外固着、电子束固着、红外固着及各种放射能固着等。但在成本和手感方面还存在一定问题。目前市场上多数黏合剂合成时均含有一定量的 N-羟甲基丙烯酰胺活性单体，实现自交联的同时释放出甲醛。

常用黏合剂可按反应性能分为两类。

13.2.1 非反应型黏合剂

这类黏合剂在印花和后处理的过程中，无论是自身或与交联剂，纤维等都不发生反应。它们又可分为以下几类。

（1）聚丙烯酸酯共聚物　常见的是丙烯酸甲酯、丙烯酸乙酯、丙烯酸丁酯以及丙烯酸异辛酯的共聚物，含非丙烯酸酯的共聚组分包括丙烯腈、苯乙烯等单体。通常是由两种或三种单体共聚制得，可以由一种丙烯酸酯和一种非丙烯酸酯单体共聚，也可以由两种不同的丙烯酸酯单体或再加一种非丙烯酸酯单体共聚得到。这类黏合剂具有较好的黏着力，耐光老化性能较好，而且它们的性能随单体性质和用量有很大变化。例如，丙烯酸酯和苯乙烯的共聚物黏合剂分散体系对电解质稳定，但所结膜耐干洗性较差；而丙烯酸酯和丙烯腈的共聚物的膜，耐干洗牢度和耐老化性能较好，但手感较硬。就丙烯酸酯而言，它们的性质也随结构有很大差异，例如聚甲基丙烯酸甲酯的薄膜比聚丙烯酸丁酯硬得多。对聚酯纤维的黏着力，丙烯酸丁酯比丙烯酸乙酯的强，而且两者对棉纤维的黏着力都比对聚酯纤维的好。实际选用时，既要注意它们对纤维的黏着力，又要考虑所结薄膜的弹性模量等力学性能，还要考虑成本等各种因素。这类黏合剂较多选用丙烯酸丁酯、丙烯酸乙酯，少数也选用丙烯酸异辛酯。共聚物的性质决定于单体的性质、各单体的含量以及单体在分子链中的排列情况。共聚物的玻璃化温度一般介于两种均聚物之间，也就是说黏合剂膜的柔软性，可通过调节两种共聚组分的相对含量来改善。

这类黏合剂品种很多，常用的黏合剂是丙烯酸丁酯和丙烯腈的共聚物，它们的聚合反应可表示如下：

$$n\text{CH}_2=\text{CH} + m\text{CH}_2=\text{CH} \longrightarrow \cdots\cdots\text{CH}_2\text{CHCH}_2\text{CH}\cdots\cdots$$
$$\qquad\quad|\qquad\qquad\quad|\qquad\qquad\qquad\quad|\qquad\quad|$$
$$\quad\text{COOC}_4\text{H}_9\qquad\text{CN}\qquad\qquad\text{COOC}_4\text{H}_9\quad\text{CN}$$

聚丙烯酸丁酯膜柔软，黏着力良好，耐老化性能也好，但机械强度不高，且易溶胀；分子链中引入丙烯腈组分后，黏合剂膜手感虽然较硬，但膜的抗张强度、耐磨性以及干洗牢度等都可提高。它们共聚后的共聚物具有两种组分的优点。例如，聚丙烯酸丁酯的玻璃化温度约为-56℃，聚丙烯腈的玻璃化温度约为104℃，这样高的玻璃化温度，所成膜很硬，不适合作涂料印花的黏合剂。而含11%的丙烯腈的丙烯酸丁酯的共聚物，玻璃化温度约为-25℃。用它作黏合剂，仍然有较柔软的手感，而且其他性能也较好。目前使用的这类黏合剂有多种组分比例，性能不完全一样，可根据需要选用。在这类黏合剂中，有的在上述两组分的基础上，再加入一定量的丙烯酸甲酯、丙烯酸乙酯、丙烯酸异辛酯，也有的加少量甲基丙烯酸甲酯来调节其应用性能。

（2）丁二烯共聚物　这类黏合剂主要为丁二烯和苯乙烯的共聚物（丁苯胶乳）、丁二烯和丙烯腈的共聚物（丁腈胶乳）以及氯丁胶乳等。这是一些柔软、弹性良好的高分子，分子量较高的常用作合成橡胶。但它们中的一些黏着力或耐光稳定性或耐溶剂能力较差。以下是丁苯胶乳和丁腈胶乳的合成反应式（乳液聚合）。

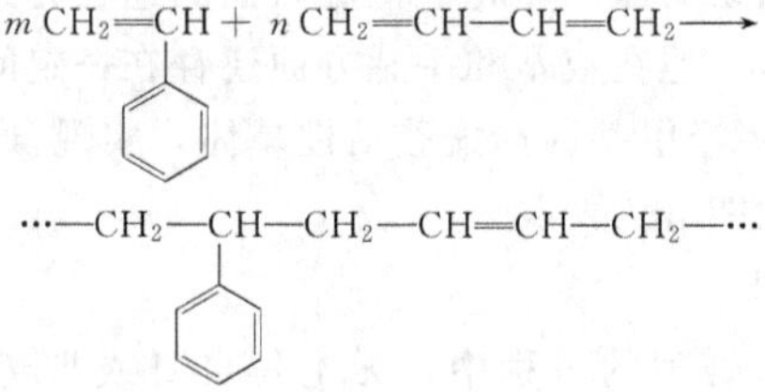

$$m CH_2=CH(C_6H_5) + n CH_2=CH-CH=CH_2 \longrightarrow$$

$$\cdots -CH_2-CH(C_6H_5)-CH_2-CH=CH-CH_2-\cdots$$

丁苯胶乳

$$m CH_2=CH(CN) + n CH_2=CH-CH=CH_2 \longrightarrow$$

$$\cdots -CH_2-CH(CN)-CH_2-CH=CH-CH_2-\cdots$$

丁腈胶乳

随着共聚组分比变化，共聚物的性质也变化。在丁二烯聚合物分子链中引入苯乙烯组分后，共聚物的机械强度和弹性都会提高，而柔软性则降低。这可从它们的玻璃化温度变化看出，例如聚丁二烯的 T_g 约为 $-85℃$，聚苯乙烯的 T_g 约为 $80\sim100℃$，而丁二烯和苯乙烯比为 75：25 的共聚物的 T_g 约为 $-60℃$，介于它们两种均聚物之间。同理，聚丁二烯分子链中引入丙烯腈组分后，机械强度和弹性也增加，玻璃化温度介于两种均聚物之间。丁二烯和丙烯腈比为 70：30 的共聚物的玻璃化温度约为 $-41℃$。

由于丁苯胶乳膜的黏着力不够好，有些产品还加入第三单体如丙烯酸酯、丙烯酰胺进行共聚来改善，或者在印花时拼混某些黏着力强的结膜物质来改善。属于丁苯胶乳类，常用黏着剂有黏合剂 BH、707 等。

（3）醋酸乙烯酯共聚物　聚醋酸乙烯酯本身虽然是一种黏合剂，但不耐洗、性能较硬（玻璃化温度约为 29℃），不能作为涂料印花的黏合剂。如果将它和其他单体进行共聚，或将其进行改性，则可作印花黏合剂用。例如共聚物中的醋酸酯基经水解后可在分子链中引入羟基，成为可和适当交联剂反应的黏合剂，水解反应可表示如下：

$$\cdots-CH_2CH(O-CO-CH_3)-\cdots \xrightarrow{H_2O} \cdots-CH_2CH(OH)-\cdots + CH_3COOH$$

13.2.2　反应型黏合剂

上述黏合剂分子链之间一般不能相互反应形成共价交联，所结的膜一般可被适当的溶剂溶解，耐热性、干洗牢度和摩擦牢度不够理想。近年来，通过在黏合剂分子链中引入适当的反应性基团，使黏合剂能通过交联或直接和纤维发生共价结合，形成网状结构，因而耐溶剂性、耐热性和弹性均大为提高，摩擦牢度也可改善。这类可直接和纤维反应，或可和交联剂反应的黏合剂，称为反应型黏合剂，其中某些黏合剂在反应过程中，本身之间也可形成共价交联。但是在涂料印花中，黏合剂分子中含反应性基团不能太多，否则，所结的膜将会太硬。含反应性基团单体的黏合剂主要有以下几类。

(1) 含氨基单体的黏合剂　分子中具有氨基的黏合剂，可和适当的交联剂反应形成网状结构。氨基引入可直接选用含氨基的单体或者用能通过化学反应在分子链中形成氨基的单体进行共聚来达到，例如，含有氨基的黏合剂可溶于醋酸溶液中，醋酸被中和或烘干挥发后，氨基可和交联剂发生交联反应，形成网状结构。

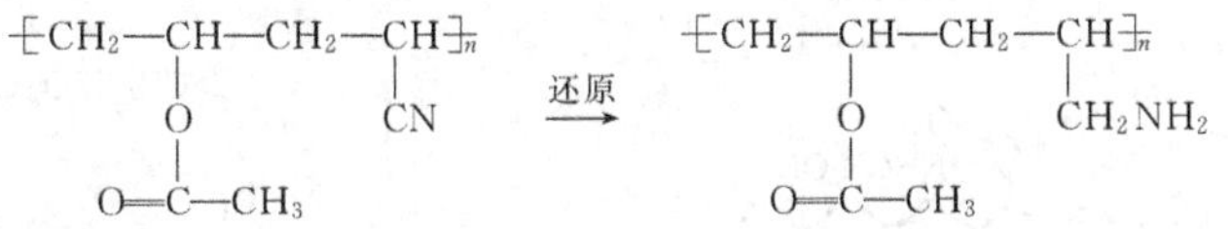

$$\text{-[CH}_2\text{-CH-CH}_2\text{-CH]}_n\text{-} \quad \xrightarrow{\text{还原}} \quad \text{-[CH}_2\text{-CH-CH}_2\text{-CH]}_n\text{-}$$

(2) 含羟基单体的黏合剂　醋酸乙烯酯共聚物水解后可使黏合剂分子链具有羟基。此外，也可用含羟基的单体进行共聚获得有羟基的黏合剂分子，含羟基的主要单体如下。

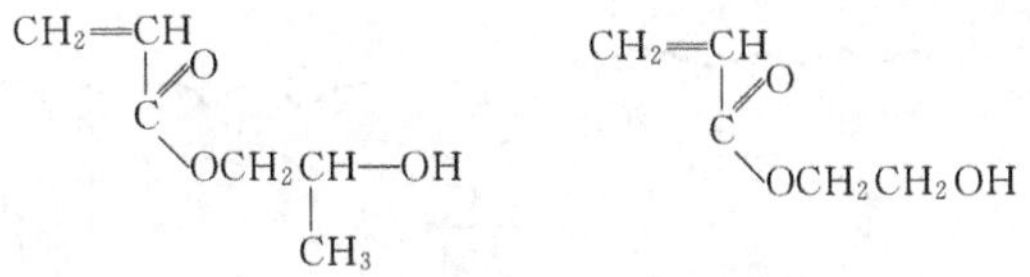

分子链中的羟基可和适当的交联剂反应形成网状结构。

(3) 可自身交联并和纤维反应的黏合剂　这类黏合剂含有可自身交联的单体，主要有以下几种。

丙烯酰胺羟甲基化合物：

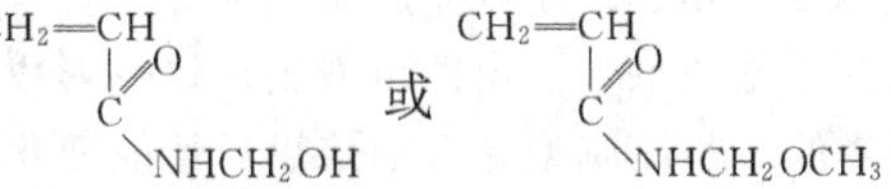

丙烯酸 (O-环氧乙烷) 甲酯：

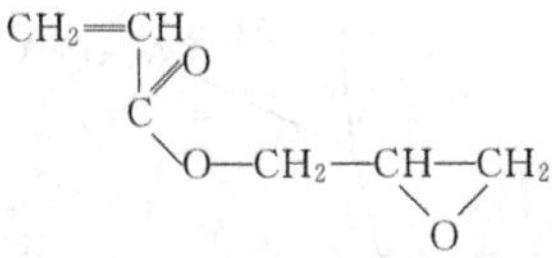

丙烯酸 (O-环氮乙烷) 烷基酯：

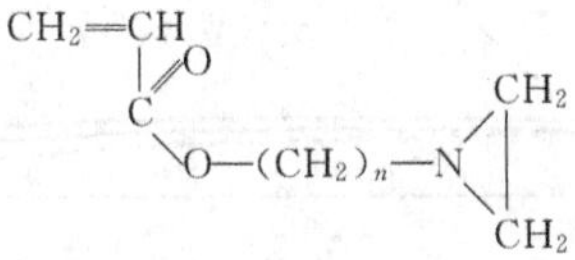

上述单体中以羟甲基丙烯酰胺最为常用。丙烯酸丁酯、丙烯腈以及少量羟甲基丙烯酰胺的共聚物是一个常用的黏合剂。

反应型黏合剂的性能随所用单体的性质和共聚比而变化。例如，丙烯酸乙酯和丙烯腈（质量分数约为11%）以及少量羟甲基丙烯酰胺（一般低于5%）共聚物的玻璃化温度约为 $-15\sim5\,^\circ\!\text{C}$。当丙烯酸乙酯被丙烯酸丁酯代替后，玻璃化温度则约为 $-25\sim5\,^\circ\!\text{C}$，比前者低得多；而不含丙烯腈组分，即丙烯酸丁酯和羟甲基丙烯酰胺共聚物的玻璃化温度则更低，约为 $-55\sim-35$℃。一般来说，与不含羟甲基丙烯酰胺的共聚物相比，它们的玻璃化温度要高一些。羟甲基丙烯酰胺相互间发生缩合后，形成网状结构，所获得的膜硬些，相应地抗张强度、耐热性和耐溶剂能力也大为提高。

羟甲基酰胺作交联基团的自身交联黏合剂，其自身交联以及和纤维的反应可表示如下。

自身交联反应：

$$\underset{\text{黏合剂分子链}}{\begin{array}{c}-\text{CONHCH}_2\text{OH}\\-\text{CONHCH}_2\text{OH}\end{array}}\xrightarrow[\text{焙烘}]{H^+}\begin{array}{c}-\text{CONH}\\\quad\quad\text{CH}_2+H_2O+CH_2O\\-\text{CONH}\end{array}$$

与纤维素纤维的反应：

$$\underset{\text{纤维素分子链}}{-\text{OH}}+\underset{\text{黏合剂分子链}}{-\text{CONHCH}_2\text{OH}}\xrightarrow[\text{焙烘}]{H^+}-\text{O}-\text{CH}_2-\text{NH}-\text{CO}-$$

黏合剂分子链中的羟甲基丙烯酰氨基的反应性和氨基树脂初缩体类似，用适当的酸性催化剂，在 130～160℃焙烘 2～5min，就可完成交联反应。自身交联型和非交联型黏合剂薄膜焙烘前后拉伸性能的变化见图 13-1。由图可看出，焙烘形成网状结构后膜的拉伸强度显著提高，延伸性则相应降低。非反应型黏合剂焙烘后性能变化不大。

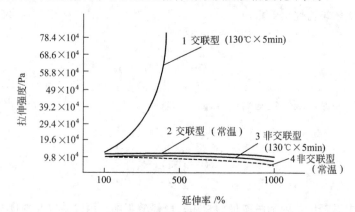

图 13-1　自身交联型和非交联型黏合剂薄膜焙烘前后拉伸性能的变化

1—丙烯酸丁酯和羟甲基丙烯酰胺共聚物，在 130℃焙烘 5min；
2—丙烯酸丁酯和羟甲基丙烯酰胺共聚物，室温干燥；
3—聚丙烯酸丁酯，在 130℃焙烘 5min；
4—聚丙烯酸丁酯，室温干燥

另外,涂料印花黏合剂按在水中的分散状态,大致也有三种类型,即水分散型、油/水型和水/油型。

a. 水分散型黏合剂　如阿克拉明黏合剂,成膜速度快、不需高温焙烘。

b. 油/水型黏合剂　如网印黏合剂、东风牌黏合剂等,其特点是制备简单、易于拼色、清洗方便。

c. 水/油型黏合剂　这类黏合剂虽有许多优点,如印花轮廓清晰、渗透性好、手感好,但花纹耐磨性较差,易燃烧,清洗要用有机溶剂,所以已很少应用。

13.3　涂料印花黏合剂成膜机理

涂料印花黏合剂在成膜过程中,除交联剂的交联作用及自交联型黏合剂的自交联是化学过程外,基本上是物理过程。

黏合剂的物理状态不同,成膜机理也不一样。

阿克拉明 FWR 黏合剂是溶于醋酸和水中的,属水分散型,聚合物分子相互纠缠在一起,黏合剂是以分子状态分散在溶剂中的。随着溶剂的蒸发,黏合剂分子进一步相互纠缠,从而形成皮膜。成膜并不需高温,只将溶剂蒸发掉,便能形成理想结构的皮膜。外加的交联剂也在这个过程中起交联作用。

乳液型黏合剂的成膜机理要复杂一些。因为乳液型黏合剂中的高分子聚合物是多分子存在乳液粒子中,乳液粒子分散在水介质中。它的成膜要经过以下三个阶段。

(1) 水分的蒸发　黏合剂随着水分的蒸发,乳液粒子相互接近,形成相接触,见图13-2。

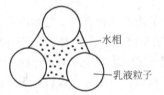
图 13-2　随着水分的蒸发,乳液粒子相互接近

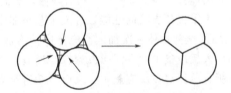
图 13-3　毛细管压力使乳液粒子变形

(2) 乳液粒子变形　互相接近的乳液粒子之间产生毛细管现象,出现毛细管压强,促使毛细管变细;毛细管越细,压强越大。当毛细管压强大于乳液粒子的抗变形力时,乳液粒子就变形,见图13-3。

(3) 分子扩散成膜　受毛细管压强的作用变形的乳液粒子之间产生高聚物分子的相互扩散,导致分子相互纠缠,相邻粒子最终成为一体,构成理想结构的皮膜。

在黏合剂成膜过程中,乳化剂等低分子物质则随水分的蒸发向乳液皮膜的表面泳移。

黏合剂的成膜有一个最低温度,称为最低成膜温度,它受黏合剂分子组成、乳液粒子的结构所影响。低于这个温度时,乳液粒子失去弹性,有足够的硬度与毛细管压强抗衡,不能形成连续皮膜,而是形成粉末,保持颗粒状态。

黏合剂的最低成膜温度（MFT）与玻璃化温度（T_g）很接近,因此,常用计算共聚物玻璃化温度（T_g）的公式来估计最低成膜温度。在合成乳液型黏合剂时,常用 T_g 公式来粗略设计所用单体的比例。

乳液型黏合剂的成膜还有一个成膜时间（也可称为最低成膜时间），这个时间是水分蒸发和颗粒变形所要求的最低时间。当然，它取决于乳液粒子的大小、外界温度、湿度以及乳液粒子的抱水能力。

有的乳液型黏合剂成膜速度过快，涂料印花时粘辊筒或堵网，以致无法使用。在这种黏合剂合成时加入少量丙烯酸或甲基丙烯酸，使用时加氨水将乳液调整pH值至偏碱性，就能起到抱水作用，使水分蒸发变慢，延缓成膜速度。而所用的氨水，在烘干过程中又挥发出去，黏合剂仍呈酸性。另外，在成膜过快的黏合剂中加入少量丙烯酸类增稠剂，调pH值后也起相同的作用。

13.4 黏合剂的合成工艺

涂料印花黏合剂大都为乳液型。乳液聚合的发展使合成黏合剂的工艺千变万化。尽管用相同的原料和相同的单体配比，若合成的工艺不同，黏合剂的性能也不一样。

制备涂料印花黏合剂的乳液聚合方法大致分以下几步。

① 乳化　将水、乳化剂（非离子型乳化剂，如平平加O、OP-10等，阴离子型乳化剂十二烷基硫酸钠、十二烷基苯磺酸钠，聚合型乳化剂对苯乙烯磺酸钠等）及部分单体加入反应器中，搅拌30～40min，形成乳状液。

② 聚合　加入引发剂（过硫酸钾或过硫酸铵），升温使单体发生聚合反应。反应开始后滴加剩余的单体，并一直保持反应温度。单体滴加一般控制在1～3h。

③ 保温　单体滴加完后，为使反应充分进行，在保持反应温度或略提高温度的状态下继续搅拌反应0.5～1h。然后降温，过滤出料。

为了提高乳液的性能，合成工艺是非常重要的。下边对几种合成工艺加以分析。

① 全部单体一次加入反应器中的方法　这种方法是将水、乳化剂、引发剂及单体全部加入反应釜中，升温引发聚合。反应产物的分子量分布比较均匀，乳液粒径大小均一。但所有单体都在反应釜中，反应开始后有大量反应热放出，温度上升很快，很难控制反应温度。合成固含量较高的乳液一般不用这种工艺。

② 部分单体打底、部分单体滴加的方法　这种方法是用1/5～1/3的单体及水、乳化剂、引发剂打底，反应开始后滴加剩余的单体。由于打底的单体量少，反应开始后放热量也较少，反应温度比较容易控制。在这样的工艺条件下，反应产物分子量和乳液粒径都比较均匀。

③ 全部单体滴加法　在这种工艺中，反应放热受单体的滴加速度制约，所以反应温度很容易控制。生成物分子量、粒径也比较均一。

④ 全部原料预乳化法　这种方法是将水、乳化剂、引发剂、单体一起在反应釜中搅拌成乳状液，然后留少部分打底。其余部分滴加。在这样的工艺中，反应温度较易控制，但反应产物分子量和乳液粒径差异较大。而且，如果乳化效果不好，滴加部分的乳状液要不停地搅拌，否则就会分层，使滴加成分不均一。若对乳化剂、引发剂或部分单体改变加入方式，则对乳液性能也有很大影响。

⑤ 乳化剂全部打底　乳化剂全部打底，有利于单体的分散，形成的反应中心多，乳

液粒子细；部分乳化剂打底，部分乳化剂滴加，随着打底与滴加乳化剂比例的增加，乳液粒子变细。使用聚合型乳化剂，可以使乳化剂与单体一起共聚合，提高乳液黏合剂的黏合力和耐水性。

⑥ 部分单体的延迟滴加　部分单体的延迟滴加能明显地改变乳液的性能。交联单体延迟滴加，有利于乳液粒子表面活性基团增多，涂料印花中可以有较多的活性基团与织物纤维上的羟基（—OH）或外交联剂起化学反应。

⑦ "种子"聚合　先用某种单体聚合，形成"种子"，再加入其他单体，使后加入的单体在形成的"种子"上聚合，生成具有核-壳结构的乳液粒子。这种所谓"种子"乳液聚合的工艺实际上是聚合物在乳液粒子中的微观共混，能明显地改变乳液的性能。

参考文献

[1] 王菊生. 染整工艺原理 [M]. 北京：纺织工业出版社，1987.
[2] 李宾雄，周国梁. 涂料印花 [M]. 北京：纺织工业出版社，1989.
[3] 丁忠传，杨新玮. 纺织染整助剂 [M]. 北京：化学工业出版社，1988.

第14章 荧光增白剂

14.1 概述

在塑料、洗涤剂、肥皂、造纸、合纤纺丝以及纺织品印染工业都广泛使用荧光增白剂。其中造纸行业用量最大,其次是纺织、洗涤剂,塑料中用量最少。全世界生产的荧光增白剂有15种以上的结构类型,其商品已超过1000多种,年总产量达10万吨以上,约占染料总产量的10%左右。

荧光增白剂 (fluorescent whitening agent, fluorescent brightener 或 optical brightener) 是无色的荧光染料,也称光学增白剂。它和被增白的物体不发生化学反应,而是依靠光学作用增加物体的白度,是利用荧光给予人们视觉器官以增加白度感觉的白色染料。它像各种纤维染色所用的染料一样,可以上染各种类型的纤维。在纤维素纤维上如同直接染料,可以上染纸张、棉、麻、黏胶纤维;在羊毛等蛋白质纤维上如同酸性染料上染纤维;在腈纶上如同阳离子染料上染纤维;在涤纶和三醋纤上如同分散染料上染纤维。

荧光增白剂的品种很多,早在1939年I.G.公司正式供应市场,至今已有70多年历史。早期合成的荧光增白剂产品现已淘汰,有些化学结构,如咪唑啉酮、S,S-二氧化二苯并噻吩、亚甲基衍生物也已不用。新开发的化学结构也只有一部分有实用价值,但荧光增白剂的发展还是十分迅速的。

14.1.1 荧光

荧光是辐射跃迁的一种。化合物发射荧光有时可以用眼睛观测到,例如蒽在被光照射后,我们常可观测到它有淡黄绿色的光发出。像蒽、芘等分子,发射荧光的能力很强,其荧光很容易被观测到;但也有一些化合物很难或根本不发射荧光,如吡啶、丁二烯等,这与分子的结构有关。

每种分子都具有一系列紧密相隔的能级,称为电子能级。而每个电子能级中包含一系列的振动能级和转动能级。物质受光照射后,部分或全部地吸收入射光的能量,物质吸收入射光的过程中,光子的能量便传递给物质分子,于是便发生电子从较高能级的跃迁。所吸收的光子能量,等于跃迁所涉及的两个能级间的能量差。当物质吸收紫外光或可见光时,足以引起物质分子中电子发生能级间的跃迁,处于这种激发态的分子,称为电子激发态分子。

电子激发态的多重态用$2S+1$表示,S为电子自旋量子数的代数和,其数值为0或1。

分子中同一轨道所占据的两个电子必须具有相反的自旋方向，即自旋配对。假如分子中全部轨道上的电子都是自旋配对的，即 $S=0$，该分子体系便处于单重态（或单线态），用符号 S 表示。大多数有机物分子的基态是处于单重态的，倘若分子吸收能量后电子在跃迁过程中不发生自旋方向的变化，这时分子便处于激发的单重态；如果电子在跃迁过程中还伴随着自旋方向的改变，这时分子便具有两个自旋不配对的电子，即 $S=1$，分子处于激发的三重态，用符号 T 表示。符号 S_0、S_1、S_2 分别表示分子的基态、第一和第二电子激发单重态。

处于激发态的分子是不稳定的，它可能通过辐射跃迁和非辐射跃迁等分子内的去活化过程丧失多余的能量而返回基态。由第一电子激发单重态所产生的辐射跃迁而伴随的发光现象称为荧光。

图 14-1 表示分子内所发生的各种光物理过程，包括分子的激发过程和辐射跃迁以及振动松弛（VR）等去活化过程的示意图。

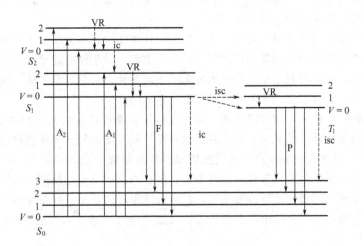

图 14-1　分子内的光物理过程

A_1，A_2—吸收；F—荧光；P—磷光；ic—内转化；isc—体系间窜跃；VR—振动松弛

14.1.2　荧光与分子结构的关系

荧光的产生与化合物的分子结构有着密切的关系。

（1）荧光基团（fluorophores）　荧光体的荧光发生于荧光体吸光之后，因此，一个化合物要能发光，在其结构中必须有荧光基团。常见的荧光基团主要是 =C=O，—N=O，—N=N—，>C=N—，>C=S 以及各种芳环等。当这些基团是分子的共轭体系的一部分时，则该化合物可能产生荧光。

（2）荧光助色团（fluorochromes）　可使化合物荧光增强的基团被称为荧光助色团。荧光助色团一般为给电子取代基，如—NH₂、—NHR、—OH、—OR 等。相反，吸电子基团如—COOH，—CN 等减弱或抑制荧光的产生。这是因为给电子取代基使化合物给出 π 电子的能力增强，并使与之相连的不饱和体系的最高占有轨道（HOMO）的能级升高，也使该体系的最低空轨道（LUMO）能级降低。这样导致 HOMO 和 LUMO 之间的能隙减小；因此，该化合物发生跃迁时所吸收的能量将减小，并容易发生向激发态的跃迁，从而有利于荧光的产生。而吸电子基团总是使化合物给出 π 电子的能力降低，并使与之相连的不饱和体系的 HOMO 能级降低，使其 LUMO 能级升高，从而导致 HOMO 和 LUMO 之间的能隙变大；因此，该化合物发生跃迁时所需吸收的能量将更大，并导致向激发态的跃迁困难。根据荧光产生的条件及吸光过程与辐射过程遵从同样的选择原则，给电子取代基将有利于荧光的产生，吸电子取代基将不利于荧光产生。例如，苯胺、苯和苯甲酸的荧光依次减弱。

$$\underset{\text{有荧光}}{\text{C}_6\text{H}_5\text{NH}_2} > \text{C}_6\text{H}_6 > \underset{\text{无荧光}}{\text{C}_6\text{H}_5\text{COOH}}$$

(3) 稠环增加　增加共平面的稠和环的数目，特别是当稠和环以线型排列时，将有利于体系内 π 电子的流动，共轭体系越大，离域 π 电子越易激发，从而使体系发生跃迁所需吸收的能量降低，从而有利于荧光的产生。

(4) 提高分子的刚性可增强荧光　这是因为刚性增加后，将减弱分子的振动，从而使分子的激发能不易因振动而以热能形式释放；另一方面，分子刚性的增加，常有利于增加分子的共平面性，从而有利于增大分子内 π 电子的流动性，也就有利于荧光的产生。荧光效率高的荧光体，其分子多是平面结构且具有一定的刚性。

荧光增白剂吸收紫光，再将吸收的一部分光量子转换成波长较长的辐射能发射出来。这些辐射能与白色物体上的微黄色调互补形成白光，从而增加物体的外观白度。这就像古老的"上蓝法"。过去人们在洗涤一件白色衣服时往洗涤液中加一点蓝色，以消除衣服上的微黄色。经过这种处理后衣服外观比较美观，但总的白度反而比处理前降低了；用荧光增白剂处理不仅可以同样地消除微黄杂色，总的白度也增加，又变得晶莹悦目。理想的荧光增白剂的发射峰在 430~440nm 之间。波长太短则带红（紫光），过长则带绿光，都不是人们所喜欢的。

14.1.3　荧光增白原理

色调是指经过增白的物体常呈现的微弱紫色、蓝色或绿色。发紫色荧光的称红光增白剂；发蓝色荧光的称为青光增白剂；带绿色荧光的叫作绿光增白剂，色调也称为色光。

人们并不喜欢纯粹的白色，而喜欢带有一定色调的白色，亚洲人多半喜爱青光。美国有人喜欢红光，也有人爱青光。欧洲人因角膜呈微绿色，犹如戴了有色眼镜，喜爱的色调也与亚洲人不同。

增白剂的色调取决于它的吸收光谱与反射光谱。Adams 认为吸收峰低于 335nm 为红光，大于 365nm 则呈绿光。Gold 认为发射峰在 415~429nm 为紫色（红光），430~440nm 为蓝色（青光），441~466nm 为微绿色（绿光）。

同一增白剂在不同物体上的色调是不同的。荧光增白剂 XXXⅡ 在聚丙烯腈上带有青光，而在肥皂、尼龙上色调偏红，在洗衣粉中介于两者之间。由于色调不同，在测定白度时易造成误差。在实际上，荧光增白剂的色调常不够明显，往往加少量蓝色染料以增强其色调，即所谓"加蓝"。

在使用荧光增白剂之前，人们就已经利用群蓝（矿物质）和各种蓝色直接染料来纠正织物上的黄色，使视觉有较白的感觉。它是通过吸收光谱中的黄光，使织物上呈现蓝色光较多，而反射光中蓝色光较多，会造成人视觉的错觉（蓝色光多于黄色光时，织物似乎白些）而提高白度。但实际上，织物上的反射光总量减少，因此，彩度（洁白度）反而下降，灰度增加。因此，采用上蓝办法不是增加洁白度的好办法，但是为迎合人们视觉的需要，在漂白织物整理时仍然还在使用。例如蛋白质纤维上使用酸性青莲 4BNS（C. I. 酸性紫 17），腈纶纤维使用阳离子紫，涤纶纤维使用分散紫（C. I. 分散紫 23）等作上蓝剂，这也是人们选用荧光增白剂挑选荧光色光的原因。不同的增白剂，其色光不同，若色光符合要求，就不需要用上蓝的办法来调整色光。

  荧光增白剂含有共轭双键，且具有良好平面性的特殊结构的无色染料。在日光照射下，它吸收日光中的紫外线（波长为 300~400 nm），使分子激发，再回到基态时，紫外线能量便消失一部分，转化成能量较低的可见光反射出来。其反射光为波长 420~500nm 的蓝紫光，使织物上的反射光总量增加，织物上的蓝紫光波反射量提高，从而抵消了织物上因黄色光反射量多而造成的黄色感，使织物的彩度（洁白度）增加，产生洁白、耀目的效果。图 14-2 是日光照射下，坯布、上蓝和荧光增加后的织物的光谱反射曲线示意图。

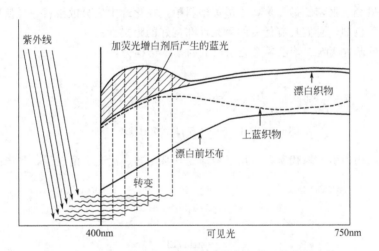

图 14-2 坯布、漂白布、上蓝布及增白布的反射光谱比较

  当入射光光源变化时，荧光增白剂的效果就发生变化，如果入射光中紫外线含量高，其效果就特别显著；而在紫外线含量低或没有紫外线的光源下，增白效果很小或毫无作用。

  各品种荧光增白剂的日晒牢度各不相同。这是因为在紫外线作用下，增白剂的分子会被逐渐破坏。因此，增白织物的效果随着暴晒时间增加而渐渐减退。一般来说，涤纶增白剂日晒牢度较好，锦纶、腈纶为中等，羊毛和丝较低。日晒牢度和荧光效果取决于荧光增白剂的分子结构、取代基的性质和位置。例如杂环化合物中的 N、O 以及羟基、氨基、烷基、烷氧基的引入，有助于提高荧光效果，而硝基、偶氮基则降低或消除荧光效果但提高日晒牢度。

  各种商品的荧光增白剂其荧光色光不同，这取决于其吸收紫外光的波长范围。吸收 335 nm 以下的，荧光偏红，吸收 365nm 以上的，则荧光偏绿，这也取决于分子结构上取代基的性质。

14.2 荧光增白剂分类

能够发出荧光的有机化合物,应具有一定的 π 电子,并存在于共轭体系中。π 电子从基态激发到激发态,然后在极短时间内又回到基态,同时放出可见光。荧光增白剂的分子结构主要包括两部分:一个含芳环的连续共轭体系和一个或多个取代基,取代基可改善共轭体系的荧光特性,赋予或改善或损害荧光增白剂的应用性能。能产生荧光增白作用的化合物主要有唑系化合物、二苯乙烯类、双乙酰氨基取代物、碳环类、呋喃类、香豆素类和萘二甲酰亚胺类化合物。

14.2.1 唑系荧光增白剂

(1) 噁唑环类荧光增白剂　噁唑环类荧光增白剂常以苯并噁唑出现,苯并噁唑可以延长有共轭能力的共轭体系。苯并噁唑可以出现在分子一端,形成不对称的共轭体系,也可以出现在两端,构成连续共轭整体。一般不具有磺酸基等水溶性基团,用于涤纶、锦纶及醋纤以及聚烯烃、聚苯乙烯、聚氯乙烯等塑料中,在化纤中像分散染料一样使用,在塑料中像油溶性着色剂,它们具有优良的耐光性和良好的耐热性。

对称性的苯并噁唑二苯乙烯荧光增白剂的基本结构为:

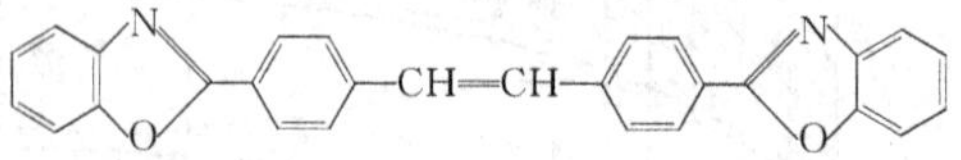

Uvitex EFT Eastman CB(最大吸收波长 374nm)

在上述结构中引入取代基,可用于染涤纶,且耐热、耐光、耐氯漂,其产品为:

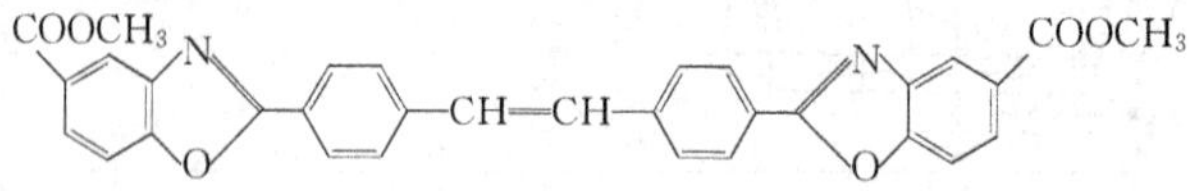

Hostalux SE

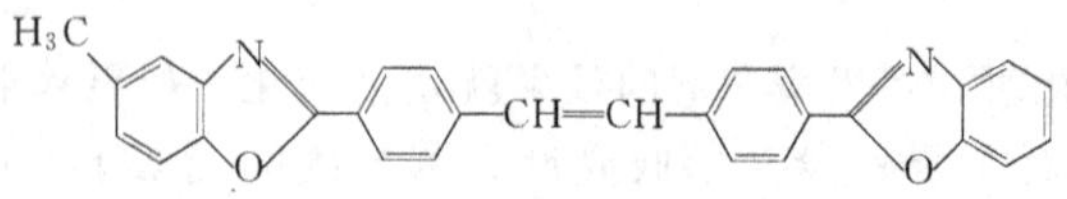

Whitex SCK(最大吸收波长 372nm)

非对称的苯并噁唑衍生物也是性能十分优良的荧光增白剂,已引起研究者的重视。其通式为:

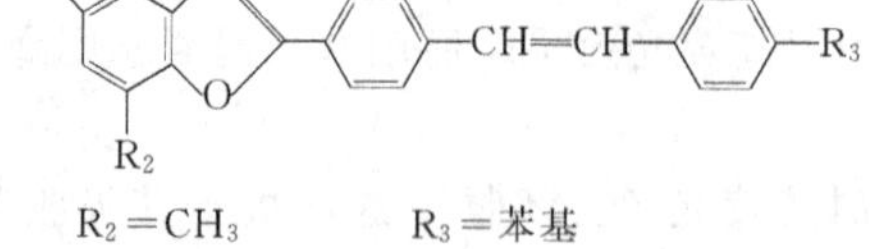

增白剂 1　　$R_1 = CH_3$　　$R_2 = CH_3$　　$R_3 =$ 苯基
增白剂 2　　$R_1 = CH_3$　　$R_2 = H$　　　$R_3 = COOCH_3$(Uvitex EN)

增白剂 3	$R_1 = H$	$R_2 = H$	$R_3 = -\overset{N}{\underset{O-N}{C}}-CH_3$ 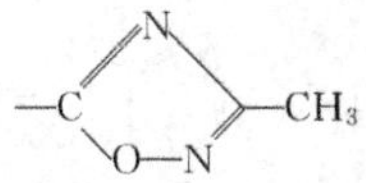
增白剂 4	$R_1 = C(CH_3)_3$	$R_2 = H$	$R_3 =$ 苯基
增白剂 5	$R_1 = CH_3$	$R_2 =$  苯基	$R_3 = CH_3$
增白剂 6	$R_1 = CH_3$	$R_2 = H$	$R_3 = COOCH_3$
增白剂 7	$R_1 = H$	$R_2 = H$	$R_3 = -\overset{N}{\underset{O-N}{C}}-CH_3$ (Hostalux ERC) 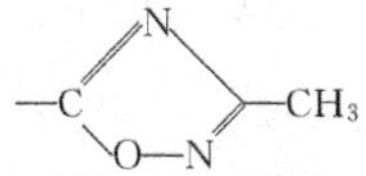
增白剂 8	$R_1 =$ 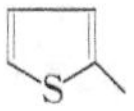 噻吩基	$R_2 = H$	$R_3 = H$
增白剂 9	$R_1 = CH_3$	$R_2 = CH_3$	$R_3 = CN$（增白剂 EB）
增白剂 10	$R_1 =$ 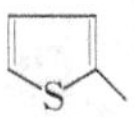 噻吩基	$R_2 = C(CH_3)_3$	$R_3 = C(CH_3)_3$

这类增白剂属憎水性，在增白剂中是耐光牢度最好的一种，适用于聚酯、聚烯烃、聚丙烯腈纤维的增白。

对称型苯并噁唑苯乙烯是良好的荧光增白剂，如：

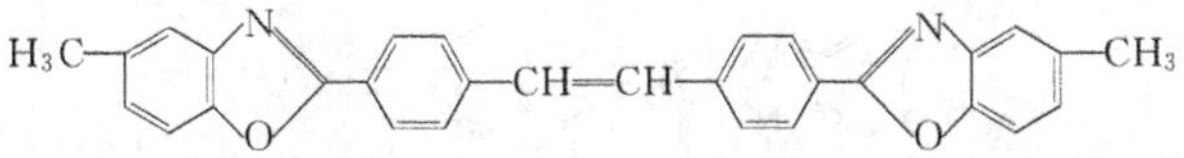

White NKR（最大吸收波长 367nm）

该产品是适用于聚丙烯纤维及其塑料的优良荧光增白剂。又如甲基苯并噁唑乙烯结构如下：

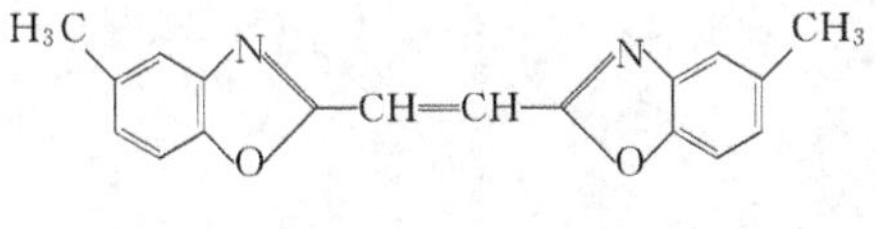

荧光增白剂 DT，Uvitex ERN，Whitex ERN，Hokkol STR（最大吸收波长 363nm）

该产品可用于涤纶及塑料增白，耐晒、耐氯漂和耐迁移性好，但 ERN 升华牢度不够好。因此，汽巴公司将乙烯结构改为噻吩结构，制成了 Uvitex EBF 增白剂，其结构如下：

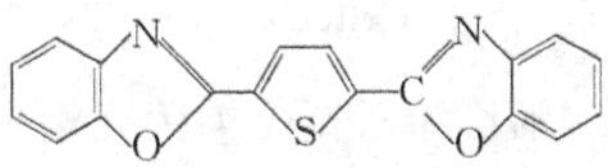

荧光增白剂 EBF，Uvitex SOF，Uvitex SEB（最大吸收波长 370nm）

该增白剂耐氯漂、耐晒、耐洗性能都比较好，耐升华性比 DT 好，是受欢迎的品种。据染料索引介绍，Uvitex EBF 由三个品种拼混而成，是涤纶的蓝光增白剂。

在苯并噁唑噻吩结构上引入叔丁基，即是 UvitexOB 增白剂；若引入 2-苯基异丙基，则为 Uvitex 1980。

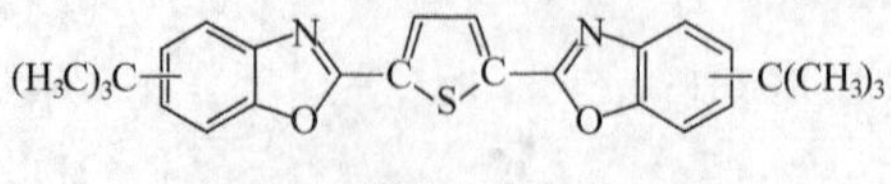

Uvitex OB(最大吸收波长374nm)

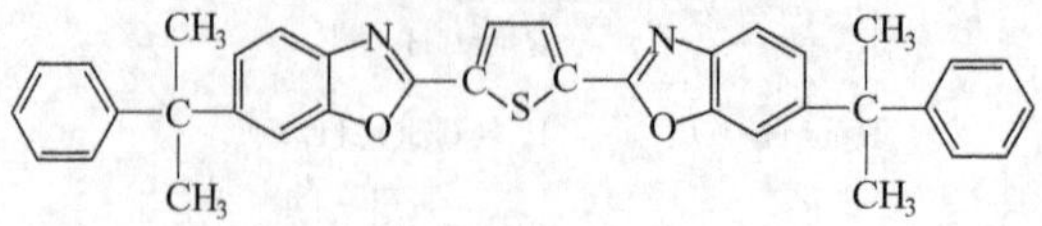

Uvitex 1980

如果将荧光增白剂 DT 进行氯甲基化，并用叔胺进行季铵化，可制得季铵盐阳离子型荧光增白剂，用于腈纶纤维的增白：

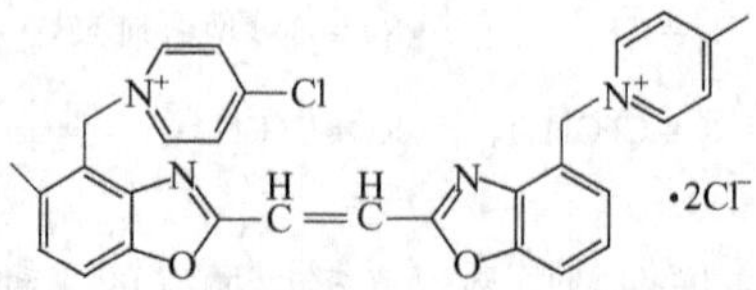

Daitophor AN

噁唑基季铵化也可制得阳离子增白剂：

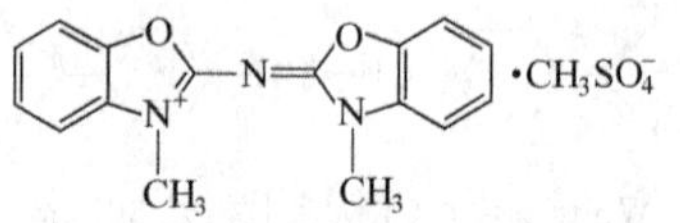

如果将苯并噁唑乙烯中的乙烯基换成萘乙基，则为荧光增白剂 Hostalux KCB；换成呋喃基，则为 Uvitex ALN。

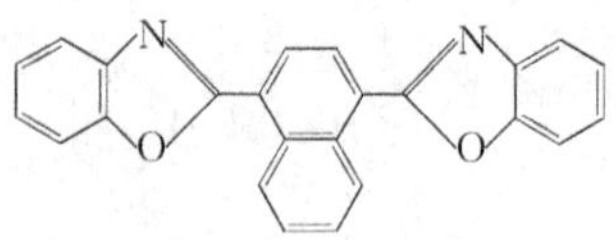

Hostalux KCB （最大吸收波长 370nm）

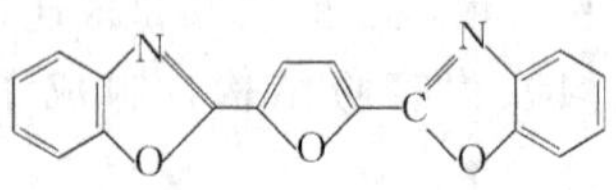

Uvitex ALN

(2) 三氮唑类荧光增白剂　二苯乙烯三氮唑类荧光增白剂也是广泛使用的增白剂，有对称和不对称两类。对称的通式为：

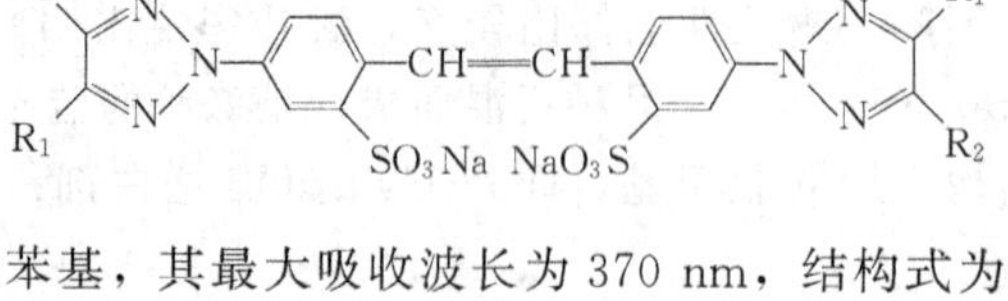

若 R_1 为 H，R_2 为苯基，其最大吸收波长为 370 nm，结构式为：

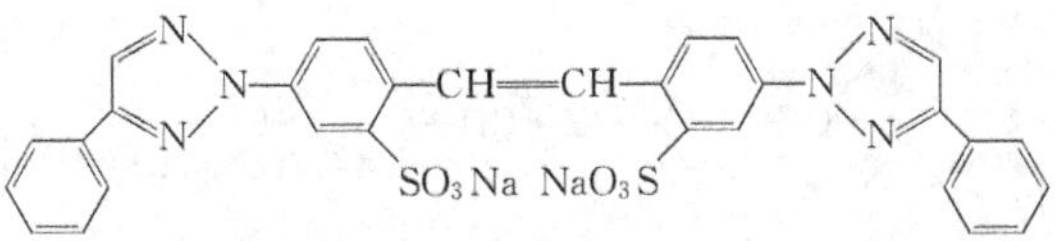

Blankophor CC, CLE, BHC

若 R_1 为 H，R_2 为苯磺酸基，其最大吸收波长为 369 nm，结构式为：

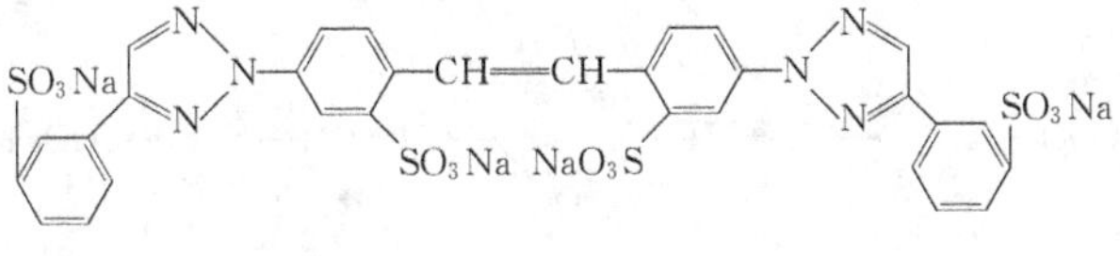

Blankophor BKL

另一类是不对称的结构，如下式：

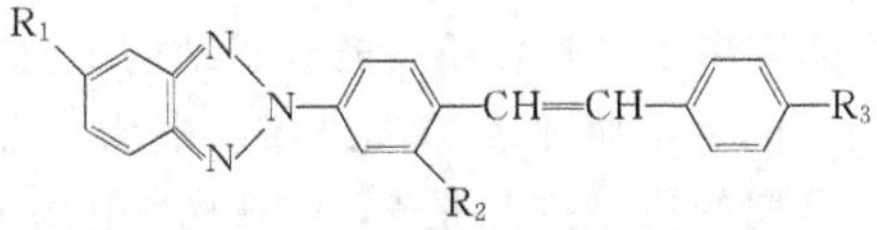

当 R_1 为亚苯基，R_2 为磺酸基，R_3 为 H 时，则为 Tinopal RBS 增白剂：

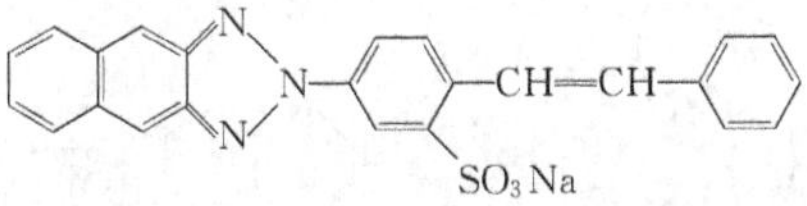

若 R_1、R_2 为磺酸基，R_3 为 H 时，则为 Tinopal GS 增白剂：

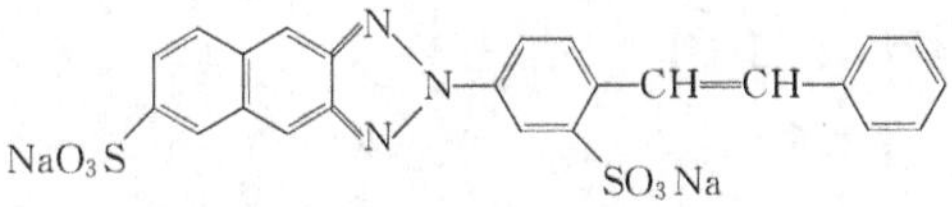

这类增白剂适用于棉、聚酰胺纤维和洗涤剂等。把这类增白剂与三嗪氨基二苯乙烯类荧光增白剂的结构相比较，不难看出前者是以三唑环取代了三嗪环，这就改善了荧光增白剂的耐氯牢度，氯漂时不会形成氯胺，而且耐光牢度也提高。若分子中没有水溶性基团，则可用于合纤及树脂的增白。若制成阳离子型的二氢吡啶并三唑衍生物，则可用于腈纶增白。此结构中的三唑环可以多种形态存在，如二氢萘并三唑基、二氢吡啶并三唑基，以及芳基连三唑基等，它们都可以构成共轭体系。但这类荧光增白剂的价格较贵。

吡啶并三唑基可以直接与苯核连接而成为阳离子荧光增白剂：

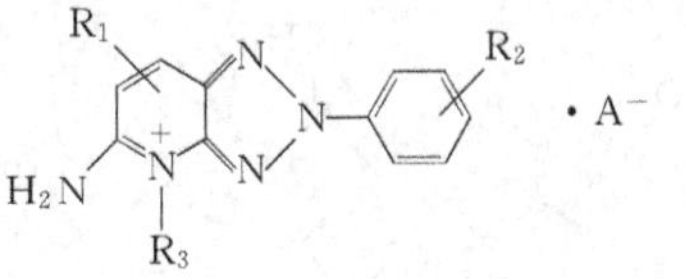

R_1=烷基、H、卤素、—COOH；R_2=烷基、H、烷氧基、苯基；R_3=烷基

(3) 噁二唑类荧光增白剂　Uvitex MN 增白剂结构为：

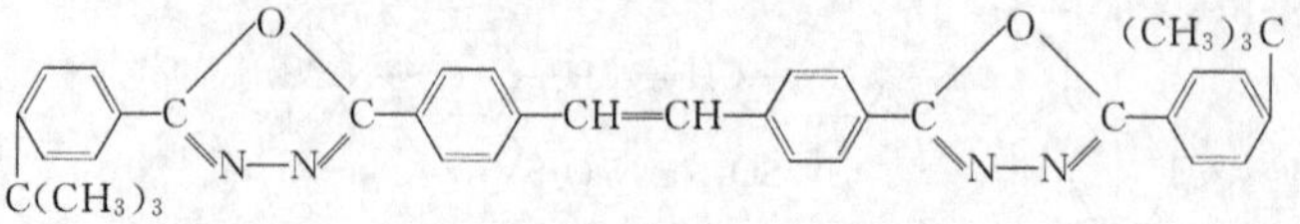

[Uvitex MN 结构式]

Uvitex MN

其中含有对称噁二唑基团,也可以一个噁二唑基接对称的苯乙烯基,制成的荧光增白剂结构如下:

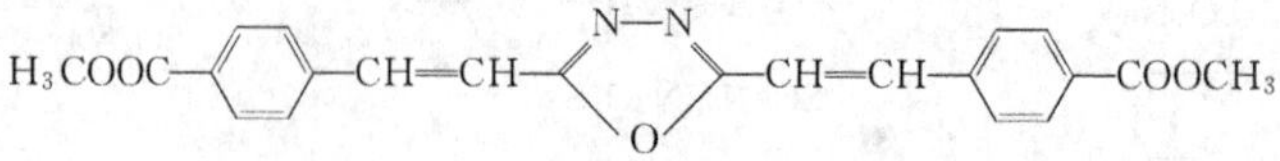

[结构式: H₃COOC—C₆H₄—CH=CH—(噁二唑环)—CH=CH—C₆H₄—COOCH₃]

上述结构中具有两个甲酸甲酯基,能提高其荧光强度和光稳定性。

(4) 咪唑类荧光增白剂 咪唑或称咪唑啉(间二氮杂环戊烯)类荧光增白剂分子中,常以苯并咪唑环的形态存在,并根据1位是否季铵化而分成季铵化型(阳离子)和非季铵化型两类。季铵化型是典型的阳离子染料性质,若分子结构中没有亚乙烯基,则耐光牢度优良,而且耐氯,光泽鲜艳,能上染腈纶和醋酯纤维。通常商品为高浓度溶液,耐寒耐热,贮存稳定,使用方便。早期的典型产品是2,5-双(1-甲基苯并2-咪唑基)呋喃,其结构式为:

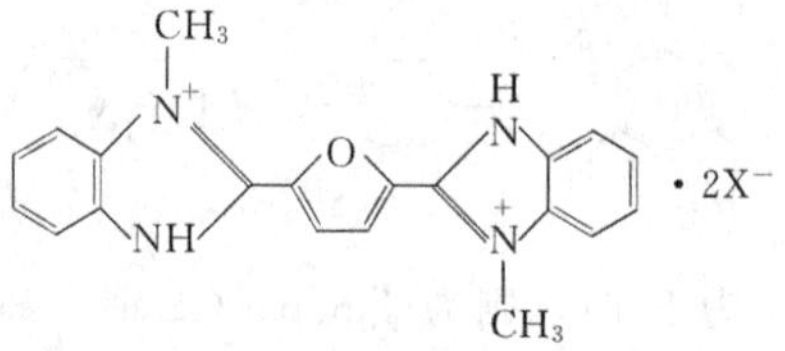

[结构式]·2X⁻

非季铵化的典型结构为:

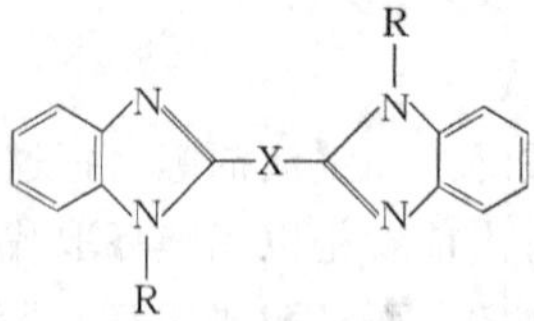

[结构式]

$X = -CH=CH-$ 或 $-C_6H_4-CH=CH-C_6H_4-$

$R = -H$、$-CH_3$、$-C_2H_4OH$ 等。

它适用于棉和聚酰胺纤维,亲和力很好,但亚乙烯基的存在降低了耐光牢度。

咪唑与噁唑相结合,可制成阳离子增白剂,用于腈纶,其分子式为:

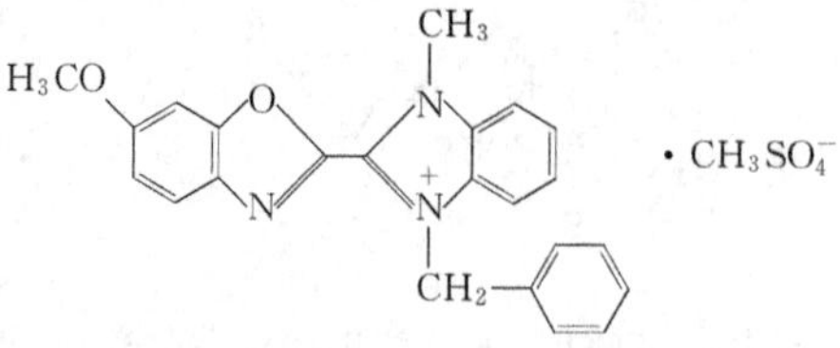

[结构式]·$CH_3SO_4^-$

(5) 吡唑啉类荧光增白剂 吡唑啉(邻二氮杂环戊烯)荧光增白剂有非离子型、阴离子型、阳离子型三种。非离子型用作腈纶和聚酰胺纤维、醋酯纤维的增白剂；阴离子型用作聚酰胺和黏胶纤维增白剂；阳离子型用作腈纶增白剂。阳离子型（叔胺和季铵盐）的水溶性好，很适用于腈纶湿纺的凝胶浴增白，商品常制成高浓水溶液。但这类增白剂的氯漂牢度不好，氯漂时，吡唑啉环脱氢而成为吡唑环，耐光性亦差，但在苯核上或吡唑啉环上引入取代基，可改善其湿耐光性。

吡唑啉荧光增白剂的化学结构式为：

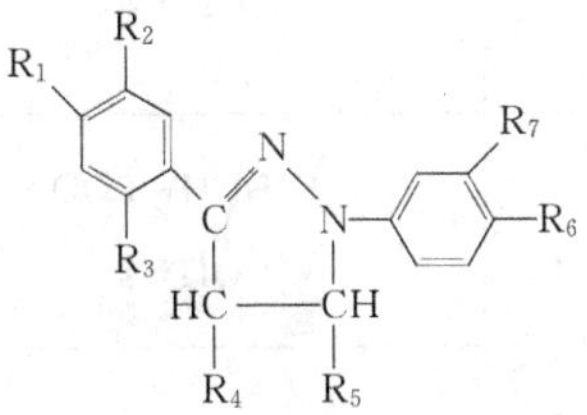

当 R_1＝Cl；R_4、R_5 和 R_7 为 H，而其他为不同取代基，制成的商品见表 14-1。

表 14-1　不同取代基的吡唑啉荧光增白剂

R_2	R_3	R_6	商品名称
H	H	—SO$_2$NH$_2$	Blankophor DCB（腈纶用）
H	H	—SO$_2$CH$_3$	Blankophor DCR 荧光增白剂 ADJ（腈纶、塑料用）
H	H	—SO$_2$CH$_2$CH$_2$OH	Blankophor OCA
H	H	—SO$_2$C$_2$H$_4$—SO$_3$Na	Hostalux PRT（毛、丝用）Leucophor PAT
H	H	—COONa	Blankophor SN
H	—CH$_3$	—SO$_2$C$_2$H$_4$SO$_3$Na	Hostalux PN
H	H	(CH$_3$)$_2$NCH$_2$—CH(OCH$_2$CH$_2$SO$_2^-$)CH$_3$	荧光增白剂 NG（腈纶、毛用）
Cl	CH$_3$	—SO$_2$CH$_2$CH$_2$SO$_3$Na	锦纶增白剂（日晒牢度优良）

当 R_5 为苯基；R_6 为磺酸基时，荧光增白剂为 WG：

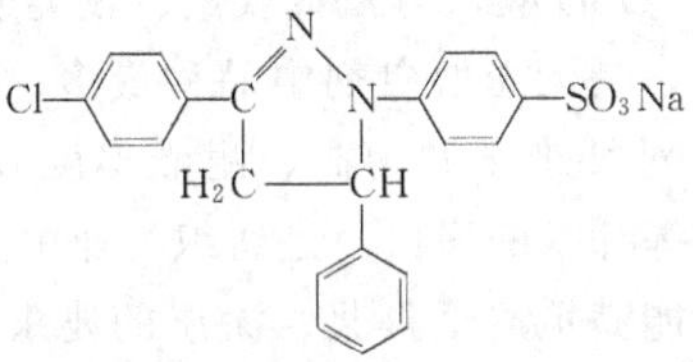

荧光增白剂 WG 最大吸收波长 350 nm，最大反射波长 450nm，适于丝、毛增白。

在吡唑啉结构中引入阳离子基团，就成为阳离子型增白剂，其通式为：

其取代基不同时，可形成一些商品品种，见表 14-2。

表 14-2　不同取代基的阳离子吡唑啉荧光增白剂

R^+	A^-	商品名称
$-CH_2CH_2-N^+H(CH_3)_2$	$H-P(=O)(O^-)(OH)$	Uvitex AMS
$-CH_2CH_2-N^+H(CH_3)_2$	$HCOO^-$	Hostalux SNR
$-CH_2-CH(CH_3)-N^+H(CH_3)_2$	$CH_3CH(OH)COO^-$	Blankophor DRS
$NHCH_2-CH_2-N^+H(CH_3)_2$，CH_4C_2-O	Cl^-	Leukophor KNR
$-C_2H_4OCCH_2N^+H(CH_3)_2$	Cl^-	Hostalux SN
$-NHC_3H_6-N^+(CH_3)_2-C_2H_4OH$	$CH_3SO_4^-$	Blankophor DBS
$-NHC_3H_6-N^+(CH_3)_2-C_2H_4OH$	CH_3COO^-	Blankophor DBS-1

14.2.2　二苯乙烯类荧光增白剂

三嗪氨基二苯乙烯类荧光增白剂是这一大类中最重要的荧光增白剂，是由 4,4′-二氨基二苯乙烯 2,2′-二磺酸（简称 DSD 酸）与三聚氯氰、胺类或其他化合物缩合而制得的一系列三嗪氨基二苯乙烯增白剂，是荧光增白剂中品种最多、应用领域最广、产量最大的。具有合成容易、增白作用强、对纤维亲和力高、耐光牢度较好等优点。广泛用于棉、黏胶、聚酰胺、羊毛、蚕丝、麻等纤维的增白，是纺织行业中主要的荧光增白剂之一。它在洗涤剂行业中也大量使用，还能满足造纸打浆、涂层的要求，故造纸工业上也大量采用。这类荧光增白剂的最大缺点是耐氯牢度较差，因容易与氯生成氯胺。

在 20 世纪 70 年代中期以前，侧重于该类荧光增白剂的新品种开发，而 70 年代中期则侧重于该类增白剂品种及新剂型的开发以及应用上的研究。其热稳定性晶型（如增白剂 JD-4）的开发成功，使荧光增白剂具有近乎白色的外观，提高了增白效果，在洗涤剂中添加量高，耐氯性明显提高。可以转型的增白剂大致是 R_1、R_3 为 —N⟨⟩O；R_2、R_4 为 ⟨⟩—NH—；R_1、R_2、R_3、R_4 均为 ⟨⟩—NH—；R_1、R_3 为 —N(CH_3)C_2H_4OH；R_2、R_4

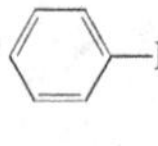

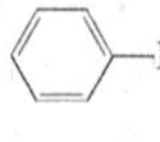

为结构 ![phenyl]—NH— 的荧光增白剂。在剂型上，过去仅有粉末一种，现在已大量涌现液状和颗粒状剂型，特别是液状剂型可解决粉尘问题，溶解容易，方便用户。

三嗪氨基二苯乙烯荧光增白剂基本骨架为：

$$\underset{R_2}{\overset{R_1}{\text{三嗪}}}\text{—NH—}\phi(\text{SO}_3\text{Na})\text{—CH=CH—}\phi(\text{NaO}_3\text{S})\text{—NH—}\underset{R_4}{\overset{R_3}{\text{三嗪}}}$$

在上述结构中，π 电子对可贯穿于整个共轭体系，若 R_1、R_2、R_3、R_4 的取代基再扩大共轭系统，则使荧光效应更好；它们吸收紫外线光的最大值在 330～360nm，放出的荧光波长为 420～440nm。

不对称的三嗪氨基二苯乙烯荧光增白剂，因为制造难度大，合成步骤多，价格贵等因素而影响其使用，虽有工业意义，但与对称结构的品种相比，缺乏竞争力。例如：

$$\underset{H_3CO}{\overset{N(C_2H_4OH)_2}{\text{三嗪}}}\text{—NH—}\phi(\text{SO}_3\text{Na})\text{—CH=CH—}\phi(\text{NaO}_3\text{S})\text{—NH—}\underset{H_2NH_4C_2}{\overset{OCH_3}{\text{三嗪}}}$$

在三嗪氨基二苯乙烯骨架上变换取代基，可以改变荧光增白剂的溶解性、pH 值适用范围、亲和力及耐酸牢度等。其中 R_1、R_2、R_3、R_4 取代基对荧光强度、荧光色光有显著影响，而磺酸基的多少则影响纤维的亲和力及耐酸性，对日晒牢度没有影响。

14.2.3 双乙酰氨基取代物荧光增白剂

双乙酰氨基取代物的基本结构为：

$$\text{RCOHN—}\phi(\text{SO}_3\text{Na})\text{—CH=CH—}\phi(\text{NaO}_3\text{S})\text{—NHCOR}$$

这类荧光增白剂适用于棉和锦纶的增白，特别是加入到洗涤剂中，它对纤维素纤维具有高亲和力及中等的耐氯漂牢度，但在沸水中稳定性较差，日晒牢度也欠佳。

荧光增白剂 R（Blankophor R）即为此类组分：

$$\phi\text{—NHCONH—}\phi(\text{SO}_3\text{Na})\text{—CH=CH—}\phi(\text{NaO}_3\text{S})\text{—NHCONH—}\phi$$

这类增白剂适用于棉和蛋白质纤维，具红紫色荧光，且荧光强。在此基础上，如引入含氟基团，则是纤维素纤维、蛋白质纤维的有效增白剂。

其不对称的荧光增白剂适于棉和纸张的增白。如：

$$\phi\text{—NHCONH—}\phi(\text{SO}_3\text{Na})\text{—CH=CH—}\phi(\text{NaO}_3\text{S})\text{—NH—}\underset{\text{NHC}_2\text{H}_4\text{OH}}{\text{三嗪}}\text{—NH—}\phi$$

荧光增白剂 PBL、BR

14.2.4 碳环类荧光增白剂

上述荧光增白剂是在二苯乙烯基的骨架上接上杂环。如果在二苯乙烯骨架上连接没有杂原子的苯环，可使其共轭体系延长，如 4,4′-双乙基苯、4,4′-双苯乙烯基联苯等，其增白效果也很好，能使其上染基物具有很高的白度，也是一类高性能的品种。如：

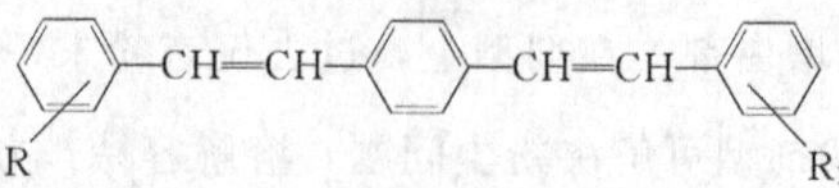

$$\text{[结构式:} \underset{R}{\bigcirc}-CH=CH-\underset{}{\bigcirc}-CH=CH-\underset{R_1}{\bigcirc} \text{]}$$

若其 R, R_1 为—CN 基,并处于 2 位上时,则为荧光增白剂 ER330,耐光且耐氧漂。R 还可以是—SO_2CH_3、—CH_3、—OCH_3、—Cl 等;R_1 有—Cl、—CF_3、—SO_2CH_3、—OCH_3 等。

商品中还有 3 位上的一个氰基,4 位上的一个氰基,以及 R_1 处于 2 位,R 处于 3 位的氰基和 3 位、4 位各一个氰基的荧光增白剂。

Tinopal CBS-X 也是碳环类荧光增白剂,不过中间以联苯基代替苯基,其结构式为:

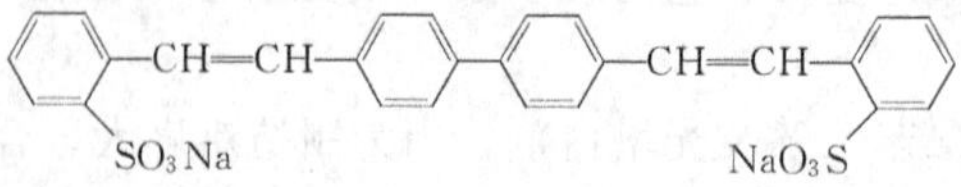

$$\text{[结构式: 含 } SO_3Na \text{ 和 } NaO_3S \text{ 的联苯二苯乙烯]}$$

耐氯漂性能好,其同类产品有(见表 14-3):

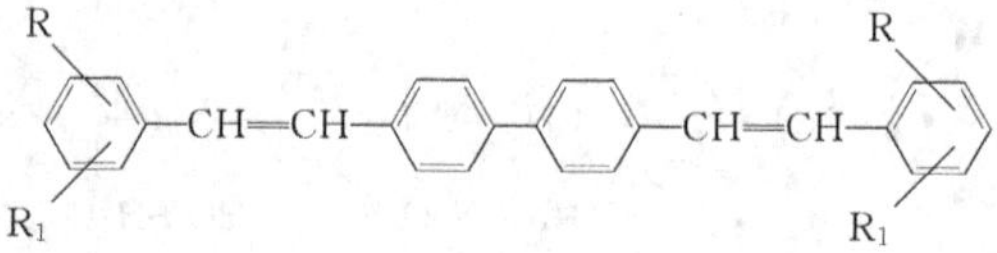

$$\text{[结构式:} \underset{R_1}{\overset{R}{\bigcirc}}-CH=CH-\bigcirc-\bigcirc-CH=CH-\underset{R_1}{\overset{R}{\bigcirc}} \text{]}$$

表 14-3 碳环类荧光增白剂

R	R_1	R	R_1
2,—SO_3Na	H	3,—SO_3Na	6,—Cl
3,—SO_3Na	H	$CH_3SO_4^-$	H
3,—SO_3Na	4,—Cl		

还有下列结构的荧光增白剂:

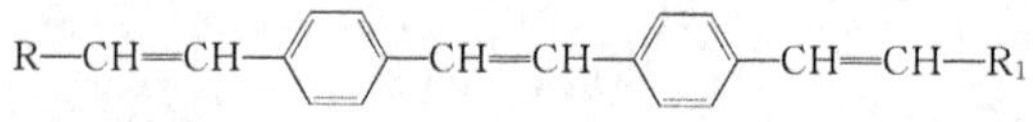

$$R-CH=CH-\bigcirc-CH=CH-\bigcirc-CH=CH-R_1$$

例如,R_1、R 均为—$COOC_2H_5$,以及氰基时,也是性能较好的荧光增白剂。

14.2.5 呋喃类荧光增白剂

呋喃类荧光增白剂中,呋喃可以苯并呋喃的形态存在,也可以杂环基呋喃的形态存在。它们可以与碳环相组合形成整个连续共轭体系,也可以与杂环组合形成整个连续共轭体系,苯并呋喃环上的双键(A)被氧原子固定在反式结构(反式是荧光的有效体)上。在光照时不易转化成顺式结构(顺式是荧光的无效体)而失去荧光效果。所以呋喃类荧光增白剂与含亚乙烯基的品种相比,具有耐光牢度好的优点,而且在结构上不含三聚氰基团。因此,耐氯性良好,带磺酸基的品种又易溶于水,可用于纤维素纤维和聚酰胺纤维的增白。而含苯乙烯基团(B)中的双键在光照下,易从反式转化成顺式,失去增白效果。

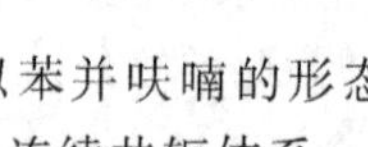

$$\text{[结构式 A: 苯并呋喃 R—,—X]}$$
(A)

$$\text{[结构式 B: R—苯环—CH=CH—X]}$$
(B)

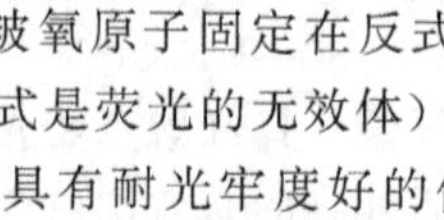

典型的呋喃类荧光增白剂结构式为:

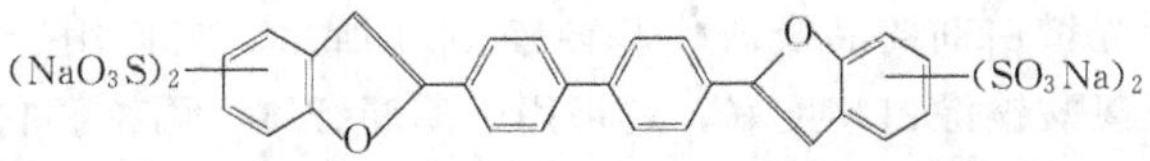

苯并双呋喃在具有氰基或羧酸酯基时，是用于聚酯、聚苯乙烯、聚氯乙烯的荧光增白剂。

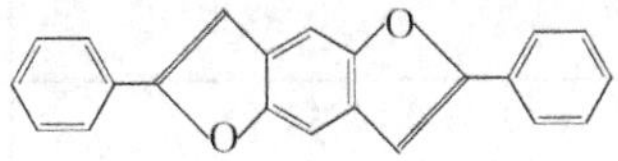

在呋喃基上接上苯并咪唑杂环，就可以制成阳离子型，能用于腈纶及醋酸纤维的增白。

苯并呋喃与其他杂环基连接，可制成非离子荧光增白剂而用于聚酯、聚酰胺、醋酸纤维和聚氯乙烯，其通式为：

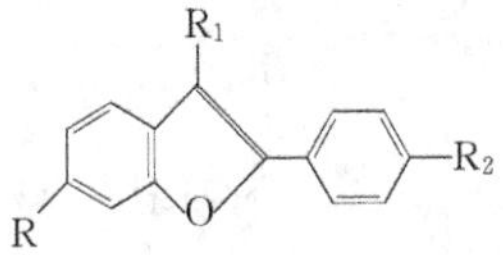

其中，R 为杂环基；R_1 为 CH_3、H；R_2 为 CN、CH_3、CF_3 和杂环基。

同样，苯并呋喃基与苯并咪唑相连接，可获得荧光强度效果高的增白剂，用于改性聚丙烯腈及醋酸纤维，通式为：

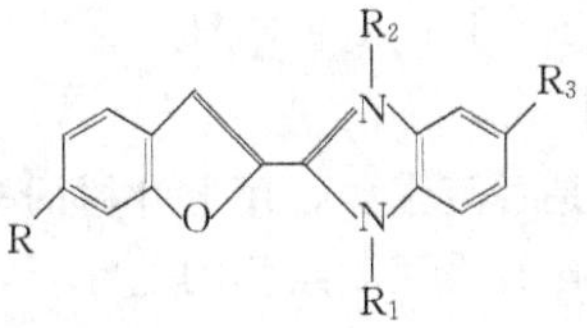

14.2.6 萘二甲酰亚胺类荧光增白剂

在荧光染料中，4-氨基萘二甲酰亚胺是黄绿色的荧光染料，因为不能发射蓝色荧光而不能用作荧光增白剂。但当 4-氨基被乙酰化后，其荧光便转变为蓝光，因此可作为荧光增白剂。这便是 BASF 公司生产的 Ultraphor APL，其结构式为：

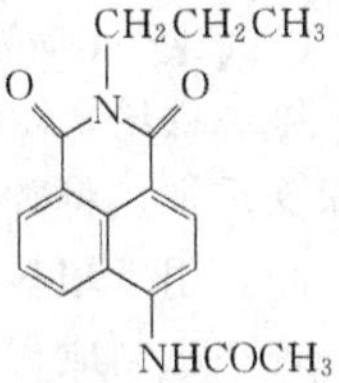

Ultraphor APL

目前使用的萘二甲酰亚胺类荧光增白剂主要是 4,5 位上不是氨基而是烷氧基的衍生物，其通式为：

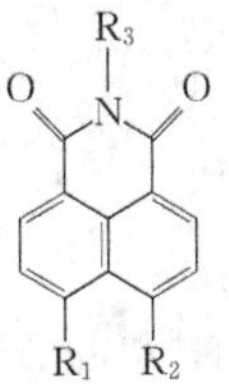

具有此结构的荧光增白剂商品及取代基如表 14-4 所示。它们用于涤纶时耐光牢度优良，用于腈纶时耐亚氯酸钠漂白牢度好，还可用于醋酯纤维、丙纶。它除用于纤维的增白外，还能用于塑料的增白。这类荧光增白剂的增白效率比较低，也可以制成阳离子型。

表 14-4　不同取代基的萘二甲酰亚胺类荧光增白剂

R_1	R_2	R_3	商品名称
—OCH_3	H	—CH_3	Mikawhite AT
—OC_2H_5	OC_2H_5	—CH_3	Leucophor EFR
—OCH_3	H	—OC_4H_9	Leucophor EH
—OCH_3	H	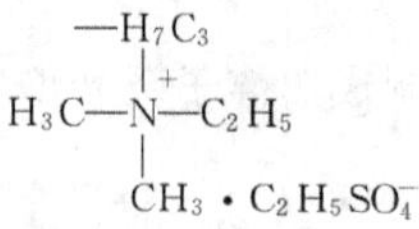 $H_3C-\overset{+}{N}(H_7C_3)(C_2H_5)(CH_3)\cdot C_2H_5SO_4^-$	Mikawhite HTN
—OCH_3	H	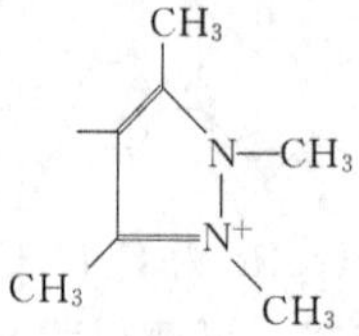 吡唑鎓环（三甲基取代）	阳离子荧光增白剂
—OCH_3	H	—C_4H_9	Palanil brilliant white FRL

其中，R_1 还可以是三嗪基；R=H；$R_3=C_2H_5$。

14.2.7　香豆素类荧光增白剂

人们最早发现的荧光增白剂是香豆素类，用七叶树的树皮的浸出液处理黏胶和半漂白亚麻，而获得增白。在浸出物中含有香豆素结构的七叶苷，其耐洗性及耐光性很差。后来又人工合成了香豆素：

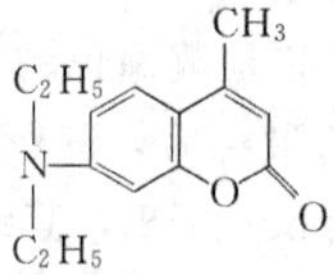

LeukophorWS，UvitexWOS，荧光增白剂 SWN

该类增白剂用于毛、黏胶、醋酯纤维和锦纶，耐光性仍差，但荧光性能很好。因为其原料容易获得，而且价格便宜，所以深受重视。将香豆素与苯并噁唑、吡唑啉、三氮唑等杂环基结合，便可得耐光牢度优良的产品，用于塑料及涤纶融熔纺丝。香豆素类荧光增白剂因取代基不同而耐光牢度差别较大，现在已制成很多耐光牢度和增白效果都非常好的品种，可适用于锦纶、羊毛、醋酯纤维、涤纶纤维的增白。含有一氯均三嗪、二氯喹噁啉、氯代嘧啶、乙烯砜硫酸酯的香豆素增白剂能与纤维素发生反应，可用于棉、锦纶和羊毛的增白，耐洗牢度很好。如 TinopalSFG，其结构式为：

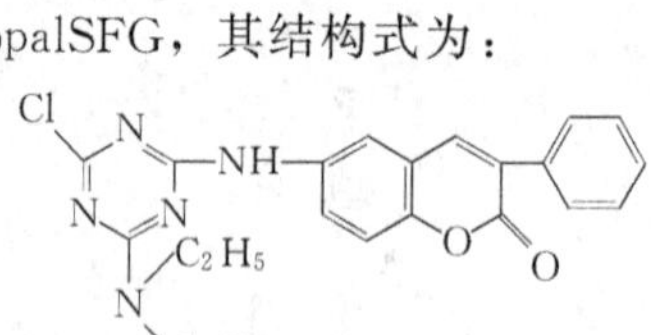

此外，也可以制成阳离子型的增白剂（Blankophor ANB，ANR），用于腈纶的增白。

表 14-5 是下列香豆素通式上不同取代基所构成的荧光增白剂。

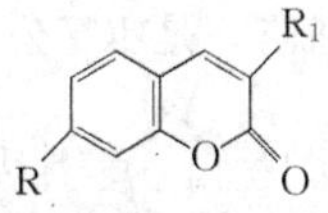

表 14-5 不同取代基的香豆素类荧光增白剂

R	R_1	最大吸收波长/nm	商品名称
$-N(C_2H_5)_2$	$-CH_3$	—	Uvitex WS 荧光增白剂 SWN
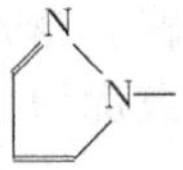 吡唑基	 苯基	348	Uvitex EKT
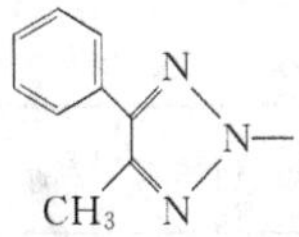 3-甲基-5-苯基-1,2,4-三唑基	 苯基	359	Blankophor EBL
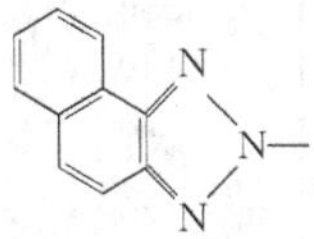 萘并三唑基	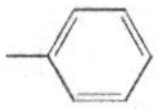 苯基	375	Hokkol PSR Leukophor EGM
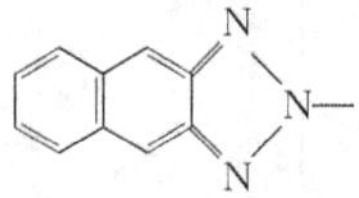 萘并三唑基(异构体)	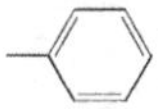 苯基	—	Leukophor EFG
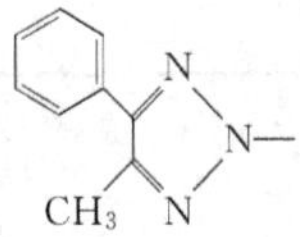 3-甲基-5-苯基-1,2,4-三唑基	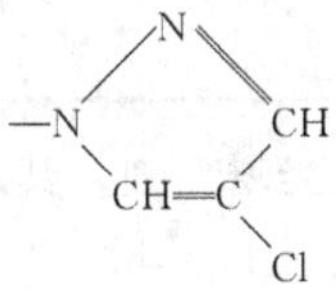 3-氯-1,2,4-三嗪基	365	Blankophor ERL
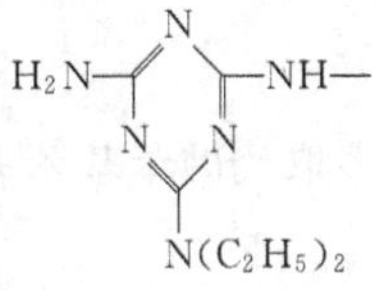 2,4-二氨基-6-二乙氨基-1,3,5-三嗪基	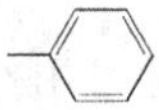 苯基	—	Tinopal 3525
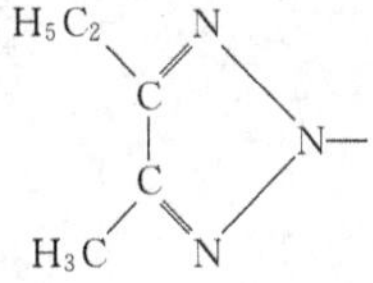 3-甲基-5-乙基-1,2,4-三唑基	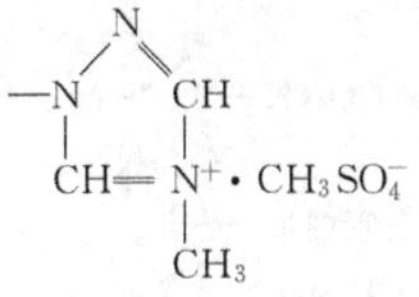 N-甲基三嗪鎓 · $CH_3SO_4^-$	356	Blankophor ANR
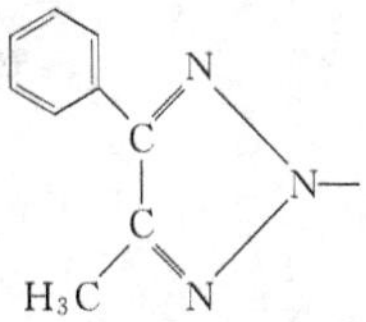 3-甲基-5-苯基-1,2,4-三唑基	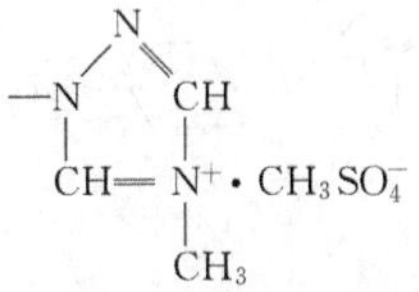 N-甲基三嗪鎓 · $CH_3SO_4^-$	371	Blankophor ANB

14.2.8 其他类荧光增白剂

芘衍生物荧光增白剂主要是三嗪基芘,是 ICI 公司开发的 Fluolite XMF,其结构式:

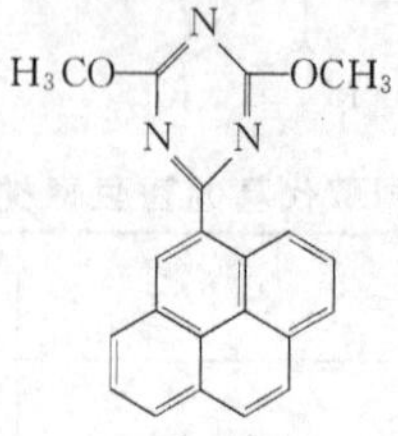

Fluolite XMF

Fluolite XMF 是具有蓝色荧光、白度很高的增白剂,但耐光牢度比较差,主要用于与其他非水溶性增白剂相拼混。经过复配以后,其协同作用非常明显,不仅白度提高,耐光性能也提高,其复配物已有商品供应市场,主要用于涤纶纤维和塑料的增白,其复配增白剂的情况如表 14-6 所示。

表 14-6 Fluolite XMF 与其他增白剂复配情况

复配增白剂	复配比例	增白效果/%
Fluolite XMF 与荧光增白剂 EBF	25:35	30
Fluolite XMF 与荧光增白剂 DT	25:41	40
Fluolite XMF 与 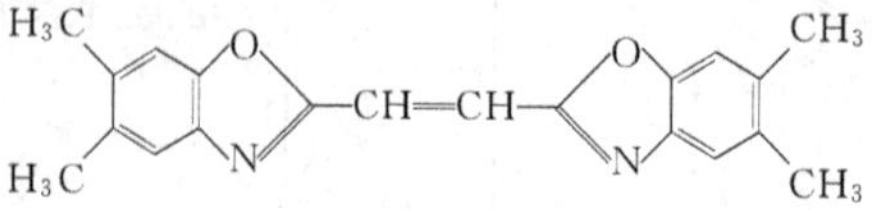 (苯并噁唑二苯乙烯衍生物)	25:45	30
Fluolite XMF 与 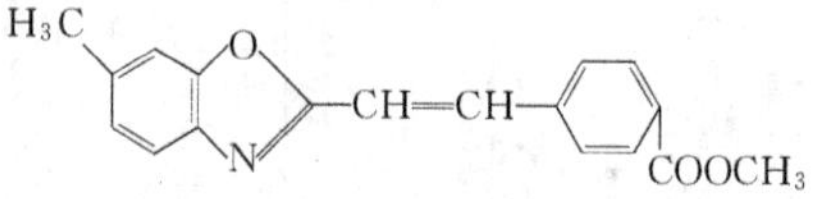 (苯并噁唑苯乙烯甲酸酯衍生物)	25:75	30
Fluolite XMF 与 Mikawhite AT	25:100	40

吡啶并三唑衍生物是用于腈纶增白的荧光增白剂,其通式为:

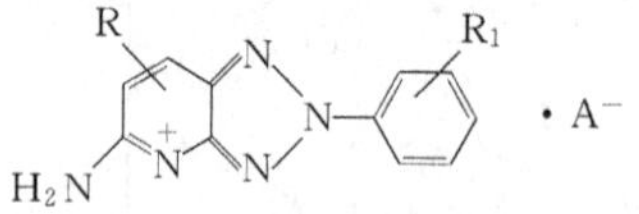

三嗪酰肼、连三唑并嘧啶、二咪唑并胍嗪也可用作荧光增白剂。很多取代的苯基苯并三唑不仅是紫外光稳定剂,又是荧光增白剂。

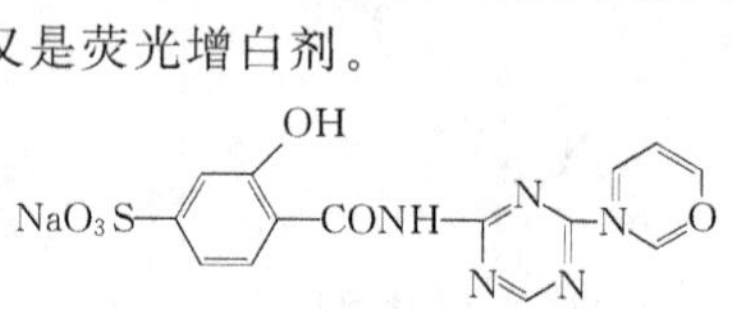

三嗪酰肼

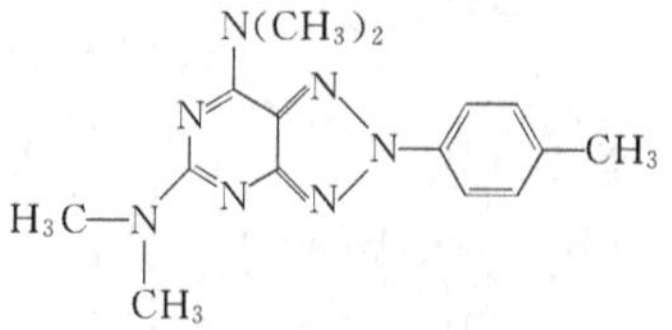

连三唑并嘧啶

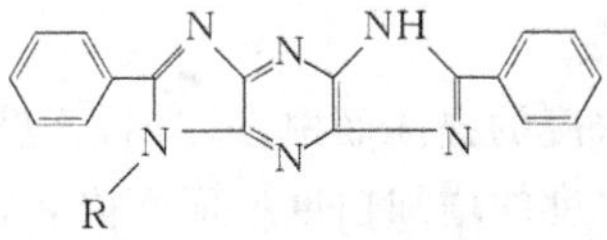

二咪唑并胍嗪

含有异紫蒽酮、紫蒽酮的化合物,其荧光强度高,荧光在 580~750nm,耐光及耐热稳定性好,能加入到聚甲基丙烯酸甲酯中,制得具有强荧光的有机玻璃的荧光增白剂。结构式为:

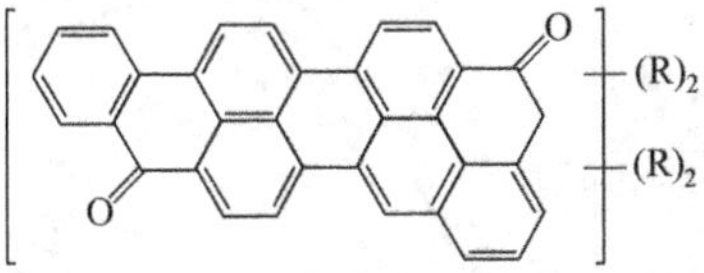

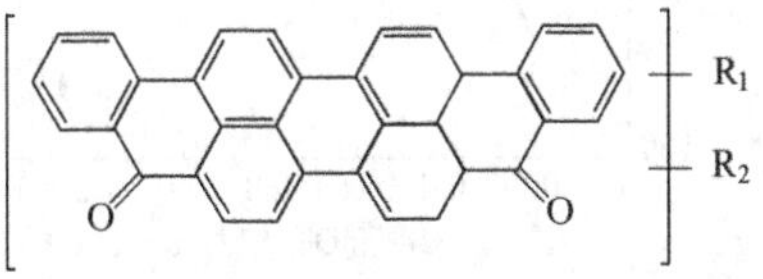

14.3　荧光增白剂的应用及发展趋势

14.3.1　荧光增白剂的商品加工

荧光增白剂根据其性质和用途而以不同的形式供应市场。目前有粉状、液状和分散体数种形式。粉状增白剂是用增白剂滤饼与氯化钠、元明粉、尿素配成,制成浆状,再喷雾干燥而成粉状。根据不同用途,可以加或不加添加剂。在合成材料中,如合成纤维、有机玻璃、塑料中,需要高纯度的增白剂,有的制成多孔的形式,润湿和溶解性好,没有粉尘。可以将增白剂加入到环己烷中,加少许水,将生成的 0.3~3 mm 颗粒从两相系统分离干燥,制成的粒子无粉尘、润湿快,在冷水中就能溶解。另一种方法是将增白剂悬浮在四氯化碳中,与水一起研磨,然后从两相系统分离干燥。前者用于 DT 等不溶性增白剂,后者适用于可溶性荧光增白剂。

液状增白剂通过增白剂盐析、分离,然后与添加剂混合,用水调节浓度。也有将反应液浓缩,与乙二醇甲醚混合或加三乙醇胺和其他有机碱浓缩。在液状商品中,增白剂含量约 15%,分散剂含量 56%。分散状增白剂商品在将不溶性增白剂转变成分散液时,不必研磨。其中需加入添加剂,如酰胺、亚胺、尿素及其衍生物,二甲基亚砜和有机酸等。

转型是增白剂后加工中的重要方法。如前所述,不是所有增白剂都可以转型的。在转型时,将该增白剂在苯胺或吗啉存在下,于 NaOH 或有机胺、水中回流,将增白剂粗制品转化成晶体,用于洗涤剂中不泛黄,可增加白度,外观鲜艳;也有将增白剂与醇类、胺类、酚类等一起加热处理而得新晶型;也有在电解质存在下,在一定的温度条件下用无机或有机碱进行晶型转变。

提高增白剂的溶解度也是大家关心的问题,有的是在增白剂结构中增加磺酸基,有的加入增溶剂和表面活性剂来提高其可溶性,也有加入能够使增白剂酸溶解的有机溶剂。

14.3.2 荧光增白剂的泛黄点

荧光增白剂在物料中是随浓度的提高而白度增加，但到达某一浓度时，增白白度到达最高值，超过此浓度时，则随浓度的增加白度反而下降，这一最高效果的浓度值称为泛黄点。图 14-3 为增白剂 DT 在涤纶纤维上的浓度与增白效果曲线，纵坐标为白度值，横坐标为增白剂的浓度。

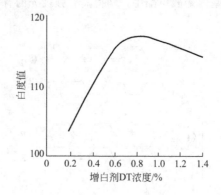

图 14-3　增白剂 DT 的泛黄点

泛黄点出现的原因是织物上的黄色强度是有限的，因此抵消该黄光（主波长 570 nm 左右）所需的由荧光增白剂吸收紫外线而发射出来的蓝紫光（荧光的补色光）也是有限的。当织物上荧光增白剂到达泛黄点时，反射出的蓝紫光正好与织物上黄光所需抵消的量相等或略有超过。当浓度超过此值时，其反射的各种蓝色色调（有的是青光蓝、有的是红光蓝）反而使视觉产生灰色调的感觉，再加上荧光增白剂本身带有黄色，因而使白度值下降。看起来反而不洁白、明亮和耀目。因此，荧光增白剂的用量不能超过泛黄点。表 14-7 是增白剂在各种纤维上的泛黄点。

表 14-7　增白剂在各种纤维上的泛黄点

名称	Cl. No	公司	色调	纤维或织物	泛黄点/%
BankophorBBU 液	24	拜耳	蓝紫色	25tex/28tex 精练漂白平纹棉布	1.26
Blancol CFG new	28	英国	淡蓝光	精练半漂 14tex/2 双股棉纱	1.6
PhotineW	28	英国	淡蓝光	精练半漂 14tex/2 双股棉纱	0.5
PhotineCXT	71	英国	蓝紫光	25tex/28tex 精练漂白平纹棉布	0.42
BlankoporDCB	121	拜耳	蓝紫光	PAC 标准贴衬织物	0.8
UvitexERN-P	131	汽巴	红光蓝	涤纶平纹织物	0.8
UvitexEBF250%，浆状	185	汽巴	蓝光	涤纶平纹织物	3
增白剂 VBL		中国	青光紫	25tex/28tex 精练漂白平纹棉布	0.5
增白剂 DT		中国	红光蓝	涤纶标准贴衬织物	0.8
增白剂 DCB		中国	蓝紫光	PAC 标准贴衬织物	0.8
增白剂 CH		中国	微红紫	腈纶膨体纱	3.3

14.3.3 荧光增白剂的应用

荧光增白剂可用于洗涤剂、造纸、印染。在总产量中约有 44%～48% 用于合成洗涤剂，25%～35% 用于造纸，25%～35% 用于纺织纤维的制造与印染。

在合成洗涤剂中大量耗用增白剂，选择其洗涤对象所适用的增白剂，而后掺入洗涤剂中，然后干燥。

在合成纤维纺丝前也可加入荧光增白剂，如涤纶纤维，可在缩聚之前加入到乙二醇中形成分散液，然后再加消光剂 TiO$_2$，也可在缩聚完成时或切片中加入增白剂，常用的增白剂为 Uvitex 551；又如锦纶纤维，可在缩聚前或缩聚开始时将增白剂加到己内酰胺水溶液中，或在缩聚结束时加入，也可在聚酰胺干粉中加入，一般常用 UvitexMD/G 或 TinopalCH3614；如果是腈纶纤维，可将增白剂溶于溶剂，以胶相加入到聚丙烯腈湿纺溶液，也可用本体增白方式，增白剂应不溶于湿纺的溶剂，也不溶于水，在 160℃短时间内要稳定，以便能通过干燥和热定形而不破坏。

在塑料中使用增白剂时，不管是热固性塑料或热塑性塑料，增白剂不能在聚合前加入，而必须在聚合后加入。选用的增白剂，对 300℃短时间处理要稳定，不挥发或低挥发性；要具有好的分散性，能在塑料材质中溶解，而且迁移性小，不会因塑料中其他添加剂的存在而降低其荧光效果。常用的荧光增白剂为 UvitexOB 或 G。

在纺织品印染时，也大量使用增白剂，可以采用浸渍法和浸轧法施加于织物上。它的使用方法如同各种纤维所用的染料一样，可以在树脂整理或涂层时添加在树脂浴中或涂层浴中，也可以在上浆或最后拉幅前在轧车内添加。为了提高增白剂在纺织品上的白度和牢度，如用三嗪氨基二苯乙烯类增白剂，可在增白液中添加渗透剂，能改善白度，同时铁、铜离子也会抑制荧光，因此最好在增白液中加入金属络合剂。香豆素类增白剂在羊毛上使用时，增白后通过抗坏血酸钠等处理，可提高日晒牢度 1~2 级。用二苯乙烯型荧光增白剂增白羊毛时，在浴中添加二氧化硫脲也可提高白度和日晒牢度。用硫代硫酸钠溶液处理已增白的棉纤维材料能改善耐光牢度，但对羊毛则没有效果。在丝增白时，如果在增白浴中加入羟胺硫酸盐；在腈纶增白浴中加入 1-羟基乙烷-1,1-二膦酸，也能提高它们的日晒牢度。

如前所述，因为某些增白剂复配具有协同作用，选择适宜的增白剂配合，用两种或三种增白剂混合增白，能大大提高其增白效果，节省成本。例如在涤纶增白时，可选用双苯并噁唑乙烯类、双二苯乙烯类和双芳环类增白剂拼混。此外，UvitexEN 与增白剂 DT 拼混；萘二酰亚胺类增白剂与增白剂 ER330（碳环类增白剂）相拼混；增白剂 DT 与增白剂 XMF 和非对称的苯并噁唑衍生物增白剂三者拼混，都能获得良好效果。

14.3.4　荧光增白剂的发展趋势

合成纤维的出现和产量的不断提高，促进了用于合成纤维的增白剂数量和品种的增加。染整工艺的发展也要求荧光增白剂能适应新的趋势，如树脂整理与增白同浴进行，可以简化染整工艺、减少废水、节约能源，这就要求荧光增白剂耐酸碱。美国 C&K 公司生产的 Intrawhite EJW 对酸、碱、过氧化氢稳定，又能以很低的浓度对涤纶及其混纺织物产生极高增白效果，并具有优良的水洗牢度。在造纸工业上，也要求增白与树脂涂层一浴进行，因此，生产了能耐酸性，遇硫酸铝不产生沉淀的增白剂。

将荧光增白剂无定形产品转化为晶型产品，以及尽可能提高纯度，是增白剂的一个发展方向。既改进产品外观，又提高增白效果。因为产品中的杂质或副产品会削弱和抵消荧光效果；提高纯度还能在一定程度上防止黄变。

用多组分增白剂取代单组分增白剂也是发展方向之一，因为多组分增白剂会产生荧光增白的协同作用，因此，越来越受到人们的注意。提高荧光增白剂的染色牢度，特别是日晒牢度也是发展的重点，而在合成纤维上的耐升华牢度对荧光增白剂也是重要的考核内容。

参考文献

[1] 叶玉青，王家丰. 国外的荧光增白剂 [J]. 印染助剂，1991，(4)：4-8.
[2] 王家丰. 荧光增白剂国外情况简介 [J]. 印染助剂，1990，(4).
[3] 杨新玮. 国内外荧光增白剂发展概况 [J]. 化工进展. 1991. (4)：20-21.
[4] 侯毓汾. 染料化学 [M]. 北京：化学工业出版社，1994
[5] 王景国，荣建明. 国内外荧光增白剂的状况与展望 [J]. 燃料工业，2002，39（1）：9-13.
[6] 陈荣圻. 纺织纤维用荧光增白剂的现状与发展 [J]. 印染助剂，2005，22（7）：1-11.
[7] 朱海康. 荧光增白剂的国内外发展与应用 [J]. 染料工业. 1986，(2)：27-57.
[8] 宋艳茹，竹百均，蔡定汉，程德文. 三聚氯氰在荧光增白剂工业中的应用与展望 [J]. 精细与专用化学品，2006，14（15）：1-7.
[9] 杨薇，杨新玮. 国内外荧光增白剂的进展 [J]. 上海染料，2003，(6)：7-13.
[10] 黄茂福. 荧光增白剂（一）[J]. 印染，2001，27（4）：42-45.
[11] 黄茂福. 印染，荧光增白剂（二）[J]. 印染，2001，27（5）47-50.
[12] 黄茂福. 印染，荧光增白剂（三）[J]. 印染，2001，27（6）：42-45.

第4篇　后整理助剂

织物的后整理一般可分为机械整理和化学整理，近年来又增添了通过等离子体、辐射使纤维改性或赋予某些性能的物理整理以及通过酶使织物获得柔软、平滑手感的生物整理。机械整理就是通过机械的作用，实现改变织物的外观、提高织物服用性能、提高织物档次的目的。虽然有些机械整理也依靠化学物质来提高其耐久性，但仍以机械整理为主，如预缩整理，轧光、电光、轧纹整理，起毛、剪毛、磨毛整理等。化学整理则主要是依靠化学物质来赋予织物各种性能，实现后整理的各种目的。被称为后整理助剂的物质就是这些能赋予织物各种性能的化学物质。

织物整理的内容十分广泛，后整理助剂也是五花八门，而且随着科学技术的进步，随着化学工业、石油工业的发展，后整理助剂的品种在不断地涌现、性能在不断地提高。可以说后整理助剂是染整助剂中发展最快、更新换代周期最短、对提高印染产品档次关系最密切的一类助剂。

后整整理助剂是通过介质施加的，如水、溶剂-水混合物等。施加到织物上后，接着进行烘干和焙烘。近年来，施加的方式除了浸轧以外，还可以通过饱和浸渍、泡沫、喷雾或涂层等方法。

后整理助剂品种很多，赋予织物的性能不同，与纤维的结合形式各异，因此对其要求不可能千篇一律。但它们也有共同的地方：它们一般都是织物最后一道化学加工工序；它们都是通过介质施加到织物上去的，因此一般都要进行烘干和焙烘；它们都是留在织物上发挥各自的作用的。因此对后整理助剂一般应有如下要求。

① 助剂产品中所含化学品应安全无毒，对皮肤无刺激、无过敏反应。
② 耐酸、耐碱、耐硬水稳定性好，工艺适用性好。
③ 与其他后整理助剂相容性好，可以用几种后整理助剂同浴整理织物。
④ 对织物进行整理后，应不影响或少影响纺织品的色牢度、白度、强力和手感。
⑤ 耐洗性要好，经多次洗涤应不降低整理效果。

第15章
防皱整理剂

15.1 概述

棉、麻、丝织物及黏胶纤维在纺织印染过程中，不断经受外力（牵伸、弯曲、拉宽等）的作用而变形，而在洗涤过程中的湿和热的作用下，纤维的变形部分会急速复原，从而产生剧烈的收缩现象，一般称为"缩水"。另外，它们的纤维缺少弹性，防皱性较差。为克服以上缺点，除对织物进行机械防缩整理之外，主要是使用防缩防皱剂进行化学整理。由于防缩防皱剂主要由合成树脂的初缩体组成，故一般也称为树脂整理。

很多合成纤维，如涤纶、锦纶和腈纶等，都具有很好的防皱性能和形状保持性，不需要进行树脂整理。而维纶的防皱性能和保形性比棉还要差，合成纤维与棉或黏胶纤维的混纺织物也有缩水问题，这些都需要进行防缩防皱整理。

织物防缩防皱整理是随着高分子化学的发展而发展起来的新型染整工艺，运用树脂对织物进行防皱整理的真正发展还是在第二次世界大战以后。树脂防缩防皱整理开始于棉织物，以后转向黏胶纤维织物，后来才广泛用于麻、丝等多种织物。从整理发展过程来看，树脂防缩防皱整理经历了防缩防皱整理、免烫"洗可穿"和耐久压烫三个阶段。

早期防皱整理是用尿素和甲醛初缩体整理剂，用于棉及黏胶纤维纯纺和混纺织物。半个多世纪以来，连续开发了三聚氰胺甲醛初缩体、二羟甲基乙烯脲、N,N'-二羟甲基二羟基乙烯脲（亦称2D树脂）、二羟甲基三嗪酮、二羟甲基乌龙等树脂整理剂。在对羟甲基氨基树脂生产和使用过程中，由于有甲醛释放，又开发了醚化羟甲基氨基树脂，以降低甲醛释放量。此外，国际上对环境保护的要求日益严格，近年来又开发了低甲醛、极低甲醛及无甲醛树脂，缺点是防皱效果不如羟甲基类树脂，如1,3-二甲基-4,5-二羟基乙烯脲，以及改性淀粉、聚氨酯、多元羧酸，它们的耐久压烫等级达4.5级，但价格较高，影响工业使用。

随着我国纺织印染工业的迅速发展和纺织品出口量的增加，对树脂整理剂的质量、数量要求逐渐增多，特别是对整理剂的质量有较高的要求，大力开发和研制新型织物防皱整理剂是改进和提高防皱整理织物质量的唯一途径。因此，研究主要方向是低甲醛或无甲醛整理剂及其应用工艺，也就是探索改进2D树脂的缺点和寻找新型防皱整理剂，使防皱整理剂向着多品种方向发展。

15.2 防皱整理的作用机理

目前关于这方面的理论主要有沉积理论和交联理论两种。

① 沉积理论　沉积理论认为热固性树脂的初缩体是微小的树脂粒子，能扩散到纤维的无定形区域内，在酸性条件下经高温处理后，自身之间极易缩合成为网状结构且不溶于水的大分子，并沉积于纤维之中，与纤维分子建立氢键，使纤维分子链互相缠结，从而限制分子链的相对滑移，赋予织物防皱性能。

② 交联理论　交联理论认为，能改善织物防缩防皱性能的合成树脂至少要有两个官能基团或活性基团，才可以和纤维素分子长链中的羟基发生反应，在纤维分子中生成共价交联，把纤维素中相邻的分子链互相连接起来，限制两个纤维分子的相对滑动，从而提高纤维变形后的弹性回复能力，也提高了织物的抗皱性能。

树脂或整理剂除自身缩聚外，也有部分与纤维素分子发生反应，如环乙烯脲-甲醛缩聚物。一般认为与纤维大分子发生反应生成共价交联。但经分析证明，也可能发生自身缩聚，因此在大多数情况下交联和自身缩聚是同时发生的，至于两者哪一种占多数，则取决于树脂的性质和处理条件。因此除共价交联外，树脂的缩合物也可能在纤维无定形区内与纤维大分子形成氢键。氢键所形成的交联也能提高织物的防皱性，但没有共价键所形成的交联产生的防皱性耐久。

15.2.1 棉织物

棉织物是一种天然纤维，是由不同数目纤维二糖单元组成的 β-葡糖苷连接成的高分子化合物，具有手感柔软、穿着舒适、透气性好等特点，却存在容易起皱等缺点。棉纤维织物的折皱取决于其纤维的结构特性，纤维素分子中的众多羟基是分子间力的中心，也是产生折皱的根源，在棉纤维大分子中有众多醇羟基，它可以在纤维的侧序度较高的区域形成大量氢键，使棉织物在一定外力作用下产生回复形变。但在剧烈的外力作用（洗涤或穿着过程）下，会破坏原来的氢键，使纤维大分子间产生相对滑移，并能在新的位置上产生新的氢键。当外力去除后，尽管受到原有未断裂的氢键和分子内旋转影响，使系统有回复至原状态的趋势，但新形成的氢键产生的阻力大于回复力，所以棉织物不能产生回复形变，便出现折皱。棉织物的防皱、免烫性可以通过防皱整理剂整理，对棉织物进行抗皱整理，使用的整理剂是多官能团化合物，它可以与纤维素大分子共价交联，形成网状结构，这样便限制了大分子之间的相对滑移，使棉纤维具有抗皱性。

以脲-甲醛防皱整理剂整理棉纤维为例，脲分子中有两个反应基团，N-羟甲基和亚氨基，羟甲基脲可以与纤维素反应，形成线型或交联高聚物。

单体与纤维素交联：

$$R_{cell}-OCH_2NH-\underset{\underset{O}{\|}}{C}-NHCH_2O-R_{cell}$$

线型高聚物与纤维素交联：

$$R_{cell}-O\left[CH_2NH-\underset{\underset{O}{\|}}{C}-NH\right]_n CH_2O-R_{cell}$$

单体接在纤维素的一端：

$$R_{cell}-OCH_2NH-\underset{\underset{O}{\|}}{C}-NHCH_2OH$$

线型高聚物接在纤维的一端：

$$R_{cell}-O\left[CH_2NH-\underset{\underset{O}{\|}}{C}-NH\right]_n CH_2OH$$

从上述反应可以看出，脲甲醛树脂既能形成热固性高聚物，在纤维素分子中没有屈服点，提高了织物的折皱回复性，又能与纤维素形成共价键，通过交联提高防皱能力。

15.2.2 黏胶纤维

黏胶纤维织物以其手感软糯、色光艳丽、吸湿透气性强而有较好的穿着舒适性。尤其是砂洗技术的应用使黏胶纤维织物更加蓬松厚实，提高了抗皱性。近来，黏胶纤维织物更受到牛仔布服装流行趋势的影响，日用纺织品趋向仿旧效应，时兴朦胧色彩，因此黏胶纤维织物也成了衬衫、夹克衫等的时装用料。而这种需求形势更进一步推进了黏胶纤维织物增弹抗皱整理的研究。黏胶纤维是再生的纤维素纤维，其分子结构与棉麻纤维相同，但聚合度比棉纤维小7～10倍，大分子的整列度又较差，而且空腔大，当遇到潮湿环境时，水分子很容易钻到间隙中去，造成大分子之间的作用力减小，故湿强力下降。纤维的整列度差也是容易吸水膨胀的原因之一，膨胀度可达50%，故吸水后的织物会变粗硬。从结构方面分析，黏胶纤维松弛易皱的原因在于纤维的无定形区大分子不太挺直，相互间排列较乱，在大分子或基本结构单元间可能存在少量氢键。当拉伸变形时，因为大分子或基本结构单元取向度提高，并发生相对位移，无定形区的部分氢键被拆散而在新的位置上重建，当外力去除后，由于无定形区缺少稳定的交联，所以难以复原，便形成折皱。黏胶纤维与棉纤维虽同是纤维素纤维，但纤维素纤维的结合力系大分子主链的共价键结合力和大分子间的结合力。由于黏胶纤维结构松散、大分子间距离较大、聚合度又小，因而受外力时易断裂，强力和抗皱性都不及棉纤维。另外，从织物产生折皱的过程方面分析，折皱的生成往往是因为织物中的纤维发生了弯曲，被弯曲纤维的外层分子发生拉伸而内层分子受到压缩。当外力去除恢复变形时，起主要作用的力是拉伸部分的回复力，拉伸回复力强的抗皱性则好。通过以上分析不难看出，织物的抗皱性与纤维基本结构或大分子单元间的相互关系紧密相关。而黏胶纤维的大分子紊乱、不挺直、基本结构单元取向度低，造成了抗拉伸强力低，因此必然造成纤维变形大、回复性能差。我国黏胶纤维在国际市场上占有很大份额，开发推出功能性黏胶印染产品，无疑是进一步开拓黏胶纤维市场的有效方法。

为解决抗皱问题，人们对黏胶纤维织物已做过不少研究，目标是在保持其特点的基础上进行化学处理，取得抗皱、免烫性能。如采用树脂在无定形区产生适量的交联，可使整理剂分子以聚合物形式在纤维无定形区的分子链间发生交联，以便让纤维分子间起到牵制作用而防止了相对滑移，提高回复能力。因为黏胶纤维大分子上有三个羟基，最活跃的是伯羟基，随时有供出电子的趋势，如果遇到极性分子则能与之交联生成支链，而增强其弹性。

15.2.3 麻织物

麻织物作为后起之秀正日益在国际市场上受到推崇，麻织物的某些天然特性，超过了棉和黏胶纤维。其优点是纱线和纤维的自由端有美丽的光泽；在有良好织纹时，织物有清晰的表面，并有凉快和光滑的感觉，麻织物不易沾污，即使有些沾污，也很容易洗掉。由于麻纤维刚性大，延伸度小，纤维粗硬，当受到外力作用时，结晶度较高的区域，其分子间存在的氢键能共同承受外力的作用，大分子间的相对滑移机会较少，形变的程度也就较小，即结晶度高的区域抗皱性较强；在大分子定向排列较混乱的非结晶区，虽然分子间也存在着氢键，但因序列性差，不能同时承受外力作用，分子间就在外力作用下先后发生位移、形变，氢键也逐渐破裂，当外力消失时，分子间重新形成的氢键会阻碍原始状态的恢复，达到一定程度时，就会产生永久变形，织物在外观上表现为折皱、压痕等。这样的外力，在织物的服用过程中是不可避免的，影响衣着的美观性，因此，对麻织物做防皱整理势在必行。

经防皱整理剂防皱处理后，网点部分首先发生反应，其结果是网点部分出现高交联密度，提高了弹性而达到防皱效果。

15.2.4　真丝织物

真丝纤维在国际市场上素有"纤维皇后"之称，它手感丰满、柔软滑爽、穿着飘逸舒适，但却有一个致命的缺点，即弹性较差，洗涤后皱缩严重，从而影响到服装的服用性能。真丝织物易皱的根本原因在于真丝纤维亲水性较强，无定形区含量高，蛋白质聚合物之间缺少在水中不易被破坏的化学交联。只有通过防皱整理，才能发挥真丝的优良特性，弥补它的缺点。

真丝纤维中含有大量的活性官能团，主要有—OH、—NH_2 和—COOH 等，这些活性基团所在的氨基酸绝大部分集中于无定形区，易与化学药剂起反应，增加分子链间的交联而提高尺寸稳定性。根据真丝纤维结构的这一特点，它的防皱原理为树脂对纤维覆盖、填充和共价交联。

（1）树脂初缩体被浸轧到织物上，经高温及催化剂的作用缩合后，以不溶于水的、网状结构的微粒覆盖在纤维外层，形成坚韧的薄膜。另一部分树脂分散沉积在纤维无定形区，凭借机械阻力限制纤维大分子之间相对活动，因而提高了它的弹性和产生阻止收缩的能力。如脲醛树脂在酸性状态下加热，形成三维空间网状不溶缩合物，反应如下：

$$\begin{array}{c} NHCH_2OH \\ | \\ C=O \\ | \\ NHCH_2OH \end{array} \xrightarrow[\text{加热}]{H^+} \begin{array}{c} | \\ -N-CON-CH_2-N-CON-CH_2- \\ | \\ CH_2 \quad\quad CH_2 \\ | \\ -N-CON-CH_2-N-CON-CH_2- \\ | \end{array}$$

（2）上述进入纤维无定形区的树脂缩合物除了物理作用外，也能与纤维之间形成强的氢键，提高防皱性。

（3）真丝纤维上的活性基团，如羟基，氨基，羧基上的活泼氢与树脂产生共价交联，使纤维分子链上活性基团有一定程度的封闭，降低了相互间的作用，提高了变形回复能力，同时，吸湿性能也有所降低。如：

$$\text{纤维}+O-H_2C-HN-\overset{\overset{\displaystyle O}{\|}}{C}-NH-CH_2O+\text{纤维}$$

实际上，树脂在纤维上的作用情况要复杂得多，交联、缩聚、填充、覆盖可能同时存在，至于哪一种作用更多些，则因所用树脂种类、催化剂及整理条件等而异。

15.3 防皱整理剂的分类

一般能与纤维素的羟基反应而生成交联的化学品，可用于纤维素及其混纺织物防皱整理，而能与纤维素羟基起交联作用的化学品种类很多，但要在织物防皱整理上应用，还必须具有如下条件。

① 初缩体的分子量不宜过大，一般分子长度不宜超过 5nm。当初缩体分子量较小时，易于向纤维内部渗透。当初缩体分子量大时，不易向纤维内部渗透，而与纤维进行交联反应，易形成表面树脂，影响整理效果。

② 初缩体分子结构上，具有易与纤维素羟基反应的官能团及适当的链长，本身稳定，不易分解和发生自缩反应，与纤维素反应交联稳定性良好。

③ 初缩体与催化剂及其他助剂有较好的共溶性，以使它们同存于整理液中。

④ 溶解性好，与催化剂及其他整理剂同浴使用稳定性好。

⑤ 本身无毒、无臭，对人体皮肤无刺激作用。

⑥ 整理后能使织物具有防缩、防皱效果，而织物的强力、耐磨度下降率在允许范围内；吸氯性小，织物吸氯泛黄度及吸氯强力损失率低。

⑦ 整理后有耐洗效果。

⑧ 整理后不影响织物的色泽和染色坚牢度。

⑨ 原料价廉，易得，来源丰富。

防皱整理剂可按树脂类型分类，也可以按防皱整理剂结构进行分类。

按树脂类型分类有热固性和热塑性之分，但以热固性树脂为主，如脲醛树脂、三聚氰胺甲醛树脂、硫脲树脂、环氧树脂等，实际都是树脂单体的初缩体。这些初缩体能溶于水或溶剂中，渗透到纤维内部以后再经高温焙烘就能和纤维素纤维的分子进行交联反应，或在纤维的空隙中形成网状结构的高聚物而沉积，从而使织物改变物理及力学性能，可具有较持久的抗皱、免烫、低缩水率等性能，并能增进糙厚感。

但热固性树脂最大的缺点是能使纤维强度下降，最高可降低达 25%。为克服这个缺点，一般是将热固性树脂与热塑性树脂（有的是柔软剂，有的是防水剂）合用，不仅可减轻或防止树脂整理引起的纤维强度降低，而且可以改进手感，赋予防水性能。

热塑性树脂，如聚乙烯、聚丙烯酸酯、聚醋酸乙烯、聚乙烯醇、有机硅等的单一树脂或两种以上的共聚物，以及合成橡胶乳液等，涂覆于纤维表面形成一层塑料薄膜，从而产生树脂整理的效果。由于它们是在表面形成树脂皮膜，没有高度的防皱性，而且洗涤后逐渐脱落；但是热塑性树脂可提高织物强度，并能改进手感，故常和热固性树脂合用。

按防皱整理剂结构进行分类，可分为 N-羟甲基类树脂、无甲醛类树脂整理剂、交联剂等。

15.3.1 N-羟甲基类树脂

N-羟甲基或其醚化的产品，常用于棉及黏胶纤维等织物的防皱整理。如二羟甲基乙烯脲（DMEU）在整理纤维素纤维时，可与纤维素的羟基反应，同时，羟甲基基团也进行脱水缩合，再脱出甲醛；新生成的甲醛被织物所吸收，再进一步与纤维素的羟基反应，反应过程中有若干缩合型长分子链的形成，达到防皱效果。该类树脂的交联反应如下。

首先二羟甲基乙烯脲与纤维的反应：

$$Cell-OH + HOH_2C-N\underset{\underset{O}{\|}}{\overset{H_2C-CH_2}{\diagup\diagdown}}N-CH_2OH \xrightarrow{-H_2O}$$

$$\longrightarrow Cell-O-H_2C-N\underset{\underset{O}{\|}}{\overset{H_2C-CH_2}{\diagup\diagdown}}N-CH_2OH$$

脱出的甲醛再与纤维反应：

$$2Cell-OH + nHCHO \longrightarrow Cell-O(CH_2O)_n-Cell$$

N-羟甲基化合物整理织物的耐洗性取决于 N-羟甲基化合物与纤维素交联反应生成物的稳定性，实际上是指交联生成物对酸、碱水解的稳定性。

DMEU、DMDHEU 及 DMPU 与纤维素发生共价交联，由于氮原子上没有氢，在碱性介质中不能生成酰胺负离子，所以交联生成物耐碱水解性较好。但缺点是吸氯、泛黄和氯损。如，N-羟甲基化合物整理的织物，在交联生成物的组成中，总含有 =NH、—NH_2、=N—CH_2OH 及 =N—CH_2—O—CH_2—N= 等基团，这些基团在氯漂过程中会分解、吸氯而生成氯胺，即：

$$\begin{matrix}N-CH_2-O-CH_2-N\end{matrix} \xrightarrow{+H_2O} 2 \begin{matrix}NH-CH_2OH\end{matrix}$$

$$\begin{matrix}N-CH_2OH\end{matrix} \longrightarrow \begin{matrix}NH + HCHO\uparrow\end{matrix}$$

$$\begin{matrix}NH\end{matrix} \xrightarrow{[Cl]} \begin{matrix}NCl\end{matrix} \quad 或 \quad -NH_2 \xrightarrow{[Cl]} -N(Cl)_2$$

氯胺在熨烫过程中会分解，放出 HCl，而使织物强力受损，即氯损。

$$=NCl + H_2O \longrightarrow =NH + HCl + [O]$$

N-羟甲基类化合物按其反应性可分成三类。

① 高反应性 如乙烯脲，丙烯脲、5-甲基丙烯脲及尿素等羟甲基化合物，这类化合物防皱性能较好，但水解速度也较大。

② 中等反应性 如乌龙，$5,5'$-二甲基丙烯脲、三嗪酮等的羟甲基化合物。

③ 低反应性 如三羟甲基乙烯脲，$5,5'$-二甲基-4-甲氧基丙烯脲及氨基甲酸酯等羟甲基化合物，这类化合物耐水解稳定性良好。

（1）脲醛树脂 脲醛树脂即尿素-甲醛树脂，是由尿素和甲醛缩合而制成的，主要含有一羟甲基脲和二羟甲基脲的混合树脂初缩体，简称 MU（methylol-urea 的缩写）。常作为棉织物、黏胶织物、麻织物和真丝织物的防皱整理剂。

其中二羟甲基脲结构可表示为 $HOCH_2NHCONHCH_2OH$，该树脂初缩体为低分子化合物，能溶于水，在酸性介质中或高温下能进一步缩合为高分子树脂，反应性好，不需要剧烈的烘焙条件，易于自身缩合。与纤维素羟基的反应虽较少，但防缩防皱效果甚佳。这种树脂焙烘时温度控制容易，易于加工，价格低廉，原料易得。

在使用初缩体作为整理剂时，为加速缩合反应，还要加入适量的催化剂。催化剂一般是所谓潜酸性物质或潜酸化合物，如氯化铵、碱式氯化铝、硫酸铵、硝酸铵、甲酸铵、磷酸二氢铵、磷酸氢二铵、硝酸锌、氯化锌或氯化镁等。但因初缩体的贮存稳定性差，所整理的织物手感逐渐发硬，并由于分子中含有亚氨基（—NH—），在含有效氯的水中洗涤时有吸氯作用，吸氯后能生成氯化亚胺，在高温焙烘时分解，释放出盐酸，致使纤维脆损，而且经洗涤后整理效果逐渐消失，并产生鱼腥味。为克服脲醛树脂的缺陷，常用甲醇进行改性，即用甲醇和脲醛树脂反应生成甲醚化脲醛树脂。

甲醚化羟甲基脲树脂简称 MMU。例如，甲醚化二羟甲基脲树脂，结构为 $CH_3OCH_2NHCONHCH_2OCH_3$，适用于黏胶短纤和棉织物的防皱整理。它的主要优点是，比羟甲基脲的反应性小，易溶于水，贮存稳定性较强，耐冻性好。用其处理的织物手感光滑和柔软，吸氯性和鱼腥气味均减少，防缩防皱效果较持久，但对染色织物的日晒牢度有所影响。加入催化剂后，浸渍液的放置寿命有明显延长，同时也可减少织物在预烘中，甲基脲沉淀的可能性，避免生成不希望的消光和表面效应。它能提高抗吸氯及抗氯脆损性。

（2）硫脲-甲醛树脂　硫脲-甲醛树脂简称 TUF（thiourea formaldehyde 的缩写），是硫脲和甲醛在碱性介质中反应而得的单羟甲基硫脲和双羟甲基硫脲混合体的树脂初缩体。反应式如下：

$$2S=C\begin{matrix}NH_2\\NH_2\end{matrix} + 3HCHO \longrightarrow S=C\begin{matrix}NHCH_2OH\\NH_2\end{matrix} + S=C\begin{matrix}NHCH_2OH\\NHCH_2OH\end{matrix}$$

　　　　硫脲　　　甲醛　　　　　单羟甲基硫脲　　　双羟甲基硫脲

这类树脂特别适于柞蚕丝的整理，有消除水迹（滴水干燥后残留的水渍）、减轻日晒泛黄等作用，同时又可获得防缩防皱、提高绸面平整度的效果，且可使手感柔软而有弹性，但耐久性差，如处理不善，整理后的织物有鱼腥味。桑蚕丝织物气相整理亦用部分硫脲-甲醛树脂。

所用催化剂为甲酸或磷酸二氢钠，但甲酸易产生鱼腥臭味。由于柞蚕丝的结构较纤维素纤维紧密，使用时还需加入非离子型渗透剂 JFC，以促进树脂初缩体充分渗透到柞蚕丝内部。

（3）三聚氰胺-甲醛树脂　三聚氰胺-甲醛树脂是三聚氰胺和甲醛的缩合产物。三聚氰胺-甲醛树脂是纺织物改性中应用最多的化学品。它用于羊毛的防缩整理，也用于棉和黏胶织物的防缩整理，能提高织物的回弹性，与其他树脂配伍用于丝绸整理，可作为"免烫（洗可穿）"、"耐久压烫"整理剂。这种树脂稳定性良好、易于加工、使织物硬挺好，可提高染料色牢度。目前常用的三聚氰胺-甲醛树脂类防皱整理剂有三羟甲基三聚氰胺树脂、六羟甲基三聚氰胺树脂等。

三羟甲基三聚氰胺树脂，简称 TMM（trimethylol melamine 的缩写），用于纤维素纤维可获得较好的防缩防皱性能，而且耐洗涤性和纤维降强也较脲醛树脂好。但其对直接染料的日晒牢度和对某些直接染料的色光有影响，并且其分子中具有能吸着氯原子的亚氨基，有使织物泛黄的倾向，故不适用于漂白织物。

这类树脂的吸氯量大致与脲醛树脂相同，但三聚氰胺的碱性可以减少氯损，因为它能起缓冲作用。其主要缺点为遇氯泛黄，如提高甲醛用量使羟甲基数目增多，使用金属盐催化剂（如氯化镁，硝酸锌等）或与二羟甲基乙烯脲（DMEU）树脂混配使用，则可改善或防止泛黄的倾向。

六羟甲基三聚氰胺树脂，简称 HMM（hexamethylol melamine 的缩写），结构为：

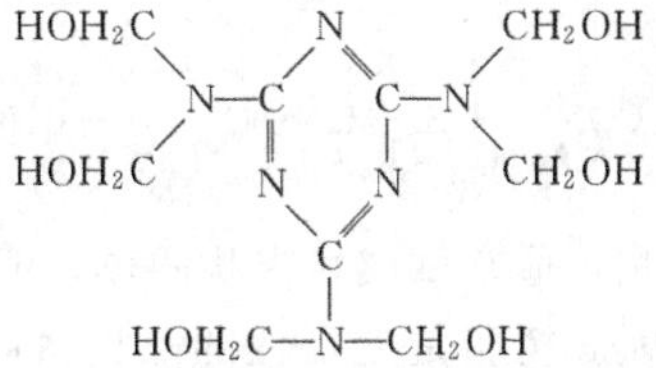

$$\begin{array}{c} \text{三聚氰胺结构式} \end{array}$$

三聚氰胺很易与甲醛反应，可将非环氮原子上所有氢原子都取代掉，生成的六羟甲基三聚氰胺，很大数量是用在"洗可穿"整理中。三聚氰胺上的氢全部取代之后，则吸氯位置实际上是取消了。用这种树脂整理的织物，在漂白过程中的变色情况，比用三羟甲基三聚氰胺树脂整理的织物为好。六羟甲基三聚氰胺树脂初缩物的稳定性较高，在中性水溶液中，可保持数天，在织物上的整理效果持久性强，是棉织物使用的重要树脂整理剂。

必须指出，任何种类的三聚氰胺树脂，都使织物手感有一定程度的变硬，并且它们在水中或溶剂中的溶解度很小且水溶液不稳定，所以在商业应用中常常进行醚化。

甲醚化羟甲基三聚氰胺树脂简称 MMM（methoxy methylmelamine 的缩写），是用甲醇进行醚化改性的羟甲基三聚氰胺树脂初缩体。甲醚化三羟甲基三聚氰胺简称为 MT-MM，结构式为：

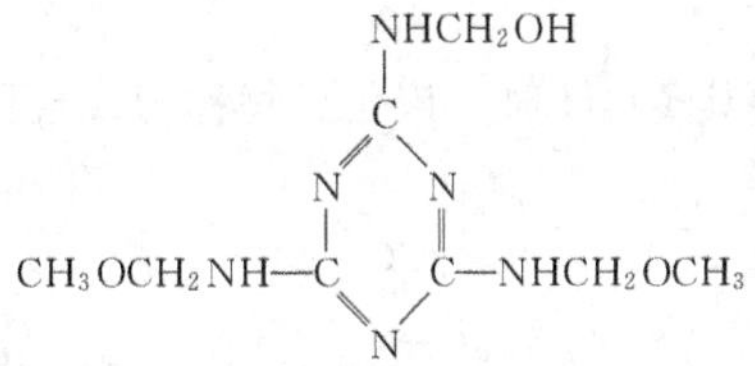

甲醚化羟甲基三聚氰胺的耐洗涤性比相应未甲醚化的羟甲基三聚氰胺更好一些，在水中的溶解度和稳定性都有提高，对织物的纤维降强和泛黄也有所改善，缺点是手感较粗硬。为改进这类树脂整理的手感，可将甲醚化三羟甲基三聚氰胺用脂肪酰胺进一步改性。化学反应式如下：

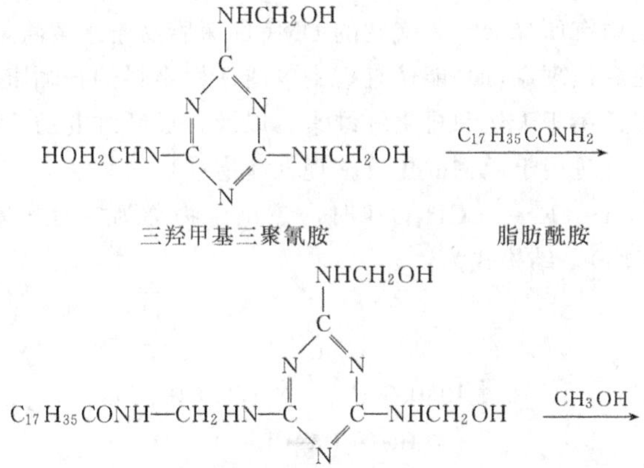

三羟甲基三聚氰胺   脂肪酰胺

脂肪酰胺改性三羟甲基三聚氰胺

$$\text{C}_{17}\text{H}_{35}\text{CONH—CH}_2\text{—HN—C} \underset{\underset{\text{N}}{\|}}{\overset{\text{N}}{\underset{\|}{}}} \text{C—CH}_2\text{OCH}_3 \quad (\text{NHCH}_2\text{OCH}_3\ \text{branch})$$

未经醚化的羟甲基三聚氰胺，通常做成粉末状固体，但使用在纺织工业中，仅占相当小的地位。醚化多羟甲基三聚氰胺树脂是变了性的三聚氰胺树脂，防缩防皱、耐洗性好、手感柔软、耐氯损较好。在实际反应中，羟甲基化和醚化程度不可能那么完全，最后的产物可能是低醚化度多羟甲基三聚氰胺，或者是不同醚化度的混合物。如醚化不用甲醇而用乙醇，则为乙醚化多羟甲基三聚氰胺。这类树脂在实际生产中都与其他树脂混合使用。

(4) 咪唑啉酮　结构通式为：

$$\begin{array}{c} \text{O} \\ \| \\ \text{R}''\text{—N} \quad \text{N—R}'' \\ \text{R—C——C—R} \\ \text{R}' \quad \text{R}' \end{array}$$

式中，R 为 H、OH 或 OCH$_3$；R′ 为 H、C$_6$H$_5$ 或 CH$_3$；R″ 为 H、CH$_3$、CH$_2$OH 或 CH$_2$OCH$_3$。

当 R=H、R′=H、R″=CH$_2$OH 时，该化合物称为二羟甲基乙烯脲（DMEU），结构式为：

$$\begin{array}{c} \text{CH}_2\text{OH} \\ | \\ \text{H}_2\text{C—N} \\ \quad\quad\quad \text{C=O} \\ \text{H}_2\text{C—N} \\ | \\ \text{CH}_2\text{OH} \end{array}$$

DMEU 是一个反应性树脂，它的两个羟甲基能与纤维素的羟基产生交联反应，使纤维素纤维织物具有优良的防缩防皱及洗可穿效果，手感柔软，防缩防皱性好。但因其整理的织物强力及耐磨性均有所降低，未交联的 DMEU 树脂易于水解将未反应的羟甲基脱去，又形成亚氨基而出现氯损现象，并能使直接染料或活性染料的日晒牢度显著下降。

二羟甲基乙烯脲适用于天然和再生纤维素，以及合成纤维混纺织物的免烫整理。最适用于快速烘焙工艺，有时用于织物的仿纹整理（泡泡纱）。

当 R=H、R′=OH、R″=—CH$_2$OH 时，该化合物称为二羟甲基二羟基乙烯脲树脂（DMDHEU 或 2D 树脂），结构式为：

$$\begin{array}{c} \text{O} \\ \| \\ \text{C} \\ \text{HOH}_2\text{C—N} \quad \text{N—CH}_2\text{OH} \\ \text{HO—CH——CH—OH} \end{array}$$

DMDHEU 树脂初缩体所含的两个羟甲基和两个羟基都对纤维素纤维具有反应性，目前应用于棉和黏胶短纤以及与合成纤维混纺织物的洗可穿整理和耐久压烫整理（PP 整理），所以称为多反应性树脂。耐洗性和耐水解性优良，吸氯性比 DMEU 树脂为佳，贮存稳定。其游离甲醛含量低，对活性染料染色的日晒牢度影响较小，宜用于活性染料印花布的整理，尤其用于涤/棉混纺织物整理，手感丰满、硬挺而富有弹性、压烫时甲醛气味小。DMDHEU 与纤维素纤维反应适用于使用酸性催化剂。缺点是在高温焙烘时会失去羟甲基而使分子结构中出现亚氨基，因而不耐氯漂并能影响某些染料的日晒牢度。现在多将 DMDHEU 进行改性。

一个重要的改性方法就是通过醚化反应从而制得低甲醛整理剂，醚化 DMDHEU 因醚化试剂的不同而有多种，最主要的是甲醚化 DMDHEU、乙醚化 DMDHEU 和多元醇醚化 DMDHEU。

（5）嘧啶酮 一种六元环的咪唑啉酮，结构通式为：

$$\underset{\underset{C(R'')_2}{\underset{|}{(R')_2CC(R')_2}}}{\overset{\overset{O}{\overset{\|}{C}}}{\underset{RNNR}{}}}$$

其中，R 为 H、CH_2OH、CH_2OCH_3；R′为 H、OH、OCH_3；R″为 H、OH、CH_3。

当 R=CH_2OH，R′=H，R″=H 时，该化合物称为二羟甲基丙烯脲（DMPU），结构式为：

$$\underset{\underset{CH_2}{\underset{|}{H_2CCH_2}}}{\overset{\overset{O}{\overset{\|}{C}}}{\underset{HOH_2CNNCH_2OH}{}}}$$

它的耐洗性、耐氯性优良。焙烘温度变动，亦能获得比较稳定的防皱性，既可用于干态交联，也能用于潮态交联。适用于白色织物、府绸衬衫料、妇女衬衫料以及领衬等高级产品的树脂整理。缺点是价格较高，对染色物的日晒牢度有一定影响。

（6）三嗪酮 化学名称为 5-取代-1,3-二羟甲基-1,3,5-六氢三嗪-2-酮。结构式为：

$$\underset{\underset{\underset{R}{\underset{|}{N}}}{\underset{|}{H_2CCH_2}}}{\overset{\overset{O}{\overset{\|}{C}}}{\underset{HOH_2C-NN-CH_2OH}{}}}$$

其中，R 为 H、烷基（—CH_3，—C_2H_5，—C_4H_9 等）、烷羟基（—C_2H_4OH）。

三嗪酮树脂初缩物处理的织物防皱性好。虽然它也能吸收少量的氯，但熨烫后并无损伤，原因是其分子中的叔胺能够中和加热产生盐酸。其主要缺点是在熨烫时有泛黄现象，贮存不当有显著的鱼臭味，此缺点可通过硼酸钠处理并充分洗涤后减少。据介绍，其 5-取代基如经醚化则能克服鱼腥臭味的缺陷，结构式如下：

$$\text{结构式}:\quad \underset{\substack{|\\CH_2OH}}{\overset{\substack{CH_2OH\\|}}{N}}-\overset{O}{\underset{\|}{C}}-\underset{\substack{|\\CH_2OH}}{\overset{\substack{CH_2-N-C_2H_4OCH_3\\|}}{}}$$

(7) 乌龙类树脂　常用二羟甲基乌龙（DMUr），化学名称 N,N'-二甲氧甲基乌龙，结构式为：

$$\text{CH}_3\text{OH}_2\text{CN}\underset{\underset{H_2C-O-CH_2}{}}{\overset{\overset{O}{\|}}{\underset{C}{\diagup\diagdown}}}\text{NCH}_2\text{OCH}_3$$

乌龙类树脂整理剂能使棉织物产生突出的防缩防皱效果，可获高水平的折皱回复性、平整的外观、很好的水洗牢度。由于其分子中的氮原子已被封闭不能吸氯，纯产品具有很大的对氯稳定性。因此，常和其他树脂（如三聚氰胺-甲醛树脂、三嗪酮树脂等）合用，以提高对氯的稳定性。这种混合树脂具有很好的氯稳定性，并有突出的白度而不使染料变色。为了要显示优良性能，需要加强焙烘。

15.3.2　无甲醛类树脂整理剂

(1) 多元羧酸防皱整理剂　在各种作为防皱整理剂的多元羧酸中，人们对1,2,3,4-丁烷四羧酸（BTCA）的研究最活跃。多元羧酸作为防皱整理剂能够改善棉、黏胶以及麻织物的防皱性和尺寸稳定性。它们的作用是依靠纤维素分子和整理剂之间的酯键交联。其酯化反应分两步进行：多元羧酸中的羧基分别与纤维素上的羟基发生酯化反应，从而在纤维分子间形成交联，脱水成酐，然后通过酐中间产物与纤维发生酯化反应。如：

$$\begin{array}{c}CH_2-COOH\\|\\CH-COOH\\|\\CH-COOH\\|\\CH_2-COOH\end{array}\xrightarrow[\text{加热}]{-2H_2O}\begin{array}{c}\text{(酐中间体)}\end{array}\xrightarrow[\text{催化剂}]{Cell-OH}\begin{array}{c}CH_2-C-Cell\\\|\\\quad O\\CH-COOH\\|\\CH-COOH\\|\\CH_2-C-Cell\\\|\\\quad O\end{array}$$

对于各种多元羧酸，如以其反应性和抗皱性作为标准，则在碱性催化剂的存在下，每个多元羧酸分子中最少必须含有三个羧基。随着多元羧酸中羧基数目的增加，加工织物的防皱性亦提高。其中的碱性催化剂与多元羧酸反应生成的多元羧酸盐又可以作为纤维素纤维酯化反应和交联的自催化剂和缓冲剂，对于加工织物防皱性的改进十分有利。在碱催化的酯化反应中，一些能够形成分子内五元环或六元环酸酐的多元羧酸，如1,2,3,4-环戊烷四羧酸（CPTA）和1,2,3,4-丁烷四羧酸（BTCA）等的效果不错。在进一步的研究中，把多种不同的多元羧酸作为整理剂进行比较,其中加工织物最高的 DP 级为 4.3～4.7,折皱回复角是 295°～300°。耐碱性洗涤次数按如下顺序排列:BTCA(96)＞苯六甲酸(66)＝CPTA(63)＞1,2,3-丙烷三羧酸(68)＞硫代二琥珀酸(40)＞檬酸(31)≫马来酸(5)＞琥珀酸(0)。

BTCA 加工织物在 DP 级耐洗性、白度以及焙烘速度等与其他多元羧酸相比都居于领先地位。而且在适当的整理条件下,其加工织物的性能可与通常的 DMDHEU 及其改性物相比较,参见表 15-1。

表 15-1 防皱整理剂的性能比较

防皱整理剂	催化剂	DP 级	折皱回复角 (W+F)/(°)	强力保留率/% 撕破	强力保留率/% 断裂
BTCA	Na$_2$HPO$_2$	4.0～4.7	285～300	51～67	41～59
	Na$_2$HPO$_3$	4.0～4.2	286	63～66	59～72
	NaH$_2$PO$_4$	3.5～4.4	282～304	51～59	50～55
	Na$_2$HPO$_4$	4.0	267～285	65～73	55～76
CA (柠檬酸)	NaH$_2$PO$_4$	3.3～4.0	240～268	62	50～61
	混合	3.8～4.0	247～264	—	55～64
DHDMI (1,3-二甲基 4,5-二羟基 乙烯脲)	Zn(BF$_4$)$_2$	3.4	254～271	43～51	59～73
	Zn(NO$_3$)$_2$	3.2～3.3	249～265	64	82
	MgCl$_2$	2.8～3.3	227～247	62～66	80
	MgCl$_2$-CA	2.5～3.0	241～249	—	45
DMDHEU	MgCl$_2$	4.3～4.8	303	49～57	44～66

对于全棉和涤棉织物,以 BTCA 为整理剂的工业化试验已大量进行。

(2) 聚氨酯 聚氨酯树脂是由二异氰酸酯和多元醇反应制得。用作无甲醛树脂整理剂,能在织物上形成强韧的薄膜,其耐弯曲性和伸缩性、耐寒性、耐干洗、耐磨损性能均良好。

所用的二异氰酸酯和多元醇的种类不同,甚至比例不同,生成的聚氨酯树脂性能有很大差别。如异氰酸酯基直接连接在芳环上,生成的树脂在空气中放置会泛黄,故主要用于人造革;如连接在脂肪链上则能防止色变,多用于织物整理。

双-(4-异氰酸环己)甲烷,也称 CHDI。结构式为:

$$OCN-\underset{}{\bigcirc}-\underset{H}{\overset{H}{C}}-\underset{}{\bigcirc}-NCO$$

CHDI 与过去应用的二异氰酸酯的主要差异是降低了反应活性,使得二异氰酸酯在未与纤维素羟基反应之前,能渗入纤维内部。另一个因素是应用二甲基甲酰胺作溶剂,有助于棉纤维的溶胀。用 CHDI 处理过的棉织物,不溶于铜乙二胺溶液。溶剂中的不溶解性、折皱回复性有所提高但同时撕破强力有所下降。

这类树脂的缺点是不易乳化,制成的乳液稳定性差;分子中的异氰酸基(—N=C=O)是具有反应性能的活性基团,在水中不稳定;受热易裂解为原来的异氰酸酯化合物。

为了克服以上缺点,最近出现了水溶性热反应型聚氨酯。如 Elastron BAP 等,其结构式为:

$$\text{CH}_3\text{-CH}_2\text{-C}\begin{array}{c}\text{CH}_2\text{O}(\text{CH}_2\text{CHO})_n\text{CONH}(\text{CH}_2)_6\text{NHCOSO}_3\text{Na}\\|\\\text{CH}_3\end{array}$$

$$\begin{array}{c}|\\\text{CH}_2\text{O}(\text{CH}_2\text{CHO})_n\text{CONH}(\text{CH}_2)_6\text{NHCOSO}_3\text{Na}\\|\\\text{CH}_3\end{array}$$

$$\text{CH}_2\text{O}(\text{CH}_2\text{CHO})_n\text{CONH}(\text{CH}_2)_6\text{NHCOSO}_3\text{Na}$$

经过浸轧施加在棉织物上的 BAP 在焙烘和催化剂的作用下发生自身交联形成立体网状结构,失去水溶性,成为耐水和耐溶剂性强的树脂薄膜,可显著提高加工织物的折皱回复性。

除水溶性热反应型聚氨酯之外,其他聚氨酯作为耐久压烫整理剂的研究亦在进行。使用羟乙基木质素磺酸盐(HELS)与芳香族异氰酸酯反应制造的木质素聚氨酯(HELSPU)就是典型代表,其结构式为:

（3）**环氧树脂**　环氧树脂也属于热固性树脂,是以环氧基聚合,再将环氧基与羟基、羧基和氨基等反应而硬化。作为无甲醛的树脂整理剂,由于它不用甲醛为原料,产品中不含甲醛,分子中也没有亚氨基,所以没有吸氯性和鱼腥臭味而受到重视。作为织物整理用的环氧树脂,主要有两大类,即缩水甘油醚和过乙酸法环氧类。

缩水甘油醚类环氧树脂是由醇类或酚类化合物与环氧丙烷缩合而成的树脂,所用的醇类有甘油、乙二醇、聚乙二醇等,所用的酚类主要为双酚 A。

过乙酸法环氧树脂是由烯烃用过乙酸氧化而成的树脂,所用的烯烃有丁二烯、环戊二烯、乙烯基环己烯、二乙烯基苯、二丙烯醚等。

环氧树脂加工整理织物时所用的硬化剂(催化剂)有伯胺、仲胺和羧酸类化合物,如乙醇胺、柠檬酸等。硬化剂和缩水甘油醚类环氧树脂的反应,在室温或更低温度下都可发生,而和过乙酸法环氧树脂的反应较缓慢,需要在高温(150℃以上)才能硬化。因此,过乙酸法环氧树脂一般使用硼氟酸盐,特别是硼氟化锌($ZnBF_6 \cdot 6H_2O$)的催化作用较好。

环氧树脂作为树脂整理剂,和其他树脂的性能对比见表 15-2。

表 15-2　环氧树脂与其他树脂整理剂性能对比

整理剂	防皱性	强度	防缩性	耐洗性	耐酸性	织物光泽
环氧树脂	3	2~3	4	4	4	4
乙烯脲树脂	4	2~3	3	3	0	3
羟甲基三聚氰胺树脂	4	3	3	3	0	2
脲醛树脂	3	2~3	2	0	0	2
未处理织物	0	4	0	—	—	4

注:4 级最高,0 级最低。

（4）**热塑性树脂**　用于织物表面固着并产生整理效果的热塑性树脂有聚乙烯、聚丙烯酸酯、聚醋酸乙烯、聚乙烯醇缩丁醛、合成橡胶、有机硅树脂等。它们既可使用单一树脂,也可使用两种以上单体的共聚物乳液。

这类树脂以聚合体的形态处理织物，只是在纤维表面形成树脂薄膜，不像缩合型热固性树脂那样能固着于纤维内部从而获得瞬间回弹力，织物皱纹的回复需较长时间，故防皱性能较低。然而织物经热塑性树脂乳液处理后，能提高磨损强度，引张强度和引裂强度等，并且手感柔软而厚实。

几种热塑性树脂的性能对比见表 15-3。

表 15-3　几种热塑性树脂性能对比

树　脂	硬　度	可挠性、伸长性	成膜能力	耐光性	耐水性
聚氯乙烯	大 ↓	小 ↓	小 ↓	小	大
聚苯乙烯	↓	↓	↓	大	大
聚丙烯腈	↓	↓	↓	中	大
聚丙烯酸甲酯	↓	↓	↓	大	大
聚乙烯醇	↓	↓	↓	大	大
聚醋酸乙烯	↓	↓	↓	中	小
聚丙烯酸丙酯	小	大	大	大	中

表 15-3 是单一树脂的一般性能，如果聚合度或聚合方法不同，则其性能也有所改变。作为织物整理剂，在使用这些树脂时，几乎不使用单一聚合物。为了适合整理的目的，可添加适量的增塑剂，或使用不同单体的共聚物，从而改善树脂的性能。

最近出现了交联聚合物，即由乙烯类单体和可交联的反应性单体共聚所得的树脂乳液。反应性单体主要为带有环氧基、羟基、羧基、酰氨基等反应性基团的乙烯单体，在聚合时发生交联作用生成立体结构的聚合物，或在加工整理织物时在纤维之间或聚合物之间进行交联而形成立体网状的树脂。

用反应性树脂处理的织物，在黏着性、耐洗性、耐溶剂（干洗）性、弹性、防皱性和强度等各个方面都比原来无反应性树脂有显著的提高。

15.3.3　反应型交联剂

反应型交联剂又称架桥剂，一般是含有多个能和纤维素纤维的羟基发生反应的化合物，如乙烯砜、乙烯亚胺、二异氰酸酯、缩水甘油醚等。这些交联剂单独使用、或和干防皱效果好的树脂（如脲醛、羟甲基三聚氰胺等）合用，处理的织物即得到"洗可穿"的效果。这是由于交联剂的官能团像活性染料的活性基一样既能和纤维分子中的羟基或氨基发生化学反应，又能和树脂整理剂分子中的羟基或氨基发生化学反应。因此，使纤维分子之间，纤维和树脂整理剂之间，以及树脂整理剂分子之间都产生共价结合，从而防皱性能大为增进，不仅在干燥情况而且在潮湿情况下，织物都具有较强的防皱性能。

（1）醛类化合物　甲醛在高温下，以硝酸盐作为催化剂处理部分膨化的纤维素纤维，与纤维分子间的羟基发生共价结合，从而具有耐洗涤性好的湿防皱性和防止吸湿膨润等性能，并且对直接染料还有固色效果。化学反应如下：

$$\text{纤维—OH} + \text{HCHO} \begin{cases} \text{纤维—O—CH}_2\text{OH} \\ \text{纤维—O—CH}_2\text{—纤维} \end{cases}$$

但在高温处理时，甲醛的损失较大，操作环境恶劣，交联的次甲基链段较短，使处理的织物有较大的刚性而强力则大大降低，并且酸性介质使纤维（特别是黏胶纤维）损伤严重,因此,实际很少用甲醛作交联剂,有时仅用甲醛的四聚体——四聚甲醛。

四聚甲醛又称四𫫇烷(tetraoxan),化学结构式如下:

$$\begin{array}{c} CH_2-O \\ O \quad\quad CH_2 \\ CH_2 \quad\quad O \\ O-CH_2 \end{array}$$

四聚甲醛是白色晶体,熔点113℃,沸点136℃,在高温(150℃)烘焙时开环放出甲醛而和纤维的羟基起交联反应。由于制造工艺复杂,价格较高,对纤维仍有降强作用,仅少量用于黏胶类丝绸。

乙醛(CH_3CHO)同样可以使纤维醚化,实际上已工业应用,如聚乙烯醇必须经乙醛处理(即所谓缩醛化)后才能制成具有穿着性能的维纶。如用氨基乙醛代替乙醛,则使纤维素纤维或维纶具有羊毛感。

用乙二醛代替甲醛,其聚合性能极强而不稳定,并且使棉纤维降强严重,现已几乎不用作交联剂。

(2) 缩醛类 缩醛类交联剂的主要产品为乙二醇缩醛,化学结构式如下:

$$\begin{array}{c} X-O-(CH_2)_2-O-(CH_2)_2-O \\ \quad\quad\quad\quad\quad\quad\quad\quad\quad\quad\quad\quad CH_2 \\ \quad\quad O-(CH_2)_2-O-(CH_2)_2-O \\ H_2C \\ \quad\quad O-(CH_2)_2-O-(CH_2)_2-O \\ \quad\quad\quad\quad\quad\quad\quad\quad\quad\quad\quad\quad CH_2 \\ Y-O-(CH_2)_2-O-(CH_2)_2-O \end{array}$$

X、Y 为 H 或 —CH_2OH

这类产品无氯损的缺点,湿防皱性良好,但干防皱性差,纤维强力降低,故常和氨基树脂合用以改进性能。

(3) 环氧化合物 这类交联剂一般为二缩水甘油醚化合物,含有两个环氧基,结构式如下:

$$H_2C\underset{O}{-\!\!\!-\!\!\!-}CH-R-CH\underset{O}{-\!\!\!-\!\!\!-}CH_2$$

环氧化合物用强酸性催化剂进行干态处理,可获得干、湿两种防皱性。用碱性催化剂进行湿态处理,仅可提高湿防皱性。

用以处理织物时需使用毒性很强的硅氟化锌($ZnSiF_6 \cdot H_2O$)或氟硼酸锌($ZnBF_4$)作为催化剂,使织物具有湿防皱性能。但由于环氧化合物价格较贵,催化剂毒性又大,因此未能推广应用,仅与乙烯脲等整理剂合用。

(4) 乙烯砜类 双乙烯砜在碱性介质中和常温下用以处理织物。用它处理后的织物,折皱回复性仅有中等程度的增加,织物稳定性好,易于贮放,用普通洗涤方法无氯漂脆损。但由于双乙烯砜本身的毒性非常强,臭味大并有催泪的刺激性,故难于实际应用。为了克服此缺点,一般是使用它的原料——双羟乙基砜或双磺酸乙基砜等,在整理条件下释出双乙烯砜与纤维起交联反应。双羟乙基砜整理时的反应是按下式进行的。

$$HO-CH_2CH_2-SO_2-CH_2CH_2-OH + HO_2S-CH_2CH_2-SO_2-CH_2CH_2-SO_2H \longrightarrow \begin{matrix} CH_2=CH \\ \diagdown \\ SO_2 \\ \diagup \\ CH_2=CH \end{matrix}$$

双羟乙基砜　　　　　双磺酸乙基砜

$$2R_{cell}-OH + CH_2=CHSO_2CH=CH_2 \xrightarrow{OH^-} R_{cell}-OCH_2CH_2SO_2CH_2CH_2O-R_{cell}$$

(5) 环氧氯丙烷或二氯丙醇防皱整理剂　结构式为：

$$\underset{\underset{O}{\diagdown\diagup}}{CH_2-CHCH_2Cl} \quad \text{或} \quad ClCH_2\underset{OH}{\overset{|}{C}}HCH_2Cl$$

上列两种防皱整理剂，可用碱性催化剂进行湿态加工，耐洗性、耐氯性与耐久性均优，缺点是降强较大。由于此类整理剂仅能提高湿防皱性，因此整理工序安排在使用一般N-羟甲基类树脂浸轧烘焙处理后，再进行。

(6) 环亚胺类防皱整理剂　环亚胺类化合物防皱整理剂是含有两个以上乙烯亚氨基的化合物，如：

$$\begin{matrix} CH_2 \\ |\diagdown \\ N-R \\ |\diagup \\ CH_2 \end{matrix} \quad \text{(氮丙啶环)}$$

$$\begin{matrix} CH_2 \\ |\diagdown \\ N-(CH_2-CH_2)_n \\ |\diagup \\ CH_2 \end{matrix} \quad \text{(氮丙啶基聚乙烯化合物)}$$

$$\begin{matrix} CH_2 \\ |\diagdown O O \\ N-\overset{\|}{P}-NH-(CH_2)_2-O-\overset{\|}{C}-CH_2-C_7F_{15} \\ |\diagup | \\ CH_2 N \\ CH_2\diagup\diagdown CH_2 \\ || \\ CH_2-CH_2 \end{matrix} \quad \text{(APO的十五氟碳辛酸衍生物)}$$

$$\begin{matrix} CH_2 CH_2 \\ |\diagdown \diagup| \\ N-(CH_2)_n-N \\ |\diagup \diagdown| \\ CH_2 CH_2 \end{matrix} \quad \text{(多官能团环亚胺双氮丙啶)}$$

它们在纤维之间形成的交联反应如下。

第一步是通过氮原子形成盐式结构：

$$\begin{matrix} H_2C-CH_2 \\ \diagdown\diagup \\ N \\ | \\ R \end{matrix} + H^+ \rightleftharpoons \begin{matrix} H_2C-CH_2 \\ \diagdown\diagup \\ N^+ \\ \diagup\diagdown \\ R H \end{matrix} \xrightarrow{X^-} \begin{matrix} CH_2-CH_2-X \\ | \\ N-H \\ | \\ R \end{matrix}$$

第二步是与纤维分子中的—OH反应，根据化合物分子上的环亚胺官能团数，它在织物上可有下列反应。

a. 替代反应

$$R_{cell}-OH + \underset{R}{\overset{}{\triangleright}}N-\overset{O}{\overset{\|}{C}}-NH-C_{18}H_{37} \longrightarrow$$

$$R_{cell}-OCH_2CH_2NH-\overset{O}{\underset{\|}{C}}-NH-C_{18}H_{37}$$

b. 交联反应

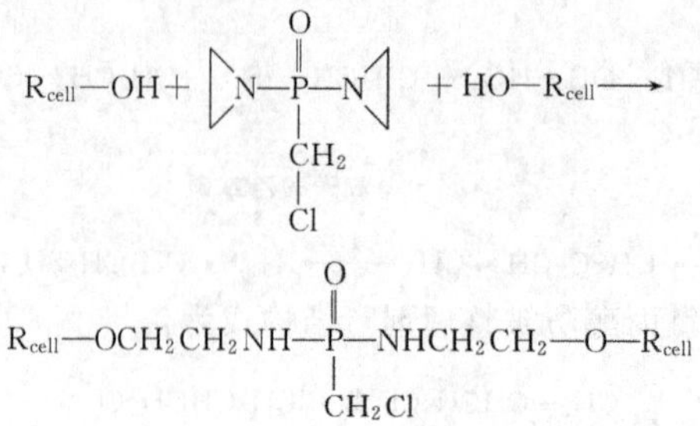

$$R_{cell}-OH + \underset{\underset{Cl}{\underset{|}{CH_2}}}{\overset{O}{\underset{\|}{N-P-N}}} + HO-R_{cell} \longrightarrow$$

$$R_{cell}-OCH_2CH_2NH-\underset{\underset{CH_2Cl}{|}}{\overset{\overset{O}{\|}}{P}}-NHCH_2CH_2-O-R_{cell}$$

c. 聚合反应

$$n\ \underset{N}{\overset{N}{O=P-N}} \longrightarrow \underset{\underset{A}{N}}{\overset{N}{O=P-N}}-CH_2CH_2-\underset{\underset{N}{N}}{\overset{B}{N-P=O}}$$

(A, B=H 或 —CH₂CH₂—N⟨)

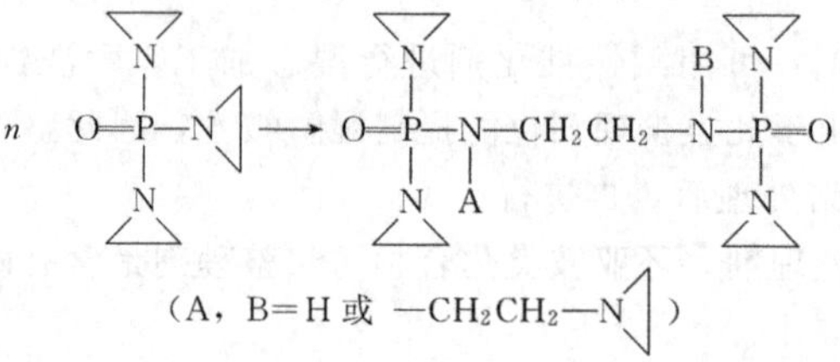

此外，多官能团环亚胺可在纤维素之间形成交联，如下所示：

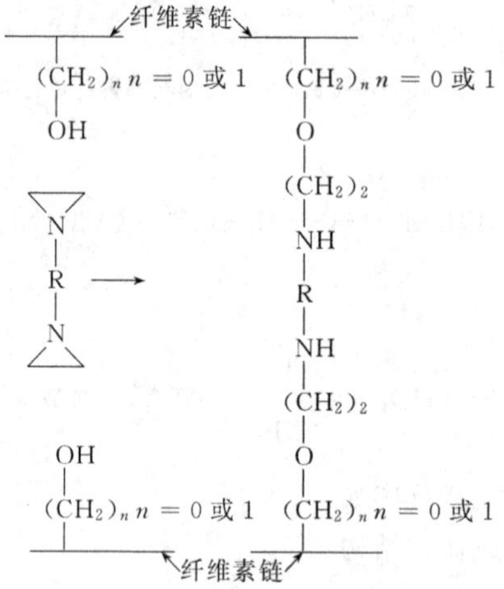

这类树脂防皱效果好，能提高折皱回复性，但是强力会有所下降。由于氨基的引入，对氯敏感。由于乙烯亚氨基有致癌性，应用受限。

（7）氨基甲酸酯 氨基甲酸酯羟甲基化后得到羟甲基氨基甲酸酯，结构式为：

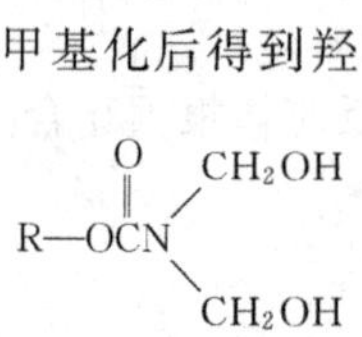

$$R-O\overset{O}{\underset{\|}{C}}N\underset{CH_2OH}{\overset{CH_2OH}{\diagup\diagdown}}$$

应用单羟甲基氨基甲酸酯整理后，织物的吸氯性直接与焙烘中使用的各种金属催化剂有关。在所有情况下，棉布用单羟甲基氨基甲酸酯处理之后，当在次氯酸盐溶液中水洗，会吸收氯气。如用氯化镁作催化剂，在一定温度下焦烫时，则氯气全释出，使强力几乎全部损失掉。但如用硝酸锌作催化剂，则经过加热，在相同温度下只释放出少量氯气，实际上没有脆损。

15.3.4 树脂催化剂

在织物进行整理加工中，除使用树脂初缩体外，还必须加入促使树脂与纤维交联的催化剂。催化剂的作用是加速树脂和纤维反应，降低反应温度和缩短反应时间，这些对生产工艺、整理设备和织物质量都有有利之处。

(1) 催化剂的要求　可作催化剂的很多，但为达到整理后较好的效果，并能适应加工设备和织物整理的要求，对催化剂的选用是非常重要的，至少要具备下列基本要求。

① 在工作液中有较高的稳定性　加入催化剂后的树脂溶液其化学和物理特性要求在数小时内无显著变化，催化剂与树脂不发生化学反应，工作液的pH值不明显下降，不致使树脂过早聚合或羟甲基发生水解现象。

② 有优良的促使树脂焙固作用　催化剂必须在焙固时或在一定条件下释放出需要的酸，在一定的温度和时间内，能使树脂在纤维中完成交联或缩聚反应，同时在焙固条件稍有变化时，不会严重影响树脂整理织物的性能；整理后织物上不具有难闻的臭味或有色物质，不会产生令人生厌的副产物；不会使白织物泛黄，不会使染色织物改变色光；对纤维没有损伤，催化剂用量要少等。

③ 具有良好的共溶性　所用的催化剂应与柔软剂、荧光增白剂及硬挺剂等常用的添加剂有良好的共溶性。

④ 不影响织物的力学性能　不同催化剂对织物整理效果有很大差异，要求所选催化剂对织物的力学特性，如强力、曲磨、平磨、撕破等指标不会有较大的影响。

(2) 常用的催化剂　催化剂的选用要根据树脂活度大小而定，活度高的树脂要选用活度较低的催化剂。也要根据所用工艺而定，如用快速焙固工艺，则要采用高效催化剂。含氮树脂采用浸轧＋烘干＋焙烘工艺时，常用释酸催化剂，如有机酸、金属盐、铵盐，其中用得较多的为氯化镁、硫酸铵、氯化铵、磷酸二氢铵等。随着树脂整理工艺发展需要可采用新的催化剂。为了更进一步简化工艺和设备，发展了高效催化剂。它是以一个金属盐为主体，加入另一类化合物中组成的，可降低焙烘温度或缩短焙固时间。现将常用催化剂性能列述如下。

① 高效催化剂　强酸金属盐与含有 α-羟基羧酸和其他物质的混合物，如氯化镁、柠檬酸、氟硼酸钠、硝酸铝及硫酸钠等混合物。高效催化剂在较低的焙固温度或在较短的时间内，就能发挥酸性催化作用，催化效果比单独组分时强得多，所以用于快速焙固工艺。

② 铵盐催化剂　常用铵盐催化剂有氯化铵、硫酸铵等，用作黏胶及其混纺织物树脂整理的催化剂，亦可与金属盐类催化剂混合使用。

尿素-甲醛树脂用铵盐作催化剂时稳定性较差，所以工作液应随配随用，不宜放置过长时间。焙烘后要加强洗涤，如洗涤不净，会产生鱼腥臭。磷酸二氢铵对树脂工作液的稳定性比其他铵盐略好。

易被氧化的染色织物不宜采用硝酸铵作催化剂，以免引起严重色变。

③ 金属盐类催化剂　用得最多的为氯化镁，也有用氯化锌、硝酸锌。氯化镁用于二羟甲基乙烯脲和二羟甲基二羟基乙烯脲的整理，对织物的白度，荧光增白剂和染色织物的日晒牢度均无影响。

用氯化镁作催化剂配制工作液时，应先将氯化镁加入树脂溶液中，调节至所需的pH值，最后加入各种已经稀释的添加剂或荧光增白剂。常用催化剂的性能见表15-4。

表 15-4 常用催化剂的性能

种 类	反 应 式	优 点	缺 点
① 游离酸	$HCl \rightarrow Cl^- + H^+$ $RCOOH \rightarrow RCOO^- + H^+$	适用于湿、微湿交联,反应性高,在室温就能反应,湿折皱回复性高,价格低廉	纤维素有降解危险,对温度敏感,需要充分地中和及清洗
② 强酸的无机盐类	$AlCl_3 + 3H_2O \rightarrow$ $Al(OH)_3 + 3HCl$	无气味,湿干折皱回复性高,不影响日晒牢度,耐久性好	要较高焙烘温度
③ 无机酸的铵盐	$NH_4Cl + H_2O \rightarrow$ $NH_3 \cdot H_2O + HCl$	价廉,反应性高,与其他助剂相溶性好	有鱼腥味,对直接、活性染料染色的织物,要降低耐晒牢度和产生变色、变黄现象
④ 羟胺或有机胺的盐酸盐	$NH_2OH \cdot HCl \rightarrow$ $NH_2OH + Cl^- + H^+$	适用于快速焙烘,树脂浴稳定,不泛黄	洗涤要求高,价贵,比无机盐弱
组合催化剂 ①+③等 ①+②		适当混合,可避免缺点	

(3) 催化剂的用量　使用催化剂时用量必须适当,过多会引起树脂破坏和纤维水解,过少会反应不完全,因此,催化剂的用量不当同样要影响加工的质量。催化剂用量,一般以树脂固体量的百分比计算,但也可按照树脂工作液浓度计算。

常用催化剂的用量如表 15-5 所示。

表 15-5 常用催化剂的用量

催 化 剂	含量/%	催 化 剂	含量/%
氯化铵	2.5~4.0	硫氰酸铵	5.0~6.0
硫酸铵	2.5~4.0	甲酸铵	5.0~6.0
硝酸铵	3.0~5.0	氯化锌	6.0~8.0
三乙醇胺盐酸盐	3.0~8.0	氯化镁	10.0~15.0
磷酸二氢铵	2.5~5.0	结晶硝酸锌	6.0~10.0

15.4　主要防皱整理剂的制备

15.4.1　N-羟甲基类树脂的制备

(1) 脲醛树脂的制备

① 二羟甲基脲的制备

合成反应:

$$H_2N-CO-NH_2 + CH_2O \longrightarrow H_2N-CO-NHCH_2OH$$

$$H_2N-CO-NHCH_2OH + CH_2O \longrightarrow HOCH_2NH-CO-NHCH_2OH$$

制备方法:在玻璃反应釜或陶瓷缸中加入 37% 的甲醛水溶液。用 10% NaOH 溶液调节甲醛溶液的 pH 值为 7.5~9.0,并搅拌 30min 使 pH 值趋于稳定,在搅拌下均匀而缓慢地加入粉状尿素,然后开始加热,加热到 50~60℃时,接通回流,继续升温,控制反应温度为 80~100℃,保温 30~60min。待缩合反应完成后,加入水或冰,保持物料温度在 40℃以下,搅拌至树脂初缩体充分溶解于水中后,再静置数小时,取出上层澄清液即可使用。

脲醛树脂初缩体中单羟甲基脲和双羟甲基脲含量的比例，对其整理性能有很大关系。双羟甲基脲含量高（甲醛用量多），防缩防皱效果好，但纤维强度降低较严重；单羟甲基脲含量高（尿素用量多），整理效果较差，但手感较柔软，纤维强度损失较小。为使树脂整理达到最高的防缩防皱效果和最低的纤维降强，必须控制甲醛和尿素的分子配比，以调节单、双羟甲基脲的比例。一般尿素和甲醛的摩尔比为 1∶1.8。

② 甲醚化二羟甲基脲树脂的制备

合成反应：

$HOCH_2NH—CO—NHCH_2OH + 2CH_3OH \longrightarrow H_3COCH_2NH—CO—NHCH_2OCH_3 + 2H_2O$

制备方法：在 2 摩尔甲醇中加入 1 摩尔尿素和 2 摩尔甲醛，用碱剂调节 pH 值为 8～9 后将此混合物加热，搅拌直至甲醛消失和羟甲基化反应完成。再用适合的酸调节 pH 值为 4～5，并继续加热，搅拌直至甲醚化反应结束，反应物料成为透明溶液。在真空下蒸除多余甲醇则可制得含活性物质 45%～80%的产品。

(2) 三聚氰胺-甲醛树脂的制备

① 三羟甲基三聚氰胺树脂的制备

合成反应：

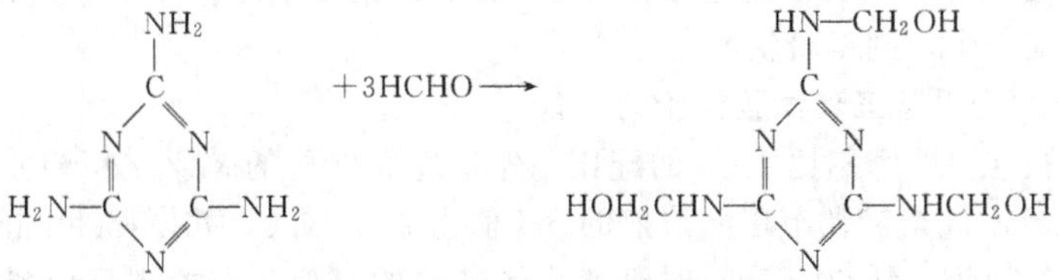

制备方法：将三聚氰胺与甲醛按摩尔比 1∶3 的配比备好。先将 37%的甲醛水溶液加入反应釜中，用 10%NaOH 溶液调节溶液的 pH 值为 7.5～9.0，并搅拌 30min 使 pH 值趋于稳定，然后开始加热，到 60～70℃时迅速将已破碎的三聚氰胺投入反应釜内，在温度达 80～90℃时，有冷凝液回流后开始计时，反应通常需要 80min，用水稀释度控制反应进程，结束反应时，停止加热并冷却至 35℃，加三乙醇胺得到透明溶液，然后在真空下浓缩干燥，制得粉状产品。

② 甲醚化三羟甲基三聚氰胺树脂的制备

合成反应：

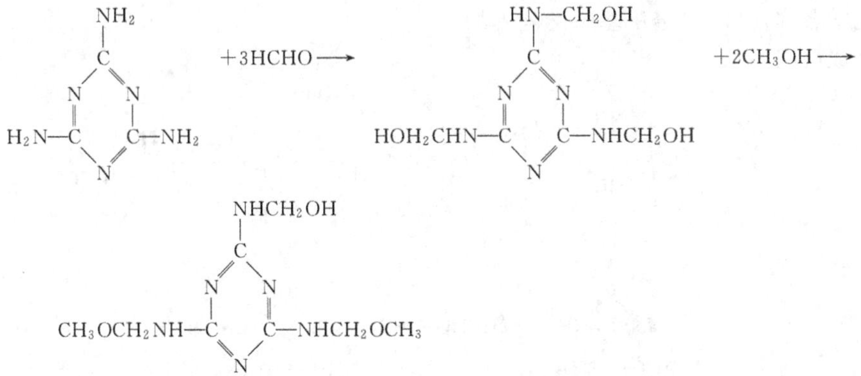

制备方法：将37%甲醛130kg投入反应釜，用10%NaOH溶液调整pH值为8.0～8.5，开动搅拌30min，使pH值趋于稳定，然后开始加热，到60～70℃时迅速将已破碎的三聚氰胺60kg加入反应釜，然后逐步升温至反应物变清。在75～80℃下回流，pH值控制在8.0～8.5，有冷凝液回流后开始计时，1h内即可完成三羟甲基三聚氰胺的缩合。冷却之后，按10摩尔甲醇，1摩尔三聚氰胺量加入甲醇，pH值调节至4，在回流下反应近1h，中和后，在减压下蒸出甲醇，调至适当固含量（通常60%～80%），得到产品。

③ 六羟甲基三聚氰胺树脂的制备

合成反应：

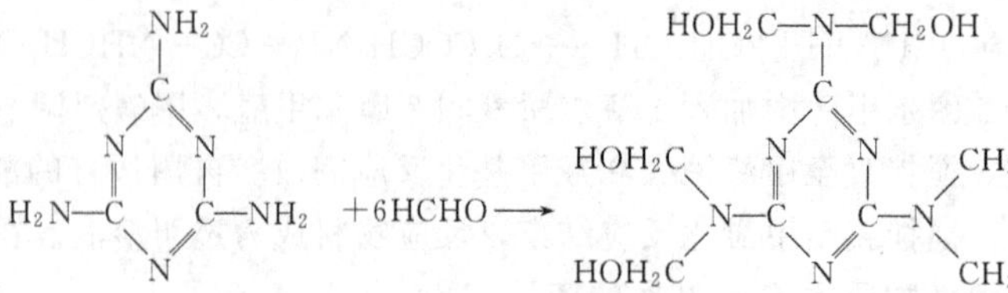

制备方法：按三聚氰胺与甲醛摩尔比1∶6的配比，先将过量50%的37%的甲醛水溶液加入反应釜中，用10%NaOH溶液调节甲醛溶液的pH值为7.5～9.0，并搅拌30min使pH值趋于稳定，然后开始加热，到60～70℃时迅速将已破碎的三聚氰胺投入反应釜内，控制温度在60～70℃，反应通常需要2～3h。结束反应时，停止加热并冷却到35℃，可在真空下浓缩干燥，制得粉状产品。

④ 甲醚化六羟甲基三聚氰胺树脂的制备

按三聚氰胺与甲醛摩尔比1∶6的配比，先将过量50%的37%的甲醛水溶液加入反应釜中，用10%NaOH溶液调节甲醛溶液的pH值为7.5～9.0，并搅拌30min使pH值趋于稳定，然后开始加热，到60～70℃时迅速将已破碎的三聚氰胺投入反应釜内，控制温度在60～70℃，反应通常需要2～3h。反应结束时，停止加热并冷却、过滤出不溶性的六羟甲基三聚氰胺，冷水洗涤，成为含水30%～50%的湿饼，将湿饼加入甲醇中制成浆状，甲醇与六羟甲基三聚氰胺摩尔比为15∶1，反应温度控制在25～30℃，pH值为1～2。由于滤饼中的水分，加上醚化时形成的水分，使甲基化反应不能完全。每分子六羟甲基三聚氰胺结合的甲醇，不会超过4分子。反应后中和，减压蒸馏除去水和过量的甲醇，再用过量的甲醇，重复进行甲基化。中和以后，醚化产生的水分与过量的甲醇一起在减压下蒸馏除去。

(3) 二羟甲基乙烯脲（DMEU）的制备

化学名称：1,3-二羟甲基-2-咪唑啉酮

合成反应：

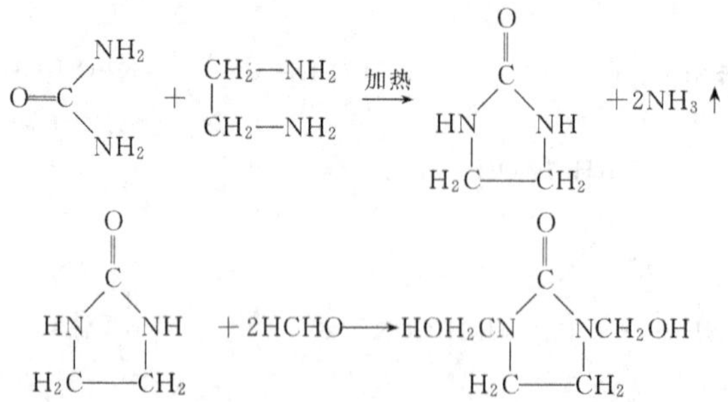

制备方法：由1mol尿素和1mol乙二胺在250℃反应生成环乙烯脲，再和2mol甲醛水溶液在微碱性介质中进行加成反应而制得。

(4) 二羟甲基二羟基乙烯脲（DMDHEU或2D树脂）的制备

① 二羟甲基二羟基乙烯脲（DMDHEU或2D树脂）的制备

化学名称：1,3-二羟甲基-4,5-二羟基-2-咪唑啉酮

合成反应：

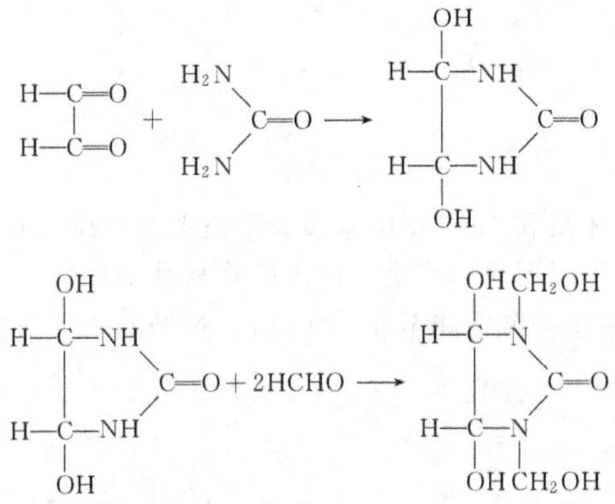

[化学反应式]

它是1mol乙二醛、1mol尿素和2mol甲醛的初缩体。

② 4,5-二乙基醚化DMDHEU的制备

合成反应：

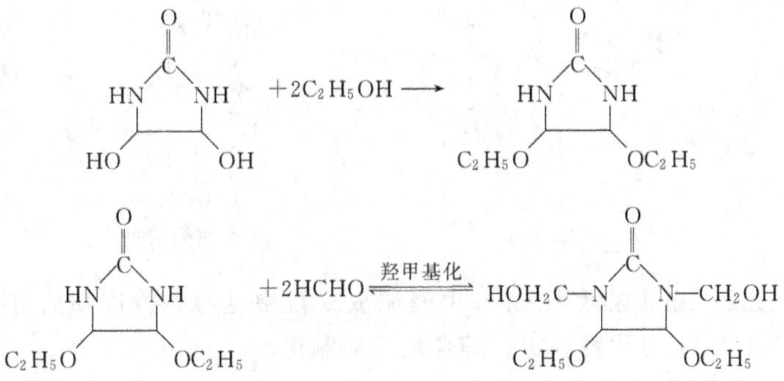

[化学反应式]

(5) 1,3-二羟甲基-2-嘧啶酮的制备

合成反应：

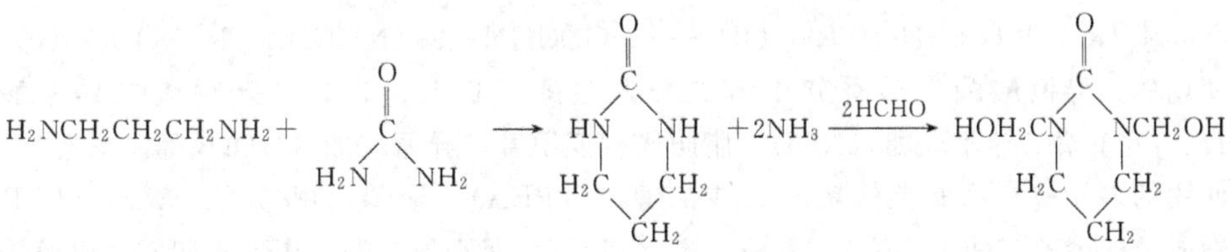

[化学反应式]

(6) 二羟甲基乌龙（DMUr）的制备

合成反应：

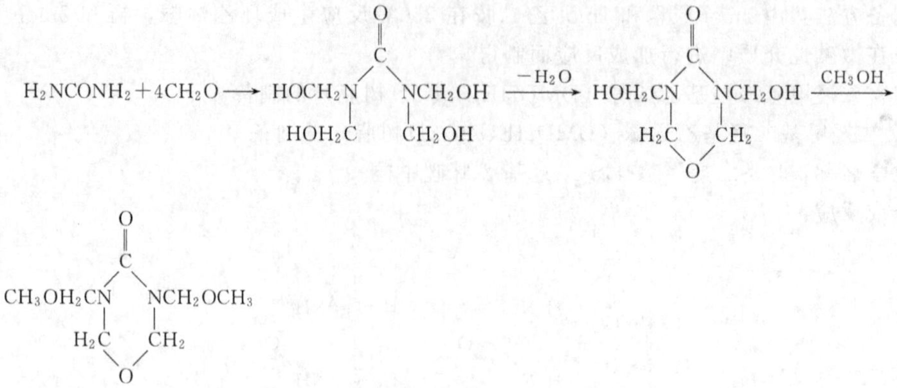

$$H_2NCONH_2 + 4CH_2O \longrightarrow \underset{\underset{CH_2OH}{HOH_2C}}{HOCH_2N}\underset{\underset{CH_2OH}{\bigcirc}}{\overset{\overset{O}{\|}}{C}}NCH_2OH \xrightarrow{-H_2O} \underset{\underset{CH_2}{H_2C}}{HOH_2CN}\underset{\underset{O}{\bigcirc}}{\overset{\overset{O}{\|}}{C}}NCH_2OH \xrightarrow{CH_3OH}$$

$$\underset{\underset{H_2C}{CH_3OH_2CN}}{}\underset{\underset{O}{\bigcirc}}{\overset{\overset{O}{\|}}{C}}NCH_2OCH_3$$

制备方法：将1mol尿素和4mol甲醛（多聚甲醛形态）在2mol甲醇溶液中进行反应，调整pH值为8，甲醛消失时反应即完全。用无机酸调整pH值为1，使甲醇与之发生醚化反应，搅拌至反应完全后用烧碱中和至pH值为7，过滤除去无机盐，滤液进行蒸馏得到产品。

（7）三嗪酮的制备
合成反应：

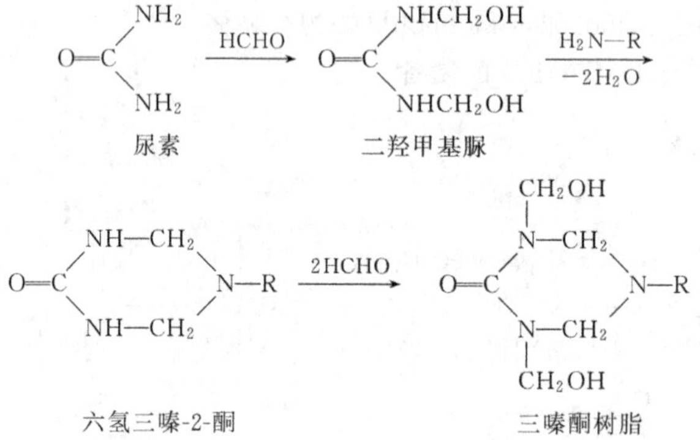

尿素 → 二羟甲基脲 → 六氢三嗪-2-酮 → 三嗪酮树脂

制备方法：先将1mol尿素和2mol甲醛制成二羟甲基脲，待冷却后加入1mol伯胺，当反应完全后再加入2mol甲醛，进行缩合反应而制得。

15.4.2 无甲醛类树脂整理剂的制备

（1）聚氨酯树脂类 该类树脂是由二异氰酸酯和多元醇反应而制得。化学反应式如下：

$$n\text{OCN}-\text{R}-\text{NCO} + n\text{HO}-\text{R}'-\text{OH} \longrightarrow (\text{OOCHN}-\text{R}-\text{NHCOO}-\text{R}'-\text{OOCNH})_n$$

使用的二异氰酸酯有芳香族甲苯二异氰酸酯（TDI）、4,4'-二苯甲烷二异氰酸酯（MDI）、1,5-萘二异氰酸酯（NDI）、脂肪族六亚甲基二异氰酸酯（HDI）等。
使用的多元醇有聚酯类的聚乙二酸二醇酯（PEA）、聚苯二甲酸乙二醇酯（PEPA）等；聚醚类的聚乙二醇（PEG）、聚丙二醇（PPG）、聚乙丙二醇（PEG+PPG）以及丙二醇、聚丁二烯二醇、蓖麻油等。
另外，水溶性热反应型聚氨酯Elastron BAP制备如下：

$$CH_3-CH_2-\underset{\underset{CH_2OH}{\overset{CH_2OH}{|}}}{\overset{|}{C}}-CH_2OH + H_2C\overset{O}{\underset{\diagdown\diagup}{-}}CH-CH_3 \longrightarrow CH_3-CH_2-\underset{\underset{CH_2O(CH_2CHO)_{\overline{n}}H}{\overset{CH_3}{|}}}{\overset{\overset{CH_3}{|}}{\underset{|}{C}}}\underset{|}{-CH_2O(CH_2CHO)_{\overline{n}}H}$$

$$\xrightarrow{HDI} CH_3-CH_2-\underset{\underset{CH_2O(CH_2CHO)_{\overline{x}}CONH(CH_2)_6NCO}{\overset{CH_3}{|}}}{\overset{\overset{CH_3}{|}}{C}}-CH_2O(CH_2CHO)_{\overline{x}}CONH(CH_2)_6NCO$$

$$\xrightarrow{Na_2S_2O_5} CH_3-CH_2-\underset{\underset{CH_2O(CH_2CHO)_{\overline{x}}CONH(CH_2)_6NHCOSO_3Na}{\overset{CH_3}{|}}}{\overset{\overset{CH_3}{|}}{C}}-CH_2O(CH_2CHO)_{\overline{x}}CONH(CH_2)_6NHCOSO_3Na$$

制备方法：首先用三羟甲基丙烷和环氧丙烷聚合生成低聚物，然后与过剩的 HDI 反应得到端异氰酸酯基的聚氨酯预聚体，最后再与焦硫酸钠反应得到产品。

(2) 环氧树脂类

① 甘油环氧树脂的制备

第一步，开环反应：

$$\underset{\underset{OH}{|}}{CH_2}-\underset{\underset{OH}{|}}{CH}-\underset{\underset{OH}{|}}{CH_2} + 3CH_2\overset{O}{\underset{\diagdown\diagup}{-}}CH-CH_2Cl \xrightarrow{BF_3}$$

$$\longrightarrow \underset{\underset{Cl}{|}}{CH_2}-\underset{\underset{OH}{|}}{CH}-CH_2-O-CH_2-\underset{\underset{CH_2Cl}{|}}{CH}-O-CH_2-\underset{\underset{CH_2Cl}{|}}{CH}-O-CH_2-\underset{\underset{OH}{|}}{CH}-CH_2Cl$$

第二步，闭环反应：

$$\underset{\underset{Cl}{|}}{CH_2}-\underset{\underset{OH}{|}}{CH}-CH_2-O-CH_2-\underset{\underset{OH}{|}}{CH}-O-CH_2-\underset{\underset{CH_2Cl}{|}}{CH}-O-CH_2-\underset{\underset{OH}{|}}{CH}-CH_2Cl + 2NaOH \longrightarrow$$

$$\overset{O}{\underset{\diagdown\diagup}{CH_2}}-CH-CH_2-O-CH_2-\underset{\underset{OH}{|}}{CH}-O-CH_2-\underset{\underset{CH_2Cl}{|}}{CH}-O-CH_2-CH\overset{O}{\underset{\diagdown\diagup}{-}}CH_2 + 2NaCl + H_2O$$

制备方法：将甘油与环氧氯丙烷加入反应器，以三氟化硼为催化剂，于 55～65℃进行开环反应，然后将所得到的黄色黏稠状液体用乙醇溶解并加入 NaOH，升温至 25～32℃进行闭环反应，便得到甘油环氧树脂-乙醇溶液。再将其静置分层，吸出上层溶液，除去 NaOH 后，经减压蒸馏除去乙醇，冷却至 65℃，趁热过滤除去 NaCl 即得甘油环氧树脂产品。其简单工艺流程如下所示。

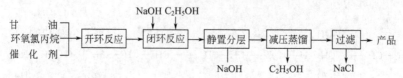

② 聚丁二烯环氧树脂的制备

结构式：

$$CH_3-CH-CH_2-CH_2-CH_2-CH-O-CH_2-CH_2-CH-CH-CH_2-CH-CH-CH_2\Big]_n$$
$$\quad\;\;| \quad |\qquad\qquad\qquad\qquad\qquad\qquad CH \quad\;\; CH \qquad\;\; CH$$
$$\;\;OH\;\; O-COCH_3 \qquad\qquad\qquad\qquad\qquad | \;\;\;O\;\;\; | \qquad || \qquad\quad | \;\;O\;\;\; |$$
$$\qquad\qquad\qquad\qquad\qquad\qquad\qquad\qquad\qquad CH_2 \quad CH_2 \quad\; CH_2$$

制备方法：以 1,3-丁二烯为原料，金属钠为催化剂，在苯溶剂中聚合，制得低分子量液体聚丁二烯，再用有机过氧酸（如过氧化乙酸）环氧化而成。其简单工艺流程如下所示。

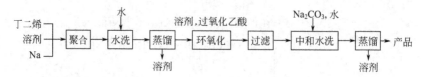

15.4.3 反应型交联剂的制备

(1) 乙烯砜类化合物

① 双乙烯砜化合物

可由双羟乙基砜以硫酸或磷酸脱水而制得：

$$\begin{array}{c}HO-CH_2CH_2\\ \diagdown\\ SO_2\\ \diagup\\ HO-CH_2CH_2\end{array} \xrightarrow{-2H_2O} \begin{array}{c}CH_2=CH\\ \diagdown\\ SO_2\\ \diagup\\ CH_2=CH\end{array}$$

也可由双氯乙基砜以叔胺脱盐酸而制得：

$$\begin{array}{c}Cl-CH_2CH_2\\ \diagdown\\ SO_2\\ \diagup\\ Cl-CH_2CH_2\end{array} \longrightarrow \begin{array}{c}CH_2=CH\\ \diagdown\\ SO_2\\ \diagup\\ CH_2=CH\end{array}$$

② 双羟乙基砜化合物　双羟乙基砜是由硫代双乙醇经氧化而制得，化学反应式如下：

$$\begin{array}{c}HO-CH_2CH_2\\ \diagdown\\ S\\ \diagup\\ HO-CH_2CH_2\end{array} \xrightarrow{O_2} \begin{array}{c}HO-CH_2CH_2\\ \diagdown\\ SO_2\\ \diagup\\ HO-CH_2CH_2\end{array}$$

(2) 环亚胺类化合物

① 含有两个乙烯亚氨基的化合物　其结构式为：

$$\begin{array}{c}CH_2\\ |\;\;\;\;\;\diagdown\\ \;\;\;\;\;\;N-CONH-(CH_2)_6-NHCO-N\\ |\;\;\;\;\;\diagup\\ CH_2\end{array}\begin{array}{c}\;\;\;\;\;CH_2\\ \diagdown\;\;\;\;|\\ \\ \diagup\;\;\;\;|\\ \;\;\;\;\;CH_2\end{array}$$

含两个乙烯亚氨基化合物的制法是由相应的二异氰酸酯化合物和乙烯亚胺进行反应而

制得。

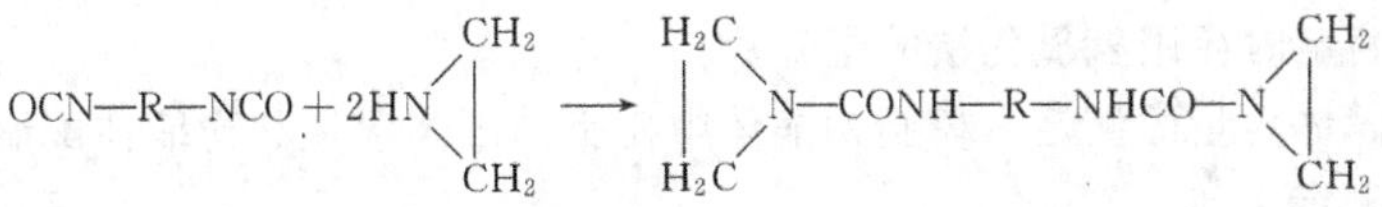

$$OCN-R-NCO + 2HN\begin{matrix}CH_2\\CH_2\end{matrix} \longrightarrow \begin{matrix}H_2C\\H_2C\end{matrix}N-CONH-R-NHCO-N\begin{matrix}CH_2\\CH_2\end{matrix}$$

② 含有三个乙烯亚氨基化合物　其结构式为：

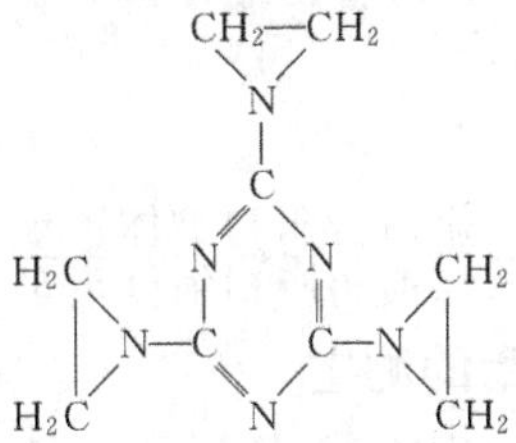

含三个乙烯亚氨基化合物的制法是由三聚氯氰和3mol乙烯亚胺缩合而成：

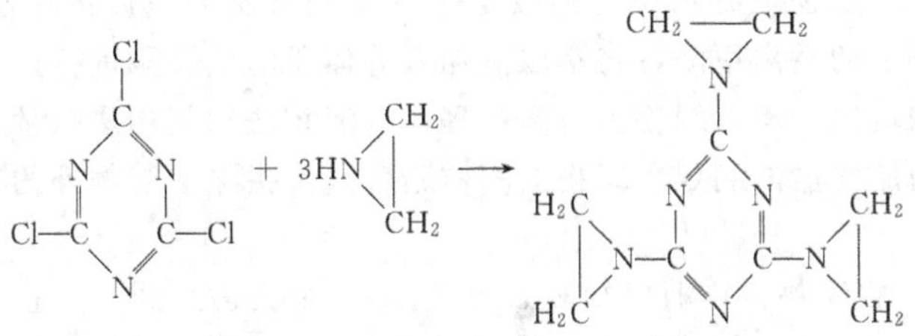

(3) 羟甲基氨基甲酸酯的制备

合成反应：

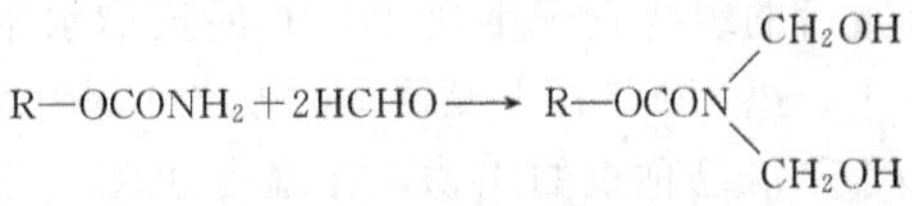

$$R-OCONH_2 + 2HCHO \longrightarrow R-OCON\begin{matrix}CH_2OH\\CH_2OH\end{matrix}$$

制备方法：由相应的氨基甲酸酯用甲醛进行羟甲基化反应而制成，每1mol氨基甲酸酯基和1mol或2mol甲醛，在pH值为8～9时反应而成。为了使产品的耐氯性良好，甲醛应采用2mol，以使其分子中不含亚氨基。

15.5　防皱整理作用的测定

15.5.1　防皱整理剂的测定

(1) 树脂初缩体中游离甲醛的测定　测定树脂初缩体中未反应的甲醛，以衡量初缩体是否达到要求，可采用酸-亚硫酸钠法测定。

① 试验方法　称取1～2g试样于锥形瓶中，加入100mL经煮沸冷至4～5℃的无二氧化碳的蒸馏水，把瓶放在冰浴中，保持瓶内液温为4～5℃；加入数滴百里酚蓝指示剂，用0.1mol/L氢氧化钠溶液滴至试液呈淡蓝色；然后，用移液管加入10mL 1mol/L盐酸溶液后，再加入50mL已冷却至该温度的1mol亚硫酸钠溶液，并立即用1mol/L氢氧化钠标准溶液滴定至溶液呈微蓝色。应同时做空白试验。

② 计算公式

$$游离甲醛 = \frac{(V_1-V) \times N \times 3.003}{样品重量} \times 100\%$$

式中，N 为氢氧化钠标准溶液浓度，mol/L；V_1 为空白滴定时耗用氢氧化钠的毫升数；V 为试样滴定时耗用氢氧化钠的毫升数。

(2) 树脂固体含量的测定　树脂初缩体中树脂的固体含量和初缩体配制是否正确，一般采用重量法测定。

① 试验方法　准确称取 1g 左右树脂初缩体，放在称量瓶中，置于 105~110℃ 烘箱内，烘 3~4h 至恒重。

② 计算公式

$$固含量 = \frac{烘后树脂初缩体重量}{烘前树脂初缩体重量} \times 100\%$$

15.5.2　防皱整理后织物上树脂的测定

(1) 织物上游离甲醛的测定　织物上游离甲醛的多少，对树脂整理织物的衣着卫生来讲是一个重要指标。织物上游离甲醛的测定是首先制备不同浓度的甲醛标准溶液工作曲线，然后萃取织物上的游离甲醛，将萃取液加入等体积的戊二酮进行比色，再在工作曲线上查得相对应的浓度值。萃取织物上游离甲醛，有液相法和气相法两种。

(2) 织物上树脂含量的测定　织物上的树脂含量是指除水溶物外的表面树脂和固着树脂总量。

① 试验方法　将织物试样剪成约 20cm×15cm，扯去边纱约 0.5cm，并用扯下的边纱将四角缝好，在边上缝几针。将剪取好的试样放在 105~110℃ 的烘箱中，烘 3h 后取出，再在干燥器中贮放半小时，立即用分析天平称量，重量为 G_B，然后测定下列项目。

a. 水溶物　将上述称重后的织物置于浴比 1∶40 的蒸馏水中处理半小时，然后取出烘干（在 105~110℃ 烘箱中，烘 3h），在干燥器中贮放半小时称得重量为 G_H。

b. 表面树脂　用蒸馏水萃取已称重的织物，在温度 90℃，浴比 1∶40 的皂液（皂片 2.5g/L，纯碱 2.5g/L）中处理 5min 取出，用蒸馏水洗至中性，烘干（105~110℃ 烘箱中，烘 3h），在干燥器中贮放半小时，称得重量为 G_S。

c. 固着树脂　将上述称重织物在浴比为 1∶40 的 0.1mol/L 盐酸液中，温度为 65℃，处理 1h，然后取出水洗至无氯离子为止（洗过的残液用 0.1mol/L AgNO$_3$ 检验，无白色沉淀），烘干（在 105~110℃ 烘箱中，烘 3h），在干燥器中放半小时，称重为 G_A。

② 计算公式

$$水溶物 = \frac{G_B - G_H}{G_A} \times 100\% \quad ; \quad 表面树脂 = \frac{G_H - G_S}{G_A} \times 100\% \quad ; \quad 固着树脂 = \frac{G_S - G_A}{G_A} \times 100\%$$

(3) 织物上树脂交联程度的测定

① 树脂整理指示剂法　树脂整理指示剂是用酸性红、直接湖蓝、苦味酸三者以一定的比例混合，加适量电解质，并调节 pH 至 4~5 而制得。由于此 3 种染料对纤维素 N-羟甲基化合物的反应与对纤维素纤维的直接性不同，因此纤维素交联程度不同，就会出现不同的色泽。

纤维素交联愈充分，上染苦味酸愈多，交联程度不同即呈现不同的黄色。但由于人类视觉对黄色鉴别能力差，故根据三原色拼色原理，又选择了直接湖蓝与酸性红两种染料混合配成指示剂。酸性红的酸性不及苦味酸，直接性又小于直接湖蓝。此指示剂应用于未处理织物上，黄色洗去，留下直接湖蓝，与具有直接性的酸性红，生成紫色。交联后，则纤维素 N-羟甲基化合物与苦味酸反应，未反应的纤维素羟基与直接湖蓝有直接性，而酸性红因对纤维素 N-羟甲基化合物的竞争反应不如苦味酸，故大部分洗去，同时又由于它对纤维素羟基的竞争反应不如直接湖蓝，又被洗去一部分，所以交联后的织物在滴加指示剂并水洗后变为绿色。

a. 主要染料　酸性红、直接湖蓝、苦味酸、乙醇、醋酸钠（工业品）。

b. 指示剂配制

0.5％酸性红（Kiton Fast Red BL）	280mL
0.5％直接湖蓝	81.5mL
苦味酸乙醇饱和液	12mL
乙酸钠	25g

用适量水溶解乙酸钠，调节混合液 pH 值为 4～5。

c. 步骤　将试样平放，在试样中心滴指示剂溶液 3 滴，反应 2min 后，用流动水冲洗 1min，取出用滤纸压干，晾干，比较其色泽变化。绿色表示交联充分。

应用时，如为色布，由于不易观察，则在试验时需带入白布，经同样工艺处理后，在白布上滴加指示剂，比较其色泽变化来判断色布的交联程度。此外，若织物经柔软剂处理，有拒水性，指示剂不易渗化，应将织物预先用酒精润湿后应用。

② 层析法　层析法也可用于判别纤维素纤维的交联程度。在涂以纤维素的薄层板上，点以样品，在适宜的展开系统中展开，显色后比较其交联程度。同样，纸层析法也可应用，纸层析法是把滤纸作为纤维素，在滤纸上滴加样品，于特定温度下焙烘，可与纤维素纤维起类似的交联反应，交联剂与滤纸起反应部分则固着于原点，未反应部分的交联剂则随展开剂展开。根据色谱及原点色泽的深浅，能比较其交联程度，借此也可定性地估计催化剂的活性。

a. 主要仪器和化学品　层析缸、喷雾器、毛细吸管、层析滤纸（新华 1 号）；氢氧化钠（CP）、氢氧化铵（CP）、硝酸银（CP）、正丙醇（CP）。

b. 试剂配制　$c(AgNO_3)$ 为 0.1mol/L 硝酸银溶液、$c(NaOH)$ 为 1mol/L 氢氧化钠溶液、$c(NH_4OH)$ 为 5mol/L 氢氧化铵溶液、0.5％乙酸溶液、10％硫代硫酸钠溶液。

吐仑试剂是将 $c(AgNO_3)$ 为 0.1mol/L 硝酸银溶液、$c(NaOH)$ 为 1mol/L 氢氧化钠溶液以及 $c(NH_4OH)$ 为 5mol/L 氢氧化铵溶液以等体积混合而制得。

c. 步骤　取一张 20cm×20cm 的层析滤纸，在离底端 3cm 处划一起始线，沿着起始线每隔 3cm 划一起始点记号，用毛细吸管点样，样品一般为 1％溶液。风干后，按所选定条件在烘箱内焙烘。然后在密闭层析缸中，用上升法展开。以正丙醇为展开剂，当展开剂前沿上升到离滤纸顶端还有 3～5cm 处，取出滤纸在空气中干燥。

15.5.3　防皱整理后织物性能测定

（1）织物干、湿强力　织物干、湿强力是表示织物在干燥状态和湿润状态时抵抗破裂的能力。

测试时取 5cm×20cm 试样在织物断裂强度试验机上按规定进行操作，读出试样断裂时刻盘上的数值。湿强力是将织物在 25～30℃蒸馏水中浸 1h，最后用手平整地挤去水分，将湿的试样在断裂强度试验机上按规定进行操作。

（2）撕破强力　撕破强力是测试织物在剪切力作用下的强度。黏胶丝织物经树脂整理后往往引起撕破强力的下降,桑蚕丝织物如处理不当也会出现这种现象。

测试时取 5cm×20cm 试样,按划样板在试样中间剪开 1cm,然后在撕破强力机上进行测试。

(3) 缝纫强力　织物经化学整理后变得硬挺,纱线变得僵硬,在缝纫时易被缝针割断。用高速缝纫机缝制时,由于缝针不断与织物中纱线摩擦而发热,甚至达到合成纤维熔融的温度,从而将混纺纱线中可熔性合成纤维炙伤,使织物缝合处的强度降低。缝纫强度过低的织物就失去服用价值。测试后可预测织物的缝纫强力是否太低,对树脂整理产品有重要意义。

测试方法:取 5cm×6cm 试样,沿长度方向将试样对折,离折痕 1cm 处用家用缝纫机缝一条与折痕平行的缝线(14$^\#$ 缝针,缝针密度 6 针/cm),然后在强力试验机上试验。

(4) 曲屈磨损　曲屈磨损表示织物在弯曲条件下受磨损的程度。树脂整理后的黏胶丝织物、桑蚕丝织物都有屈磨下降现象。

取试样 2.5cm×20cm,在屈曲磨损机上进行。

(5) 干、湿弹性　干弹性表示织物在干态折皱后的回复性能;湿弹性表示织物在湿态折皱后的回复性能。干、湿弹性测试方法很多,有的以回复百分率计算,有的采用回复角计算。目前我国干、湿弹性测试方法是采用测量回复角度来计算的。将织物裁剪成规定的凸字形,对折压重一定时间,再去掉压重,观察其回复角度。

湿弹性测试方法与干弹性相同,只是将织物在规定的溶液中浸湿,在一定条件下去除多余水分,再按与干弹性同样的方法测其回复角度。

(6) 风格　织物的风格是对织物外观、服用、手感等织物特征的综合评定。历来都是通过手摸目测进行评定的,人为误差大,且难以用文字描写清楚其程度上的差异。织物风格仪是一种用多项力学量的方法来测定织物风格的仪器。同时可按照产品风格的特性,灵活地选择其中部分针对性较强的项目测定,可以加快试验速度。国内已有 SYG5501 型风格仪生产(上海长江科学仪器厂)。测定内容有活泼性、弯曲刚性、弯曲应力,表面摩擦的滑、糙、爽程度、厚度、蓬松率、压缩弹性、丰满性、起拱变形,交织阻力及平方米重等。测试需在标准温度[(20±2)℃],相对湿度(65±3)% 条件下进行。

① 表面摩擦性　表面摩擦性主要表示染整成品织物的滑、糙、爽程度。其表示方法有平均动摩擦系数($\overline{U_K}$),平均静摩擦系($\overline{U_S}$),动摩擦系数变异系数(C_U)。

② 交织阻力　交织阻力是测定从织物中抽出一根纱(或线)时的最大阻力。其值与产品的板结程度有一定关系,用最大交织阻力平均值(P)表示。

③ 抗弯试验　抗弯试验是测定染整成品的活泼性、刚柔性、弹力保持性等。表示方法有弯曲刚性(S_B)、弯曲刚性指数(S_B/I)、最大抗弯力(F_{max})、活泼率(L_P)、弹力保持率(测定试样在一定弯曲曲率变形下的应力松弛情况,R)。

④ 压缩性试验　压缩性试验是测定织物厚实、蓬松和丰满程度的试验。表示方法有试样的蓬松率(B),压缩弹性率(R_E),全压缩弹性率(R_{CE})。

⑤ 起拱变形试验　起拱变形试验是测定织物在接近服装的肘部、膝部变形特征条件下的回复能力,并计算起拱变形残留率。

风格仪还能直接测出织物的平方米重,并计算出表观密度 Y 和表现比容 β。通过风格仪,对织物手感、弹性、丰满、滑爽等代表风格的名词,可用数值表示和评价。风格仪虽能用数据表达各项性能，但最终还需由熟练、有经验的人员来评定，或用服用来验证其实用价值。

参考文献

[1] 陈真光，刘志秋，兰艳．人造棉增弹抗皱整理［J］．印染，1996，(8)：20-21.
[2] 陈克宁．新型的无醛防皱整理剂——多元羧酸（一）［J］．印染，1996，(4)：36-37.
[3] 陈克宁．新型的无醛防皱整理剂——多元羧酸（二）［J］．印染，1996，(5)：40-41.
[4] 韦昌青，唐颐恒．棉织物抗皱整理工艺实践［J］．印染，1999，(6)：27.
[5] 鲍萍，李群．无甲醛防皱整理剂 TLCA 的制备及其应用［J］．印染，2000，(2)：19-21.
[6] 徐宏世．高支棉府绸无甲醛防皱整理研究［J］．印染，1998，(5)：22-23.
[7] 黄立泽．施予长校谈谈棉织物的免烫整理［J］．印染译丛，1989，(3)：33-35.
[8] 徐佩宇译，黄立校．防皱交联剂的化学反应［J］．印染译丛，1989，(6)：53-73.
[9] 唐志翔译，王秀玲校．柠檬酸结合马来酸聚合物的棉织物无甲醛耐久定形整理［J］．印染译丛，1999，(1)：56-63.
[10] 王秀玲译，唐志翔校．在无甲醛耐久定形整理中的混合多羧酸和混合催化剂［J］．印染译丛，1997，(5)：28-36.
[11] 何中琴译，王雪良校．以聚马来酸化学性质为基础无甲醛耐久定形整理［J］．印染译丛，2001，(3)：54-57.
[12] 王秀玲译，张树森校．用于改善柠檬酸整理白度和 DP 性能的添加剂［J］．印染译丛，2000，(4)：50-54.
[13] 丁绍敏，周礼政．环保助剂在绿色纺织品开发中的应用［J］．染整技术，2001，(2)：33-37.
[14] 唐志翔译，王秀玲校．耐久定形棉产品的化学组成和机理［J］．印染译丛，1996，(4)：32-35.
[15] 李晓光．羟甲基酰胺防皱整理剂的应用现状与前景［J］．印染助剂，1995，(2)：1-6.
[16] 董永春．树脂整理剂的研究开发进展［J］．印染助剂，1994，(2)：3-9.
[17] 孙斌．织物防缩防皱整理剂现状和前景∥全国工业表面活性剂生产技术协作组、全国工业表面活性剂中心编．第八届全国工业表面活性剂工业表面活性剂技术经济文集（6）．大连：大连出版社，2000，(3)：351-355.
[18] 金咸镶．染整工艺试验［M］．北京：纺织工业出版社，1997.
[19] H. 马克等．纺织物的化学整理［M］．北京：纺织工业出版社，1984.
[20] 黄洪周．化工产品手册（工业表面活性剂）［M］．北京：化学工业出版社，1999.
[21] 梅自强．纺织工业中的表面活性剂［M］．北京：中国石化出版社，2001.
[22] 黄汉平．纺织品功能整理［M］．北京：纺织工业出版社，1992.
[23] 方矧之．丝织物整理［M］．北京：纺织工业出版社，1985.
[24] 杨丹．真丝绸染整［M］．北京：纺织工业出版社，1983.
[25] 罗巨涛．染整助剂及其应用［M］．北京：中国纺织出版社，2000.
[26] 李宗石，刘平芹，徐明新．表面活性剂合成与工艺［M］．北京：中国轻工业出版社，1995.
[27] 丁忠传，杨新玮．纺织染整助剂［M］．北京：化学工业出版社，1988.
[28] 刘必武．化工产品手册：新领域精细化学品［M］．北京：化学工业出版社，1999.
[29] 矶田孝一，藤本武彦．表面活性剂［M］．天津市轻工业化学研究所译．北京：轻工业出版社，1978.
[30] 程静环，陶绮雯．染整助剂［M］．北京：纺织工业出版社，1985.
[31] 张武最，罗益锋，杨维榕．化工产品手册：合成树脂与塑料•合成纤维［M］．北京：化学工业出版社，1999.
[32] 章杰．纺织品后整理的生态要求［J］．印染，2006，(11)：45-50.

第16章
柔软整理剂

16.1 概述

在染整加工中,为了使织物具有滑爽、柔软的手感,提高成品质量,除了采用橡毯机械处理调节手感外(改善织物交织点的位移性能),往往还用柔软剂进行整理。天然纤维在后整理时,采用各种树脂,虽能防缩、防皱、快干、免烫,使织物具有某些合纤的优越性能,但手感变得比较糙硬,因此必须在树脂工作液中或在后处理浴中加入柔软剂进行整理。棉型或中长化纤混纺织物,如涤棉、涤黏、涤腈等,成品都要求具有滑爽、柔软等特征,柔软整理更显得重要;腈纶、维纶纤维混纺的织物,经过高热处理手感一般都很糙硬,柔软整理成为不可缺少的工序之一。另外,毛纺、丝绸、针织等织物都需进行柔软整理。特别是超细纤维的不断开发,更需要相应的超级柔软剂,以满足市场的需要。柔软整理已成为纺织印染加工中提高产品质量,增加附加价值必不可少的一道重要后整理加工工序。

16.2 柔软整理机理

16.2.1 表面活性剂类柔软剂的界面吸附

纺织纤维是由线型高分子构成的比表面很大的物质,形状十分细长,分子链的柔顺性也较好。当整理液中加入表面活性剂(或柔软剂)后,由于表面活性剂在界面(纺织纤维与整理液)上易发生定向吸附,从而降低了界面张力,扩大表面积所需之功减少,使纤维变得容易扩展表面,伸展其长度。结果是织物变得蓬松、丰满,产生了柔软手感。

另一方面,表面活性剂在纤维表面吸附有薄薄的一层,而且疏水基向外整齐地排列着。这样,摩擦就发生在互相滑动的疏水基之间,疏水基越长越易于滑动。因此,表面活性剂在纤维表面的吸附,除能降低纤维的表面张力以外,还能减少纤维的摩擦系数。降低纤维之间或纤维与人体之间的摩擦阻力能获得柔软的手感。适当的降低摩擦系数还能使织物在受到外力时纱线便于滑动,从而使应力分散,撕裂强度得到提高,或者在加工过程中受到张力的纤维容易回复到松弛状态,织物变得蓬松。

根据热力学理论,最能降低纤维表面张力的物质在纤维表面的吸附作用越强,形成的吸附膜强度也越大。阳离子表面活性剂依靠静电引力较强地吸附在纤维表面(大多数纺织纤维在水中带负电荷），降低界面张力的作用较大。如用阳离子表面活性剂作为柔软剂时，它的用量一般较少，常以单分子或几个分子层在纤维表面成膜，形成垂直定向吸附层。当然，能够降低纤维表面张力的物质不限于阳离子表面活性剂，有些阴离子、非离子、两性表面活性剂也有这种作用。

16.2.2 改善纤维表面的润滑性能及降低摩擦系数

有些柔软剂分子本身对纤维缺乏吸附和化学结合的性能，但能在纤维表面形成一层透气的连续性树脂薄膜，故往往也用来作为织物的柔软整理剂。属于此类柔软剂的是一些非表面活性物质和聚乙烯乳液等高分子乳液。例如硬脂酸和石蜡的乳液在纤维表面靠物理吸附并堆积成膜，降低界面张力的作用虽较小，但有减小纤维摩擦系数的作用。聚乙烯乳液在织物表面形成一层连续性的拨水树脂薄膜，增加了织物的平滑性。

有机硅树脂的柔软平滑作用是由于有机硅树脂的甲基定向排列结构，从而使甲基间有很大的间隙。有机硅树脂的分子主链十分柔顺，甲基围绕 Si—O 主键旋转的自由能几乎为零，这使整个聚硅氧烷的旋转十分自由柔顺，决定了聚二甲基硅氧烷作为织物柔软整理剂，使纤维之间的静摩擦系数下降，用很小的力就能使纤维之间开始滑动而感到很好的柔顺性。

(1) 纤维间的摩擦与柔软性的关系　纤维间的摩擦与柔软性的关系可用静摩擦系数 (μ_s) 与动摩擦系数 (μ_d) 对柔软作用的影响来说明。

在柔软整理中要求静、动摩擦系数都降低，但柔软感和降低静摩擦系数的关系更大。例如，在黏胶长丝上分别施加两种不同的柔软剂，柔软剂 1 含有聚二甲基硅氧烷等组分，柔软剂 2 以阳离子表面活性剂为主要组分。两种柔软剂在纤维上的含量各为 0.2% 时，于 20℃，相对湿度 65% 条件下，测定摩擦系数和柔软性之间的关系，如表 16-1 所示。

表 16-1　摩擦系数和柔软性之间的关系

柔软整理	静摩擦系数(μ_s)	动摩擦系数(μ_d)	柔软性
不加柔软剂	0.228	0.189	粗硬
用柔软剂 1 处理	0.208	0.170	柔软，稍粗硬
用柔软剂 2 处理	0.125	0.713	柔软，滑爽

实验证明，表 16-1 中柔软剂 2 适宜作为柔软整理剂用，要求 μ_s 低些（但也不是越低越好，因 μ_s 太低会使纤维抱合力减小，纱线强力下降），并且最好是 $\mu_s < \mu_d$。

(2) 柔软剂的用量与摩擦系数的关系　柔软剂的用量直接影响到纤维表面润滑油膜的厚度。根据油膜的厚度，润滑性质可分为流体润滑和边界润滑（图 16-1）。流体润滑是摩擦的两个表面完全被连续的流体膜隔开，而边界润滑则流体膜非常薄，甚至部分表面还未被覆盖而属于固体表面间直接接触的干燥摩擦。半流体润滑区是边界润滑和流体润滑区之间的过渡区域，它包含整个曲线中摩擦最小的区段。由于油膜厚度与纤维间相互摩擦的速度 (v)、润滑剂的黏度以及摩擦面之间的压力 (P) 的大小有关，用 β 来表示，摩擦系数 μ 与 β 之间的关系见图 16-1。由图可见，边界润滑在低速度时摩擦系数相当大。而流体摩擦在高速度时摩擦系数较大，这是润滑油膜流失、减薄等原因造成的。作为柔软整理剂使用时，摩擦速度不高，如果施加柔软剂的量使纤维间的摩擦处在流体润滑区或半流体润滑区中摩擦系数较小的区段中，则纤维的摩擦系数可望达到最低值。

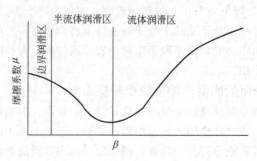

图 16-1 上过润滑剂的纤维的摩擦性状

一般来说,柔软剂的用量与摩擦系数之间有如下关系:边界润滑的含油率为 0.05%～0.3%,油膜厚度约为 $1\mu m$,形成单分子层吸附;流体润滑的含油率为 0.3%～2%,形成由多分子层堆积而成的厚度约为 $100\mu m$ 的膜。柔软剂用量一般在 0.3% 以上,纤维的润滑大多属于流体润滑。应当认为,在纤维表面形成油膜的厚度不但与柔软剂的用量有关,还与纤维的细度或比表面积有关。较细的纤维比表面积较大,形成一定厚度的膜需要较多的柔软剂。例如,占羊毛重量 0.5% 的柔软剂能在 $15m^2$ 纤维表面上形成一层厚度为 $26\mu m$ 的膜。显然,如将同样重量的柔软剂施加到纤维更细的织物上,则由于比表面积较大,成膜厚度一定较薄。

16.3 柔软剂的分类

柔软剂是降低纤维间的摩擦系数,以获得纤维表面柔软、润滑效果的纺织助剂。纺织品用柔软剂必须具有如下特性:良好的柔软性,对多种纤维的适用性;与其他助剂的配伍性好;对人体无过敏和刺激作用,在加工时无不良气体逸出;无泛黄、色变现象,不影响染料日晒牢度;耐洗性好;符合染整加工中高温处理的要求;价格适中,整理工艺简单,贮藏性稳定;能生物降解。

柔软剂一般很少使用单一的化学物质。目前使用的柔软剂,大致分为四类:非表面活性类;表面活性剂类;反应型和高分子聚合物乳液型。

16.3.1 非表面活性类

(1) 天然油脂、石蜡类　非表面活性柔软剂早期以此类为主,它们是以天然油脂、石蜡为原料,在乳化剂的作用下配制成乳液,可以用作纺织油剂和柔软整理剂。

所用的天然油脂为硬脂酸、椰子油、白油等。乳化剂常用阴离子型的拉开粉或非离子型的平平加 O 等。为增进乳液的稠厚度,有时还加入羧甲基纤维素、骨胶等增稠剂。其中,以石蜡乳液最为重要。石蜡乳液 pH 值为 7,呈中性,能耐酸、碱和硬水,可以和水以任意比例稀释。

这类柔软剂手感好,对降低流体摩擦效果好,主要用于针织内衣织物的后整理,可使纱线及纤维表面光滑,并能使布面手感滑爽和丰满,在缝纫时能减少阻力,针头温度上升不高,不易起针洞,对提高缝纫效率和质量的作用很大。也可用作绒布起毛助剂,在起毛机拉绒时使钢丝针辊上的针容易刺进棉纱表面,从而顺利地拉出绒毛,否则起绒就比较困难。这类柔软剂国内称为柔软剂101。

(2) 脂肪酸的胺盐皂　脂肪酸用胺类中和，可生成稳定的胺盐，就像脂肪酸的金属盐一样，具有肥皂的性质，能溶于水，呈弱碱性（pH=8～9），具有良好的乳化性，并能增进织物手感柔软。如三乙醇胺油酸皂用于毛纺工业的缩绒工艺，能使毛织物手感柔软，光泽好。

16.3.2 表面活性剂类

大部分柔软剂品种都属于表面活性剂。阴离子型和非离子型柔软剂过去主要用于纤维素纤维，现在用得较少。阳离子型柔软剂既适于纤维素纤维，也适于合成纤维的整理，是应用较广泛的一类。

(1) 阴离子型柔软剂　阴离子型柔软剂应用较早，但由于纤维在水中带有负电荷，所以不易被纤维吸附，因此柔软效果较弱。由于和纤维的吸附性差，则易于清洗除去，因此有的品种适于用作纺织油剂中柔软组分。

① 蓖麻油硫酸化物　蓖麻油的低至中度硫酸化物，国内外商品都称为土耳其红油。其可以单独使用或和肥皂合用，溶解性良好，可以调节其对纤维的亲和性，产生一定的柔软和平滑效果，可用于油剂和改善棉织物手感。但在空气中易氧化变质，出现泛黄和发臭的现象。

② 其他植物油和动物油的硫酸化物　橄榄油、花生油、羊毛脂和鲸鱼油等的硫酸化物，都能使织物具有一定的平滑感。

③ 蓖麻酸丁酯硫酸化物　蓖麻酸丁酯硫酸化物，国内称为磺化油AH。对纤维有平滑和抱合等作用，故适于用作合纤油剂组分。

④ 脂肪酸硫酸化物　高碳脂肪酸硫酸化物兼具肥皂和硫酸化油二者的性质，能使织物获得一定的柔软性和平滑性。

⑤ 脂肪醇部分硫酸化物　实际上这类产品是高碳脂肪醇硫酸化物和未反应的脂肪醇的混合物，化学组成为：

$$R-OH+R-OSO_3Na\text{（R为长碳链烷基）}$$

改变二者的比例可以适当地调节其柔软性和对纤维的吸附性。

⑥ 某些合成洗涤剂　净洗剂LS、雷米邦、胰加漂T等，能使洗后织物具有适当的柔软手感。

⑦ 磺化琥珀酸酯　这类柔软剂的化学结构式为：

$$\begin{array}{l}R-OOC-CH_2\\ \quad\quad\quad\quad\quad\ \ |\\ R-OOC-CH-SO_3Na\end{array}$$

它们是重要的阴离子型柔软剂，柔软性和平滑性都较好。其中尤以十八烷基（$R-C_{18}H_{37}$）的柔软效果最好，除适用于纤维素纤维的柔软整理和油剂组分外，还可用于丝绸精练，能防止擦伤（丝绸防灰伤剂）。这类商品国内称为柔软剂MA-700。

⑧ 脂肪醇磷酸酯　这类产品化学结构式为：

$$\begin{array}{cc}R-O\ \ \ \ O & R-O\ \ \ \ O\\ \ \ \ \ \ \diagdown\ \ \ \diagup & \ \ \ \ \ \diagdown\ \ \ \diagup\\ \ \ \ \ \ \ \ \ P & \ \ \ \ \ \ \ \ P-OH\\ \ \ \ \ \ \diagup\ \ \ \diagdown & \ \ \ \ \ \diagup\ \ \ \diagdown\\ R-O\ \ \ \ OH & HO\end{array}\ \ \ \text{或}$$

多用作抗静电剂，也可作为腈纶的柔软剂，柔软效果好。

(2) 非离子型柔软剂　非离子型柔软剂的手感和阴离子型柔软剂近似，不会使染料变色，能与阴离子型或阳离子型柔软剂合用。但它们对纤维的吸附性不好、耐久性低，并且对于合成纤维几乎没有作用，主要应用于纤维素纤维的后整理和在合成纤维油剂中作柔软和平滑组分。

① 季戊四醇脂肪酸酯　　$C_{17}H_{35}COOCH_2—C(CH_2OH)_3$

② 甘油单脂肪酸酯

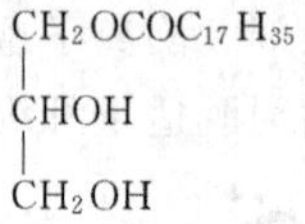

$$\begin{array}{l} CH_2OCOC_{17}H_{35} \\ CHOH \\ CH_2OH \end{array}$$

③ 失水山梨醇脂肪酸单酯

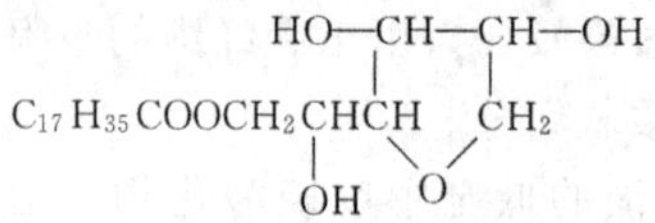

$$C_{17}H_{35}COOCH_2CHCH \underset{OH}{\overset{HO—CH—CH—OH}{\underset{O}{CH_2}}}$$

④ 脂肪酸乙醇酰胺

$$C_{17}H_{35}CON \begin{array}{l} CH_2CH_2OH \\ CH_2CH_2OH \end{array}$$

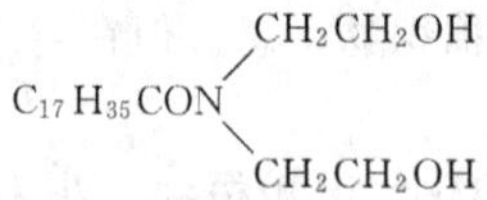

⑤ 脂肪酸聚乙二醇酯　　$C_{17}H_{35}COO—(CH_2CH_2O)_6H$

⑥ 脂肪酰胺聚乙二醇缩合物　　$C_{17}H_{35}CONH—(CH_2CH_2O)_nH$

⑦ 羟甲基脂肪酰胺　　$C_{17}H_{35}CONHCH_2OH$

⑧ 聚醚

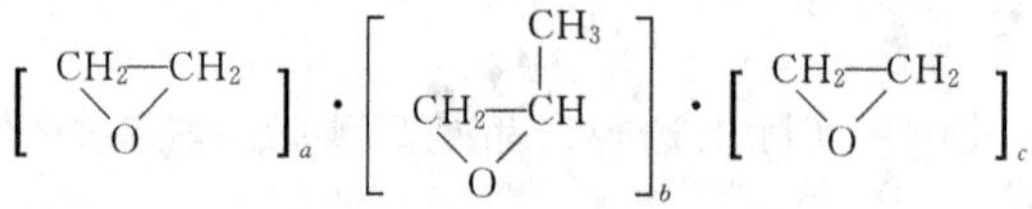

$$\left[\underset{O}{CH_2—CH_2}\right]_a \cdot \left[\underset{O}{CH_2—\overset{CH_3}{CH}}\right]_b \cdot \left[\underset{O}{CH_2—CH_2}\right]_c$$

以上非离子型柔软剂中，以季戊四醇和失水山梨醇这两大类最重要，柔软效果在松软和发涩之间，它们对纤维素纤维和合成纤维的摩擦系数降低很大。

聚醚类柔软剂具有优良的耐高温性能，特别适用于作高速缝纫的平滑剂，但价格较贵。

(3) 阳离子型柔软剂　阳离子型柔软剂和各种天然纤维、合成纤维结合的能力强，能耐温和洗涤，耐久性强，用于整理织物可获得优良的柔软效果和丰满的手感、滑爽感，使合成纤维具有一定的抗静电效果，并能改进织物的耐磨蚀度和扯裂强度。缺点是有泛黄现象，使染料变色，对荧光增白剂有抑制作用，降低日晒和摩擦牢度，不能和阴离子型表面活性剂合用，并对人体皮肤有一定刺激性，因而使用受到限制。

阳离子型柔软剂主要类别如下。

① 叔胺盐类　又称假阳离子类，即在酸性介质呈阳离子性，在中性和碱性介质呈非离子性。

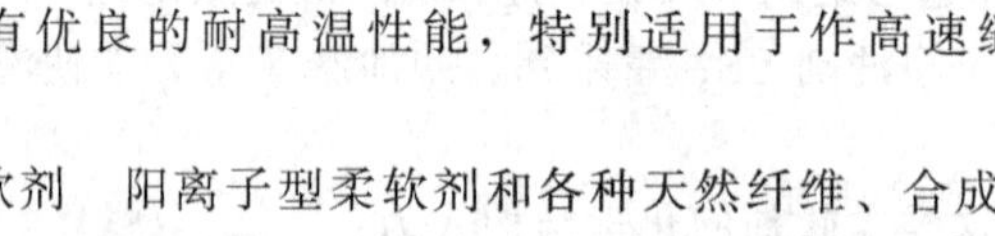

$$C_{17}H_{35}COOCH_2CH_2\underset{H}{\overset{+}{N}}(CH_2CH_2OH)_2 \cdot CH_3COO^-$$

SorominA（BASF）

$$C_{17}H_{33}CONHCH_2CH_2\overset{+}{\underset{H}{N}}(C_2H_5)_2 \cdot Cl^-$$

Sapamine CH (Ciba-Geigy)

$$R-\overset{O}{\underset{}{C}}-NH-CH_2-\overset{H}{\underset{}{N}}-CH_2CH_2-NH-\overset{O}{\underset{}{C}}-R$$
$$\underset{\underset{O}{\diagdown\diagup}}{CH_2-CH-CH_2}$$

R＝C_{17}～C_{21}（如 R＝$C_{17}H_{35}$，为柔软剂 ES）

$$C_{18}H_{37}NH-CH_2-\underset{\underset{O}{\diagdown\diagup}}{CH-CH_2}$$

柔软剂 TS-801

② 季铵盐类　这类柔软剂在任何介质中均呈阳离子性，在阳离子化合物中，季铵盐类可算其中最为重要的，也是阳离子型柔软剂中品种最多的一类。该类型柔软剂在相对较低的施加量时，能获得较高的柔软性；几乎适用于各类纤维的织物；具有消费者欢迎的特征手感；在某些情况下，可以改善织物的撕破强力和耐磨性能；处理方便，毋需高温热处理。季铵类柔软剂的柔软效果是很好的，但由于本身化学结构上的限制，以及原料中含杂等因素，一般不宜用于漂白或特白织物的柔软整理。

自季铵类柔软剂在纺织品上应用以来，已开发了不少品种。首先由单长碳烷基改为双长碳烷基，使柔软性提高并能改善泛黄性；其后，由脂肪酰氨基代替脂肪基，以改进柔软剂的耐热性；在季铵上引进烷氧基，使柔软剂在水中稳定分散性获得改善。以脂肪酸与二乙烯三胺等为原料，经合成和环构化，然后生成咪唑啉季铵盐，虽其柔软性稍逊，但产品具有较好的抗静电性和再润湿性。主要类型及其结构如下所示。

a. 烷基三甲基季铵类　　$R\overset{+}{N}(CH_3)_3 \cdot X^-$

b. 双烷基二甲基季铵类

$$\begin{matrix}R & CH_3\\ & \overset{+}{N} & \cdot X^-\\ R & CH_3\end{matrix}$$

c. 双酰氨基烷氧基（甲基）季铵类

$$\begin{matrix}R-\overset{O}{\underset{}{C}}-NH-(CH_2)_2 & CH_3\\ & \overset{+}{N} & \cdot X^-\\ R-\overset{O}{\underset{}{C}}-NH-(CH_2)_2 & (C_2H_4O)H\end{matrix}$$

d. （酰胺）咪唑啉化合物

$$\left[\begin{matrix}& N-CH_2\\ R-C & \| & \\ & N-CH_2\\ & | \\ & C_2H_4-NH-\overset{O}{\underset{}{C}}-R\end{matrix}\right] CH_3SO_4^-$$

（柔软剂 IS）

上面所列的四种季铵盐柔软剂中,烷基三甲基季铵盐的应用已逐渐减少,其他三种均大量使用。双烷基二甲基季铵盐类柔软剂能赋予织物最佳的柔软性,其次是咪唑啉化合物和二酰氨基烷氧基季铵盐。

(4) 两性型柔软剂　两性型柔软剂是为改进阳离子型柔软剂的缺点而发展起来的,对合成纤维的亲和力强,没有泛黄和使染料色变和抑制荧光增白等问题,能在广泛的介质中使用。但其柔软效果不如阳离子型柔软剂,故常和阳离子型柔软剂合用。由于价格比较昂贵,目前品种尚不多,正在逐步推广应用中。

这类柔软剂一般是烷基胺内酯型结构,包括氨基酸型、甜菜碱型及咪唑啉型。结构如下:

$$R-\overset{O}{\underset{}{C}}-OCH_2CH_2NH_2CH_2CH_2\overset{O}{\underset{O^-K^+}{P}}-O^-K^+ \quad (R\ 为\ C_{17}H_{35})$$

$$C_{18}H_{37}OCH_2-\overset{CH_3}{\underset{CH_3}{N^+}}-CH_2COO^-$$

(氨基酸型) Persistol KF (BASF)

$$C_{16}H_{33}CH-\overset{O}{\underset{}{C}}-O^-$$
$$\underset{(CH_3)_3N^+}{|}$$

(甜菜碱型) Betain (Du Pont)

$$C_{17}H_{35}-C\underset{N^+}{\overset{N-CH_2}{\underset{|}{\overset{|}{\diagdown}}}}\overset{CH_2CH_2NH_2}{\underset{CH_2COO^-}{}}$$

(咪唑啉型)

16.3.3　反应型柔软剂

反应型柔软剂,也称为活性柔软剂,是在分子中含有能与纤维素纤维的羟基(—OH)直接发生反应形成酯键或醚键共价结合的柔软剂。因其具有耐磨、耐洗的持久性,故又称为耐久性柔软剂。

(1) 酸酐类衍生物　由两个分子脂肪酸脱水生成的酸酐(R—CO—O—CO—R)化合物,或由一个分子脂肪酸本身脱水生成的烯酮(R—CH=C=O)化合物,都能和纤维的羟基(—OH)发生反应而形成酯键结合。化学反应如下:

$$纤维—OH + \begin{matrix}R-CO\\ \diagdown\\ O\\ \diagup\\ R-CO\end{matrix} \longrightarrow 纤维—O—CO—R + R—COOH$$

$$纤维—OH + R—CH=C=O \longrightarrow 纤维—O—CO—CH_2—R$$

烯酮类柔软剂即是根据上述原理所制得的烯酮化合物,用其处理纤维素纤维,发生酯化反应,使织物具有耐久的柔软和防水效果。

由于烯酮化合物极不稳定,很容易生成二聚体——双烯酮,商品必须添加稳定剂。

这类柔软剂国外商品有 Aquapel 380。Aquapel 380 和纤维素纤维的化学反应如下:

$$纤维—OH + \begin{array}{c} C_{16}H_{33}—CH=CH—C_{16}H_{33} \\ | \quad \quad \quad | \\ O—C=O \end{array} \longrightarrow C_{16}H_{33}—CH_2CO—CH—COO—纤维 \\ \quad\quad\quad\quad\quad\quad\quad\quad\quad\quad\quad | \\ \quad\quad\quad\quad\quad\quad\quad\quad\quad\quad C_{16}H_{33}$$

由于双烯酮还可和氨基（—NH—）、羧基（—COOH）发生反应，因此也可用于羊毛和锦纶等。用其处理的织物具有耐洗涤、耐干洗、耐酸、耐碱的柔软和防水性能，但如长时间水浸或在 60℃ 以上的水中则易发生水解而失去耐久性。

（2）乙烯亚胺类衍生物　这类化合物中最重要的是 Persistol VS，国内称为柔软剂 VS，这类柔软剂和纤维的反应如下：

$$纤维—OH + \begin{array}{c} H_2C \\ \quad\quad\backslash \\ \quad\quad\quad N—CONH—C_{18}H_{37} \\ \quad\quad/ \\ H_2C \end{array} \longrightarrow 纤维—O—CH_2CH_2—NHCONH—C_{18}H_{37}$$

柔软剂 VS 也能与丝绸、羊毛纤维发生反应性结合，可使纤维获得耐洗涤性很强的柔软和防水效果，广泛用于棉、麻、锦纶、黏胶、羊毛、丝绸及合成纤维等。由于它的柔软效果优良，耐久性好，可单独使用，或和树脂整理剂合用，故使用量很大，是织物柔软整理用的极重要品种。但由于近来发现乙烯亚胺类化合物具有致癌性，这类柔软剂的生产和使用将受到限制，从而需要开发新型的代用品种。

（3）吡啶季铵盐类衍生物　防水剂 PF（硬脂酰胺亚甲基吡啶氯化物）是一种阳离子型的反应型柔软剂，化学结构式如下：

$$C_{17}H_{35}—CO—N—CH_2—\overset{+}{N}\underset{}{\bigcirc} \cdot Cl^- \\ \quad\quad\quad\quad\quad\quad | \\ \quad\quad\quad\quad\quad CH_3$$

因其分子中的活性基团能与纤维素分子上羟基或蛋白质上的氨基发生化学键合，故既是一种耐久透气性防水剂，又是一种耐久性的柔软剂。防水剂 PF 对热较敏感，高温热处理后，小部分防水剂 PF 与纤维素纤维上的羟基发生醚键结合，而大部分转变成具有高疏水性的双硬脂酰胺甲烷包裹在纤维表面，使整理织物具有耐久性的拨水性能。

大多数反应型柔软剂在整理过程中需经一定条件的高温焙烘处理，以促进与纤维分子的化学反应，这样能显著提高其耐洗性能。由于其性能一般均较活泼，故不宜长期贮存，溶解时应用 40℃ 以下冷水，并应随配随用。

16.3.4　高分子聚合物乳液

这类柔软剂主要是聚乙烯、有机硅树脂等高分子聚合物制成的乳液，用于织物整理不泛黄，不使染料变色，不仅有很好的柔软效果，而且还有一定的防皱和防水性能。在织物进行树脂整理时，如和这类柔软剂合用，既可改善织物的手感，又可防止或减轻树脂整理剂引起的纤维强度和耐磨性降低等问题。但它们的摩擦牢度较差，价格较贵，故仅用于高档纺织品的整理。

（1）聚乙烯树脂乳液　这类柔软剂是以聚乙烯树脂为原料，在氢氧化钾介质中和乳化剂的作用下，高速搅拌制成的稳定乳液。如果将聚乙烯先进行氧化处理，使其分子中具有部分羧基（—COOH），能增加亲水性，平滑效果更好。氧化聚乙烯（分子量 1000～2000）在高温熔融状态下，高速搅拌乳化制成所需浓度的乳液。乳化剂可以使用各种类型的，阴离子型乳化容易但稳定性不够好，阳离子型平滑效果好而耐热性较差，非离子型乳化较困难但产品的稳定性好和受热泛黄性较小，应根据需要来适当选择。

这类柔软剂国内称为柔软剂 PE。国外 PE 乳液产品的浓度一般为 20%～25%，国内通常为 18%。聚乙烯（PE）乳液在国外被广泛用于棉、人造棉、麻、涤/棉、涤/黏、涤/腈织物的后整理中，是一种风格独特、性能优良的柔软剂，尤其能增强纤维素纤维的强力和耐磨性。

PE 乳液是一种与树脂整理剂配套使用的柔软剂，对提高织物的撕破强力和耐磨性特别有效，而且具有耐高温不泛黄，不影响特白型织物白度和染色、印花织物的色光等优点，被国际纺织界作为树脂整理的首选配套柔软剂。

PE 乳液的特点如下：

① 与其他助剂的相容性好。PE 乳液可与各种阳离子助剂、阴离子助剂、柔软剂同浴使用，不发生对抗性沉淀。

② 乳液的 pH 值约为 7.5，对酸碱的稳定性好。

③ PE 长碳链中没有其他原子团，耐高温，不使织物泛黄。尤其加工纤维素纤维的特白产品，可与增白剂同浴，完全不影响织物白度。

④ 不会使染料色光色相发生变化，不影响染色、印花鲜艳度，在保持织物色光稳定和白度方面，PE 乳液是最好的柔软剂。

⑤ PE 的熔点高，分子的柔韧性好，在纤维上形成一层柔韧易弯曲的拨水树脂薄膜，能有效地保护纤维素纤维的强力，提高织物的撕破强力，增加耐磨性，在 PP 整理和洗可穿整理中，以 PE 为首选柔软剂。与 2D 树脂、各种低甲醛、无甲醛整理剂同浴性好。

⑥ PE 乳液使织物的缝纫性改善，能有效地消除棉、涤棉针织物的针孔。

⑦ 显著提高纤维的曲磨，比有机硅类提高 1～2 倍，平磨提高也较大。

⑧ PE 乳液处理涤棉、涤黏中长纤维织物，弹性好，爽挺，有一定的仿毛风格。加工包括涤腈在内的中长仿毛织物，具有丰满、厚实、蓬松的风格，是比较理想的柔软剂。

（2）有机硅类　有机硅柔软剂是纺织上应用广、性能好、效果最突出的一类柔软剂。由于有机硅具有润滑性、柔软性、疏水性、成膜性等突出的优点，加上这类材料合成过程无毒，不污染环境，成本也不高，已大量用于各种行业。

有机硅柔软剂主要有硅油乳液和羟基硅油乳液，但以它为主体导入氨基、羧基、环氧基、聚醚基等的改性有机硅，对处理织物能赋予特别的性能如超柔软性外，还能有耐久的回弹性或悬垂性。

硅油乳液属非活性柔软剂，不耐水洗；羟基硅油乳液为活性柔软剂，是目前国内外应用最成熟、最广泛的一类；改性的产品有些已较成熟，但有些还在研究、改进和开发之中。

① 硅油乳液　硅油，或称有机硅液体，是液态的聚有机硅氧烷。用作柔软剂的硅油主要由二甲基二氯硅烷水解缩合而成，故又称为二甲基硅油，分子量 6 万～7 万。

二甲基硅油的学名是二甲基聚硅氧烷，简称 DMPS（dimethyl polysiloxan 的缩写）。它不能直接作为柔软剂使用，必须在乳化剂的作用下制备成硅油乳液后才能应用于织物。硅油不经乳化或乳化状态被破坏，用作柔软剂只能使织物上产生油点或油斑，并无柔软平滑的手感。经乳化后，可制成乳液，对织物进行整理时，自身不能交联，与纤维不起化学反应，主要依靠物理结合。整理后的织物耐热性和白度较好，具有柔软性和平滑性，但缺乏悬垂性，耐洗性差，是第一代有机硅柔软剂。

硅油乳液所用的乳化剂过去多用阳离子型的，由于阳离子型乳化剂与织物的亲和性较强，容易破坏乳液的乳化状态，故现在已多改用非离子型表面活性剂作为硅油的乳化剂。这类柔软剂国内称为柔软剂 C、SD、SPE、YQR、GR-25、SHA 等。

② 羟基硅油乳液　主要为羟基或含氢硅氧烷，以羟基硅油含量大，用乳化剂制成乳液。硅油是强疏水性的聚合物，乳化极为困难，为了改进硅油的乳化性能，将二甲基聚硅氧烷（DMPS）线型结构的两端用羟基（—OH）取代，或称羟基封端，使其具有一定的亲水性。用这种端羟基封端的二甲基聚硅氧烷制成的乳液，就是所谓的有机硅羟乳，也称为羟基硅油乳液。

羟基硅油乳液能和甲基硅油或其他硅油聚合物与纤维起交联反应，形成薄膜，耐洗性较好，是第二代有机硅柔软剂。目前是国内外应用最多的一类。由于选用的乳化剂性能不同，可分为阳离子、阴离子、非离子和复合型乳液。

a. 阳离子型羟乳　主要用于柔软整理，整理后的织物手感滑爽，并具有良好的拒水性。

b. 阴离子型羟乳　一般稳定性较好，与其他整理剂能配伍，常与树脂拼用，可改善织物强力和撕破强力，对化纤织物整理柔软性较好。

c. 非离子型羟乳　与前两者相比，工艺适应性更广泛。

硅橡胶是由极纯的二甲基二氯硅烷单体在乙醚的溶液中，酸性介质下，进行水解缩合，所得产品主要为环状二甲基硅氧烷的环四聚体（即 D_4），再经酸或碱的催化作用，生成高分子线型聚硅氧烷——有机硅弹性体。

这样制得的硅橡胶必须再用乳化剂配制成乳液（胶乳）后才能应用于织物。为了改进硅橡胶的乳化性能，同样可以将其线型高分子结构的两端用羟基封端。这类柔软剂国外商品有 UltratexFSA（Ciba-Geigy），是分子量为 20 万的有机硅弹性体，属非离子型羟乳。其化学结构的特点是在线型二甲基聚硅氧烷的两端含有羟基，如将其和少量的甲基含氢硅油（HMPS）混合，在有机金属催化剂的作用下可使这二者交联形成网状结构：

$$\begin{array}{c}\text{H—Si—CH}_3\\|\\\text{O}\\|\\\text{H}_3\text{C—Si—H}\\|\\\text{O}\\\text{HMPS}\end{array} + \text{HO—Si—O}\left[\text{—Si—O—}\right]_n\text{—Si—OH} + \begin{array}{c}\text{H—Si—CH}_3\\|\\\text{O}\\|\\\text{H}_3\text{C—Si—H}\\|\\\text{O}\\\text{HMPS}\end{array}$$

Ultratex FSA

$$\xrightarrow[\,-\text{H}_2\,]{\text{金属催化剂}}$$

网状结构产物

这种柔软剂用于织物整理既能提高抗皱性、柔软性和平滑性，又不降低纤维强力，不影响染色牢度。国内产品有上海产 SAH-289、北京产 YQR-01、原化工部研制生产的 XH-

RJ 及上海助剂厂的 SR。

③ 改性有机硅　20 世纪 70 年代后期，国外开始研究和开发新一代有机硅柔软剂，即各种改性聚硅氧烷，很多产品现已用于织物后整理。目前国内外正在继续研究和竞相开发的新产品一般可分三大类。

反应型　包括氨基、环氧基、羧基、甲基丙烯基和氟烷基等改性。

非反应型　主要为单纯的聚醚改性。

混合型　如聚醚氨基和环氧基改性。

在纺织上应用最多的是聚醚改性，而柔软剂以氨基改性较多，产品大多为混合改性，也包括少量单纯的氨基、环氧基、羧基和氟烷基等活性基团的改性。

a. 氨基改性　引进氨基官能团，连接在聚二甲基硅氧烷骨架上，可改善硅氧烷在纤维上的定向排列，柔软性有更大改善，纺织上称为超级柔软剂。氨基改性，包括伯胺、仲胺、叔胺等，以及伯胺和仲胺相结合的改性。目前很多产品为氨乙基氨丙基硅氧烷，结构式为：

$$R-\underset{CH_3}{\overset{CH_3}{Si}}-O-[\underset{CH_3}{\overset{CH_3}{Si}}-O]_m-[\underset{(CH_2)_3}{\overset{CH_3}{Si}}-O]_n-\underset{CH_3}{\overset{CH_3}{Si}}-R$$
$$NH$$
$$(CH_2)_2$$
$$NH_2$$

（R 为 CH_3 或 OH）

国内 ZMF-8902 属该类产品。这类产品手感极好，并具有良好的防缩性、耐洗性，适用于高档织物，特别是在毛织物上应用。应用工艺简单，能室温固化，水分蒸发后就能产生交联。柔软度、平滑性、悬垂性和弹性等都有明显提高，对部分染料有增深效果。缺点为易泛黄，目前正在研究和改进，主要是改进织物整理后的高温泛黄，改善织物吸湿性、易去污和抗皱性，最终达到一个最佳的综合指标。改进方法有环氧化、酰胺化和仲氨基化等。环氧化后单体乳化不易；酰胺化可通过内酯开环而反应，但要控制程度，过高会降低柔软效果，仅接近原二甲基硅氧烷水平，失去胺化意义，过低时与织物结合效果不够好。根据国外文献介绍，结合氮原子的基团比例最好占 30%～70%。仲氨基化可使氨基氧化受阻，泛黄有所改善，织物可得到最佳柔软和不泛黄的综合效果。

b. 环氧基改性　环氧基改性的结构式为：

$$(CH_3)_3Si-O-[\underset{CH_3}{\overset{CH_3}{Si}}-O]_m-[\underset{CH_2-CH-CH_2}{\overset{CH_3}{Si}}-O]_n-Si(CH_3)_3$$
$$\underset{O}{\diagdown\diagup}$$

其特点为活性高，可与纤维素纤维和其他纤维牢固结合，提高耐洗性、耐光、耐热性、高温不泛黄，纤维蓬松，较多用于仿毛织物后整理。环氧基改性有机硅可与氨基改性聚硅氧烷等配合用于丝绸、羊毛等天然纤维，也可用于超细纤维仿真织物后整理。这种有机硅柔软剂，除有较好亲水性外，还有好的回弹性、抗机械强力和黏结性，但平滑性略差。

c. 羧基改性　羧基改性的结构式为：

$$(CH_3)_3Si-O-\begin{bmatrix}CH_3\\|\\Si-O\\|\\CH_3\end{bmatrix}_m-\begin{bmatrix}CH_3\\|\\Si-O\\|\\R\\|\\COOH\end{bmatrix}_n-Si(CH_3)_3$$

$$(R=C_8\sim C_{16})$$

其特点为活性和反应性较强,用于天然纤维后整理,能与纤维很好结合,用于化纤能改善抗静电性和吸湿性;也能与氨基改性聚硅氧烷拼用。与纤维能很好结合,可提高织物耐洗性,高温泛黄比氨基改性有改善,柔软度和耐洗性等都很优良,但滑爽性还不够。

d. 聚醚改性　聚硅氧烷在水中不溶解,必须制成乳液供织物整理应用。很多乳液稳定性差,常产生漂油现象。以聚醚改性,可改善其亲水性和抗静电性,经整理后织物柔软润滑,在工艺上有时还可与染色同浴,目前是纺织工业上销售量最大的一类改性硅油。聚醚改性分支链改性、端基链段改性以及两者的结合。改性过程中控制 EO 和 PO 含量的比例和位置,产品可以获得不同的性能。

Ⅰ. EO 亲水性强,PO 亲油性强,调节 EO 和 PO 比例,可达到亲水亲油平衡,其用量可根据织物吸湿、易去污和抗静电等指标来决定。

Ⅱ. 用于织物整理的产品,分子量要适当,过大则黏度高,不易分散,柔软度也受到影响;过低则亲水性不够,不易溶解和乳化,一般控制在 5000~10000。

Ⅲ. 国内生产的有机硅-343 广泛用于织物整理,该产品国外也有报道,结构式为:

$$CH_3-\underset{\underset{CH_3}{|}}{\overset{\overset{CH_3}{|}}{Si}}-O-\begin{bmatrix}\overset{CH_3}{|}\\Si-O\\|\\CH_3\end{bmatrix}_m-\begin{bmatrix}\overset{CH_3}{|}\\Si-O\\|\\RO(EO)_a(PO)_bH\end{bmatrix}_x-\begin{bmatrix}\overset{CH_3}{|}\\Si-O\\|\\R-CH-CH_2\\ \quad \diagdown O \diagup \end{bmatrix}_x-\underset{\underset{CH_3}{|}}{\overset{\overset{CH_3}{|}}{Si}}-CH_3$$

EO 和 PO 基可提高产品亲水性,使合成的产品比甲基或羟基硅油更易溶解或乳化;环氧基可提高产品活性,与棉纤维易于交联。与 DHDMEU 混用可降低树脂用量 30%~50%(有机硅 CGF 3~5g/L),释放甲醛可控制在 70%~80%,织物柔软,耐洗和撕破强力均有改善。织物整理后,亲水、吸湿、抗静电和防污等性能,都有很大改进,有时可与染色同浴但手感不够滑爽、柔软。可同时结合其他改性,以提高耐洗性。部分国外进口改性有机硅柔软剂情况见表 16-2。

最近很多国外厂商如美国的联合碳化(U-nionCarbide)、奥斯加(OsiSpecialties)、道康宁(Dow Corning)、通用(GE)、德国的汉高(Henkel)、日本日华公司以及法国的罗纳普朗克(Rhone-Poulenc)等,都开发了改性有机硅微乳液,供织物后整理应用,大量用于超细纤维超柔软整理和化纤仿真处理,效果较好,但成本略高。国内近年来也在不断研制和开发产品,如原化工部南通合成材料厂有 NTF-1,2,3 产品;无锡有柔软剂 GWA、GWO;浙江有 YHG-9301、9302 产品等。

(3) 其他

① 聚氨酯系　织物用聚氨酯处理,除赋予柔软性外,还能有透湿防水、防缩、防皱、抗起球、抗静电以及仿麂皮等多种整理效果。聚氨酯是水溶性树脂,一般为预聚合型,它是用封端剂封闭异氰酸基,经加热后,能再生而树脂化。它在作整理剂时,尤其在需要超柔软的场合,通常与氨基改性有机硅并用,从而可以获得超柔软而又富于弹性的手感。

表 16-2　部分国外进口改性有机硅柔软剂

名　称	生产国别和厂商	性　能　和　应　用	应用情况
Nikka Silicon AM-100	日本日华株式会社	酸性氨基有机硅乳液,半透明,阳离子型 用于棉、涤棉、涤纶等柔软整理,可改善织物的抗皱和缝纫性,与树脂混用可改善织物强力下降,用量 $1\%\sim1.5\%$,采用轧烘焙工艺	手感丰满、柔软、亲水性好,高温易泛黄
Nikka Silicon AM-202	日本日华株式会社	氨基酸性有机硅,淡黄色液体,阳离子型 用于合纤、棉、毛及其混纺针织物和机织物,使其柔软和增加弹性整理,用量 $1\%\sim1.5\%$,采用轧烘焙工艺	手感柔软、丰满,有毛型感,高温泛黄
Silicon SF-8421	美国道康宁公司	EO、PO和环氧改性,无色透明黏稠液,非离子型 用于合纤亲水整理,可与树脂同浴,用量 $2\sim5g/L$,加催化剂氯化镁 $1g/L$,用轧烘焙工艺;也可用于真丝平滑柔软整理	手感柔软、平滑,具有亲水性,耐洗性较差
DIC Silicone Softener A-950	日本大日本油墨株式会社	氨基改性,乳白或淡黄乳液,非离子型 整理后的织物(棉、涤棉、涤纶等)柔软、有丝绸感,具有防水效果,与树脂混用,可增加防皱效果,改善强力;加催化剂,用轧烘焙工艺	手感平滑性高,耐洗和防皱性有所提高
DIC Silicone Softener 600	日本大日本油墨株式会社	环氧改性,微黄浆状,非离子型 用于棉、涤棉、涤纶等织物柔软整理,可与树脂混用,能提高弹性,具有抗静电和仿毛性能;加催化剂,用轧烘焙工艺	柔软效果好,能提高撕破强力
Nikka Silicon EP-1000	日本日华株式会社	环氧酸性有机硅,淡黄白色乳液,弱阳离子型 棉、涤棉、涤纶等柔软整理剂,可改善手感,有毛型感,用轧烘焙工艺	手感滑爽、丰满,能提高毛型感,耐洗性较好
Nikka Silicon EPN-852	日本日华株式会社	环氧氨基酸性有机硅,微黄白色乳液,非离子型 用于棉、涤棉、涤纶柔软和增加弹性,可与树脂混用,强力也有提高,用轧烘焙工艺,用量 $1\%\sim2\%$	弹性、柔软性好,耐洗涤,可提高洗可穿等级
Nikka Silicon AM	日本日华株式会社	改性有机硅、白色乳液 用于棉、涤棉、涤纶等柔软整理,可与树脂同浴,手感柔软、挺括,防止强力下降;用轧烘焙工艺,用量 $1\%\sim1.5\%$(加催化剂)	手感柔软挺爽,能改善织物防皱和缝纫性
Perasilicon Softener SE-25	日本大原钯化学株式会社	改性环氧有机硅,白色乳液,非离子型 棉及棉混纺织物柔软剂,可与树脂拼用,用量 $1\%\sim2\%$,用轧烘焙工艺(有机锌盐催化剂)	手感滑爽,弹性和耐洗性好

②聚酯系　聚酯树脂系由二元羧酸和二元醇酯化聚合而制得,它常用于织物的耐污、抗静电和柔软整理,而且具有耐洗性,经多次洗涤,其性能不减。不同的羧酸和二元醇所形成的聚酯,其性能也有所不同。所以从超柔软性能来讲,选择适宜的二元羧酸和二元醇,开发具有超柔软的聚酯树脂,以供后整理用,是相当重要的。

16.4　主要柔软剂剂型制备

16.4.1　非表面活性柔软剂

柔软剂101(柔软剂Ⅰ)的制备:在带搅拌装置的反应釜中,按配方量加入三压硬脂酸、白油、石蜡、二乙醇胺、三乙醇胺、平平加O、苯酚、油酸,加热熔融后搅拌,物料加热至90℃。开动快速搅拌器（1440r/min），加入溶有25kg羧甲基纤维素（CMC）的沸水溶液，加入量使物料总量达1t。继续搅拌至物料成为均匀的乳状液，保温1h。最后加入0.188kg香精，搅拌5min，使香精混合均匀。冷却后得柔软剂101。

16.4.2 表面活性剂类柔软剂

（1）阴离子型柔软剂　磺化琥珀酸酯是最早使用的柔软剂，在纤维上吸附性差，柔软效果不理想。其代表性品种为双十八烷基琥珀酸磺酸盐（柔软剂MA-700），其合成反应为：

$$\begin{matrix} CH-CO \\ \| \quad \ \ \ \ \ \ >O \\ CH-CO \end{matrix} + 2CH_3(CH_2)_{16}CH_2OH \xrightarrow{H_2SO_4, 加热} \begin{matrix} HC-COOCH_2(CH_2)_{16}CH_3 \\ \| \\ HC-COOCH_2(CH_2)_{16}CH_3 \end{matrix}$$

$$\begin{matrix} HC-COOCH_2(CH_2)_{16}CH_3 \\ \| \\ HC-COOCH_2(CH_2)_{16}CH_3 \end{matrix} + NaHSO_3 \xrightarrow{C_2H_5OH, 70\sim120℃} \begin{matrix} C_{18}H_{37}O-\overset{O}{\underset{\|}{C}}-CH_2 \\ | \\ C_{18}H_{37}O-\underset{\|}{C}-CH-SO_3Na \\ O \end{matrix}$$

制备方法如下。

酯化过程　将顺丁烯二酸酐和十八醇在硫酸存在下，真空加热，控制升温速度及真空度，使反应顺利进行至蒸出的水极少为终点，酯化率可达95%以上。然后用稀碱中和，水洗至中性，在真空下脱醇。

磺化过程　脱醇物和亚硫酸氢钠按摩尔比1:1.05投料，并加入一定量乙醇，在70～120℃下，反应数小时即得磺化琥珀酸酯。

（2）非离子型柔软剂　失水山梨醇单硬脂酸酯合成反应为：

$$\begin{matrix} CH_2OH \\ | \\ CHOH \\ | \\ CHOH \\ | \\ CHOH \\ | \\ CH_2OH \end{matrix} \xrightarrow{-H_2O} \underset{(Ⅰ)}{\begin{matrix} CH_2OH \\ HO \diagup \diagdown OH \\ \diagdown OH \end{matrix}} + \underset{(Ⅱ)}{\begin{matrix} HO \quad OH \\ \diagup \diagdown CH-CH_2OH \\ OH \end{matrix}}$$

$$(Ⅰ) + C_{17}H_{35}COOH \longrightarrow \begin{matrix} CH_2OOCC_{17}H_{35} \\ HO \diagup \diagdown OH \\ \diagdown OH \end{matrix} + H_2O$$

$$(Ⅱ) + C_{17}H_{35}COOH \longrightarrow \begin{matrix} HO \quad OH \\ \diagup \diagdown CH-CH_2OOCC_{17}H_{35} \\ OH \end{matrix} + H_2O$$

制备方法如下。

第一步，将浓度50%山梨醇320kg吸入蒸发锅内，在真空度0.096MPa下真空脱水到锅内为小泡为止（温度不超过80℃），完成脱水环化反应得失水山梨醇。

第二步，在酯化锅内加入三压硬脂酸290kg，加热熔化。压入已浓缩好的山梨醇。搅拌下加入氢氧化钠0.5kg（50%水溶液）。在2h内升温到170℃，然后每小时升高10℃，并保温3h到210℃，再在210℃保温4h，抽样分析酸值，酸值在8.5以下时结束反应。将物料热时压入静置锅,自然冷却过夜,次日由底部分出焦化物。将物料转至另一静置锅搅拌,在 30min 内加入 30% 双氧水 2kg(温度在 80℃ 以下)。加毕,升温到 20℃,趁热放料。得失水山梨醇单硬脂酸酯 395kg。

(3) 阳离子型柔软剂

① 叔胺盐类　柔软剂 ES 的制备是先由硬脂酸和二亚乙基三胺反应生成二亚乙基三胺的双硬脂酰胺,再用环氧氯丙烷进行季铵化而制得。其反应如下:

$$C_{17}H_{35}COOH + NH_2CH_2CH_2NHCH_2CH_2NH_2 \longrightarrow$$

$$C_{17}H_{35}CONHCH_2CH_2NHCH_2CH_2NHCOC_{17}H_{35} + 2H_2O$$

$$C_{17}H_{35}CONHCH_2CH_2NHCH_2CH_2NHCOC_{17}H_{35} + ClCH_2CH\underset{O}{-}CH_2 \longrightarrow$$

$$\underset{O}{C_{17}H_{35}\overset{\|}{C}NHCH_2CH_2\overset{+}{N}HCH_2CH_2NHCOC_{17}H_{35}Cl^-}$$
$$\underset{}{\ CH_2CH\underset{O}{-}CH_2}$$

工艺过程如下。

酰胺化　在不锈钢反应釜中,按硬脂酸和二亚乙基三胺摩尔比 1∶0.6 加入,通入氮气以排除空气,加热熔化,开动搅拌,在 170℃ 反应至脱水完全。

环氧化　在 110℃ 加入与二亚乙基三胺等摩尔数的环氧氯丙烷,于 115~120℃ 回流 2~3h。在 100℃ 加入冰醋酸中和。最后加入三倍量水和醋酸钠,并快速搅拌制得成品。

② 季铵盐类

a. 烷基三甲基季铵盐类——氯化十八烷基三甲基胺的制备

合成反应如下。

第一步,十八烷基二甲基胺的制备,采用卤代烷氨解法,反应如下:

$$ROH + HCl \xrightarrow[150℃]{ZnCl_2} RCl + H_2O$$

$$RCl + HN(CH_3)_2 + NaOH \longrightarrow RN(CH_3)_2 + NaCl + H_2O \quad (R=C_{18}H_{37})$$

第二步,季铵化反应:

$$C_{18}H_{37}N(CH_3)_2 + CH_3Cl \longrightarrow [C_{18}H_{37}\overset{+}{N}(CH_3)_3] \cdot Cl^-$$

工艺过程如下。

第一步,用 $ZnCl_2$ 为催化剂,十八醇在 150℃ 下与氯化氢气体反应生成氯代烷。分批操作周期约 24h,所得氯代烷经水洗后,再与 40% 的二甲胺反应,温度在 130~140℃,压力为 2~4MPa,制得十八烷基二甲基胺。

第二步,先在压力釜中加入计量的十八烷基二甲基胺、乙醇和水,并加入少量的碱。压力釜经置换空气后,升至反应温度,通入氯甲烷反应数小时,并经脱盐制得氯化十八烷基三甲基胺含量为 34% 以上的产品。

b. 双烷基二甲基季铵盐类——氯化双十八烷基二甲基胺的制备

结构式:

$$\begin{matrix} R & CH_3 \\ \ \ \ \ \diagdown\overset{+}{N}\diagup\ \ \ \ \\ \diagup\ \ \ \ \diagdown \\ R & CH_3 \end{matrix} \quad X^- \quad R=C_{18}H_{37}$$

合成反应如下。

第一步，双十八烷基二甲基胺的制备：

$$2C_{18}H_{37}OH + CH_3NH_2 \longrightarrow (C_{18}H_{37})_2NCH_3 + 2H_2O$$

第二步，季铵化反应：

$$(C_{18}H_{37})_2NCH_3 + CH_3Cl \longrightarrow (C_{18}H_{37})_2\overset{+}{N}(CH_3)_2 \cdot Cl^-$$

工艺过程如下。

第一步，双十八烷基二甲基胺由十八醇与甲胺，在铜三元催化剂存在下，直接胺化而制得 N,N-双十八烷基甲基胺（即双十八烷基二甲基胺）。

第二步，双十八烷基二甲基胺与氯甲烷进行季铵化反应，得氯化双十八烷基二甲基胺产品。

c. 柔软剂 IS(2-十七烷基-3-硬脂酰胺乙基咪唑乙酸盐）的合成

合成反应：

$$2C_{17}H_{35}COOH + NH_2CH_2CH_2NHCH_2CH_2NH_2 \xrightarrow[\text{酰胺化}]{\text{加热}}$$

$$C_{17}H_{35}CONHCH_2CH_2NHCH_2CH_2NHOCC_{17}H_{35} + 2H_2O$$

$$C_{17}H_{35}CONHCH_2CH_2NHCH_2CH_2NHOCC_{17}H_{35} \xrightarrow[\text{咪唑化}]{\text{加热}}$$

[咪唑环结构] $C_{17}H_{35}CONHCH_2CH_2-N-CH_2$，环中 $C_{17}H_{35}C=N$，CH_2 $+ H_2O$

[咪唑环结构] $+ CH_3COOH \xrightarrow{\text{醋酸中和}}$

[质子化咪唑鎓盐] $\cdot CH_3COO^-$

工艺过程如下。

酰胺化 在不锈钢反应釜中，按硬脂酸和二亚乙基三胺摩尔比1∶0.6加入，通入氮气以排除空气，加热熔化，开动搅拌，达140℃后，调整升温速度，于1.5～2h内，由140℃升至170℃，在170℃反应至脱水完全。

环化 将上述产品在1h内升温至260℃，在260～280℃条件下，保温反应2h，取样，测定凝固点。若凝固点大于70℃，可认为达反应终点。冷却至100℃时，加入亚硫酸氢钠（预先配成水溶液）、冰醋酸及醋酸钠（预先配成水溶液）中和，再加水，使固含量大于20%，搅拌0.5h，得成品。

d. 棕榈酰氨基咪唑啉（1-棕榈酰氨基乙基-2-十五烷基咪唑啉）的制备

合成反应：以棕榈酰和二乙烯三胺为原料，通过缩合、环化、酰胺化反应而制得。反应式如下：

$$C_{15}H_{31}COOH + H_2NC_2H_4NHC_2H_4NH_2 \longrightarrow C_{15}H_{31}CON\begin{matrix} CH_2CH_2NH_2 \\ CH_2CH_2NH_2 \end{matrix}$$

$$C_{15}H_{31}-CON\begin{matrix}CH_2CH_2NH_2\\CH_2CH_2NH_2\end{matrix} \longrightarrow C_{15}H_{31}-\overset{\overset{N}{\|}}{C}-NCH_2CH_2NH_2$$

$$C_{15}H_{31}-\overset{\overset{N}{\|}}{C}-NCH_2CH_2NH_2 + C_{15}H_{31}COOH \longrightarrow C_{15}H_{31}-\overset{\overset{N}{\|}}{C}-NCH_2CH_2NHCOC_{15}H_{31}$$

工艺过程：将 0.095mol 棕榈酸和 0.05mol 二乙烯三胺（脂肪酸和二乙烯三胺投料比为 1.9:1）加入反应釜中，加入总投料量的 20%~30%（质量分数）的携水剂（甲苯或二甲苯），通入氮气，分段升温，在 135℃维持 1h，在 150℃维持 0.5h，在 190℃维持 1h，控制携水剂回流速度为 20~60 滴/min，不断分水。达到所需温度、时间后，蒸出携水剂。再在 0.53MPa 压力和 220℃温度下反应 1h，另在 0.13MPa 压力和 220℃温度下再反应 1h，结束反应。

（4）两性柔软剂

① 磷酸单-2-(2-硬脂酰氧基乙基)氨基乙酯钾盐的合成

合成反应如下。

第一步，硬脂酸和二乙醇胺反应生成硬脂酸(2-羟乙基)氨基乙酯。

$$C_{17}H_{35}COOH + HOCH_2CH_2NHCH_2CH_2OH \longrightarrow C_{17}H_{35}COOCH_2CH_2NHCH_2CH_2OH$$

第二步，硬脂酸(2-羟乙基)氨基乙酯与磷酸化剂反应生成磷酸单-2-(2-硬脂酰氧基乙基)氨基乙酯。

$$C_{17}H_{35}COOCH_2CH_2NHCH_2CH_2OH + H_3PO_3 \longrightarrow C_{17}H_{35}COOCH_2CH_2NHCH_2CH_2OPO_3H_2$$

第三步，磷酸单-2-(2-硬脂酰氧基乙基)氨基乙酯与 KOH 反应生成磷酸单-2-(2-硬脂酰氧基乙基)氨基乙酯钾盐：

$$C_{17}H_{35}COOCH_2CH_2NHCH_2CH_2OPO_3H_2 + KOH \longrightarrow C_{17}H_{35}COOCH_2CH_2NH_2CH_2CH_2OPO_3K_2$$

磷酸单-2-(2-硬脂酰氧基乙基)氨基乙酯钾盐的两性结构示意如下：

$$R-\overset{\overset{O}{\|}}{C}-OCH_2CH_2\overset{+}{N}H_2CH_2CH_2O\overset{\overset{O}{\|}}{P}-\overset{O^-K^+}{\underset{O^-K^+}{|}} \quad R\text{ 为 }C_{17}H_{35}$$

工艺过程如下。

第一步，硬脂酸 2-(2-羟乙基)氨基乙酯的合成。在四口烧瓶中按摩尔比 1:1 加入硬脂酸和二乙醇胺，以酸作催化剂，在 160℃反应 2h，当酸值合格后降温，反应完成，经分离提纯得到硬脂酸 2-(2-羟乙基)氨基乙酯。

第二步，磷酸单-2-(2-硬脂酰氧基乙基)氨基乙酯钾盐的合成。用 P_2O_5 和磷酸反应制成聚磷酸作为磷酸化试剂。磷酸化试剂制成后，按与五氧化二磷的摩尔比 3:1，迅速加入硬脂酸(2-羟乙基)氨基乙酯，升温，在 140℃反应 5h，酯化率达到 90%以上，酯化反应完成。

第三步，加适量水使生成的焦磷酸酯等水解，然后用 KOH 中和，使磷酸单酯成盐，制成固含量为 30%的半膏状磷酸单-2-(2-硬脂酰氧基乙基)氨基乙酯钾盐产物。

② N-羧甲基-N-羟乙基-2-十七烷基咪唑啉钠盐的合成　别名为咪唑啉羧酸盐型柔软剂 SCM′miranol 2B (herculus)；又称为 1-羟乙基-1-羧甲基-2-十七烷基咪唑啉钠盐。

合成反应：以硬脂酸和 AEEA（羟乙基乙二胺）为原料，通过真空催化法合成1-羟乙基-2-十七烷基咪唑啉，然后与氯乙酸钠反应合成1-羟乙基-1-羧甲基-2-十七烷基咪唑啉钠盐。反应式如下：

$$C_{17}H_{35}COOH + HOCH_2CH_2NHCH_2CH_2NH_2 \longrightarrow C_{17}H_{35}CONHCH_2CH_2NHCH_2CH_2OH + H_2O$$

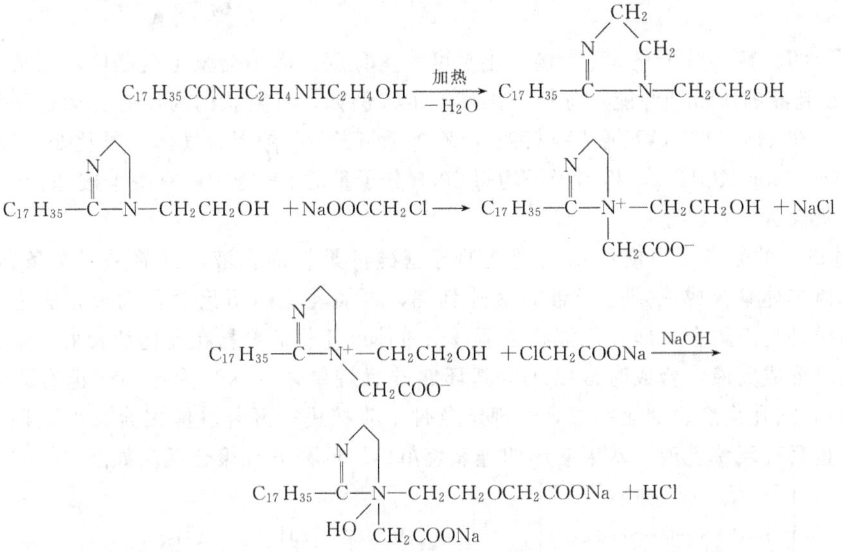

$$C_{17}H_{35}CONHC_2H_4NHC_2H_4OH \xrightarrow[-H_2O]{\text{加热}} C_{17}H_{35}-C \underset{N-CH_2CH_2OH}{\overset{N-CH_2}{\underset{|}{\diagdown}}}$$

（反应式略，依次生成季铵盐及最终1-羟乙基-1-羧甲基-2-十七烷基咪唑啉钠盐，同时生成 NaCl 和 HCl）

工艺过程如下。

第一步，1-羟乙基-2-十七烷基咪唑啉的合成。往反应釜里加入 1mol 硬脂酸、1.2molAEEA 和 0.05mol 氧化铝，加热搅拌，使硬脂酸完全熔化。在 26.66kPa 压力下，反应温度由130℃逐渐上升到160℃，反应 3h。然后反应温度上升到200℃，反应 3h。反应过程中减压除水。冷却反应混合物，最后得到白色或淡黄色蜡状固体。

第二步，1-羟乙基-1-羧甲基-2-十七烷基咪唑啉钠盐的合成。1-羟乙基-2-十七烷基咪唑啉与氯乙酸钠在碱性条件下反应，制得成品1-羟乙基-1-羧甲基-2-十七烷基咪唑啉钠盐。

16.4.3 反应型柔软剂

柔软剂 VS 合成：是由十八烷基异氰酸酯和乙烯亚胺缩合制得的产品。反应如下：

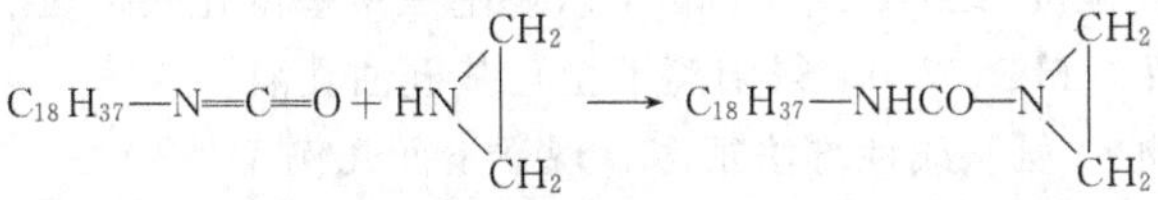

$$C_{18}H_{37}-N=C=O + HN\underset{CH_2}{\overset{CH_2}{\diagup\diagdown}} \longrightarrow C_{18}H_{37}-NHCO-N\underset{CH_2}{\overset{CH_2}{\diagup\diagdown}}$$

生产过程：在带有强力搅拌装置的反应釜中，加水 624kg，启动搅拌并经反应釜的冷却系统使温度降至 0℃。加入乙烯亚胺 21.6kg，边搅拌边缓慢加入十八烷基异氰酸酯进行缩合反应。反应放热，反应温度须控制在 33～37℃。156kg 十八烷基异氰酸酯于 1～2h 内加完，加完后继续在 33～37℃下搅拌反应 3h，制得柔软剂 VS。

16.4.4 高分子乳液

（1）PE 乳液的制备　将高压聚乙烯（分子量 1 万～5 万）在不锈钢管或裂解炉中于 400℃高温下裂解成低分子量聚乙烯（分子量 1000～2000），是有一定硬度的白色蜡状固体颗粒。然后,在 500L 不锈钢反应釜中,将压缩空气或 9∶1 配比的 O_2∶N_2 混合气体导入釜中,在 120~145℃ 下进行氧化,反应进程中取样测定酸值(AV 值),以酸值达到 10~20mgKOH/g 为终点,氧化时间约需 12h 以上。

氧化聚乙烯在高温熔融状态下,加 KOH 浓缩液、乳化剂、水,并高速搅拌制成所需浓度的乳液。PE 乳液的离子类型,决定于所用乳化剂的离子属性,一般使用非离子乳化剂。

据专利介绍,特高分子量 PE 直接氧化至可乳化程度,而不会发生交联网状凝胶,从而提高了 PE 乳液的质量和性能,降低了操作成本。例如,将粉状的高压聚乙烯加于螺杆式混合器中,在 114~122℃ 下通入空气或 90%O_2 和 10%N_2 的混合气体,氧化 30h 以上,酸值可达 26~28mg KOH/g,相当于平均每 2000 分子量的 PE 链中就有一个羧基。

(2) 有机硅类

① 羟基硅油的制备 由纺织部门制造的羟基硅油柔软剂乳液,目前采用两条路线。一是先将单体本体聚合成一定分子量的聚硅氧烷,再加乳化剂用化学和机械方法进行乳化;另一路线是乳液聚合,即在乳液状态下,由单体或环状低聚物在乳化剂胶束中聚合成高聚物,同时形成乳液,合成时常以八甲基环四硅氧烷单体(D_4)为原料(也有适当加入含氢硅油),加乳化剂、催化剂等,在规定条件下直接进行开环乳液聚合,得到羟基封端的高分子量聚硅氧烷乳液。八甲基环四硅氧烷单体(D_4)开环聚合反应如下:

$$\begin{bmatrix} H_3C & CH_3 \\ | & | \\ H_3C-Si-O-Si-CH_3 \\ | & | \\ O & O \\ | & | \\ H_3C-Si-O-Si-CH_3 \\ | & | \\ CH_3 & CH_3 \end{bmatrix} \xrightarrow{\text{碱性}} HO-\underset{CH_3}{\overset{CH_3}{Si}}-O-\begin{bmatrix}\underset{CH_3}{\overset{CH_3}{Si}}-O\end{bmatrix}_x \underset{CH_3}{\overset{CH_3}{Si}}-OH$$

由于选用的乳化剂性能不同,可分为阳离子、阴离子、非离子和复合离子型乳液。

a. 阴离子型乳液制备过程 将 80kg D_4、600 kg 水、5 kg 十二烷基苯磺酸、25kg 渗透剂 JFC、40kg 平平加 O 和 20kg 尿素升温至 80℃,搅拌保温 2h,在室温搅拌 6h 后,用纯碱中和至 pH 值为 6.5~7.0,得阴离子型羟基硅油乳液。

b. 阳离子型乳液制备过程 将 115kg 水、0.25kg KOH、40kg D_4、2.4 kg 十二烷基二甲基苄基氯化铵混合搅拌乳化,在(80±2)℃,保温 20min,之后在 1h 内加入 1.05kg 十二烷基二甲基苄基氯化铵、20kg D_4、1kg 十六烷基三甲基溴化铵,在 78℃ 下聚合反应 5h,用醋酸中和至 pH 值为 6.5~7.0,得阳离子型羟基硅油乳液。

② 氨基改性硅油 氨基改性方法很多,现举下面几例。

a. 由含氢聚硅氧烷与烯丙基胺或 N-取代烯丙基胺作用而合成的路线。

$$H_3C-\underset{\underset{CH_3}{|}}{\overset{\overset{CH_3}{|}}{Si}}O\begin{bmatrix}\underset{\underset{H}{|}}{\overset{\overset{CH_3}{|}}{Si}}O\end{bmatrix}_m\underset{\underset{CH_3}{|}}{\overset{\overset{CH_3}{|}}{Si}}-CH_3 + n\,CH_2=CHCH_2NH_2$$

$$\begin{bmatrix} nCH_2=CHCH_2N\underset{CH_3}{\overset{CH_3}{\diagup}} \\ \diagdown CH_3 \end{bmatrix}$$

↓

$$\text{H}_3\text{C}-\underset{\underset{\text{CH}_3}{|}}{\overset{\overset{\text{CH}_3}{|}}{\text{Si}}}\text{O}\underset{\underset{\text{CH}_3}{|}}{[\overset{\overset{\text{CH}_3}{|}}{\text{Si}}\text{O}]_m}\underset{\underset{\text{CH}_2\text{CH}_2\text{CH}_2\text{NH}_2}{|}}{[\overset{\overset{\text{CH}_3}{|}}{\text{Si}}\text{O}]_n}\underset{\underset{\text{CH}_3}{|}}{\overset{\overset{\text{CH}_3}{|}}{\text{Si}}}-\text{CH}_3$$

$$\left[-\text{CH}_2\text{CH}_2\text{CH}_2\text{N}\begin{matrix}\text{CH}_3\\ \\ \text{CH}_3\end{matrix}\right]$$

b. 由二氨丙基四甲基二硅氧烷与 D_4 在碱催化下,开环聚合而得到端基氨基改性聚硅氧烷。其合成路线如下:

$$\text{H}_2\text{NC}_3\text{H}_6-\underset{\underset{\text{CH}_3}{|}}{\overset{\overset{\text{CH}_3}{|}}{\text{Si}}}-\text{O}-\underset{\underset{\text{CH}_3}{|}}{\overset{\overset{\text{CH}_3}{|}}{\text{Si}}}-\text{C}_3\text{H}_6\text{NH}_2 + n[(\text{CH}_3)_2\text{SiO}]$$

$$\downarrow \text{KOH}$$

$$\text{H}_2\text{NC}_3\text{H}_6-\underset{\underset{\text{CH}_3}{|}}{\overset{\overset{\text{CH}_3}{|}}{\text{Si}}}-\text{O}\underset{\underset{\text{CH}_3}{|}}{[\overset{\overset{\text{CH}_3}{|}}{\text{Si}}\text{O}]_m}\underset{\underset{\text{CH}_3}{|}}{\overset{\overset{\text{CH}_3}{|}}{\text{Si}}}-\text{C}_3\text{H}_6\text{NH}_2$$

c. 由偶联剂 N-(β-氨乙基)-γ-氨丙基甲基二甲氧基硅烷 (GY-602) 在 KOH 催化下水解,和 D_4、六甲基二硅氧烷开环聚合、重排而改性。其合成路线如下:

$$\text{H}_3\text{CO}-\underset{\underset{\text{C}_3\text{H}_6\text{NHC}_2\text{H}_4\text{NH}_2}{|}}{\overset{\overset{\text{CH}_3}{|}}{\text{Si}}}-\text{OCH}_3 + [(\text{CH}_3)_2\text{SiO}]_4 + \text{H}_3\text{C}-\underset{\underset{\text{CH}_3}{|}}{\overset{\overset{\text{CH}_3}{|}}{\text{Si}}}-\text{O}-\underset{\underset{\text{CH}_3}{|}}{\overset{\overset{\text{CH}_3}{|}}{\text{Si}}}-\text{CH}_3$$

$$\downarrow \text{KOH}$$

$$(\text{H}_3\text{C})_3\text{SiO}\underset{\underset{\text{CH}_3}{|}}{[\overset{\overset{\text{CH}_3}{|}}{\text{Si}}\text{O}]_m}\underset{\underset{\text{C}_3\text{H}_6\text{NHC}_2\text{H}_4\text{NH}_2}{|}}{[\overset{\overset{\text{CH}_3}{|}}{\text{Si}}\text{O}]_n}\text{Si}(\text{CH}_3)_3$$

③ 聚醚-环氧改性硅油　聚醚-环氧改性硅油的常用的制备方法是用含氢硅油与末端有碳碳双键的聚醚及含不饱和双键的环氧化合物在铂系催化剂作用下进行加成反应。反应式如下:

$$\text{CH}_3-\underset{\underset{\text{CH}_3}{|}}{\overset{\overset{\text{CH}_3}{|}}{\text{Si}}}-\text{O}\underset{\underset{\text{H}}{|}}{[\overset{\overset{\text{CH}_3}{|}}{\text{Si}}-\text{O}]_x}\underset{\underset{\text{CH}_3}{|}}{[\overset{\overset{\text{CH}_3}{|}}{\text{Si}}-\text{O}]_y}\underset{\underset{\text{CH}_3}{|}}{\overset{\overset{\text{CH}_3}{|}}{\text{Si}}}-\text{CH}_3 + \text{CH}_2=\text{CHCH}_2\text{O}-$$

$$(\text{CH}_2\text{CH}_2\text{O})_x(\text{C}_3\text{H}_6\text{O})_y\text{R} + \text{CH}_2=\text{CH}-\text{CH}_2-\text{CH}_2\text{CH}\overset{\overset{\text{O}}{\frown}}{-}\text{CH}_2 \xrightarrow{\text{Pt}}$$

$$\text{CH}_3-\underset{\underset{\text{CH}_3}{|}}{\overset{\overset{\text{CH}_3}{|}}{\text{Si}}}-\text{O}\underset{\underset{\text{CH}_3}{|}}{[\overset{\overset{\text{CH}_3}{|}}{\text{Si}}-\text{O}]_m}\underset{\underset{(\text{CH}_2)_3\text{O}(\text{C}_2\text{H}_4\text{O})_x(\text{C}_3\text{H}_6\text{O})_y\text{R}}{|}}{[\overset{\overset{\text{CH}_3}{|}}{\text{Si}}-\text{O}]_n}\text{Si}(\text{CH}_3)_2\text{O}-\underset{\underset{\text{CH}_3}{|}}{\overset{\overset{\text{CH}_3}{|}}{\text{Si}}}-\text{CH}_3$$

$$(\text{CH}_2)_4\text{CH}\overset{\overset{\text{O}}{\frown}}{-}\text{CH}_2$$

16.5 柔软效果的测试方法

织物经柔软整理后,由于纤维表面吸附或沉积一定量的柔软剂,使织物的物理性能发生了一些变化。不同品种的织物对柔软整理的要求亦不完全相同,采用不同柔软剂整理及整理后留存在纤维表面柔软剂的不同量等都会影响织物的实际效果。此外,柔软效果还与纱线、织物的规格、纤维原料规格、柔软整理前后的加工条件等密切相关。对于柔软效果评定方法,目前尚缺乏比较理想的测试仪器,通常是将评定实物手感和测定织物回弹性能的方法相比较。尽管影响手感的因素很复杂,织物的组织规格、重量、厚度、可压缩性、伸长性、回弹性、密度、布面外形等物理因素及手触时的冷暖感觉、手触的部位(手指或手掌)、各人的爱好和心理因素等都与手感有关,但实物手感能较好地反映整理织物的滑爽、刚柔和抗皱性能,故目前仍是评价柔软效果最常用的传统方法。弹性在一定程度上能反映织物的刚柔性,抗皱性能,故亦可作为测试柔软效果的主要指标之一。

除此之外,柔软效果的测定方法还有硬挺度,因为柔软、硬挺是相对的两个方面,达到一定数字时为柔软,不到此数字时为硬挺。如用下法测定织物的硬挺度为5cm,经柔软整理后为2cm,说明达到了柔软的目的。

硬挺度测试方法是剪取 10mm×150mm 的经向和纬向试样各五条。熨平后在温度(20±3)℃,相对湿度(65+5)%的恒温恒湿条件下平衡24h。然后放在硬挺度测试仪的上部平面上,徐徐向斜边部分推出,直到下垂布条刚好触及斜边为止。记录触及斜边部分的长度,以5次平均值记录。

此外也可在风格仪上测其弯曲刚性(详见其他章节)。

参考文献

[1] 李正惠,郑红蕾.新型两性柔软剂的合成与性能 [J].染整助剂,2001,(1):19-21.
[2] 史保川,孙培培,顾均瑾.顶替进口纺织印染助剂——有机硅柔软剂原料的开发和应用.全国工业表面活性剂生产技术协作组、全国工业表面活性剂中心编.工业表面活性剂技术经济文集(6).大连:大连出版社,2000.
[3] 王绪荣,王晓红.进口有机硅织物整理剂现状及今后课题//全国工业表面活性剂生产技术协作组、全国工业表面活性剂中心编.工业表面活性剂技术经济文集(6).大连:大连出版社,2000.
[4] 张济邦.有机硅柔软剂的现状和发展方向(一)[J].印染,1996,(6).34-36.
[5] 张济邦.有机硅柔软剂的现状和发展方向(二)[J].印染,1996,(7):36-39.
[6] 施子长,王祥兴.柔软整理的机理和柔软剂的应用 [J].印染助剂,1990,(4):31-34.
[7] 周宏湘译,尹钟民摘.超柔软整理的现状 [J].印染译丛,1988,(4):54.
[8] 钟雷,丁悠丹.聚乙烯乳液柔软剂的进展 [J].印染,1996,(10):37-40.
[9] 陈荣新.纺织品柔软剂(一)[J].印染,1993,(3):38-41.
[10] 陈荣新.纺织品柔软剂(二)[J].印染,1993,(4):38-41.
[11] 陈荣新.纺织品柔软剂(三)[J].印染,1993,(5):37-40.
[12] 黄洪周.化工产品手册:工业表面活性剂 [M].北京:化学工业出版社,1999.
[13] 罗巨涛.染整助剂及其应用 [M].北京:中国纺织出版社,2000.
[14] 李宗石,刘平芹,徐明新.表面活性剂合成与工艺 [M].北京:中国轻工业出版社,1995.

[15] 丁忠传，杨新玮. 纺织染整助剂 [M]. 北京：化学工业出版社，1988.
[16] 刘必武. 化工产品手册：新领域精细化学品 [M]. 北京：化学工业出版社，1999.
[17] 矶田孝一，藤本武彦. 表面活性剂 [M]. 天津市轻工业化学研究所译. 北京：轻工业出版社，1978.
[18] 郑庆康等. 匀染剂对涤棉复合超细纤维织物匀染性能的研究. 印染助剂，1999，(1)：7.
[19] 程静环，陶绮雯. 染整助剂 [M]. 北京：纺织工业出版社，1985.
[20] 赵阿金，杨栋梁. 季铵类柔软剂的应用性能探讨 [J]. 印染，1998，(1)：45-50.
[21] 杨栋梁. 织物的柔软整理（1~6）[J]. 印染助剂，1999，(1~6)：35-36.
[22] 方纫之. 丝织物整理 [M]. 北京：纺织工业出版社，1985.
[23] 彭民政. 表面活性剂生产技术与应用 [M]. 广东：广东科技出版社，1999.
[24] 罗巨涛，姜维利. 纺织品有机硅及有机氟整理 [M]. 北京：中国纺织出版社，1999.
[25] 章杰. 纺织品后整理的生态要求 [J]. 印染，2006，(11)：45-50.
[26] 刘国良. 染整助剂应用测试 [M]. 北京：中国纺织出版社，2005.

第17章 抗静电整理剂

17.1 概述

17.1.1 静电的危害及其产生和泄漏

(1) **静电的危害** 当纤维材料自身摩擦或与其他物质摩擦后分开时，电子离开一种物质的表面而附着在另一物质的表面，往往会产生不同电荷或不同电量的静电。这是因为两物体经摩擦、接触等机械作用，电荷通过接触面移动，一个物体带正电荷，另一物体带负电荷，当两物体分离后，各个物体分别产生静电。对纤维来说，织物带有静电，常会导致下列麻烦。

① 烘干后，织物吸附在金属体上，造成织物卷缠在辊筒上。
② 在落布时，因织物带相同静电而互斥，造成落布不整齐，折叠歪斜。
③ 手与带静电的织物接触，产生电击。
④ 织物带静电，易吸附尘埃，产生沾污。
⑤ 衣服带静电容易缠贴身体，造成穿着不适。
⑥ 带静电织物常有放电现象，在易燃易爆区内会发生爆炸和火灾。
⑦ 带静电的织物易使仪表产生偏差。
⑧ 带静电的纤维会影响高速纺丝。
⑨ 静电常使起毛机起电困难。
⑩ 人在化纤地毯上行走，身体就会带上 3000~5000V 的静电，相对湿度低时，可达 5000~18000V。当发生静电放电时，产生的能量足以点燃可燃性气体及使人受到电击。

(2) **静电的产生和泄漏及其与高分子材料结构的关系**

① 静电的产生和泄漏以及它与高分子材料结构的关系是个相当复杂的过程。一般高分子材料的表面电阻率非常高，约在 $10^{10} \sim 10^{20} \Omega$ 的范围内。高分子材料是以共价键为主链的有机化合物，不会电离也不会传递电子或离子，其表面一经摩擦就容易产生静电。

② 当两种物体接触或摩擦时，就会在它们表面上发生电荷转移或离子转移而形成双电层。电子从电子逸出功小（或功函数小）的物体上转移到电子逸出功大的物体上，电子逸出功小的物体带正电荷，电子逸出功大的物体带负电荷。电荷量在不断产生、不断泄漏，其电荷量是这两过程的动态平衡值。电荷量的影响因素很多，如摩擦面之间的距离和摩擦的状态（诸如粗糙度、杂质、含湿）、接触物体的物理化学性质、摩擦系数、摩擦速度、压力和周围环境（例如温度、湿度、空气中的杂质、外电场等等）。例如，将黏胶丝织物与不锈钢棒摩擦时，压力小时织物带正电荷，压力大时则带负电荷。由此可见，影响

因素非常多，因此对物体起电现象的解释仍很不完善。

高分子材料对正、负电荷的相对亲和力不同，表现为它们对正、负电荷产生和泄漏速度的不同。两种不同高分子材料相互摩擦，哪个带正电荷，哪个带负电荷，则由这两种物质本身的结构所决定。一些常用的高分子聚合物及其纺织品相互摩擦后的带电关系有下列的顺序。

（正电）聚氨酯—聚酰胺—羊毛—蚕丝—黏胶纤维—皮肤—棉—醋酸纤维素—维尼龙—聚丙烯—聚酯—聚丙烯酸酯—聚氯乙烯—聚四氟乙烯（负电）。

材料在摩擦起电序列中的位置，不仅决定它所带的电荷是正还是负，而且在一定程度上也决定它的带电量大小和接触位置，相隔位置越远的则带电量大，接触电位差也大。

③ 研究证明，高分子物化学结构中，有没有极性基对静电性能的影响最为显著。例如，PE（聚乙烯）、PP（聚丙烯）、PS（聚苯乙烯）等不具极性基或只具有少量极性基的高聚物要比具有极性基的高聚物（聚酰胺、纤维素衍生物、酚醛树脂等）更易起电。在苯乙烯低聚物上引入极性基，其静电电位值及符号的关系为下列顺序：

⊕ ← $-NH_2$，$-OH$，$-COOH$，$-OCH_2C_6H_5$，$-OC_2H_5$，$-OCOCH_3$，$-COOCH_3$，$-Cl$，$-NO_2$ → ⊖

上述顺序表明，拒电子能力越强的极性基起电时带正电荷的趋势越大，吸电子能力越强的极性基带负电荷的趋势越大。各种基团对抗静电作用的贡献列于表 17-1 和表 17-2。

表 17-1 各种基团对抗静电作用的贡献

抗静电性优的基团	抗静电性中等的基团	抗静电性差的基团
$-CON(CH_3)_2$	$-CONH_2$	$-Cl$
$-CON(C_2H_5)_2$	$-COOH$	$-CN$
$-CONHCH_3$	$-SO_3H$	$-OH$
$-COONa$	$-COOC_2H_4N(CH_3)_2$	$-COOCH_3$
$-SO_3Na$	$-N(CH_3)_2$	$-CONHC(CH_3)_3$
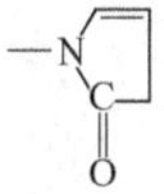 吡咯烷酮基	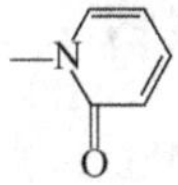 吡啶酮基	 $-CON$（五元环）
$-(OCH_2CH_2)_n-$		 $-CON$（含氧六元环）
$-PO[N(CH_3)_2]_2$		
$-CONHCH_2NHCON(CH_3)_2$		

17.1.2 静电的防止

防止静电的方法除一方面减轻或防止摩擦以减少静电的产生外，另一方面便是使已产生的静电尽快泄漏掉，从而防止静电的大量积累。因此防止静电的主要方法是从控制电荷的产生（起电）和电荷的泄漏两方面进行。

（1）减少接触、摩擦的机会　摩擦带电的关系一般可用下式表示。

$$Q = \Phi(V) \cdot W^{1/2}$$

式中，Q 为带电量；W 为摩擦功；V 为摩擦速度。

利用油剂增加润滑性，可降低物体间的摩擦，减少摩擦功，也就减少了带电量。例如羊毛上加和毛油，纺丝时加油剂，可增加纤维的润滑性，或提高加工设备的光滑性（如镀铬），从而降低了摩擦系数，同时还可降低摩擦压力和摩擦速度，以减少起电。

（2）纤维间隙中的物质介电常数　纤维制品在纤维之间总是存在着间隙的。由于间隙中存在的物质不同，纤维制品的带电性也就不会相同。当然在一般情况下间隙中充满的是空气，如将其减压，带电量将会下降。如提高间隙中气体的介电常数则带电量也会减少。

（3）尽可能使用在摩擦起电序列相接近的材料或使用两种能相互抵消的材料进行混纺。纤维经摩擦后所产生的电荷因摩擦的对象不同，其带正、负电荷的情况也不相同。如将带正负电荷不同的纤维混纺、交织或以其他方法共用时，由于摩擦所产生的静电正负极性不同，可以加以利用，相互抵消达到防止静电的效果。如涤纶与锦纶混纺的产品与金属铬、合成橡胶或棉摩擦，此时锦纶产生正电荷，涤纶产生负电荷，从而正负电荷相互抵消。如混纺比例适当则电荷可全部中和。

（4）提高周围环境湿度　纤维表面的导电性能增加则电荷的泄漏也随之增加，从而减少纤维制品的带电量。纤维表面电阻率（ρ_s）与电量的半衰期（$t_{1/2}$）之间存在如下关系：

$$\lg t_{1/2} = A(\lg \rho_s - B)$$

从该公式可知，表面电阻率愈小，漏电愈快，半衰期愈小（见表17-2）。纤维表面电阻率的大小，可因纤维种类不同、含水量不同、有否整理剂等而有很大的差别。

表 17-2　几种纤维制品的表面电阻率与半衰期

纤维制品	经向表面电阻率/Ω	半衰期/s
100％棉	1.2×10^9	2.5×10^{-2}
100％羊毛	5×10^{11}	3×10^6
100％真丝	4×10^{14}	6×10^2
100％涤纶	$>10^{15}$	2.6×10^3
100％锦纶	1×10^{15}	1.2×10^3
100％二醋酸纤维	2×10^{14}	4×10^2
100％三醋酸纤维	$>10^{15}$	2.4×10^3
100％腈纶（膨体）	1×10^{14}	1.3×10^3
100％腈纶（标准）	1×10^{14}	6×10^2

由表 17-2 可知，表面电阻率为 $10^9 \sim 10^{10} \Omega$，则其半衰期约为 $0.01 \sim 0.1 s$。因而棉、羊毛电荷泄漏很快，不易产生静电的积集，而合成纤维易于产生静电的积累。

（5）使用抗静电剂法　纤维中掺入抗静电剂（内部用），或在材料外部喷洒、浸渍或涂布抗静电剂（外部用，如纺丝时的油剂及纺织品抗静电整理即属此法）。

（6）材料表面改性法　在材料表面形成有抗静电作用的亲水性高聚物皮层。例如在聚酯纤维上用聚乙二醇与PET的共聚物作皮层，也可以用接枝方法提高其吸湿率。

（7）与导电材料混用　将高聚物与导电材料如金属、石墨等混用，通常混入0.05％～2％的导电材料，就能获得持久性的抗静电效果。

（8）接地　把带电物体与大地相接，把产生的电荷迅速泄漏掉。

17.2 抗静电剂的类型

抗静电剂是添加在各种纤维中或涂覆在各种纤维表面以防止高分子材料的静电危害的一类化学添加剂。抗静电剂的作用是将体积电阻率高的高分子材料的表面层的电阻率降低到 $10^{10}\Omega$ 以下，从而减轻高分子材料在加工和使用过程中的静电积累。

在纺织工业中，抗静电剂按其应用方法可分为纤维外部使用和内部使用，外部使用又分为暂时性的和耐久性的，而内部使用的均为永久性的。

在高分子材料合成时或在制件加工及纤维成型过程中添加进去的抗静电剂称为内用抗静电剂。内用抗静电剂在塑料制品中使用较多，在合成纤维中也有成功例子，合成纤维制造成导电纤维不是用表面活性剂类的抗静电剂而是加入其他导电物质。这些纤维的织造通常是在纤维制造过程中加入一些导电物质，分别由以下两种生产方式而得。

（1）有机高分子纤维（主要是聚醯胺或聚酯）
① 熔融纺丝时加入导电物质添加物（例如炭黑）。
② 熔融纺丝后以导电物质当作纤维后处理。

（2）无机纤维（例如不锈钢纤维） 导电性纤维需经过纺纱后再织成布，纤维导电性之优劣必须视导电物质之种类、添加量和位置来加以调整，碳纤维是最常用的导电材料，硫化铜、碘化铜和其他氧化金属也常使用。导电物质可以使用类似涂布加工的方式覆盖于纤维外层，或使用复合纺丝使纤维内部含导电材料，亦或一部分分布在表面，一部分在纤维内部形成两种介质，导电材料通常添加量在3%~30%。由于它们与树脂组成物是混为一体的，所以耐久性好，故又称为"永久性"抗静电剂。如将有机导电纤维以不等的间距或比例加入普通织物中，可使织物的静电降低到最低限度，并且水洗50次抗静电性能不下降，从而使织物获得永久抗静电的功能。

外部抗静电剂根据抗静电作用的时间分为暂时性和耐久性的。目前工业上应用的暂时性抗静电剂主要是一些表面活性剂。由于离子型表面活性剂可以直接利用自身的离子导电性消除静电，所以目前应用最多。在暂时性的抗静电剂中除阳离子、两性表面活性剂的抗静电剂有一定的耐久性外，其他表面活性剂都不耐贮存（因向纤维内部迁移）和耐洗。解决此问题的办法是制成高分子物或交联成网状结构，使其具有耐久性。

外部抗静电剂在使用时通常是配成0.5%~2.0%浓度的溶液，然后用涂布/喷雾/浸渍等方法使之附着在纤维表面。一个理想的外部抗静电剂应该具备以下几个基本条件。
① 有可溶的或可能分散的溶剂。
② 与树脂表面结合牢固，不逸散、耐摩擦、耐洗涤。
③ 抗静电效果好，在低温、低湿的环境中也有效。
④ 不引起有色制品颜色的变化。
⑤ 手感好，不刺激皮肤，毒性低。
⑥ 价廉。

由于外部抗静电剂耐久性差，所以又叫做"暂时性抗静电剂"。为了适应纤维工业抗静电和耐洗涤的需要，近年来发展了一类与树脂表面结合牢固、不易逸散、耐磨和耐洗涤的高分子量抗静电剂新品种，被称为"耐久性抗静电剂"。在印染加工中，抗静电整理常指的是使用外部抗静电剂。这里只对外部抗静电剂进行介绍。

外部抗静电剂分类如下所示：

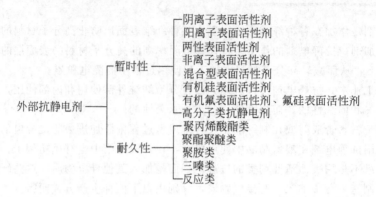

17.2.1 暂时性抗静电剂

目前在工业上使用的抗静电剂主要是一些表面活性剂，它们的分子结构具有如下通式：

R—Y—X（R＝亲油基　　X＝亲水基　　Y＝连接基）

在它们的分子中，非极性部分的亲油基和极性部分的亲水基之间应具有适当的平衡。根据抗静电剂分子中的亲水基能否电离，抗静电剂可以分为离子型和非离子型。由于离子型抗静电剂可以直接利用本身的离子导电性泄漏电荷，所以目前用得最多。

① 阴离子表面活性剂类　在阴离子表面活性剂类中，烷基（苯）磺酸钠、烷基硫酸钠、烷基硫酸酯、烷基苯酚聚氧乙烯醚硫酸酯和烷基磷酸酯都有抗静电作用，而以烷基磷酸酯和烷基苯酚聚氧乙烯醚硫酸酯的效果最好，在合纤纺丝油剂中常使用烷基磷酸酯。它在浓度低时就有很好的抗静电作用，而磺酸盐、硫酸盐在低浓度时（0.2%～0.6%）无抗静电作用，烷基苯磺酸钠浓度要达到4%时才有抗静电效果。

a. 烷基酚聚氧乙烯醚硫酸钠　烷基酚聚氧乙烯醚硫酸钠结构式如下：

$$R-\!\!\!\!\bigcirc\!\!\!\!-O(CH_2CH_2O)_n-CH_2CH_2OSO_3Na \quad (R=异构烷基)$$

它除具有抗静电效果外，还有优良的乳化、分散和润滑作用。

b. 磷酸酯类抗静电剂　一般是正磷酸（H_3PO_4）的单酯或双酯的钠盐和钾盐，也有使用铵盐或有机胺盐的。这类抗静电剂的通式如下：

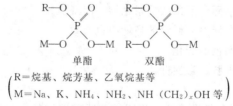

$$\left(\begin{matrix} R=烷基、烷芳基、乙氧烷基等 \\ M=Na、K、NH_4、NH_2、NH(CH_2)_xOH 等 \end{matrix} \right)$$

磷酸酯的烷基为 $C_{10}\sim C_{14}$ 时，抗静电效果优良，有机胺盐和乙醇胺盐也比无机盐的效果强。磷酸酯类表面活性剂耐硬水性较差，特别是对于钙，镁离子不稳定，其优点是在水中的溶解性能良好，起泡性小，而且更重要的是柔软作用和抗静电效果良好。

烷基磷酸酯用于合成纤维纺丝油剂，无论是长丝或短纤维，都具有良好的抗静电性、适度的平滑性、良好的耐热性，并能增加油膜强度，防止和抑制烷基硫酸酯和烷基磺酸盐等引起纤维着色和设备生锈等问题。

烷基磷酸酯的烷基中含有环氧乙烷时，抗静电性提高，当环氧乙烷分子数增多时，则其性能近于非离子型表面活性剂，但其平滑性反而下降。

如，十二醇聚氧乙烯醚（3）磷酸酯钾盐为白色或淡黄色黏稠物或膏状物，含固量≥40%，1%水溶液的pH值为5.0～7.0，易乳化、易清洗、耐酸、耐碱。具优良的抗静电性、集束性及平滑性。可用于涤纶、腈纶、维纶、锦纶等纺纱油剂配方中，一般用量为5%～10%。

抗静电剂TXP-100烷基酚聚氧乙烯醚磷酸酯钾盐是白色或淡黄色黏稠体或膏状物，含固量≥35%，1%水溶液的pH值为5.0～7.0，本品易溶于水，无毒，刺激性小。同时具的优良的乳化、润湿、净洗、增溶、防锈、缓蚀、分散、螯合、消除静电等多种功能。常应用于化纤油剂等。

常见的阴离子型抗静电剂如表17-3所示。

表17-3 常见的阴离子型抗静电剂

类　别	结　构
羧酸系	R—COOMe
聚氧乙烯羧酸系	R—O$(EO)_n$COOMe
氨基酸系	RCONH$(CH_2)_n$COOMe
缩氨酸系	RCO(NHR'CO)$_n$OMe
烷基苯系	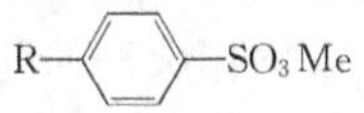 R—⟨⟩—SO_3Me
烷基萘系	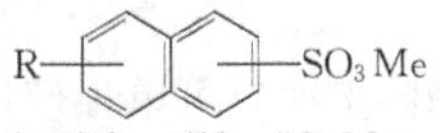 R—⟨⟩—SO_3Me
琥珀酸酯系	RCOO—CH—SO_3Me RCOO—CH_2
烷烃系	R—SO_3Me
烷基磺基乙酸系	R—O—C(=O)—CH_2—SO_3Me
烷基酰胺磺酸系	R—CON—$CH_2CH_2SO_3$Me
硫酸化油系	R—CH—CH=CH$(CH_2)_7$COO—甘油酯 | OSO_3Me
醇系	R—O—SO_3Me
烷基醚系	R—O$(EO)_n$$SO_3$Me
烷基酚醚系	R—⟨⟩—O$(EO)_n$$SO_3$Me
烷基酰胺系	R—CON(CH$_3$)—$CH_2CH_2OSO_3$Me
烷基磷酸系	$(R-O)_{1\sim2}$P(=O)(OMe)$_{1\sim2}$
烷基醚磷酸系	$(RO(EO)_n)_{1\sim2}$P(=O)(OMe)$_{1\sim2}$

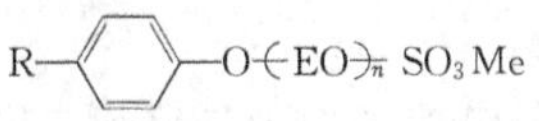

② 阳离子表面活性剂类　阳离子表面活性剂是抗静电剂的大类品种，在低浓度时就具有优良的抗静电性能。由于大多数高分子材料都带负电荷，因此最有效的抗静电剂是阳离子和两性表面活性剂。

一般阳离子型表面活性剂，不仅是效力较高的抗静电剂，而且具有优良的滑爽柔软性，纤维吸着性。用作抗静电剂的阳离子型表面活性剂主要是季铵化合物和脂肪酸酰胺两大类。

用作抗静电剂的阳离子表面活性剂主要为季铵盐型，代表性产品有抗静电剂 SN 和抗静电剂 TM。在季铵化合物的 1 个或多个烷基中采用聚氧乙烯基取代，可以改进其水溶性，形成的聚醚型季铵盐还可以与阴离子型表面活性剂拼混使用。

季铵盐型化合物类通式：

$$\begin{bmatrix} R^1 \\ R-N-R^2 \\ R^3 \end{bmatrix}^+ \cdot X^- \begin{pmatrix} R=C_{12}\sim C_{18}烷基，X=Cl、Br 等 \\ R^1、R^2、R^3=CH_3、C_4H_9 等 \end{pmatrix}$$

抗静电剂 SN（十八烷基二甲基羟乙基季铵硝酸盐）结构式为：

$$[C_{18}H_{37}\underset{\underset{CH_3}{|}}{\overset{\overset{CH_3}{|}}{N}}-CH_2CH_2OH]^+ NO_3^-$$

抗静电剂 SN 为黄色至红棕色透明黏稠液体，pH 值（1%水溶液，20℃）为 6.0～8.03，季铵盐含量 48%～52%，在室温下易溶于水、丙酮、丁醇、苯、氯仿等有机溶剂。可与阳离子、非离子表面活性剂混用，但不宜与阴离子表面活性剂同浴使用。适用于涤纶、锦纶、氯纶等合成纤维及天然纤维与合成纤维的混纺在纺丝、织造时的静电消除，具有优良的抗静电效果。可用作腈纶的匀染剂。对稀酸、稀碱稳定，当温度提高到 180℃以上时会分解。

用作纺丝静电消除剂时，可单独使用，也可与其他不含阴离子表面活性剂的油剂、乳化剂配成水溶液，让纤维丝束在上述乳液中经过即可，一般推荐用量为纤维重量的 0.2%～0.5%。

抗静电剂 TM 结构式为：

$$\begin{bmatrix} CH_2CH_2OH \\ CH_3-N-CH_2CH_2OH \\ CH_2CH_2OH \end{bmatrix}^+ CH_3SO_4^-$$

抗静电剂 TM 为淡黄色黏稠液，pH 值为 7±1，含游离三乙醇胺小于 4%。易溶于水，具吸湿性，可与正电荷活性剂、非电离活性剂混合使用。对锦纶、涤纶、腈纶等合成纤维赋予优良的消除静电效能。又可以用作锦纶、腈纶等合成纤维纺丝油剂的重要组成部分。本品用于高分子材料等聚合物表面涂层处理中，可使用品 ρ_s 达 $10^7\sim 10^8 \Omega$，从而有效地消除静电危害。

具有 2 个长链烷基如十二烷基二甲基氯化铵、十八酰基二甲基氯化铵都是很好的抗静电剂，但 3 个以上长链烷基则抗静电效果明显减弱，有机酸季铵盐的抗静电效果最好，如三甲基十八烷基乙酸铵、丁酸铵及戊酸铵的抗静电性最好。

此外，以吡啶作为阳离子基的烷基吡啶盐，如 N-十六烷基吡啶硝酸盐抗静电效果相当优良。碳链增加效果更好，但具有苯环时，效果减弱。

氨基烷基聚乙二醇醚具有抗静电性大和吸着性大的特点。氧化胺型阳离子表面活性剂稳泡性和抗静电性好，主要用于纤维抗静电剂。咪唑啉季铵盐衍生物，如酰胺咪唑啉季铵盐（抗静电柔软剂 AS）不仅具有良好的抗静电性能，还具有优良的柔软性能。脂肪酸胺类抗静电剂主要有 N,N-二甲基-β-羟乙基十八酰胺-γ-丙基季铵硝酸盐，该产品适用于合成纤维纺丝和织布时消除静电，效果优良。

以喹啉作为阳离子基的烷基喹啉盐也是抗静电剂。而以十六烷基效果最好。在 N 原子上具有羟乙基取代基时，抗静电作用增大。

例如，溴代十六烷和三丁基胺制得的溴代季铵盐，可用作锦纶的有效抗静电剂。

对合成纤维来说，好的抗静电剂是季铵盐，如抗静电剂 TM、SN。具有两个长链烷基的十二烷基二甲基氯化铵、十八酰基二甲基氯化铵都是很好的抗静电剂；但三个以上长链烷基则抗静电效果明显减弱；有机酸季铵盐的抗静电效果最好，如三甲基十八烷基乙酸铵、丁酸铵及戊酸铵的抗静电性最好。

以吡啶作为阳离子基的烷基吡啶盐，如 N-十六烷基吡啶硝酸盐抗静电效果相当优良。碳链增加效果更好，但具有苯环时，效果减弱。

以喹啉作为阳离子基的烷基喹啉盐也是抗静电剂。而以十六烷基效果最好。在 N 原子上具有羟乙基取代基时，抗静电作用增大。

上述这些阳离子抗静电剂中，N 原子上的取代烷基的碳原子数$\leqslant 8$时，抗静电效果较差。取代基变化时，其抗静电性随之变化。

阳离子抗静电剂在纤维上的耐洗性比阴离子型的好，还具有优良的柔软性、平滑性，但不能与阴离子助剂、染料、增白剂同浴使用。用作抗静电剂的阳离子表面活性剂，如季铵盐，为碱性，在碱性水溶液中，失去界面活性，而在酸性水溶液中，表现出稳定的阳离子界面活性。它们具有阴离子表面活性剂没有的特性，即良好的乳化、分散、起泡、浸透、黏附力和杀菌性。而且生物活性大，容易吸附在毛发及合纤上，使之具有良好的抗静电性和柔软性。由于阳离子表面活性剂具有很强的生物活性，其污水对鱼类有毒害。

表 17-4 列出了常用的阳离子型抗静电剂。

表 17-4 常用阳离子型抗静电剂

类 别	结 构
脂肪族胺类	$RNH_2 \cdot X$ 盐
脂肪族季铵类	$\begin{bmatrix} CH_3 \\ \| \\ RNCH_3 \\ \| \\ CH_3 \end{bmatrix}^+ \cdot X^-$
亚苄基毒芹类	$\begin{bmatrix} CH_3 \\ \| \\ RNCH_2-C_6H_5 \\ \| \\ CH_3 \end{bmatrix}^+ \cdot X^-$
吡啶盐类	$(RN\text{-}C_5H_5)^+ \cdot X^-$
胺氧化类	$\begin{matrix} CH_3 \\ \| \\ RN \xrightarrow{(+)} O^{(-)} \\ \| \\ CH_3 \end{matrix}$
胺醚类	$RNH(EO)_nH$

注：R 为 $>C_8$ 烷基，X 为卤素基团。

③ **两性表面活性剂类** 两性表面活性剂类指的是分子中的亲水基同时具有阴离子和阳离子的表面活性剂,阳离子为氨基酸型、甜菜碱型及咪唑啉型的都可用作抗静电剂。每一类型中的阴离子部分可以是羧酸,也可以是磺酸基、硫酸基或磷酸基。两性表面活性剂是一类优良的抗静电剂。其中氨基酸型及咪唑啉型在 pH 值低于其等电点时呈正电性,高于等电点时为负电性;而甜菜碱型在 pH 值低于等电点时呈正电性,高于等电点时则成"内盐"而不表现阴离子性,如阴离子为磺酸盐或硫酸盐时,因季铵的碱强度与阴离子的酸强度相当,其"内盐"则呈中性,在任何 pH 值下,都处于电离状态。

与阳离子表面活性剂一样,两性表面活性剂上的取代基,如烷基的碳原子数、阴离子基团及其碳原子数都会影响抗静电性能,例如咪唑啉型中,带磺酸基的效果较好。同样,两性表面活性剂的抗静电性能也与相对湿度有关,相对湿度提高,抗静电性好。阴、阳、两性抗静电剂都是在材料表面形成吸附层,经摩擦也会被破坏,所以其耐磨性能不好。表 17-5 列出了常用的两性离子表面活性剂类抗静电剂。

表 17-5　两性离子表面活性剂类抗静电剂

类　　别	结　　构
磺基甜菜碱类	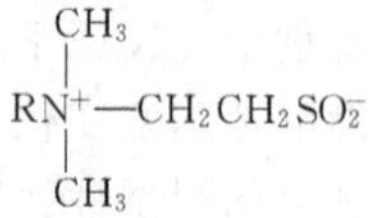 $RN^+(CH_3)_2—CH_2CH_2SO_3^-$
羧基甜菜碱类	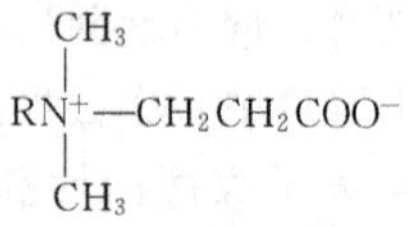 $RN^+(CH_3)_2—CH_2CH_2COO^-$
氨基羧酸类	$RNH{-}(CH_2)_n{-}COOH$
咪唑啉甜菜碱类	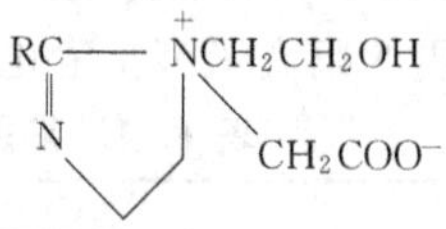 咪唑啉环 $RC{=}N\text{—}NCH_2CH_2OH,\ CH_2COO^-$
卵磷酯类	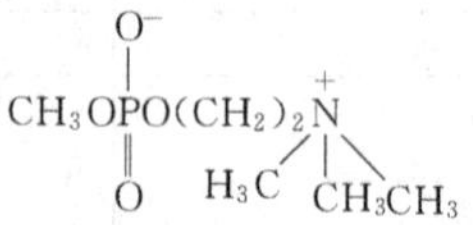 $CH_3OPO(CH_2)_2N^+(H_3C)(CH_3)_2$

④ **非离子表面活性剂类** 非离子表面活性剂有多元醇和聚氧乙烯醚两大类,后者又有脂肪醇、烷基酚聚氧乙烯醚、脂肪酸聚氧乙烯酯及脂肪胺、脂肪酰胺聚氧乙烯缩合物。非离子表面活性剂不会离解离子,它的抗静电作用是由于其吸附在材料表面形成一吸附层,使材料与摩擦物体的表面距离增加,减少了材料表面的摩擦,使起电量降低。另外,非离子表面活性剂中的羟基或氧乙烯基能与水形成氢键,增加了材料的吸湿,因含水量的提高而降低材料表面电阻,从而使静电易于泄漏。非离子表面活性剂抗静电性比阳离子、阴离子、两性离子活性剂都差,因此一般不作主要的抗静电剂使用。常与抗静电性好的阳离子或阴离子活性剂拼用,或加入非极性、难溶于水的润滑剂中使用,提高润滑剂与水的相容性。常用的非离子表面活性剂类抗静电剂如表 17-6 所示。

表 17-6 非离子表面活性剂类抗静电剂的种类

类别	结构
烷醇酰胺类	$RCONHCH_2CH_2OH$ （$RCON$　）
聚氧化乙烯烷醇酰胺类	$RCON\begin{pmatrix}(CH_2CH_2O)_mH\\(CH_2CH_2O)_nH\end{pmatrix}$
聚氧化乙烯醚类	$R-O(CH_2CH_2O)_nH$
聚氧化乙烯酯类	$RCOO(CH_2CH_2O)_nH$
聚氧化乙烯醚酯类	$RCOO(CH_2)_nO(CH_2CH_2O)_mH$
含氮的聚环氧乙烷类	$RON(CH_2CH_2O)_nH$ $RNH(CH_2CH_2O)_nH$

⑤ 有机硅表面活性剂　有机硅高分子链具有弹性的螺旋形结构，在热处理后甲基向空气定向排列，因此可获柔软、润滑和防水功能。若在有机硅中引进亲水基团，则可抗静电。有机硅氧烷中的 Si—C 键是稳定的，而且可引入各种活性官能团，制成改性硅氧烷。但在合纤油剂中，目前有机硅抗静电剂只有聚醚型改性硅氧烷被采用。

用乙酰氧基封端的聚烯丙基聚氧乙烯醚与甲基氢硅氧烷进行加成，≡SiH 可以交联而形成高分子抗静电剂。用于锦纶、涤纶的抗静电整理，能使 R_s 降低到 $10^3 \sim 10^4 \Omega$，效果极好。

⑥ 有机氟表面活性剂、氟硅表面活性剂　有机氟表面活性剂是具有氟代烃基团的表面活性剂，其抗静电性能比烃类化合物大得多，但价格昂贵。氟硅表面活性剂是一种新型的抗静电剂，它具有表面张力低、耐热、耐化学品、憎油、润滑性好等特点。

⑦ 高分子类抗静电剂　高分子型抗静电剂具有耐热性好的特点。低聚苯乙烯磺酸钠、聚乙烯磺酸钠、聚乙烯苄基三甲基季铵盐等都可用作抗静电剂。聚 2-甲基丙烯酰氧乙基三甲基氯化铵对丙纶纤维有很强的结合力，用它处理过的丙纶地毯具有优良的抗静电性能。高分子类抗静电剂是一个正待开发的品种，由于分子量大，在水溶液状态下黏度增高，金属-丝之间的摩擦力将增大，这些特性将对合成纤维生产工艺有影响。但是高分子类抗静电剂耐热性好。

17.2.2　耐久性抗静电剂

① 聚丙烯酸酯类　丙烯酸（或甲基丙烯酸）和丙烯酸酯（如甲基丙烯酸甲酯、乙酯或丙酯）的共聚物，在纤维表面形成阴离子型亲水性薄膜，由于分子中有羧基，亲水性很强，所以抗静电效果很好，耐洗性也不错，特别适用于涤纶。结构如下：

$$\left[-CH_2-\underset{R_1}{\underset{|}{\overset{COOH}{\overset{|}{C}}}}-\right]_m \left[-CH_2-\underset{R_2}{\underset{|}{\overset{COOR_2}{\overset{|}{C}}}}-\right]_m$$

R_1 为 H、CH_3；R_2 为 CH_3，C_2H_5，C_3H_7

丙烯酸酯与亲水性单体的共聚物，其抗静电性能主要取决于亲水性单体的性质及其在高聚物中的比例，一般用量为总单体的 20%～50%（质量分数）。耐洗性取决于皮膜的坚牢度，一般常在甲基丙烯酸、甲基丙烯酸甲酯共聚物中再加羟甲基丙烯酰胺制成自交联的抗静电剂。

② 聚酯聚醚类　如国产抗静电剂 CAS、F4。基本结构与涤纶相似，区别在于氧乙烯基（分子量在 600 以上）增加，使其亲水性提高，吸湿性提高，从而降低了其表面电阻。其耐洗性决定于聚酯分子量及抗静电剂的成膜情况，因为它的结构与涤纶相似，可以与涤纶相容与共结晶。分子量越高则耐洗性越好，它是涤纶的抗静电剂。

由聚对苯二甲酸乙二醇酯和聚对苯二甲酸聚氧乙烯酯进行嵌段共聚而制得的环氧乙烷衍生物，可使涤纶表面接上聚氧乙烯基，结构如下：

$$\left[\begin{array}{c}COOC_2H_4OH \\ \\ \\ COOC_2H_4OH\end{array}\right]_m + \left[\begin{array}{c}COO(C_2H_4O)_nH \\ \\ \\ COO(C_2H_4O)_nH\end{array}\right]_m$$

这类共聚物在涤纶织物上经热处理，疏水性基团与涤纶结构中的聚对苯二甲酸乙二醇酯共熔，使涤纶表面接上非离子型亲水性的聚氧乙烯基，这个基团具有很好的抗静电性，并能经受多次洗涤，还有防止再污染和易去污的性能。

③ 聚胺类　如国产抗静电剂 XFZ-03，是由多乙烯多胺与聚乙二醇反应而得的聚乙二醇醚多胺衍生物。其结构如下：

$$R'COONH(C_2H_5N)_nCH_2CHCH_2RO(CH_2CH_2O)_mR$$
$$\qquad\qquad\qquad\qquad\ \ OH$$
$$H_2R'CONH(C_2H_5N)_nH_2CHCH_2C$$
$$\qquad\qquad\qquad\qquad\qquad\ \ OH$$

在两端还可接上环氧基以增加其反应性。它的抗静电性是由聚醚的亲水性产生，耐洗性是因为它的高分子量与反应性基团。特别适用于腈纶织物及针织绒线，还能用于涤纶、锦纶、丙纶、毛/涤纶等混纺交织物的抗静电剂。

④ 三嗪类　以三聚氰胺为骨架，接上聚酯、聚醚基团，能形成良好的抗静电性和耐洗性。适用于涤纶、腈纶等合成纤维。

⑤ 反应型抗静电剂　这类抗静电剂是在分子结构中含有能与纤维反应的活性基的化合物，用其处理织物，与纤维进行反应而使纤维具有抗静电性。

作为反应性基团，多使用环氧基或缩水甘油醚基。例如，将聚乙二醇缩水甘油醚和聚乙烯亚胺在纤维上生成不溶性的抗静电剂，将聚环氧化合物和聚乙二醇二胺在纤维上缩合，以及利用环氧基或羟甲基化合物作为抗静电剂。

17.3　抗静电剂的作用机理

在物质的摩擦过程中电荷不断产生同时也不断中和，电荷泄漏中和时主要通过摩擦物自身的体积传导、表面传导以及向空气中辐射等三个途径，其中表面传导是主要的。这是因为体积传导主要取决于体积电阻系数，表面传导主要取决于表面电阻系数，而一般固体的体积电阻系数约为表面电阻系数的 100～1000 倍。换言之带电防止作用主要受高分子材料的表面电阻支配，如能设法降低其表面电阻从而提高表面电传导，就能起到防止静电的作用。

高分子材料的表面电阻除由本身的性质决定外，还和许多外界因素有关。外部抗静电剂一般以水、醇或其他有机溶剂作为溶剂或分散剂使用。当将抗静电剂加入到水中时，由于在它们的分子中有非极性部分的亲油基和极性部分的亲水基的存在，抗静电剂分子的亲油基就会伸向空气-水界面的空气一面，而亲水基则向着水，随着浓度的增加，亲油基相互平行最后达到最稠密的排列，如图17-1中（A～C）。这时将纤维浸渍在溶液中，抗静电剂分子的亲油基就会吸附在纤维的表面（如图17-1中D）。经浸渍，干燥后的纤维表面形成如图17-1中E的结构。

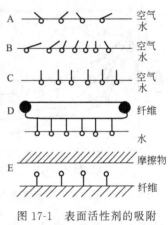

图 17-1　表面活性剂的吸附
（♀表示抗静电剂分子）

这样，在纤维表面由于有亲水基的存在就很容易吸附环境中的微量水分，而形成一个单分子的导电层。当抗静电剂为离子型化合物时就能起到离子导电的作用。非离子型抗静电剂虽与导电性没有直接关系，但吸湿的结果除利用了水的导电性外，还使得纤维中所含的微量电解质有了离子化的场所，从而间接地降低了表面电阻，加速了电荷的泄漏。另一方面，由于在纤维的表面有了抗静电剂的分子层和吸附的水分，因此在摩擦时其摩擦间隙中的介电常数同空气的介电常数相比明显提高，从而削弱了间隙中的电场强度，减少了电荷的产生。

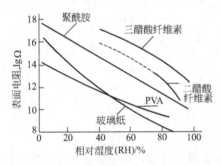

图 17-2　薄膜的表面电阻

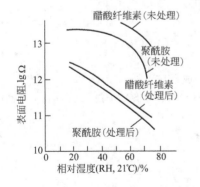

图 17-3　用非离子表面活性剂处理过的纤维的表面电阻

另外环境中的相对湿度和温度等影响，其中特别是相对湿度的影响最大。

水是高介电常数的液体，纯水的介电常数为81.5，与干燥的塑料和纺织品相比具有很高的导电性，而且随着其中所溶解的离子的存在导电性还将进一步增加。因此如果在高分子材料表面附着一层薄薄的连续相的水就能起到泄漏电荷的作用。由于水是挥发性的，所以这种泄漏电荷的作用也只是暂时的。然而水虽具有挥发性，但却又能从大气中的湿气源源不断地得到补充。目前所知道的绝大多数的抗静电剂都是吸湿性的化合物，而且往往是能电离的，它们的抗静电作用在很大程度上利用了水的导电性，所以要充分发挥抗静电剂的作用就必须确保水分的存在。也就是说环境中的相对湿度越大，纺织品的表面电阻就越小，同时抗静电剂的含水率也越高，其效果也越好。相反，相对湿度在25%以下时，抗静电的效果就差了。参见图17-2～图17-4。

温度对高分子材料的表面电阻有正反两方面的影响。一方面，绝缘体导电一般属离子导电，因此随着温度的升高离子活度增加，电阻相应减小。另一方面，如果高分子材料的温度比周围的气温

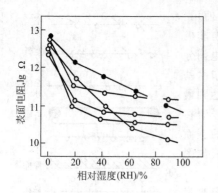

图 17-4 聚丙烯薄膜的表面电阻

低，则水就会凝集在它的表面，所以表面电阻就低。相反如果高分子材料的温度比环境温度高，则由于表面水分的挥发而使表面电阻增高。

一般外部抗静电剂在洗涤、摩擦和受热时吸附的分子层容易从纤维的表面脱落，同时表面吸附的分子层还有向内部迁移的趋势，因而抗静电性不能持久，在使用或贮存的过程中抗静电性能会逐渐降低或消失。

耐久性外部抗静电剂大都是高分子电解质和高分子表面活性剂，其单体分子中具有乙烯基等反应性基团。它们可以用通常的方法涂布在纤维的表面形成附着层，也可以用单体或预聚物的形式涂布在纤维的表面，然后经热处理使之聚合而形成附着层。由于附着层与纤维表面有较强的附着力且坚韧，所以耐摩擦、耐洗涤和耐热，也不向内部迁移，抗静电性能持久。耐久性外部抗静电剂由于附着层具有一定的厚度、所以抗静电作用主要取决于它本身的化学结构和物理性质，同时与环境的相对湿度也有密切的关系。

17.4 主要抗静电剂的合成

17.4.1 阴离子表面活性剂类抗静电剂的合成

(1) 壬基酚聚氧乙烯 (4) 醚硫酸钠的合成

结构式：

$$R-\!\!\!\bigcirc\!\!\!-O(CH_2CH_2O)_n SO_3Na \quad (R=C_9H_{19})$$

合成反应如下。

第一步，壬基酚与环氧乙烷的合成反应。其反应为两个阶段，第一阶段为壬基酚与等摩尔环氧乙烷加成，直至壬基酚全部转化成一加成物后，才开始第二阶段的聚合反应。

$$R-\!\!\!\bigcirc\!\!\!-OH + CH_2\!\!-\!\!CH_2 \longrightarrow R-\!\!\!\bigcirc\!\!\!-OCH_2CH_2OH$$

$$R-\!\!\!\bigcirc\!\!\!-OCH_2CH_2OH + (n-1)CH_2\!\!-\!\!CH_2 \longrightarrow R-\!\!\!\bigcirc\!\!\!-O(CH_2CH_2O)_nH$$

第二步，壬基酚聚氧乙烯 (4) 醚与氨基磺酸的合成反应。

工艺过程如下。

第一步,在一定量的壬基酚中,加入 0.3% KOH,注入反应釜中。升温至 105℃ 除水、除氧,在无水无氧、105℃ 条件下,缓慢压入环氧乙烷,压力在 $2.02\times10^5\sim3.03\times10^5$ Pa 和 150℃ 温度,反应 15min 后,反应体系自动升温,控制温度 (170 ± 30)℃,压力在 $2.02\times10^5\sim3.03\times10^5$ Pa 下,用氮气将定量的环氧乙烷持续压入反应釜中,直至环氧乙烷按计量加完,经中和等后处理,得壬基酚聚氧乙烯(4)醚产品。

第二步,将一定量壬基酚聚氧乙烯(4)醚加入反应釜中,在 115~120℃ 下,于 10~15min 内加入计量好的氨基磺酸粉末,然后在 120~125℃ 搅拌保温 1h,冷却至 70℃,得棕色黏稠液,用 30% 氢氧化钠溶液中和至 pH 值为 7.5~8.5,得壬基酚聚氧乙烯(4)醚硫酸钠(OPES),壬基酚聚氧乙烯(4)醚与氨基磺酸摩尔比为 1.00:(1.05~1.15)。

第二步的硫酸化剂使用氯磺酸的合成反应及工艺过程。

合成反应:

$$C_9H_{19}-\text{C}_6H_4-O(CH_2CH_2O)_4H + ClSO_3H \longrightarrow$$

$$C_9H_{19}-\text{C}_6H_4-O(CH_2CH_2O)_4SO_3H + HCl$$

$$C_9H_{19}-\text{C}_6H_4-O(CH_2CH_2O)_4SO_3H + NaOH \longrightarrow$$

$$C_9H_{19}-\text{C}_6H_4-O(CH_2CH_2O)_4SO_3Na + H_2O$$

工艺过程:

以壬基酚聚氧乙烯(4)醚和氯磺酸为原料,按 mol 比为 1:1.1 加入反应釜中,开动搅拌,在 (25 ± 1)℃ 温度下加入氯磺酸(慢慢滴加并搅拌),在 1.5h 内滴加完毕,继续反应 0.5h。然后按反应液中活性物含量和结合 SO_3 量,加入乙醇[加量为壬基酚聚氧乙烯(4)醚的 80%]制成反应液的分散体系,冷却到 0℃,搅拌下滴加计算量的 40% 的氢氧化钠溶液,进行中和反应,中和温度为 0~5℃,中和终点为 pH=7~8。最后将上述中和反应产物静置 4~5h,分出上层液,将上层液在真空度 80~93.3kPa 下,蒸出乙醇,得到壬基酚聚氧乙烯(4)醚硫酸钠。

(2) 聚氧乙烯烷基醚磷酸酯的合成 聚氧乙烯烷基醚磷酸酯属阴离子表面活性剂,它由非离子表面活性剂衍生而来,因此也具有非离子表面活性剂的某些特性。聚氧乙烯烷基醚磷酸酯及其盐类,主要被作为优良的抗静电剂单体原料而应用于化纤油剂的配方中。

合成反应如下。

a. 聚氧乙烯十二醇醚的合成反应

$$ROH + \underset{O}{CH_2-CH_2} \xrightarrow{KOH} R(OCH_2CH_2)_5OH \quad (R\text{ 为 }C_{12}H_{25})$$

b. 聚氧乙烯十二醇醚磷酸酯的合成反应

酯化:

$$R'OH + P_2O_5 \longrightarrow \begin{cases} R'O-\overset{\overset{O}{\|}}{P}-OH \\ OH \\ R'O-\overset{\overset{O}{\|}}{P}-OH \\ OR' \\ R'O-\overset{\overset{O}{\|}}{P}-O-\overset{\overset{O}{\|}}{P}-OR' \\ OH OH \end{cases}$$

水解：

$$R'O-\overset{\overset{O}{\|}}{P}-O-\overset{\overset{O}{\|}}{P}-OR' \xrightarrow{H_2O} 2R'O-\overset{\overset{O}{\|}}{P}-OH$$

中和：

$$R'O-\overset{\overset{O}{\|}}{P}-OH + 2KOH \longrightarrow R'O-\overset{\overset{O}{\|}}{P}-OK + 2H_2O$$

$$\overset{R'O}{\underset{R'O}{>}}\overset{\overset{O}{\|}}{P}-OH + KOH \longrightarrow \overset{R'O}{\underset{R'O}{>}}\overset{\overset{O}{\|}}{P}-OK + H_2O$$

R 为 $C_{12}H_{25}$；R′为 R$(OCH_2CH_2)_5$

工艺过程如下。

a. 十二醇聚氧乙烯醚合成　将一定量的十二醇投入预热釜中，加入十二醇质量分数为0.3%～0.5%的 KOH 后，打开加热系统进行升温，温度升为65℃时，将十二醇（含0.3%～0.5%KOH）输入已清洗并烘干、试漏合格的不锈钢反应釜中。打开环氧乙烷计量罐进料阀，开通环氧乙烷除水、除氧净化系统，打开环氧乙烷压力贮罐出料阀，在 N_2 保护下，环氧乙烷经除水、除氧净化系统向环氧乙烷计量罐进料，达到要求量时，关闭各阀门。

打开加热系统，对装有十二醇（含 0.3%～0.5%KOH）的反应釜进行升温，升温至105℃，抽真空至 1.01×10^3 Pa 以下，然后用 N_2 置换三次。从105℃加热反应釜，当温度达到145℃时，打入 1.01×10^5 Pa 的 N_2 后，缓慢压入环氧乙烷，控制压力在 2.02×10^5～3.03×10^5 Pa 和150℃温度，反应 15min 后，反应体系自动升温，此时要严格控制温度，一方面控制升温速度，另一方面控制温度为180℃。如遇升温速度过快，达到200℃，必须迅速降温，但注意降温不得低于130℃。当环氧乙烷按计量加完并且反应釜内压力降为 1.01×10^5 Pa 以下，再反应 30min 直至釜内压力恒定为止。打开冷却系统进行降温，降至75～80℃时，打开安装有阻火器的排空系统，使反应釜中未反应的环氧乙烷经过环氧乙烷吸收罐后放掉。

反应釜降温，当温度在55～60℃时加入计算量的乙酸进行中和，测量 pH 值为中性后，反应釜继续降温至30～35℃，得十二醇聚氧乙烯醚产品。

b. 十二醇聚氧乙烯醚磷酸酯的合成　将计量好的十二醇聚氧乙烯醚原料投入干燥的反应釜中，开启搅拌，在低于40℃下，按醇醚：五氧化二磷摩尔比为 (1.5～2.0)：1 将五氧化二磷分数次加入反应釜中。然后。升温至60～75℃，在充分搅拌的条件下，进行磷酸酯化反应。待达到2~3h后，取样分析酸值。之后，加入定量的双氧水和蒸馏水，转入水解反应。水解温度60~80℃，水解时间1~2h，达到水解量2%~5%，水解反应完成。取样分析酸值，根据水解后酸值数据，计算中和反应氢氧化钾的投加量，用一定浓度的氢氧化钾水溶液，采用逆中和方式，中和温度60~70℃，中和时间0.5~1h，得到一定酸值的十二醇聚氧乙烯醚磷酸酯钾盐产品。

17.4.2 阳离子表面活性剂类抗静电剂的合成

（1）二甲基十八烷基羟乙基季铵硝酸盐（抗静电剂SN）的合成

合成反应：

$$C_{18}H_{37}N(CH_3)_2 + HNO_3 \longrightarrow [C_{18}H_{37}NH(CH_3)_2]^+ NO_3^-$$

$$[C_{18}H_{37}NH(CH_2)_2]^+ NO_3^- + \underset{O}{CH_2\!-\!CH_2} \longrightarrow [C_{18}H_{37}N(CH_3)_2CH_2CH_2OH]^+ NO_3^-$$

工艺过程：将一定量的二甲基十八烷基叔胺溶解在异丙醇中，十八烷基二甲基叔胺（≥75%）和硝酸（≥93%）按重量比1:0.2加入硝酸后密闭反应釜，在45~55℃下反应后，抽真空除去空气，再通氮气数次以驱尽空气。按十八烷基二甲基叔胺（≥75%）和环氧乙烷（≥97%）按重量比1:0.2，于90℃逐渐通入环氧乙烷，在温度90~110℃，压力0.3MPa下反应。反应结束后，冷至60℃，加入双氧水进行漂白，得二甲基十八烷基羟乙基季铵硝酸盐（抗静电剂SN）产品。

（2）羟乙基甲基季铵甲基硫酸盐（抗静电剂TM）的合成

结构式：

$$\left[CH_3\!-\!\underset{CH_2CH_2OH}{\overset{CH_2CH_2OH}{N\!-\!CH_2CH_2OH}} \right]^+ CH_3SO_4^-$$

合成反应：由三乙醇胺和硫酸二甲酯进行季铵化反应而得。其反应如下：

$$\underset{CH_2CH_2OH}{\overset{CH_2CH_2OH}{N\!-\!CH_2CH_2OH}} + (CH_3)_2SO_4 \longrightarrow \left[CH_3N\underset{CH_2CH_2OH}{\overset{CH_2CH_2OH}{-\!CH_2CH_2OH}} \right]^+ CH_3SO_4^-$$

工艺过程：先将三乙醇胺吸入搪瓷玻璃反应釜内，然后在搅拌下，按三乙醇胺和硫酸二甲酯摩尔比为1:1，缓慢加入硫酸二甲酯，温度控制在50℃以下。加毕升温，在80℃下反应4h，经冷却得羟乙基甲基季铵甲基硫酸盐产品。

（3）马来酸二乙酯双季铵盐阳离子抗静电剂的合成

结构式：

$$\left[C_{12}H_{25}\overset{CH_3}{\underset{CH_3}{N^+}}\!-\!CH_2CH_2OOC\!-\!CH\!=\!CH\!-\!COOCH_2CH_2\overset{CH_3}{\underset{CH_3}{N^+}}\!C_{12}H_{25} \right] \cdot 2Cl^-$$

合成反应：十二叔胺与氯乙醇进行季铵化反应生成氯化十二烷基二甲基羟乙基铵，再与马来酸酐反应得产品，反应式如下。

$$\underset{CH_3}{\overset{CH_3}{C_{12}H_{25}N}} + ClCH_2CH_2OH \longrightarrow \left[\underset{CH_3}{\overset{CH_3}{C_{12}H_{25}N-CH_2CH_2OH}}\right]^+ Cl^-$$

$$\left[\underset{CH_3}{\overset{CH_3}{C_{12}H_{25}N-CH_2CH_2OH}}\right]^+ Cl^- + \underset{CHCO}{\overset{CHCO}{}}\!\!\!\!\!\!\!O \longrightarrow 本品 + H_2O$$

工艺过程：在带有回流冷凝器的反应釜中，加入 106.5 份十二叔胺，升温至 80℃，滴加 40.25 份氯乙醇，再升温至 100℃，反应 12h，制得氯化十二烷基二甲基羟乙基铵。

在酯化反应釜内加入制得的氯化十二烷基二甲基羟乙基铵和 24.5 份马来酸酐，再加入一定量的甲苯和适量浓硫酸催化剂，升温至 118℃，恒温反应 8h，水出净后，蒸出带水剂甲苯，即得产品。

（4）1-甲基-1-油酰氨基乙基-2-油酸基咪唑啉硫酸甲酯盐的制备

合成反应：以油酸和二乙烯三胺为原料，经缩合脱水反应生成 1-油酰氨基乙基-2-十七烯基咪唑啉，再用硫酸二甲酯作为季铵化剂进行季铵化而制得产品。反应式如下。

缩合：$2C_{17}H_{33}COOH + H_2NC_2H_4NHC_2H_4NH_2 \longrightarrow$
$C_{17}H_{33}CONHC_2H_4NHC_2H_4NHCOC_{17}H_{33} + 2H_2O$

脱水环化：

$$C_{17}H_{33}CONHC_2H_4NHC_2H_4NHCOC_{17}H_{33} \xrightarrow{-H_2O} C_{17}H_{33}-C\underset{N-CH_2}{\overset{N-CH_2}{}}\!\!\!\!\!\!\! \underset{CH_2CH_2NHCOC_{17}H_{33}}{}$$

季铵化：

$$C_{17}H_{33}-C\underset{\underset{CH_2CH_2NHCOC_{17}H_{33}}{N}}{\overset{N-CH_2}{}} + (CH_3)_2SO_4 \longrightarrow \left[C_{17}H_{33}-C\underset{\underset{CH_2CH_2NHCOC_{17}H_{33}}{\overset{|}{CH_3}}}{\overset{N-CH_2}{}}\right]^+ CH_3SO_4^-$$

工艺过程：将 0.095mol 油酸和 0.05mol 二乙烯三胺（油酸和二乙烯三胺投料摩尔比为 1.9∶1）加入反应釜中，加入总投料量 20%～30%（质量分数）的携水剂（甲苯或二甲苯），通入氮气，分段升温，在 135℃维持 1h，在 150℃维持 0.5h，在 190℃维持 1h，控制携水剂回流速度为 30～60 滴/min，不断分水。达到所需温度、时间后，蒸出携水剂。再在 0.53MPa 压力和 220℃温度下反应 1h，另在 0.13MPa 压力和 220℃温度下再反应 1h，结束反应。

17.4.3　两性表面活性剂类抗静电剂的合成

2-烷基-1-羟乙基-3-羟丙基咪唑啉磷酸钠是咪唑啉型磷酸盐两性表面活性剂，其合成反应如下。

① 烷基咪唑啉的合成

$$RCOOH + HOCH_2CH_2NHCH_2CH_2NH_2 \longrightarrow \underset{R}{\overset{N}{}}\!\!\!\!\!\!\!\!\!\underset{}{\overset{N-CH_2CH_2OH}{}} + 2H_2O$$

② 2-羟基-3-氯丙磷酸酯钠盐的合成

$$ClCH_2CH\underset{O}{\overset{}{\diagdown\diagup}}CH_2 + NaH_2PO_4 \xrightarrow{加热} ClCH_2CH(OH)-CH_2-O-P(OH)(O)-ONa$$

③ 咪唑啉型磷酸酯钠盐的合成

$$ClCH_2CH(OH)-CH_2-O-P(OH)(O)-ONa + \underset{R}{\text{咪唑啉}}-CH_2CH_2OH + NaOH \longrightarrow$$

$$HOCH_2CH_2-N\underset{R}{\text{咪唑啉}}-CH_2CH(OH)CH_2P(O)(O^-)-ONa + NaCl + H_2O$$

工艺过程如下。

① 烷基咪唑啉的合成　在500mL四口烧瓶上装上电动搅拌器、温度计、分水器，上接球形冷凝管并连接到抽真空系统上。把0.10mol月桂酸和0.12mol羟乙基乙二胺加入到烧瓶内，通 N_2 保护并通冷却水，搅拌加热，30min后，当常压下温度上升到120℃时，抽真空并关小氮气阀门，直到余压为21kPa，此时温度为195℃。在此条件下反应5h后，停止反应，分水器收集到水及过量的羟乙基乙二胺，冷却，粗产品为淡琥珀色液体，放置过夜为灰白色固体。粗品用甲苯-石油醚（60～90℃）重结晶二次，得到白色固体十一烷基咪唑啉，测定其熔点，进行元素分析及红外光谱测定。用类似的方法也可制备十三烷基、十五烷基和十七烷基咪唑啉。

② 2-羟基-3-氯丙磷酸酯钠盐的合成　称取49g磷酸二氢钠，加热溶解于100mL去离子水中，冷却至室温，转移到带搅拌的1000mL三口烧瓶中，把23mL环氧氯丙烷慢慢滴加到烧瓶中，反应温度控制在18～30℃，1h之内加完，再剧烈搅拌2h，若无油状液滴，则反应完毕。然后，把反应物倾倒在1000mL烧杯中，冰水浴冷却，便有白色结晶析出，抽滤，干燥得到2-羟基-3-氯丙磷酸酯钠59.0g，收率96%（以环氧氯丙烷计）。

③ 咪唑啉型磷酸酯钠盐的合成　把0.26mol（或0.52mol）的2-羟基-3-氯丙磷酸酯钠溶解于100mL去离子水中，溶解后加到500mL三口烧瓶中，再加入0.26mol十一烷基咪唑啉，搅拌加热，升温到50～55℃，反应2h后，分批加入60mL20%氢氧化钠水溶液，直到反应物的pH值不再变化，停止反应。整个操作约需8h，得到1,1型或1,2型黏稠状无色透明液体，为十一烷基咪唑啉型磷酸酯钠两性表面活性剂的水溶液。用同样的方法可制备十三、十五、十七烷基咪唑啉型磷酸酯钠两性表面活性剂。

17.5　抗静电效果的测试

表征材料或制品静电性能的主要参数有电阻率、泄漏电阻、电荷密度及半衰期、摩擦带电电压及半衰期等。纺织材料静电性能的评价主要有电阻类指标、静电电压及半衰期、电荷面密度等指标，见 GB/T12703—1991《纺织品静电测试方法》。

A法（半衰期法，与FZ/T01042—1996相同）　用+10kV高压对置于选装金属平台上的试样放电30s，测感应电压的半衰期。此法可用于评价织物的静电衰减特性。

B 法（摩擦带电电压法，与 FZ/T01061—1999 基本相同） 4 块试样（4cm×8cm）夹置于转鼓上，转鼓以 400r/min 的转速与标准布（锦纶或丙纶）摩擦，测试 1min 内的试样带电电压最大值（V）。

C 法（电荷面密度法，与 FZ/T01060—1999 基本相同） 试样在规定条件下以特定方式与锦纶标准布摩擦后用法拉第筒测得电荷量，根据试样尺寸求得电荷面密度（μC/m²）。

测定纺织材料带电性主要有摩擦式及感应式两类静电仪器，这两类静电仪器都可测得试样上的电荷或静电压及半衰期，以此反映纺织材料的静电特性。常用的仪器有感应式静电衰减测量仪、静电电位计、旋转静电试验机、法拉第筒静电电压测试装置及测试脚踏地毯静电电位的人体电位测定装置等。

17.5.1 电阻率的测定

物体摩擦后，静电荷的积累和泄漏很大程度上取决于材料的电阻率或电导率，因此常用电阻率或电导率来表征材料的抗静电性能。表面电阻率 ρ_S 是指在两电极的长度和相距距离都等于单位长度（cm）时材料表面的电阻值，单位为欧姆（Ω）。表面电阻率 $\rho_S \leqslant 10^9$ Ω 的抗静电效果良好；10^9 Ω$\leqslant \rho_S \leqslant 10^{10}$ Ω 的一般，而 10^{10} Ω$\leqslant \rho_S \leqslant 10^{13}$ Ω 的较差，$\rho_S > 10^{13}$ Ω 的为易产生静电的物质。静电荷在高电阻率材料上会长久贮存、积累，而在低电阻率物体上则很快地泄漏掉。

固体板材、薄膜、织物及其他绝缘材料的电阻率测量，可按 IEC93.1980（GB1410—78）固体绝缘材料电阻率的测试方法，用同轴三电极系统来测定。如图 17-5 所示。

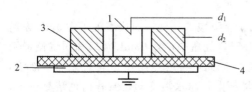

图 17-5 测量 R_s 时的同轴三电极
1—测量电极；2—下电极；
3—环形电极；4—被测电极

下电极接地，电源接在环形电极上，流过试样体积的电流经下电极接地，流过试样环形表面的电流 I 经测量电极和放大器进入测量仪表。若测量电极与下电极间的电压为 U，则：

$$R_s = \frac{U}{I_s} \qquad \rho_S = \frac{2\pi}{\ln \dfrac{d_2}{d_1}} R_s$$

圆柱形测量电极的直径 d_1 为 5cm，环形电极的内径 d_2 为 5.4cm，代入上式，得 $\rho_S = 81.64 R_s$。

其他测定纺织材料摩擦带电性和仪器原理参见有关资料，并执行 FZ/T01061—1999 摩擦带电电压法。

17.5.2 半衰期的测定

在电场中，电解质发生极化，极化后的电解质，其电场将周围介质中的某种自由电荷吸向自身和电解质上与之符号相反的束缚电荷中和。外电场撤走后，电解质上的两种电荷已无法恢复中性，因而带有一定量的电荷。物体带电后，内部电荷的逸散符合指数衰减规律。

$$Q = Q_0 e^{-t/\tau}$$

式中，τ 为电量衰减的时间常数。

电量衰减至原测试值的一半（$Q=1/2Q_0$）时所用的时间，也就是静电半衰期 $t_{1/2}$，以

$Q=Q_0/2$ 代入上式得到静电半衰期 $t_{1/2}$ 与电量衰减时间常数 τ 之间的关系：

$$t_{1/2}=\frac{\tau}{1.44}=0.69\tau$$

纺织材料静电衰减半衰期的测试可用静电衰减测量仪，按 FZ/T01042—1996 半衰期法进行。

直接感应仪表测量法是用电容分压原理。感应电荷会通过内电阻而逐步泄漏。因此，电压表上读出的电压将随时间逐渐衰减。带电体静电电位衰减为初始值 V_0 的一半所需时间（见图 17-6），就是静电半衰期 $t_{1/2}$。

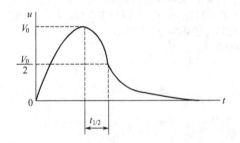

图 17-6 带电体静电电位衰减波形

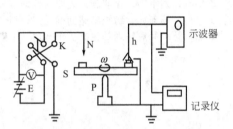

图 17-7 电晕放电式电荷衰减半衰期测量仪简图
P—旋转圆盘；S—试样；N—电晕针；
E—可调电源；K—换向开关；
h—测量探头

其测试方法是：先用针尖电晕放电使试样起电，因仪器部件不与试样直接接触，不会损伤试样，试验的重演性较好，测量仪如图 17-7 所示。试样先在给定的测试温湿度条件平衡 24h，测量时，试样夹在圆盘上，以角速度 ω 旋转。根据需要加上 0.1～10kV 可调高压电源，使电晕针（直径约 20μm 的钨丝）产生一定的高压直流电，使试样带电。圆盘的另外一端装着测量探头，当试样转到测量探头时，试样上所带电荷即通过测量探头经放大器进入示波器或记录仪，显示出一组脉冲电压波形。试样每旋转一次，经过测量探头，示波器就会将电压变化情况显示出来，从图形中可以量出 $t_{1/2}$ 的大小。

参考文献

[1] 徐群，邢凤兰等．耐久性抗静电剂单体的合成及性能研究［J］．合成纤维．2002，(2)：21-24．
[2] 徐群，于松华等．聚氧乙烯硬脂酰胺磷酸酯的合成［J］．精细石油化工．1993，(4)：13-16．
[3] 于松华，徐群等．HEK 型涤纶短纤维有机的研制与应用［J］．合成纤维．1996，(1)：19-22．
[4] 于松华，徐群等．聚氧乙烯烷基醚磷酸酯合成工艺探讨［J］．齐齐哈尔轻工学院学报．1990，(4)：23-29．
[5] 王万兴，于松华，徐群．PEK 型抗静电剂研究报告［J］．齐齐哈尔轻工学院学报．1992，(3)：1-12．
[6] 黄茂福．抗静电与抗静电剂（一）［J］．印染助剂．1997，(2)：32-35．
[7] 黄茂福．抗静电与抗静电剂（二）［J］．印染助剂．1997，(3)：32-35．
[8] 黄茂福．抗静电与抗静电剂（三）［J］．印染助剂．1997，(4)：36-38．
[9] 孙锦霞，王扶伟．合成纤维油剂油剂的基本要求和成份（一）［J］．印染助剂．1996，13 (4)：33-36．

[10] 孙锦霞,王扶伟. 合成纤维油剂油剂的基本要求和成份（三）[J]. 印染助剂. 1996, 13 (4): 27-32.
[11] 山西省化工研究所. 塑料橡胶加工助剂 [M]. 北京, 化学工业出版社. 1983.
[12] 徐国玢. 合成纤维油剂. 合成纤维 [J]. 1987, (4): 52-58.
[13] 黄洪周. 化工产品手册：工业表面活性剂 [M]. 北京：化学工业出版社, 1999.
[14] 张武最. 化工产品手册：合成树脂与塑料. 合成纤维 [M]. 北京：化学工业出版社, 1999.
[15] 程静环. 染整助剂 [M]. 北京：纺织工业出版社, 1985.
[16] 罗巨涛. 染整助剂及其应用 [M]. 北京：中国纺织出版社, 2000.
[17] 化工产品手册：新领域精细化学品 [M]. 北京：化学工业出版社, 1999.
[18] 于贤廷, 祝莹, 虞海龙. 纺织品化学整理 [M]. 无锡：无锡市纺织工程学会, 1982.
[19] 李宗石, 刘平芹, 徐明新. 表面活性剂合成与工艺 [M]. 北京：中国轻工业出版社, 1995.
[20] 丁忠传, 杨新玮. 纺织染整助剂 [M]. 北京：化学工业出版社, 1988.
[21] 章杰. 纺织品后整理的生态要求 [J]. 印染, 2006, (11): 45-50.

第18章 抗菌防臭整理剂

18.1 概述

微生物，即细菌、霉菌、酵母，几乎到处都存在。纤维制品，尤其是以纤维素、胶原、角蛋白和丝素为主要成分的棉、麻、蚕丝和羊毛等非常容易受到微生物的侵害。在化学纤维中，腈纶、涤纶、人造丝、富纤、铜铵丝和聚氨酯等，由于聚合物主链不是由亚甲基链构成的，所以也容易受到微生物水解恶化。当人们穿用时，所有这些微生物都在它们紧靠人体的生长环境中找到理想的繁殖条件，因为人体始终具有微生物所需要的温暖和潮湿的气候、大量的食物，如汗和其他分泌物、皮肤微粒、脂肪及来自磨损纤维的废屑。微生物高速繁殖，它们会在很短的时间里，变得使人非常讨厌，产生恶臭，尤其是在人体不易渗入新鲜空气（氧）的部分。为了防止这些问题的发生，开始了纤维制品的抗菌、防臭加工整理。抗菌防臭加工是用具有抗菌、防霉能力的加工助剂处理纤维制品。目的不仅在于抑制微生物使纤维制品产生变质，而且是在穿着衣服状态下或在使用状态下，抑制以汗和污物为营养源而生育的微生物的繁殖。

现代抗菌防臭（又名卫生）整理剂的发展史可追溯到1935年，由美国G. Domak使用季铵盐处理军服，以防止负伤士兵的二次感染。1947年美国市场上出现了季铵盐处理的尿布、绷带和毛巾等商品，可预防婴儿得氨性皮炎症。1952年英国Engel等人用十六烷基三甲基溴化铵处理毛毯和床（坐）垫面料，但由于季铵盐活性较低，不耐水洗和皂洗。后来，曾一度使用有机汞、有机锡等高效杀菌剂作为纺织品的抗菌防臭整理剂。但是，由于这类高效杀菌剂很容易引起人体皮肤的伤害，不久就被淘汰了。以后抗菌防臭整理剂一直沿着安全、高效广谱抗菌和耐久性的方向开发。直至1975年，美国道康宁公司推出了有机硅季铵盐（即商品名为DC-5700），可以说是现代抗菌防臭剂中最完美的代表性品种之一。但近年来，无机化合物、纤维配位结合的金属化合物和天然化合物等三方面的抗菌防臭整理剂的开发研究，其进展令人瞩目。

18.2 抗菌防臭整理剂的种类

纺织纤维制品上的抗菌防臭整理剂应满足下列要求。
① 具有安全性，口服急性毒性试验 $LD_{50}>1000mg/kg$。
② 高效广谱抗菌。
③ 耐久性。

④ 对染料色光、牢度以及纺织品的风格无负面影响。

⑤ 与常用的纺织助剂有良好的配伍性。

抗菌防臭整理剂的种类很多，性能各异。常用在纺织纤维制品上的抗菌防臭整理剂主要有有机硅季铵盐类、季铵盐类、双胍类、无机类等。无机类抗菌整理剂主要用于合成纤维的纺丝加工中，有机硅季铵盐类、季铵盐类、双胍类等有机类抗菌防臭整理剂主要用于天然纤维的后整理。主要类型抗菌防臭剂的代表性品种列于表 18-1 中。

表 18-1 抗菌防臭剂主要类型及代表性品种

分类	代表性抗菌防臭剂品种
无机类	抗菌性泡沸石、含金属离子溶出型玻璃粉、硅酸银、磷酸盐类等
与纤维配位的金属类	磺酸银、聚丙烯酸硫酸锌配位化合物等
有机硅季铵盐	十八烷基二甲基-3-(三甲氧基硅烷丙基)氯化铵
季铵盐类	十六烷基二甲基苄基氯化铵、聚氧乙烯基三甲基氯化铵、3-氯-2-羟丙基三甲基氯化铵、N-甲基-N-十六烷基-3-(乙基砜-2-硫酸钠)丙基溴化铵
双胍类	1,1′-六亚甲基-双[5-(4-氯苯基)双胍]二盐酸盐、聚六亚甲基双胍盐酸盐
苯酚类	烷基双酚钠盐、2-溴-3-硝基-1,3-丙二醇、对氯间二甲苯酚
铜化合物	含硫化酮黏胶、聚丙烯腈-硫化铜复合物、苯酚类铜络合树脂
天然化合物	植物类提取物、壳聚糖等
其他	碘配位化合物

18.3 主要抗菌防臭剂性能及其作用机理

18.3.1 无机类抗菌剂

以无机化合物作抗菌防臭剂是近年开发较为成功的品种，它适宜添加于合成纤维熔融纺丝原液中。银、铜和锌有抗菌作用，而其载体主要是硅、磷灰石、泡沸石、磷酸锆、氧化钛等无机化合物。无机抗菌性沸石是代表性的无机系抗菌剂，日本钟纺公司的抗菌性泡沸石（别名 BACTEKILLER）的分子式如下：

$$xM_{2/n}O \cdot Al_2O_3 \cdot ySiO_2 \cdot zH_2O$$

式中，x 为金属氧化物；y 为氧化硅；z 为结晶水的系数；n 为金属的原子价；M 为 1~3 价的金属，作为抗菌泡沸石，以 Ag、Cu 和 Zn 为多。

这类抗菌防臭剂的急性毒性 LD_{50} 在 5000mg/kg 以上。沸石耐高温，用于可熔融纺丝的聚酯或锦纶纤维等的纺丝原液，以质量分数为 1% 左右的添加量与之混炼，使熔融纺织成的纤维具有抗菌性能。其抗菌作用是逐渐从纤维中溶出的活性氧及银离子，扩散到微生物细胞内，破坏细胞内的蛋白质结构，引起细胞的代谢障碍。

该类抗菌剂最大优点是耐热性可达 500℃ 以上，而且非常稳定和安全。

18.3.2 与纤维配位的金属类抗菌剂

与纤维能形成配位的金属化合物，其代表性产品是日本化药公司的阳离子可染聚酯与银离子结合的银磺酸酯，其结构式为：

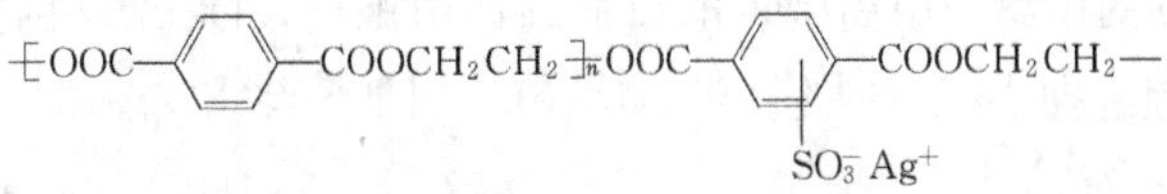

$$\{OOC-\phi-COOCH_2CH_2\}_m OOC-\phi-COOCH_2CH_2-$$
$$\qquad\qquad\qquad\qquad\qquad\qquad |$$
$$\qquad\qquad\qquad\qquad\qquad SO_3^- Ag^+$$

其制备方法是将阳离子可染聚酯织物，在浴比为 1∶5 条件下，放入 0.002％浓度的硝酸银溶液中浸渍，于沸腾时搅拌处理 20min，待冷却后，用水洗净烘干，使聚酯的可染性基团（SO_3^-）与银离子（Ag^+）结合而固着。

此抗菌剂的抗菌机制是银离子损害微生物细胞的电子传递系统，破坏细胞内的蛋白质结构，引起代谢障碍，并能破坏细胞内的 DNA。

18.3.3 有机硅季铵盐类抗菌剂

（1）代表性产品 DC5700　有机硅季铵盐类抗菌剂中最著名的是美国道康宁公司的 DC-5700（简称 DC5700），其活性成分为 3-（三甲氧基硅烷基）丙基二甲基十八烷基氯化物 [3-（Trimethoxyriyl）propyloctadecyl dimethylammoniumchloride]，其结构式如下：

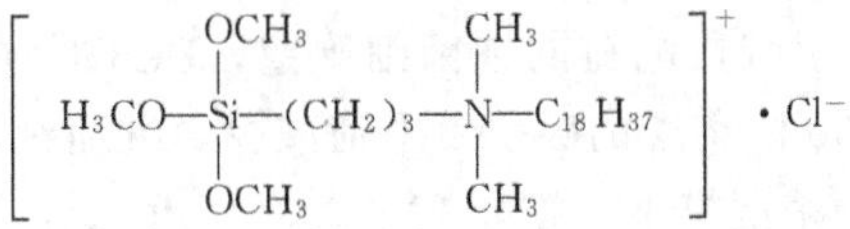

$$\left[\begin{array}{c} OCH_3 \qquad\quad CH_3 \\ | \qquad\qquad\quad | \\ H_3CO-Si-(CH_2)_3-N-C_{18}H_{37} \\ | \qquad\qquad\quad | \\ OCH_3 \qquad\quad CH_3 \end{array}\right]^+ \cdot Cl^-$$

（2）DC5700 抗菌机理　DC5700 化学结构上左端的三甲氧基硅烷基具有硅烷偶合性，当用水稀释 DC5700 时，由于甲氧基的水解和析出甲醇，即会形成硅醇基。其反应式如下：

$$(H_3CO)_3Si\sim N^+R \xrightarrow[-3CH_3OH]{+3H_2O} (HO)_3Si\sim N^+R$$

此硅醇基团与纤维表面及彼此之间的脱水缩合反应，使 DC5700 以共价键牢固地结合在纤维表面。经水稀释的 DC5700 在形成硅醇基的同时，DC5700 的阳离子（N^+）因纤维表面带负电荷而被吸引，形成离子键结合（静电结合），加上 DC5700 彼此之间的脱水缩合反应，使其在纤维表面上形成坚固的覆膜。即 DC5700 在纤维表面上以共价键和离子键两种结合方式，形成耐久性优良的抗微生物表面膜。图 18-1 是 DC5700 与纤维的结合模型。

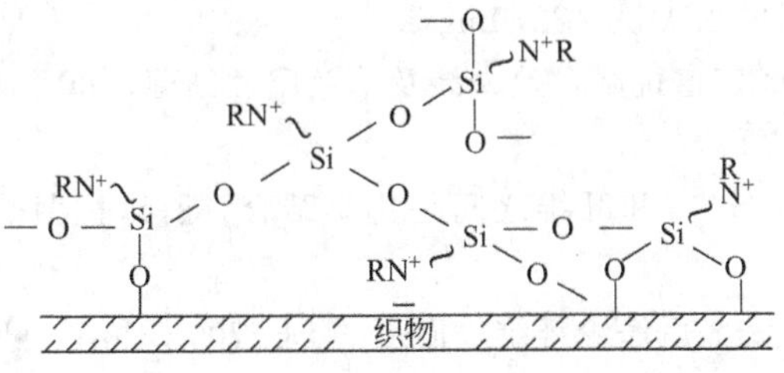

图 18-1　DC5700 与纤维的结合模型

然后，DC5700 作用于细胞的表层，破坏细胞壁和细胞膜，推断 DC5700 的杀菌机理有如下两种。

① DC5700 的阳离子吸引带负电荷的细菌细胞壁,DC5700 的长链烷基破坏细菌的细胞壁而杀死细菌。图 18-2 为 DC5700 的杀菌模型(推断 1)。

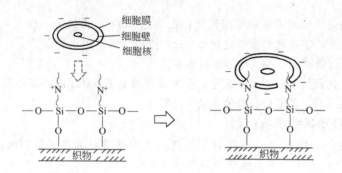

图 18-2　DC5700 的杀菌模型(推断 1)

② DC5700 的阳离子吸引带负电荷的细菌细胞壁,DC5700 的长链烷基接触细菌细胞壁的另一侧。由于受 DC5700 阳离子的吸引负电荷减少,继而细胞壁破裂,内溶物渗出而死亡。图 18-3 是 DC5700 的杀菌模型(推断 2)。

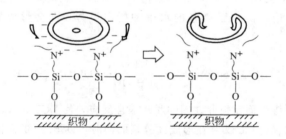

图 18-3　DC5700 的杀菌模型(推断 2)

(3) DC5700 的特点

① 产品特征　有效成分 42% 的甲醇溶液 pH 值为 7.5,相对密度 (25℃) 为 0.87,闪点为 11℃。

② 安全性　天竺鼠的 LD_{50} 为 12270mg/kg。

③ 抗菌性　DC5700 广谱抗菌,效力涉及革兰阳性细菌、革兰阴性细菌、霉菌、酵母菌和藻类等,如表 18-2 所示。

④ 耐久性　由于 DC5700 和纤维之间是化学结合,所以抗菌效果能长期耐久,见图 18-4。

从图 18-4 可见,经洗涤后涤纶纤维表面上的 DC5700 残留率有所降低,但对纤维素纤维和棉纤维来说,DC5700 的残留率仍在 90% 以上。

DC5700 在纤维领域开发的抗菌加工剂主要用在棉、聚酰胺、聚酯、聚丙烯腈等纤维制品上。

表18-2 对DC5700敏感的微生物

种 类	名 称
革兰阳性菌	金黄色葡萄球菌(staphylococcus aureus) 链球菌(streptococcus faecalis) 细小杆菌(bacillus subtilis) 霍乱沙门氏菌(solmonella chloeraesius) 伤寒杆菌(solmonella typhosa)
革兰阴性菌	大肠杆菌(escherichia coli) 结核杆菌(mycobacterium tuberculosis) 绿脓杆菌(pseudomnas aeroginssa) 产气杆菌(aerobacter aerogenes) 黑曲霉菌(aspergillus niger) 黄曲霉菌(aspergillus flarres) 土曲霉菌(aspergillus terreus) 疣曲霉菌(aspergillus verrucaria) 球毛壳霉(chaefominni gldosum) 青霉菌(pencillum funiculosum)
真菌	毛癣菌属(trichophyton interdigital) 芽霉菌属(pullukina pullulans) 木霉菌属(trichoderm sp. madism Ph) 头霉菌属(cephalckiscus fiagans)
酵母菌	酿酒酵母菌(saccharomyces cerevisrae) 白色念珠菌(candido albicans) 嗜绿藻属[cyanophyta(blue-green)oscillatoria] 太湖念珠藻属[cyanophyta(blue-green)anabaena]
藻类	棕色藻属[chrysophyta(brown)] 绿色藻属S[chrysophyta(green)selenastmm gracile] 绿色藻属P[chrysophyta(green)protococcus]

18.3.4 季铵盐类

这类抗菌防臭整理剂为阳离子表面活性剂，由于其与纤维的结合力很差，故与反应型树脂并用，以提高其耐久性。如日本可乐丽的Saniter与日清纺的Peaehfresh，就是季铵盐与反应型树脂同浴整理而成的商品。

季铵盐抗菌剂是脂肪族季铵盐或聚烷氧基三烷基氯化铵（polyoxyalkyl trialkyl ammofiium chlorid），化学结构通式如下：

$$R-\underset{+}{N}(CH_3)_3 \cdot X^- \text{ 或 } H(R'O)_n-\underset{+}{N}R_3 \cdot Cl^-$$

R为脂肪烷基、苄基；X为阴离子；R′为CH_2CH_2；R_3为CH_3。

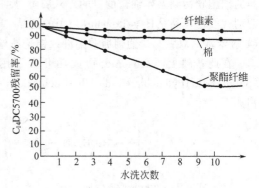

图18-4 水洗次数对纤维表面上的 DC5700残留率的影响

这类抗菌剂主要用于纯聚酯织物。急性毒性$LD_{50}=6510mg/kg$（口服小鼠）。季铵盐的抗菌机理是利用表面静电吸附，使微生物细胞的组织发生变化（酶阻碍细胞膜的损伤），从而使酶蛋白质与核酸变性。主要剂型及其结构如下。

① 十六烷基二甲基苄基氯化铵

$$\phi\text{—}CH_2\text{—}\overset{\overset{CH_3}{|}}{\underset{\underset{CH_3}{|}}{N^+}}\text{—}R \cdot Cl^-$$

② 聚氧乙烯基三甲基氯化铵

$$H(C_2H_4O)_6\text{—}\overset{\overset{CH_3}{|}}{\underset{\underset{CH_3}{|}}{N^+}}\text{—}CH_3 \cdot Cl^-$$

③ 3-氯-2羟丙基三甲基氯化铵

$$CH_2ClCH\text{—}CH_2\text{—}\overset{\overset{CH_3}{|}}{\underset{\underset{CH_3}{|}}{N^+}}\text{—}CH_3 \cdot Cl^-$$
$$\quad\quad\quad |$$
$$\quad OH$$

④ N-甲基-N-十六烷基-3-（乙基砜-2-硫酸钠）丙基溴化铵

$$C_{16}H_{33}\text{—}\overset{\overset{CH_3}{|}}{\underset{\underset{CH_3}{|}}{N^+}}\text{—}(CH_2)_3\text{—}SO_2CH_2CH_2\text{—}OSO_3Na \cdot Br^-$$

18.3.5 双胍类抗菌剂

（1）代表性产品结构 常用于织物处理的双胍类抗菌剂有1,1-六亚甲基-双［5-(4-氯苯基)双胍］二盐酸盐或葡萄糖酸盐。前者结构如下：

$$\left[Cl\text{—}\phi\text{—}NHC \cdot NHC \cdot NH(CH_2)_6NHC \cdot NHC \cdot NH\text{—}\phi\text{—}Cl\right]^{2+}$$
$$\quad\quad\quad\underset{NH}{\|}\;\underset{NH}{\|}\quad\quad\quad\underset{NH}{\|}\;\underset{NH}{\|}$$

前者的水溶性较低，耐洗性较好。它们的急性毒性 $LD_{50}=1260mg/kg$。主要靠破坏细菌的细胞膜达到杀死细菌的目的。双胍类对细菌抑制的效力高，对真菌的效力低。该类抗菌剂代表性产品是日本 Leneum 公司的商品"通勤快足"。它是使用1,1-六亚甲基-双［5-(4-氯苯基)双胍］二葡萄糖酸酯混入锦纶纺丝原液中，再纺成抗菌纤维。

在此基础上，Zeneca 公司成功开发了用于棉及其混纺织物的聚六亚甲基双胍盐(polyhexamethylenebiguanidine hydrochloride，简称 PHMB)，商品名为 Repulex20，其结构如下：

$$\left[\text{—}CH_2CH_2CH_2\text{—}\underset{\underset{H}{|}}{N}\text{—}\underset{\underset{NH}{\|}}{C}\text{—}\underset{\underset{H}{|}}{N}\text{—}\underset{\underset{NH}{\|}}{C}\text{—}\underset{\underset{H}{|}}{N}\text{—}CH_2CH_2CH_2\text{—}\right]_n$$

$n=12$ 或 16

（2）Repulex 20 的特点

① 产品特征 有效成分20%的水溶液外观为无色透明液体，黏度为5mPa·s，pH值为3～4，相对密度为1.04、沸点为102℃。

② 安全性 可长期使用，毒性很低，其急性毒性 $LD_{50}=4000mg/kg$。

③ 抗菌性 广谱抗菌，对革兰阳性菌，革兰阴性菌、真菌和酵母菌等均有杀伤能力。其抑菌的最小浓度（MICs）如表18-3所示。

表 18-3　Repulex20 抑菌的最小浓度（MICs）

微 生 物	MICs/(mg/kg)
金黄色葡萄球菌	1
表皮葡萄球菌	0.5
结膜干燥棒状杆菌(corynebacterium xerosis)	0.5
枯草杆菌	1
大肠杆菌 0157	5
单核细胞变性李斯德杆菌(lioleria monocylogenes)	1
猪霍乱沙门Ⅰ～Ⅲ(salmonella choleresuis)	2.5
耐青霉素金黄色葡萄球菌(MRSA)	1
肝炎杆菌(klebsiella pneumoniae)	2
烫发癣菌(tricpohyton mentagrophytes)	5

④ 耐洗性　用 Reputex 20 整理的黄色纯棉毛巾，经英国家庭洗衣顾问理事会（UK Home Laundry Consultative Council，HLCC）的标准洗衣方法洗不同次数后，由 AATCC 试验方法 100 测定性能，结果如表 18-4 所示。

表 18-4　Reputex 20 整理后织物的耐洗性

洗涤次 1/次	洗涤条件	性能
0	—	细菌全部杀死
50	50℃洗 50 次,80℃烘干 50 次	细菌全部杀死
100	50℃洗 100 次,烘干 100 次	细菌减少 99%

注：试验菌种为金黄色葡萄球菌。

此外，它具有良好的耐热稳定性，可将其添加于熔融纺丝液中制成抗菌合成纤维，如涤纶和锦纶等。其抗菌机制是破坏细胞膜，使细胞内物质泄漏出来，使微生物呼吸机能停止而将其杀灭。

18.3.6　苯酚类抗菌剂

代表性产品如下。

① 烷基双酚钠盐

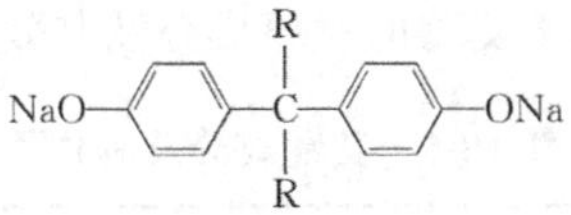

② 2-溴-3-硝基-1,3-丙二醇　结构为 $HOCH(NO_2)—CHBr—CH_2OH$

③ 对氯间二甲苯酚

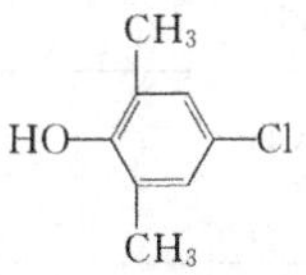

这类抗菌剂具有特殊刺激性气味，价格便宜，效力高，稳定而不易变质，处理方法简便，抗菌性耐久。由于它具有油溶性和水溶性两类性能，因而应用范围较广。

18.3.7　铜化合物类抗菌剂

铜化合物类抗菌剂的代表性制品有日本蚕毛公司的 SSN 和旭化成公司的 AsahiBCY。

它们的丙烯腈纤维-硫化铜复合体示意如下：

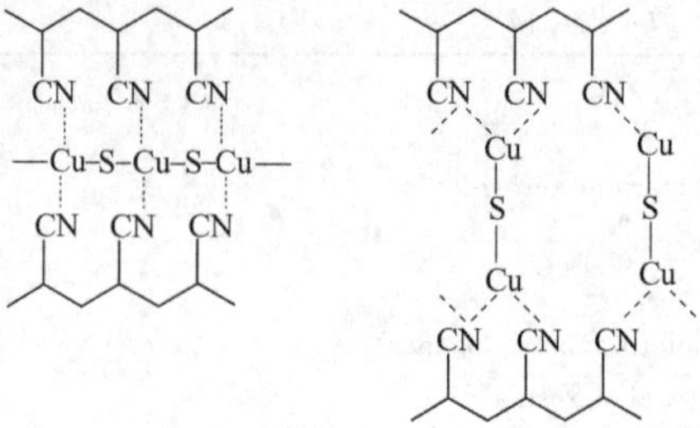

前者的用法是将丙烯腈纤维浸入含硫酸铵或硫酸羟胺的 2.3% 硫酸铜溶液中，在 100℃ 加热 2h 还原，以配位键使氰基与硫化亚铜络合化，生成复杂的配位高分子 (Cu_9S_5)，固着于纤维上，使之具有抗菌性。后者是在铜铵纤维制造过程中，控制脱铜，使铜化合物微分散在纤维中后，用硫化钾处理，使纤维中约含 15%～20% 硫化铜（CuS，Cu_2S）。这些抗菌剂的抗菌机制都是用铜离子破坏微生物的细胞膜，并穿过膜与细胞内酶-SH 基结合，降低酶活性，破坏代谢机能，抑制细菌繁殖以致杀灭。铜类抗菌剂非常稳定，显示广谱抗菌性，对细菌和真菌均有很强的杀菌力。

18.3.8　天然抗菌化合物类

天然抗菌化合物来自天然的植物、动物、昆虫及微生物等，是一类很有前途的抗菌剂。

(1) 植物类提取物　在植物中具有抗菌作用的有罗汉柏、松树，以及艾蒿和蕺菜等。

罗汉柏的蒸馏物称桧油，是浅黄色透明油，由两种组分组成，即倍半萜烯类化合物的中性油和具有抗菌活性的酚类酸性油。酸性油中含桧醇，中性油主要成分为斧柏烯。两种成分中，抗菌性以酸性为好，对革兰氏阳性菌、革兰氏阴性菌均有杀灭效果，对真菌的抗菌性也较强。桧醇的安全性很好，LD_{50} 约 0.396g/kg（小鼠）。桧醇的抗菌机理是其分子结构上有两个可供配位络合的氧原子，它与微生物体内的蛋白质作用而使之变性。

艾蒿是一种草药，它散发的气味有稳定情绪，松弛身心的镇定作用。艾蒿作为中药，具有解热、利尿、净血和补血等作用。日本有以艾蒿染色的布作患变异反应皮炎患者的睡衣、睡裤和内衣的理想面料。关于艾蒿的主要成分及其效用，如表 18-5 所示。

表 18-5　艾蒿成分及其作用

成　分	化学结构	作　用
1,8-桉树脑	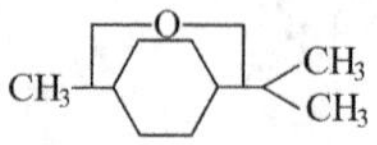	防衰老、抗炎症、抗变态反应，促进血液循环作用
α-莕酮	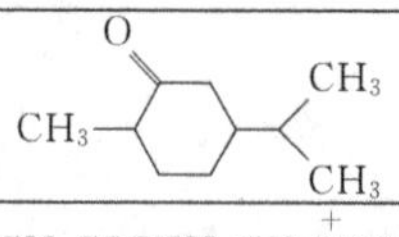	抗菌防腐作用，治肝脏作用，其芳香有稳定情绪、镇定作用
乙酰胆碱胆碱	$CH_3COOCH_2CH_2N(CH_3)_3^+ \cdot OH^-$ $CH_3CH_2N(CH_3)_3^+ \cdot OH^-$	调整血压、神经传递等各种主要生理作用
其他，如叶绿素、多糖类、矿物质		净血，造血，扩张末梢血管，抗变态反应等

芦荟是百合科植物，其中含酚类成分。芦荟提取物早先都用在化妆品中，近年来开始使用在织物上。芦荟素是芦荟叶表皮内侧的苦汁，有抗炎症、抗变态反应作用，同时还有抗菌性、防霉性、中和虫咬毒液和解毒作用。

（2）壳聚糖类抗菌剂　甲壳质是甲壳动物虾、蟹等的骨骼、昆虫的外皮和外壳、贝类，以及真菌和酶等的细胞壁的主要成分。甲壳质经脱乙酰化后制得的脱乙酰甲壳质（壳聚糖）的结构中含有多个羟基及氨基等极性基团，有极强的水合能力。分子结构中的质子化氨基能通过吸附带负电荷微生物离子，与细胞壁的阴离子成分结合，阻碍细胞壁的生物合成，抑制微生物的增长。脱乙酰甲壳质还能切断苷键，阻断细胞壁的内外物质输送，使纤维具有抗菌性能。壳聚糖具有良好的生物相容性和生物活性，无毒，对人体免疫抗原小，且具消炎、止痛及促进伤口愈合等功效。用壳聚糖醋酸溶液整理的纺织品，有良好的抗菌性，但整理织物经碱液处理后，其抗菌性会逐渐消失。因此，要使壳聚糖成为耐久性抗菌剂，途径之一是使其季铵化。季铵化程度高，抗菌性能高，且其耐洗性可通过添加聚乙二醇缩水甘油醚交联剂得以改进。

18.3.9　碘配位化合物

国外也开发了新型杀菌剂 Triosynl。它是一种含碘的离子交换树脂，是用特殊的离子交换树脂和碘在高温高压下化学结合而制成。这种产品除了具有碘的长处，如毒性低、化学性稳定、pH 值的使用范围较宽，对病毒、细菌、霉菌及寄生虫等均有效之外，还可克服单用碘作为杀菌剂所引起的对皮肤强烈的刺激性以及碘用量大、杀菌所需时间长而持续时间短的缺点。这种产品是一种直径约为 0.5mm 的黑紫色颗粒，碘含量 20%～50%，不溶于水，常温不升华，与皮肤长时间接触，皮肤不会变色，与微生物接触 0.7s 即可将其杀灭。

18.4　抗菌剂合成

18.4.1　壳聚糖类抗菌剂

水溶性 N-（2-羟基）丙基-3-三甲基脱乙酰甲壳质氯化铵的合成反应：

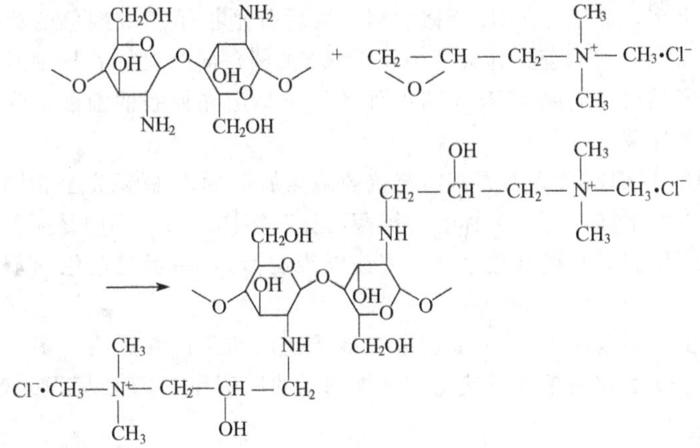

工艺过程：在中性或碱性条件下，按环氧丙基三甲基氯化铵和脱乙酰甲壳质中氨基的摩尔比 6∶1，将脱乙酰甲壳质分散在水中，搅拌下加入环氧丙基三甲基氯化铵。在 80℃下，搅拌反应 24h。收集水溶性成分，去除未反应的原料，得 N-（2-羟基）丙基-3-三甲基脱乙酰甲壳质氯化铵。

18.4.2 季铵盐类

十六烷基二甲基苄基氯化铵的合成反应：

$$RN(CH_3)_2 + ClCH_2-\bigcirc \longrightarrow R-\overset{CH_3}{\underset{CH_3}{N^+}}-CH_2-\bigcirc \cdot Cl^-$$

工艺过程：在 2-甲基十六烷基胺中微量水存在下，加入过量 10% 的苄基氯，于 100~120℃下反应 2h，即可得十六烷基二甲基苄基氯化铵。

18.5 主要性能测试

18.5.1 抗菌加工 SEK 标识简介

近年来，抗菌纺织品的研究十分活跃，美、日、英、法、瑞士等国相继进行过抗菌卫生整理的研究，开发出了系列抗菌纺织品供应市场，很受欢迎。日本对卫生整理产品非常重视，据（日本金刚石经营信息）介绍，从 1988 年 1 月至 1991 年 12 月，由几十个企业一起成立了日本纤维制品卫生加工协议会，并制定了 SEK 商品标准，对抗菌产品的抗菌效果、耐洗涤性能、使用安全性等问题进行了严格的规定，只有法定机构做出的分析数据（安全性、耐久性和效果）达到一定标准的制品，才允许贴上 SEK 标记。SEK 标记分三种颜色：红色表示制菌加工（特定用途），是指能抑制纤维上细菌繁殖，用于医疗机构改善医疗环境的制菌纤维制品，该标记自 1998 年 7 月起开始授予，是抗菌要求最高的标志；橙色标记表示制菌加工（一般用途），一般用于家庭改善生活环境及身体健康，该标记自 1998 年 4 月起开始授予；蓝色标记表示抗菌防臭整理的织物仅是抑制细菌对人体分泌物分解，有防臭效果，该标记自 1989 年开始授予，抗菌要求在三种标记中是最低的一种。各工厂产品如需上市，需经过 SEK 严格检测，最后分别授予相应颜色的标记。红色标记的产品能抑制金黄色葡萄球菌、肺炎杆菌及 MR-SA 菌，同时对绿脓杆菌及大肠杆菌也有效；橙色标记的产品可抑制除 MRSA 菌以外的红色标记能抑制的细菌；蓝色标记产品仅能抑制金黄色葡萄球菌。

制菌加工 SEK 标识从形式上看基本与抗菌防臭加工 SEK 标识完全相同，不同的是一个附有"制菌加工"字样，另一个标有"抗菌防臭"字样。另一不同是颜色不同，前者是橙色（一般用途纤维制品）或红色（特殊用途纤维制品），后者是蓝色（不分一般用途和特殊用途）。

但是在实质上，制菌加工 SEK 标识审查准予使用的条件要严格得多，特别是特殊用途即医院或相当于在医院的条件下使用的纤维制品的制菌加工 SEK 标识的审批更加严格。

18.5.2 安全性

抗菌防臭剂及其整理产品的安全性极为重要，必须经过严格的毒性审查，同时还要符合生态环境的要求。表 18-6 是抗菌防臭剂及其产品的安全性的毒性审查项目内容。

表 18-6　抗菌防臭剂及其产品的安全性的毒性审查项目

试验项目	毒性审查项目	备　注
毒性试验	口服急性毒性试验 LD_{50} 值	用按照药品安全性试验的 Probit 法和 Finney 法试验 基准是 LD_{50} 值要大于 1000mg/kg
	Ames 试验（劳动省致突变性试验）	劳动省致突变性试验是劳动省 1979 年 3 月 8 日基准第 107 号（1985 年 5 月 18 日第 261 号）的方法 基准是阴性
	细胞毒性试验	按照医疗器械和医用材料的基础生物学试验指南的方法 基准是将 IC_{50} 和皮肤刺激性试验结果结合在一起判断
皮肤刺激试验	兔子一次皮肤过敏症试验	根据和以兔子为生物材料的一次皮肤过敏症试验有关的标准实施基准 ASTMF719-81—1996 基准应该是一次刺激性为 0～2，属弱刺激性
	皮肤过敏性试验	按照医疗器械和医用材料的基础生物学试验指南的方法（Maximizesion 法） 基准是阴性
	皮肤贴附试验	复制品法或闭锁式法 基准应该是，在复制品法场合，为阴性或准阴性，在闭锁式场合，为阴性

18.5.3　抗菌力的评定

（1）试验用菌种　试验用的菌种如表 18-7 所示。

表 18-7　纤维制品抗菌力试验用菌种

菌种号	Staphylococcus aureus ATCC 6538 P （黄色葡萄状球菌）	Klebsiella pneumoniae ATCC 4352 （肺炎杆菌）	Escherichia coli IFO 3301 （大肠菌）	Pseudomonase areuginosa IFO 3080（绿脓菌）	Methicillin Resistant Staphylococcus aureus IID 1677 （MRSA）
一般用途	•	•	○	○	
特定用途	•	•	○	○	•

注：• 标记表示在取得认证号时，必须提供必要菌种（规定菌种）的试验（申请）数据；○ 标记表示在小册子、说明书上记载时，必须提供必要菌种（任选菌种）的试验（申请）数据。

一般用途的纤维产品，用黄色葡萄球菌（stphyloccccus aureus ATCC 6538 P）和肺炎杆菌（klebsie uapneumonlae ATCC 4352）。对于特定用途的纤维产品，除上述两种菌种外，还要加上 MRSA IID 1677 菌种，用这三种菌种试验合格的，可获得认证号。此外，还可增加手册等记载的任选菌种，即大肠菌（escherichJacoli IFO 3301）和绿脓菌（pseudomonase m'eugunosa IFO 3080）。在手册上记载时，必须有两种菌种的抗菌力试验数据。

（2）试验菌培养和试验菌悬浊液的调制　将试验菌（1）移植到新特伦特琼脂斜面培养基上后，37℃培养 48h，5～10℃下保存。连续培养的次数以 10 次为限。将保存的菌种在新特伦特琼脂平板上划线后，37℃培养 48h，5～10℃下保存。不用保存 1 周以上的菌种。将培养菌丛在 20mL 新特伦特肉汤中接种，于（37±1）℃振荡（110r/min，振幅 3cm）18～24h 进行培养。测定培养液的吸光度（波长 660nm），估计活菌数后，用常温新特伦特肉汤活菌数调节到（1～2）×10^8 个/mL。将 0.4mL 调整菌液加到新特伦特肉汤中，37℃下和金色葡萄球菌、肺克氏菌一起进行 2.5h 振荡培养后，用 1/20 冰冷的新特伦特肉汤将活菌数调节到 $(1±0.3)×10^5$ 个/mL。

(3) 试样调整 取 0.4g 约 $18mm^2$ 正方形试片，作为 1 个检测体。准备 6 块标准布检测体和 3 块加工布检测体。将它们放在图 18-5 所示的、容积为 30mL 有螺纹口的小玻璃瓶内。

然后将它放在铁丝网管内，铁丝网管的整个上部用铝箔覆盖，而瓶盖包在铝箔中。在高压釜中，121℃、103kPa 下湿热灭菌 15min。降温到 100℃后，马上从高压釜中取出，在干净工作台上拿掉铝箔，干燥 60min 后，上紧瓶盖。

(4) 培养试验 将 0.2mL 用 (2) 调整后的试验菌悬浊液均匀地接种在灭菌小玻璃瓶中的检测体上，(37±1)℃ 静置培养 18h。

(5) 试验菌洗除 在培养后的小玻璃瓶中加入 20mL 含 0.2% 表面活性剂 [聚氧乙烯 (20) 山梨糖醇单油酸酯，Tween-80 等] 的冰冷灭菌生理食盐水，强烈振荡 30 次，振幅约 30cm，使接种菌均匀地微分散在食盐液中。用冰冷的生理食盐水将这种分散液制成稀释 10 倍的系列分散液。

图 18-5 玻璃瓶

对以下标准布和加工试样分别测定活菌数。

标准布：

[A]：接种后立即分散回收的检测体 (3 个检测体)；

[B]：18h 培养后的分散回收检测体 (3 个检测体)。

加工试样：

[C]：18h 培养后分散回收的检测体 (3 个检测体)。

(6) 活菌数测定 取 1mL 各系列的稀释液和细菌分散液的原液 (稀释前)，分别放在灭菌培养皿内，制作两块 15mL 稀释程度相同的，冷却到 45℃ 的新特伦特琼脂培养基混释平板，然后在 (37±1)℃ 培养 24~48h。计测生育后菌丛数，乘上它的稀释倍率，算出检测体内的活菌数（活菌数＝菌丛数×20×稀释倍数）。

若 [A] 的细菌平均数为 A，[B] 的细菌平均数为 B，[C] 的细菌平均数为 C 时。一般用途产品的场合，C≤A，但 C≠0；特定用途产品的场合，C<A，但 C≠0。

(7) 活性值计算

静菌活性值＝lgB－lgC

杀菌活性值＝lgA－lgC

(lgB－lgA) >1.5 时，试验有效，其他情况均需要重新试验。

纤维制品新功能评议会将 2.2 以上（包括 2.2）的静菌活性值作为抗菌防臭效果基准值之一。该基准值如图 18-6 所示。

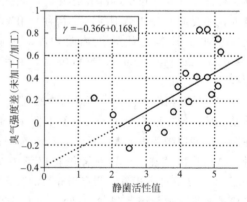

图 18-6 臭气强度差和静菌活性值的关系

它是从作为抗菌防臭效果尺度的臭气强度差（未加工布臭气强度－加工布臭气强度）和作为抗菌性评定尺度的静菌活性值（根据统一试验法）的回归方程求得的。在本试验中，这个基准值达到加工布经18h培养后的活菌数，比未加工布上的活菌数少2位数以上，接种菌的繁殖被抑制在99%以上。

(8) 试验结果　试验结果的记录表如表18-8所示。

表18-8　抗菌力试验结果记录表

静菌活性值		
试验菌种（保存号）	金色葡萄球菌（ATCC 6538P）	肺克氏菌（AATCC 4352）
接种菌液浓度/(个/mL)		
繁殖值(F)		
静菌活性值(S)		
试片种类		
杀菌活性值		
试验菌种（保存号）	金色葡萄球菌（ATCC 6538P）	肺克氏菌（AATCC 4352）
接种菌液浓度/(个/mL)		
繁殖值(F)		
杀菌活性值(L)		
试片种类		
非离子表面活性剂（浓度）		

18.5.4　耐久性

纤维产品抗菌防臭效果的耐久性用其耐洗性来评定。即按照规定的洗涤方法，测定洗涤后的产品抗菌力。

一般用途的纤维产品，用JAFET标准洗涤剂（聚氧乙烯烷基醚），对抗菌防臭加工纤维制品进行0次和10次洗涤试验。特定用途的纤维产品，用JAFET标准复配洗涤剂（聚氧乙烯烷基醚和α-烯烃磺酸钠以9∶1进行复配），进行0次和50次洗涤试验。

参考文献

[1] 黄汉生. 日本抗菌防臭纤维发展近况 [J]. 现代化工, 2000, 9：54-57.
[2] 张志强. 抗菌纺织品 [J]. 印染助剂, 1999, (5)：33-34.
[3] 蔡翱, 刘侃, 苏开第. 抗菌整理剂CL的合成与应用性能 [J]. 印染助剂, 2000, (17) 6：22-25.
[4] 河合博. 道康宁5700抗微生物处理剂 [J]. 印染, 1996, (3)：38-42.
[5] 杨栋梁. 纤维用抗菌防臭剂 [J]. 印染, 2001, (3)：47-51.
[6] 鹤台腾正等. 抗菌防臭加工药剂と加工方法 [J]. 加工技术. 1996, 31 (3)：27-34.
[7] 宋肇棠, 施晓芳. 纤维素抗菌防臭剂制菌加工进展 [J]. 印染助剂, 2000, (5)：1-5.
[8] 蔡文生, 周绍奇. 抗菌织物的制备及性能测试研究 [J]. 印染助剂, 1996, (6)：12-15.
[9] 何中琴译, 唐志翔校. 脱乙酰甲壳质季铵衍生物的合成及其在棉抗微生物整理上的应用 [J]. 印染译丛, 2000, (2)：65-71.
[10] 何中琴译, 王雪良校. 纤维产品的抗菌防臭加工 (2) [J]. 印染译丛, 2000, (3)：84-89.
[11] 何中琴译, 王雪良校. 纤维产品的抑菌加工 [J]. 印染译丛, 2000, (5)：94-101.
[12] 黄汉 Win M, Sello S B编. 纺织品功能整理：上册 [M]. 王春兰等译. 北京：纺织工业出版社, 1992.

[13] 程静环，陶绮雯. 染整助剂 [M]. 北京：纺织工业出版社，1985.
[14] 李宗石，刘平芹，徐明新. 表面活性剂合成与工艺 [M]. 北京：中国轻工业出版社，1995.
[15] 刘必武. 化工产品手册：新领域精细化学品 [M]. 北京：化学工业出版社，1999.
[16] 黄洪周. 化工产品手册：工业表面活性剂 [M]. 北京：化学工业出版社，1999.
[17] 章杰. 纺织品后整理的生态要求 [J]. 印染，2006，(11)：45-50.

第19章 防污整理剂

19.1 概述

防污整理，在国外称作 SR 整理。合成纤维（如涤纶）疏水性强，天然纤维（如棉）尽管是亲水性纤维，但经树脂整理后，其亲水基团被封闭，亲水性下降。基于这些原因，合纤织物及天然纤维与合纤的混纺织物易于沾污，沾污后又难以去除，同时在反复洗涤过程中易于再污染（被洗下来的污垢重新沉淀到织物上去的现象）。为克服这种缺点，必须对织物进行防污整理。防污整理包括防油污（不易沾油污），沾污后易洗除（易去污），洗涤时不发生再污染（防再污）和防止产生静电，不易吸尘（抗静电）。为使织物达到防污目的，必须通过三个途径来完成，即防油污整理，易去污整理和抗静电整理。防油整理和抗静电整理可见其他章节的有关论述，不再重复。这里主要介绍易去污整理。

油污是一个十分笼统的概念，实际上可以认为是油溶性污物、水溶性污物和其他污物的总称。但就其来源来说，不外乎人体的皮肤分泌物和外界侵入物两种。

为使织物具有防污性能，概括起来有三种方法。

① 上浆法 在织物表面形成浆料的防护层。这种防护层在洗涤时全部或部分松开，促使吸附的污垢除去，达到容易清洗的目的。这种防污作用不耐久，所以是暂时性防污整理剂。

② 薄膜法 使用高分子化合物在纤维表面生成耐洗的、亲水性的薄膜，促进纤维在洗涤时的润湿性，有助于清除附着的污垢。这种方法在实践中越来越受到重视。

③ 纤维化学改性法 将棉和合成纤维进行化学改性以改善防污性能。例如，将棉进行接枝引入阴离子型支链化合物或非离子型疏水性物质（如苯乙烯等），在锦纶、涤纶表面接上非离子型亲水性聚氧乙烯基，都能促使防污性能有显著改善。

一般来说，防污整理并不特别困难，只需在树脂整理时加入合适的添加剂即可达到目的，这种具有防污性能的添加剂就称为防污整理剂。

19.2 防污整理剂类型

防污整理剂的类别如下：

防污整理剂 {
  暂时性 { 铝、硅和钛的氧化物; 淀粉和淀粉衍生物; 羧甲基纤维素 }
  耐久性或半耐久性 { 羧甲基纤维素; 磷酸衍生物; 环氧乙烷缩合物; 聚丙烯酸类; 有机氟化合物 }
}

织物整理主要用耐久性或半耐久性防污整理剂。

19.2.1 交联固着型防污整理剂

这类防污整理剂本身和纤维或织物并无结合能力，但可和树脂整理剂或交联剂合用，因交联作用而固着于纤维上，从而增进防污的耐久性。

(1) 羧甲基纤维素 羧甲基纤维素单独用于防污整理时，只是一种浆料，属于暂时性防污整理剂，如和二羟甲基乙烯脲（脲醛）树脂合用，则能进行交联而固着于织物上，提高防污的耐洗性。这是由于分子中的羟基和树脂的羟甲基发生反应，使这二者形成共价的醚键结合。

(2) 磷酸酯类 脂肪醇磷酸酯是效果较好的抗静电剂，如和树脂整理剂合用，也能使织物具有防污性能。用于防污整理的，一般是磷酸盐的双酯。

19.2.2 高分子成膜物

(1) 聚丙烯酸类 以丙烯酸或甲基丙烯酸共聚物为主体的易去污整理剂，在织物易去污整理中应用很为广泛。这是因为丙烯酸共聚物对纤维有亲和力，在织物上形成的薄膜具有无色透明、耐光、耐老化、耐洗涤等优点。

丙烯酸或甲基丙烯酸和各种乙烯系单体共聚，即可获得性能良好的易去污整理剂。例如与丙烯酸甲酯、丙烯酸乙酯、丙烯酸丁酯、苯乙烯、丙烯酰胺、甲基丙烯酰胺，乙烯基吡咯烷酮等共聚。

以丙烯酸或甲基丙烯酸为主体的易去污整理剂，分子结构中应当含有一定数量的羧基，以保证纤维织物表面具有令人满意的亲水性。通常这类共聚物中丙烯酸或甲基丙烯酸的含量，应在15%～30%（质量分数），含量过低亲水性不足，含量过高共聚物在水中的膨润性增大，导致易去污整理织物的耐洗性下降。

若在丙烯酸共聚物中加入带有反应性基团的乙烯系单体，能够提高易去污整理剂的耐洗性，例如 N-羟甲基丙烯酰胺，用量以1%～5%为宜。

(2) 聚乙二醇型 聚乙二醇与聚乙二醇对苯二甲酸酯的嵌段共聚物，是一种性能优良的易去污整理剂。这种嵌段共聚物中聚乙二醇的分子量在1500左右，聚乙二醇含量约40%～65%，聚合度比较低，能溶解于苄醇，通常作成水分散液使用。其化学结构如下：

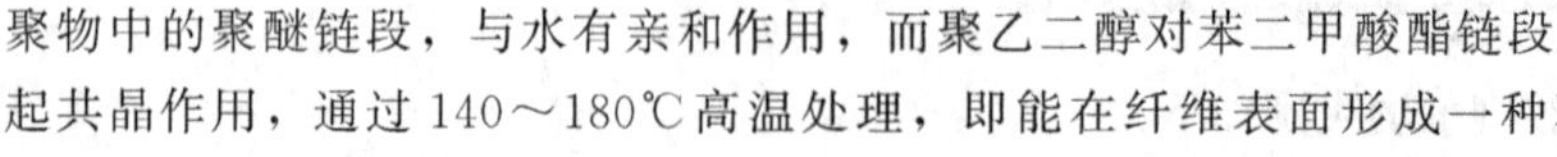

$$HO(CH_2CH_2O)_n\text{—}OC\text{—}\langle\text{—}\rangle\text{—}CO[OCH_2CH_2OOC\text{—}\langle\text{—}\rangle\text{—}CO]_m OCH_2CH_2OH$$

嵌段共聚物中的聚醚链段，与水有亲和作用，而聚乙二醇对苯二甲酸酯链段，可与聚酯纤维表面起共晶作用，通过140～180℃高温处理，即能在纤维表面形成一种不溶性的结晶覆盖层。这种易去污整理剂能使聚酯纤维产生耐久的吸湿性和易去污性。

(3) 含氟防污整理剂　带有亲水链段的含氟防污整理剂，在其分子结构中，既含有全氟脂族的憎水性链段，同时也存在羟基、羧基、聚醚等亲水性链段。这两种不同性质的链段，前者保证整理织物在空气中具有防油、防污的特性，后者则赋予整理织物一定的亲水性，改善其在水中洗涤时的易去污性。

这种带亲水链段的易去污整理剂，与普通含氟防油、防污整理剂不同。当整理织物表面在空气介质中时，含氟的憎水性链段定向分布在表面，亲水性链段分布在表面下，表现出防油、防污特性，但当整理织物由空气介质转入到水介质中进行洗涤时，它能够再定向，使亲水性链段分布在表面，憎水性链段分布在表面下，从而改善织物的润湿性，有利于污垢的去除。若再将整理织物重新干燥时（即在空气介质中），则憎水性链段又可重新分布在表面，恢复其防油、防污的特性。但是由于这种反复定向的结果，容易导致薄膜的松动，使易去污整理效果的耐久性下降。有些含氟防污化合物是一个含有全氟化碳侧链的碳氢聚合高分子化合物，用此类化合物整理的织物，在空气中具有低能表面，但在水中时变成高能表面，故易为疏水性污垢再污染。所以用它整理的织物，仅能在干燥时起减少黏附污垢的作用，而在洗涤时有被再污染的缺点。最好与季铵类防水剂共用，以得到更好的防污、防水整理效果。

19.3　防污整理机理

亲水性防污整理即易去污整理，或称脱油污整理。通过亲水性防污整理，降低了纤维临界表面张力，使沾污到织物上的污垢变得容易脱落，并改善洗涤过程中再污染现象。

易去污机理与水及净洗剂向油污-纤维界面的扩散作用有关。易去污整理剂可促进水向织物及纤维束内部和油污-纤维的界面内扩散。当其界面和纤维表面被水化后，则可使油性污与纤维分离。当纤维表面用易去污整理剂涂层后，水可通过污垢下面的易去污整理剂扩散，并导致油性污垢分离，见图19-1。

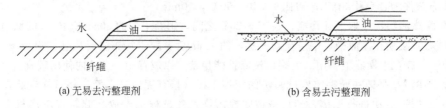

(a) 无易去污整理剂　　　　　　　(b) 含易去污整理剂

图 19-1　水对疏水性织物上油污界面的扩散

纺织品沾污的原因，除了纤维的疏水性容易产生静电对油污吸附的原因外，与纤维的亲油性也有密切关系。油性污垢如不能将纤维"润湿"，也就不易黏附。当液体油污的临界表面张力小于固体纤维的临界表面张力时，液体油污就能"润湿"纤维。根据测定，油性污垢的临界表面张力在 30mN/m 左右，而涤纶的临界表面张力为 43mN/m，棉纤维的临界表面张力>72mN/m，所以涤纶（包括棉）容易为油性污垢"润湿"而沾污。另一方面亲水性的棉纤维浸在水中后，临界表面张力下降为 2.8mN/m，而疏水性的涤纶下水后的临界表面张力反而有所提高，所以涤纶沾上油性污垢后，不如棉纤维那样容易洗除，而且还易受洗涤液中污垢再沾污。为说明这一问题，人们曾做过以下实验。把亲水性的棉纤维浸入水中,它在水中的临界表面张力从在空气中的72mN/m降至2.8mN/m。这一数值大大低于油污的临界表面张力（20~40mN/m）。因此,棉纤维上的油污易于去除,且不易发生再污染。疏水性的涤纶浸入水中,它在水中的临界表面张力比在空气中的临界表面张力（43mN/m）还要高,其数值仍然大于油污的表面张力。因此,涤纶上的油污不如棉上的油污易清除,且容易发生洗涤再污染。涤纶经过亲水性防污整理（易去污整理）,其亲水性能得到提高。当把经整理的涤纶浸入水中,它在水中的表面张力降至4.3~9.9mN/m,其数值大大低于油污的表面张力,因此污垢易于洗除,并且不易发生洗涤再污染。

19.4 防污效果测试

19.4.1 易去污试验

(1) 污液的配制

① 干洗污液 在装有冷凝管、搅拌棒和温度计的500mL三口烧瓶内,加入30g的织物干洗残渣,然后加入270mL三氯乙烯,在50~60℃下保温搅拌,使其充分溶解。

将上述污液用水泵或真空抽滤,除去未溶解物质,然后将抽滤好的污液稀释成4%的污液,保存在棕色瓶中,放在避光的干燥容器中,待用。

② 人工污液 取炭黑40g、猪油20g、液体石蜡20g、三氯乙烯8000g。用烧杯称好猪油和液体石蜡,加热溶解,然后加进炭黑搅拌,再把三氯乙烯倒入混匀,充分搅匀使其分散溶解便成污液。

(2) 试验方法

① 滴污法 将织物剪成6cm×6cm的试样2块。将污液倒入滴定管中,试样放在100mL的烧杯上,使滴定管离布样3cm,每块试样上滴一滴（以每毫升约80滴的量）,待自然阴干后,用玻璃纸隔开,再用1000g砝码压置1h。取出试样,放在旋转式洗涤机里进行洗涤,洗后取出,用温水洗、冷水洗,熨斗烫干,评价去污效果。

洗涤条件为：皂粉3g/L；浴比1∶50；60℃,10min。

② 摩擦沾污法 取上述污液,在15~20℃之间,用经干燥的30cm×40cm的漂白织物（双面绒布）浸渍在污液中,中途搅动一次,约1min后,取出污布进行压轧,再重复一次,自然晾干,放在干燥器中备用。为确保洗涤性能稳定,以放置10~30d内使用较宜。

取上述污布平铺在摩擦牢度试验机的摩擦平板（垫有呢绒）上面,将试样安装在摩擦圆柱头上往返10次进行摩擦,然后把被摩擦污染过的试样剪半放在旋转式洗涤机上进行洗涤,洗后试样用白布沾色样卡进行评级。

19.4.2 再污染试验

(1) 污染液再污染法

① 污染液配制 污染液由油性污染剂和干性污染剂按3∶1比例混合组成。

a. 油性污染剂组分

硬脂酸	12.5%	鲸蜡醇	8.5%
油酸酯	12.5%	固体石蜡	21.5%
椰子油	12.5%	炭黑	15%
橄榄油	12.5%		

b. 干性污染剂组分

黏土	55%	氧化硅	17%
硅酸盐水泥	17%	炭黑	1.75%

c. 污染液　污染剂（油性污染剂：干性污染剂＝3:1）25g，海鸥洗涤剂 30g/L

② 污染方法　将 7.5cm² 的试样放进旋转式洗涤机的玻璃瓶里，加入污染液 100mL，并投入不锈钢球和橡皮球各 10 个，在 40℃温度下处理 20min，取出，水洗烫干，按白布沾色样卡评级。

（2）接触再沾污法　取摩擦沾污法用污布（3cm×5cm）及试样各一块互相缝合，于 3g/L 皂粉中 60℃浸渍 4min（在浸渍过程中用玻璃棒轻轻搅拌，每分钟 20 次左右，浴比 1:30），取出，温水洗，晾干，按白布沾色样卡评级。

参考文献

[1] 程静环，陶绮雯. 染整助剂 [M]. 北京：纺织工业出版社，1985.
[2] Lewin M，Sello S B 编. 纺织品功能整理：上册 [M]. 王春兰等译，北京：纺织工业出版社，1992.
[3] 丁忠传，杨新玮. 纺织染整助剂 [M]. 北京：化学工业出版社，1988.
[4] 于贤廷，祝莹，虞海龙. 纺织品化学整理 [M]. 无锡：无锡市纺织工程学会，1982.
[5] 上海市印染工业公司编. 印染手册：下册 [M]. 北京：纺织工业出版社，1993.
[6] 薛迪庆. 涤棉混纺织物的染整 [M]. 北京．纺织工业出版社，1982.
[7] 罗巨涛. 染整助剂及其应用 [M]. 北京：中国纺织出版社，2000.
[8] 万震，工炜，谢均. 含氟防污整理剂 [J]. 针织工业，2005，(3)：45-48.

第20章 拒油整理剂

20.1 概述

当织物通过油类液体而不被油润湿时，即称此织物具有防油性或拒油性，为使织物具有这种防止油类沾污的特殊性能所使用的助剂称为拒油整理剂。

人们在日常生活中常常遇到的油类，以及某些容易引起油污的物质有以下几类。

① 低黏度液体油脂　机械油、润滑油、发油、色拉油、橄榄油以及其他食用油等。

② 高黏度半固体油脂　人体分泌的脂肪、动物脂、凡士林等。

③ 油/水分散乳液　肉汤、酱油、调味汁等，它们的黏度比较低，固体含量少。

④ 水性物质　污水、墨水、咖啡、果汁、酒类等。

一些衣着用品。如油田工作服，家庭用的纺织品如家具布和桌布等，汽车椅套布，部分军用织物以及其他特殊用途的纺织品，往往要求具有一定的防油性能，都是防油剂使用的对象。

20.2 拒油整理剂类型

最优秀的拒油整理剂是含氟的拒油整理剂。这类拒油剂的特点是具有低能表面，可以在水溶液或溶剂介质中使用，在织物上可经受洗涤或干洗，能保持处理织物的透气性和透水气性，不仅能使织物具有拒油性，而且还使织物具有疏水性或拒水性。也就是说，用这类防油剂整理可同时达到防水防油的效果。常用的拒油剂有全氟羧酸铬络合物和丙烯酸高氟烃酯共聚乳液两类。

20.2.1 全氟羧酸铬络合物

全氟羧酸铬络合物实际上就是脂肪酸铬络合物防水剂分子中的脂肪酸被全氟羧酸所代替。这类产品商品名称为 Scotchgard FC-805（3M）。络合物结构如下：

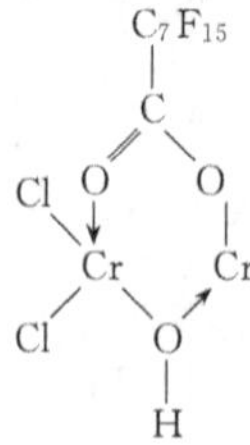

FC-805一般制成30%（溶解在95%的异丙醇溶液中）的溶液，处理时，FC-805可能部分进入纤维内部，但大部分附着在纤维表面。它能与纤维素纤维形成共价键，反应如下：

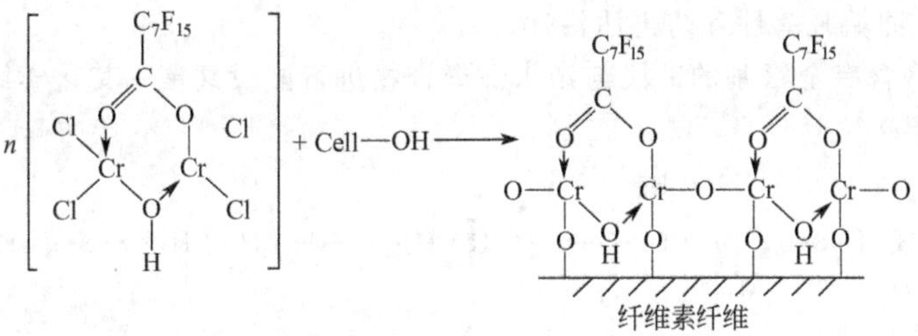

$$\left[\begin{array}{c}C_7F_{15}\\ |\\ C=O\\ Cl\diagup\,|\,\diagdown Cl\\ Cr\quad Cr\\ Cl\diagdown\,|\,\diagup Cl\\ O\\ |\\ H\end{array}\right]_n + \text{Cell—OH} \longrightarrow$$

(纤维素纤维)

由于FC-805长碳链烷基的氢原子全部被氟原子所取代，同时由于全氟烷基排列于外层，而且全氟烷基中末端—CF_3基均匀地覆盖于最外层，所以具有良好的防油效果。但铬离子的存在，会使织物略呈绿色。如和铝、锆类防水剂合用，以两浴法处理织物，则可消除此缺陷。

20.2.2 含氟聚合物拒油剂

大部分工业化使用的含氟聚合物拒油剂是丙烯酸酯或甲基丙烯酸酯类的乙烯类聚合物。这些乙烯类聚合物可认为是由全氟烃基、聚合物主链及其间的非氟代基团组成的。

丙烯酸高氟烃酯类树脂型拒油剂，如商品名称为Scotchgard FC-208。其结构如下：

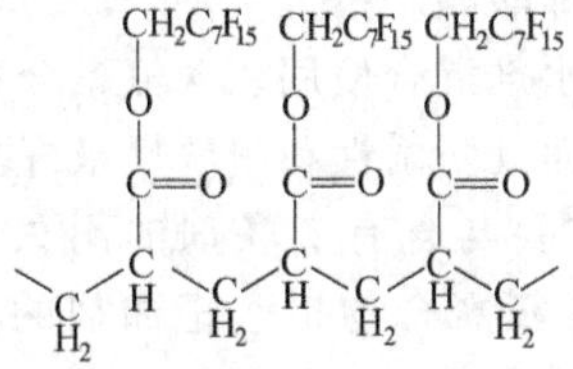

该类拒油剂在整理织物时，其在织物上的分布如下：

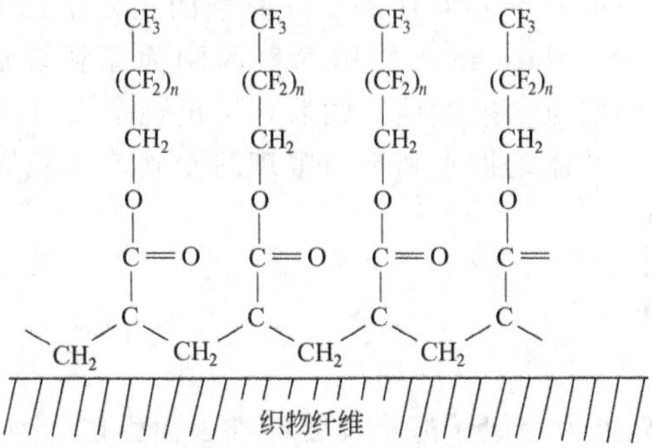

（织物纤维）

用FC-208整理的织物具有良好的防水防油性能，但当织物污染以后，这些油垢不仅不能脱落，而且洗液中已分散的油性污垢又重新黏附到织物上，亦即易于再污染。

为了改进全氟丙烯酸酯的这种缺点，大量的研究是设法赋予全氟化合物亲水性。有的将乙烯亚胺与全氟化合物反应，合成高防油性及中等防水性的化合物，有的使乙基全氟辛酸酯与聚乙烯亚氨侧链上的伯氨基反应，生成物的化学结构如下：

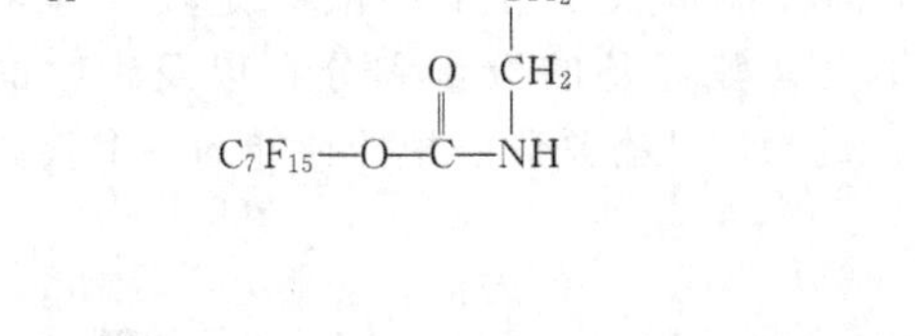

$$-(CH_2CH_2N-CH_2CH_2-N-CH_2CH_2-NH)_x-$$
$$\quad\quad\quad |\quad\quad\quad\quad\quad\quad\quad |$$
$$\quad\quad\quad H\quad\quad\quad\quad\quad\quad CH_2$$
$$\quad\quad\quad\quad\quad\quad\quad\quad\quad\quad |$$
$$\quad\quad\quad\quad\quad\quad\quad\quad O\quad CH_2$$
$$\quad\quad\quad\quad\quad\quad\quad\quad \|\;\diagup$$
$$C_7F_{15}-O-C-N-H$$

用此整理的织物具有良好的防油性，无防水性，但油垢脱落性及再污染性有所改善。后来有人使用四羟甲基氯化鏻（THPC）与全氟辛胺(1∶1)的反应物处理织物，可以获得良好的防油性、油垢脱落性和防再沾污性。

FC-218是将含有全氟基的链段与亲水性聚合物进行嵌段共聚，其化学结构如下：

$$H-[CH-CH_2]_3-S-[-CH_2-\underset{\underset{O}{\|}}{C}-\underset{CH_3}{\overset{|}{C}}-O-(CH_2CH_2O)_4-\underset{\underset{O}{\|}}{C}-\underset{CH_3}{\overset{|}{C}}-CH_2]_{10}-S-[CH_2-CH]_3-H$$

（侧链：$O-(CH_2)_2NCH_3O_2SC_8F_{17}$ 和 $F_{17}C_8SO_2CH_3N(CH_2)-O$）

用此整理的织物，可以获得优良的防油性及油垢脱落性。

含氟聚合物拒油剂也可由一种或几种氟代单体与一种或几种非氟代单体共聚而成。在不同聚合物中，其共聚单体的组成和比例是不同的。非氟代单体的结构以及它们与氟代单体的比例影响含氟聚合物的拒水拒油性及其他性能，如熔体流动性及硬度。具有交联作用的共聚单体如羟基，环氧基或乙烯基可以增加拒水拒油聚合物的耐久性。

为了降低含氟聚合物的成本或改善其性能，含氟聚合物通常与非氟代填充聚合物混合使用，如聚丙烯酸酯或聚甲基丙烯酸酯。

含氟聚合物也可和非含氟拒水剂混合使用。含氟聚合物和吡啶型拒水剂结合使用，在棉织物上具有良好的协同效应，而且防雨性和耐洗性极好。

近年来，含氟拒水拒油剂主要与含有交联剂的耐久性石蜡乳液一起应用。虽然各种疏水性烃类拒水剂可以增强含氟聚合物拒水拒油剂的拒水拒油性和耐久性，但是有机硅拒水剂则会降低其拒油性。然而，也有专利文献介绍由含氟聚合物和有机硅组成的拒水（油）剂。在同一个分子上含有氟和硅原子的拒水剂已为 Holbrook 和 Steward 及其他科学工作者所合成。Pittman 等使用六氟丙酮为原料合成了氟烷基聚硅氧烷，在羊毛织物上得到了良好的拒水拒油性。此后，又出现了大量的关于含氟和硅的拒水拒油剂并适用于棉、锦纶及涤纶拒水和拒油整理的专利。从陆续发表的专利来看，该领域仍在研究和探索中。

20.3　拒油机理

防油原理和防水原理极为相似，都是改变纤维表面性能，使其临界表面张力降低。防水整理通过使纤维表面改性后对表面张力较大的水（72.6mN/m）能产生较大的接触角而产生拒水效果；而防油整理是使纤维表面改性后临界表面张力大幅度下降，对表面张力较小的油（20～40mN/m）也产生较大的接触角，使纤维产生防油效果。

拒油整理剂是含氟烃类化合物，这是因为氟原子半径最小，极化率小，电负性高，碳氟键的极化率也就小，含有较多碳氟键的化合物的分子间凝聚力很小，具有低能表面。

含氟烃类化合物的拒油性能取决于分子中氟碳链段和非氟碳链段的结构、氟碳链段末端的取向、在纤维上含氟烃基的数量和分布以及织物的组成和几何形状。

含氟拒油剂在纤维表面的涂层状态是影响拒油性能的一个很重要的因素。为了达到最大的拒油性能，所需拒油剂量取决于织物的结构及含氟拒油剂的结构。在相同的碳原子下，正全氟烃链比支链更为有效。在其他条件相同的情况下，以—CF_3基紧密排列的表面其表面能最低，因而拒油性最好。

20.4 主要拒油整理剂的合成

20.4.1 全氟羧酸铬络合物的合成

该络合物的制备是在电解槽中，以无水氢氟酸为溶剂和氟化剂，使脂肪酸经电化学氟化反应生成全氟羧酰氟，再经水解而制得全氟羧酸（C_nF_{2n+1}—COOH），然后由全氟羧酸和三氯化铬在甲醇液中生成全氟羧酸铬络合物。

化学反应如下：

$$C_nH_{2n+1}-COOH \xrightarrow[电解]{HF} C_nF_{2n+1}-COF \xrightarrow{水解} C_nF_{2n+1}-COOH$$

$$C_7F_{15}COOH + CrCl_3 \xrightarrow{CH_3OH} \text{全氟羧酸铬络合物}$$

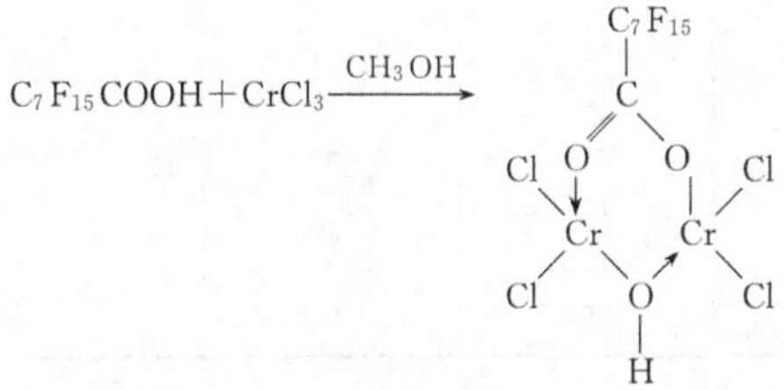

20.4.2 丙烯酸氟烃酯树脂类（FC-208）的合成

FC-208的合成是由丙烯酸和1,1-二氢全氟辛醇进行酯化，再聚合而制得。其反应如下：

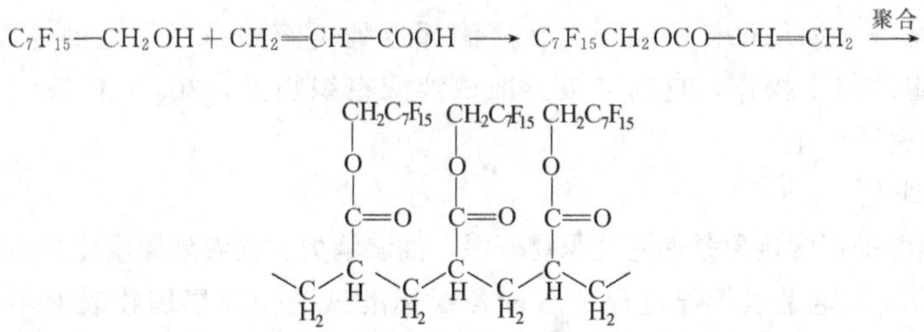

$$C_7F_{15}-CH_2OH + CH_2=CH-COOH \longrightarrow C_7F_{15}CH_2OCO-CH=CH_2 \xrightarrow{聚合}$$

20.5 拒油性测定

20.5.1 标准液法

（1）方法原理　本方法采用具有不同表面张力的碳氢化合物所组成的一系列标准试液，滴在涂层织物表面，观察涂层织物的润湿情况。拒油等级以织物表面不润湿为标准液的最高编号来确定。此法最早是3M公司提出的，而AATCC118—1992应用了8个表面张力依次降低的烃类液体的同系物。几种常用方法的拒油级别比较见表20-1，其中以AATCC118—1992应用最广。

表 20-1　标准液及拒油级别比较

标准液组成		拒油级别			表面张力(25℃)/(N/cm)
白矿物油/%	其他	3M法	杜邦法	AATCC	
100	—	50	2	1	31.45×10^{-5}
75	正十六烷	—	3	—	30.0×10^{-5}
65	正十六烷	—	—	2	29.6×10^{-5}
90	正庚烷	60	—	—	29.3×10^{-5}
50	正十六烷	—	4	—	29.05×10^{-5}
80	正庚烷	70	—	—	27.5×10^{-5}
0	正十六烷	—	—	3	27.3×10^{-5}
0	正十四烷	—	—	4	26.35×10^{-5}
70	正庚烷	80	—	—	25.7×10^{-5}
0	正十二烷	—	6	5	24.7×10^{-5}
60	正庚烷	90	—	—	24.25×10^{-5}
0	正癸烷	—	7	6	23.5×10^{-5}
50	正庚烷	100	—	—	23.15×10^{-5}
40	正庚烷	110	—	—	22.4×10^{-5}
30	正庚烷	120	—	—	21.50×10^{-5}
0	正辛烷	—	8	7	21.4×10^{-5}
20	正庚烷	130	—	—	20.85×10^{-5}
10	正庚烷	140	—	—	20.3×10^{-5}
0	正庚烷	150	9	8	19.75×10^{-5}

(2) 操作　取 20cm×20cm 的试样置于温度（20±2）℃，相对湿度（65±2）%的标准大气中至少调湿 4h。置于密闭容器中，立即转移至通风良好的房间内试验。将试样平放在光滑的平面上（例如玻璃、台面等），用滴瓶吸管小心地吸一管 1 级拒油标准试液，在试样表面间隔一定距离，同时滴 2 小滴，每滴直径大约是 5mm，以约 45°角观察液滴在 30s 内的润湿情况。如果试样不润湿，在液滴邻近处再滴加高一个拒油等级的标准试液，再观察 30s，继续这个操作，直到某级标准试液滴在织物上，30s 后在液滴下面或液滴周围显示明显的润湿为止。

(3) 结果评定

① 织物润湿的正常迹象是油滴处织物变深、油滴消失、油滴外圈渗化或油滴闪光消失。

② 拒油等级评定是以操作过程中所试各级标准试液使涂层织物表面不润湿的最后一个等级来评定。例如滴 4 级标准试液时，涂层织物表面不润湿，而滴 5 级标准试液时，涂层织物表面明显润湿，则评定的拒油等级为 4 级。

③ 如测定结果等级不一致，应在试液邻近处再重复测定，最多测定三次（每次二滴），确定次数最多的等级为拒油等级。

20.5.2　简易法

取 7.5cm² 的试样，在其上滴一滴用古马隆紫（HFRL）着了色的液体石蜡，然后将该试样浸渍于冷水中，并观察样布上油滴掉下的过程，用下述方法评级。

① 防油性优良　油在织物上呈分散小球状，放进水里油球完全从布面浮到水面上来。

② 防油性好　滴下的油在织物上呈球状，织物放进水里油滴不从织物上浮至水面。

③ 防油性中等　油在织物上呈乳状，其接触角在 90°以下。
④ 防油性劣　在水里织物上的油始终去除不尽。

参考文献

[1] 程静环，陶绮雯. 染整助剂 [M]. 北京：纺织工业出版社，1985.
[2] Lewin M，Sello S B 编. 纺织品功能整理：上册 [M]. 王春兰等译. 北京：纺织工业出版社，1992.
[3] 丁忠传，杨新玮. 纺织染整助剂 [M]. 北京：化学工业出版社，1988.
[4] 于贤廷，祝莹，虞海龙. 纺织品化学整理 [M]. 无锡：无锡市纺织工程学会，1982.
[5] 何中琴译，王雪良校. 低聚物型含氟烷基硅烷基的纤维素拒水拒油改性 [J]. 印染译丛，2001，(3)：58-66.
[6] 钱忠尧. 涂层织物拒油性测定方法 [J]. 印染，1993，(12)：30-31.

第21章 纺织品防紫外线整理剂

21.1 概述

在正常情况下，人们日常生活中的紫外线主要来源于太阳光。到达地球表面的阳光由紫外线（UV,5%）、可见光线（50%）和红外线（45%）组成。紫外线是波长180～400nm的电磁波。它可分近紫外线、远紫外线和超短紫外线。近紫外线（UV-A）波长400～315nm；远紫外线（UV-B）波长315～280nm；超短紫外线（UV-C）波长280～100 nm。

太阳光的波长在300nm以下的电磁波几乎都被大气层中的二氧化碳吸收，所以紫外线的防护主要讨论对近紫外线的吸收或反射。紫外线能使有机化合物中C—H、C—C键，以及具有相同键能的物质产生破坏作用，这可能就是它对生物造成不良影响的根源。另外，这三种紫外线对人体皮肤的渗透程度也是不同的，UV-C基本上可以被外表皮和真皮组织完全吸收，UV-B透射能力则比UV-A差，只有UV-A才可以透射到真皮组织下面。

由此可看出，对皮肤的作用主要是UV-A，它会和真皮组织反应，并加速它的老化。UV-B由于光子能量较高，也有一定的透射深度，故也有一定的老化作用。20世纪20年代以来，由于碳氟系溶剂和氟里昂的大量使用，地球大气层中对紫外线具有吸收作用的臭氧层遭到严重的破坏，使到达地球表面的紫外线不断增加。适量的紫外辐射具有抑制病菌、消毒和杀菌作用，并能促进维生素D的合成，有利于人体健康。但在烈日持续照射下，人体皮肤会失去抵御功能，易发生灼伤，出现红斑或水泡。过量的紫外线照射还会诱发皮肤病（如皮炎、色素干皮症），甚至皮肤癌，促进白内障的生成并降低人体的免疫功能。因此，为了保护人体避免过量紫外辐射，纺织品防紫外线整理已刻不容缓。紫外线屏蔽整理纺织品是20世纪90年代新开发的功能性产品。

各种纺织品本身有一定程度的屏蔽紫外线能力，紫外线屏蔽整理是提高它们的屏蔽功能，达到保护人体的目的。

棉纤维本身对紫外线屏蔽率最差，而夏天穿着纯棉纺织品是最理想的，因此，提高夏天纯棉纺织品对紫外线屏蔽能力是一个重要课题。紫外线屏蔽整理工艺技术的发展趋势是提高整理效果的耐久性；途径是采用微胶囊技术和制成大分子紫外线吸收剂，与其他功能合并，开发多功能的新产品。

21.2 纺织品阻挡紫外线的能力及防紫外线的途径

21.2.1 纺织品阻挡紫外线的能力

任何物质都具有吸收各种电磁波的性能，特别是从紫外线到可见光部分，会引起物质分子中的电子迁移。物质分子中，电子由基态向激发态迁移，其能量与吸收光是相当的。纺织品是表面凹凸而复杂的多孔材料，它除了吸收光外，还因漫反射使光的透过率降低。漫反射与单纤维表面形态、织物组织结构和厚度等有明显的关系。

纤维种类不同，其紫外线透过率也不同。聚酯、羊毛纤维等比棉、黏胶纤维的紫外线透过率低。因聚酯结构中的苯环和羊毛蛋白质分子中的芳香族氨基酸，对小于 300nm 的光都具有很大的吸收性。其中棉织物防紫外线的能力相对较差，是紫外线最易透过的面料。织物上的染料对织物紫外线透过率有相当大的影响。这是由于为得到某一色泽，染料必须选择性地吸收可见光辐射，而有些染料的吸收带伸展到紫外光谱领域，因此它起着紫外线吸收剂的作用。一般来说，随着纺织品色泽的加深，织物紫外线透过率随着减少，防紫外辐射性能提高。此外，化学纤维的消光处理也影响其紫外线透过率。织物结构越厚，防紫外辐射效果越好；织物孔隙过大，紫外线则易于透过，影响防紫外辐射的效果。一般短纤织物优于长丝织物；加工丝产品优于化纤原丝产品；细纤维织物比粗纤维织物好；扁平异形化纤织物优于圆形截面化纤织物；机织物优于针织物。

21.2.2 防紫外线的途径

减少紫外线对皮肤的伤害，必须减少紫外线透过织物的量。减少紫外线的透过量主要有两种途径。

(1) 增强织物对紫外线的吸收能力 这可以通过选用适当的纤维和用紫外线吸收剂进行整理来达到。此外，选择合适的组织结构也可以适当提高吸收能力。

(2) 增强织物对紫外线的反射能力 这可以通过选用适当的纤维，例如高比表面纤维及含高比率 TiO_2 纤维，也可以选择适当的组织结构（织物厚度、表面平整度、织物重量、孔隙度等）来增强对光的反射和散射。在染整加工时，可使用反光陶瓷粉等反光性强的物质对织物进行加工整理。

21.3 紫外线屏蔽整理原理及屏蔽整理剂

21.3.1 紫外线屏蔽整理原理

纺织品紫外线屏蔽整理的原理是在纺织品上施加一种能反射和（或）能选择性吸收紫外线，并能进行能量转换的物质，以热能或其他无害低能辐射，将能量释放或消耗尽。从光学原理上讲，阳光照射织物上后，部分被吸收，部分被反射，部分被透过，透过的光辐射到人体皮肤。辐射的光除了少部分扩散辐射外，大部分是直接辐射，见图 21-1 所示。

当织物经紫外线屏蔽整理后，光射到织物上，一部分通过织物上的间隙透过织物。织物上的紫外线屏蔽剂不是将紫外线反射，就是选择性吸收并将其能量转换成低能而释放，以致将紫外线遮断。

21.3.2 紫外线屏蔽整理剂

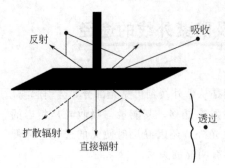

图 21-1 阳光照射织物上的吸收、反射和透射关系

严格地讲,能反射紫外线的化学品叫紫外线屏蔽剂。对紫外线有强烈的选择性吸收,并能进行能量转换而减少它的透过量,习惯上叫紫外线吸收剂。它们从不同的途径提高纺织品对紫外线的屏蔽功能。也可以将这两类物质混合后处理织物,使它们对紫外线既有反射和散射作用又具有吸收作用。

(1) 紫外线屏蔽剂 常用的紫外线屏蔽剂大多是金属氧化物,如氧化锌、二氧化钛等无机紫外线屏蔽剂。氧化锌价廉而无毒,屏蔽紫外线波长范围(240~380nm)较二氧化钛(340~360nm)宽,以致应用较广。近年来,又发现特殊结构的陶瓷超微粒混入纤维内制成的纤维,不仅能屏蔽紫外线,又有绝热作用(即反射可见光与红外线)。根据国外有关资料介绍,以氧化锌、二氧化钛和陶土粉等效果较好,研究重点为制成细粉和超细粉末或水分散液(或乳液)供纺丝和后整理应用。

(2) 紫外线吸收剂 适宜于纺织品应用的紫外线吸收剂应具有下列条件:①吸收紫外线的波长范围要宽,吸收系数要大,尽可能吸收 280~400 nm,并且吸收稳定;②对纺织品无光催化现象,不影响织物的色泽、白度和色牢度;③产品安全无毒,无刺激性,对人体皮肤无过敏反应;④与其他化学品兼容性好,具有一定的耐洗涤性能。

国内外紫外线吸收剂品种很多,常用的第一代产品有水杨酸酯类化合物、金属离子螯合物、薄荷酯类、苯并三唑类和二苯甲酮类等。这些紫外线吸收剂没有反应性官能团,不易固着,很易扩散。第二代吸收剂包括瑞士汽巴嘉基公司开发的邻-羟基苯-二苯基三唑的衍生物,是一种阳离子自分散型配方,可用于高温染色、轧染、印花等,有优良的升华牢度和热固着性能。瑞士科莱恩公司开发的 Rayosan 系列可与纤维素纤维上的羟基和聚酰胺上的氨基反应,不改变织物外观、手感、透气性,也有耐光和耐水洗牢度。

纺织上应用的紫外线吸收剂主要类别见表 21-1。

① 二苯甲酮系紫外线吸收剂 二苯甲酮类化合物,如 2,4-二羟基二苯甲酮,2,2'-二羟基-4,4'-二甲氧基二苯甲酮(德国 BASF 公司的 UvinuL D-49),2-羟基-4-甲氧基-5-磺基二苯甲酮,2-羟基-4-正辛氧基二苯甲酮等。这类化合物具有共轭结构和氢键,吸收紫外线后能转化成热能、荧光、磷光,同时产生氢键成互变异构,此结构能够接受光能而不导致链的断裂,且能使光能转变成热能,从而消耗吸收的能量,在一定程度上是很稳定的。又具有多个活性羟基,对纤维有较好的吸附能力,是棉纤维良好的抗紫外线整理剂。可研究该类吸收剂与各种化纤和天然纤维的化学和物理结合,包括催化剂、添加剂和作用条件等,以求用于后整理或纺丝添加。由于价格较贵,要研究降低成本或与其他助剂的混用。

② 苯并三唑类化合物 如 2-(2'-羟基-5'-甲基苯基)-苯并三唑,2-(2'-羟基-3'-叔丁基-5'-甲基苯基)-5-氯代苯并三唑(瑞士 Ciba 公司的 Tinuvin326),2-(3',5'-二叔丁基-2'-羟基苯基)-5-氯代苯并三唑等,是目前应用较多的一类化合物。一些不具有水溶性基团的这类化合物主要用于涤纶。

表 21-1　紫外线吸收剂主要类别和品种

类别	性能	名称	结构式	国内外商品名称	吸收波长/nm
二苯甲酮系	1. 有反应性羟基，同纤维易结合 2. 能吸收 UV-A 和 UV-B(280～400nm)紫外线 3. 对280nm以下紫外线吸收较少，有时易泛黄 4. 价格较高	2-羟基-4-甲氧基-二苯甲酮	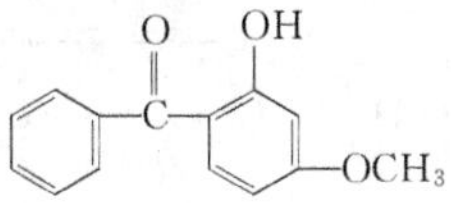	紫外吸收剂 UV-9 Cyasorb UV-9（美国ACY） Uvinul M-40（美国GAF）	290～40
		2-羟基-4-正辛氧基-二苯甲酮	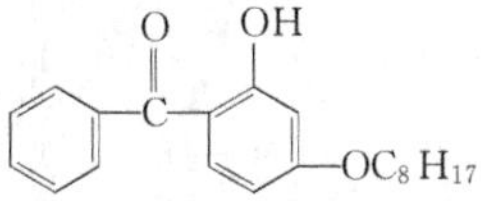	紫外吸收剂 UV-531 Cyasorb UV-531（美国 ACY）	300～375
苯并三唑系	1. 大量吸收 UV-A（315～400nm）紫外线，效果好 2. 由于熔点较高，吸附在纤维上有一定耐洗性 3. 无反应性基团，活性不高，处理时要吸附于纤维表面才能达到紫外线吸收和屏蔽效果	2-(2′-羟基-5′-甲基苯基)苯并三唑	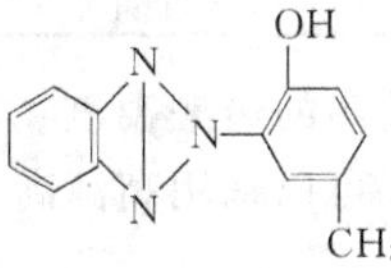	紫外吸收剂 UV-P Tinuvinp（瑞士CGY）	270～380
		2-(3′-叔丁基-2′-羟基-5′-甲基苯基)-5-氯代苯并三唑	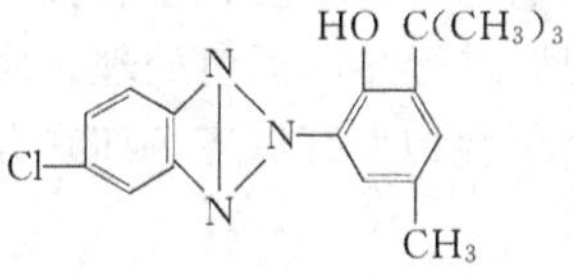	紫外吸收剂 UV-326 Tinuvin236（瑞士CGY）	256 最高吸收峰
		2-(2′-羟基-3′,5′-二叔丁基苯基)-5-氯代苯并三唑	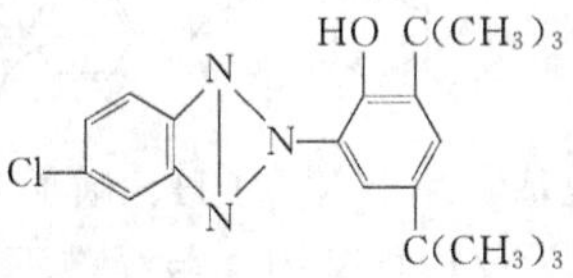	紫外吸收剂 UV-237 Tinuvinp237（瑞士CGY）	252～253最高吸收峰
水杨酸酯系	1. 价格低廉 2. 大量吸收 UV-B，仅吸收少量 UV-A 紫外线 3. 熔点低，升华性强，使用有局限性	水杨酸4-叔丁基苯基酯	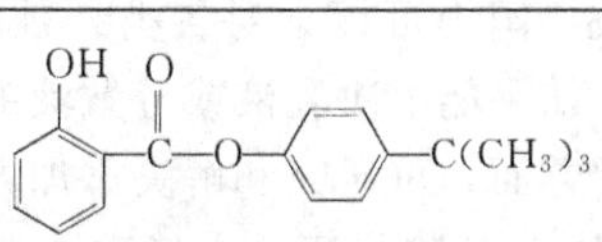	紫外吸收剂 TBS Inhibitor TBS（美国 DOW）	290～315
		水杨酸对辛基苯基酯	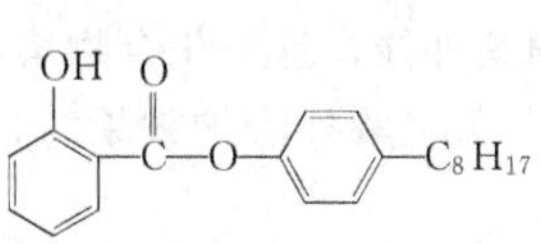	紫外吸收剂 OPS Eastman Inhibitor OPS（美国 Eastman）	280～320
		双水杨酸双酚A	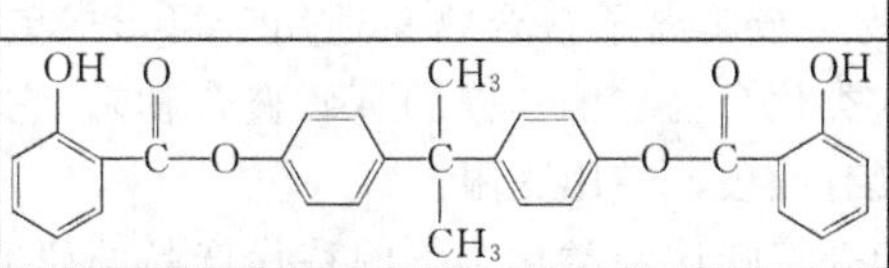	紫外吸收剂 BAD	315～280（350 吸收峰）

续表

类别	性能	名称	结构式	国内外商品名称	吸收波长/nm
金属离子螯合物系	1. 对部分纤维或织物,在一定条件下能形成螯合物络合体,有屏蔽功能 2. 离子有颜色,使用有局限性	N,N-二正丁基二硫代氨基甲酸镍	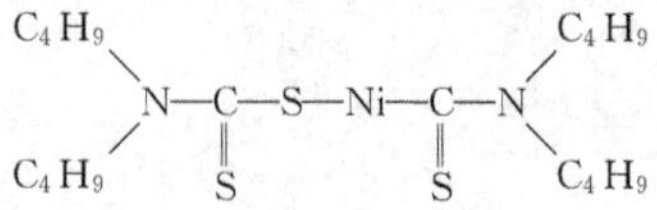 (C₄H₉)₂N-C(=S)-S-Ni-S-C(=S)-N(C₄H₉)₂	光稳定剂 NBC Rylex NBC(美 Dupont) Antage NBC(日本川口) Antigene NBC(日本住友)	
		双(3,5-二叔丁基-4-羟基)苄基磷酸单乙酯	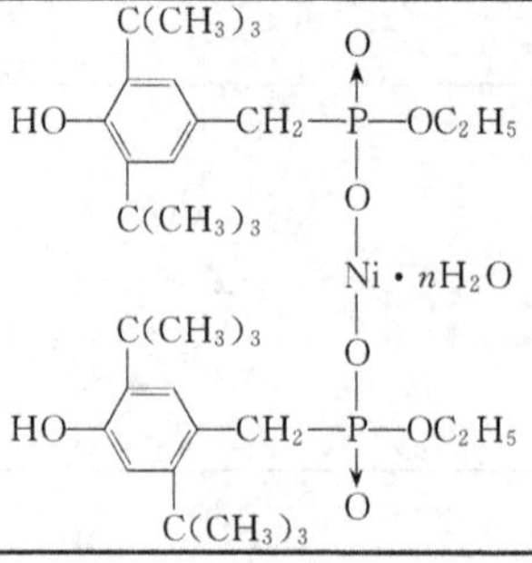 [HO-C₆H₂(C(CH₃)₃)₂-CH₂-P(=O)(OC₂H₅)(O-)]₂ Ni·nH₂O	光稳定剂 2002 Irgstab 2002(瑞士 CGY)	

这些产品有价格相对较低、较高的熔融温度、高温时溶解度较高和毒性较小等特点。它的分子结构和分散染料很近似,可以采用高温高压法处理并被涤纶纤维吸附,对涤纶有较高的分配系数。

为了提高这类紫外线吸收剂的升华牢度,已有分子量更高的吸收剂供应,它适合于各种处理工艺,包括染色和印花后进行热溶固色处理。同时,适用于锦纶、羊毛、蚕丝和棉织物应用的一些水溶性的这类化合物也有供应。如在分子中接上适当数量的磺酸基,下面列出了有此结构的化合物:

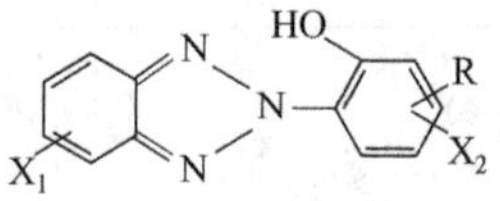

[苯并三唑-羟基苯结构,X₁取代苯环与 N=N-N 三唑环相连,另一侧为 2-羟基-R-X₂ 取代苯基]

R 为烷基、烷氧基和磺酸基,X_1、X_2 为 H、磺酸基、卤素原子、磺化的芳烷基

苯并三唑系紫外吸收剂虽无反应性基团,与纤维不易结合,但成本较低,有发展前途。国外在工艺和产品上已有突破,国内可探索对各类纤维的高温水相整理和溶剂整理,也可探索引进活性基团的可能性。如果能解决乳液或分散液的制造以及与各种树脂的混合整理,在技术上将取得进展。在纺丝方面,可研究和解决添加方式,制成各种屏蔽纤维。

③ 水杨酸酯类化合物 如水杨酸苯酯,水杨酸-4-叔丁基苯基酯,双水杨酸双酚 A 酯等,能吸收 280～330nm 波长的紫外线,这类化合物熔点较低,易升华,吸收系数较低,在强烈光照下,有引起色变现象。测定紫外防护效果时,应观察对比纤维防脆化和改善染料光褪色效果。

④ 金属离子螯合物 金属离子螯合物只适用于可形成螯合物的染色纤维,例如,锦纶的内装饰材料常用这类化合物(铜和镍的金属螯合物),它主要目的往往是提高染色的耐光牢度,因为离子具有颜色,使用受限。

随着二苯甲酮和苯并三唑这两类化合物的替代产品的研究,出现了如 2-(2-羟基苯)-

1,3,5-三嗪结构作为功能部分的紫外线吸收剂。它的种类很多，如最近相继报道的紫外线吸收剂 Cibafast P（汽巴嘉基公司的商品名）就是其中一种。该类紫外线吸收剂在其使用范围内，显示出卓越的防止光老化的功能。还有一些其他类别的紫外线吸收剂，应用上可以是水溶性的，也可以是不溶性的。如：

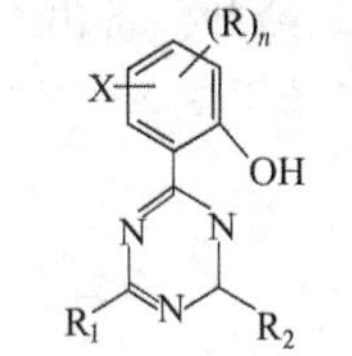

R=烷基、烷氧基、羟基、卤素原子、磺酸烷基
R_1、R_2=羟基、烷氧基、取代烷基、取代苯基、o-羟基苯基
X=H、磺酸基
n=0、1、2

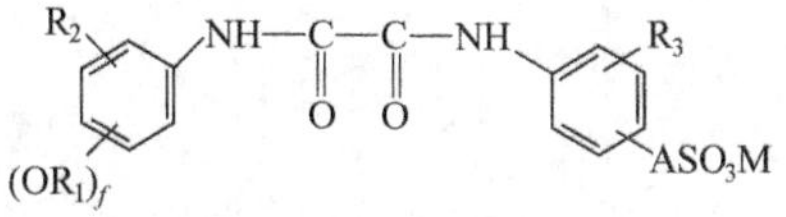

R_1=取代或未取代的烷苯基
R_2=H、卤素原子、烷基、苯烷基
R_3=和 R_2 相同或不同的基团
A=直接连接或烷基连接基
f=0、1、2

纺织品选用紫外线屏蔽剂应视最终用途、纤维种类而定。如高纬度地区的人，受阳光累计照射相对较少、较弱，肤色较浅，抵御紫外辐射的能力较低；靠近赤道低纬度区域的人，肤色较深，抵御紫外辐射的能力较强。由于存在差异，因此防护要求不同。而且，紫外线屏蔽剂用于织物紫外线防护方面要求较高。无论选用哪一种屏蔽剂及其加工方法，都必须考虑到试剂的毒性，特别要考虑对皮肤的影响。此外，屏蔽剂应能承受热、光和化学作用，尽量减少对织物色牢度、白度、透气性、吸湿（水）性和手感等因素的影响。

21.4 紫外吸收剂的合成

21.4.1 二苯甲酮系紫外吸收剂的合成

2-羟基-4-正辛氧基二苯甲酮（紫外吸收剂 UV-531）的合成。
（1）合成反应

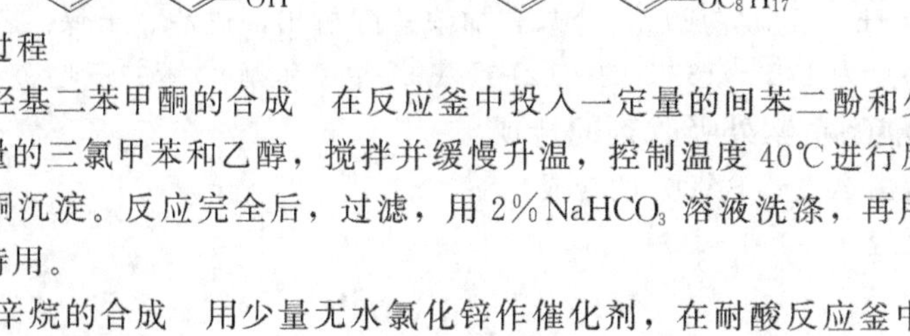

$$H_2O + C_6H_5CCl_3 + C_6H_4(OH)_2 \longrightarrow \text{2,4-二羟基二苯甲酮} + 3HCl \uparrow$$

$$C_8H_{17}OH + HCl \longrightarrow C_8H_{17}Cl + H_2O$$

$$\text{2,4-二羟基二苯甲酮} + C_8H_{17}Cl \longrightarrow \text{产物} + HCl$$

（2）合成过程

① 2,4-二羟基二苯甲酮的合成 在反应釜中投入一定量的间苯二酚和少量水，搅拌溶解后，加入等量的三氯甲苯和乙醇，搅拌并缓慢升温，控制温度 40℃ 进行反应，生成 2,4-二羟基二苯甲酮沉淀。反应完全后，过滤，用 2% $NaHCO_3$ 溶液洗涤，再用清水洗涤、滤干，然后干燥待用。

② 氯代正辛烷的合成 用少量无水氯化锌作催化剂，在耐酸反应釜中投入等量的正辛醇和浓盐酸（37%），搅拌反应 6~10h 后，静置分去水层，油层用稀 $NaHCO_3$ 水溶液洗涤，再用水洗，真空分馏，脱去水和低沸点物，收集氯代正辛烷待用。

③ 2-羟基-4-正辛氧基二苯甲酮的合成　在搅拌式反应釜中，投入制成的 2,4-二羟基二苯甲酮和等量的环己酮，搅拌溶解后，加入氯代正辛烷及适量纯碱和碘化钾，加热升温，回流保温约 10h，蒸出环己酮，将溶液移至结晶槽冷却、结晶、吸滤，收集 2-羟基-4-正辛基二苯甲酮粗制品。环己酮和滤液回收再用。如果需重结晶纯化，可将粗制品溶于乙醇，用活性炭加热脱色约 30min，趁热过滤，滤液蒸发浓缩，冷却。析出结晶，过滤、干燥，得浅黄色结晶粉末，熔点为 49℃ 的 2-羟基-4-正辛氧基二苯甲酮。

21.4.2　苯并三唑系紫外吸收剂的合成

2-(2'-羟基-5'-甲基苯基)-苯并三唑的合成。

（1）合成反应

$$\underset{R_1}{\overset{NH_2}{\underset{NO_2}{\bigcirc}}} \xrightarrow{HNO_2 + HCl} \underset{R_1}{\overset{N_2^+Cl^-}{\underset{NO_2}{\bigcirc}}} \xrightarrow{\overset{OH}{\underset{R_3}{\bigcirc}}\!\!\!R_2} \underset{R_1}{\overset{N=N}{\underset{NO_2}{\bigcirc}}}\!\!\!\overset{OH}{\underset{R_3}{\bigcirc}}\!\!\!R_2 \xrightarrow{还原剂} \underset{R_1}{\overset{N}{\underset{N}{\bigcirc}}}\!\!\!N\!-\!\!\overset{OH}{\underset{R_3}{\bigcirc}}\!\!\!R_2$$

对应商品名与结构如下。

UV-P：$R_1 = R_2 = H$，$R_3 = CH_3$

UV-5411：$R_1 = R_2 = H$，$R_3 = C(CH_3)_2 - CH_2 - C(CH_3)_3$

UV-234：$R_1 = H$，$R_2 = R_3 = C(CH_3)_2-C_6H_5$

UV-326：$R_1 = Cl$，$R_2 = C(CH_3)_3$，$R_3 = CH_3$

（2）合成过程

① 重氮化　在耐酸反应釜中，投入一定量的邻硝基苯胺和浓盐酸，制成一定浓度的水溶液，控制温度在 0~5℃，并搅拌，加入一定量的 $NaNO_2$ 溶液，至重氮化结束，得重氮化溶液。

② 偶合　将一定量的对甲苯酚溶于碱液中，控制温度在 0~5℃，并搅拌，加入重氮化溶液，至偶合反应完成，过滤、干燥，得 2-硝基-2'-羟基-5'-甲基偶氮苯红色粉末。

③ 还原反应　将 2-硝基-2'-羟基-5'-甲基偶氮苯溶于乙醇和氢氧化钠水溶液中，加入还原剂回流反应 1h。反应完成后，冷却，加浓盐酸析出，过滤、干燥。乙醇重结晶，得淡黄色结晶，熔点为 132~133℃ 的 2-(2'-羟基-5'-甲基苯基)-苯并三唑。

21.4.3　水杨酸酯系紫外吸收剂的合成

双水杨酸双酚 A 酯（BAD）的合成。

（1）合成反应

$$\underset{}{\overset{OH}{\bigcirc}}\!-\!COOH + SOCl_2 \xrightarrow[氯苯]{AlCl_3} \underset{}{\overset{OH}{\bigcirc}}\!-\!COCl + HCl\uparrow + SO_2\uparrow$$

$$2\underset{\text{OH}}{\bigcirc}\text{COCl} + \text{HO}\underset{}{\bigcirc}\underset{\underset{\text{CH}_3}{|}}{\overset{\overset{\text{CH}_3}{|}}{\text{C}}}\underset{}{\bigcirc}\text{OH} \xrightarrow{\text{吡啶}\atop\text{氯苯}} \underset{\text{OH}}{\bigcirc}\text{COO}\underset{}{\bigcirc}\underset{\underset{\text{CH}_3}{|}}{\overset{\overset{\text{CH}_3}{|}}{\text{C}}}\underset{}{\bigcirc}\text{OOC}\underset{\text{OH}}{\bigcirc} + 2\text{HCl}$$

(2) 合成过程

① 水杨酸酰氯的合成　氯苯作溶剂，三氯化铝作催化剂，在耐酸反应釜中，投入一定量的结晶水杨酸，搅拌溶解，温度控制在20～40℃，边搅拌边滴加等量的氯化亚砜进行反应，直至无 HCl 放出结束。反应生成的 HCl、SO_2 气体，可用石灰乳吸收处理。

② 双水杨酸双酚 A 酯的合成　在搅拌下将水杨酸酰氯的合成液加热升温至80℃，加入双酚 A 及无水吡啶，温度控制在100℃左右，直至无 HCl 放出结束。放出的 HCl 同样用石灰乳吸收。反应液过滤后，回收氯苯。在结晶槽内冷却结晶，吸滤。滤饼用乙醇充分洗净，干燥，可得白色无臭粉末，熔点158～161℃。

21.5　织物抗紫外线整理效果测试

　　确认 UV 屏蔽是否有效是很简便的。在日本，为了确定这种效果的大小，用紫外线灯为光源，测定 UV 渗透率。在这种情况下，使用两种评定法，即 UV 屏蔽整理的产品和未整理产品的相对评定及绝对评定。

　　从春季到夏季的产品都需要 UV 屏蔽整理剂，当洗涤次数增多时，一些产品的 UV 屏蔽效果变差，所以织物的耐洗性也是重要的。UV 屏蔽整理剂是施加在和皮肤接触的衣服上，所以确认其安全性是必不可少的。

21.5.1　紫外分光光度计法

　　测量紫外线屏蔽效果的方法有紫外反射率和紫外透射率法两种。测紫外反射率通常用积分球法；测透射率通常用紫外分光光度法。紫外反射率越大或紫外透射率越小，表明织物屏蔽紫外线效果越好。但用紫外反射率反映抗紫外效果受客观因素影响较大，如被测物表面光洁度对反射率的影响等。所以，用紫外透射率比紫外反射率对抗紫外效果的衡量更具有说服力。

　　用紫外分光光度计或紫外线强度计测定各种防紫外线试样的分光透过率曲线，可以判断各波长的透过率，并可用面积比求出某一紫外线区域的平均透过率，一般是用紫外分光光度计测得在280～400nm 波长内的透射率（或称透光率，透射比），再用下列公式计算，得出紫外线屏蔽率（A级：紫外线屏蔽率大于90%；B级：紫外线屏蔽率80%～90%；C级：紫外线屏蔽率50%～80%）和整理效率。

$$\text{整理试样的紫外线屏蔽率} = \left(1 - \frac{T_a}{T_0}\right) \times 100\%$$

$$\text{整理效率} = \left(\frac{T_b - T_a}{T_b}\right) \times 100\%$$

　　式中，T_0 为无试样时的透射率曲线面积；T_a 为整理试样的透射率曲线面积；T_b 为未整理试样的透射率曲线面积。

21.5.2　紫外辐射防护系数 UPF 评定法

　　紫外辐射防护系数（UPF）指某防护品被采用后，紫外辐射使皮肤达到出现红斑的临界剂量所需时间值和不用防护品时达到同样伤害程度的时间值之比。常采用紫外辐射防护系数（UPF）来评定防紫外线的防护等级。UPF 值越大，防护效果越好。UPF 在 15～24，防护效果良好；UPF 在 25～39，防护效果很好；UPF 在 40～50 及以上，防护效果极佳。

可采用皮肤直接照射法。在同一皮肤相近部位，以一块或几块织物覆盖皮肤，用紫外线直接照射，记录和比较出现红斑的时间以进行评定。

21.5.3 变色褪色法

利用光敏染料染色的基布，放在标准紫外光光源下，上面覆盖待测织物，开启光源，光照一定时间后，观察覆盖物下面光敏染料染色基布的颜色变化情况，颜色变化越小，说明待测织物阻隔紫外线的效果越好。

参考文献

[1] 宋心远，沈如. 新型染整技术 [M]. 北京：中国纺织出版社，1999.
[2] 袁雨庭译，邵行州校. 纺织品的防紫外线作用 [J]. 印染译丛，2001，(4)：81-83.
[3] 杨栋梁. 纺织品的紫外线屏蔽整理 [J]. 印染，1995，(5)：35-38.
[4] 杨栋梁. 纺织品的紫外线屏蔽整理 [J]. 印染，1995，(6)：35-39.
[5] 杨栋梁. 纺织品的紫外线屏蔽整理 [J]. 印染，1995，(7)：29-31.
[6] 万震，刘嵩等. 防紫外线织物的最新研究进展 [J]. 印染，2001，(1)：42-44.
[7] 唐增荣，蔡秀平. 抗紫外线整理剂 DP-U 的研制和应用∥全国工业表面活性剂生产技术协作组、全国工业表面活性剂中心编. 工业表面活性剂技术经济文集（6）. 大连：大连出版社，2000，(3)：23.
[8] 周绍宾. 防紫外线织物 [J]. 印染助剂，1999，(5)：18.
[9] 张济邦. 防紫外线织物（一）[J]. 印染，1996，22 (2)：39-43.
[10] 张济邦. 防紫外线织物（二）[J]. 印染，1996，22 (3)：35-37.
[11] 商成杰. 纺织品防紫外线整理的探讨与实践 [J]. 印染，1999，(8)：40.
[12] 何中琴译，王秀玲校. UV（紫外线）屏蔽整理 [J]. 印染译丛. 1999，(6)：44.
[13] 何中琴译，王雪良校. 2-(2-羟基苯)-1,3,5-三嗪结构作为功能部分的紫外线吸收剂的合成 [J]. 印染译丛. 1997，(2)：49-60.
[14] 拉沙那. 苯并三唑型紫外吸收剂合成工艺研究 [J]. 精细化工，2000，17 (1)：7-8.
[15] 齐娟娟. 纺织品的抗紫外线整理 [J]. 染整技术，2007，9 (2)：20-25.
[16] 李昕. 纺织品的防紫外线辐射整理 [J]. 染整科技，2003，4：4-11.

第22章 阻燃整理剂

22.1 概述

阻燃是指降低材料在火焰中的可燃性,减慢火焰蔓延速度,当火焰移去后能很快自熄,不再阴燃。阻燃整理是通过吸附沉积、化学键合、非极性范德华力结合及黏合等作用使阻燃剂固着在织物或纱线上,而获得阻燃效果的加工过程。随着社会的进步,城市建筑的发展,高层建筑林立,公共设施增多,交通工具增加,各类民用和各产业用纺织品的消费量迅速增长。尤其是各种室内、舱内铺饰织物,如窗帘、帷幕、墙布、地毯、家具布和各床上用品(睡衣、床罩、床单、枕芯、絮棉)的需求量与日俱增。但与此同时,由纺织品着火引起的火灾也不断增加,造成了巨大的损失。据美、英、日对现代火灾起因的调查,由纺织品引起的火灾约占火灾总数的一半,在纺织品中床上用品和室内铺饰织物为起火的主要根源。

各种纤维由于化学结构的不同,其燃烧性能也不同,按燃烧时引燃的难易程度、燃烧速度、自熄性等燃烧特征,可定性地将纤维分为阻燃纤维和非阻燃纤维。阻燃纤维包括不燃纤维和难燃纤维;非阻燃纤维包括可燃纤维和易燃纤维,如表22-1所示。

表22-1 各种纤维燃烧性分类

分类		燃烧特征	纤维
阻燃纤维	不燃纤维	不能点燃	玻璃纤维、金属纤维、硼纤维、石棉纤维、碳纤维
	难燃纤维	接触火焰期间能燃烧或炭化,离开火源后自熄	氟纶、氯纶、偏氯纶、改性腈纶、芳纶、酚醛纤维
非阻燃纤维	可燃纤维	容易点燃,但燃烧速度慢	涤纶、锦纶、维纶、蚕丝、羊毛、醋酸纤维
	易燃纤维	容易点燃,且燃烧速度快	棉、麻、黏胶纤维、丙纶、腈纶

大多数民用纺织纤维都属于易燃或可燃纤维。天然纤维中羊毛、蚕丝属于可燃纤维,而棉属于易燃纤维。在涤纶、锦纶和腈纶三大合成纤维中,腈纶的闪点、燃烧温度和限氧指数最低,而燃烧热最高,相对而言,最易引燃,但腈纶燃烧后残渣达58.5%,即燃烧不到一半可燃性就有所降低。为了减少火灾事故可能造成的巨大损失,对纤维织物进行防火整理就更显得重要。世界各发达国家早在20世纪60年代就对纺织品提出了阻燃要求,并制定了各类纺织品的阻燃标准和消防法规,从纺织品的种类和使用场所来限制使用非阻

燃纺织品。

22.2 阻燃剂的阻燃作用原理

纤维的燃烧是由于遇到火源而发生裂解并产生可燃气体、固体含碳残渣等，与空气中氧接触而发生的。燃烧产生的大量热量又使纤维进一步裂解。因此燃烧就是纤维、热量、氧气三个要素构成的循环过程。阻燃的基本原理就是要在热分解过程中减少可燃气体的生成，从而停止燃烧过程的循环和发展。

阻燃有物理的作用和化学的作用，根据现有的研究结果，可归纳为以下几种。

① 吸热作用　具有高热容量的阻燃剂，在高温下发生相变、脱水或脱卤化氢等吸热分解反应，降低纤维材料表面和火焰区的温度，减慢热裂解反应的速度，抑制可燃性气体的生成。

② 覆盖保护作用　阻燃剂受热后，在纤维材料表面熔融形成玻璃状覆盖层，成为凝聚相和火焰之间的一个屏障。这样，既可隔绝氧气、阻止可燃性气体的扩散，又可阻挡热传导和热辐射，减少反馈给纤维材料的热量，从而抑制热裂解和燃烧反应。

③ 气体稀释作用　阻燃剂吸热分解释放出氮气、二氧化碳、二氧化硫和氨等不燃性气体，使纤维材料裂解出的可燃性气体浓度被稀释到燃烧极限以下。或使火焰中心处部分区域的氧气不足，阻止燃烧继续。此外，这种不燃性气体还有散热降温作用。它们的阻燃作用大小顺序是 $N_2>CO_2>SO_2>NH_3$，其中以氮气的阻燃效果最好。

④ 熔滴作用　在阻燃剂的作用下，纤维材料发生解聚，熔融温度降低，增加了熔点和着火点之间的温差。使纤维材料在裂解之前软化、收缩、熔融，成为熔融液滴，带着热量在重力的作用下离开燃烧体系而自熄。

⑤ 提高热裂解温度　在纤维的大分子链中，引入芳环或芳杂环，以增加大分子链间的密集度和内聚力，提高纤维的耐热性，如芳纶、聚酰亚胺纤维和聚苯并咪唑纤维等。或者通过大分子链交联环化，与金属离子形成配合物等方法，改变纤维的分子结构，提高炭化程度，抑制热裂解，减少可燃性气体的产生，如酚醛纤维、聚丙烯腈氧化纤维及过渡元素离子络合的腈纶等。

⑥ 降低燃烧热　各种纤维材料的燃烧热是不同的，其数值大小与其化学组成有直接关系。氟纶为 4.2kg/g，氯纶为 20.3kg/g，丙纶为 43.9kg/g，相差非常悬殊。若把卤素引入到纤维大分子链中，则可降低裂解释放出的可燃性气体的燃烧热，提高着火点。

⑦ 凝聚相阻燃　通过阻燃剂的作用，在凝聚相反应区，改变纤维大分子链的热裂解反应历程，促使发生脱水、缩合、环化、交联等反应，直至炭化，以增加炭化残渣，减少可燃性气体的产生，使阻燃剂在凝聚相发挥阻燃作用。凝聚相阻燃作用的效果，与阻燃剂同纤维在化学结构上的匹配与否有密切关系。

⑧ 气相阻燃　通过阻燃剂的热分解产物，在火焰区大量地捕捉高能量的羟基自由基和氢自由基，降低它们的浓度，从而抑制或中断燃烧的连锁反应，发挥气相阻燃作用。气相阻燃作用对纤维材料的化学结构并不敏感。

⑨ 微粒的表面效应　若在可燃气体中混有一定量的惰性微粒，它不仅能吸收燃烧热，降低火焰温度，而且会如同容器的壁面那样，在微粒的表面上，将气相燃烧反应中大量的

高能量氢自由基，转变成低能量的氢过氧基自由基，从而抑制气相燃烧。

$$H\cdot + O_2 \longrightarrow H-O-O\cdot$$

由于纤维的分子结构及阻燃剂种类不同，阻燃作用也是十分复杂的，并不局限于上述几方面。在某一特定的阻燃体系中，可能涉及上述某一种阻燃作用，但实际上往往包含多种阻燃作用。

22.3 阻燃剂的分类

阻燃整理对于阻燃剂的要求是颗粒细，易渗入纤维，与纤维结合能力强，尽可能少影响织物的强力、手感和色泽，对染色等助剂无不良影响，在印染厂现有设备上无需特殊装置便可进行阻燃整理。

阻燃剂种类繁多，其化学组成、结构及使用方法也各有不同。最常使用的阻燃剂是以元素周期表中第Ⅲ族的硼和铝，第Ⅴ族的氮、磷、锑、铋，第Ⅵ族中的硫，第Ⅶ族的氯和溴等一些元素为基础的某些化合物。此外，镁、钡、锌、锡、钛、铁、锆和钼的化合物也有所应用。而大多数的有机阻燃剂是以磷和溴为中心阻燃元素的化合物。按化合物的类型，则可分为无机阻燃剂和有机阻燃剂两大类。按所含的阻燃元素来分类，则可分为磷系、卤系、硫系、锑系、硼系和铝系阻燃剂等。卤系又可进一步分为氯系和溴系。其中磷系、硼系和锑系阻燃剂，有些属于无机阻燃剂，有些属于有机阻燃剂。按阻燃剂的使用方法和在聚合物中的存在形态，则可分为添加型和反应型两大类。添加型阻燃剂，在使用时是将阻燃剂分散到聚合物中或涂布在聚合物表面，它们与聚合物不发生化学反应，属于物理分散性的混合；而反应型阻燃剂则往往作为一种组分参加聚合反应，或者能与聚合物发生反应，它们相互之间存在着化学键合，使阻燃剂能长期稳定地存在于材料内部而不渗出流失。添加型阻燃剂和反应型阻燃剂的使用，以添加型为多。

22.3.1 无机阻燃整理剂

无机盐类防火阻燃剂价格低廉，效果显著，但不耐久。由于对织物耐洗涤性的要求日益增强，这类防火阻燃剂正逐渐失去其重要性，目前仅用于墙布和装饰品。无机盐类阻燃剂的主要品种有硼酸盐、磷酸盐、硫酸盐和氨基磺酸盐、钛和锑盐。

六氟钛酸钾（K_2TiF_6，以下简称钛盐）和六氟锆酸钾（K_2ZrF_6，以下简称锆盐），这两种无机盐用在羊毛上，被公认为性能优良的阻燃剂。产品经一系列生物鉴定确认是安全的，并具有良好的耐洗性。可是，经钛盐处理的羊毛会有些泛黄现象，从而影响染色色光，在日光暴晒下泛黄情况更厉害，而经锆盐处理则无变色。

在相同的吸附增重条件下，钛盐的阻燃效果（指 LOI 值）比锆盐好。同时钛盐和锆盐处理的羊毛，在洗涤过程中氟含量会逐渐损失，但在洗涤 5 次以后，锆或钛的含量都能保持恒定。在氟含量很低时，锆盐与羊毛分子链上的羧基形成配合物。这一反应进一步说明 Zirpro 整理后有良好的耐洗性。

22.3.2 含卤素的阻燃整理剂

卤系阻燃剂是一类品种多、应用广、消耗量大的重要阻燃剂。在结构上几乎全是烃的卤素衍生物。根据烃基的结构可分为脂肪族、脂环族和芳香族 3 类，其中以芳香族的卤系阻燃剂产量最大。卤系阻燃剂绝大多数是溴系阻燃剂。卤系阻燃剂有反应型、有添加型；

有分子量较低的卤代物，有分子量较高的含卤低聚物，也有分子量很高的含卤树脂。在应用时，常与阻燃剂氧化锑合用，提高阻燃效果。但用卤系阻燃剂阻燃的纤维材料在燃烧时，会产生有毒的卤化氢气体，促使烟雾形成，并且烟气中不完全燃烧产物一氧化碳的含量较高，增强了烟气的毒性。近年来，卤系阻燃剂中，溴系的需求量迅速增加，氯系则逐年减少。通常认为，卤系阻燃剂的阻燃机理主要是气相化学阻燃。

(1) 含氯阻燃整理剂

① 脂肪族类　是氯与碳直接连接的有机化合物，其最简单的代表是氯化石蜡以及氯化橡胶等，它们的含氯量约在40%～70%。含氯量为70%的氯化石蜡，为白色粉末，相对密度为1.60～1.70，熔点为95～120℃，无毒；溶于氯代烃、芳烃，不溶于甲醇、乙醇、异丙醇等低碳醇。

② 脂环族类　在脂环族氯化物中，以六氯环戊二烯为原料，可制备一些新的阻燃剂，例如二聚体全氯戊环癸烷。纯品为白色或淡黄色结晶体，熔点483～487℃，在240℃升华，500℃以上分解。商品粒度为5～6μm，易于分散，与氧化锑并用于多种塑料，不影响其他性能。氯桥酸酐（又名氯菌酸酐）、氯桥酸及其酸酐均为白色结晶体，氯桥酸酐的熔点为240～241℃，可溶于苯、己烷、丙酮和四氯化碳等。氯桥酸酐工业品含氯为54.7%～57.4%，是聚酯、环氧和聚氨酯的反应型阻燃剂。

氯桥酸及其酸酐的耐光性、耐气候性和耐热性及光泽持久性均优，成本也不高。可作聚酯、环氧、聚氨酯和聚酰胺等的反应型阻燃剂。其中部分衍生物可望用于合成纤维的阻燃剂。

③ 芳香族类　芳烃中的六氯苯、多氯联苯和多氯萘等高含氯量化合物，当然也可视作阻燃剂。然而，此类化合物在环境中易分解，由于其生物积累性及其本身的危害性等问题，早就禁止使用了。因此在芳烃中，只有四氯苯酐和四氯双酚A常用作阻燃剂。

a. 四氯苯酐是淡黄色粉末，熔点255～257℃，沸点371℃，含氯量为49.6%，溶于苯、氯苯和丙酮中，微溶于水，在聚酯和环氧树脂中是一种非常有用的阻燃剂，在羊毛织物的阻燃整理（指钛盐或锆盐）中也有良好的协同作用。

b. 四氯双酚A熔点为133～134℃，是白色结晶体，它溶于甲醇、乙醇、苯、二甲苯和含氯有机溶剂中，是一种重要的反应型阻燃剂。

④ 其他　氯乙烯和偏氯乙烯的含氯量分别为57%及73%，其均聚物和共聚物都是难燃性材料。它们的分散液或水性乳胶均可用于各种纤维的阻燃整理。

(2) 含溴阻燃整理剂　主要的含溴阻燃剂与含氯阻燃剂的情况相同。就溴原子直接与碳原子连接的有机溴化合物而言，已开发的有脂肪族及脂环族和芳香族等许多化合物，而且在实际中已广泛应用。在有机溴化合物中，芳香族C—Br键较脂肪族C—Br键的键能高，即使有邻近连接基团的影响，一般情况也较为稳定；在加热分解或燃烧条件下，也较脂肪族不易生成溴游离基（即Br·），或完全生成HBr而逸出，或在燃烧开始阶段的分散不充分。故其阻燃效果不如脂肪族好。另一方面，由于脂肪族溴化物不稳定，故不适于高温处理。例如合成纤维熔融纺丝时，其螺杆挤压机温度可达250～300℃，染整生产中定形温度也高达200℃左右，故要注意其耐热性和耐光性等问题。作为含溴阻燃剂，其含溴量一般在50%以上。

① 脂肪族和脂环族类　已商品化和文献上报道的主要品种如表22-2所示。

表 22-2　脂肪族和脂环族类含溴阻燃整理剂主要品种

化合物	结构式	Br 含量/%	熔点/℃	应 用
四溴丁烷	$H_2C-\underset{Br}{\underset{\|}{C}}H-\underset{Br}{\underset{\|}{C}}H-\underset{Br}{\underset{\|}{C}}H_2$ （结构式含四个Br）	85	118	聚烯烃添加用
六溴环十二烷（HBCD）	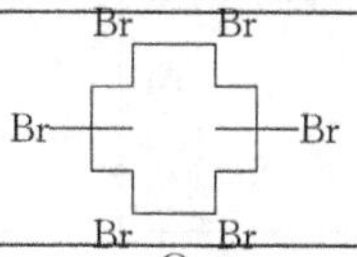 环十二烷含六个Br	70	170	聚酯及其他纤维的整理添加用
三(2,3-二溴丙基)三异氰酸盐	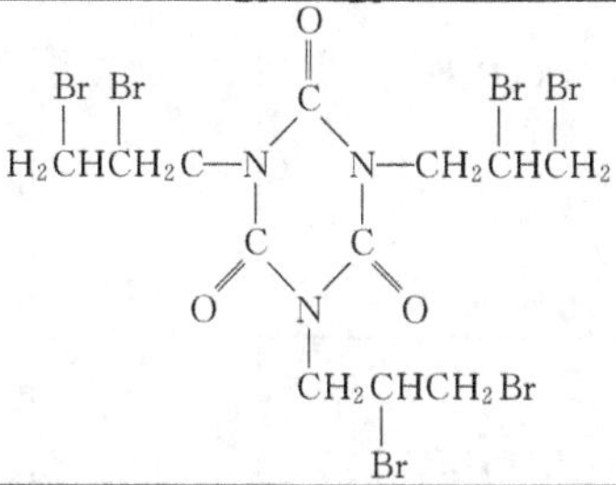 三嗪酮环上三个 $CH_2CHBrCH_2Br$ 基团	66	110	添加用
2,3-二溴丙基丙烯酸酯	 $CH_2=CH-COOCH_2CHBrCH_2Br$	59	液体	乳液聚合后与含磷阻燃剂用于涤棉织物
2,4-二(N'-羟甲基)氨基-6-溴乙基-1,3,5-三嗪（TMD-AB）	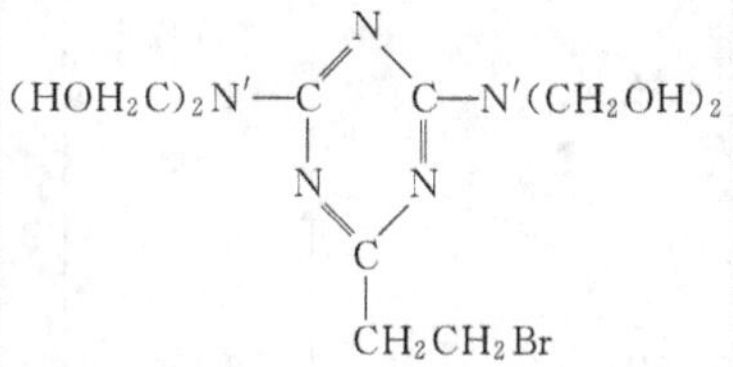 $(HOH_2C)_2N'-\underset{}{C}\text{—三嗪环—}N'(CH_2OH)_2$，环上带 CH_2CH_2Br	50		棉织物的耐久阻燃整理剂

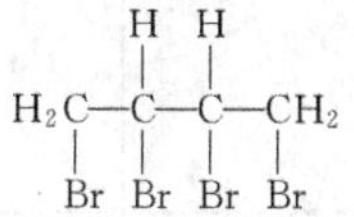

② 芳香族　芳香族溴化物中可用于阻燃剂的品种甚多，其重要品种归纳于表22-3中。

在芳香族溴化物中，六溴苯是白色粉末，几乎不溶于有机溶剂，含溴量高（86.9%），热稳定性良好，毒性低，能满足温度较高的树脂加工。广泛应用于聚苯乙烯、ABS、聚乙烯、聚丙烯、环氧和聚酯树脂。

22.3.3　含磷系阻燃整理剂

磷系阻燃剂分无机和有机两类，是历史悠久、最先用于纺织品的阻燃剂。无机磷阻燃剂主要有红磷、磷酸盐和聚磷酸铵等。有机磷阻燃剂从结构上可分为含卤磷（膦）酸酯和非卤磷（膦）酸酯，此外还有磷腈、季鏻盐（碱）及氧化膦等。通常，磷酸酯比膦酸酯容易水解。含卤磷（膦）酸酯挥发性较小，耐热性差；而非卤磷（膦）酸酯耐热性好，且具有增塑作用。目前，非卤磷（膦）酸酯的消耗量超过含卤磷（膦）酸酯。与卤系阻燃剂一样，磷系有机阻燃剂有反应型，有添加型；有分子量较低的，有分子量较高的。磷系阻燃剂在纺织工业上广泛用于棉纤维、黏胶纤维、维纶和涤纶的阻燃，其阻燃效果一般比卤系阻燃剂好。

通常认为，磷系阻燃剂的阻燃机理主要是凝聚相阻燃。它是在聚合物热氧化裂解阶段起作用，而不是在其后的燃烧反应中起作用的。

(1) 非卤磷（膦）酸酯阻燃整理剂

表 22-3　芳香族含溴阻燃整理剂主要品种

化 合 物	结 构 式	Br 含量/%	熔点/℃	应用
六溴苯	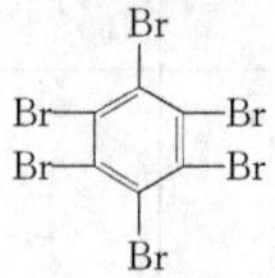 (六溴苯结构)	86.9	315	添加用
烷基五溴苯	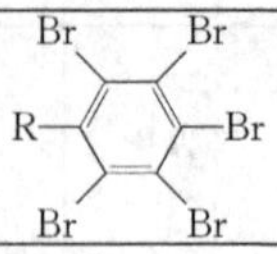 R=CH_3 或 C_2H_5	82 79	280 136	添加用
四溴苯酐及其衍生物	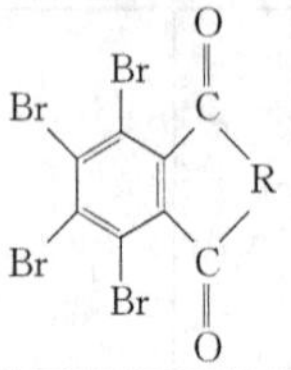 R=O, NH, OC_2H_4O 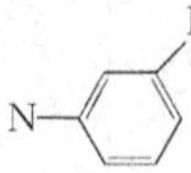	69 69 67 72	275 265	与含磷阻燃剂并用于涤棉混纺整理添加
	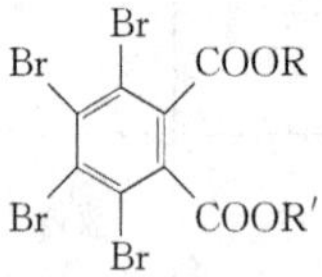 R=$(C_2H_4O)_n CH_3$ R'=H, CH_2, C_2H_5			添加用
三溴苯酚及其衍生物	R=H, $CH_2C(CH_3)_2CH_2Br$, 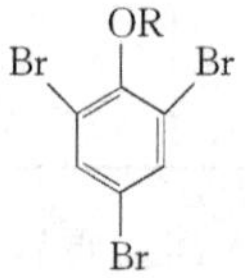 $CH_2CH(OH)CHO$ 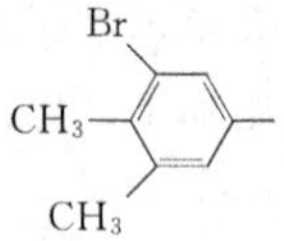	72 72 60 54	92 78 65 134	添加用 添加于树脂加工 磷阻燃剂并用整理涤棉布 聚酯类的后整理
双三溴苯酚衍生物	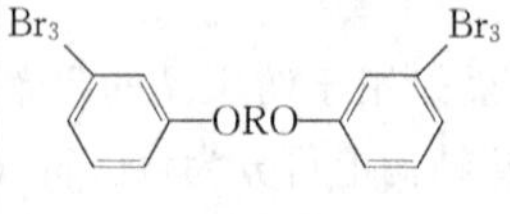 R=C_2H_4, $(C_2H_4)_n$ 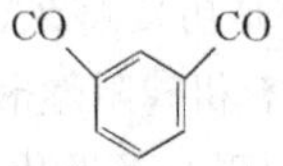 邻苯甲酸 间苯甲酸 对苯甲酸	69 67 60 60 60	220 176 260 210 245	添加于聚酯 添加于各种纤维材料
四溴双酚 A 及衍生物	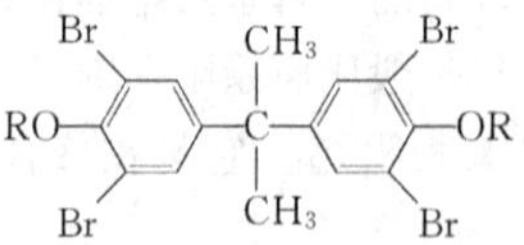 R=H, C_2H_4OH, CH_2CH_2Br, $CH_2CHBrCH_2Br$	58 50 58 66	176 117 70 95	添加于聚烯烃、聚酯、聚丙烯腈等整理用 添加于加工树脂

① 膦酸酰胺的 N-羟甲基化合物　二烷酯基膦酸羧酰胺的 N-羟甲基化合物，在防燃剂中占有很重要的地位。典型代表是单羟甲基膦酸丙酰胺二甲酯，国外商品名称为 Pyroratex CP（Ciba-Geigy）和 Akaustan PC（BASF），国内称为防火剂 PC。这是瑞士 Ciba-Geigy 公司首先开发的产品，学名为 O,O-二甲基-N-羟甲基丙酰胺膦酸酯，结构式如下：

$$\text{HOH}_2\text{C}-\underset{\text{H}}{\text{N}}\underset{\underset{\text{H}_3\text{CO}}{|}}{\overset{\overset{\text{O}}{\|}}{\underset{\|}{\text{C}}}}\overset{\text{CH}_2}{\underset{\text{OCH}_3}{\overset{|}{\text{CH}_2}}}$$

Pyroratex CP 含有羟甲基，是一种反应型阻燃整理剂。外观为无色或淡黄色的透明液体，磷含量 15%，固含量≥82%，pH 值为 6~6.5。在 150℃ 以上能与纤维素纤维的羟基发生酯化反应而交联，使纤维产生耐久的阻燃性能，因此被认为是民用范围的重要阻燃剂。

它主要用于纯棉织物，也可用于只含 15% 合成纤维的混纺织物。能耐漂洗和干洗，但使染料变色、耐晒牢度降低，并使纤维强度损失约 20%。Pyroratex CP 还可和脲醛或羟甲基三聚氰胺等树脂整理剂合用，效果良好。国内同类产品有 CFR-201 和 TLC-512。

② 四羟甲基鏻盐和四羟甲基氢氧化鏻（THPOH）　四羟甲基鏻盐的通式为 $(\text{HOCH}_2)_4\text{PX}$。现在工业化生产的有四羟甲基氯化鏻（THPC）、四羟甲基硫酸鏻（THPS）和四羟甲基乙酸鏻（THPA）。THPA 是美国农业部首先用于棉布的持久性阻燃整理剂，目前的许多这类阻燃剂就是在此基础上发展起来的。因在生产和使用过程中有可能产生致癌物双氯甲醚，后来开发了 THPS。为了避免使用剧毒、易燃易爆的磷化氢，现已有采用黄磷、锌和硫酸为原料直接生产 THPS 的合成工艺。

四羟甲基鏻盐大量用于纯棉、涤棉、维棉及黏胶织物和持久性阻燃整理，是当前消耗量最大的阻燃整理剂。四羟甲基氯化鏻和氢氧化钠反应得到四羟甲基氢氧化鏻（THPOH），它在很多范围内可以替代 THPC，其结构如下：

$$\text{HOH}_2\text{C}\underset{\underset{\text{OH}}{|}}{\overset{\overset{\text{CH}_2\text{OH}}{|}}{\underset{|}{\text{P}}}}\text{CH}_2\text{OH}$$
$$\text{HOH}_2\text{C}$$

③ Sandoflam 5056　这是瑞士 Sandoz 公司首先开发的产品。学名为双-(2-硫代-5,5-二甲基-1,3-二氧杂磷酰)氧化物，结构式为：

$$\left[\begin{array}{c}\text{CH}_3\\\text{CH}_3\end{array}\overset{\text{CH}_2-\text{O}}{\underset{\text{CH}_2-\text{O}}{\text{C}}}\overset{\text{S}}{\underset{\|}{\text{P}}}\right]_2\text{O}$$

属硫代焦磷酸酯类，是一种添加型阻燃剂。外观为白色粉末，磷含量 17.9%，硫含量 18.5%，熔点为 228~229℃，5% 的失重温度为 220℃。不溶于水，可用非离子型表面活性剂分散悬浮在水中,在 pH 值为 12~14 的强碱性介质中不凝聚。该阻燃剂主要用于生产阻燃黏胶纤维。

（2）含卤代磷阻燃整理剂　在涤棉混纺织物阻燃技术中,磷氮系和溴锑系是两大技术路线。从世界阻燃技术发展方向来看,特别是进入 20 世纪 90 年代以来,卤代磷是一个大趋势,各国为此已投入了大量人力和经费。由于含卤族和磷两种元素的化合物,它们之间可能存在协同作用,以致有些卤代磷酸酯的阻燃效果特别好,是引人注目的一类阻燃剂。部分卤代磷酸阻燃剂的主要性能如表 22-4 所示。

表 22-4　部分卤代磷酸阻燃剂的主要性能

化合物	结构式	磷及卤素含量/%	毒性 LD_{50}/(mg/kg)	溶解性
三(β-氯乙基)磷酸酯	$O=P(OCH_2CH_2Cl)_3$	磷 10.9 氯 37.4	1410	溶于醇、酮、酯、芳烃、氯仿、四氯化碳
三(二氯丙基)磷酸酯	$O=P(OCH_2CHCH_2Cl)_3$ (Cl)	磷 7.2 氯 49.5	2830	溶于氯代烃
二(2,2,2-三溴乙基)磷酸酯(TBEPO)	$O=P(OCH_2CBr_3)_2$ $\;\;\;\;\;\;OH$	磷 7.94 溴 76.41		
三(2,3-二溴丙基)磷酸酯(OBPP)	$O=P(OCH_2CHCH_2Br)_3$ (Br)	磷 4.44 溴 68.76	白鼠经口 50,经皮 200	溶于氯代烃、醇、酮和芳烃溶剂
三(三溴新戊基)磷酸酯(TBNPP)	$O=P(OCH_2C(CH_2Br)_2—CH_2Br)_3$	磷 3.04 溴 70.61		
二(2,4,6-三溴苯基)磷酸酯(TBPPO)	$O=P(O-C_6H_2Br_3)_2$ $\;\;\;\;\;\;OH$	磷 4.25 溴 66.26		

此外,以具有乙烯基的二（β-氯乙基）磷酸酯为原料的低聚物,以及由美国 Stauffe 公司开发的商品 Fyrol 76,其结构式如下：

$$CH_2=CH-\underset{OCH_2CH_2Cl}{\overset{O}{P}}-(OCH_2CH_2O\underset{CH=CH_2}{\overset{O}{P}}OCH_2\underset{CH=CH_2}{\overset{O}{P}}-O)_n-CH_2CH_2Cl$$

$$n=1\sim20$$

上式中低聚物的含磷量约为 22.5%。

22.3.4　有机硼阻燃整理剂

有机硼化合物种类繁多,根据阻燃剂的协同效应原理,基于两方面因素,即分子中含有氮、卤素等杂原子元素,以及尽量提高分子中硼的含量,已经合成了几种结构上具有代表性、水解稳定性尚好的有机硼化合物。其分子结构如下：

$$\underset{(FRBO_2)}{\underset{(c)}{\overset{(a)}{\boxed{}}}\overset{(c)}{\underset{(d)}{B-OCH_2CHBrCH_2Br}}} \quad \underset{(FRBO_3)}{\underset{(c)}{\overset{(a)}{\boxed{}}}\overset{(c')}{\underset{(c')}{B-O-B}}\overset{(a')}{\underset{(c')}{\boxed{}}}} \quad \underset{(FRBO_4)}{\underset{(c)}{\overset{(a)}{\boxed{}}}B-OCH_2CH_2O-B\overset{(a')}{\underset{(c')}{\boxed{}}}}$$

$$\underset{(FRBO_5)}{B-OCHCH_2O-B}\quad \underset{(FRBO_6)}{}\quad \underset{(FRBO_7)}{B(OCHCH_2Br)_3}\quad \underset{(FRBN-113)}{HO}$$

同时，基于硼、磷之间可形成配位键的原理，又合成了含有机硼、磷的复合阻燃剂。以上两种类型的阻燃剂，采用常规的轧、烘、焙整理工艺，将这些新型的化合物对棉织物进行阻燃处理，并测试了它们的阻燃性能，效果良好。可作为家庭、宾馆、剧院等所用的半永久性阻燃装饰物。

22.4 主要阻燃整理剂的合成

22.4.1 含卤素阻燃整理剂的合成

(1) TM-DABT 的合成

① 合成反应

$$CBr_3CH_2CH_2CN \xrightarrow[C_2H_5OH]{H^+} CBr_3CH_2CH_2COOC_2H_5 \quad H_2N-\underset{NH}{\overset{NH}{C}}-NH-\underset{}{\overset{}{C}}-NH_2$$

（γ-三溴丁酸乙酯）

(DABT) $\xrightarrow{HCHO}$ (TM-DABT)

② 工艺过程　由 γ-三溴丁腈在酸性条件下水解，再进一步与乙醇发生酯化反应，生成 γ-三溴丁酸乙酯，再与等摩尔的缩二胍在甲醇溶液中于 25℃反应 18h，即得 2,4-二氨基-6-(3,3,3-三溴丙基)-1,3,5-三嗪（即 DATB），然后，再与过量甲醛在 pH 值为 9~10 条件下缩合，即得 TM-DATB，其含溴量为 47.1%。

(2) 十溴联苯醚的合成　十溴联苯醚（DBDPO）可由联苯醚在沸腾四氯乙烯中以铁粉为催化剂直接溴化而成。或用类似六溴苯在溶剂中直接溴化制成。其反应式如下：

$$C_6H_5-O-C_6H_5 + 10Br_2 \xrightarrow[\text{沸腾四氯乙烯, 6h}]{\text{铁粉}} (C_6Br_5)_2O + 10HBr$$

DBDPO 含溴量为 83.4%，熔点 296℃（甲苯重结晶），在 300℃是稳定的，是目前应用最广的芳香族溴化物。除聚苯乙烯、聚氨酯、聚烯烃、聚酯、不饱和聚酯等塑料外,也用于涤纶纤维的阻燃纺丝,以及各种合成纤维及其混纺织物的涂层法阻燃整理。

(3) 四溴双酚A的合成　四溴双酚A是由双酚A溶于乙醇,在25℃进行溴化而制成的,其反应式如下:

$$HO-C_6H_4-C(CH_3)_2-C_6H_4-OH + 4Br_2 \xrightarrow[\text{乙醇}]{25℃} \text{四溴双酚A} + 4HBr\uparrow$$

四溴双酚A分子量为543.9,含溴量为58.8%,熔点为181.2℃,240℃开始分解。它是一种淡黄色结晶粉末,溶于甲醇、乙醇、丙酮和苯等有机溶剂中,不溶于水。广泛用于环氧、聚碳酸酯和聚酯等,阻燃效果良好。

22.4.2 含卤代磷阻燃整理剂的合成

① 阻燃剂DPA的合成:首先,二溴新戊二醇与三氯氧磷作用得到产品(Ⅰ),然后再与乙酸作用,得到阻燃剂DPA。

$$2\ (BrCH_2)_2C(CH_2OH)_2 + POCl_3 \longrightarrow (BrCH_2)_2C(CH_2O)_2P(O)-OCH_2-C(CH_2Br)_2-CH_2OH\ (Ⅰ)$$

$$(BrCH_2)_2C(CH_2O)_2P(O)-OCH_2-C(CH_2Br)_2-CH_2OH + (Ac)_2O \longrightarrow (BrCH_2)_2C(CH_2O)_2P(O)-OCH_2-C(CH_2Br)_2-CH_2OAc$$

② 工艺过程　将三氯氧磷与二溴新戊二醇以摩尔比1∶2装入三颈瓶中加热,在60~100℃搅拌6~8h,然后用蒸馏水洗涤,抽滤,干燥,得到外观为白色粉末,熔点为119~122℃的产品(Ⅰ);将产品(Ⅰ)与乙酸酐装入三颈瓶,在90~95℃保温30min,然后用水洗涤,在80~100℃真空干燥。所得为酸值小于0.5,含溴量为50%,外观为金黄色黏稠液体的阻燃剂DPA。

22.4.3 有机硼阻燃整理剂的制备

(1) $BC_6H_{11}O_2Br_2$ ($FRBO_2$)的制备　在一干燥的、充满氮气的,装有温度计、滴液漏斗和冷凝管的50mL三颈瓶中,装入电磁搅拌器搅拌,加入10mL CH_2Cl_2 和1.26g 2-烯丙氧基-1,2-氧硼杂环戊烷($FRBO_1$)。在冰水浴中,缓慢滴加16.9g溴,共需2.5h。为充分反应,混合物在室温下再搅拌1h。溶剂用水泵抽掉,残余物在120℃下再加热1h,减压蒸馏得19.7g产物,产率69.0%。

(2) $B_2C_6H_{12}O_3$ ($FRBO_3$)的制备　在氮气保护下,将($FRBO_1$)与水(摩尔比近2∶1)在150~160℃水解2h,常压蒸馏去除烯丙醇,再减压蒸馏得玻璃状液体,产率50%。

其他类似的有机硼阻燃整理剂,制备方法同上面的相近。

22.5　阻燃整理效果的测定

阻燃整理效果常用测定方法是按照织物试样放置不同可分为垂直法、45°倾斜法、水平法。

22.5.1 垂直法

该种测试方法规定试样垂直放置（试样长度方向与水平线垂直），燃烧源在试样的下方点火，测量试样的最小点燃时间、火焰蔓延速度、碳化面积、碳化长度等指标。适用于阻燃的机织物、针织物、涂层产品、层压产品等阻燃性能的测定。参照标准 GB/T5455—1997 纺织品-燃烧性能试验-垂直法。

相关标准

BS EN ISO 6940 纺织织物燃烧性能：垂直试样易燃性的测定。

BS EN ISO 6941 纺织织物燃烧性能：垂直试样火焰蔓延性的测定。

GB/T 5456—1997 纺织品燃烧性能试验，垂直试样火焰蔓延性的测定。

JIS L1091—1999 纺织品燃烧性能试验，A-4 法。

22.5.2 水平法

水平法又称片剂法，本方法用于铺地织物，将试样水平放置。主要测定纺织品水平方向在规定条件下的燃烧速度，即材料或组合物对热和火焰的反应性，参照标准 GB 11049—1989。

经过调湿的试样（230mm×230mm），放在试验箱的底板上，压上四边与试样对齐的金属柜，平放于试样中心一片六亚甲基四胺，点燃片剂并开始计时，当点燃的火焰或任何蔓延的火焰燃烧至熄灭，或让有焰或无焰燃烧蔓延至金属框压板孔的任何一边缘，则试验终止，停止计时。用钢尺测量试样中心至损坏区边缘的最大距离，并计算火焰蔓延时间。

相关标准

ISO 139   纺织品调湿和试验用标准大气。

FZ/T 01028   试样水平放置，在试样的边缘点火，测定火焰蔓延速度。

JIS L1091 纺织品燃烧性能试验，A-3 法   试样水平放置，在试样中央位置的下方点火，测定试样的碳化面积。

22.5.3 45°倾斜法

该种测试方法规定试样以 45°倾斜放置（试样长度方向与水平线成 45°角）。

GB/T 14644 纺织织物燃烧性能 45°方向燃烧速度测定。如国产 HD815D、YG815-Ⅳ型织物阻燃性能测试仪，用于测量易燃纺织品穿着时，一旦点燃后燃烧的剧烈程度和速度。

GB/T14645 纺织织物燃烧性能 45°方向损坏面积和接焰次数测定。分 A、B 两种方法。A 法规定在试样下表面点火，测定试样燃烧后的续燃时间、阴燃时间、损毁长度及碳化面积；B 法规定在试样下表面点火，测定织物燃烧距试样 90mm 处所需要接触火焰的次数，适用于熔融燃烧的织物。如国产 HD815C、YG815-Ⅲ型织物阻燃性能测试仪。

参考文献

[1] 丁忠传，杨新玮. 纺织染整助剂 [M]. 北京：化学工业出版社，1988.

[2] 眭伟民，黄象安，陈佩兰. 阻燃纤维及织物 [M]. 北京：纺织工业出版社，1990.

[3] 杨栋梁. 含卤素的阻燃剂（一）[J]. 印染，1999，(8)：43-45.

[4] 杨栋梁. 含卤素的阻燃剂（二）[J]. 印染，1999，(9)：41-46.

[5] 张济邦. 阻燃剂化学分析和阻燃织物性能测试（二）[J]. 印染，2000，(7)：33-36.

[6] 刘殿锁，潘钢．纯棉织物阻燃及三防整理的生产实践 [J]．印染，1998，(5)：32-35．
[7] 李群．含锆阻燃剂对毛织物的阻燃与增白效应 [J]．印染助剂，1997，(4)：6-8．
[8] 杨栋梁．涤棉混纺织物的磷氮系阻燃整理综述（四）[J]．印染，1998，(9)：53-56．
[9] 刘秀贞，马志领，石俊瑞等．涤纶耐久阻燃剂 DPA 的制备及应用 [J]．印染助剂，1992，(3)：15-16．
[10] 林苗，郑利民，江红等．新型含硼阻燃剂的合成、表征及其性能的研究 [J]．印染，2000，(3)：8-11．
[11] 方志勇．我国纺织品阻燃现状及发展趋势 [J]．染料与染色，2005，42（5）：46-50．
[12] 慎仁安．纺织测试仪器使用手册 [M]．北京：中国纺织出版社，2005．
[13] 李汝勤，宋钧才．纤维和纺织品测试技术 [M]．第 2 版．南京：东华大学出版社，2005．
[14] 宋心远．新合纤染整 [M]．北京：纺织工业出版社，1997．

第23章 防水整理剂

23.1 概述

防水整理是赋予织物拒水和耐水压两方面的性能。一方面使织物经整理后，改变织物的表面性能，使亲水性变为疏水性，水滴在织物上犹如滴在荷叶上一样，能滚动而不能润湿，能达到这种目的的整理方法称为拒水整理；另一方面是在织物的表面涂上一层不透水的连续薄膜，阻塞织物的组织孔隙，阻碍水滴通过织物，这种整理方法称为涂层整理。

防水整理的方法是将疏水性物质固着于织物或纤维表面，或浸透于纤维内部，甚至进而与纤维进行化学结合，或在纤维内部聚合而固着，从而增强织物表面的防水性，所使用的物质称作防水整理剂（water-proofing agent）。

如从防水整理后织物的透气性来分类，可分为透气性防水整理和不透气性防水整理。不透气性防水整理，是在织物表面使疏水性物质形成连续的薄膜，能防止水的浸透，并可经受长时间的雨淋和一定的水压。不透气性的防水加工织物，常用于防水帆布、帐篷及包装用，不用于衣料的织物加工。作为防水剂的材料有沥青、干性油、纤维素衍生物、各种乙烯系树脂、各类橡胶、聚氨酯树脂等。透气性防水整理，是将疏水性物质固着于织物的表面或内部，从而增强织物或纤维表面的拒水性，由于不是形成连续的薄膜，所以对织物的透气性没有影响，因此防水能力一般，较前者差，经长期的雨淋，水能渗透到织物内部。这里使用的防水剂为了与不透气性防水剂相区别，又称拒水剂。由于透气性整理穿着舒适、轻便、无臭味，并有柔软的手感，所以发展很快、应用较广。

优良的透气性防水剂，除应具有优良的拒水性能外，还应不影响织物的手感、色泽，不降低织物的透气量，不明显地增加织物的重量，与其他整理剂有很好的相容性，并能耐折叠和摩擦，耐水洗与干洗，且无毒，无异味。此外，还应价格便宜、原料易得。

23.2 防水整理剂的类型

常用的防水整理剂种类很多，一般可分为两大类。一类是不透气性防水剂；另一类是透气性防水剂——拒水剂。

23.2.1 不透气性防水剂

（1）油性皮膜类物质 把油性物质涂布在织物上，形成油性皮膜，以达到防水的目的。常用的油性物质为桐油、亚麻仁油、梓油等。把它们与半干性油、熟油（即在干性油或半干性油中加入金属干燥剂再加热制得的黏稠状油)、干燥促进剂等混配而形成防水剂，涂布于织物上，充分干燥后形成一层柔软橡胶状的透明薄膜，为防止织物与其他物体的黏着，可再涂上一层虫胶的稀氨水溶液。这类防水剂的特点是防水性能好、处理后的织物手感柔软、颜色浅淡，但缺乏韧性和耐久性。

沥青、焦油最早用作帐篷、帆布、包装布等的防水剂原料。将沥青等溶于石脑油，混以适量的石蜡、锭子油、颜料等，涂布织物上干燥后即可使用。也可不用溶剂而将上述混合物加热熔融后涂于织物上。

(2) 橡胶类　天然橡胶、各种合成橡胶、乳胶，配以填充剂、颜料、硫化剂、防老剂等涂于织物后进行硫化，也可用作防水皮膜。由于天然橡胶不耐光，已逐渐被合成橡胶所取代。目前使用的合成橡胶有氯丁橡胶、丁腈橡胶、丁苯橡胶（苯乙烯与丁二烯共聚物）、异丁烯橡胶、丁基橡胶、氯磺化聚乙烯、聚丁二烯、乙烯-丙烯及第三组分共聚物（EPDM）等。氯丁橡胶，丁二烯橡胶及其他合成橡胶都具有比天然橡胶更优越的耐热、耐油和耐溶剂性。此外，有的也使用聚甲基丙烯酸酯，聚丙烯酸甲酯等。以上的防水皮膜都采用有机溶剂的涂布方法，由于溶剂价高并有着火性，故使用乳液或分散液较好。

由于聚异丁烯中无双键结构，难以硫化，需加入少量（3%以下）异戊二烯进行共聚而成丁基橡胶。该橡胶最不容易透水透气，被大量用为防水橡胶。丁苯橡胶为合成橡胶中价格最便宜的一种，但与织物粘接性差是其缺点之一。氯磺化聚乙烯可任意着色，耐光性好，特别适用于帆布防水的橡胶涂层。

橡胶与织物的粘接性是防水加工技术的一个重要问题。棉、黏胶、维纶等亲水性织物问题不大，主要是疏水性的合成纤维，特别是丙纶，粘接性很差。

(3) 纤维素衍生物　常用的纤维素衍生物是硝化纤维和醋酸纤维。以硝化纤维涂布于织物时需混配增塑剂，并添加溶解于酯类或酮类溶剂的稳定剂和催化剂。其特点是溶剂价格低廉、耐摩擦性好，对酸碱稳定，但在高温时容易变软，并具有可燃性。醋酸纤维涂布后的特点是耐气候性优良，应用比较广泛。

棉、麻等纤维素系织物如涂上一层铜铵溶液，加热烘干，织物表面的纤维素被铜铵溶液溶解，形成一层连续薄膜，但具特有的绿色。经此法处理过的织物，不仅具有防水作用，尚能防霉，但日晒牢度差。也有人用铜铵法与甲酸铝法共同处理织物以达防水目的。

(4) 乙烯系树脂　由于乙烯系树脂应用面广，生产量大，因而价格也便宜。它与橡胶一样也可做成溶液型或乳液型树脂，加工使用。另外也可用涂刮，挤压，薄膜熔接等方法进行加工。用于防水加工的乙烯系树脂种类很多，现作一简单介绍。

① 聚氯乙烯树脂　聚氯乙烯一般不使用溶液型而用浆状物以挤压法涂层，浆状物分塑性溶胶及有机溶胶。塑性溶胶为聚氯乙烯粉末分散于增塑剂中，有机溶胶即在塑性溶胶中再加入有机溶剂，用压延法或涂层法涂布于织物上加热。聚氯乙烯软化点高、坚硬，具有耐药品、耐晒性，可挠性也大，故适于做防水皮膜。但其仅能在加热时溶解于甲乙酮。二氯乙烯以及其他几种溶剂，加工性能较差。

② 聚醋酸乙烯　聚醋酸乙烯溶解性很好，具有耐晒性、黏着性，但软化点稍低。将其共聚改性，使用醋酸乙烯和氯乙烯（1%～20%）共聚物，兼具二者的特性，耐药品、耐油性都好，溶于酮、醚、酯类，氯化烃等溶剂，故适于织物防水用。有溶液型（浆状）及乳液型，单独使用时，织物手感太硬，需加增塑剂。当与丙烯酸酯类共聚时可使其成为

内增塑剂，还可选择各种不同丙烯酸酯共聚以使之具有各种优点。如改善手感，提高耐光性，赋予织物特有的光泽等，但价格也将有所增加。丙烯酸乙酯、丙烯酸丁酯、甲基丙烯酸丁酯，丙烯酸 2-乙基己酯等都可作内增塑剂。用聚甲基丙烯酸甲酯为增塑剂，玻璃化温度为 140℃，因而形成强韧的薄膜。

③ 聚乙烯醇　实际使用的是聚乙烯醇缩丁醛，它是由聚醋酸乙烯水解后再与丁醛缩合而制得。其被覆性好，皮膜坚硬，耐久性强。也可以和干性油混配使用，生成耐热性高，几乎不溶于各种溶剂的皮膜。

④ 聚偏二氯乙烯　聚偏二氯乙烯的吸水性和水蒸气透过性极小，故适于作防水皮膜。这种皮膜在较宽的温度范围内具有可挠性，耐药品性和耐油性好，但不溶于芳香酯类、酮类以外的溶剂，故不易使用。偏二氯乙烯和氯乙烯的共聚物具有二者的特性，一般溶于甲乙酮中使用。

⑤ 聚乙烯　聚乙烯几乎不透水，适于作防水皮膜，在常温下几乎不溶于任何溶剂。聚乙烯用挤压涂层法，薄膜熔融接着法，乳液法等加工后织物防水性特别好。由于乙烯-醋酸乙烯共聚体，价格便宜，性能良好，已被广泛地用作防水剂。

氯乙烯与醋酸乙烯共聚物的应用也较早，一般以溶液加工使用。自从热固性丙烯酸酯树脂逐渐普及后，它比热塑性丙烯酸树脂具有耐热性及耐溶剂性的特点，所以也逐渐应用于防水加工。

(5) 四氟乙烯及聚氨酯　近来，有将聚四氟乙烯（PTFE）薄膜在延伸时使其原纤化，厚约 $25\mu m$，具有无数 $0.2 \sim 5\mu m$ 的微孔。此类薄膜与织物叠层粘接，但由于薄膜强力低，而且与织物粘接力弱，所以一般在织物两面都黏合薄膜，呈"三明治"状叠层织物。此外，将特殊的聚氨酯树脂，涂布于织物，层厚约 $40\mu m$，表面有无数微孔（$0.5 \sim 2\mu m$），呈蜂巢状。另有一种为无孔而能吸湿又能防水的聚氨酯。这样加工的织物，既防水又透湿、透气。

23.2.2　透气性防水剂——拒水剂

(1) 暂时性防水剂

① 铝皂和锆皂　19 世纪中期，首先发明了用铝皂进行防水整理，这是将织物用肥皂液浸渍后，再用醋酸铝处理，形成碱性醋酸铝和结构尚未确定的氢氧化物，固着在织物上。这种方法称为两浴法。

$$3C_{17}H_{35}COONa + (HCOO)_3Al \longrightarrow (C_{17}H_{35}COO)_3Al + 3HCOONa$$

两浴法的缺点是黏着力差，而且易起灰尘。改进的方法是先以水溶性的肥皂施加于织物上，而后用铝盐，如醋酸铝、甲酸铝或硫酸铝使其形成铝皂沉积于织物上。两浴法由于使用不便，后又发展了一浴法来代替两浴法。即将铝皂制成分散液，以明胶、聚乙烯醇为保护胶体；之后又有乳化石蜡和铝皂并用的方法用石蜡-铝皂做拒水剂。价格低廉，工艺简单，拒水效果好，它的缺点是耐洗涤性不持久、不耐磨，是一次性的拒水整理。

第二次世界大战中，又发展了锆化合物一浴防水剂，以醋酸锆或氯氧化锆代替铝盐，由于锆化合物的耐洗涤性较铝皂-石蜡乳液优越得多，可有效地改善整理品的耐久性。

铜皂也可作为拒水剂应用，并有杀菌作用，可使织物免于腐烂变质。

② 蜡和蜡状物质（MWZ）　最古老又最经济的拒水整理方法是用疏水性物质如石蜡涂布于织物表面。石蜡和蜡状物质可以固态形式应用于织物，而后加热，使其成熔融状

态，或以有机溶剂的溶液及乳液的形式应用。醋酸铝和甲酸铝的石蜡乳液曾是棉织物最重要的拒水整理方法。最初，醋酸铝和石蜡是以两步法应用，后来，发展了稳定的石蜡乳液，在石蜡乳液中含有醋酸铝或甲酸铝，以一步法应用。以蛋白质如动物胶或白明胶作为保护胶体，可增加浸轧浴的稳定性。以铝皂和醋酸铝及石蜡的乳液一起应用，可提高拒水效率。而以醋酸锆、碳酸三氯二锆的铵盐、氯氧化二锆代替醋酸铝，可增强整理品耐干洗和水洗的能力。

在石蜡分散液中引入聚合物，可改善其稳定性和整理品的耐久性，如聚乙烯醇、聚乙烯、聚丙烯酸酯、聚丙烯酸丁酯、硬脂酰丙烯酸酯或硬脂酰甲基丙烯酸酯-十二碳琥珀酸-丙烯酸或甲基丙烯酸的共聚物、乙烯基-甲基丙烯酸共聚物或乙烯基-甲基丙烯酸-醋酸乙烯共聚物。通过引入交联剂可改善整理效果的耐久性，提高纤维素纤维织物的尺寸稳定性和抗皱性。

③ 高分子树脂类防水整理剂　作为防水剂的树脂，主要是由 C_{11} 以上的烷基酚类制成溶液，织物浸渍后干燥，再用甲醛和乙二醛溶液处理，焙烘后即生成防水性树脂。其结构如下：

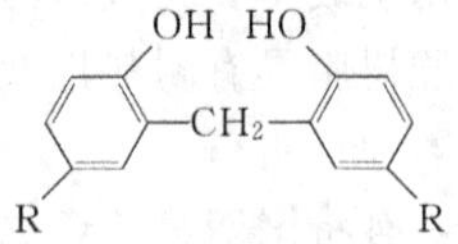

它的优点是能够沉积在织物上，赋予织物高度的拒水特性。缺点是处理液带酸性，在烘干及热处理时，容易使纤维素纤维织物发生脆损；处理液的酸性也容易使印染织物发生变色，采用直接染料染色的织物尤为严重；久用或经洗涤后，拒水作用陆续丧失。

可使用的酚类，如十八烷基酚、异十二烷基酚、异十四烷基酚等，都适于作防水剂。

此外，十八烷基脲、硬脂酰脲、十二烷基酰胺、多胺等也能和甲醛反应生成防水性树脂。

(2) 耐久性防水剂（反应型防水剂）　为了使织物具有耐洗涤性、耐干洗性、耐久的拒水性，就须使防水剂能和纤维的官能团发生化学反应而彼此牢固地结合，从而发展了反应型防水剂。

① 脂肪酸的铬（铝）络合物　主要是指硬脂酸和铬（铝）的络合物，如防水剂 CR 和 AC，结构式如下：

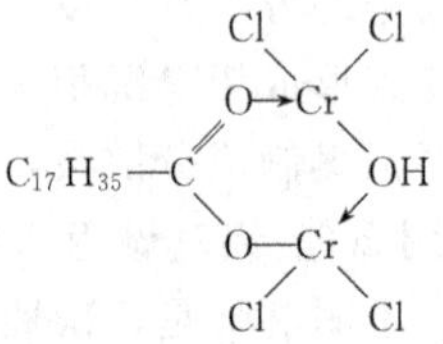

CR 结构 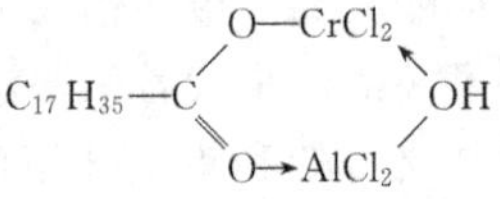　　　　　AC 结构

它们是阳离子型的，用水稀释、溶液 pH 值升高或加热会引起络合物水解，进一步加热或放置时间过长，络合物会进一步聚合而形成—Cr—O—Cr—键，在溶液中能被纤维吸附，加热时能缩合，也能与纤维素分子上的羟基发生反应，使直链烃基位于纤维的表面，因而获得优良的拒水效果，耐洗效果也很好。其结构如下：

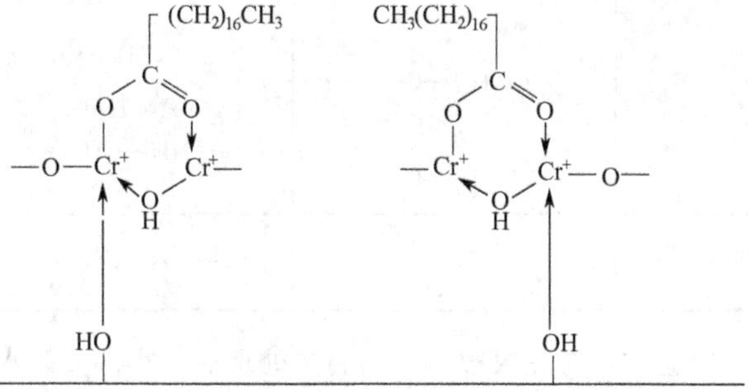

$$\begin{array}{c}
\text{(CH}_2)_6\text{CH}_3 \qquad \text{CH}_3(\text{CH}_2)_{16} \\
\text{结构式}
\end{array}$$

纤维素分子

　　CR 防水剂为绿色浓稠液体，pH 值为 6.5～7，CR 防水剂酸性稳定，碱性水解，能与纤维中氧、氮等原子络合、聚合成膜，具耐水洗及干洗性能，它只能用于深色产品。由于其为强酸性，因此在使用时应加入六亚甲基四胺、乙酸钠、尿素等，以防止织物在加热时发生酸性降聚。为了防止溶剂挥发过多以及防水剂本身发生水解，制成工作溶液后，应在数小时内使用。另外，在应用过程中，应避免铬络合物的聚合，而进一步产生沉淀。

　　CR 防水剂主要用于棉、麻、丝、毛以及合成纤维织物的拒水整理，也可用于玻璃纤维、皮革、纸张的防水整理。使用时用 10 倍量的沸水进行稀释并搅拌，然后再用冷水稀释至所需的浓度，冷却到 40℃ 以下，经轧液处理织物，在 60～70℃ 下烘干。AC 主要用于维纶帆布、棉帆布、皮革等的防水整理。

　　② 吡啶季铵盐类防水剂（防水剂 PF）　这类防水剂是含有 N-吡啶亚甲基醚基的长碳链烷基衍生物。它们能和纤维的羟基发生反应而产生醚键结合，因而受到重视。早期的制法是将鲸油醇（十六醇）或硬脂醇与甲醛和干燥氯化氢进行醚化反应，而后用吡啶处理产生氯甲醚。其结构为：

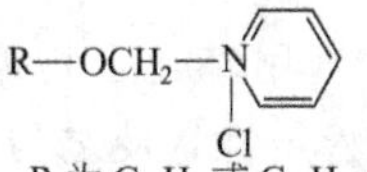

$$R\text{—OCH}_2\text{—N}^+\text{(吡啶)}\ \text{Cl}^-$$

R 为 $C_{17}H_{35}$ 或 $C_{16}H_{33}$

　　以后的吡啶季铵盐化合物制法是用脂肪酰胺代替早期的原料脂肪醇，在苯溶剂中，纯碱存在下，与甲醛进行反应，生成的羟甲基脂肪酰胺再用吡啶盐酸盐处理而制得吡啶季铵盐化合物。如防水剂 Zelan AP，结构如下：

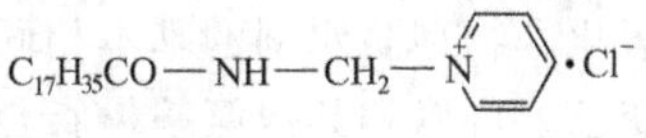

$$C_{17}H_{35}CO\text{—NH—CH}_2\text{—N}^+\text{(吡啶)} \cdot Cl^-$$

　　该类结构国内统称作防水剂 PF，因制造原料的不同而出现表 23-1 所列的三种形式。常见的防水剂 PF 为氯化硬脂酰胺甲基吡啶，结构如下：

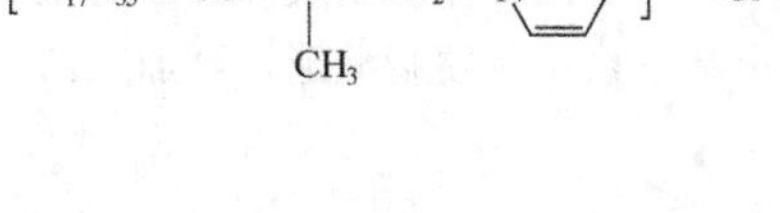

$$\left[C_{17}H_{35}\text{—CO—}\underset{\underset{CH_3}{|}}{N}\text{—CH}_2\text{—N}^+\text{(吡啶)} \right]^+ \cdot Cl^-$$

表 23-1　防水剂 PF 的三种形式

制造原料和方法	拒水性基团	反应基团	水溶性基团
用酰胺缩合制成	$C_{17}H_{35}-\overset{O}{\underset{\|}{C}}-$ $C_{17}H_{35}-\overset{O}{\underset{\|}{C}}-$	$\underset{\|}{CH_3}$ $-NCH_2-$ $-NH-CH_2-$	$-\overset{+}{N}C_5H_5 \cdot Cl^-$ $-\overset{+}{N}C_5H_5 \cdot Cl^-$
用氨基甲酸酯缩合制成	$C_{17}H_{35}-O-\overset{O}{\underset{\|}{C}}-$	$-NH-CH_2-$	$-\overset{+}{N}C_5H_5 \cdot Cl^-$

含有效成分60%左右，对热很敏感，高温热处理后，小部分防水剂 PF 与纤维素纤维上的羟基发生醚键结合，而大部分转变成具有高疏水性的双硬脂酰胺甲烷，包裹于纤维表面，使整理的织物具有耐久性的拒水特性。在加热烘燥过程中，如含有水分过多，易被水解而丧失拒水整理的作用。且热处理时释放出盐酸，故须加缓冲剂，以防止损伤纤维素纤维。

防水剂 PF 属阳离子表面活性剂，在40℃水中能溶成胶体状溶液。耐酸和硬水，不耐碱和大量硫酸盐、磺酸盐、磷酸盐等盐类，不耐100℃以上的高温。可与阳离子表面活性剂和非离子表面活性剂共用，不能与阴离子表面活性剂或染料同浴使用。有残余吡啶臭味的缺点。

主要用于棉、麻、黏胶等织物的防水整理和柔软整理，也广泛用于锦纶、聚酯等纤维的防水整理和柔软整理。它可与氨基树脂等同浴使用，也可用作还原染料和可溶性还原染料的着色防染剂。

③ N-羟甲基化合物　在纤维素纤维交联整理中应用的 N-羟甲基化合物也成功地用于纤维素纤维的耐久性拒水整理。

N-羟甲基化合物在酸性催化剂和高温作用下，N-羟甲基可以与纤维素纤维的羟基反应：

$$-NHCH_2OH + HO-Cell \longrightarrow -NHCH_2O-Cell$$

N-羟甲基化合物与纤维素纤维反应的同时，伴随着不同数量的树脂产生。由于 N-羟甲基化合物可以与含有活泼氢的化合物反应，如醇、胺和羧酸，因此，有利于将疏水性基团引入拒水剂分子。因为酸能催化 N-羟甲基化合物缩合成树脂，所以通常用醇如甲醇使 N-羟甲基化合物转变成醚，以增加其稳定性，使之与长链脂肪酸反应而形成拒水剂。

以 N-羟甲基化合物为基础的最简单的拒水剂是从硬脂酰胺衍生而来的。

a. N-羟甲基十八酰胺　结构为 $C_{17}H_{35}CONHCH_2OH$。首先用 N-羟甲基十八酰胺乳液对织物进行整理，以氯化锌或磷酸二氢铵为催化剂，用甲醛处理，使其与甲醛的反应在织物上进行，成为具有优良耐久性的防水剂。

它的化学结构和吡啶季铵盐化合物型防水剂的基本相同，反应机理也类似。其优点是没有吡啶臭味，不使染色织物变色，可以和其他氨基树脂合用；乳化较难，需用大量乳化剂是其缺点。

b. 羟甲基三聚氰胺硬脂酸衍生物　这类防水剂的代表是 Permel Resin（ACC，国内称为防水剂703），是用途较为广泛的防水剂，可用于纺织、皮革和造纸等行业。它由三聚氰胺与甲醛缩合生成六羟甲基三聚氰胺，再与乙醇作用制成部分乙醚化的六羟甲基三聚氰胺，然后加硬脂酸酯化，得乙醚化的六羟甲基三聚氰胺硬脂酸酯。再加三乙醇胺，制得三元碱缩合物，最后加甘油二硬脂酸酯和白石蜡复配而成。产品主要含50%Ⅰ、25%Ⅱ和25%石蜡。
Ⅰ、Ⅱ结构式为：

$$\left[\begin{array}{c} N \\ | \\ N \end{array} \begin{array}{c} N \\ | \\ N \end{array}\right] \begin{array}{l} -CH_2OOCC_{17}H_{35} \\ -(CH_2OC_{18}H_{37})_{3.5} \\ -(CH_2OC_2H_5)_{1.5} \end{array} \qquad \left[\begin{array}{c} N \\ | \\ N \end{array} \begin{array}{c} N \\ | \\ N \end{array}\right] \begin{array}{l} -CH_2OOCC_{17}H_{35} \\ -CH_2OC_3H_6N \begin{array}{l} C_3H_6OH \\ C_3H_6OH \end{array} \\ -(CH_2OC_2H_5C_{17}H_{35}COOH)_3 \end{array}$$

Ⅰ   Ⅱ

此类整理剂主要用于棉及涤棉的拒水整理，整理后的织物适于做风雨衣、旅游服。

④ 其他纤维——反应型拒水剂　除了吡啶和羟甲基化合物以外，还开发了其他化学反应型拒水剂，即以共价键和纤维键合，并产生耐久性的拒水效果。

十八烷基异氰酸酯与乙烯亚胺反应生成氮丙啶基的化合物。与纤维素纤维反应，还伴随有氮丙啶基的聚合作用。同时添加二氮丙啶化合物可改善拒水效果的耐久性。

利用环氧氯丙烷和纤维素纤维羟基反应性强的特点，将脂肪醇和多胺类化合物与其缩合，生成具有反应性环氧基的拒水剂。结构式如下：

$$C_{18}H_{37}-O-CH_2CHCH_2NHCH_2\overset{CH_3}{\underset{|}{C}}HNHCH_2\overset{CH_3}{\underset{|}{C}}HNH-CH_2-CH-CH_2$$
$$\qquad\qquad\qquad\qquad |\qquad\qquad\qquad\qquad\qquad\qquad\qquad\qquad\qquad\qquad \backslash O/$$
$$\qquad\qquad\qquad\qquad OH$$

棉织物通过硬脂酸异丙烯醇酯的酰化作用，可赋予其拒水作用。其与纤维素纤维的羟基反应如下：

$$C_{17}H_{35}-\overset{O}{\underset{\|}{C}}-O-\overset{CH_3}{\underset{\|}{C}}=CH_2 + HO-Cell \longrightarrow C_{17}H_{35}\overset{O}{\underset{\|}{C}}-O-Cell + CH_3COCH_3$$

纤维素纤维-反应型染料的染色化学也可应用于耐久性拒水整理。通过—NH—键合疏水性基团的一氯和二氯均三嗪已得到应用。

⑤ 有机硅油乳液　1942年发现了有机硅的拒水性能，从此有机硅就进入了拒水剂的行列。有机硅化合物具有一般高分子化合物的性能，能使整理的织物具有很好的拒水作用而不影响织物的透气性，且能提高织物的撕裂强度、腐蚀强度和拒污性能。有机硅拒水整理剂主要有以下几种类型。

a. 甲基含氢聚硅氧烷（简称HMPS）　甲基含氢聚硅氧烷，是由甲基含氢二氯硅烷聚合而成的硅油。其化学结构如下：

$$(CH_3)_3SiO\left(\begin{array}{c}CH_3\\|\\Si-O\\|\\CH_3\end{array}\right)_x\left(\begin{array}{c}CH_3\\|\\Si-O\\|\\H\end{array}\right)_ySi(CH_3)_3 \qquad\qquad (CH_3)_3SiO\left(\begin{array}{c}CH_3\\|\\Si-O\\|\\H\end{array}\right)_nSi(CH_3)_3$$

部分含氢型   全氢型

在催化剂和热的作用下，它能在纤维上形成网状聚合物，甲基在纤维表面呈密集、定向排列，形成拒水层。由于成膜较硬，故掺入一部分二甲基聚硅氧烷，以改善手感，增加弹性。HMPS在高温下和空气中的氧发生氧化反应，使氢基转变为醇基，并进一步和纤维素纤维的羟基反应产生醚键结合，因而具有耐洗的拒水性能，透气性也良好。它在使用时，用中性的非离子型乳化剂配制成乳液，并用锆、钛等金属盐为催化剂。用其处理织物后，先在 100～110℃干燥，再在 150～160℃焙烘固着。

该类型拒水剂反应性能活泼，是耐洗性的拒水剂，pH 值约为 4，用于涤棉拒水整理。

b. 乙基含氢硅油　乙基含氢硅油的化学结构式如下：

$$C_2H_5-\underset{\underset{C_2H_5}{|}}{\overset{\overset{C_2H_5}{|}}{Si}}-O-[\underset{\underset{H}{|}}{\overset{\overset{C_2H_5}{|}}{Si}}-O]_n-\underset{\underset{C_2H_5}{|}}{\overset{\overset{C_2H_5}{|}}{Si}}-C_2H_5$$

乙基含氢硅油是各种拒水剂中耐久性强、润湿角大、效果良好的一种拒水剂，它不仅能赋予多种材料以优良的斥水性能，而且还能改善材料的力学性能和电绝缘性能。它广泛用于处理纺织物、皮革、陶瓷、玻璃、建筑材料和纸张等。乙基含氢硅油还可用作橡胶制品脱模剂、润滑油添加剂等。

c. 二甲基含氢聚硅氧烷（简称 DMPS）　二甲基含氢聚硅氧烷是由二甲基二氯硅烷聚合而成的硅油，分子量为 6 万～7 万。结构式为：

$$\cdots O-\underset{\underset{CH_3}{|}}{\overset{\overset{CH_3}{|}}{Si}}-O-\underset{\underset{CH_3}{|}}{\overset{\overset{CH_3}{|}}{Si}}-O\cdots$$

这类化合物在常温下干燥脱水，则生成的聚合物拒水性较低，但高温焙烘时则成为网状结构的不溶性树脂，从而产生较强的拒水效果。如在织物上加热焙烘时，聚合物的氧原子和纤维的羟基反应而形成醚键结合，甲基（—CH_3）在纤维或织物表面排列成为类似石蜡的结构，从而增强织物的拒水性，又能保持良好的透气性和手感，但其耐洗涤性较差。DMPS 在使用时和 HMPS 一样，制成中性非离子型乳液，使用同样的金属盐作为催化剂。用其处理织物后，在 100～110℃干燥，再在 150～160℃焙烘固着。

23.3　拒水机理

织物的润湿就是使水或溶液在织物表面迅速展开。一滴液体滴在固体表面上，会受到液体和固体表面张力（分别用 σ_L 和 σ_S 表示）以及液固间界面张力（σ_{LS}）的作用，当液滴在固体表面处于平衡状态时（如图 23-1），这三种力应满足下列方程：

$$\sigma_S = \sigma_{LS} + \sigma_L \cos\theta$$

$$\cos\theta = \frac{\sigma_S - \sigma_{LS}}{\sigma_L}$$

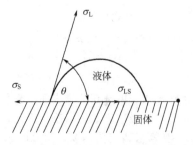

图 23-1　液滴在固体表面上的平衡状态示意图

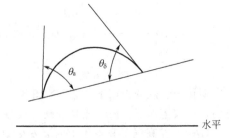

图 23-2　液滴在倾斜或粗糙的固体表面形成的接触角

在防水整理中可将液体（水）的表面张力（σ_L）看作常数。从防水要求来看，接触角 θ 越大越利于水滴滚动，也就是 $\sigma_S - \sigma_{LS}$ 越小越好。另一方面，织物防水性能的好坏也表示了水滴从织物表面离去的难易，可用水滴在倾斜或粗糙的固体表面形成的接触角来说明（如图 23-2）。图 23-2 中，θ_a 表示前进接触角，θ_b 表示后退接触角。若 θ_a 越大，水滴就越容易从表面脱离，即防水性能越好。图 23-1 中的 θ 与图 23-2 中的 θ_a 大致相等。

拒水作用与润湿作用恰恰相反，它是使水不能润湿织物，仍然使之保持水珠状态在织物上滚动。织物要达到拒水的目的，必须使 $\theta > 90°$，至少应达 $90°$。θ 越大，拒水效果越好。由于液体表面张力不变，因此要达到拒水目的，就必须减少固体表面张力或使固-液界面张力加大。拒水整理正是基于这一点而进行的。

一般拒水整理剂大多为含有长链脂肪烃的化合物。碳链为 $C_{17} \sim C_{18}$，或分子外层为连续的 —CH_3、—CF_3 或 —CF_2—，而分子的另一端为极性基团。用拒水剂处理织物时，整理剂的反应性基团或极性基团定向吸附于纤维表面，而整理剂的碳氢长链或连续排列的 —CH_3、—CF_3 等基团排列于织物表面，形成疏水性的连续薄膜；或防水剂分子的活性基团在一定条件下，在纤维表面发生相互聚合成三维空间结构，成网状薄膜（如有机硅类防水剂）。这样就使得纤维表面张力减小。随着纤维表面张力的减小，$\cos\theta$ 值变小，θ 角加大，进而达到了拒水整理的目的。

23.4　主要防水整理剂的合成

23.4.1　暂时性防水剂的合成

（1）石蜡-锆皂（拒水剂 MWZ）的合成　将氢氧化锆溶在水中，在搅拌下加入纯碱溶液，放出气泡，生成白色沉淀，静置后用离心机过滤，再水洗甩干，滤渣用冰醋酸溶解，得到醋酸锆的水溶液。

将石蜡、地板蜡、硬脂酸用热水或蒸气化开，在 80℃ 保温，加入三乙醇胺，先进行搅拌粗乳化，然后用超声波乳化 15～30min。

在快速搅拌下，在不锈钢桶内将一定配比的醋酸锆溶液与乳化蜡进行混合，搅拌后用齿轮泵循环 20min 即可得到产品。使用时加水调成工作液即可使用。

（2）石蜡-铝皂的合成　首先合成醋酸铝溶液，将 20g 硫酸铝溶于极少量的热水中，冷却后加入 24g 30% 的醋酸。将混合液慢慢加到由 8.6g 碳酸钙和水制成的悬浮体中，静置一夜，倾出上层清液，调节至相对密度为 1.030，待用。

将石蜡及硬脂酸置于瓷杯中，水浴加热至 70～80℃，待全部溶化后，边搅拌边加入氨水及少量热水。搅拌均匀后，在不断搅拌下将预先溶于适量水中的明胶加入，并加热至 78℃ 左右，将瓷杯取出水浴，停止加热，然后加入预热至 55℃ 左右的醋酸铝溶液（相对密度为 1.030）。开始加入速度宜慢，直至混合液变黏稠后，则将所余部分醋酸铝浴液很快地加入，最后加热水至所需体积，并使混合液冷却至 30℃ 左右，进行过滤，所得乳液冷却后呈凝冻状态。

23.4.2　耐久性防水剂的合成

（1）防水剂 CR 的合成

① 合成反应

$$C_{17}H_{35}COOH + 2CrO_3 + 4HCl + 3(CH_3)_2CHOH \longrightarrow$$

$$3(CH_3)_2C=O + \left[C_{17}H_{35}-C \begin{array}{c} O-Cr^{2+} \\ OH \\ O-Cr^{2+} \end{array} \right] 4Cl^- + 5H_2O$$

② 制备过程　在耐酸搪瓷釜内加入220kg盐酸（30%），80kg水搅拌，冷却至室温以下，边搅拌边加入123kg三氧化铬（含量≥97%），至完全溶解备用。在带搅拌和加热装置的反应釜内，加入250kg异丙醇，25kg盐酸（30%），搅拌混合均匀，加热升温至60~65℃时，再缓缓加入已配置好的CrO_3盐酸溶液。加完后，保温搅拌10min，再升温至70℃，回流反应0.5~1h。然后加入175kg三压硬脂酸，再升温回流加热，反应4h后，取样测定反应终点。取一定量的反应物料，用500倍的水稀释，若水中无白色的未反应的硬脂酸，则表明反应已达到终点。将物料冷却至30℃，加入50kg异丙醇，充分搅拌混合均匀，即制得防水剂CR。

(2) 防水剂PF的合成　防水剂PF由硬脂酰胺、吡啶盐酸盐和多聚甲醛缩合而得。

① 合成反应

$$C_{17}H_{35}CO-NH_2 + \underset{\text{吡啶}}{\bigcirc\!\!\!\!N} + CH_2O + HCl \xrightarrow{85\sim90℃} C_{17}H_{35}CO-NH-CH_2-\underset{}{N^+\!\!\bigcirc} \cdot Cl^-$$

硬脂酰胺+吡啶盐酸盐+多聚甲醛 ⟶ 缩合 ⟶ 冷却 ⟶ 成品

② 制备过程　在带搅拌装置的搪瓷反应釜内，加入三聚甲醛69.5kg、硬脂酰胺385.5kg、吡啶353kg、20%盐酸265kg，启动搅拌并加热升温至85~90℃，保温反应2h后，将物料冷却至70℃以下，缓慢加入醋酸酐355kg，再升温至85~90℃，继续搅拌保温反应6h，缩合反应完毕。冷却后即制得防水剂PF。

(3) 防水剂703（羟甲基三聚氰胺硬脂酸衍生物）的合成

① 合成反应

$$\underset{\text{三聚氰胺}}{H_2N-C\underset{N}{\overset{N}{\diagup\!\!\!\diagdown}}C-NH_2 \atop NH_2} + 6HCHO \longrightarrow \left[\text{三嗪环}(N-C)_3 \right]\!-\!6CH_2OC_2H_5 \quad \text{I}$$

$$\text{I} + 6C_2H_5OH \longrightarrow \left[\text{三嗪环} \right]\!-\!6CH_2OC_2H_5 \quad \text{II}$$

$$\text{II} + C_{17}H_{35}COOH + 3.5C_{18}H_{37}OH \longrightarrow \left[\text{三嗪环} \right] \begin{array}{l} -CH_2OOCC_{17}H_{35} \\ -(CH_2OC_{18}H_{37})_{3.5} \\ -(CH_2OC_2H_5)_{1.5} \end{array} \longrightarrow$$

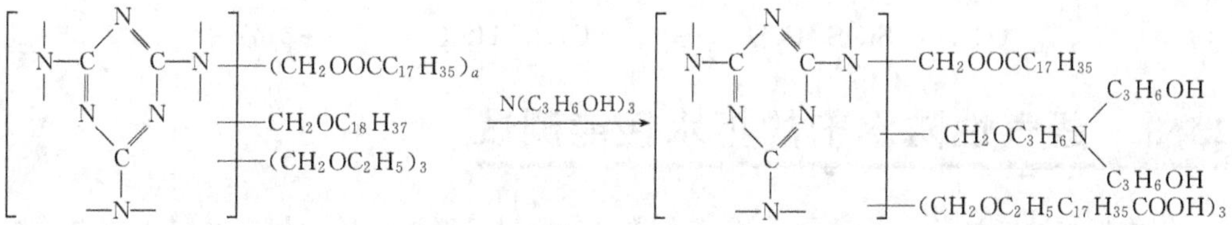

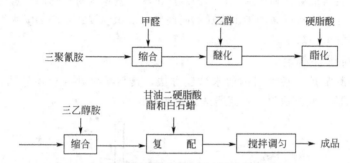

② 防水剂703生产过程示意

```
三聚氰胺 → 缩合 ←甲醛 → 醚化 ←乙醇 → 酯化 ←硬脂酸
三乙醇胺 → 缩合 → 复配 ←甘油二硬脂酸酯和白石蜡 → 搅拌调匀 → 成品
```

③ 制备过程　将8.8kg三聚氰胺投入带有搅拌装置的反应釜中，加入37%甲醛40kg，搅拌并加热升温至50℃。调节pH值为9，控制温度50℃进行六羟甲基化反应，制得六羟甲基三聚氰胺。然后加入25kg乙醇，用约3kg冰醋酸调节pH值为4，在48~50℃下进行醚化反应，制得乙醚化六羟甲基三聚氰胺。乙醚化完成后，加入55kg硬脂酸，升温至约170℃，并抽真空，在170℃和真空度28kPa下进行酯化反应4h。酯化完成后，停止抽真空，将物料冷却至100℃以下，加入熔融的白石蜡30kg、三乙醇胺6kg、甘油二硬脂酸酯8kg，充分搅拌，调配均匀，即制得防水剂703。

(4) 甲基含氢硅油的合成　将计量的甲基二氯硅烷、三甲基氯硅烷和苯的混合液加入到预先装有水的反应釜中，加完料后，继续搅拌1h，静置分层，放去酸水，油层用水洗涤至中性。然后在浓硫酸存在下于室温进行调聚反应。反应结束后，放去硫酸，油层再次水洗至中性，减压蒸除低沸物，并用活性炭脱色，真空过滤，即得成品。

水解法：

$(CH_3)_3SiCl + (CH_3)HSiCl_2 \xrightarrow{H_2O} (CH_3)_3SiOSi(CH_3)_3 + HO[-\underset{CH_3}{\underset{|}{Si}H}-O-]_x H + [(CH_3)HSiO]_y + HCl$

调聚法：

$(CH_3)_3SiOSi(CH_3)_3 + HO[-\underset{CH_3}{\underset{|}{Si}H}-O-]_x H + [(CH_3)HSiO]_y \xrightarrow{H_2SO_4} 本品$

(5) 乙基含氢硅油的合成　将计量的三乙基氯硅烷和乙基二氯硅烷加入到预先装有水和正丁醇的反应釜内，进行水解。反应结束后，静置分层，放去酸水层，油层用水洗涤至中性。然后在浓硫酸存在下进行调聚反应。调聚结束后，再次分去酸水层，将调聚体洗至中性，减压蒸除低沸物，即得成品。

水解法：

$x(C_2H_5)HSiCl_2 + 2(C_2H_5)_3SiCl \xrightarrow{H_2O} (C_2H_5)_3SiOSi(C_2H_5)_3 + [(C_2H_5)HSiO]_x + 2HCl$

调聚法：

$$(C_2H_5)_3SiOSi(C_2H_5)_3 + m\,[(C_2H_5)HSiO]_x \xrightarrow{H_2SO_4} 本品$$

23.5　透气性防水剂的拒水性能测试

织物拒水性能试验方法主要分成三大类。①喷射、喷淋试验，模拟暴露于雨中的织物，测试织物的表面抗湿性和渗水性；②静水压试验，测定水对织物的渗透性，其测定并评价织物防水性的指标有压力和渗出水珠的时间等；③织物浸在水中的吸水性试验，通过测定增重量来评价织物防水性。

23.5.1　表面抗湿性测定

表面抗湿性测定是一种喷射的沾水试验方法，其最早由杜邦公司发明，即 AATCC 22—1977 喷射试验。此方法简单，其测试装置见图 23-3。

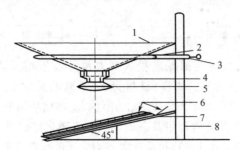

图 23-3　沾水试验装置
1—玻璃漏斗；2—橡胶包裹的支撑环；
3—金属夹；4—橡胶管；5—铝制喷嘴；
6—试样；7—试样夹持器；8—金属支架

该测试方法是将被试验织物固定于试样夹持器（金属弯曲环）上，并以 45°角放置。将带有喷嘴的 150mm 漏斗放于弯曲环上方（试验面的中心在喷嘴表面中心下 150mm 处），对准试验织物中心，喷淋 250mL 水。淋水一停，迅速将夹持器连同试样一起拿开，使织物正面向下呈水平，然后对着一硬物轻敲两次。根据观察到的试样润湿程度，用文字描述（GB/T4745—1997），评定拒水等级。

1 级——受淋表面全面润湿；

2 级——受淋表面一半润湿；

3 级——受淋表面仅为不连续小面积润湿；

4 级——受淋表面没有润湿，但沾有小水珠；

5 级——受淋表面没有润湿，也无小水珠。

也可将试验织物与标准图片对照（ISO 4920—1981），用分数评定拒水等级。标准沾水试验等级图片见图 23-4。

23.5.2　抗渗水性测定

抗渗水性测定，又称静水压试验法（GB/T4745—1997）。该法以织物承受的静水压来表示水透过织物所遇到的阻力。在标准大气压条件下，试样一面承受一个持续上升的水压，直到有三处渗水为止。用此法测得的结果也包括织物润湿、渗透性能。

试验条件为承受水压面积为 $100cm^2$，水压上升速率为 $10cm/min$ 或 $60cm/min$，最大水压为 $1.964×10^4 Pa$，试样被夹紧在试验头中，使织物表面与水接触，然后对试样施加递增的水压，并不断注视渗水情况，记录试样上第三处水珠刚出现时的水压。对试样应尽量少用手触摸，避免折叠。

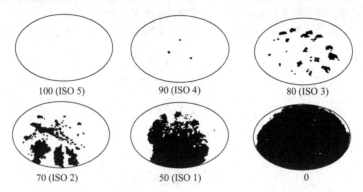

图 23-4　标准沾水试验等级

100—织物表面没有沾湿或变湿；90—织物表面有少许沾湿或变湿；
80—在喷淋处，织物表面变湿；70—整个织物表面不完全变湿；
50—整个织物表面全变湿；0—整个织物表里全变湿

23.5.3　吸水性试验

该法测定浸于水中的样品重量的增加。将样品夹于吸墨水纸之间，通过绞拧机去除剩余水分。此法有两种方式，一为静态吸水性试验，静态吸水性可按 AATCC21—1983 标准测试，将经称重的样品放于平均静压头为 $8.9cm$ 的 $27℃$ 的蒸馏水中浸渍 $20min$，按吸水前后的重量差计算吸水增重率；二为动态吸水性试验，动态吸水性按 AATCC70—1988 标准测试，将称重的样品浸于 $27℃$ 的一大容器蒸馏水中，不断翻动 $20min$，样品的增重均以吸水百分率表示，计算吸水增重率。

参考文献

[1] 上海市印染工业公司编. 印染手册：下册 [M]. 北京：纺织工业出版社，1993.
[2] H. 马克等. 纺织物的化学整理 [M]. 北京：纺织工业出版社，1984.
[3] 罗巨涛. 纺织品有机硅油及氟整理 [M]. 北京：中国纺织出版社，1999.
[4] 王春兰译，林求德校. 纺织品功能整理：上册 [M]. 北京：纺织工业出版社，1992.
[5] 薛迪庆. 涤棉混纺织物的染整 [M]. 北京：纺织工业出版社，1982.
[6] 金咸镶. 染整工艺实验 [M]. 北京：纺织工业出版社，1987.
[7] 刘孝，袁娟娟. 有机硅乳拒水剂 [J]. 印染助剂，1992，(6)：20.
[8] 郭正伟，田存桂. 超细纤维织物防水防油整理工艺探讨 [J]. 印染，2000，(5)：34-35.
[9] 久保元伸. 含氟防水防油（Ⅲ）[J]. 印染，1996，(11)：38-40.
[10] 方纫芝. 丝织物整理 [M]. 北京：纺织工业出版社，1984.
[11] 程静环，陶绮雯. 染整助剂 [M]. 北京：纺织工业出版社，1985.
[12] 黄洪周. 化工产品手册：工业表面活性剂 [M]. 北京：化学工业出版社，1999.
[13] 罗巨涛. 染整助剂及其应用 [M]. 北京：中国纺织出版社，2000.
[14] 丁忠传，杨新玮. 纺织染整助剂 [M]. 北京：化学工业出版社，1988.

[15] 彭民政. 表面活性剂生产技术与应用 [M]. 广东:广东科技出版社,1999.
[16] 梅自强. 纺织工业中的表面活性剂 [M]. 北京:中国石化出版社,2001.
[17] 刘必武. 化工产品手册:新领域精细化学品 [M]. 北京:化学工业出版社,1999.
[18] 于贤廷. 祝莹. 虞海龙. 纺织品化学整理 [M]. 无锡:无锡市纺织工程学会,1982.
[19] 杜巧云,葛虹. 表面活性剂基础及应用 [M]. 北京:中国石化出版社,1996.
[20] 李显波. 防水透湿织物生产技术 [M]. 北京:化学工业出版社,2006.
[21] 唐人成,赵建平,梅士英. LYoceII 纺织品染整加工技术 [M] 北京:纺织工业出版社,2006.